# 건축
# 기사

기출문제 정복하기

# 건축기사 5개년
## 기출문제 정복하기

초판 인쇄  2023년 01월 25일

초판 발행  2023년 01월 27일

편 저 자 | 주한종

발 행 처 | (주)서원각

등록번호 | 1999-1A-107호

주    소 | 경기도 고양시 일산서구 덕산로 88-45(가좌동)

대표번호 | 031-923-2051

교재주문 | 031-923-2051

팩    스 | 031-923-3815

교재문의 | 카카오톡 플러스 친구 [서원각]

홈페이지 | www.goseowon.com

# Preface

모든 시험에 앞서 가장 중요한 것은 출제되었던 문제를 풀어봄으로써 그 시험의 유형 및 출제경향, 난도 등을 파악하는 데에 있다. 즉, 최단시간 내 최대의 학습효과를 거두기 위해서는 기출문제의 분석이 무엇보다도 중요하다는 것이다.

건축기사 기출문제집은 이를 주지하고 그동안 시행되어 온 필기시험 기출문제를 연도별로 수록하여 수험생들에게 매년 다양하게 변화하고 있는 출제경향에 적응하여 단기간에 최대의 학습효과를 거둘 수 있도록 하였다.

건축기사 필기시험은 100점 만점으로 과목당 40점 이상, 전 과목 평균 60점 이상이면 합격이기 때문에 기본적인 내용에 대한 탄탄한 학습이 빛을 발한다. 수험생 모두가 자신을 믿고 본서와 함께 끝까지 노력하여 합격의 결실을 맺기를 희망한다.

1%의 행운을 잡기 위한 99%의 노력! 본서가 수험생 여러분의 행운이 되어 합격을 향한 노력에 힘을 보탤 수 있기를 바란다.

# Information

## ⊙ 개요
건축물의 계획 및 설계에서 시공에 이르기까지 전과정에 관한 공학적 지식과 기술을 갖춘 기술인력으로 하여금 건축업무를 수행하게 함으로써 안전한 건축물 창조를 위하여 자격제도 제정

## ⊙ 수행직무
건축시공에 관한 공학적 기술이론을 활용하여, 건축물 공사의 공정, 품질, 안전, 환경, 공무관리 등을 통해 건축 프로젝트를 전체적으로 관리하고 공종별 공사를 진행하며 시공에 필요한 기술적 지원을 하는 등의 업무 수행

## ⊙ 실시기관
한국산업인력공단

## ⊙ 관련학과
대학이나 전문대학의 건축, 건축공학, 건축설비, 실내건축 관련학과

## ⊙ 진로 및 전망
① 종합 또는 전문건설회사의 건설현장, 건축사사무소, 용역회사, 시공회사 등으로 진출 할 수 있다.
② 신규 착공부지의 부족, 기업에 대한 정부의 강도 높은 부동산 제재로 투자위축 우려, 전세대란의 대책으로 인한 재건축
   사업의 부진 우려, 지방지역의 높은 주택보급률에 대한 부담 등 감소요인이 있으나, 최근 저금리추세가 지속, 신규 공동
   주택에 대한 매매수요가 증가요인으로 작용하여 건축기사 자격취득자에 대한 인력수요는 증가할 것이다.

## ⊙ 최종 3개년 검정현황

| 연도 | 필기 | | | 실기 | | |
|------|------|------|--------|------|------|--------|
| | 응시 | 합격 | 합격률 | 응시 | 합격 | 합격률 |
| 2021 | 21,186 | 7,165 | 33.8% | 12,973 | 5,444 | 42% |
| 2020 | 17,706 | 7,028 | 39.7% | 12,689 | 4,707 | 37.1% |
| 2019 | 19,351 | 6,275 | 32.4% | 10,891 | 4,340 | 39.8% |

## ⊘ 시험과목
① 필기

| 구분 | 출제<br>문항수 | 주요항목 |
|---|---|---|
| 건축계획 | 20문항 | • 건축계획원론(건축계획일반, 건축사, 건축설계 이해)<br>• 각종 건축물의 건축계획(주거건축계획, 상업건축계획, 공공문화건축계획, 기타 건축물 계획) |
| 건축시공 | 20문항 | • 건설경영(건설업과 건설경영, 건설계약 및 공사관리, 건축적산, 안전관리, 공정관리 및 기타)<br>• 건축시공기술 및 건축재료(착공 및 기초공사, 구조체공사 및 마감공사, 건축재료) |
| 건축구조 | 20문항 | • 건축구조의 일반사항(건축구조의 개념, 건축물 기초설계, 내진·내풍설계, 사용성 설계)<br>• 구조역학(구조역학의 일반사항, 정정구조물의 해석, 탄성체의 성질, 부재의 설계, 구조물의 변형, 부정정구조물의 해석)<br>• 철근콘크리트 구조(철근콘크리트 구조의 일반사항, 철근콘크리트 구조설계, 철근의 이음·정착, 철근콘크리트 구조의 사용성)<br>• 철골구조(철골구조의 일반사항, 철골구조설계, 접합부설계, 제작 및 품질) |
| 건축설비 | 20문항 | • 환경계획원론(건축과 환경, 열환경, 공기환경, 빛환경, 음환경)<br>• 전기설비(기초적인 사항, 조명설비, 전원 및 배전, 배선설비, 피뢰침설비, 통신 및 신호설비, 방재설비)<br>• 위생설비(기초적인 사항, 급수 및 급탕설비, 배수 및 통기설비, 오수정화설비, 소방시설, 가스설비)<br>• 공기조화설비(기초적인 사항, 환기 및 배연설비, 난방설비, 공기조화용 기기, 공기조화방식)<br>• 승강설비(엘리베이터설비, 에스컬레이터설비, 기타 수송설비) |
| 건축관계법규 | 20문항 | • 건축법(건축법·시행령·시행규칙, 건축물의 설비기준 등에 관한 규칙 및 건축물의 피난·방화구조등의 기준에 관한 규칙)<br>• 주차장법(주차장법·시행령·시행규칙)<br>• 국토의 계획 및 이용에 관한 법률(법·시행령·시행규칙) |

② 실기 : 건축시공 실무

## ⊘ 검정방법
① 필기 : 객관식 4지 택일형 과목당 20문항(과목당 30분)
② 실기 : 필답형(3시간, 100점)

## ⊘ 합격기준
① 필기 : 100점을 만점으로 하여 과목당 40점 이상, 전과목 평균 60점 이상
② 실기 : 100점을 만점으로 하여 60점 이상

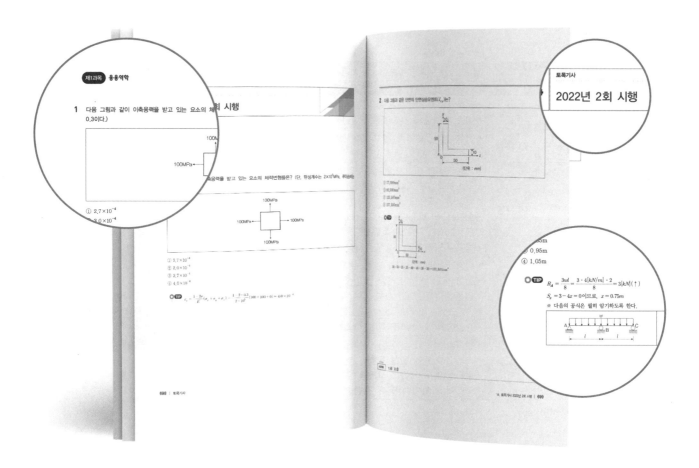

## 5개년 기출문제 수록

- 2018년부터 2022년까지의 기출문제를 통해 시험의 출제 경향 변화를 파악하고 다음 시험에 대한 준비를 할 수 있습니다.
- 5년 동안의 기출문제를 모두 수록함으로써 반복되어 출제되는 유형 파악과 그 부분에 대한 확실한 학습을 가능하게 하였습니다.

## 정·오답에 대한 상세한 해설

- 매 문제마다 저자의 상세한 해설을 수록하여 이해도 높은 학습이 가능하고, 이를 통해 문제를 해결하는 방법을 익힐 수 있습니다.
- 문제와 보기에 대한 설명뿐 아니라 관련 이론도 함께 담아 기출문제를 푸는 것만으로도 충분한 학습이 가능하게 하였습니다.

# Contents

## 건축기사 5개년 기출문제

# 5개년 기출문제

# 건축
# 기사

# 01 | 2018년 1회 시행

**1과목** **건축계획**

**1** 상점 정면(facade) 구성에 요구되는 5가지 광고요소(AIDMA법칙)에 속하지 않는 것은?

① Attention(주의)
② Identity(개성)
③ Desire(욕구)
④ Memory(기억)

**2** 공장 건축의 레이아웃 계획에 관한 설명으로 옳지 않은 것은?

① 플랜트 레이아웃은 공장 건축의 기본설계와 병행하여 이루어진다.
② 고정식 레이아웃은 조선소와 같이 제품이 크고 수량이 적을 경우에 적용된다.
③ 다품종 소량생산이나 주문생산 위주의 공장에는 공정 중심의 레이아웃이 적합하다.
④ 레이아웃 계획은 작업장 내의 기계설비 배치에 관한 것으로 공장규모변화에 따른 융통성은 고려대상이 아니다.

---

**ANSWER** 1.② 2.④

**1** 5가지 광고요소
　㉠ A : Attention(주의)
　㉡ I : Interest(흥미)
　㉢ D : Desire(욕망)
　㉣ M : Memory(기억)
　㉤ A : Action(행동)

**2** 레이아웃 계획에서는 공장규모변화에 따른 융통성을 고려해야 한다.

**3** 쇼핑센터의 몰(mall) 계획에 관한 설명으로 옳지 않은 것은?

① 전문점들과 중심상점의 주출입구는 몰에 면하도록 한다.

② 몰에는 자연광을 끌어들여 외부공간과 같은 성격을 갖게 하는 것이 좋다.

③ 다층으로 계획할 경우, 시야의 개방감을 적극적으로 고려하는 것이 좋다.

④ 중심상점들 사이의 몰의 길이는 150m를 초과하지 않아야 하며, 길이 40~50m마다 변화를 주는 것이 바람직하다.


**4** 다음 중 일반적으로 연면적에 대한 숙박 관계 부분의 비율이 가장 큰 호텔은?

① 해변 호텔          ② 리조트 호텔

③ 커머셜 호텔        ④ 레지덴셜 호텔


**5** 다음 중 건축양식의 시대적 순서가 가장 올바르게 나열된 것은?

| | |
|---|---|
| ㉠ 로마네스크양식 | ㉡ 바로크양식 |
| ㉢ 고딕양식 | ㉣ 르네상스양식 |
| ㉤ 비잔틴양식 | |

① ㉠ → ㉢ → ㉣ → ㉡ → ㉤

② ㉠ → ㉢ → ㉣ → ㉤ → ㉡

③ ㉤ → ㉣ → ㉢ → ㉠ → ㉡

④ ㉤ → ㉠ → ㉢ → ㉣ → ㉡

---

**3** 몰의 길이는 240m를 초과하지 않는 것이 바람직하며 20~30m마다 변화를 주어 단조로운 느낌을 주지 않아야 한다.

**4** 연면적에 대한 숙박관계부분의 비율은 커머셜 호텔 > 리조트 호텔 > 레지덴셜 호텔 > 아파트먼트 호텔이다.

**5** 서양건축양식의 발달순서 … 이집트 → 그리스 → 로마 → 초기기독교 → 사라센 → 비잔틴 → 로마네스크 → 고딕 → 르네상스 → 바로크 → 로코코 → 고전주의 → 낭만주의 → 절충주의 → 수공예운동 → 아르누보운동 → 시카고파 → 세제션 → 독일공작연맹 → 바우하우스, 입체파 → 유기적 건축 → 국제주의 → 포스트모더니즘 → 레이트 모더니즘

**6** 다음과 같은 특징을 가지는 부엌의 평면형은?

> • 작업 시 몸을 앞뒤로 바꾸어야 하는 불편함이 있다.
> • 식당과 부엌이 개방되지 않고 외부로 통하는 출입구가 필요한 경우 주로 적용된다.

① 일렬형            ② ㄱ자형

③ 병렬형            ④ ㄷ자형


**7** 다음 중 고대 로마 건축에 관한 설명으로 바르지 않은 것은?

① 인슐라(Insula)는 다층의 집합주거 건물이었다.

② 콜로세움의 1층에는 도릭 오더가 사용되었다.

③ 바실리카 울피아는 황제를 위한 신전으로 배럴 볼트가 사용되었다.

④ 판테온은 거대한 돔을 얹은 로툰다와 대형 열주현관이라는 두 주된 구성요소로 이루어진다.

**6** 제시된 특징을 가지는 부엌의 평면형은 병렬형이다.

　※ **부엌의 평면형**
　　㉠ **직선형**: 동선이 길어지는 一자형으로 좁은 부엌에 알맞고, 동선의 혼란은 없으나 움직임이 많다.
　　㉡ **U자형**: 이용에 편리한 형으로 양측 벽면이 이용될 수 있으므로 수납공간을 넓게 잡을 수 있어서 편리하다.
　　㉢ **L자형**: 모서리 부분의 이용도가 낮은 형으로 정방향 부엌에 알맞고, 비교적 넓은 부엌에서 능률이 좋다.
　　㉣ **병렬형**: 직선형에 비해서는 작업동선이 줄어들지만 작업을 할 경우에는 몸을 앞뒤로 바꿔야 하므로 불편하다. 식당과 부엌이 개방되지 않고 외부로 통하는 출입구가 필요한 때에 쓰인다.

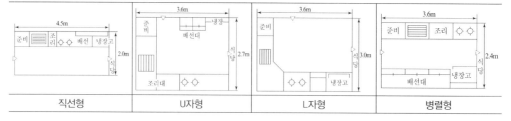

| 직선형 | U자형 | L자형 | 병렬형 |
|---|---|---|---|

**7** 바실리카는 로마 시대의 재판과 집회 및 상업거래를 위하여 사용된 건물로서 후에 초기 그리스도교 건축의 교회당의 건축의 규준이 되었던 건축이다.
　트라야누스 포럼에 있는 바실리카 울피아(Basilica Ulpia)는 그 평면이 41.5m×128m의 장방형으로 되어 있으며 양쪽 끝에 반원형 평면의 앱스(apse)가 붙어 있다.

**8** 아파트의 평면형식에 관한 설명으로 바르지 않은 것은?

① 중복도형은 모든 세대의 향을 동일하게 할 수 없다.

② 편복도형은 각 세대의 거주성이 균일한 배치 구성이 가능하다.

③ 홀형은 각 세대가 양쪽으로 개구부를 계획할 수 있는 관계로 일조와 통풍이 양호하다.

④ 집중형은 공용 부분이 오픈되어 있으므로 공용 부분에 별도의 기계적 설비계획이 필요 없다.

**9** 다음 중 사무소 건축에서 기둥간격(Span)의 결정요소와 가장 관계가 먼 것은?

① 건물의 외관

② 주차배치의 단위

③ 책상배치의 단위

④ 채광상 층고에 의한 안깊이

**10** 연극을 감상하는 경우 배우의 표정이나 동작을 상세히 감상할 수 있는 시각의 한계는?

① 3m

② 5m

③ 10m

④ 15m

**11** 다음 중 단독주택의 부엌 크기의 결정요소로 볼 수 없는 것은?

① 작업대의 면적

② 주택의 연면적

③ 주부의 동작에 필요한 공간

④ 후드(hood)의 설치에 의한 공간

---

ANSWER  8.④  9.①  10.④  11.④

**8** 집중형은 공용 부분이 오픈되어 있는 형식이 아니며 공용 부분에 별도의 기계적 설비계획이 요구된다.

**9** 기둥간격의 결정요소에는 지하주차장의 주차구획(주차배치의 단위)의 크기, 책상배치, 사무실의 개실크기, 공조방식, 동선상의 거리, 채광관련 요소 등이 있으나 건물의 외관을 기둥간격을 결정짓는 직접적 요소로 보기에는 무리가 있다. (여기서 외관의 범주를 어떻게 잡느냐에 따라 다소 논란의 소지가 있을 수도 있다. 외관이라는 단어가 구조적인 형상까지를 고려한다면 이 문제는 재고를 해봐야 한다.)

**10** 연극을 감상하는 경우 배우의 표정이나 동작을 상세히 감상할 수 있는 시각의 한계는 15m이다.
  ㉠ A구역 : 15m 이내의 구역으로서 배우의 표정이나 동작을 상세히 감상할 수 있는 거리이다. (인형극, 아동극)
  ㉡ 1차 허용한도 : 22m 이내의 구역으로서 될 수 있는 한 많은 관객을 수용하기 위해서 적당한 가시거리이다. (국악, 신극, 실내악)
  ㉢ 2차 허용한도 : 35m 이내의 구역으로서 배우의 일반적인 동작만 보이면 감상하는데 지장이 없는 거리이다. (발레, 뮤지컬 등)

**11** 후드(hood)의 설치에 의한 공간은 단독주택의 부엌의 크기를 결정짓는 요소로 보기에는 무리가 있다.

**12** 종합병원의 건축계획에 관한 설명으로 바르지 않은 것은?

① 부속진료부는 외래환자 및 입원환자 모두가 이용하는 곳이다.

② 간호사 대기소는 각 간호단위 또는 각층 및 동별로 설치한다.

③ 집중식 병원건축에서 부속진료부와 외래부는 주로 건물의 저층부에 구성된다.

④ 외래진료부의 운영방식에 있어 미국의 경우는 대개 클로즈드 시스템인데 비하여 우리나라는 오픈 시스템이다.

**13** 다음 중 다포양식의 건축물이 아닌 것은?

① 내소사 대웅전

② 경복궁 근정전

③ 전등사 대웅전

④ 무위사 극락전

**12** 우리나라의 경우 일반적으로 클로즈드 시스템으로 외래진료부를 운영한다.
- 클로즈드 시스템 : 대규모의 각종 과를 필요로 하고 환자가 매일 병원에 출입하는 형식
- 오픈 시스템 : 종합병원 근처의 개업의사는 종합병원에 등록되어 있어서 종합병원 내의 큰 시설을 이용할 수 있고, 자신의 환자를 종합병원 진찰실에서 예약된 장소와 시간에 진료할 수 있으며 입원시킬 수 있는 제도

**13** 제시된 양식 중 무위사 극락전은 조선 초기의 주심포식 건축물이다.

※ 건축물의 양식(고려, 조선)

| | | 주심포식 | 다포식 | 익공식 |
|---|---|---|---|---|
| 고려 | | • 안동 봉정사 극락전<br>• 영주 부석사 무량수전<br>• 예산 수덕사 대웅전<br>• 강릉 객사문<br>• 평양 숭인전 | • 경천사지 10층 석탑<br>• 연탄 심원사 보광전<br>• 석왕사 응진전<br>• 황해봉산 성불사 응진전 | |
| 조선 | 초기 | • 강화 정수사 법당<br>• 송광사 극락전<br>• 무위사 극락전 | • 개성 남대문<br>• 서울 남대문<br>• 안동 봉정사 대웅전<br>• 청양 장곡사 대웅전 | • 합천 해인사 장경판고<br>• 강릉 오죽헌 |
| | 중기 | • 안동 봉정사 화엄강당 | • 화엄사 각황전<br>• 범어사 대웅전<br>• 내소사 대웅전<br>• 강화 전등사 대웅전<br>• 개성 창경궁 명정전<br>• 서울 창덕궁 돈화문 | • 충무 세병관<br>• 서울 동묘<br>• 서울 문묘 명륜당<br>• 남원 광한루 |
| | 후기 | • 전주 풍남문 | • 경주 불국사 극락전<br>• 경주 불국사 대웅전<br>• 경복궁 근정전<br>• 창덕궁 인정전<br>• 수원 팔달문<br>• 서울 동대문 | • 수원 화서문<br>• 제주 관덕정 |

**14** 단독주택계획에 관한 설명으로 바르지 않은 것은?

① 건물이 대지의 남측에 배치되도록 한다.

② 건물은 가능한 한 동서로 긴 형태가 좋다.

③ 동지 때 최소한 4시간 이상의 햇빛이 들어오도록 한다.

④ 인접 대지에 기존 건물이 없더라도 개발가능성을 고려해야 한다.

**15** 다음 중 학교의 강당계획에 관한 설명으로 바르지 않은 것은?

① 체육관의 크기는 배구코트의 크기를 표준으로 한다.

② 강당은 반드시 전교생을 수용할 수 있도록 크기를 결정하지는 않는다.

③ 강당 및 체육관으로 겸용하게 될 경우 체육관 목적으로 치중하는 것이 좋다.

④ 강당 겸 체육관은 커뮤니티의 시설로서 이용될 수 있도록 고려되어야 한다.

**16** 사무소 건축의 엘리베이터 설치 계획에 관한 설명으로 바르지 않은 것은?

① 군 관리운전의 경우 동일 군내의 서비스 층은 동일하게 한다.

② 승객의 층별 대기시간은 평균 운전간격 이상이 되도록 한다.

③ 서비스를 균일하게 할 수 있도록 건축물 중심부에 설치하는 것이 좋다.

④ 건축물의 출입층이 2개 층이 되는 경우는 각각의 교통수요량 이상이 되도록 한다.

---

**ANSWER** 14.① 15.① 16.②

**14** 일반적으로 단독주택계획에서 건물은 대지의 북측에 배치되도록 하여 주택의 일조와 통풍에 유리한 조건을 만든다.

**15** 체육관의 크기는 농구코트의 크기를 표준으로 한다.

**16** 승객의 층별 대기시간은 평균 운전간격 이내가 되게 한다.

**17** 현장감을 가장 실감나게 표현하는 방법으로 하나의 사실 또는 주제의 시간 상황을 고정시켜 연출하는 것으로 현장에 임한 느낌을 주는 특수전시기법은?

① 디오라마 전시기법
② 파노라마 전시기법
③ 하모니카 전시기법
④ 아일랜드 전시기법

● ● ●
ANSWER  17.①

**17** 디오라마 전시기법에 관한 설명이다.
※ 특수전시기법

| 디오라마 전시 |  | 현장감을 가장 실감나게 표현하는 방법으로 하나의 사실 또는 주제의 시간 상황을 고정시켜 연출하는 기법 |
|---|---|---|
| 파노라마 전시 |  | 전시물들의 나열 자체가 하나의 큰 그림이나 풍경처럼 보이도록 하여 전체적인 맥락이 이해될 수 있도록 한 전시기법 |
| 아일랜드 전시 | 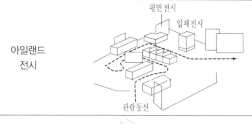 | 바다에 떠 있는 섬처럼 전시물을 천장에 매달아서 전시물들이 동선을 만들어 관람하게 하는 기법 |
| 하모니카 전시 | 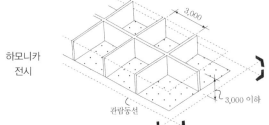 | 동일한 형태의 연속적 배치로 동일 종류의 전시물을 반복 전시할 경우 유리한 기법 |

**18** 다음 중 모듈 시스템의 적용이 가장 부적절한 것은?

① 극장

② 학교

③ 도서관

④ 사무소

**19** 도서관의 출납 시스템 유형 중 이용자가 자유롭게 도서를 꺼낼 수 있으나 열람석으로 가기 전에 관원의 검열을 받아야 하는 형식은?

① 폐가식

② 반개가식

③ 자유개가식

④ 안전개가식

**20** 극장의 평면형식 중 프로시니엄형에 관한 설명으로 바르지 않은 것은?

① 픽쳐 프레임 스테이지형이라고도 한다.

② 배경은 한 폭의 그림과 같은 느낌을 준다.

③ 연기자가 제한된 방향으로만 관객을 대하게 된다.

④ 가까운 거리에서 관람하면서 가장 많은 관객을 수용할 수 있다.

---

**18** 극장의 경우, 모듈 시스템을 적용하기에 매우 난해하며 다양한 형상과 크기의 평면구조를 갖는다.

**19** 안전개가식(safe-guarded open access) … 자유개가식과 반개가식의 장점을 취한 형식으로서, 열람자가 책을 직접 서가에서 뽑지만 관원의 검열을 받고 대출의 기록을 남긴 후 열람하는 형식이다. 보통 15,000권 이하의 서적을 보관함과 열람에 적당하다.

㉠ 출납 시스템이 필요 없어 혼잡하지 않다.

㉡ 도서 열람의 체크 시설이 필요하다.

㉢ 도서 열람이 가능하여 책을 보고 직접 뽑을 수 있다.

㉣ 감시가 필요하지 않다.

**20** 가까운 거리에 관람하면서 가장 많은 관객을 수용할 수 있는 형식은 애리나(Arena)형식이다.

**21** 아스팔트 방수층, 개량 아스팔트 시트 방수층, 합성고분자계 시트 방수층 및 도막 방수층 등 불투수성 피막을 형성하여 방수하는 공사를 총칭하는 용어는?

① 실링방수
② 멤브레인방수
③ 구체침투방수
④ 벤토나이트방수

**22** 공사금액의 결정방법에 따른 도급방식이 아닌 것은?

① 정액도급
② 공종별도급
③ 단가도급
④ 실비청산 보수가산도급

**23** 철근콘크리트 PC 기둥을 8ton 트럭으로 운반하고자 한다. 차량 1대에 최대로 적재가능한 PC 기둥의 수는? (단, PC 기둥의 단면크기는 30cm×60cm, 길이는 3m임)

① 1개
② 2개
③ 4개
④ 6개

---

**ANSWER**　21.②　22.②　23.④

**21** 멤브레인방수에 관한 설명이다.

**22** 공종별도급은 공사금액의 결정방법에 따른 도급방식이 아니라 분할도급의 한 종류이다.
　※ 분할도급의 종류
　　㉠ 전문공종별 분할도급 : 공사중 설비공사(전기, 설비)를 주체공사와 분리하여 발주, 설비업자의 자본, 기술강화, 전문화로 능률이 향상된다.
　　㉡ 공정별 분할도급 : 공사의 과정별로 나누어서 도급을 주는 방식으로서 예산배정상 구분될 때 편리하고 분할발주가 가능한 장점이 있으나 후속공사 연체 및 도급자 교체의 어려움이 있다.
　　㉢ 공구별 분할도급 : 대규모 공사에서 지역별로 분리 발주하는 방식으로 각 공구마다 일식도급체제 운영, 도급업자의 기회 균등, 시공기술의 향상 및 높은 성과를 기대할 수 있다.
　　㉣ 직종별(공종별) 분할도급 : 전문직종이나 각 공종별로 분할하여 도급을 주는 직영공사에 가까운 제도로서 건축주의 의도를 충분히 반영할 수 있으나 현장의 종합적인 관리가 어렵고 경비가 가산된다.

**23** • 트럭의 규격은 트럭의 적재중량을 말하는 것으로서, 8ton트럭의 적재중량은 8ton 이 된다.
　• PC 기둥의 단위중량은 2.4ton/m³ (철근 콘크리트의 단위중량임)
　• PC 기둥의 체적은 $V = 0.3 \times 0.6 \times 3.0 = 0.54 \text{m}^3$
　• 중량을 계산하면, $0.54 \text{m}^3 \times 2.4 \text{ton/m}^3 = 1.296 \text{ton}$
　• 차량 1대에 최대로 적재가능한 PC 기둥의 수는 8/(1.296)=6.173개로서 6개가 된다.

**24** 린 건설(Lean Construction)에서의 관리방법으로 옳지 않은 것은?

① 변이관리
② 당김생산
③ 흐름생산
④ 대량생산

**25** 건축물 높낮이의 기준이 되는 벤치마크(Bench Mark)에 관한 설명으로 바르지 않은 것은?

① 이동 또는 소멸우려가 없는 장소에 설치한다.
② 수직규준틀이라고도 한다.
③ 이동 등 훼손될 것을 고려하여 2개소 이상 설치한다.
④ 공사가 완료된 후라도 건축물의 침하, 경사 등의 확인을 위해 사용되기도 한다.

---

**ANSWER**   24.④   25.②

**24** 린 건설(Lean Construction)
　㉠ '기름기 없는, 군살 없는'이라는 뜻의 Lean과 '건설'인 Construction의 합성어로서 낭비를 최소화한 가장 효율적인 생산시스템을 의미한다.
　㉡ 생산과정에서의 작업 단계를 운반, 대기, 처리, 검사의 4가지 단계로 나누어 건설생산과정을 이 4가지 형태 작업의 연속적 조합으로 구현하고 건설생산을 최적화하기 위하여 비가치창출 작업인 운반, 대기, 검사의 과정을 최소화시키고 가치창출 작업인 처리 과정에서의 효율성을 극대화하여 건설생산 시스템의 효율성을 증가시킬 수 있는 관리기법으로서 최소비용, 최소기간, 무결점, 무사고를 지향한다.
　㉢ 재고의 감소 또는 궁극적 제거를 추구하며 생산단위를 축소하고 생산라인의 재배치 등을 통해 시간과 비용을 절약하여 질적인 생산효율성을 향상시킨다.
　㉣ 건설업의 불확실성을 고려하여 사전계획 및 자료수집을 통한 변이의 유형별 분류 후 상호의존성을 분석하고 대책을 수립한다.
　㉤ 후속작업의 상황을 고려하여 후속작업에 필요한 품질수준에 맞추어 필요로 하는 양만큼만 선작업을 시행하는 당김식 생산방식을 지향한다.
　㉥ 시공, 이동, 대기, 검사과정에서의 자재, 장비 정보 등의 흐름을 철저히 관리하며 생산한다.

| 구분 | 기존생산방식 | 린 건설 |
|---|---|---|
| 생산방식 | 밀어내기식 제안 | 당김생산 |
| 목표 | 효율성(계량적 생산성) | 효율성(질적 생산효율) 제고 |
| 장점 | 대량생산으로 할인가격 적용<br>공급체인 활용가능 | 공사의 유연성 확보<br>필요한 순서로 작업 진행<br>자원의 대기시간 최소화 |
| 단점 | 설계변경, 물량변경 시 마찰 우려<br>작업자의 생산에 대한 소극적 자세<br>작업의 대기시간 발생 | 소량구매로 할인율 적용 난해<br>정확한 시간 준수 |
| 관리 | 작업 관리 | 자재, 장비, 정보의 흐름을 관리 |

**25** 벤치마크는 기준점이라고도 하며 수직규준틀과는 전혀 다른 개념이다. 규준틀은 건물의 위치와 높이, 땅파기의 너비와 깊이 등을 표시하기 위한 가설물로, 보통 수평규준틀과 수직규준틀, 귀규준틀이 있는데, 건물의 모서리나 그 밖의 부분에 설치하여 공사를 진행한다.

**26** 다음 중 건축마감공사로서 단열공사에 관한 설명으로 바르지 않은 것은?

① 단열시공바탕은 단열재 또는 방습재 설치에 못, 철선, 모르타르 등의 돌출물이 도움이 되므로 제거하지 않아도 된다.

② 설치위치에 따른 단열공법 중 내단열공법은 단열성능이 적고 내부결로가 발생할 우려가 있다.

③ 단열재를 접착제로 바탕에 붙이고자 할 때에는 바탕면을 평탄하게 한 후 밀착하여 시공하되 초기박리를 방지하기 위해 압착상태를 유지시킨다.

④ 단열재료에 따른 공법은 성형판단열재 공법, 현장발포제 공법, 뿜칠단열재 공법 등으로 분류할 수 있다.


**27** 목재를 천연 건조시킬 때의 장점에 해당되지 않는 것은?

① 비교적 균일한 건조가 가능하다.

② 시설투자 비용 및 작업비용이 적다.

③ 건조 소요시간이 짧은 편이다.

④ 타 건조방식에 비하여 건조에 의한 결함이 비교적 적은 편이다.


**28** 철골공사에 관한 설명으로 바르지 않은 것은?

① 볼트접합부는 부식되기 쉬우므로 방청도장을 해야 한다.

② 볼트조임에는 임팩트렌치, 토크렌치 등을 사용한다.

③ 철골조는 화재에 의한 강성의 저하가 심하므로 내화피복을 하여야 한다.

④ 용접부 비파괴검사에는 침투탐상법, 초음파탐상법 등이 있다.


**● ● ●**
**ANSWER** | 26.① 27.③ 28.①

**26** 단열시공 시 반드시 못, 철선, 모르타르 등의 돌출물을 제거하여 바탕정리를 해야 한다.

**27** 목재를 천연 건조시키는 것은 인공 건조시키는 것보다 시간적 효율이 낮다.

**28** 볼트접합부는 방청도장을 할 경우 접합력이 저하되므로 방청도장을 피해야 한다.

**29** 와이어로프로 매단 비계 권상기에 의해 상하로 이동시킬 수 있는 공사용비계의 명칭은?

① 시스템비계

② 틀비계

③ 달비계

④ 쌍줄비계

**30** 보강 콘크리트블록조의 내력벽에 관한 설명으로 바르지 않은 것은?

① 사춤은 3켜 이내마다 한다.

② 통줄눈은 될 수 있는 한 피한다.

③ 사춤은 철근이 이동하지 않게 한다.

④ 벽량이 많아야 구조상 유리하다.

**29** ③ 달비계 : 건축공사에서 외벽작업을 위한 이동설치가 가능한 비계시스템으로서 와이어로프로 매단 비계 권상기에 의해 상하로 이동시킬 수 있는 공사용비계이다.

① 시스템비계 : 규격화된 부재들을 강력한 쐐기방식을 연결하여 흔들림이나 이탈이 없고, 작업발판 및 안전난간을 함께 설치하므로 설치가 용이하다. (최근 대다수의 건설현장에서는 시스템비계를 적용한다.)

② 틀비계 : 정확한 명칭은 조립식 강관틀비계이다. 이동식인 것과 고정식인 것이 있으며, 이 중 이동식은 이동식 주틀을 사용하여 조립하고 밑변에 이동이 가능하도록 바퀴를 설치하여 이동하면서 작업을 할 수 있다. 작업 시 이동을 방지하기 위해 제동장치와 전도방지대가 있다.

④ 쌍줄비계 : 2열로 강관기둥을 세운 다음, 내측과 외측 강관기둥을 연결시켜주는 띠장을 설치한 후 서로 연결시킨 후 수평강관비계 위에 작업발판을 얹혀서 만든 비계이다. (건설현장에서는 대부분 강관비계를 사용하며 외줄비계의 경우 안전사고의 위험성 때문에 사용을 하지 않는다.)

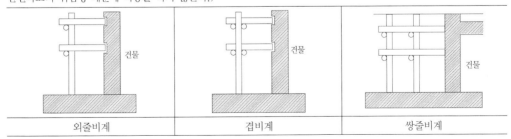

| 외줄비계 | 겹비계 | 쌍줄비계 |

**30** 보강 콘크리트블록조는 철근의 배근을 위해 통줄눈으로 한다.

**31** 보통 포틀랜드시멘트 경화체의 성질에 관한 설명으로 바르지 않은 것은?

① 응결과 경화는 수화반응에 의해 진행된다.

② 경화체의 모세관수가 소실되면 모세관장력이 작용하여 건조수축을 일으킨다.

③ 모세관 공극은 물시멘트비가 커지면 감소한다.

④ 모세관 공극에 있는 수분은 동결하면 팽창되고 이에 의해 내부압이 발생하여 경화체의 파괴를 초래한다.


**32** 조적조에 발생하는 백화현상을 방지하기 위해 취하는 조치로서 효과가 없는 것은?

① 줄눈부분을 방수처리하여 빗물을 막는다.

② 잘 구워진 벽돌을 사용한다.

③ 줄눈 모르타르에 방수제를 넣는다.

④ 석회를 혼합하여 줄눈 모르타르를 바른다.


**33** QC(Quality Control) 활동의 도구와 거리가 먼 것은?

① 기능계통도            ② 산점도

③ 히스토그램           ④ 특성요인도


**34** 프리패브 콘크리트(Prefab Concrete)에 관한 설명으로 바르지 않은 것은?

① 제품의 품질을 균일화 및 고품질화 할 수 있다.

② 작업의 기계화로 노무 절약을 기대할 수 있다.

③ 공장생산으로 기계화하여 부재의 규격을 쉽게 변경할 수 있다.

④ 자재를 규격화하여 표준화 및 대량생산을 할 수 있다.


---

**ANSWER**    31.③   32.④   33.①   34.③

**31** 모세관 공극은 물시멘트비가 커지면 증가하게 된다.

**32** 백화현상은 석회에 의해 발생하므로 석회를 넣으면 백화현상은 더 심해진다.

**33** QC 7가지 도구 … 히스토그램, 파레토도, 특성요인도, 체크시트, 관리도, 산점도, 층별

**34** 프리패브 콘크리트는 부재의 규격을 쉽게 변경할 수 없다.

**35** 다음 설명이 의미하는 공법은?

> 미리 공장에서 생산한 기둥이나 보, 바닥판, 외벽, 내벽 등을 한 층씩 쌓아 올라가는 조립식으로 구체를 구축하고 이어서 마감 및 설비공사까지 포함하여 차례로 한 층씩 완성해 가는 공법

① 하프 PC합성바닥판공법　　　　② 역타공법
③ 적층공법　　　　　　　　　　　④ 지하연속벽공법

**36** 다음 중 시멘트 분말도 시험방법이 아닌 것은?

① 플로우시험법　　　　　　　　　② 체분석법
③ 피크노메타법　　　　　　　　　④ 브레인법

---

ANSWER　35.③　36.①

**35**　③ 적층공법 : 미리 공장에서 생산한 기둥이나 보, 바닥판, 외벽, 내벽 등을 한 층씩 올라가는 조립식으로 구체를 구축하고 이어서 마감 및 설비공사까지 포함하여 차례로 한 층씩 완성해가는 공법이다.
　① 하프 PC합성바닥판공법 : 하프 PC합성바닥판(얇은 PC판을 바닥거푸집용으로 설치하고 윗면에 철근을 배근한 후 콘크리트를 타설하는 것으로서 하프 PC판 자체가 거푸집 역할을 하도록 하는 공법이다.
　② 역타공법 : 1층 바닥을 작업장으로 활용을 하면서 지상층공사와 지하층공사가 동시에 수행되는 공법으로서 지하층공사의 경우 기둥이음이나 벽체이음, 바닥판 이음 등의 수직부재의 이음부 처리가 어렵다.
　④ 지하연속벽공법 : 안정액을 사용하여 지반을 굴착한 후 지중에 연속된 철근콘크리트 흙막이벽을 설치하고, 이를 지하구조물의 옹벽(벽체)로 사용하는 공법이다.

**36**　플로우시험법은 시멘트의 컨시스턴시를 측정하는 방법이다. (컨시스턴시 측정법에는 슬럼프시험, 플로우시험, 관입시험, 낙하시험 등이 있다.)
　※ 분말도 … 1g입자의 표면적의 합계로서 비표면적에 대응되는 개념이다. 분말도가 클수록 비표면적도 커지게 된다.
　비표면적은 어떤 입자에 대해 그 입자의 단위질량, 또는 단위부피당 전 표면적을 말하며 해당 입자의 크기나 모양에 따라 비표면적은 각각 다르게 나타난다. 비표면적이 큰 시멘트일수록 분말이 미세하므로 강도발현이 빨라지고 수화열의 발생량도 증가한다.

| 시멘트의 종류 | 분말도 |
|---|---|
| 실리카흄 | 200,000 |
| 초조강시멘트 | 6,000 |
| 조강시멘트 | 4,300 |
| 포졸란, 플라이애쉬 시멘트 | 3,000 |
| 보통, 중용열 시멘트 | 2,800 |

**37** 다음 중 경량골재 콘크리트와 관련된 기준으로 바르지 않은 것은?

① 단위시멘트량의 최솟값 : 400kg/m$^3$

② 물−결합재비의 최댓값 : 60%

③ 기건단위질량(경량골재 콘크리트 1종) : 1,700 ~ 2,000kg/m$^3$

④ 굵은 골재의 최대치수 : 20mm

**38** 다음 중 파이프구조에 관한 설명으로 바르지 않은 것은?

① 파이프구조는 경량이며, 외관이 경쾌하다.

② 파이프구조는 대규모의 공장, 창고, 체육관, 동·식물원 등에 이용된다.

③ 접합부의 절단가공이 어렵다.

④ 파이프의 부재형상이 복잡하여 공사비가 증대된다.

**39** 바닥판과 보밑 거푸집설계 시 고려해야 하는 하중을 옳게 짝지은 것은?

① 굳지 않은 콘크리트의 중량, 충격하중　　② 굳지 않은 콘크리트의 중량, 측압

③ 작업하중, 풍하중　　④ 충격하중, 풍하중

**40** 미장공사에서 나타나는 결함의 유형과 가장 거리가 먼 것은?

① 균열　　② 부식

③ 탈락　　④ 백화

**37** 콘크리트 표준시방서에 따른 경량골재 콘크리트 배합 시 요구조건은 다음과 같다.

　㉠ 물 − 결합재비의 최댓값 : 60%

　㉡ 단위시멘트량의 최솟값 : 300kg/m$^3$

　㉢ 슬럼프 수치 : 50~180mm

　㉣ 기건단위질량(경량골재 콘크리트 1종) : 1,700~2,000kg/m$^3$

　㉤ 굵은 골재의 최대치수 : 20mm

　㉥ 공기량 : 보통콘크리트 대비 1% 높게 권장

**38** 파이프구조의 경우 파이프의 형상은 단순하며 공사비가 다른 구조형식에 비해 저렴하다.

**39** 굳지 않은 콘크리트 측압은 벽, 기둥, 보의 옆면 거푸집 설계 시 고려한다. 풍하중은 건축물의 구조설계 시 고려해야 하는 하중이다.

**40** 미장공사 시 나타나는 결함 중 부식은 일반적으로 볼 수 있는 유형이 아니다.

**41** 모살치수 8mm, 용접길이 500mm인 양면모살용접의 유효 단면적은 약 얼마인가?

① 2,100mm$^2$

② 3,221mm$^2$

③ 4,300mm$^2$

④ 5,421mm$^2$

**42** 주철근으로 사용된 D22 철근 180° 표준갈고리의 구부림 최소 내면 반지름($\gamma$)으로 옳은 것은?

① $\gamma = 1.0d_b$

② $\gamma = 2.0d_b$

③ $\gamma = 2.5d_b$

④ $\gamma = 3.0d_b$

**43** 프리스트레스하지 않은 부재의 현장치기 콘크리트에서 흙에 접하여 콘크리트를 친 후 영구히 흙에 묻혀 있는 콘크리트 부재의 최소 피복두께로 바른 것은?

① 40mm

② 50mm

③ 60mm

④ 80mm

---

**ANSWER** 41.④ 42.④ 43.④

**41** 유효목두께 $a = 0.7S = 0.7 \times 8 = 5.6$mm

유효길이 $l_e = l - 2S = 500 - 2 \times 8 = 484$mm

유효단면적 $A_w = 5.6 \times 484 \times 2 = 5,420.8 ≒ 5,421$mm$^2$

**42** • 철근의 직경이 D10 ~ D25인 경우 구부림 내면반지름은 $3d_b$ 이상이어야 한다.

• 철근의 직경이 D29 ~ D35인 경우 구부림 내면반지름은 $4d_b$ 이상이어야 한다.

• 철근의 직경이 D38 이상인 경우 구부림 내면반지름은 $5d_b$ 이상이어야 한다.

**43** 프리스트레스하지 않은 부재의 현장치기 콘크리트에서 흙에 접하여 콘크리트를 친 후 영구히 흙에 묻혀 있는 콘크리트 부재의 최소 피복두께는 80mm이다.

**44** 다음 그림과 같은 단면을 가진 압축재에서 유효좌굴길이 $KL$=250mm일 때 Euler의 좌굴하중 값은? (단, $E$=210,000MPa이다.)

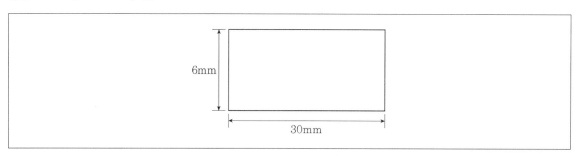

① 17.9kN

② 43.0kN

③ 52.9kN

④ 64.7kN

**45** 다음 그림과 같은 부정정보를 정정보로 만들기 위해 필요한 내부 힌지의 최소 개수는?

① 1개

② 2개

③ 3개

④ 4개

---

**44** 주어진 단면의 단면2차모멘트값의 최소값은

$$I_{min} = \frac{30 \cdot 6^3}{12} = 540mm^4 \text{ 가 된다.}$$

$$P_{cr} = \frac{\pi^2 EI_{min}}{(KL)^2} = \frac{\pi^2 \cdot 210,000 \cdot 540}{(250)^2} \fallingdotseq 17.9[kN]$$

**45** 부정정차수 $n = r - 3 - h = 5 - 3 - 0 = 2$

정정보를 만들기 위해서는 부정정차수만큼의 힌지가 필요하므로 필요한 개수는 2개이다.

※ 단층 구조물의 부정정차수 $N = (r - 3) - h$

($h$ : 구조물에 있는 힌지의 수[지점의 힌지는 제외])

**46** 다음 그림과 같은 교차보(Cross Beam) A, B부재의 최대 휨모멘트의 비로서 옳은 것은? (단, 각 부재의 $EI$는 일정함)

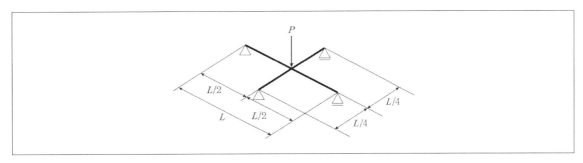

① 1 : 2

② 1 : 3

③ 1 : 4

④ 1 : 8

**47** 강도설계법에 따른 철근콘크리트 부재의 휨에 관한 일반사항으로 바르지 않은 것은?

① 콘크리트의 인장강도는 철근콘크리트 부재 단면의 축강도와 휨강도 계산에서 무시할 수 있다.

② 휨모멘트 또는 휨모멘트와 축력을 동시에 받는 부재의 콘크리트 압축연단의 극한변형률은 0.003으로 가정한다.

③ 휨부재의 최소철근량은 $A_{S,\min} = \dfrac{0.25\sqrt{f_{ck}}}{f_y} b_w d$ 또는 $A_{S,\min} = \dfrac{1.4}{f_y} b_w d$ 중 큰 값 이상이어야 한다.

④ 강도설계법에서는 연성파괴보다는 취성파괴를 유도하도록 설계의 초점을 맞추고 있다.

---

**ANSWER** **46.③ 47.④**

**46** 장변이 부담하는 하중을 $P_1$, 단변이 부담하는 하중을 $P_2$라고 가정한다.

우선 장변과 단변의 중앙점의 처짐은 동일하므로

$\dfrac{P_1 L^3}{48EI} = \dfrac{P_2\left(\dfrac{L}{2}\right)^3}{48EI}$ 이며 $P_1 = 8P_2$ 임을 알 수 있다.

장변이 부담하는 하중은 $P_1 = \dfrac{1}{9}P$

단변이 부담하는 하중은 $P_2 = \dfrac{8}{9}P$

장변의 중앙점에 작용하는 휨모멘트 : $\dfrac{P_1 2L}{8} = \dfrac{PL}{36}$

단면의 중앙점에 작용하는 휨모멘트 : $\dfrac{P_2 L}{8} = \dfrac{PL}{9}$

**47** 강도설계법에서는 취성파괴보다 연성파괴를 유도하도록 설계의 초점을 맞추고 있다.

**48** 다음 중 강도설계법에서 처짐을 계산하지 않는 경우 철근콘크리트 보의 최소 두께 규정으로 바르지 않은 것은? (단, 보통콘크리트와 설계기준항복강도 400MPa 철근을 사용한 부재이며 부재의 길이는 $l$ 이다)

① 단순 지지 : $\dfrac{l}{16}$

② 1단 연속 : $\dfrac{l}{18.5}$

③ 양단 연속 : $\dfrac{l}{12}$

④ 캔틸레버 : $\dfrac{l}{8}$

**49** 다음 중 지진력저항시스템의 분류 중 이중골조시스템에 관한 설명으로 바르지 않은 것은?

① 모멘트골조가 최소한 설계지진력의 75%를 부담한다.

② 모멘트골조와 전단벽 또는 가새골조로 이루어져 있다.

③ 전체 지진력은 각 골조의 횡강성비에 비례하여 분배한다.

④ 일정 이상의 변형능력을 갖도록 연성상세설계가 되어야 한다.

● ● ●
**ANSWER**   **48.**③   **49.**①

**48** 처짐을 계산하지 않는 경우 철근콘크리트 보의 최소 두께 규정에 따르면, 양단 연속의 경우 $\dfrac{l}{12}$ 이어야 한다.

※ **처짐의 제한**
- 부재의 처짐과 최소두께 : 처짐을 계산하지 않는 경우의 보 또는 1방향 슬래브의 최소두께는 다음과 같다. (L은 경간의 길이)

| 부재 | 최소 두께 또는 높이 | | | |
|---|---|---|---|---|
| | 단순지지 | 일단연속 | 양단연속 | 캔틸레버 |
| 1방향 슬래브 | L/20 | L/24 | L/28 | L/10 |
| 보 | L/16 | L/18.5 | L/21 | L/8 |

- 위의 표의 값은 보통콘크리트($m_c = 2,300 kg/m^3$)와 설계기준항복강도 400MPa철근을 사용한 부재에 대한 값이며 다른 조건에 대해서는 그 값을 다음과 같이 수정해야 한다.
- 1,500~2,000kg/m³범위의 단위질량을 갖는 구조용 경량콘크리트에 대해서는 계산된 $h_{min}$ 값에 $(1.65 - 0.00031 \cdot m_c)$를 곱해야 하나 1.09보다 작지 않아야 한다.
- $f_y$가 400MPa 이외인 경우에는 계산된 $h_{min}$ 값에 $\left(0.43 + \dfrac{f_y}{700}\right)$를 곱해야 한다.

**49** 이중골조방은 횡력의 25% 이상을 부담하는 모멘트 연성골조가 전단벽이나 가새골조와 조합되어 있는 골조방식이다.

**50** 다음 그림과 같은 옹벽에 토압 10kN이 가해지는 경우 이 옹벽이 전도되지 않도록 하기 위해서는 어느 정도의 자중이 필요한가?

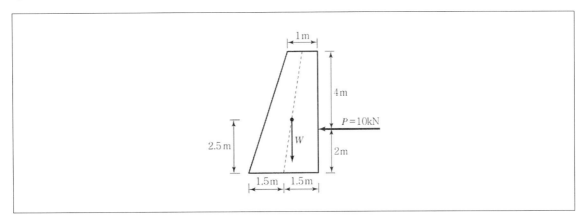

① 12.71kN

② 11.71kN

③ 10.44kN

④ 9.71kN

**50** 좌측 하부의 모서리로부터 무게중심 $W$까지의 거리

$$x_o = \frac{A_1 x_1 + A_2 x_2}{A_1 + A_2} = \frac{(2 \times 6 \times 0.5 \times 4/3) + (1 \times 6 \times 2.5)}{(2 \times 6 \times 0.5) + (1 \times 6)} = 1.916\text{m}$$

$A_1$ : 옹벽의 좌측 삼각형의 면적

$A_2$ : 옹벽의 우측 사각형의 면적

토압에 의한 전도모멘트 $M_o = 10 \times 2 = 20\text{kN} \cdot \text{m}$

자중에 의한 저항모멘트 $M_R = W \times 1.916 = 1.916\,W$

저항모멘트 ≥ 전도모멘트 관계로부터 $W = \dfrac{20}{1.916} = 10.44\text{kN}$

**51** 다음 그림과 같은 부정정라멘의 B.M.D에서 $P$값을 구하면?

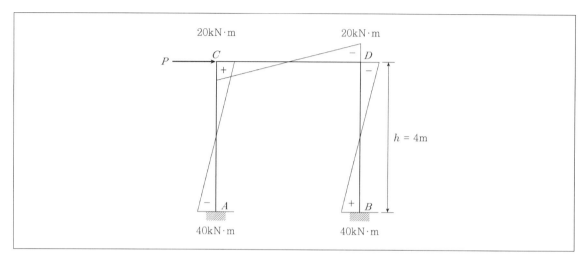

① 20kN

② 30kN

③ 50kN

④ 60kN

**52** 직경 2.2cm, 길이 50cm의 강봉에 축방향 인장력을 적용시켰더니 길이는 0.04cm 늘어났고 직경은 0.0006cm 줄었다. 이 재료의 포아송수는?

① 0.015

② 0.34

③ 2.93

④ 66.67

**51** $P = \dfrac{\text{재단모멘트의 합}}{\text{층고}} = \dfrac{20+40+20+40}{4} = 30\text{kN}$

**52** 포아송수$(\nu) = \dfrac{\beta}{\varepsilon} = -\dfrac{1}{m}$ (포아송수 : $m$)

$\nu = \dfrac{\dfrac{\triangle d}{d}}{\dfrac{\triangle L}{L}} = \dfrac{L\triangle d}{d\triangle L} = \dfrac{0.03}{0.088} = \dfrac{1}{2.933}$

포아송수 $m = 2.933$

**53** 다음 그림과 같은 부정정라멘에서 CD기둥의 전단력값은?

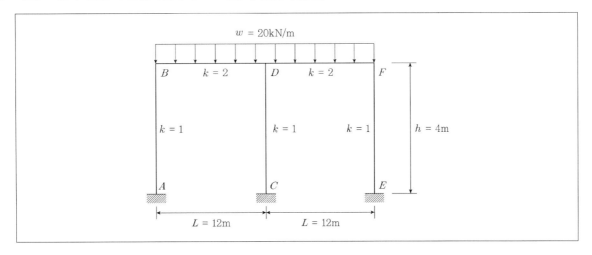

① 0kN

② 10kN

③ 20kN

④ 30kN

**54** 기초 설계 시 인접대지를 고려하여 편심기초를 만들고자 한다. 이 때 편심기초의 지내력이 균등하도록 하기 위해서는 어떤 방법을 이용해야 하는가?

① 지중보를 설치한다.

② 기초 면적을 넓힌다.

③ 기둥의 단면적을 크게 한다.

④ 기초 두께를 두껍게 한다.

---

**ANSWER** 53.① 54.①

**53** $D$절점의 재단모멘트 $M_{DB}$와 $M_{DF}$가 서로 하중, 구조대칭이므로 절댓값의 크기가 같기 때문에 $CD$기둥에서는 휨모멘트는 발생하지 않는다. 또한 기둥 상하단에 휨모멘트값이 0이므로 기둥에 발생하는 전단력은 0이다.

**54** 기초 설계 시 인접대지를 고려하여 편심기초를 만들고자 할 때 편심기초의 지내력을 가능한 균등하게 하기 위해서 주로 지중보를 설치한다.

※ **지중보** … 기초와 기초를 연결시키는 보로서, 모멘트에 대한 저항성능을 향상시키기 위해 설치되는 보를 말한다.

**55** 강도설계법에 의해서 전단보강 철근을 사용하지 않고 계수하중에 의한 전단력 $V_u = 50\mathrm{kN}$을 지지하기 위한 직사각형 단면보의 최소유효깊이 $d$는? (단, 보통중량콘크리트를 사용하며 $f_{ck} = 28\mathrm{MPa}$, $b_w = 300\mathrm{mm}$)

① 405mm

② 444mm

③ 504mm

④ 605mm

**56** 다음 중 H형강의 플랜지에 커버플레이트를 붙이는 주목적으로 바른 것은?

① 수평부재간 접합 시 틈새를 메우기 위하여

② 슬래브와의 전단접합을 위하여

③ 웨브플레이트의 전단내력 보강을 위하여

④ 휨내력의 보강을 위하여

**57** 1변의 길이가 각각 50mm(A), 100mm(B)인 두 개의 정사각형 단면에 동일한 압축하중 $P$가 작용할 때 압축응력도의 비(A : B)는?

① 2 : 1

② 4 : 1

③ 8 : 1

④ 16 : 1

---

**ANSWER**  55.③  56.④  57.②

**55** 전단보강이 필요없는 경우의 보의 최소유효깊이 $d$는 다음의 조건을 충족하는 값이어야 한다.

$$V_c = \frac{1}{6} \lambda \sqrt{f_{ck}} \, b_w d = \frac{1}{6} \cdot 1.0 \cdot \sqrt{28} \cdot 300 \cdot d$$

$$V_u = 50[\mathrm{kN}]$$

전단보강이 필요없는 조건은 $V_u \le \frac{1}{2} \phi V_c$ 이므로,

$$50,000 \le \frac{1}{2} \cdot 0.75 \cdot \frac{1}{6} \cdot \sqrt{28} \cdot 300 \cdot d$$에 따라

$$d \ge 503.9\mathrm{mm}$$

**56** H형강의 플랜지에 커버플레이트를 붙이면 단면의 춤이 증가하여 단면2차모멘트가 증대되므로 휨내력이 증가한다.

**57** 정사각형 단면의 경우, 변의 길이가 2배로 증가하면 면적은 4배로 증가하게 된다. 따라서 동일하중이 작용할 경우 면적이 4배가 되면 발생되는 압축응력은 1/4이 된다.

**58** 다음 그림과 같은 내민보에서 A지점의 반력값은?

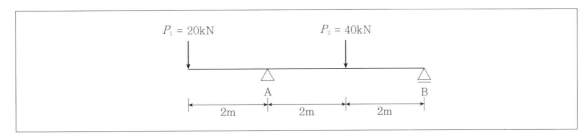

① 20kN

② 30kN

③ 40kN

④ 50kN

**59** 다음 그림과 같은 캔틸레버보에서 B점의 처짐각($\theta_B$)은? (단, $EI$는 일정함)

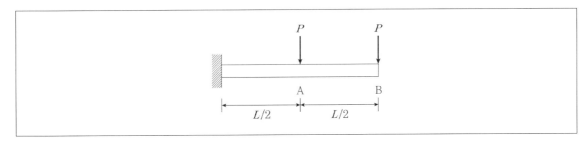

① $-\dfrac{PL^2}{2EI}$

② $-\dfrac{PL^2}{8EI}$

③ $-\dfrac{5PL^2}{8EI}$

④ $-\dfrac{2PL^2}{3EI}$

**58** B점에 대한 모멘트의 합이 0을 이루어야 함을 근거로 A점의 반력을 구한다.

$$\sum M_B = -20 \cdot 6 + R_A \cdot 4 - 40 \cdot 2 = 0 : R_A = 50[\text{kN}]$$

**59** 처짐값이 아니라 처짐각을 묻는 문제임에 유의해야 한다.

$$\theta_B = -\left\{ \frac{Pl^2}{2EI} + \frac{1}{EI}\left( \frac{1}{2} \times \frac{Pl}{2} \times \frac{l}{2} \right) \right\} = -\left( \frac{Pl^2}{2EI} + \frac{Pl^2}{8EI} \right) = -\frac{5Pl^2}{8EI}$$

(아래쪽 방향의 처짐을 −로 표기함)

**60** 강구조에서 용접선 단부에 붙인 보조판으로 아크의 시작이나 종단부의 크레이터 등의 결함을 방지하기 위해 붙이는 판은?

① 스티프너

② 앤드탭

③ 윙프레이트

④ 커버플레이트

• • •
| ANSWER | 60.②

**60** 앤드탭(End Tab) … 강구조에서 용접선 단부에 붙인 보조판으로 아크의 시작이나 종단부의 크레이터 등의 결함을 방지하기 위해 붙이는 판(용접의 시점부와 종단부는 전기적으로 아크가 불안정하므로 블로우홀, 크레이터 등의 결함이 생기기 쉽다.)

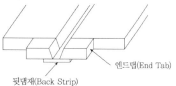

엔드탭(End Tab)

뒷댐재(Back Strip)

**4과목** 건축설비

**61** 직류 엘리베이터에 관한 설명으로 바르지 않은 것은?

① 임의의 기동토크를 얻을 수 있다.

② 고속 엘리베이터용으로 사용이 가능하다.

③ 원활한 가감속이 가능하여 승차감이 좋다.

④ 교류 엘리베이터에 비해 가격이 저렴하다.

**62** 다음의 어떤 수조면의 일사량을 나타낸 값 중 그 값이 가장 큰 것은?

① 전천일사량　　　　　　　　　　　　② 확산일사량

③ 천공일사량　　　　　　　　　　　　④ 반사일사량

---

**ANSWER**　**61.**④　**62.**①

**61** 직류 엘리베이터는 교류 엘리베이터보다 고가이다.

※ 엘리베이터의 특징

| | 교류 엘리베이터 | 직류 엘리베이터 |
|---|---|---|
| 기동 | 기동토크가 작다 | 임의의 기동토크를 얻을 수 있다. |
| 속도조정 | 속도를 임의로 선택할 수 없으며 속도제어는 불가하고 부하에 의한 속도변동이 있다. | 속도를 임의로 선택할 수 있으며 속도제어가 가능하고 부하에 의한 속도변동이 없다. |
| 승강기분 | 좋지 않다. | 양호하다 |
| 착상오차 | 수 mm 오차가 발생 | 1mm 이내 오차가 발생 |
| 전효율 | 40 ~ 60% | 60 ~ 80% |
| 가격 | 저렴하다 | 고가이다 |
| 속도 | 30m/분, 45m/분, 60m/분 | 90m/분, 105m/분, 120m/분, 150m/분, 180m/분, 210m/분, 240m/분 |

**62** • **전천일사** : 수평면에 입사하는 직사일사 및 하늘(산란)복사를 합친 것을 말하며, 수평면 일사라고도 한다.

　• **확산일사** : 수평면이 태양을 향하는 입체각 이외로부터 받는 하향일사. 대기 중의 산란이나 지물의 반사에 의한 지향성이 약한 일사를 총칭하기도 한다.

　• **천공일사** : 천공의 일부가 지상의 장해물 등으로 차단되는 경우에 그 부분을 제외하고 실제로 보이는 천공 부분에서 도래하는 확신을 말한다.

　• **반사일사** : 물체의 표면에서 반사된 일사를 말한다.

**63** 다음은 옥내소화전설비에서 전동기에 따른 펌프를 이용하는 가압송수장치에 관한 설명이다. ( ) 안에 알맞은 것은?

특정소방대상물의 어느 층에 있어서도 해당 층의 옥내소화전(5개 이상 설치된 경우에는 5개의 옥내소화전)을 동시에 사용할 경우 각 소화전의 노즐선단에서의 방수압력이 ( ㉠ ) 이상이고, 방수량이 ( ㉡ ) 이상이 되는 성능의 것으로 할 것

① ㉠ 0.17MPa, ㉡ 130L/min　　　　　　② ㉠ 0.17MPa, ㉡ 250L/min

③ ㉠ 0.34MPa, ㉡ 130L/min　　　　　　④ ㉠ 0.34MPa, ㉡ 250L/min

**64** 공기조화방식 중 팬코일 유닛 방식에 관한 설명으로 바르지 않은 것은?

① 덕트 방식에 비해 유닛의 위치 변경이 용이하다.

② 유닛을 창문 밑에 설치하면 콜드 드래프트를 줄일 수 있다.

③ 전공기 방식으로 각 실에 수배관으로 인한 누수의 염려가 없다.

④ 각 실의 유닛은 수동으로도 제어할 수 있고, 개별 제어가 용이하다.

**65** 다음 중 냉난방 부하에 관한 설명으로 바르지 않은 것은?

① 틈새바람부하에는 현열부하 요소와 잠열부하 요소가 있다.

② 최대부하를 계산하는 것은 장치의 용량을 구하기 위한 것이다.

③ 냉방부하 중 실부하란 전열부하, 일사에 의한 부하 등을 말한다.

④ 인체 발생열과 조명기구 발생열은 난방부하를 증가시키므로 난방부하계산에 포함시킨다.

---

**ANSWER**　63.①　64.③　65.④

**63** 특정소방대상물의 어느 층에 있어서도 해당 층의 옥내소화전(5개 이상 설치된 경우에는 5개의 옥내소화전)을 동시에 사용할 경우 각 소화전의 노즐선단에서의 방수압력이 0.17MPa 이상이고, 방수량이 130L/min 이상이 되는 성능의 것으로 할 것

**64** 팬코일 유닛 방식은 전수 방식이므로 누수의 염려가 있다.

**65** 일반적으로 인체 발생열과 조명기구의 발생열은 냉방부하를 증가시킨다.

**66** 다음 중 광원의 연색성에 관한 설명으로 바르지 않은 것은?

① 고압수은램프의 평균연색평가수(Ra)는 100이다.

② 연색성을 수치로 나타낸 것을 연색평가수라고 한다.

③ 평균 연색평가수(Ra)가 100에 가까울수록 연색성이 좋다.

④ 물체과 광원에 의해 조명될 때, 그 물체의 색의 보임을 정하는 광원의 성질을 말한다.

**67** 900명을 수용하고 있는 극장에서 실내 $CO_2$ 농도를 0.1%로 유지하기 위해 필요한 환기량은? (단, 외기 $CO_2$ 농도는 0.04%, 1인당 $CO_2$ 배출량은 18L/h이다.)

① $27,000\mathrm{m}^3/\mathrm{h}$                    ② $30,000\mathrm{m}^3/\mathrm{h}$

③ $60,000\mathrm{m}^3/\mathrm{h}$                    ④ $66,000\mathrm{m}^3/\mathrm{h}$

**68** 압력탱크식 급수설비에서 탱크 내의 최고압력이 350kPa, 흡입양정이 5m인 경우, 압력탱크에 급수하기 위해 사용되는 급수펌프의 양정은?

① 약 3.5m                    ② 약 8.5m

③ 약 35m                    ④ 약 40m

---

**ANSWER**   66.①   67.①   68.④

.....................................................................................................................................................

**66** 고압수은램프의 평균 연색평가수는 60~70 정도이다.
  ※ **연색평가수** … 광원에 의해 조명되는 물체색의 지각이 규정된 조건하에서 기준 광원으로 조명했을 때의 지각과 맞는
    정도를 나타내는 수치이며 평균연색평가지수와 특수연색평기주수로 나뉜다. 이 수치가 높을수록 연색성이 우수하다고
    본다.

**67** $Q = \dfrac{900 \times 18}{0.001 - 0.0004} = 2.7 \times 10^7 \mathrm{L/h} = 27,000\mathrm{m}^3/\mathrm{h}$

**68** 1kPa은 물의 양정으로 0.1m과 동일하므로, 350kPa는 물의 양정으로 35m가 된다.
  전양정은 토출양정과 흡입양정의 합이므로, 35m+5m=40m

**69** 간접 가열식 급탕법에 관한 설명으로 바르지 않은 것은?

① 대규모 급탕설비에 적합하다.

② 보일러 내부에 스케일의 발생 가능성이 높다.

③ 가열코일에 순환하는 증기는 저압으로도 된다.

④ 난방용 증기를 사용하면 별도의 보일러가 필요 없다.

**70** 전기설비의 전압구분에서 저압 기준으로 바른 것은?

① 교류 300[V] 이하, 직류 600[V] 이하

② 교류 600[V] 이하, 직류 600[V] 이하

③ 교류 600[V] 이하, 직류 750[V] 이하

④ 교류 750[V] 이하, 직류 750[V] 이하

**71** 다음 중 약전설비(소세력 전기설비)에 속하지 않는 것은?

① 조명설비　　　　　　　　　　　② 진기음향설비

③ 감시제어설비　　　　　　　　　④ 주차관제설비

· · ·
ANSWER　**69.**②　**70.**③　**71.**①

**69** 중앙식 급탕방법의 비교

| 구분 | 직접 가열식 | 간접 가열식 |
|---|---|---|
| 가열장소 | 온수보일러 | 저탕조 |
| 보일러 | 급탕용 보일러, 난방용 보일러 각각 설치 | 난방용 보일러로 급탕까지 가능 |
| 보일러내의 스케일 | 다량이 생성됨 | 거의 끼지 않음 |
| 보일러내의 압력 | 고압 | 저압 |
| 적용건물 | 중소규모 건물 | 대규모 건물 |
| 저탕조내의 가열코일 | 불필요 | 필요 |
| 열효율 | 유리 | 불리 |

**70** 저압은 600[V] 이하의 교류 전압 및 750[V] 이하의 직류 전압을 의미한다.

**71** 주로 100[V] 이상의 교류전기를 사용하는 조명, 동력, 전원설비 등을 강전설비라 하며, 낮은 전압의 직류전기를 사용하는 전화, 인터폰, 전기시계, 방송설비 등을 약전설비라 한다. (소세력회로 : 절연변압기를 사용하여 전압을 낮춘 회로에서 그 최대 사용전압이 60[V] 이하인 회로이다.)

**72** 볼류트 펌프의 토출구를 지나는 유체의 유속이 2.5m/s, 유량이 1m$^3$/min일 경우, 토출구의 구경은?

① 75mm

② 82mm

③ 92mm

④ 105mm

**73** 겨울철 벽체를 통해 실내에서 실외로 빠져나가는 열손실량을 계산할 때 필요하지 않은 요소는?

① 외기온도

② 실내습도

③ 벽체의 두께

④ 벽체 재료의 열전도율

**74** 다음 중 금속관 공사에 관한 설명으로 바르지 않은 것은?

① 고조파의 영향이 없다.

② 저압, 고압, 통신설비 등에 널리 사용된다.

③ 사용목적과 상관없이 접지를 할 필요가 없다.

④ 사용장소로는 은폐장소, 노출장소, 옥측, 옥외 등 광범위하게 사용할 수 있다.

**75** 다음 중 급수관의 관경 결정과 관계가 없는 것은?

① 관균등표

② 동시사용률

③ 마찰저항선도

④ 동적부하해석법

**72**

$$\frac{1m^3}{\min} = \frac{1m^3}{60\sec} \fallingdotseq 0.0167$$

$$A = \frac{Q}{V} = \frac{0.0167}{2.5} \fallingdotseq 0.0067$$

$$A = \frac{\pi d^2}{4}$$

$$d = \sqrt{\frac{4A}{\pi}} = \sqrt{\frac{4 \times 0.0067}{3.14}} = 0.092m = 92mm$$

**73** 겨울철 벽체를 통해 실내에서 실외로 빠져나가는 열손실량을 계산할 때 실내습도는 직접적인 고려요소로 볼 수 없다.

**74** 금속관 공사 시 접지는 필수적으로 고려해야 하는 요소이다.

**75** 동적부하해석법은 급수관의 관경 결정과는 관련이 없다.

**76** 주관적 온열요소 중 인체의 활동상태의 단위로 사용되는 것은?

① met
② clo
③ lm
④ cd

**77** 3상 동력과 단상 전등, 전열부하를 동시에 사용 가능한 방식으로 사무소 건물 등 대규모 건물에 많이 사용되는 구내 배전방식은?

① 단상 2선식
② 단상 3선식
③ 3상 3선식
④ 3상 4선식

---

**• • •**
**ANSWER** **76.① 77.④**

**76** 1[met] ⋯ 공복 시 쾌적한 환경에서 조용히 앉아있는 성인남자의 신체표면적 $1m^2$에서 발산되는 열량($58.2W/m^2$=$50kcal/m^2h$). 성인여자는 성인남자의 85% 정도이다. 주관적 온열요소 중 인체의 활동 상태를 나타내는 단위이다.

※ 1[clo] ⋯ 기온 21°C, 상대습도 50%, 기류속도 0.5m/s 이하의 실내에서 인체 표면으로부터의 방열량이 1[met]의 활동량일 때 피부표면으로부터 의복표면까지의 열저항값을 의미한다.

**77** ④ 3상 4선식 380/220V : 대규모 건물에서 여러 종류의 전압이 필요할 경우 적용되며 전력, 전압, 배선거리가 동일할 때 배선비가 가장 적게 드는 방식이다.

② 단상 3선식 220/110V : 110V, 220V 두 종류의 전압을 얻을 수 있기에 일반사무실이나 학교에 적합한 배선방식이다.

※ 배선방식 ⋯ 단상이라고 하는 것은 선 2가닥을 말하고 3상은 선 3가닥을 말하는 것이다. 단상은 주로 전등 정도의 작은 전기를 얻는데 사용하는데 주로 이전에 110V와 220V를 동시에 수용할 때 사용하였다. (일반 가정용은 주로 3상 3선식이다.)

3상은 선 3가닥을 사용하는 방식으로 동력을 얻는데 사용하고 220V와 380V를 얻을 수 있다.

단상은 보통 2가닥의 선을 생각해볼 수 있는데 거기에 중성선을 추가하여 3선식으로 사용하는 것이고 3상은 마찬가지로 3가닥의 선에 중선선이 추가되어 4선식으로 사용하는 방식이다. (추가된 중성선을 통하여 하나의 전압종류가 아닌 2가지의 전압을 얻을 수 있는 것이다.)

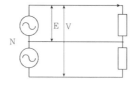

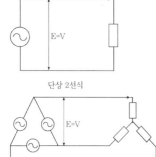

단상 2선식          단상 3선식

3상 3선식          3상 4선식

**40** 건축기사

**78** 다음과 같은 조건에서 실의 현열부하가 7,000[W]인 경우 실내 취출풍량은?

> • 실내의 온도 : 22°C　　　　　　• 취출공기의 온도 : 12°C
> • 공기의 비열 : 1.01kJ/kg · K　　• 공기의 밀도 : 1.2kg/m³

① 1,042m³/h

② 2,079m³/h

③ 3,472m³/h

④ 6,944m³/h

**79** 도시가스 배관 시공에 관한 설명으로 바르지 않은 것은?

① 건물 내에서는 반드시 은폐배관으로 한다.

② 배관 도중에 신축 흡수를 위한 이음을 한다.

③ 건물의 주요 구조부를 관통하지 않도록 한다.

④ 건물의 규모가 크고 배관 연장이 길 경우는 계통을 나누어 배관한다.

**80** 구조체를 가열하는 복사난방에 관한 설명으로 바르지 않은 것은?

① 복사열에 의하므로 쾌적성이 좋다.

② 바닥, 벽체, 천장 등을 방열면으로 할 수 있다.

③ 예열시간이 길고 일시적인 난방에는 바람직하지 않다.

④ 방열기의 설치로 인해 실의 바닥면적의 이용도가 낮다.

---

**ANSWER**　78.②　79.①　80.④

**78**　$Q = \dfrac{1시간당 발열량}{공기의 비열 \times 공기의 밀도 \times 온도차}$

$= \dfrac{7,000 \times 3,600}{1.01 \times 1,000 \times 1.2 \times (22-12)}$

$= 2,079.2 mm^3/h$

**79**　가스배관은 가스누설 시 환기를 할 수 있도록 하기 위해 반드시 노출배관을 원칙으로 한다.

**80**　복사난방은 방을 구성하는 바닥, 천장 또는 벽체에 열원을 매설하고 온수를 공급하여 그 복사열로 방을 난방하는 방식이다.
　④ 보일러에서 생산된 증기를 방열기로 보내 증기의 응축잠열을 이용하는 난방은 증기난방이다. 방열기를 사용하는 대류난방에서는 방열량의 70 ~ 80%가 대류열에 의하지만 복사난방은 50 ~ 70%의 복사열에 의한다.

**81** 다음 중 건축물의 용도분류상 문화 및 집회시설에 속하는 것은?

① 야외극장                 ② 산업전시장

③ 어린이회관             ④ 청소년수련원

**82** 다음은 건축법령상 직통계단의 설치에 관한 기준 내용이다. (  ) 안에 알맞은 것은?

> 초고층 건축물에는 피난층 또는 지상으로 통하는 직통계단과 직접 연결되는 피난안전구역(건축물의 피난 · 안전을 위하여 건축물 중간층에 설치하는 대피공간)을 지상층으로부터 최대 (  )층마다 1개소 이상 설치해야 한다.

① 10개                 ② 20개

③ 30개                 ④ 40개

---

**ANSWER**    81.②   82.③

**81** ①③ 관광 휴게시설

    ④ 수련시설

    ※ **문화 및 집회시설**

      ㉠ 공연장으로서 제2종 근린생활시설에 해당하지 아니하는 것

      ㉡ 집회장[예식장, 공회당, 회의장, 마권(馬券) 장외 발매소, 마권 전화투표소, 그 밖에 이와 비슷한 것을 말한다]으로서 제2종 근린생활시설에 해당하지 아니하는 것

      ㉢ 관람장(경마장, 경륜장, 경정장, 자동차 경기장, 그 밖에 이와 비슷한 것과 체육관 및 운동장으로서 관람석의 바닥면적의 합계가 1천 제곱미터 이상인 것을 말한다)

      ㉣ 전시장(박물관, 미술관, 과학관, 문화관, 체험관, 기념관, 산업전시장, 박람회장, 그 밖에 이와 비슷한 것을 말한다)

      ㉤ 동 · 식물원(동물원, 식물원, 수족관, 그 밖에 이와 비슷한 것을 말한다)

**82** 초고층 건축물에는 피난층 또는 지상으로 통하는 직통계단과 직접 연결되는 피난안전구역(건축물의 피난 · 안전을 위하여 건축물 중간층에 설치하는 대피공간)을 지상층으로부터 최대 30개 층마다 1개소 이상 설치해야 한다.

**83** 자연녹지지역으로서 노외주차장을 설치할 수 있는 지역에 속하지 않는 것은?

① 토지의 형질변경 없이 주차장의 설치가 가능한 지역

② 주차장 설치를 목적으로 토지와 형질변경허가를 받은 지역

③ 택지개발사업 등의 단지조성사업 등에 따라 주차수요가 많은 지역

④ 하천구역 및 공유수면으로서 주차장이 설치되어도 해당 하천 및 공유수면의 관리에 지장을 주지 아니하는 지역

**84** 대통령령으로 정하는 용도와 규모의 건축물에 대해 일반이 사용할 수 있도록 소규모 휴식시설 등의 공개 공지 또는 공개 공간을 설치해야 하는 대상지역에 속하지 않는 것은?

① 준주거지역

② 준공업지역

③ 일반주거지역

④ 전용주거지역

---

**ANSWER** 83.③ 84.④

**83** 자연녹지지역의 노외주차장 설치지역
- 하천구역 및 공유수면으로서 주차장이 설치되어도 해당 하천 및 공유수면의 관리에 지장을 주지 아니하는 지역
- 토지의 형질변경 없이 주차장의 설치가 가능한 지역
- 주차장 설치를 목적으로 토지의 형질변경 허가를 받은 지역
- 특별시장·광역시장·시장·군수 또는 구청장이 특히 주차장의 설치가 필요하다고 인정하는 지역

**84** 공개 공지 등의 확보(건축법 제43조)
① 다음의 어느 하나에 해당하는 지역의 환경을 쾌적하게 조성하기 위하여 대통령령으로 정하는 용도와 규모의 건축물은 일반이 사용할 수 있도록 대통령령으로 정하는 기준에 따라 소규모 휴식시설 등의 공개 공지(空地 : 공터) 또는 공개 공간을 설치하여야 한다.
   1. 일반주거지역, 준주거지역
   2. 상업지역
   3. 준공업지역
   4. 특별자치시장·특별자치도지사 또는 시장·군수·구청장이 도시화의 가능성이 크거나 노후 산업단지의 정비가 필요하다고 인정하여 지정·공고하는 지역
② ①에 따라 공개 공지나 공개 공간을 설치하는 경우에는 대통령령으로 정하는 바에 따라 완화하여 적용할 수 있다.

**85** 다음의 각종 용도지역의 세분에 관한 설명 중 바르지 않은 것은?

① 근린상업지역 : 근린지역에서의 일용품 및 서비스의 공급을 위해 필요한 지역

② 중심상업지역 : 도심·부도심의 상업기능 및 업무기능의 확충을 위해 필요한 지역

③ 제1종일반주거지역 : 단독주택을 중심으로 양호한 주거환경을 조성하기 위해 필요한 지역

④ 준주거지역 : 주거기능을 위주로 이를 지원하는 일부 상업기능 및 업무기능을 보완하기 위하여 필요한 지역

**85** ③ 제1종 전용주거지역에 대한 설명이다.

※ 용도지역의 세분
1. 주거지역
   ㉠ 전용주거지역 : 양호한 주거환경을 보호하기 위하여 필요한 지역
   • 제1종전용주거지역 : 단독주택 중심의 양호한 주거환경을 보호하기 위하여 필요한 지역
   • 제2종전용주거지역 : 공동주택 중심의 양호한 주거환경을 보호하기 위하여 필요한 지역
   ㉡ 일반주거지역 : 편리한 주거환경을 조성하기 위하여 필요한 지역
   • 제1종일반주거지역 : 저층주택을 중심으로 편리한 주거환경을 조성하기 위하여 필요한 지역
   • 제2종일반주거지역 : 중층주택을 중심으로 편리한 주거환경을 조성하기 위하여 필요한 지역
   • 제3종일반주거지역 : 중고층주택을 중심으로 편리한 주거환경을 조성하기 위하여 필요한 지역
   ㉢ 준주거지역 : 주거기능을 위주로 이를 지원하는 일부 상업기능 및 업무기능을 보완하기 위하여 필요한 지역
2. 상업지역
   ㉠ 중심상업지역 : 도심·부도심의 상업기능 및 업무기능의 확충을 위하여 필요한 지역
   ㉡ 일반상업지역 : 일반적인 상업기능 및 업무기능을 담당하게 하기 위하여 필요한 지역
   ㉢ 근린상업지역 : 근린지역에서의 일용품 및 서비스의 공급을 위하여 필요한 지역
   ㉣ 유통상업지역 : 도시 내 및 지역 간 유통기능의 증진을 위하여 필요한 지역
3. 공업지역
   ㉠ 전용공업지역 : 주로 중화학공업, 공해성 공업 등을 수용하기 위하여 필요한 지역
   ㉡ 일반공업지역 : 환경을 저해하지 아니하는 공업의 배치를 위하여 필요한 지역
   ㉢ 준공업지역 : 경공업 그 밖의 공업을 수용하되, 주거기능·상업기능 및 업무기능의 보완이 필요한 지역
4. 녹지지역
   ㉠ 보전녹지지역 : 도시의 자연환경·경관·산림 및 녹지공간을 보전할 필요가 있는 지역
   ㉡ 생산녹지지역 : 주로 농업적 생산을 위하여 개발을 유보할 필요가 있는 지역
   ㉢ 자연녹지지역 : 도시의 녹지공간의 확보, 도시확산의 방지, 장래 도시용지의 공급 등을 위하여 보전할 필요가 있는 지역으로서 불가피한 경우에 한하여 제한적인 개발이 허용되는 지역

**86** 6층 이상의 거실면적의 합계가 3,000m²인 경우, 건축물의 용도별 설치하여야 하는 승용승강기의 최소 대수로 바른 것은? (단, 15인승 승강기의 경우)

① 업무시설 : 2대

② 의료시설 : 2대

③ 숙박시설 : 2대

④ 위락시설 : 2대

**87** 건축물의 층수 산정에 관한 기준 내용으로 바르지 않은 것은?

① 지하층은 건축물의 층수에 산입하지 아니한다.

② 층의 구분이 명확하지 아니한 건축물은 그 건축물의 높이 4m마다 하나의 층으로 보고 그 층수를 산정한다.

③ 건축물이 부분에 따라 그 층수가 다를 경우에는 바닥면적에 따라 가중평균한 층수를 그 건축물의 층수로 본다.

④ 계단탑으로서 그 수평투영면적의 합계가 해당 건축물 건축면적의 8분의 1 이하인 것은 건축물의 층수에 산입하지 아니한다.

ANSWER   86.②   87.③

**86** 승용승강기의 설치기준

| 건축물의 용도 \ 6층 이상의 거실 면적의 합계 | 3천 제곱미터 이하 | 3천 제곱미터 초과 |
|---|---|---|
| ㉠ 문화 및 집회시설(공연장·집회장 및 관람장만 해당) ㉡ 판매시설 ㉢ 의료시설 | 2대 | 2대에 3천 제곱미터를 초과하는 2천 제곱미터 이내마다 1대를 더한 대수 |
| ㉠ 문화 및 집회시설(전시장 및 동·식물원만 해당) ㉡ 업무시설 ㉢ 숙박시설 | 1대 | 1대에 3천 제곱미터를 초과하는 2천 제곱미터 이내마다 1대를 더한 대수 |
| ㉠ 공동주택 ㉡ 교육연구시설 ㉢ 노유자시설 ㉣ 그 밖의 시설 | 1대 | 1대에 3천 제곱미터를 초과하는 3천 제곱미터 이내마다 1대를 더한 대수 |

**87** 건축물이 부분에 따라 그 층수가 다른 경우에는 그 중 가장 많은 층수를 그 건축물의 층수로 본다.

**88** 다음은 지하층과 피난층 사이에 개방공간 설치에 관한 기준내용이다. (    ) 안에 알맞은 것은?

> 바닥면적의 합계가 (    ) 이상인 공연장·집회장·관람장 또는 전시장을 지하층에 설치하는 경우에는 각 실에 있는 자가 지하층 각 층에서 건축물 밖으로 피난하여 옥외 계단 또는 경사로 등을 이용하여 피난층으로 대피할 수 있도록 천장이 개방된 외부 공간을 설치해야 한다.

① 1,000m$^2$

② 2,000m$^2$

③ 3,000m$^2$

④ 4,000m$^2$

**89** 공작물을 축조할 때 특별자치시장·특별자치도지사 또는 시장·군수·구청장에게 신고를 하여야 하는 대상 공작물에 속하지 않는 것은? (단, 건축물과 분리하여 축조하는 경우)

① 높이 3m인 담장

② 높이 5m인 굴뚝

③ 높이 5m인 광고탑

④ 높이 5m인 광고판

**ANSWER**    88.③   89.②

**88** 바닥면적의 합계가 3,000m$^2$ 이상인 공연장·집회장·관람장 또는 전시장을 지하층에 설치하는 경우에는 각 실에 있는 자가 지하층 각 층에서 건축물 밖으로 피난하여 옥외 계단 또는 경사로 등을 이용하여 피난층으로 대피할 수 있도록 천장이 개방된 외부 공간을 설치해야 한다.

**89** 공작물을 축조(건축물과 분리하여 축조하는 것)할 때 특별자치시장·특별자치도지사 또는 시장·군수·구청장에게 신고를 하여야 하는 공작물
1. 높이 6미터를 넘는 굴뚝
2. 높이 6미터를 넘는 장식탑, 기념탑, 그 밖에 이와 비슷한 것
3. 높이 4미터를 넘는 광고탑, 광고판, 그 밖에 이와 비슷한 것
4. 높이 8미터를 넘는 고가수조나 그 밖에 이와 비슷한 것
5. 높이 2미터를 넘는 옹벽 또는 담장
6. 바닥면적 30제곱미터를 넘는 지하대피호
7. 높이 6미터를 넘는 골프연습장 등의 운동시설을 위한 철탑, 주거지역·상업지역에 설치하는 통신용 철탑, 그 밖에 이와 비슷한 것
8. 높이 8미터(위험을 방지하기 위한 난간의 높이 제외) 이하의 기계식 주차장 및 철골 조립식 주차장(바닥면이 조립식이 아닌 것 포함)으로서 외벽이 없는 것
9. 건축조례로 정하는 제조시설, 저장시설(시멘트사일로 포함), 유희시설, 그 밖에 이와 비슷한 것
10. 건축물의 구조에 심대한 영향을 줄 수 있는 중량물로서 건축조례로 정하는 것
11. 높이 5미터를 넘는 「신에너지 및 재생에너지 개발·이용·보급 촉진법」에 따른 태양에너지를 이용하는 발전설비와 그 밖에 이와 비슷한 것

**90** 다음 중 두께에 관계없이 방화구조에 해당되는 것은?

① 심벽에 흙으로 맞벽치기한 것

② 석고판 위에 회반죽을 바른 것

③ 시멘트모르타르 위에 타일을 붙인 것

④ 석고판 위에 시멘트모르타르를 바른 것

**91** 피난안전구역(건축물의 피난·안전을 위해 건축물 중간층에 설치하는 대피공간)의 구조 및 설비에 관한 기준 내용으로 바르지 않은 것은?

① 피난안전구역의 높이는 2.1m 이상일 것

② 비상용 승강기는 피난안전구역에서 승하차할 수 있는 구조로 설치할 것

③ 건축물의 내부에서 피난안전구역으로 통하는 계단은 피난계단의 구조로 설치할 것

④ 피난안전구역에는 식수공급을 위한 급수전을 1개소 이상 설치하고 예비전원에 의한 조명설비를 설치할 것

**92** 국토의 계획 및 이용에 관한 법령상 기반시설 중 도로의 세분에 속하지 않는 것은?

① 고가도로

② 보행자우선도로

③ 자전거우선도로

④ 자동차전용도로

---

ANSWER   90.① 91.③ 92.③

**90** 방화구조
1. 철망모르타르로서 그 바름두께가 2센티미터 이상인 것
2. 석고판 위에 시멘트모르타르 또는 회반죽을 바른 것으로서 그 두께의 합계가 2.5센티미터 이상인 것
3. 시멘트모르타르 위에 타일을 붙인 것으로서 그 두께의 합계가 2.5센티미터 이상인 것
4. 심벽에 흙으로 맞벽치기한 것
5. 「산업표준화법」에 따른 한국산업규준이 정하는 바에 따라 시험한 결과 방화 2급 이상에 해당하는 것

**91** 건축물의 내부에서 피난안전구역으로 통하는 계단은 특별피난계단의 구조로 설치해야 한다.

**92** 도로의 세분 … 일반도로, 자동차전용도로, 보행자전용도로, 보행자우선도로, 자전거전용도로, 고가도로, 지하도로

**93** 다음 중 건축법령상 연립주택의 정의로 알맞은 것은?

① 주택으로 사용되는 층수가 5개 층 이상인 주택

② 주택으로 사용되는 1개 동의 바닥면적 합계가 660m² 이하이고, 층수가 4개 층 이하인 주택

③ 주택으로 사용되는 1개 동의 바닥면적의 합계가 660m²을 초과하고 층수가 4개 층 이하인 주택

④ 1개 동의 주택으로 쓰이는 바닥면적의 합계가 330m² 이하이고 주택으로 사용되는 층수가 3개층 이하인 주택


**94** 제1종 일반주거지역 안에서 건축할 수 있는 건축물에 속하지 않는 것은?

① 아파트

② 단독주택

③ 노유자시설

④ 교육연구시설 중 고등학교


**95** 다음 중 주차장 주차단위구획의 최소 크기로 바르지 않은 것은? (단, 평행주차형식 외의 경우)

① 경형 : 너비 2.0m, 길이 3.6m

② 일반형 : 너비 2.0m, 길이 6.0m

③ 확장형 : 너비 2.6m, 길이 5.2m

④ 장애인전용 : 너비 3.3m, 길이 5.0m

---

**ANSWER** 93.③  94.①  95.②

---

**93** ① 아파트
② 다세대주택
④ 다중주택
※ 연립주택 … 주택으로 쓰는 1개 동의 바닥면적(2개 이상의 동을 지하주차장으로 연결하는 경우에는 각각의 동으로 본다)합계가 660제곱미터를 초과하고, 층수가 4개 층 이하인 주택

**94** 제1종 일반주거지역 안에서 건축할 수 있는 건축물 … 단독주택, 공동주택(아파트 제외), 제1종 근린생활시설, 교육연구시설 중 유치원·초등학교·중학교 및 고등학교, 노유자시설

**95** 주차장의 주차구획단위 기준

| 주차형식 | 구분 | 주차구획 |
|---|---|---|
| 평행주차형식의 경우 | 경형 | 1.7m×4.5m이상 |
| | 일반형 | 2.0m×6.0m이상 |
| | 보도와 차도의 구분이 없는 주거지역의 도로 | 2.0m×5.0m이상 |
| 평행주차형식 외의 경우 | 경형 | 2.0m×3.6m이상 |
| | 일반형 | 2.5m×5.0m이상 |
| | 확장형 | 2.6m×5.2m이상 |
| | 장애인 전용 | 3.3m×5.0m이상 |
| | 이륜자동차 전용 | 1.0m×2.3m이상 |

**96** 국토의 계획 및 이용에 관한 법령상 다음과 같이 정의되는 용어는?

> 개발로 인하여 기반시설이 부족할 것으로 예상되나 기반시설을 설치하기 곤란한 지역을 대상으로 건폐율이나 용적률을 강화하여 적용하기 위하여 지정하는 구역

① 개발제한구역
② 시가화조정구역
③ 입지규제최소구역
④ 개발밀도관리구역

**97** 급수 · 배수(配水) · 배수(排水) · 환기 · 난방 등의 건축설비를 건축물에 설치하는 경우, 건축기계설비기술사 또는 공조냉동기계기술사의 협력을 받아야 하는 대상 건축물에 속하지 않는 것은?

① 의료시설로서 해당 용도에 사용되는 바닥면적의 합계가 $2,000m^2$인 건축물
② 업무시설로서 해당 용도에 사용되는 바닥면적의 합계가 $2,000m^2$인 건축물
③ 숙박시설로서 해당 용도에 사용되는 바닥면적의 합계가 $2,000m^2$인 건축물
④ 유스호스텔로서 해당 용도에 사용되는 바닥면적의 합계가 $2,000m^2$인 건축물

**98** 부설주차장 설치대상 시설물이 문화 및 집회시설 중 예식장으로서 시설면적이 $1,200m^2$인 경우 설치하여야 하는 부설주차장의 최소대수는?

① 8대
② 10대
③ 15대
④ 20대

---

**ANSWER** 96.④ 97.② 98.①

**96** 제시된 구역은 개발밀도관리구역이다.

**97** 업무시설로서 해당 용도에 사용되는 바닥면적의 합계가 $3,000m^2$인 건축물이 급수 · 배수(配水) · 배수(排水) · 환기 · 난방 등의 건축설비를 건축물에 설치하는 경우, 건축기계 설비기술사 또는 공조냉동기계기술사의 협력을 받아야 한다.

**98** 주차장법 시행령 제6조의 부설주차장의 설치기준을 보면 부설주차장은 건축물, 골프연습장 기타 주차수요를 유발하는 시설에 부대하여 설치되는 주차장이다.
문화 및 집회시설의 경우 $150m^2$당 1대씩 설치해야 하므로 시설면적이 $1,200m^2$이면 최소 8대 이상 설치해야 한다.

**99** 건축물의 건축 시 허가 대상 건축물이라 하더라도 미리 특별자치시장·특별자치도지사 또는 시장·군수·구청장에게 국토교통부령으로 정하는 바에 따라 신고를 하면 건축허가를 받는 것으로 보는 소규모 건축물의 연면적 기준은?

① 연면적의 합계가 100m² 이하인 건축물

② 연면적의 합계가 150m² 이하인 건축물

③ 연면적의 합계가 200m² 이하인 건축물

④ 연면적의 합계가 300m² 이하인 건축물

**99** 허가 대상 건축물이라 하더라도 다음의 어느 하나에 해당하는 경우에는 미리 특별자치시장·특별자치도지사 또는 시장·군수·구청장에게 국토교통부령으로 정하는 바에 따라 신고를 하면 건축허가를 받은 것으로 본다

1. 바닥면적의 합계가 85제곱미터 이내의 증축·개축 또는 재축. 다만, 3층 이상 건축물인 경우에는 증축·개축 또는 재축하려는 부분의 바닥면적의 합계가 건축물 연면적의 10분의 1 이내인 경우로 한정한다.

2. 「국토의 계획 및 이용에 관한 법률」에 따른 관리지역, 농림지역 또는 자연환경보전지역에서 연면적이 200제곱미터 미만이고 3층 미만인 건축물의 건축. 다만, 다음의 어느 하나에 해당하는 구역에서의 건축은 제외한다.
   • 지구단위계획구역
   • 방재지구 등 재해취약지역으로서 대통령령으로 정하는 구역

3. 연면적이 200제곱미터 미만이고 3층 미만인 건축물의 대수선

4. 주요구조부의 해체가 없는 등 대통령령으로 정하는 대수선

5. 그 밖에 소규모 건축물로서 대통령령으로 정하는 건축물의 건축
   • 연면적의 합계가 100제곱미터 이하인 건축물
   • 건축물의 높이를 3미터 이하의 범위에서 증축하는 건축물
   • 표준설계도서에 따라 건축하는 건축물로서 그 용도 및 규모가 주위환경이나 미관에 지장이 없다고 인정하여 건축조례로 정하는 건축물
   • 「국토의 계획 및 이용에 관한 법률」에 따른 공업지역, 지구단위계획구역(산업·유통형만 해당) 및 「산업입지 및 개발에 관한 법률」에 따른 산업단지에서 건축하는 2층 이하인 건축물로서 연면적 합계 500제곱미터 이하인 공장(제조업소 등 물품의 제조·가공을 위한 시설 포함)
   • 농업이나 수산업을 경영하기 위하여 읍·면지역(특별자치시장·특별자치도지사·시장·군수가 지역계획 또는 도시·군계획에 지장이 있다고 지정·공고한 구역 제외)에서 건축하는 연면적 200제곱미터 이하의 창고 및 연면적 400제곱미터 이하의 축사, 작물재배사(作物栽培舍), 종묘배양시설, 화초 및 분재 등의 온실

**100** 다음은 공사감리에 관한 기준 내용이다. 밑줄 친 "공사의 공정이 대통령령으로 정하는 진도에 다다른 경우"에 속하지 않는 것은? (단, 건축물의 구조가 철근콘크리트조인 경우)

> 공사감리자는 국토교통부령으로 정하는 바에 따라 감리일자를 기록 및 유지해야 하고 <u>공사의 공정(工程)이 대통령령으로 정하는 진도에 다다른 경우</u>에는 감리중간보고서를 작성하여 건축주에게 제출해야 한다.

① 지붕슬래브 배근을 완료한 경우
② 기초공사 시 철근배치를 완료한 경우
③ 기초공사에서 주춧돌의 설치를 완료한 경우
④ 지상 5개층마다 상부슬래브 배근을 완료한 경우

• • •
**ANSWER** 100.③

**100** "공사의 공정이 대통령령으로 정하는 진도에 다다른 경우"란 공사(하나의 대지에 둘 이상의 건축물을 건축하는 경우에는 각각의 건축물에 대한 공사를 말한다)의 공정이 다음의 어느 하나에 다다른 경우를 말한다.
  1. 해당 건축물의 구조가 철근콘크리트조 · 철골철근콘크리트조 · 조적조 또는 보강콘크리트블럭조인 경우에는 다음의 어느 하나에 해당하게 된 경우
    가. 기초공사 시 철근배치를 완료한 경우
    나. 지붕슬래브배근을 완료한 경우
    다. 지상 5개 층마다 상부 슬래브배근을 완료한 경우
  2. 해당 건축물의 구조가 철골조인 경우에는 다음의 어느 하나에 해당하게 된 경우
    가. 기초공사 시 철근배치를 완료한 경우
    나. 지붕철골 조립을 완료한 경우
    다. 지상 3개 층마다 또는 높이 20미터마다 주요구조부의 조립을 완료한 경우
  3. 해당 건축물의 구조가 1 또는 2 외의 구조인 경우에는 기초공사에서 거푸집 또는 주춧돌의 설치를 완료한 경우

# 02 2018년 2회 시행

---

**1과목** 건축계획

**1** 사방에서 감상해야 할 필요가 있는 조각물이나 모형을 전시하기 위하여 벽면에서 띄어놓아 전시하는 특수전시기법은?

① 아일랜드 전시      ② 디오라마 전시

③ 파노라마 전시      ④ 하모니카 전시

---

**ANSWER**   1.①

**1** 특수전시기법

| 디오라마 전시 | 파노라마 전시 |
|---|---|
| 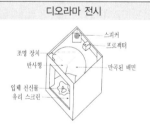 |  |
| 현장감을 가장 실감나게 표현하는 방법으로 하나의 사실 또는 주제의 시간 상황을 고정시켜 연출하는 기법 | 전시물들의 나열 자체가 하나의 큰 그림이나 풍경처럼 보이도록 하여 전체적인 맥락이 이해될 수 있도록 한 전시기법 |
| 아일랜드 전시 | 하모니카 전시 |
| 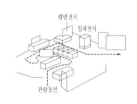 | 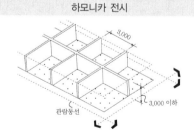 |
| 바다에 떠 있는 섬처럼 전시물을 천장에 매달아서 전시물들이 동선을 만들어 관람하게 하는 기법 | 동일한 형태의 연속적 배치로 동일 종류의 전시물을 반복 전시할 경우 유리한 기법 |

**2** 다음 중 은행건축계획에 대한 설명으로 바르지 않은 것은?

① 은행원과 고객의 출입구는 별도로 설치하는 것이 바람직하다.

② 영업실의 면적은 은행원 1인당 $1.2m^2$을 기준으로 한다.

③ 대규모의 은행인 경우 고객의 출입구는 되도록 1개로 하는 것이 바람직하다.

④ 주출입구에 이중문을 설치할 경우, 바깥문은 바깥여닫이 또는 자재문으로 할 수 있다.


**3** 극장 무대 주위의 벽에 6 ~ 9m 높이로 설치되는 좁은 통로로, 그리드 아이언에 올라가는 계단과 연결되는 것은?

① 그린룸
② 록 레일
③ 플라이 갤러리
④ 슬라이딩 스테이지

**2** 영업실의 면적은 은행원 수에 따라 결정이 되며, 1인당 4 ~ 6m² 을 기준으로 한다.

**3** 극장건축 관련 용어

㉠ **플라이갤러리**(Fly Gallery) : 극장 무대 주위의 벽에 6~9m 높이로 설치되는 좁은 통로로서, 그리드 아이언에 올라가는 계단과 연결되는 것이다.

㉡ **그리드 아이언**(Grid Iron) : 격자 발판으로 무대 천장에 설치되어 무대의 배경이나 조명기구 또는 음향반사판 등을 매달 수 있게 장치된 것이다.

㉢ **그린룸**(Green Room) : 출연자 대기실을 의미한다.

㉣ **록 레일**(Lock Rail) : 와이어로프(wire rope)를 한곳에 모아서 조정하는 장소이며, 벽에 가이드레일을 설치해야 되기 때문에 무대의 좌우 한쪽 벽에 위치한다.

㉤ **티이서** : 극장 전무대 아치의 상부를 가로질러 위쪽으로 설치한 수평인 커튼으로 무대지붕의 이면의 은폐에 사용하며 무대 양측을 따라서 있는 막과 함께 사용한다.

㉥ **사이클로라마(호리존트)** : 무대의 제일 뒤에 설치하는 무대 배경용의 벽

㉦ **플라이로프트** : 무대상부공간 (프로세니움 높이의 4배)

㉧ **잔교** : 프로세니움 바로 뒤에 접하여 설치된 발판으로 조명조작, 비나 눈 내리는 장면을 위해 필요함, 바닥높이가 관람석보다 높아야 한다.

㉨ **로프트블록** : 그리드 아이언에 설치된 활차

㉩ **플로어트랩** : 무대의 임의 장소에서 연기자의 등장과 퇴장이 이루어질 수 있도록 무대와 트랩 룸 사이를 계단이나 사다리로 오르내릴 수 있는 장치

㉪ **앤티룸** : 무대와 그린 룸 가까이에서 배우가 출연 직전에 대기하는 곳

㉫ **프롬프터 박스** : 무대 중앙에 객석측을 둘러싸고 무대측만 개방하여 이곳에서 대사를 불러주고 기타 연기의 주의환기를 주지시키는 곳이다.

**4** 병원건축의 형식 중 분관식에 관한 설명으로 바르지 않은 것은?

① 동선이 길어진다.

② 채광 및 통풍이 좋다.

③ 대지면적에 제약이 많은 경우에 주로 적용한다.

④ 환자는 주로 경사로를 이용한 보행 또는 들 것으로 운반된다.

**5** 다음 중 도서관에서 장서가 60만권일 경우 능률적인 작업용량으로서 가장 적정한 서고의 면적은?

① 3,000m$^2$

② 4,500m$^2$

③ 5,000m$^2$

④ 6,000m$^2$

**6** 다음 중 백화점의 기둥간격 결정요소와 가장 거리가 먼 것은?

① 화장실의 크기

② 에스컬레이터의 배치방법

③ 매장 진열장의 치수와 배치방법

④ 지하주차장의 주차방식과 주차폭

* * *
ANSWER   4.③  5.①  6.①

- - - - - - - - - - - - - - - - - - - - - - - - - - - - - - - - - - - - - - - - - -

**4** 분관식은 대지면적의 제약이 적은 경우에 주로 적용한다.

※ 병원건축의 형식

| 내용 | 분관식 | 집중식 |
|---|---|---|
| 배치형식 | 저층평면 분산식 | 고층집약식 |
| 환경조건 | 양호(균등) | 불량(불균등) |
| 부지의 이용도 | 비경제적 | 경제적 |
| 부지특성 | 제약조건이 적음 | 제약조건이 많음 |
| 설비시설 | 분산적 | 집중적 |
| 설비비 | 많이 든다 | 적게 든다 |
| 관리상 | 불편함 | 편리함 |
| 재난대피 | 용이하다 | 어렵다 |
| 보행거리(동선) | 길다 | 짧다 |
| 적용대상 | 특수병원 | 도심대규모 병원 |

**5** 서고의 면적은 평균 200권/m$^2$을 기준으로 하므로, 60만권인 경우 3,000m$^2$이 되어야 한다.

**6** 화장실의 크기는 백화점의 기둥간격을 결정짓는 요소로 보기는 어렵다.

**7** 건축계획에서 말하는 미의 특성 중 변화 혹은 다양성을 얻는 방식과 가장 거리가 먼 것은?

① 억양(Accent)
② 대비(Contrast)
③ 균제(Proportion)
④ 대칭(Symmetry)

**8** 주택단지 안의 건축물에 설치하는 계단의 유효 폭은 최소 얼마 이상으로 해야만 하는가? (단, 공동으로 사용하는 계단의 경우)

① 0.9m
② 1.2m
③ 1.5m
④ 1.8m

**9** 사무소 건축의 코어 형식에 관한 설명으로 바른 것은?

① 편심코어형은 각 층의 바닥 면적이 큰 경우 적합하다.
② 양단코어형은 코어가 분산되어 있어 피난상 불리하다.
③ 중심코어형은 구조적으로 바람직한 형식으로 유효율이 높은 계획이 가능하다.
④ 외코어형은 설비 덕트나 배관을 코어로부터 사무실 공간으로 연결하는데 제약이 없다.

**10** 다음 중 학교건축계획에 요구되는 융통성과 가장 거리가 먼 것은?

① 지역사회의 이용에 의한 융통성
② 학교운영방식의 변화에 대응하는 융통성
③ 광범위한 교과 내용의 변화에 대응하는 융통성
④ 한계 이상의 학생 수의 증가에 대응하는 융통성

---

ANSWER  7.④  8.②  9.③  10.④

**7** 대칭은 변화나 다양성, 동적인 느낌과는 반대되는 정형적인 특성이다.

**8** 공동으로 사용하는 계단인 경우, 주택단지 안의 건축물에 설치하는 계단의 유효 폭은 최소 1.2m 이상으로 해야 한다.

**9** ① 양단코어형은 각 층의 바닥면적이 큰 경우 적합하다.
　　② 양단코어형은 코어가 분산되어 있어 피난상 유리하다.
　　④ 외코어형은 설비 덕트나 배관을 코어로부터 사무실 공간으로 연결하는데 제약이 있다.

**10** 학교건축계획에 요구되는 융통성
　　㉠ 확장에 대한 융통성
　　㉡ 학교운영방식의 변화에 대응하는 융통성
　　㉢ 광범위한 교과 내용의 변화에 대응하는 융통성

**11** 학교건축계획에서 다음 그림과 같은 평면유형을 갖는 학교의 운영방식은?

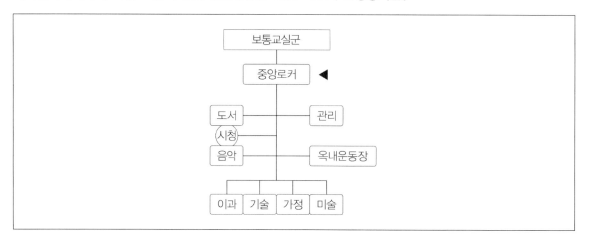

① 달톤형
② 플래툰형
③ 교과교실형
④ 종합교실형


**12** 사무소 건축의 실단위 계획에 있어서 개방식 배치(Open Plan)에 관한 설명으로 바르지 않은 것은?

① 독립성과 쾌적감 확보에 유리하다.
② 공사비가 개실시스템보다 저렴하다.
③ 방의 길이나 깊이에 변화를 줄 수 있다.
④ 전면적을 유효하게 이용할 수 있어 공간절약상 유리하다.

**11** 제시된 그림은 플래툰형이다. 보통교실과 특별교실을 분리하여 하나의 학급이 일반교실을 사용할 때 하나의 학급은 특별교실(이과, 기술, 가정, 미술)을 사용하는 방식이다. 즉, 플래툰형은 전 학급을 2개로 나누어 한 편이 일반교실을 이용할 때 다른 한편은 특별교실을 이용하는 방식이다.

**12** 개방식 배치는 독립성과 쾌적감 확보에 불리한 방식이다.
　※ **개방식 배치** … 개방된 큰 방으로 설계하고 중역들을 위해 분리하여 작은 방을 두는 방법
　　㉠ 전면적을 유효하게 이용할 수 있어 공간절약상 유리하다.
　　㉡ 칸막이벽이 없어서 공사비가 다소 싸진다.
　　㉢ 방의 길이나 깊이에 변화를 줄 수 있다.
　　㉣ 깊은 구역에 대한 평면상의 효율성을 기할 수 있다.
　　㉤ 소음이 크고 독립성이 떨어진다.
　　㉥ 자연채광에 인공조명이 필요하다.

**13** 공장건축의 지붕형에 대한 설명으로서 바르지 않은 것은?

① 솟을지붕은 채광 및 환기에 적합한 방식이다.

② 샤렌지붕은 기둥이 많이 소요되는 단점이 있다.

③ 뾰족지붕은 직사광선을 어느 정도 허용하는 결점이 있다.

④ 톱날지붕은 북향의 채광창으로서 일정한 조도를 유지할 수 있다.

**14** 극장의 평면형식 중 애리나(arena)형에 관한 설명으로 바르지 않은 것은?

① 무대의 배경을 만들지 않으므로 경제성이 있다.

② 무대의 장치나 소품은 주로 낮은 기구들로 구성한다.

③ 가까운 거리에서 관람하면서 많은 관객을 수용할 수 있다.

④ 연기자가 일정한 방향으로만 관객을 대하므로 강연, 콘서트, 독주, 연극 공연에 가장 좋은 형식이다.

**15** 주택 부엌에서 작업삼각형(work triangle)의 구성요소에 속하지 않는 것은?

① 개수대　　　　　　　　　　② 배선대

③ 가열대　　　　　　　　　　④ 냉장고

**13**　샤렌지붕은 기둥이 적게 소요되는 장점이 있다.

※ 공장건축 지붕형식

㉠ **톱날지붕** : 북향의 채광창으로 하루 종일 변함없는 조도를 유지할 수 있다.

㉡ **뾰족지붕** : 직사광선을 어느 정도 허용하는 결점이 있다.

㉢ **솟을지붕** : 채광, 환기에 가장 이상적이다.

㉣ **샤렌지붕** : 지붕 슬래브가 곡면으로 되어 있어 외력에 저항하도록 만들어진 지붕이므로 일반평지붕보다 기둥이 적게 소요된다.

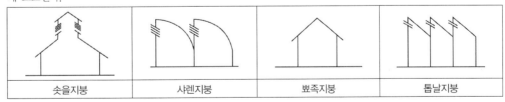

| 솟을지붕 | 샤렌지붕 | 뾰족지붕 | 톱날지붕 |
|---|---|---|---|

**14**　연기자가 일정한 방향으로만 관객을 대하므로 강연, 콘서트, 독주, 연극 공연에 가장 좋은 형식은 프로시니엄 아치형식이다.

**15**　작업삼각형은 냉장고, 개수대, 가열대로 구성되며 길이는 3.6 ~ 6.6m로 하는 것이 좋다. (가능한 삼각형 세 변의 길이의 합이 짧을수록 좋다.)

**16** 다음 중 건축가와 그의 작품의 연결이 바르지 않은 것은?

① Marcel Breuer : 파리 유네스코 본부
② Le Corbuisier : 동경 국립서양미술관
③ Antonio Gaudi : 시드니 오페라하우스
④ Frank Lloyd Wright : 뉴욕 구겐하임 미술관

**17** 다음의 한국 근대건축 중 르네상스 양식을 취하고 있는 것은?

① 명동성당
② 한국은행
③ 덕수궁 정관헌
④ 서울 성공회성당

**18** 다포식(多包式) 건축양식에 관한 설명으로 바르지 않은 것은?

① 기둥 상부에만 공포를 배열한 건축양식이다.
② 주로 궁궐이나 사찰 등의 주요 정전에 사용되었다.
③ 주심포 형식에 비하여 지붕하중을 등분포로 전달할 수 있는 합리적 구조법이다.
④ 간포를 받치기 위하여 창방 외에 평방이라는 부재가 추가되었으며 주로 팔작지붕이 많다.

**19** 다음 중 근린생활권에 관한 설명으로서 바르지 않은 것은?

① 인보구는 가장 작은 생활권 단위이다.
② 인보구 내에는 어린이놀이터 등이 포함된다.
③ 근린주구는 초등학교를 중심으로 한 단위이다.
④ 근린분구는 주간선도로 또는 국지도로에 의해 구분된다.

---

**ANSWER**   16.③   17.②   18.①   19.④

**16** 시드니 오페라하우스는 요른 웃손(Jorn Utzon)이 디자인한 작품이다.

**17** 명동성당은 고딕 양식, 서울 성공회성당은 로마네스크 양식을 적용하였으며, 덕수궁 정관헌은 덕수궁 내 궁중 건축물로 고종이 휴식을 취하거나 외교사절단을 맞이하던 곳이다.

**18** 기둥 상부에만 공포를 배열한 건축양식은 주심포 양식이다.

**19** 근린분구는 주간선도로나 국지도로에 의해 구분되는 구역이 아니라 20ha정도의 규모(가구수는 400~500호, 인구는 2000~2500명 정도)의 공간으로서 단지 내 중심시설은 주로 유치원, 근린상점, 노인정, 파출소 등이다.

**20** 아파트의 평면형식에 관한 설명으로 바르지 않은 것은?

① 집중형은 기후조건에 따라 기계적 환경조절이 요구된다.

② 편복도형은 공용복도에 있어서 프라이버시가 침해되기 쉽다.

③ 홀형은 승강기를 설치할 경우 1대당 이용률이 복도형에 비해 적다.

④ 편복도형은 단위면적당 가장 많은 주호를 집결시킬 수 있는 형식이다.

* * *

ANSWER 　20.④

**20** 단위면적당 가장 많은 주호를 집결시킬 수 있는 형식은 집중형이다.

※ 복도의 유형

　ⓐ **계단실형(홀형)**

　　• 계단 또는 엘리베이터 홀로부터 직접 주거단위로 들어가는 형식이다.

　　• 각 세대 간 독립성이 높다.

　　• 고층아파트일 경우 엘리베이터 비용이 증가한다.

　　• 단위주호의 독립성이 좋다.

　　• 채광, 통풍조건이 양호하다.

　　• 복도형보다 소음처리가 용이하다.

　　• 통행부의 면적이 작으므로 건물의 이용도가 높다.

　ⓑ **편복도형**

　　• 남면일조를 위해 동서를 축으로 한 쪽 복도를 통해 각 주호로 들어가는 형식이다.

　　• 거주자의 자연적 환경을 동일하게 만들고자 할 때 일반적으로 채용한다.

　　• 통풍 및 채광은 양호한 편이지만 복도 폐쇄시 통풍이 불리하다.

　ⓒ **중복도형**

　　• 부지의 이용률이 높다.

　　• 고층고밀화에 유리하여 주로 독신자아파트에 적용된다.

　　• 통풍 및 채광이 불리하다.

　　• 프라이버시가 좋지 않다.

　ⓓ **집중형(코어형)**

　　• 채광 및 통풍조건이 좋지 않으므로 기후조건에 따라 기계적 환경조절이 필요하다.

　　• 부지이용률이 극대화된다. (단위 면적당 가장 많은 주호를 집중시킬 수 있다.)

　　• 프라이버시가 좋지 않다.

**21** 지반조사 중 보링에 관한 설명으로 바르지 않은 것은?

① 보링의 깊이는 일반적인 건물의 경우 대략 지지 지층 이상으로 한다.

② 채취시료는 충분히 햇빛에 건조시키는 것이 좋다.

③ 부지 내에서 3개소 이상으로 행하는 것이 좋다.

④ 보링구멍은 수직으로 파는 것이 중요하다.

**22** 콘크리트 블록벽체 2m²를 쌓는데 소요되는 콘크리트 블록 장수로 옳은 것은? (단, 블록은 기본형이며, 할증은 고려하지 않는다.)

① 26장                      ② 30장

③ 34장                      ④ 38장

**23** 콘크리트용 재료 중 시멘트에 관한 설명으로 바람직하지 않은 것은?

① 중용열포틀랜드시멘트는 수화작용에 따르는 발열이 적기 때문에 매스콘크리트에 적당하다.

② 조강포틀랜드시멘트는 조기강도가 크기 때문에 한중콘크리트 공사에 주로 사용된다.

③ 알칼리 골재반응을 억제하기 위한 방법으로써 내황산염포틀랜드시멘트를 사용한다.

④ 조강포틀랜드시멘트를 사용한 콘크리트의 7일 강도는 보통포틀랜드시멘트를 사용한 콘크리트의 28일 강도와 거의 비슷하다.

---

**ANSWER**   21.②  22.①  23.③

**21** 채취시료를 건조시킬 경우 본래의 지질특성이 제대로 분석이 되지 않게 된다.

**22** 기본형의 경우 m²당 13장이 소요가 되므로 2m²의 경우 26장이 소요가 된다.

**23** 알칼리 골재반응을 억제하기 위한 방법으로써 주로 고로슬래그시멘트, 플라이애시시멘트, 실리카시멘트를 사용한다.

**24** 도장공사에서의 뿜칠에 관한 설명으로 바르지 않은 것은?

① 큰 면적을 균등하게 도장할 수 있다.

② 스프레이건과 뿜칠면 사이의 거리는 30cm를 표준으로 한다.

③ 뿜칠은 도막두께를 일정하게 유지하기 위하여 겹치지 않도록 순차적으로 이행한다.

④ 뿜칠 공기압은 2 ~ 4kg/cm² 를 표준으로 한다.


**25** 타일공사에서 시공 후 타일접착력 시험에 관한 설명으로 옳지 않은 것은?

① 타일의 접착력 시험은 600m²당 한 장씩 시험한다.

② 시험할 타일은 먼저 줄눈 부분을 콘크리트면까지 절단하여 주위의 타일과 분리시킨다.

③ 시험은 타일 시공 후 4주 이상일 때 행한다.

④ 시험결과의 판정은 타일 인장 부착강도가 10MPa 이상이어야 한다.


**26** 다음 중 무기질의 단열재료가 아닌 것은?

① 셀룰로오스 섬유판                    ② 세라믹 섬유

③ 펄라이트 판                          ④ ALC 패널


**27** 다음 중 실링공사의 재료에 관한 설명으로 바르지 않은 것은?

① 가스켓은 콘크리트의 균열부위를 충전하기 위하여 사용하는 부정형 재료이다.

② 프라이머는 접착면과 실링재와의 접착성을 좋게 하기 위하여 도포하는 바탕처리 재료이다.

③ 백업재는 소정의 줄눈깊이를 확보하기 위하여 줄눈 속을 채우는 재료이다.

④ 마스킹테이프는 시공 중에 실링재 충전개소 이외의 오염방지와 줄눈선을 깨끗이 마무리하기 위한 보호 테이프이다.

---

**ANSWER**    24.③   25.④   26.①   27.①

**24** 뿜칠은 매회 1/3 정도로 겹쳐서 칠해야 한다.

**25** 시험결과의 판정은 타일 인장 부착강도가 0.39MPa 이상이어야 한다.

**26** 셀룰로오스 섬유판은 유기질 단열재료이다.

**27** 가스켓은 부재의 접합부에 끼워 물이나 가스가 누설하는 것을 방지하는 패킹으로서 수밀성·기밀성을 확보하기 위해 프리캐스트철근콘크리트의 접합부나 유리를 끼운 부분에 주로 사용하는 합성고무재이며 형태가 정해진 정형 재료이다.

**28** 다음 중 CM(Construction Management)의 주요 업무가 아닌 것은?

① 설계부터 공사관리까지의 전반적인 지도 및 조언, 관리업무

② 입찰 및 계약관리업무와 원가관리업무

③ 현장 조직관리업무와 공정관리업무

④ 자재조달업무와 시공도 작성업무

---

**ANSWER** 28.④

**28** 자재조달업무와 시공도 작성업무는 주로 시공자가 맡는다.

※ CM(Construction Management, 건설사업관리자)의 단계별 주요 업무

㉠ 기획단계의 업무
- 사업의 발굴 및 구상
- 현지조사 및 사업의 타당성 검토
- 사업수행의 구체적계획 수립
- 개산견적서 및 공사예산서 작성
- 지제 및 시공업자, 공사관련 법규의 조사

㉡ 설계단계의 업무
- 컨설팅 및 건축물의 기획입안
- 설계도면의 검토
- 비용분석 및 검토
- VE적용 및 대안공법의 비교검토실시
- 발주자의 의도 검토 및 반영
- 기본적인 구매활동 개시

㉢ 발주단계의 업무
- 입찰과 계약절차의 지침 마련
- 각 공종별 업체의 선정 및 계약체결
- 공정의 계획 및 자금계획 수립

㉣ 시공단계의 업무
- 공사관련 인허가 취득
- 현장원 조직편성
- 공사진행상황 검사
- 공정, 품질, 원가, 안전, 노무관리
- 설계변경과 클레임 관리
- 기성고의 확인 및 승인
- 협력업체의 관리

㉤ 유지관리단계의 업무
- 유지관리 지침서의 작성
- 하자 및 보수계획 수립
- 최종인허가 취득

**29** 용접작업 시 융착금속 단면에 생기는 작은 색의 점을 무엇이라고 하는가?

① 피시 아이(fish eye)
② 블로 홀(blow hole)
③ 슬래그 함입(slag inclusion)
④ 크레이터(crater)


**30** 다음 중 한중 콘크리트의 양생에 관한 설명으로서 바르지 않은 것은?

① 보온양생 또는 급열양생을 마친 후에는 콘크리트의 온도를 급격히 저하시켜 양생을 마무리해야 한다.
② 초기양생에서 소요압축강도가 얻어질 때까지 콘크리트의 온도를 5℃ 이상으로 유지하여야 한다.
③ 초기양생에서 구조물의 모서리나 가장자리의 부분은 보온하기 어려운 곳이어서 초기동해를 받기 쉬우므로 초기양생에 주의해야 한다.
④ 한중 콘크리트의 보온양생방법은 급열양생, 단열양생, 피복양생 및 이들을 복합한 방법 중 한가지 방법으로 선택해야 한다.

---

**ANSWER** 29.① 30.①

**29** 피시 아이(fish eye)에 대한 설명이다.
※ 용접결함
　㉠ 피시 아이 : 용접작업 시 용착금속 단면에 생기는 작은 은색의 점
　㉡ 언더컷 : 모재가 녹아 용착금속이 채워지지 않고 홈으로 남는 부분
　㉢ 슬래그 섞임(감싸들기) : 슬래그의 일부분이 용착금속 내에 혼입된 것
　㉣ 블로홀 : 용융금속이 응고할 때 방출되어야 할 가스가 남아서 생긴 빈자리
　㉤ 오버랩 : 용착금속과 모재가 융합되지 않고 단순히 겹쳐지는 것
　㉥ 피트 : 작은 구멍이 용접부 표면에 생긴 것
　㉦ 크레이터 : 용즙 끝단에 항아리 모양으로 오목하게 파인 것
　㉧ 크랙 : 용접 후 급냉되는 경우 생기는 균열
　㉨ 오버헝 : 상향 용접시 용착금속이 아래로 흘러내리는 현상
　㉩ 용입불량 : 용입깊이가 불량하거나 모재와의 융합이 불량한 것

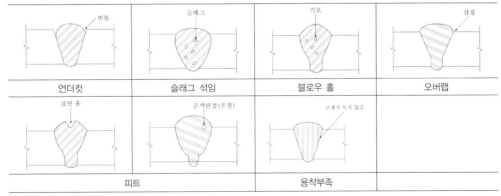

**30** 보온양생 또는 급열양생을 마친 후에는 콘크리트의 온도를 서서히 저하시켜 양생을 마무리해야 한다. (급격히 저하시킬 경우 온도균열이 발생하게 된다.)

**31** 다음 중 도막방수 시공 시 유의사항으로 바르지 않은 것은?

① 도막방수재는 혼합에 따라 재료 물성이 크게 달라지므로 반드시 혼합비를 준수한다.

② 용제형의 프라이머를 사용할 경우에는 화기에 주의하고, 특히 실내 작업의 경우 환기장치를 사용하여 인화나 유기용제 중독을 미연에 방지해야 한다.

③ 코너부위, 드레인 주변은 보강이 요구된다.

④ 도막방수 공사는 바탕면 시공과 관통공사가 종결되지 않더라도 할 수 있다.


**32** 지반조사시험에서 서로 관련 있는 항목끼리 옳게 연결한 것은?

① 지내력 : 정량분석시험

② 연한 점토 : 표준관입시험

③ 진흙의 점착력 : 베인시험

④ 염분 : 신월샘플링


**33** 공사 착공시점의 인허가 항목이 아닌 것은?

① 비산먼지 발생사업 신고

② 오수처리시설 설치신고

③ 특정 공시 사전신고

④ 가설건축물 축조신고


**34** 콘크리트 공사 중 적산온도와 가장 관계 깊은 것은?

① 매스콘크리트 공사

② 수밀콘크리트 공사

③ 한중콘크리트 공사

④ AE콘크리트 공사


---

**• • •**
**ANSWER**  31.④  32.③  33.②  34.③

**31** 도막방수 공사는 바탕면 시공과 관통공사가 완료된 후에 할 수 있다.

**32** ① 정량분석시험은 지내력과 관련이 있다고 보기 어렵다.
② 표준관입시험은 사질토에 정확도가 높은 시험이며, 연한 점토보다는 강도가 높은 점토의 지반조사에 적용된다.
④ 신월샘플링은 샘플링튜브가 얇은 살로 된 것으로 시료를 채취하는 것으로 주로 연약점토의 채취에 적용되는 지반조사 방식이다. 이는 염분과 관련이 있다고 보기 어렵다.

**33** 오수처리시설 설치신고는 공사 착공 후 오수처리시설을 설치하기 전에 허가관청에 한다.

**34** 콘크리트의 적산온도는 양생시간과 양생온도의 곱으로 표시된다. 이는 한중콘크리트 공사에서 필수적으로 고려해야 하는 개념이다.

**35** 조적벽 40m²을 쌓는데 필요한 벽돌량은? (단, 표준형 벽돌 0.5B쌓기, 할증은 고려하지 않는다.)

① 2,850장                       ② 3,000장

③ 3,150장                       ④ 3,500장

**36** 다음 중 고력볼트의 접합에 관한 설명으로 바르지 않은 것은?

① 현대건축물의 고층화, 대형화의 추세에 따라 소음이 심한 리벳은 현재 거의 사용하지 않으며 볼트접합과 용접접합이 대부분을 차지하고 있다.

② 토크쉐어형 고력볼트는 조여서 소정의 축력이 얻어지면 자동적으로 핀테일이 파단되는 구조로 되어 있다.

③ 고력볼트의 조임기구는 토크렌치와 임팩트렌치 등이 있다.

④ 고력볼트의 접합형태는 모두 마찰접합이며, 마찰접합은 하중이나 응력을 볼트가 직접 부담하는 형식이다.

**37** 다음 중 강재말뚝의 부식에 대한 대책과 거리가 가장 먼 것은?

① 부식을 고려하여 두께를 두껍게 한다.

② 에폭시 등의 도막을 설치한다.

③ 부마찰력에 대한 대책을 수립한다.

④ 콘크리트로 피복한다.

---

**35** 1m²에 0.5B벽돌을 쌓으면 총 75장이 된다. 따라서 이 값의 40배인 3,000장이 소요된다.

**36** 고력볼트의 접합형태는 마찰접합, 인장접합, 지압접합 등이 있다.

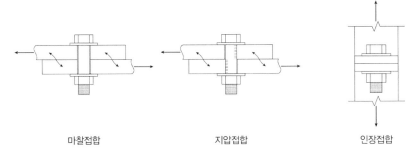

마찰접합             지압접합             인장접합

**37** (부마찰력에 의해 강재말뚝이 손상이 발생되는 경우와 같이 특수한 경우를 고려하지 않는 한) 부마찰력과 강재말뚝의 부식은 서로 직접적인 연관이 있다고 보기 어렵다.

**38** 기본공정표와 상세공정표에 표시된 대로 공사를 진행시키기 위해 재료, 노력, 원척도 등이 필요한 기일까지 반입, 동원될 수 있도록 작성한 공정표는?

① 횡선식 공정표  ② 열기식 공정표

③ 사선 그래프식 공정표  ④ 일순식 공정표

**39** 콘크리트 중 공기량의 변화에 관한 설명으로 바른 것은?

① AE제의 혼입량이 증가하면 연행공기량도 증가한다.

② 시멘트 분말도 및 단위시멘트량이 증가하면 공기량은 증가한다.

③ 잔골재 중의 0.15 ~ 0.30mm의 골재가 많으면 공기량은 감소한다.

④ 슬럼프가 커지면 공기량은 감소한다.

---

**ANSWER** 38.② 39.①

**38** ② **열기식 공정표** : 노무와 재료수배를 계획할 목적으로 작성하는 공정표로서 글자 그대로 목록을 나열하는 방식으로 작성되는 공정표이다.
　① **횡선식 공정표** : 각 공정을 세로축에 표시하고, 날짜를 가로축에 표시한다. 각 공정을 막대그래프로 표시하고 막대그래프상에 공사진척사항을 기입하는 방식으로 예정과 실시를 비교하면서 관리하는 공정표이다. (현장에서 가장 많이 사용하는 방식이다.)
　③ **사선식 공정표** : 절선공정표, S자공정표라고도 한다. 작업간의 관계를 나타낼 수는 없으나 공사의 기성고를 표시하는데 편리하며 공사지연에 대한 신속한 대처가 가능하다. 세로축에는 공사량, 총 작업인원을 표시하고 가로축에는 일수를 적는다. 사선으로 공사의 진행상태를 수량적으로 나타낸 것으로서 각 부분공사의 상세를 나타내는 부분공정표에 적합하며 노무자와 재료의 수배계획을 세우기 용이하다.
　④ **일순식 공정표** : 1주일이나 10일 단위로 상세히 작성한 공정이다. 1주(또는 10일간)마다 각 공사의 관계를 표시한 공정표로서 각 공사의 진척도 및 변화에 대해 적절히 처리한 후 다음 주의 예정을 계획하는 공정표이다.

**39** ② 시멘트 분말도 및 단위시멘트량이 증가하면 공기량은 감소하게 된다.
　③ 잔골재 중의 0.15 ~ 0.30mm의 골재가 많으면 공기량은 증가한다.
　④ 슬럼프가 커지면 공기량은 증가하게 된다.

**40** 다음 중 유리섬유, 합성섬유 등의 망상포를 적층하여 도포하는 도막방수공법은?

① 시멘트액체 방수공법

② 라이닝공법

③ 스터코마감공법

④ 루핑공법

**40** 도막방수공법

ⓐ 라이닝공법 : 유리섬유, 합성섬유 등의 망상포를 적층하여 도포하는 도막방수공법

ⓑ 멤브레인공법 : 아스팔트 펠트, 아스팔트 루핑을 3~5층 겹쳐, 그 때마다 용융 아스팔트로 바탕에 붙여서 방수층을 구성하는 방수공법. 일반적으로 아스팔트방수공법이라고 한다.

ⓒ 루핑공법 : 정확한 명칭은 합성고분자 루핑방수공법으로서 시트방수의 일종이다. 다양한 합성수지를 사용하여 방수를 한다.

ⓓ 시멘트액체 방수공법 : 방수제를 물·모래 등과 함께 섞어 반죽한 뒤 콘크리트 구조체의 바탕 표면에 발라 방수층을 만드는 공법으로 욕실 및 화장실·베란다·발코니·다용도실·지하실 등에 많이 사용된다. 공사비가 적게 들고 시공이 간편하며 바탕면이 평탄하지 않아도 방수공사가 가능하다. 반면에 콘크리트 구조체에 작은 균열이 있어도 방수층이 파괴되고 외부 기온의 영향을 많이 받는다는 단점이 있다.

※ 아스팔트방수와 시멘트 액체방수의 비교

| 비교내용 | 아스팔트방수 | 시멘트 액체방수 |
|---|---|---|
| 바탕처리 | 바탕모르타르바름 | 다소습윤상태, 바탕모르타르불필요 |
| 외기의 영향 | 작다. | 크다. |
| 방수층 신축성 | 크다. | 거의 없다. |
| 균열발생정도 | 잔균열이 발생하나 비교적 안생기고 안전하다. | 잘 생기며 비교적 굵은 균열이다. |
| 방수층 중량 | 자체는 적으나 보호누름으로 커진다. | 비교적 작다. |
| 시공난이도 | 복잡하다. | 비교적 적다. |
| 보호누름 | 필요하다. | 필요 없다. |
| 공사비 | 비싸다. | 싸다. |
| 방수성능 | 높다. | 낮다. |
| 재료취급성능 | 복잡하다. | 간단하다. |
| 결함부발견 | 어렵다. | 쉽다. |
| 보수비용 | 비싸다. | 싸다. |
| 방수층 마무리 | 불확실하고 난점이 있다. | 확실하고 간단하다. |
| 내구성 | 크다. | 작다. |

**3과목** 건축구조

**41** 다음 중 강구조 용접에서 용접결함에 속하지 않는 것은?

① 오버랩(overlap)　　　　　　　　　② 크랙(crack)

③ 가우징(gouging)　　　　　　　　　④ 언더컷(under cut)

•••
**ANSWER**　**41.③**

**41** 가우징(gouging) ··· 열에 의해 모재를 용융시켜 모재의 표면에 홈이 생기도록 파내는 작업

※ **용접결함**

ⓐ **언더컷** : 모재가 녹아 용착금속이 채워지지 않고 홈으로 남는 부분

ⓒ **슬래그섞임(감싸들기)** : 슬래그의 일부분이 용착금속 내에 혼입된 것

ⓒ **블로홀** : 용융금속이 응고할 때 방출되어야 할 가스가 남아서 생긴 빈자리

ⓒ **오버랩** : 용착금속과 모재가 융합되지 않고 단순히 겹쳐지는 것

ⓜ **피트** : 작은 구멍이 용접부 표면에 생긴 것

ⓗ **크레이터** : 용접 끝단에 항아리 모양으로 오목하게 파인 것

ⓢ **피시아이** : 용접작업 시 용착금속 단면에 생기는 작은 은색의 점

ⓞ **크랙** : 용접 후 급냉되는 경우 생기는 균열

ⓩ **오버헝** : 상향 용접시 용착금속이 아래로 흘러내리는 현상

ⓩ **용입불량** : 용입깊이가 불량하거나 모재와의 융합이 불량한 것

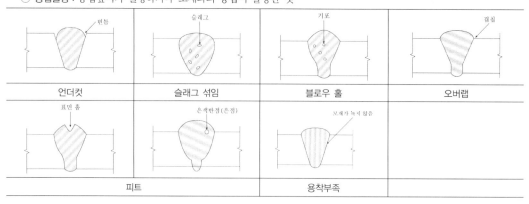

| 언더컷 | 슬래그 섞임 | 블로우 홀 | 오버랩 |
|---|---|---|---|
| 피트 | 용착부족 | | |

**42** 다음 그림과 같은 구조물의 부정정 차수는?

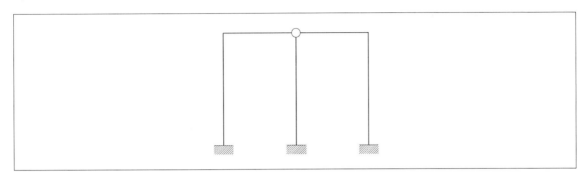

① 1차 부정정

② 2차 부정정

③ 3차 부정정

④ 4차 부정정

**43** 다음 그림처럼 동일단면, 동일재료를 사용한 캔틸레버보 끝단에 집중하중이 작용하였다. $P_1$이 작용한 부재의 최대처짐량이, $P_2$가 작용한 부재의 최대처짐량의 2배일 경우 $P_1 : P_2$는?

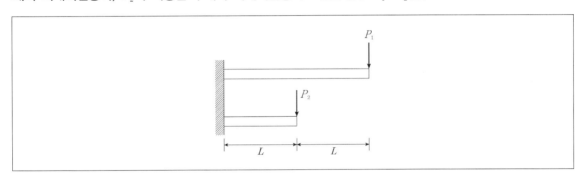

① 1 : 4

② 1 : 8

③ 4 : 1

④ 8 : 1

**42** 외적 부정정차수 $N_e = r - 3 = (3+3+3) - 3 = 6$

내적 부정정차수 $N_i = (-1) \times 2 = -2$

총 부정정차수 $N = N_e + N_i = (6) + (-2) = 4차$

**43** 캔틸레버보의 자유단에 집중하중이 작용 시 최대처짐 $\delta_{max} = y_{max} = \dfrac{1}{3} \cdot \dfrac{PL^3}{EI}(\downarrow)$

부재 1이 부재 2보다 길이는 2배가 길므로 동일 하중에 대해서는 $2^3$배만큼의 처짐이 발생하게 되나 문제에서 주어진 조건이 2배의 처짐이 발생하게 되므로 부재 2에 작용하는 힘은 부재 1에 작용하는 힘의 4배가 된다.

**44** 다음 그림과 같은 단순보의 일부구간으로부터 떼어낸 자유물체도에서 각 좌우측면(가, 나면)에 작용하는 전단력의 방향과 그 값으로 바른 것은?

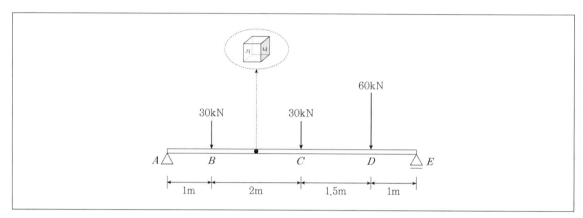

① 가 : 19.1kN(↑), 나 : 19.1kN(↓)

② 가 : 19.1kN(↓), 나 : 19.1kN(↑)

③ 가 : 16.1kN(↑), 나 : 16.1kN(↓)

④ 가 : 16.1kN(↓), 나 : 16.1kN(↑)

**45** 다음 중 각 구조시스템에 관한 정의로 바르지 않은 것은?

① 모멘트골조방식 : 수직하중과 횡력을 보와 기둥으로 구성된 라멘골조가 저항하는 구조방식

② 연성모멘트골조방식 : 횡력에 대한 저항능력을 증가시키기 위해 부재와 접합부의 연성을 증가시킨 모멘트골조방식

③ 이중골조방식 : 횡력의 25% 이상을 부담하는 전단벽이 연성모멘트 골조와 조합되어있는 구조방식

④ 건물골조방식 : 수직하중은 입체골조가 저항하고 지진하중은 전단벽이나 가새골조가 저항하는 구조방식

---

**ANSWER** **44.**① **45.**③

**44** A점과 E점의 연직반력을 구하면,

$$\sum M_A = 0 : 30 \cdot 1 + 30 \cdot 3 + 60 \cdot 4.5 - R_E \cdot 5.5 = 0$$

$5.5R_E = 390$이므로, $R_E = 70.9$kN이며, $R_A = 49.1$kN

자유물체도 각 좌우측면에 작용하는 전단력은

$V_2 = 49.1 - 30 = 19.1$kN(↑)

가 : 19.1kN(↑), 나 : 19.1kN(↓)이 된다.

**45** 이중골조방식 … 횡력의 25% 이상을 부담하는 연성모멘트 골조가 전단벽이나 가새골조와 조합되어있는 구조방식

**46** 다음 그림과 같이 수평하중을 받는 라멘에서 휨모멘트의 값이 가장 큰 위치는?

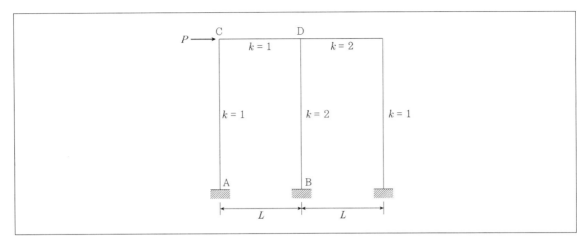

① A

② B

③ C

④ D

**47** 다음 그림과 같은 단순보에서 A점 및 B점에서의 반력을 각각 $R_A$, $R_B$라 할 때 반력의 크기로 바른 것은?

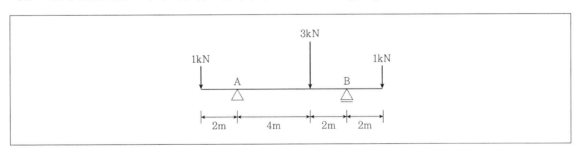

① $R_A = 3\text{kN}$, $R_B = 2\text{kN}$

② $R_A = 2\text{kN}$, $R_B = 3\text{kN}$

③ $R_A = 2.5\text{kN}$, $R_B = 2.5\text{kN}$

④ $R_A = 4\text{kN}$, $R_B = 1\text{kN}$

---

**ANSWER**    46.②   47.②

**46** BD부재의 강성이 가장 크며, B지점에서는 변형이 발생되지 않으므로 가장 큰 휨모멘트가 발생하게 된다.

**47** $\sum M_A = 0 : -1 \cdot 2 + 3 \cdot 4 - R_B \cdot 6 + 1 \cdot 8 = 0$

$6R_B = 18$이므로, $R_B = 3\text{kN}$이며 $R_A = 2\text{kN}$

**48** 다음 중 필릿용접의 최소사이즈에 관한 설명으로 바르지 않은 것은? (단, KBC2016 기준)

① 접합부 얇은 쪽 모재의 두께가 6mm 이하일 경우 3mm이다.

② 접합부 얇은 쪽 모재의 두께가 6mm를 초과하고 13mm 이하일 경우 4mm이다.

③ 접합부 얇은 쪽 모재의 두께가 13mm를 초과하고 19mm 이하일 경우 6mm이다.

④ 접합부 얇은 쪽 모재의 두께가 19mm를 초과할 경우 8mm이다.

**49** 다음 그림에 제시된 H형강의 경우 H−300×150×6.5×9의 x−x축에 대한 단면계수의 값으로 바른 것은? (단, $I_X = 5,080,000\,[\mathrm{mm}^4]$이다)

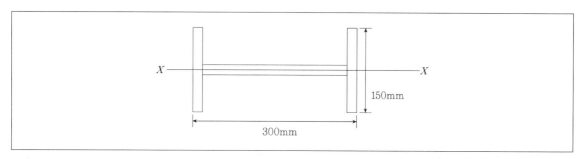

① $58,539\mathrm{mm}^3$

② $60,568\mathrm{mm}^3$

③ $67,733\mathrm{mm}^3$

④ $71,384\mathrm{mm}^3$

---

● ● ●
**ANSWER** 48.② 49.③

................................................................

**48** 접합부 얇은 쪽 모재의 두께가 6mm를 초과하고 13mm 이하일 경우 최소 사이즈는 5mm이다.
모살용접의 사이즈는 원칙적으로 접합되는 모재의 얇은 쪽 판 두께 이하로 한다.

| 접합부의 얇은 쪽 판 두께, $t$(mm) | 최소 사이즈(mm) |
|---|---|
| $t \leq 6$ | 3 |
| $6 < t \leq 13$ | 5 |
| $13 < t \leq 19$ | 6 |
| $19 < t$ | 8 |

**49** $Z = \dfrac{I_X}{y} = \dfrac{I_X}{75}$ 이며,

$Z = \dfrac{I_X}{y} = \dfrac{5,080,000}{75} = 67,733.3 mm^2$

**50** 다음 부정정 구조물에서 B점의 반력을 구하면?

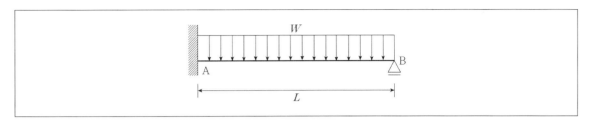

①  $\dfrac{1}{8}wL$

②  $\dfrac{3}{8}wL$

③  $\dfrac{5}{8}wL$

④  $\dfrac{7}{8}wL$

**51** 인장을 받는 이형철근의 직경이 D16(직경 15.9mm)이고, 콘크리트 강도가 30MPa인 표준갈고리의 기본 정착길이는? (단,  $f_y = 400\text{MPa}$ ,  $\beta = 1.0$ ,  $m_c = 2{,}300\text{kg/m}^3$ )

① 238mm

② 258mm

③ 279mm

④ 312mm

  **50.②  51.③**

**50**   $R_B = \dfrac{3}{8}wL$ 이며  $R_A = \dfrac{5}{8}wL$ 가 된다.

**51** 표준갈고리를 갖는 인장 이형철근의 기본정착길이

$$l_{hb} = \frac{0.24 \cdot \beta \cdot d_b \cdot f_y}{\lambda \sqrt{f_{ck}}} = \frac{0.24 \cdot 1.0 \cdot 15.9 \cdot 400}{1.0\sqrt{30}} = 278.69 ≒ 279mm$$

표준갈고리를 갖는 인장이형철근의 정착길이  $l_{dh} = l_{hb} \times$ 보정계수  $\geq [8d_b, 150mm]_{max}$

인장을 받는 표준갈고리의 정착길이( $l_{dh}$ )는 위험단면으로부터 갈고리 외부끝까지의 거리(그림에서는 D로 나타내며 정착 길이는 기본정착길이  $l_{hb}$ 에 적용가능한 모든 보정계수를 곱하여 구한다.

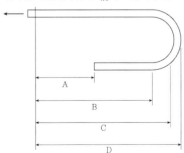

**52** 양단 힌지인 길이 6m의 H−300×300×10×15의 기둥이 부재중앙에서 약축방향으로 가새를 통해 지지되어 있을 때 설계용 세장비는? (단, $r_x = 131[\text{mm}]$, $r_x = 75.1[\text{mm}]$)

① 39.9

② 45.8

③ 58.2

④ 66.3

**53** 다음 그림과 같은 구조물에서 B단에 발생하는 휨모멘트의 값은?

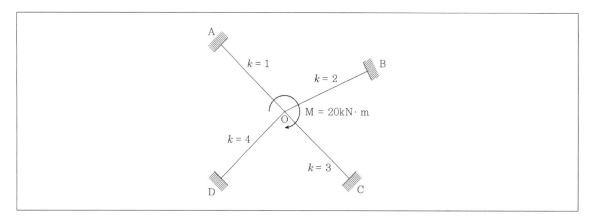

① 2kN · m

② 3kN · m

③ 4kN · m

④ 6kN · m

---

**52** 양단 힌지이므로 유효좌굴길이계수($K$)는 1.0이다.
세장비의 경우 강축에 대해서는 부재 전체길이인 6m, 약축에 대해서는 가새로 횡지지되어 있으므로 3m를 적용함에 주의해야 하며 다음 중 큰 값으로 해야 한다.
$$\frac{KL}{r_x} = \frac{(1.0)(600)}{(13.1)} = 45.80, \quad \frac{KL}{r_y} = \frac{(1.0)(300)}{(7.51)} = 39.95$$

**53** 중앙에 발생하는 모멘트는 강비에 비례하여 각 부재에 분배가 된다. OB부재에는 20×0.2=4가 분배되며 고정단이므로 이 중 1/2의 값인 2가 B점에 도달된다.

**54** 다음 그림과 같은 이동하중이 스팬 10m의 단순보 위를 지나갈 때 발생하는 절대 최대 휨모멘트를 구하면?

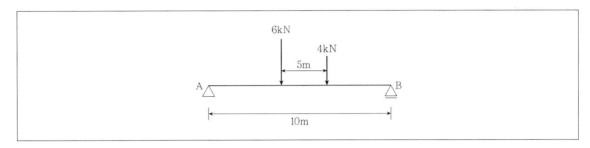

① 16kN · m

② 18kN · m

③ 25kN · m

④ 30kN · m

**54** 절대 최대 휨모멘트는 연행하중이 단순보의 위를 지날 때의 절대 최대 휨모멘트는 보에 실리는 전 하중의 합력의 작용점과 그와 가장 가까운 하중(또는 큰 하중)과의 1/2이 되는 점이 보의 중앙에 있을 때 큰 하중 바로 아래의 단면에서 생긴다.

합력이 크기는 $R = 6 + 4 = 10kN$이며, 합력의 작용점은 $x = \dfrac{4 \cdot a}{10} = \dfrac{4 \cdot 5}{10} = 2m$이므로 6kN과 합력 10kN의 중간점이 AB

의 중앙에 있을 때 6kN의 하중 바로 아래에 발생하게 된다.

따라서 6kN의 하중은 A점으로부터 4m 떨어진 곳에 작용하게 되며 이 단면에서의 휨모멘트는 16kN · m이 된다.

이 때의 전단력 선도를 그려보면,

A지점의 연직반력은 4kN, B지점의 연직반력은 6kN이므로 A지점으로부터 4m 떨어진 곳의 휨모멘트는 4 · 4=16kN · m 이 된다.

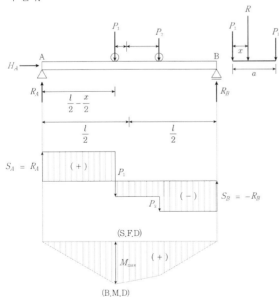

**55** 등분포하중을 받는 두 스팬 연속보인 $B_1$RC보 부재에서 Ⓐ, Ⓑ, ⓒ 지점의 보 배근에 관한 설명으로 바르지 않은 것은?

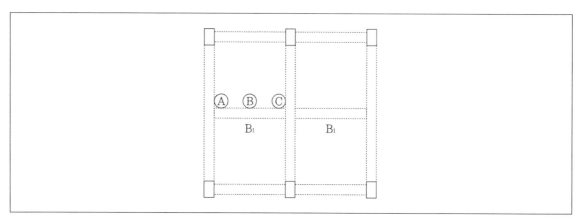

① Ⓐ단면에서는 하부근이 주근이다.
② Ⓑ단면에서는 하부근이 주근이다.
③ Ⓐ단면에서의 스터럽 배치간격은 Ⓑ단면에서의 경우보다 촘촘하다.
④ ⓒ단면에서는 하부근이 주근이다.

**56** 철골보의 처짐을 적게 하는 방법으로 가장 적절한 것은?

① 보의 길이를 길게 한다.
② 웨브의 단면적을 작게 한다.
③ 상부플랜지의 두께를 줄인다.
④ 단면2차모멘트의 값을 크게 한다.

**55** 등분포하중을 받을 경우 C부재는 부모멘트를 주로 받게 되므로 상부근이 주근이 된다.

**56** ① 보의 길이를 길게 하면 처짐이 커지게 된다.
② 웨브의 단면적을 작게 하면 단면2차모멘트값이 줄어들게 되어 처짐이 커지게 된다.
③ 상부플랜지의 두께를 줄이게 되면 단면2차모멘트값이 줄어들게 되어 처짐이 커지게 된다.

**57** 다음 그림과 같은 독립기초에 $N$=480kN, $M$=96kN·m이 작용할 때 기초저면에 발생하게 되는 최대지반반력은?

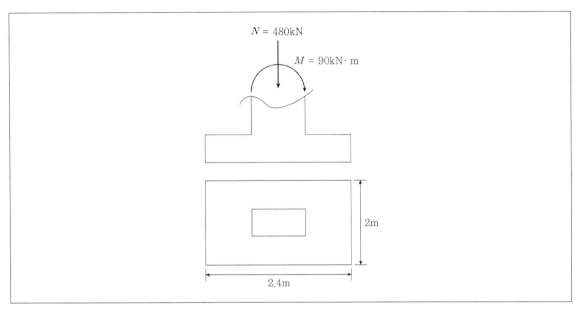

① 15kN/m$^2$
② 150kN/m$^2$
③ 20kN/m$^2$
④ 200kN/m$^2$

**58** 다음 중 강도설계법에서 직접설계법을 이용한 콘크리트 슬래브의 설계 시 적용조건으로 바르지 않은 것은?

① 각 방향으로 3경간 이상이 연속되어야 한다.
② 슬래브 판들은 단변경간에 대한 장변경간의 비가 2 이하인 직사각형이어야 한다.
③ 각 방향으로 연속한 받침부 중심간 경간의 차이는 긴 경간의 1/3 이하이어야 한다.
④ 모든 하중은 슬래브판의 특정지점에 작용하는 집중하중이어야 하며 활하중은 고정하중의 3배 이하여야 한다.

---

**ANSWER** 57.② 58.④

**57** 지반에 작용하는 최대지반반력은

$$q_{max} = \frac{P}{A} + \frac{M}{Z} = \frac{480}{2.4 \cdot 2} + \frac{96}{\frac{2 \cdot 2.4^2}{6}} = 150[\text{kN/m}^2]$$

**58** 모든 하중은 등분포된 연직하중으로, 적재하중은 고정하중의 2배 이하이어야 한다. 또한 기둥은 어떠한 축에서도 연속되는 기둥 중심선에서 경간길이의 1/10이상 벗어나서는 안된다.

**59** 연약지반에 기초구조를 적용할 때 부동침하를 감소시키기 위한 상부구조의 대책으로 바르지 않은 것은?

① 폭이 일정할 경우 건물의 길이를 길게 할 것

② 건물을 경량화할 것

③ 강성을 크게 할 것

④ 부분 증축을 가급적 피할 것

**60** 등가정적해석법에 따른 지진응답계수의 산정식과 가장 거리가 먼 것은?

① 가스트영향계수

② 반응수정계수

③ 주기 1초에서의 설계스펙트럼 가속도

④ 건축물의 고유주기 ]

ANSWER  59.①  60.①

**59** 부동침하를 최소화하기 위해서는 폭이 일정할 경우 건물의 길이를 짧게 해야 한다.

**60** 가스트영향계수($G_f$)

㉠ 바람의 난류로 인하여 발생되는 구조물의 동적 거동성분을 나타낸 값으로서 평균값에 대한 피크값의 비를 통계적으로 나타낸 계수이다.

㉡ 설계풍압은 "설계풍압 = 가스트영향계수 × (임의높이 설계압 × 풍상벽 외압계수 − 지붕면설계도압 × 풍하벽외압계수)" 로 산정한다. 단, 부분개방형 건축물 및 지붕풍하중을 산정할 때에는 내압의 영향도 고려해야 한다.

**61** 배수배관에서 청소구(clean out)의 일반적 설치장소에 속하지 않는 것은?

① 배수수직관의 최상부

② 배수수평지관의 기점

③ 배수수평주관의 기점

④ 배수관이 45°를 넘는 각도에서 방향을 전환하는 개소

**62** 최대 수용 전력이 500kW, 수용률이 80%일 때 부하설비용량은?

① 400kW

② 625kW

③ 800kW

④ 1,250kW

**61** 청소구를 설치해야 하는 곳

㉠ 가옥배수관과 대지하수관의 접속부

㉡ 배수수직관의 최하단부, 배수수평관의 최상단부

㉢ 배관이 45° 이상 각도로 구부러진 곳

㉣ 수평관의 관경이 100mm 이하인 경우 직선거리 15m마다, 100mm 이상인 경우 직선거리 30m 이내마다 설치

**62** 최대 수용 전력은 부하설비용량과 수용률의 곱이므로, 부하설비용량은 625kW가 된다.

**63** 다음과 같은 조건에서 사무실의 평균조도를 800[lx]로 설계하고자 할 경우, 광원의 필요수량은?

- 광원 1개의 광속 : 2,000[lm]
- 실의 면적 : 10[m²]
- 감광 보상률 : 1.5
- 조명률 : 0.6

① 3개                 ② 5개

③ 8개                 ④ 10개

**64** 다음 중 이동식 보도에 관한 설명으로 바르지 않은 것은?

① 속도는 60 ~ 70m/min이다.

② 주로 역이나 공항 등에 이용된다.

③ 승객을 수평으로 수송하는데 사용된다.

④ 수평으로부터 10° 이내의 경사로 되어 있다.

**63** 광속법을 사용하여 광원의 개수를 계산해야 한다.

$F \cdot N \cdot U = E \cdot A \cdot D$ 이므로,

광원의 개수 $N = \dfrac{E \cdot A \cdot D}{F \cdot U} = \dfrac{E \cdot A}{F \cdot U \cdot M}$

문제에서 주어진 조건을 위의 식에 대입하면,

$N = \dfrac{800 \cdot 10 \cdot 1.5}{2,000 \cdot 0.6} = 10$

- $F$ : 사용광원 1개의 광속(lm)
- $D$ : 감광보상률
- $E$ : 작업면의 평균조도(lux)
- $A$ : 방의 면적(m²)
- $N$ : 광원의 개수
- $U$ : 조명률
- $M$ : 유지율(보수율, 빛손실계수)

**64** 이동식 보도(무빙워크)의 속도는 30m/min 정도를 표준으로 한다.

**65** 다음 중 급수관에 워터해머(water hammer)가 생기는 가장 주된 원인은?

① 배관의 부식

② 배관 지름의 확대

③ 수원의 고갈

④ 배관 내 유수의 급정지

**66** 압력에 따른 도시가스의 분류에서 고압의 기준으로 바른 것은?

① 0.1MPa 이상

② 1MPa 이상

③ 10MPa 이상

④ 100MPa 이상

**67** 압축식 냉동기의 주요 구성요소가 아닌 것은?

① 재생기

② 압축기

③ 증발기

④ 응축기

**68** 옥내소화전설비 설치대상 건축물로서 옥내소화전의 설치개수가 가장 많은 층의 설치개수가 6개인 경우, 옥내소화전설비 수원의 유효 저수량은 최소 얼마 이상이 되어야 하는가?

① 7.8m$^3$

② 10.4m$^3$

③ 13.0m$^3$

④ 15.6m$^3$

---

**ANSWER** 　**65.**④　**66.**②　**67.**①　**68.**③

**65** 급수관에 워터해머(water hammer)가 생기는 가장 주된 원인은 배관 내 유수의 급정지이다.

**66** 압력에 따른 도시가스의 분류에서 고압의 기준은 1MPa 이상이다.

**67** 냉동기의 구성
ㄱ 압축식 냉동기 : 압축기, 응축기, 팽창밸브, 증발기
ㄴ 흡수식 냉동기 : 흡수기, 응축기, 재생기, 증발기

**68** 옥내소화전의 소화수량(수원의 수량) = 옥내소화전 1개의 방수량 × 동시개구수 × 20min
(단, 동시개구수는 최대 5개까지이다.)
따라서, 130L/min×5×20min=13.0m$^3$

**69** 변풍량 단일덕트방식에서 송풍량 조절의 기준이 되는 것은?

① 실내 청정도                    ② 실내 기류속도

③ 실내 현열부하                   ④ 실내 잠열부하


**70** 증기난방에 관한 설명으로 바르지 않은 것은?

① 온수난방에 비해 예열시간이 짧다.

② 운전 중 증기해머로 인한 소음발생의 우려가 있다.

③ 온수난방에 비해 한랭지에서 동결의 우려가 적다.

④ 온수난방에 비해 부하변동에 따른 실내 방열량 제어가 용이하다.


**71** 다음 중 피뢰시스템에 관한 설명으로 바르지 않은 것은?

① 피뢰시스템은 보호성능 정도에 따라 등급을 구분한다.

② 피뢰시스템의 등급은 Ⅰ, Ⅱ, Ⅲ의 3등급으로 구분된다.

③ 수뢰부시스템은 보호범위 산정방식(보호각, 회전구체법, 메시법)에 따라 설치한다.

④ 피보호건축물에 적용하는 피뢰시스템의 등급 및 보호에 관한 사항은 한국산업표준의 낙뢰리스트 평가에 의한다.


· · ·
| ANSWER | 69.③  70.④  71.② |

**69** 변풍량 단일덕트방식에서 송풍량 조절의 기준은 실내 현열부하이다.

**70** 증기난방은 온수난방에 비해 부하변동에 따른 실내 방열량 제어가 어렵다.

**71** 피뢰시스템의 등급은 Ⅰ, Ⅱ, Ⅲ, Ⅳ의 4등급으로 구분된다.

**72** 다음의 공기조화방식 중 전공기 방식에 속하지 않는 것은?

① 단일덕트방식

② 이중덕트방식

③ 멀티존 유닛방식

④ 팬코일 유닛방식

**73** 다음과 같은 조건에서 바닥면적 300m², 천장고 2.7m인 실의 난방부하 산정 시 틈새바람에 의한 외기부하는?

> • 실내의 건구온도 : 20℃
>
> • 외기의 온도 : -10℃
>
> • 환기횟수 : 0.5회/h
>
> • 공기의 비열 : 1.01kJ/kg · K
>
> • 공기의 밀도 : 1.2kg/m³

① 3.4kW

② 4.1kW

③ 4.7kW

④ 5.2kW

---

**72** 팬코일 유닛방식은 공기-수방식, 또는 전수방식에 속한다.

※ 공기조화방식

| 열의 분배방법에 의한 분류 | 중앙식 | 전공기방식, 공기-수방식 |
|---|---|---|
| | 개별식 | 전수방식, 냉매식 |
| 운반되는 열매체에 따른 분류 | 전공기방식 | 단일덕트방식(정풍량(CAV)방식, 가변풍량(VAV)방식) 2중 덕트방식, 멀티존 유닛방식 |
| | 공기-수방식 | 각층 유닛방식, 유인 유닛방식 팬코일 유닛덕트 병용식 |
| | 전수방식 | 팬코일 유닛방식(F.C.U) |
| | 냉매방식 | 패키지 유닛 |

**73** 환기량 $Q = nV = 0.5 \times 300 \cdot 2.7 = 405 m^3/h$

현열량 $Q_H = 0.337 Q(t_o - t_i) = 0.337 \times 405 \times \{20 - (-10)\} = 4,094 W ≒ 4.1 kW$

**74** 급수방식 중 펌프직송방식에 관한 설명으로 바르지 않은 것은?

① 전력차단 시 급수가 불가능하다.

② 고가수조방식에 비해 수질오염 가능성이 크다.

③ 건축적으로 건물의 외관 디자인이 용이해지고 구조적 부담이 경감된다.

④ 적정한 수압과 수량 확보를 위해서는 정교한 제어장치 및 내구성 있는 제품의 선정이 필요하다.

**75** 실내공기 중에 부유하는 직경 $10\mu$m 이하의 미세먼지를 의미하는 것은?

① VOC10

② PMV10

③ PM10

④ SS10

**74** 펌프직송방식은 고가수조방식에 비해 수질오염 가능성이 적다.

**75** PM10(PM은 "fine particulate matter"의 약자) … 실내공기 중에 부유하는 직경 $10\mu$m 이하의 미세먼지

**76** 다음 중 사이폰식 트랩에 속하지 않는 것은?

① P트랩

② S트랩

③ U트랩

④ 드럼트랩


**77** 다음 중 일사에 관한 설명으로 바르지 않은 것은?

① 일사에 의한 건물의 수열은 방위에 따라 차이가 있다.

② 추녀와 차양은 창면에서의 일사조절 방법으로 사용된다.

③ 블라인드, 루버, 롤스크린은 계절이나 시간, 실내의 사용상황에 따라 일사조절을 할 수 있다.

④ 일사조절의 목적은 일사에 의한 건물의 수열이나 흡열을 작게 하여 동계의 실내기후의 악화를 방지하는 데 있다.

ANSWER   76.④   77.④

**76** 사이폰식 트랩…P트랩, S트랩, U트랩

※ 비사이폰식 트랩 : 드럼트랩, 벨트랩, 그리스트랩, 가솔린트랩, 샌드트랩, 헤어트랩, 플라스터트랩

| 트랩 | | 용도 및 특징 |
|---|---|---|
| S트랩 | | • 대변기, 소변기, 세면기에 사용된다.<br>• 사이펀 작용이 심하여 봉수파괴가 쉽다.<br>• 배관이 바닥으로 이어진다. |
| P트랩 | | • 위생 기구에 가장 많이 사용된다.<br>• 통기관을 설치하면 봉수가 안정된다.<br>• 배관이 벽체로 이어진다. |
| U트랩 | | • 일명 가옥트랩, 메인트랩이라고 하며 하수가스 역류방지용이다.<br>• 가옥배수 본관과 공공하수관 연결부위에 설치한다.<br>• 배수관 최말단에 위치하여 유속을 저하시키는 단점이 있다. |
| 벨트랩 | | • 욕실 등 바닥배수에 이용한다.<br>• 종 모양으로 다량의 물을 배수한다.<br>• 찌꺼기를 회수하기 위해 설치한다. |
| 드럼트랩 | | • 싱크대에 이용된다.<br>• 봉수가 안정된다.<br>• 다량의 물을 배수한다. |

**77** 동계의 경우 일사를 조절하여 건물에 보다 많은 열을 공급해야 한다.

**78** 축전지의 충전방식 중 필요할 때마다 표준시간율로 소정의 충전을 하는 방식은?

① 급속충전                      ② 보통충전

③ 부동충전                      ④ 세류충전

**79** 경질 비닐관 공사에 관한 설명으로 바른 것은?

① 절연성과 내식성이 강하다.

② 자성체이며 금속관보다 시공이 어렵다.

③ 온도변화에 따라 기계적 강도가 변하지 않는다.

④ 부식성 가스가 발생하는 곳에는 사용할 수 없다.

**80** 여름철 실내 최고 온도는 외기온도가 가장 높은 시각 이후에 나타나는 것이 일반적이다. 이와 같은 현상은 벽체를 구성하고 있는 재료의 어떤 성능 때문인가?

① 축열성능                      ② 단열성능

③ 일사반사성능                 ④ 일사투과성능

---

**ANSWER**   78.②   79.①   80.①

---

**78** 보통충전에 관한 설명이다.

※ 충전의 방식

    ㉠ **보통충전** : 필요할 때마다 표준시간율로 소정의 충전을 하는 방식

    ㉡ **세류충전** : 축전지의 자기방전량 만큼 충전하는 방식으로 축전지의 방전을 보충하기 위해 부하를 OFF한 상태에서 미소전류로 항상 충전하는 방식

    ㉢ **부동충전** : 축전지의 자기방전을 보충함과 동시에 사용부하에 대한 전력공급은 충전기가 부담하도록 하되 충전기가 부담하기 어려운 일시적 대전류의 부하는 축전지가 부담하도록 하는 방식

    ㉣ **균등충전** : 각 전해조에서 일어나는 전위차를 보정하기 위하여 1~3개월마다 1회, 정전압 충전하여 각 전해조의 용량을 균일화하기 위하여 행하는 충전방식

    ㉤ **급속충전** : 짧은 시간에 보통 충전전류의 2~3배의 전류로 충전하는 방식

**79** ② 비자성체이며 금속관보다 시공이 용이하다.

    ③ 온도변화에 따라 기계적 강도가 변하게 된다.

    ④ 부식성 가스가 발생하는 곳에서도 사용할 수 있다.

**80** 축열성능에 관한 설명이다.

**81** 다음 설명에 알맞은 용도지구의 세분은?

> 건축물·인구가 밀집되어 있는 지역으로서 시설 개선 등을 통하여 재해 예방이 필요한 지구

① 자연방재지구

② 시가지방재지구

③ 중요시설물보호지구

④ 역사문화환경보호지구

**82** 바닥으로부터 높이 1m까지의 안벽의 마감을 내수재료로 하지 않아도 되는 것은?

① 아파트의 욕실

② 숙박시설의 욕실

③ 제1종 근린생활시설 중 휴게음식점의 조리장

④ 제2종 근린생활시설 중 일반음식점의 조리장

● ● ●

**ANSWER** 81.② 82.①

**81** ① 자연방재지구: 토지의 이용도가 낮은 해안변, 하천변, 급경사지 주변 등의 지역으로서 건축 제한 등을 통하여 재해 예방이 필요한 지구
③ 중요시설물보호지구: 중요시설물의 보호와 기능의 유지 및 증진 등을 위하여 필요한 지구
④ 역사문화환경보호지구: 문화재, 전통사찰 등 역사 및 문화적으로 보존가치가 큰 시설 및 지역의 보호와 보존을 위하여 필요한 지구

**82** 거실 등의 방습
㉠ 건축물의 최하층에 있는 거실바닥의 높이는 지표면으로부터 45센티미터 이상으로 하여야 한다. 다만, 지표면을 콘크리트바닥으로 설치하는 등 방습을 위한 조치를 하는 경우에는 그러하지 아니하다.
㉡ 다음의 어느 하나에 해당하는 욕실 또는 조리장의 바닥과 그 바닥으로부터 높이 1미터까지의 안벽의 마감은 이를 내수재료로 하여야 한다.
1. 제1종 근린생활시설 중 목욕장의 욕실과 휴게음식점의 조리장
2. 제2종 근린생활시설 중 일반음식점 및 휴게음식점의 조리장과 숙박시설의 욕실

**83** 대지면적이 1000m²인 건축물의 옥상에 조경 면적을 90m² 설치한 경우, 대지에 설치하여야 하는 최소 조경 면적은? (단, 조경설치기준은 대지면적의 10%)

① 10m²

② 40m²

③ 50m²

④ 100m²

**84** 다음은 주차장 수급실태조사의 조사구역에 관한 설명이다. ( ) 안에 알맞은 것은?

> 사각형 또는 삼각형 형태로 조사구역을 설정하되 조사구역 바깥 경계선의 최대거리가 ( )를 넘지 아니하도록 한다.

① 100m

② 200m

③ 300m

④ 400m

**85** 도시 · 군계획 수립 대상지역의 일부에 대해 토지 이용을 합리화하고 그 기능을 증진시키며 미관을 개선하고 양호한 환경을 확보하며, 그 지역을 체계적 · 계획적으로 관리하기 위하여 수립하는 도시 · 군관리계획은?

① 광역도시계획

② 지구단위계획

③ 지구경관계획

④ 택지개발계획

• • •
**ANSWER**  83.③  84.③  85.②
- - - - - - - - - - - - - - - - - - - - - - - - - - - - - - - - - - - - - - - - - - - - - - - - - - - - - - - - - - - - - -

**83** 건축물의 옥상에 국토교통부장관이 고시하는 기준에 따라 조경이나 그 밖에 필요한 조치를 하는 경우에는 옥상부분 조경 면적의 3분의 2에 해당하는 면적을 대지의 조경면적으로 산정할 수 있다. 이 경우 조경면적으로 산정하는 면적은 조경면 적의 100분의 50을 초과할 수 없다.

그러므로 필요조경면적은 대지면적의 10%이므로 $1,000 \times \dfrac{10}{100} = 100\,\text{m}^2$

옥상의 조경면적은 필요조경면적의 100분의 50을 초과할 수 없으므로 $100 \times \dfrac{50}{100} = 50\,\text{m}^2$

**84** 사각형 또는 삼각형 형태로 조사구역을 설정하되 조사구역 바깥 경계선의 최대거리가 (300m)를 넘지 아니하도록 한다.

**85** 지구단위계획에 관한 설명이다.

**86** 다음 중 허가대상에 속하는 용도변경은?

① 영업시설군에서 근린생활시설군으로의 용도변경

② 교육 및 복지시설군에서 영업시설군으로의 용도변경

③ 근린생활시설군에서 주거업무시설군으로의 용도변경

④ 산업 등의 시설군에서 전기통신시설군으로의 용도변경

**87** 건축법령상 건축물의 대지에 공개공지 또는 공개공간을 확보하여야 하는 대상 건축물에 속하지 않는 것은? (단, 해당용도로 쓰는 바닥면적의 합계가 5,000m$^2$인 건축물의 경우)

① 종교시설          ② 의료시설

③ 업무시설          ④ 숙박시설

**86** 용도변경

| 용도변경 분류 | 행정절차 |
|---|---|
| 자동차 관련 시설군 | |
| 산업 등 시설군 | |
| 전기통신시설군 | |
| 문화집회시설군 | |
| 영업시설군 | 오름차순 변경(↑) : 허가 |
| 교육 및 복지시설군 | 내림차순 변경(↓) : 신고 |
| 근린생활시설군 | |
| 주거업무시설군 | |
| 기타 시설군 | |

**87** 다음의 어느 하나에 해당하는 건축물의 대지에는 공개 공지 또는 공개 공간을 확보하여야 한다.
1. 문화 및 집회시설, 종교시설, 판매시설(「농수산물 유통 및 가격안정에 관한 법률」에 따른 농수산물유통시설은 제외), 운수시설(여객용 시설만 해당), 업무시설 및 숙박시설로서 해당 용도로 쓰는 바닥면적의 합계가 5천 제곱미터 이상인 건축물
2. 그 밖에 다중이 이용하는 시설로서 건축조례로 정하는 건축물

**88** 다음 중 일반상업지역에 건축할 수 없는 건축물에 속하지 않는 것은?

① 묘지 관련 시설

② 자원순환 관련 시설

③ 운수시설 중 철도시설

④ 자동차 관련 시설 중 폐차장

**89** 시설물의 부지 인근에 부설주차장을 설치하는 경우, 해당 부지의 경계선으로부터 부설주차장의 경계선까지의 거리 기준으로 바른 것은?

① 직선거리 300m 이내

② 도보거리 800m 이내

③ 직선거리 500m 이내

④ 도보거리 1,000m 이내

---

**ANSWER** 88.③ 89.①

**88** 일반상업지역 안에서 건축할 수 없는 건축물

ⓐ 숙박시설 중 일반숙박시설 및 생활숙박시설. 다만, 다음의 일반숙박시설 또는 생활숙박시설은 제외
- 공원·녹지 또는 지형지물에 따라 주거지역과 차단되거나 주거지역으로부터 도시·군계획조례로 정하는 거리 밖에 있는 대지에 건축하는 일반숙박시설
- 공원·녹지 또는 지형지물에 따라 준주거지역 내 주택 밀집지역, 전용주거지역 또는 일반주거지역과 차단되거나 준주거지역 내 주택 밀집지역, 전용주거지역 또는 일반주거지역으로부터 도시·군계획조례로 정하는 거리 밖에 있는 대지에 건축하는 생활숙박시설

ⓑ 위락시설(공원·녹지 또는 지형지물에 따라 주거지역과 차단되거나 주거지역으로부터 도시·군계획조례로 정하는 거리 밖에 있는 대지에 건축하는 것은 제외)

ⓒ 공장

ⓓ 위험물 저장 및 처리 시설 중 시내버스차고지 외의 지역에 설치하는 액화석유가스 충전소 및 고압가스 충전소·저장소

ⓔ 동물 및 식물 관련 시설

ⓕ 자동차 관련 시설 중 폐차장

ⓖ 자원순환 관련 시설

ⓗ 묘지 관련 시설

**89** 시설물의 부지 인근의 범위는 다음의 어느 하나의 범위에서 특별자치도·시·군 또는 자치구(이하 "시·군 또는 구"라 한다)의 조례로 정한다.
1. 해당 부지의 경계선으로부터 부설주차장의 경계선까지의 직선거리 300미터 이내 또는 도보거리 600미터 이내
2. 해당 시설물이 있는 동·리(행정동·리를 말한다) 및 그 시설물과의 통행 여건이 편리하다고 인정되는 인접 동·리

**90** 다음 중 다중이용건축물에 속하지 않는 것은? (단, 층수가 10층이며, 해당 용도로 쓰이는 바닥면적의 합계가 5,000m²인 건축물의 경우)

① 업무시설

② 종교시설

③ 판매시설

④ 숙박시설 중 관광숙박시설

**91** 다음의 옥상광장 등의 설치에 관한 기준 내용 중 ( ) 안에 들어갈 말로 알맞은 것은?

> 옥상광장 또는 2층 이상인 층에 있는 노대나 그 밖에 이와 비슷한 것의 주위에는 높이 ( ) 이상의 난간을 설치해야 한다. 다만, 그 노대 등에 출입할 수 없는 구조인 경우에는 그러하지 아니하다.

① 1.0m

② 1.2m

③ 1.5m

④ 1.8m

**92** 태양열을 주된 에너지원으로 이용하는 주택의 건축면적 산정의 기준이 되는 것은?

① 외벽 중 내측 내력벽의 중심선

② 외벽 중 외측 비내력벽의 중심선

③ 외벽 중 내측 내력벽의 외측 외곽선

④ 외벽 중 외측 비내력벽의 외측 외곽선

---

**ANSWER** 90.① 91.② 92.①

**90** 다중이용 건축물.
  ㉠ 다음의 어느 하나에 해당하는 용도로 쓰는 바닥면적의 합계가 5천 제곱미터 이상인 건축물
  • 문화 및 집회시설(동물원 및 식물원은 제외)
  • 종교시설
  • 판매시설
  • 운수시설 중 여객용 시설
  • 의료시설 중 종합병원
  • 숙박시설 중 관광숙박시설
  ㉡ 16층 이상인 건축물

**91** 옥상광장 또는 2층 이상인 층에 있는 노대 등(노대나 그 밖에 이와 비슷한 것)의 주위에는 높이 1.2m 이상의 난간을 설치해야 한다. 다만, 그 노대 등에 출입할 수 없는 구조인 경우에는 그러하지 아니하다.

**92** 태양열을 주된 에너지원으로 이용하는 주택의 건축면적과 단열재를 구조체의 외기 측에 설치하는 단열공법으로 건축된 건축물의 건축면적은 건축물의 외벽 중 내측 내력벽의 중심선을 기준으로 한다. 이 경우 태양열을 주된 에너지원으로 이용하는 주택의 범위는 국토교통부장관이 정하여 고시하는 바에 의한다.

**93** 도시지역에 지정된 지구단위계획구역 내에서 건축물을 건축하려는 자가 그 대지의 일부를 공공시설 부지로 제공하는 경우 그 건축물에 대하여 완화하여 적용할 수 있는 항목이 아닌 것은?

① 건축선      ② 건폐율

③ 용적률      ④ 건축물의 높이

**94** 층수가 12층이고 6층 이상의 거실면적의 합계가 12,000m²인 교육연구시설에 설치해야 하는 8인승 승용 승강기의 최소대수는?

① 2대      ② 3대

③ 4대      ④ 5대

---

**ANSWER** 93.① 94.③

**93** 지구단위계획구역(도시지역 내에 지정하는 경우로 한정)에서 건축물을 건축하려는 자가 그 대지의 일부를 공공시설 또는 기반시설 중 학교와 해당 시·도 또는 대도시의 도시·군계획조례로 정하는 기반시설(이하 이 항에서 "공공시설 등"의 부지로 제공하거나 공공시설 등을 설치하여 제공하는 경우[지구단위계획구역 밖의 「하수도법」에 따른 배수구역에 공공하수처리시설을 설치하여 제공하는 경우(지구단위계획구역에 다른 기반시설이 충분히 설치되어 있는 경우로 한정)를 포함]에는 그 건축물에 대하여 지구단위계획으로 다음의 구분에 따라 건폐율·용적률 및 높이제한을 완화하여 적용할 수 있다.

1. 공공시설 등의 부지를 제공하는 경우에는 다음의 비율까지 건폐율·용적률 및 높이제한을 완화하여 적용할 수 있다. 다만, 지구단위계획구역 안의 일부 토지를 공공시설 등의 부지로 제공하는 자가 해당 지구단위계획구역 안의 다른 대지에서 건축물을 건축하는 경우에는 나목의 비율까지 그 용적률을 완화하여 적용할 수 있다.
   
   가. 완화할 수 있는 건폐율 = 해당 용도지역에 적용되는 건폐율 × [1 + 공공시설 등의 부지로 제공하는 면적(공공시설 등의 부지를 제공하는 자가 용도가 폐지되는 공공시설을 무상으로 양수받은 경우에는 그 양수받은 부지면적을 빼고 산정) ÷ 원래의 대지면적] 이내
   
   나. 완화할 수 있는 용적률 = 해당 용도지역에 적용되는 용적률 + [1.5 × (공공시설 등의 부지로 제공하는 면적 × 공공시설 등 제공 부지의 용적률) ÷ 공공시설 등의 부지 제공 후의 대지면적] 이내
   
   다. 완화할 수 있는 높이 = 「건축법」에 따라 제한된 높이 × (1 + 공공시설 등의 부지로 제공하는 면적 ÷ 원래의 대지면적) 이내

2. 공공시설 등을 설치하여 제공(그 부지의 제공은 제외)하는 경우에는 공공시설등을 설치하는 데에 드는 비용에 상응하는 가액(價額)의 부지를 제공한 것으로 보아 1에 따른 비율까지 건폐율·용적률 및 높이제한을 완화하여 적용할 수 있다. 이 경우 공공시설 등 설치비용 및 이에 상응하는 부지 가액의 산정 방법 등은 시·도 또는 대도시의 도시·군계획조례로 정한다.

3. 공공시설 등을 설치하여 그 부지와 함께 제공하는 경우에는 1 및 2에 따라 완화할 수 있는 건폐율·용적률 및 높이를 합산한 비율까지 완화하여 적용할 수 있다.

**94** 교육연구시설의 경우 1대에 3천 제곱미터를 초과하는 3천 제곱미터 이내마다 1대를 더한 대수이므로 $\frac{12,000}{3,000} = 4$대 이상 설치해야 한다.

**95** 건축물의 거실(피난층의 거실 제외)에 국토교통부령으로 정하는 기준에 따라 배연설비를 설치해야 하는 대상 건축물에 속하지 않는 것은?

① 6층 이상인 건축물로서 종교시설의 용도로 쓰이는 건축물

② 6층 이상인 건축물로서 판매시설의 용도로 쓰는 건축물

③ 6층 이상인 건축물로서 방송통신시설 중 방송국의 용도로 쓰는 건축물

④ 6층 이상인 건축물로서 교육연구시설 중 연구소의 용도로 쓰는 건축물

**96** 건축물의 출입구에 설치하는 회전문은 계단이나 에스컬레이터로부터 최소 얼마 이상의 거리를 두어야 하는가?

① 1m  ② 1.5m

③ 2m  ④ 3m

---

**ANSWER**  95.③  96.③

**95** 다음의 건축물의 거실(피난층의 거실은 제외한다)에는 국토교통부령으로 정하는 기준에 따라 배연설비(排煙設備)를 하여야 한다.

1. 6층 이상인 건축물로서 다음의 어느 하나에 해당하는 용도로 쓰는 건축물
   가. 제2종 근린생활시설 중 공연장, 종교집회장, 인터넷컴퓨터게임시설제공업소 및 다중생활시설(공연장, 종교집회장 및 인터넷컴퓨터게임시설제공업소는 해당 용도로 쓰는 바닥면적의 합계가 각각 300제곱미터 이상인 경우만 해당)
   나. 문화 및 집회시설
   다. 종교시설
   라. 판매시설
   마. 운수시설
   바. 의료시설(요양병원 및 정신병원은 제외)
   사. 교육연구시설 중 연구소
   아. 노유자시설 중 아동 관련 시설, 노인복지시설(노인요양시설은 제외)
   자. 수련시설 중 유스호스텔
   차. 운동시설
   카. 업무시설
   타. 숙박시설
   파. 위락시설
   하. 관광휴게시설
   거. 장례시설
2. 다음의 어느 하나에 해당하는 용도로 쓰는 건축물
   가. 의료시설 중 요양병원 및 정신병원
   나. 노유자시설 중 노인요양시설·장애인 거주시설 및 장애인 의료재활시설

**96** 건축물의 출입구에 설치하는 회전문은 계단이나 에스컬레이터로부터 최소 2m 이상의 거리를 두어야 한다.

**97** 다음은 건축법령상 리모델링에 대비한 특혜 등에 관한 기준 내용이다. (   ) 안에 들어갈 말로 알맞은 것은?

> 리모델링이 쉬운 구조의 공동주택의 건축을 촉진하기 위해 공동주택을 대통령령으로 정하는 구조로 하여 건축허가를 신청하면 제56조(건축물의 용적률), 제60조(건축물의 높이 제한) 및 제61조(일조 등의 확보를 위한 건축물의 높이 제한)에 따른 기준을 (   )의 범위에서 대통령령으로 정하는 비율로 완화하여 적용할 수 있다.

① 100분의 110
② 100분의 120
③ 100분의 130
④ 100분의 140

**98** 건축물의 면적, 높이 및 층수 산정의 기본원칙으로 옳지 않은 것은?

① 대지면적은 대지의 수평투영면적으로 한다.
② 연면적은 하나의 건축물 각 층의 거실면적의 합계로 한다.
③ 건축면적은 건축물의 외벽(외벽이 없는 경우에는 외곽 부분의 기둥)의 중심선으로 둘러싸인 부분의 수평투영면적으로 한다.
④ 바닥면적은 건축물의 각 층 또는 그 일부로서 벽, 기둥, 그 밖에 이와 비슷한 구획의 중심선으로 둘러싸인 부분의 수평투영면적으로 한다.

**99** 부설주차장 설치대상 시설물이 판매시설인 경우 부설주차장 설치기준으로 옳은 것은?

① 시설면적 100m²당 1대
② 시설면적 150m²당 1대
③ 시설면적 200m²당 1대
④ 시설면적 400m²당 1대

---

**ANSWER**   97.② 98.② 99.②

**97** 리모델링이 쉬운 구조의 공동주택의 건축을 촉진하기 위해 공동주택을 대통령령으로 정하는 구조로 하여 건축허가를 신청하면 제56조(건축물의 용적률), 제60조(건축물의 높이 제한) 및 제61조(일조 등의 확보를 위한 건축물의 높이 제한)에 따른 기준을 100분의 120의 범위에서 대통령령으로 정하는 비율로 완화하여 적용할 수 있다.

**98** 연면적은 하나의 건축물 각 층의 바닥면적의 합계로 하되, 용적률 산정시 지하층은 제외한다.

**99** 부설주차장 설치대상 시설물이 판매시설인 경우 부설주차장 설치기준은 시설면적 150m²당 1대이다.

**100** 다음 중 주요구조부를 내화구조로 해야 하는 대상건축물의 기준으로 바른 것은?

① 장례시설의 용도로 쓰는 건축물로서 집회실의 바닥면적의 합계가 150m² 이상인 건축물

② 판매시설의 용도로 쓰는 건축물로서 그 용도로 사용되는 바닥면적의 합계가 300m² 이상인 건축물

③ 운수시설의 용도로 쓰는 건축물로서 그 용도로 사용되는 바닥면적의 합계가 400m² 이상인 건축물

④ 문화 및 집회시설 중 전시장의 용도로 사용되는 건축물로서 그 용도로 사용되는 바닥면적의 합계가 500m² 이상인 건축물

ⵙ ⵙ ⵙ
ANSWER | 100.④

**100** 건축물의 내화구조

① 다음의 어느 하나에 해당하는 건축물(3층 이상인 건축물 및 지하층이 있는 건축물에 해당하는 건축물로서 2층 이하인 건축물은 지하층 부분만 해당)의 주요구조부는 내화구조로 하여야 한다. 다만, 연면적이 50제곱미터 이하인 단층의 부속건축물로서 외벽 및 처마 밑면을 방화구조로 한 것과 무대의 바닥은 그러하지 아니하다.

1. 제2종 근린생활시설 중 공연장·종교집회장(해당 용도로 쓰는 바닥면적의 합계가 각각 300제곱미터 이상인 경우만 해당), 문화 및 집회시설(전시장 및 동·식물원은 제외), 종교시설, 위락시설 중 주점영업 및 장례시설의 용도로 쓰는 건축물로서 관람석 또는 집회실의 바닥면적의 합계가 200제곱미터(옥외관람석의 경우에는 1천 제곱미터) 이상인 건축물

2. 문화 및 집회시설 중 전시장 또는 동·식물원, 판매시설, 운수시설, 교육연구시설에 설치하는 체육관·강당, 수련시설, 운동시설 중 체육관·운동장, 위락시설(주점영업의 용도로 쓰는 것은 제외), 창고시설, 위험물저장 및 처리시설, 자동차 관련 시설, 방송통신시설 중 방송국·전신전화국·촬영소, 묘지 관련 시설 중 화장시설·동물화장시설 또는 관광휴게시설의 용도로 쓰는 건축물로서 그 용도로 쓰는 바닥면적의 합계가 500제곱미터 이상인 건축물

3. 공장의 용도로 쓰는 건축물로서 그 용도로 쓰는 바닥면적의 합계가 2천 제곱미터 이상인 건축물. 다만, 화재의 위험이 적은 공장으로서 국토교통부령으로 정하는 공장은 제외한다.

4. 건축물의 2층이 단독주택 중 다중주택 및 다가구주택, 공동주택, 제1종 근린생활시설(의료의 용도로 쓰는 시설만 해당), 제2종 근린생활시설 중 다중생활시설, 의료시설, 노유자시설 중 아동 관련 시설 및 노인복지시설, 수련시설 중 유스호스텔, 업무시설 중 오피스텔, 숙박시설 또는 장례시설의 용도로 쓰는 건축물로서 그 용도로 쓰는 바닥면적의 합계가 400제곱미터 이상인 건축물

5. 3층 이상인 건축물 및 지하층이 있는 건축물. 다만, 단독주택(다중주택 및 다가구주택은 제외), 동물 및 식물 관련 시설, 발전시설(발전소의 부속용도로 쓰는 시설은 제외), 교도소·감화원 또는 묘지 관련 시설(화장시설 및 동물화장시설은 제외)의 용도로 쓰는 건축물과 철강 관련 업종의 공장 중 제어실로 사용하기 위하여 연면적 50제곱미터 이하로 증축하는 부분은 제외한다.

② ①의 1 및 2에 해당하는 용도로 쓰지 아니하는 건축물로서 그 지붕틀을 불연재료로 한 경우에는 그 지붕틀을 내화구조로 아니할 수 있다.

# 03 | 2018년 4회 시행

**1과목** 건축계획

**1** 주당 평균 40시간을 수업하는 어느 학교에서 음악실에서의 수업이 총 20시간이며 이 중 15시간은 음악시간으로 나머지 5시간은 학급 토론시간으로 사용되었다면, 이 음악실의 이용률과 순수율은?

① 이용율 37.5%, 순수율 75%

② 이용률 50%, 순수율 75%

③ 이용률 75%, 순수율 37.5%

④ 이용률 75%, 순수율 50%

**2** 다음 중 사무소 건축의 기준층 층고 결정요소와 가장 거리가 먼 것은?

① 채광률

② 사용목적

③ 계단의 형태

④ 공조시스템의 유형

---

**ANSWER** 1.② 2.③

**1** • 이용률 = 교실이 사용되고 있는 시간/1주간의 평균 수업 시간×100%=20/40×100%=50%
   • 순수율 = 일정한 교과를 위해 사용되는 시간/그 교실이 사용되는 시간×100%=15/20×100%=75%

**2** 기준층 층고 결정요소
   ㉠ 대지의 형태
   ㉡ 구조상 스판(SPAN)의 한도
   ㉢ 동선상의 거리(피난)
   ㉣ 자연광에 의한 조명의 한계
   ㉤ 각종 설비시스템의 한계
   ㉥ 지하주차장 구조 등

**3** 다음 중 탑상형 공동주택에 관한 설명으로 바르지 않은 것은?

① 건축물 외면의 입면성을 강조한 유형이다.

② 각 세대에 시각적인 개방감을 줄 수 있다.

③ 각 세대의 채광, 통풍 등 자연조건이 동일하다.

④ 도시의 랜드마크(Landmark)적인 역할이 가능하다.

**4** 도서관 건축계획에서 장래에 증축을 반드시 고려해야 하는 부분은?

① 서고                          ② 대출실
③ 사무실                        ④ 휴게실

**5** 다음 중 터미널 호텔의 종류에 속하지 않는 것은?

① 해변 호텔                      ② 부두 호텔
③ 공항 호텔                      ④ 철도역 호텔

---

**ANSWER**  3.③  4.①  5.①

**3**  탑상형 공동주택은 주호가 중앙 홀을 중심으로 전면에 배치됨으로써 각 주호의 환경조건이 불균등해진다.
   ※ 판상형 공동주택과 탑상형 공동주택
   ㉠ 판상형 공동주택
   • 각 단위세대를 전후 또는 좌우로 연립하여 배열한 형식이다.
   • ―자형, ㄱ자형, ㄷ자형, T자형, Y자형, +자형 등으로 분류된다.
   • 각 단위세대마다 향, 채광, 통풍 등의 환경조건을 균등하게 제공할 수 있다.
   • 동일 형식의 단위세대가 반복적으로 배열된다.
   • 각 단위세대의 조망과 경관확보가 어렵다.
   • 인동간격 확보에 따른 배치계획으로 자유롭고 다양한 배치가 어렵다.
   ㉡ 탑상형 공동주택
   • 엘리베이터 및 계단실이 있는 홀을 중심으로 그 주위에 단위세대를 배치하고 고층형태로 쌓아올린 형식이다.
   • 외부 4면의 입면성을 강조하여 랜드마크적 역할을 할 수 있다.
   • 개방성의 증가로 단지에 넓은 오픈 스페이스를 조성할 수 있다.
   • 각 단위세대의 조망과 경관성이 좋다.
   • 엘리베이터의 효율성이 낮아 유지관리비용이 증가한다.
   • 각 주호가 중앙 홀을 중심으로 전면에 배치됨으로써 각 주호의 환경조건이 불균등해진다.

**4**  도서관에서 서고는 향후 자료보관량이 증가할 수 있으므로 건축계획 단계에서 장래의 증축을 필히 고려해야 한다.

**5**  해변 호텔은 도심지에서 떨어져 있으며, 터미널에 위치하는 경우는 매우 드물다.
   ※ 터미널 호텔 … 철도나 공항부근, 버스터미널 부근에 위치하여 주로 교통수단을 이용하는 사람들을 대상으로 하는 호텔이다.

**6** 아파트의 단면형식 중 메조넷(Maisonette Type)에 관한 설명으로 바르지 않은 것은?

① 다양한 평면구성이 가능하다.

② 거주성, 특히 프라이버시의 확보가 용이하다.

③ 통로가 없는 층은 채광 및 통풍의 확보가 용이하다.

④ 공용 및 서비스 면적이 증가하여 유효면적이 감소된다.


**7** 다음 중 전시공간의 특수전시기법에 관한 설명으로 바르지 않은 것은?

① 파노라마 전시는 전체의 맥락이 중요하다고 생각될 때 사용된다.

② 하모니카 전시는 동일 종류의 전시물을 반복하여 전시할 경우에 유리하다.

③ 디오라마 전시는 하나의 사실 또는 주제의 시간 상황을 고정시켜 연출하는 기법이다.

④ 아일랜드 전시는 벽면 전시 기법으로 전체 벽면의 일부만을 사용하며 그림과 같은 미술품 전시에 주로 사용된다.

---

**6**  ④ 메조넷 형식의 아파트는 엘리베이터 정지층 및 통로면적의 감소로 전용면적의 극대화를 도모할 수 있다.

※ 메조넷형(maisonette type) … 작은 저택의 뜻을 지니고 있는 유형으로 하나의 주거단위가 복층형식을 취하는 경우로, 단위주거의 평면이 2개 층에 걸쳐 있을 때 듀플렉스형(duplex type), 3층에 있을 때 트리플렉스형(Triplex type)이라고 한다.

　㉠ 장점
　　•통로면적이 감소하고 임대면적이 증가한다.
　　•프라이버시가 좋다.
　㉡ 단점
　　•주호 내에 계단을 두어야 하므로 소규모 주택에서는 비경제적이다.
　　•공용복도가 없는 층은 화재 및 위험시 대피상 불리하다.
　　•스킵플로어형 계획시 구조 및 설비상 복잡하고 설계가 어렵다.
　　•공용복도가 중복도일 때 복도의 소음처리가 특별히 고려되어야 한다.

**7**  특수전시기법

　㉠ 파노라마 전시 : 전시물들의 나열 자체가 하나의 큰 그림이나 풍경처럼 보이도록 하여 전체적인 맥락이 이해될 수 있도록 한 전시기법

　㉡ 아일랜드 전시 : 바다에 떠 있는 섬처럼 전시물을 천장에 매달아서 전시물들이 동선을 만들어 관람하게 하는 기법

　㉢ 하모니카 전시 : 동일한 형태의 연속적 배치로 동일 종류의 전시물을 반복전시할 경우 유리한 기법

　㉣ 디오라마 전시 : 현장감을 가장 실감나게 표현하는 방법으로 하나의 사실 또는 주제의 시간상황을 고정시켜 연출하는 기법

**8** 다음 중 백화점 매장에 에스컬레이터를 설치할 경우 설치 위치로 가장 알맞은 곳은?

① 매장의 한 쪽 측면

② 매장의 가장 깊은 곳

③ 백화점의 계단실 근처

④ 백화점의 주출입구와 엘리베이터 존의 중간


**9** 타운 하우스에 관한 설명으로 바르지 않은 것은?

① 각 세대마다 주차가 용이하다.

② 프라이버시 확보를 위한 경계벽 설치가 가능하다.

③ 단독주택의 장점을 고려한 형식으로 토지 이용의 효율성이 높다.

④ 일반적으로 1층은 침실 등 개인공간, 2층은 거실 등 생활공간으로 구성한다.


**10** 18세기에서 19세기 초에 있었던 신고전주의 건축의 특징으로 바른 것은?

① 장대하고 허식적인 벽면 장식

② 고딕건축의 정열적인 예술창조 운동

③ 각 시대의 건축양식의 자유로운 선택

④ 고대 로마와 그리스 건축의 우수성에 대한 모방


- - -

ANSWER  8.④  9.④  10.④

**8** 에스컬레이터는 백화점의 주출입구와 엘리베이터 존의 중간에 설치한다.

**9** 타운하우스는 일반적으로 1 ~ 3층으로 건축하여 아래층에는 거실, 식당, 부엌 등 공동생활공간을 배치하고 위층에는 침실 등의 개인생활공간을 배치한다.

　※ 연립주택의 종류

　　㉠ 타운하우스 : 주호마다 전용의 뜰과 공공의 오픈 스페이스를 갖고 있는 형식으로서 2 ~ 3층의 규모의 단독주택을 수평으로 연립시킨 형태로서 모든 단위주택이 지상에 접하면서 개별 정원을 갖는 유형이다. 1 ~ 3층으로 건축하여 아래층에 거실, 식당, 부엌 등 공동생활공간을, 위층에는 침실 등의 개인생활공간이 위치한다.

　　㉡ 테라스하우스 : 연립주택의 일종으로 각 호마다 정원을 갖는 형식이다.

　　㉢ 중정형하우스 : 각 주호마다 전용의 중정을 갖고 있는 형식이다.

　　㉣ 로우하우스 : 2동이상의 단위주거가 경계벽을 공유하고, 단위주거 출입은 홀을 거치지 않고 지면에서 직접 출입하며, 밀도를 높일 수 있는 저층형의 주거형태이다.

**10** 신고전주의는 고대 로마와 그리스 건축의 우수성에 대한 모방을 특징으로 한다.

**11** 다음 중 주택의 식당에 관한 설명으로 옳지 않은 것은?

① 독립형은 쾌적한 식당 구성이 가능하다.

② 리빙 다이닝 키친은 공간의 이용률이 높다.

③ 리빙 키친은 거실의 분위기에서 식사 분위기가 연출된다.

④ 다이닝 키친은 주부 동선이 길고 복잡하다는 단점이 있다.

**12** 다음 중 종합병원계획에 관한 설명으로 옳지 않은 것은?

① 수술부는 타 부분의 통과교통이 없는 장소에 배치한다.

② 전체적으로 바닥의 단차이를 가능한 줄이는 것이 좋다.

③ 외래진료부의 구성단위는 간호단위를 기본단위로 한다.

④ 내과는 진료검사에 시간이 걸리므로 소진료실을 다수 설치한다.

**11**  ④ 다이닝 키친은 거실과 식당 사이의 복도가 생략되어 주부의 조리·식사·정리 작업의 능률을 향상시킬 수 있다. 따라서 다른 방식에 비해 동선을 짧고 간단하게 구성할 수 있으며 조리시간이 단축되고 실면적이 절약된다. 또한 통풍과 채광이 양호하다.

　※ 식당의 종류

　　㉠ 분리형 식당 : 거실이나 부엌과 완전 독립된 식당

　　㉡ 오픈 스타일 키친 : 거실 내에 두고 커튼이나 스크린으로 칸막이를 두른 식당

　　㉢ 다이닝 알코브 : 거실의 일부에 식탁을 꾸미는 것으로 보통 6 ~ 9m$^2$ 정도의 크기

　　㉣ 리빙 키친 : 거실 식당 부엌을 겸용한 것

　　㉤ 다이닝 키친 : 부엌의 일부에 식탁을 꾸민 것

　　㉥ 다이닝 테라스(다이닝 포치) : 여름철 좋은 날씨에 테라스나 포치에서 식사하는 것

**12**  병동부의 구성단위는 간호단위를 기본단위로 하고, 외래진료부의 구성단위는 진료과목을 기본단위로 한다.

**13** 다음과 같은 특징을 갖는 그리스 건축의 오더는?

> • 주두는 에키누스와 아바쿠스로 구성된다.
> • 육중하고 엄정한 모습을 지니는 남성적인 오더이다.

① 코린트 오더  ② 도리스 오더
③ 이오니아 오더  ④ 컴포지트 오더

• • •
ANSWER  13.②

**13** 그리스 건축 오더양식

| 양식 | 특징 | 건축물 |
|---|---|---|
| 도리아(도릭)주범 | • 가장 단순하고 장중한 느낌을 준다.<br>• 남성 신체의 비례와 힘을 나타낸다.<br>• 주초가 없다.<br>• 배흘림이 뚜렷하다. | • 파르테논 신전<br>• 테세이온 신전<br>• 포세이돈 신전 |
| 이오니아(이오닉)주범 | • 여성적인 느낌을 준다.<br>• 주초가 있으며 배흘림이 약하다.<br>• 주두는 소용돌이 형상이다. | • 에렉테이온 신전<br>• 아르테미스 신전<br>• 니케아테로스 신전 |
| 코린트 주범 | • 주두에 아칸서스 나뭇잎 장식이 있다.<br>• 기념적 건축에만 주로 사용되었다. | • 올림픽 에이온<br>• 리시크라테스 기념탑 |

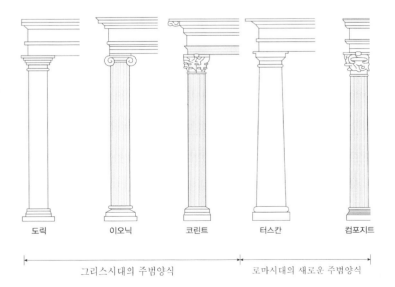

도릭  이오닉  코린트  터스칸  컴포지트

그리스시대의 주범양식 ─── 로마시대의 새로운 주범양식

로마시대에는 그리스의 주범양식을 그대로 사용하면서도 토스칸(Toscan), 컴포지트(Composite)와 같은 새로운 주범양식을 창안하여 사용하였다.

**14** 다음 설명에 알맞은 공장건축의 레이아웃(Layout) 형식은?

> • 생산에 필요한 모든 공정, 기계기구를 제품의 흐름에 따라 배치한다.
> • 대량생산에 유리하며 생산성이 높다.

① 혼성식 레이아웃            ② 고정식 레이아웃

③ 제품중심의 레이아웃       ④ 공정중심의 레이아웃

**15** 다음 중 사무소 건물의 엘리베이터 배치 시 고려사항으로 바르지 않은 것은?

① 교통동선의 중심에 설치하여 보행거리가 짧도록 배치한다.

② 대면배치의 경우 대면거리는 동일 군 관리의 경우 3.5 ~ 4.5m로 한다.

③ 여러 대의 엘리베이터를 설치하는 경우, 그룹별 배치와 군 관리 운전방식으로 한다.

④ 일렬 배치는 6대를 한도로 하고, 엘리베이터 중심간 거리는 10m 이하가 되도록 한다.

---

**ANSWER**   14.③   15.④

**14** 공장건축 레이아웃의 형식
   ㉠ 제품중심 레이아웃
     • 제품의 흐름에 따른 배치계획
     • 단종의 대량생산 제품
     • 예산생산 및 표준화 가능
   ㉡ 공정중심 레이아웃
     • 기계설비 중심의 배치계획
     • 다종의 소량 주문생산제품
     • 예산생산 및 표준화 어려움
   ㉢ 고정식 레이아웃 : 제품이 크고 수가 극히 적은 조선, 선박 등

**15** 일렬 배치는 4대를 한도로 하고, 엘리베이터 중심간 거리는 8m 이하가 되도록 한다.

**16** 다음 중 미술관의 전시실 순회형식에 관한 설명으로 바르지 않은 것은?

① 갤러리 및 코리더 형식에서는 복도 자체도 전시공간으로 이용이 가능하다.

② 중앙홀 형식에서 중앙홀이 크면 동선의 혼란은 많으나 장래의 확장에는 유리하다.

③ 연속순회 형식은 전시 중에 하나의 실을 폐쇄하면 동선이 단절된다는 단점이 있다.

④ 갤러리 및 코리더 형식은 복도에서 각 전시실에 직접 출입할 수 있으며 필요시에 자유로이 독립적으로 폐쇄할 수가 있다.

**ANSWER** 16.②

**16** 중앙홀 형식은 중앙홀이 크게 되면 장래의 확장(증축 등)에 어려움이 발생한다.

※ 전시실 순회형식

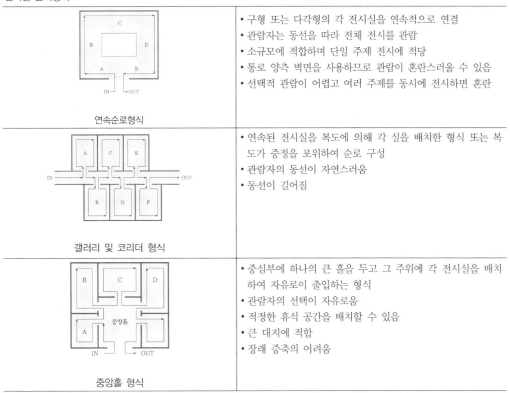

| | |
|---|---|
| 연속순로형식 | • 구형 또는 다각형의 각 전시실을 연속적으로 연결<br>• 관람자는 동선을 따라 전체 전시를 관람<br>• 소규모에 적합하며 단일 주제 전시에 적당<br>• 통로 양측 벽면을 사용하므로 관람이 혼란스러울 수 있음<br>• 선택적 관람이 어렵고 여러 주제를 동시에 전시하면 혼란 |
| 갤러리 및 코리더 형식 | • 연속된 전시실을 복도에 의해 각 실을 배치한 형식 또는 복도가 중정을 포위하여 순로 구성<br>• 관람자의 동선이 자연스러움<br>• 동선이 길어짐 |
| 중앙홀 형식 | • 중심부에 하나의 큰 홀을 두고 그 주위에 각 전시실을 배치하여 자유로이 출입하는 형식<br>• 관람자의 선택이 자유로움<br>• 적정한 휴식 공간을 배치할 수 있음<br>• 큰 대지에 적합<br>• 장래 증축의 어려움 |

**17** 다음 중 한국건축의 가구법과 관련하여 칠량가에 속하지 않는 것은?

① 무위사 극락전

② 수덕사 대웅전

③ 금산사 대적광전

④ 지림사 대적광전

● ● ●
ANSWER   17.②

**17** 한국건축의 가구법

　㉠ 간(間)은 집의 정면, 가(架)는 집의 측면을 의미한다. (정면 5칸, 측면 3칸 건물이라면 '오가삼간(五架三間)'으로 표현한다.)

　㉡ 가구의 종류는 도리의 숫자에 따라 크게는 삼량가(三樑架), 평사량가(平四樑架), 반오량가(半五樑架), 오량가(五樑架), 칠량가(七樑架), 구량가(九樑架), 십일량가(十一樑架) 등으로 구분한다. (평사량가와 반오량가는 도리가 4개이다.)

　㉢ 이 중 칠량가는 7개의 도리로 구성된 지붕틀이며 무위사 극락전, 금산사 대적광전, 지림사 대적광전이 이 형식을 취하고 있다.

　㉣ 수덕사 대웅전은 앞면 3칸, 옆면 4칸의 단층건물로서 지붕은 겹처마의 맞배지붕을 얹었다. 기둥 위에만 공포(栱包)를 올린 전형적인 주심포(柱心包)계 건물로, 11줄의 도리를 걸친 11량의 가구를 갖추었다.

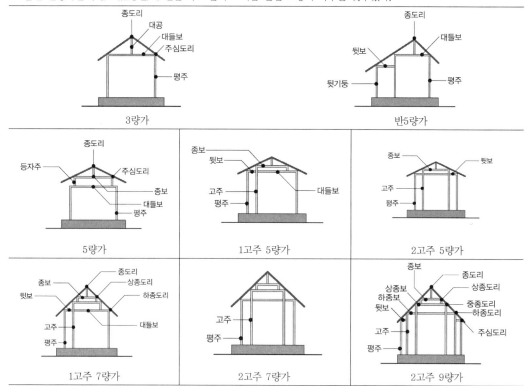

**18** 다음 중 쇼핑센터의 공간구성에서 고객을 각 상점에 유도하는 주요 보행자 동선인 동시에 고객의 휴식처로서의 기능을 갖고 있는 곳은?

① 몰(Mall)

② 허브(Hub)

③ 코트(Court)

④ 핵상점(Magnet Store)

**19** 다음 중 극장건축에서 그린룸(Green Room)의 역할로 가장 알맞은 것은?

① 의상실

② 배경제작실

③ 관리관계실

④ 출연대기실

**20** 주택법상 주택단지의 복리시설에 속하지 않는 것은?

① 경로당

② 관리사무소

③ 어린이놀이터

④ 주민운동시설

**18** ③ 코트(Court) : 몰 내에 위치하며 고객이 중간에 머무르거나 휴식을 취할 수 있으며 각종 행사가 이루어지는 공간이다.
　④ 핵상점(Magnet Store) : 쇼핑센터의 중심으로서 고객을 유도하는 곳으로 백화점과 같은 곳을 말한다.
　※ 몰(Mall)
　　• 쇼핑센터의 공간구성에서 고객을 각 상점에 유도하는 주요 보행자 동선인 동시에 고객의 휴식처로서의 기능을 갖고 있는 곳이다.
　　• 쇼핑몰은 차의 진입을 금지 또는 조정하여 즐겁게 걸어 다니면서 호화로운 구매를 할 수 있도록 하는 부수적 시설이다.
　　• 몰은 쇼핑센터 내의 주요 동선으로 고객을 각 점포에 균등하게 유도하는 보도인 동시에 고객의 휴식공간이기도 하며 각종 회합이나 연예를 베푸는 연출장으로서의 기능을 가지고 있다.

**19** 그린룸(Green Room)은 출연자대기실을 말한다.

**20** 복리시설이란 주택단지의 입주자 등의 생활복리를 위한 공동시설을 말한다.
　어린이놀이터, 근린생활시설, 유치원, 주민운동시설, 경로당 등

**21** 다음 중 도장공사 시 희석제 및 용제로 활용되지 않는 것은?

① 테레빈유　　　　　　　　　　　　② 벤젠

③ 티탄백　　　　　　　　　　　　　④ 나프타

**22** 다음의 미장재료 중 기경성 재료로만 구성된 것은?

① 회반죽, 석고 플라스터, 돌로마이트 플라스터

② 시멘트 모르타르, 석고 플라스터, 회반죽

③ 석고 플라스터, 돌로마이트 플라스터, 진흙

④ 진흙, 회반죽, 돌로마이트 플라스터

**23** 다음 중 얇은 강판에 동일한 간격으로 펀칭하고 잡아 늘려 그물처럼 만든 것으로 천장, 벽, 처마둘레 등의 미장바탕에 사용하는 재료로 바른 것은?

① 와이어 라스(Wire Lath)　　　　　② 메탈 라스(Metal Lath)

③ 와이어 메쉬(Wire Mesh)　　　　　④ 펀칭 메탈(Punching Metal)

---

**ANSWER**　21.③　22.④　23.②

**21** 티탄백(TiO₂) … 산화티탄을 주성분으로 하는 백색 안료
(희석제나 용제가 아닌 안료이다.)

**22** 기경성 재료와 수경성 재료의 종류
　㉠ 기경성 재료 : 진흙, 회반죽, 돌로마이트 플라스터, 마그네시아시멘트, 아스팔트모르타르
　㉡ 수경성 재료 : 순석고 플라스터, 경석고 플라스터, 시멘트 모르타르

**23** 메탈 라스(Metal Lath) … 얇은 강판에 동일한 간격으로 펀칭하고 잡아 늘려 그물처럼 만든 것으로 천장, 벽, 처마둘레 등의 미장바탕에 사용되는 재료로 바른 것이다.
　① 와이어 메쉬(Wire Mesh) : 연강철선을 전기 용접하여 격자형으로 만든 것으로 콘크리트 바닥판, 콘크리트 포장 등에 사용된다.
　③ 와이어 라스(Wire Lath) : 철선을 꼬아서 만든 것으로, 벽, 천장의 미장공사에 사용되며 원형, 마름모, 갑형 등 3종류가 있다.
　④ 펀칭 메탈(Punching Metal) : 판 두께 12mm 이하의 얇은 판에 각종 무늬의 구멍을 뚫는 것으로 환기구멍, 라디에이터 카버(Radiator cover) 등에 사용된다.

**24** 다음 중 건설사업관리(CM)의 주요 업무로 바르지 않은 것은?

① 입찰 및 계약관리 업무　　　　　　　② 건축물의 조사 또는 감정 업무

③ 제네콘(Genecon)관리 업무　　　　　④ 현장조직 관리 업무

**25** 다음 중 시멘트 액체방수에 관한 설명으로 바르지 않은 것은?

① 값이 저렴하고 시공 및 보수가 용이한 편이다.

② 바탕의 상태가 습하거나 수분이 함유되어 있더라도 시공할 수 있다.

③ 옥상 등 실외에서는 효력의 지속성을 기대할 수 없다.

④ 바탕콘크리트의 침하, 경화 후의 건조수축, 균열 등 구조적 변형이 심한 부분에도 사용할 수 있다.

---

**ANSWER**　24.②　25.④

**24**　② 건축물의 조사 또는 감정 업무는 건설사업관리 업무에 속한다고 보기 어렵다. (감정평가사가 주로 이와 관련된 업무를 한다.)

**25**　시멘트 액체방수는 콘크리트면에 도포하여 방수층을 형성하는 방법으로 지붕이나 외벽 등 외기에 노출되어 있는 부위에는 적합하지 않으며 바탕콘크리트의 침하, 경화 후의 건조수축, 균열 등 구조적 변형이 심한 부분에는 사용할 수 없다.

　　※ 아스팔트 방수와 시멘트 모르타르 방수의 비교

| 비교내용 | 아스팔트방수 | 시멘트 액체방수 |
|---|---|---|
| 바탕처리 | 바탕모르타르바름 | 다소습윤상태, 바탕모르타르불필요 |
| 외기의 영향 | 작다 | 크다 |
| 방수층 신축성 | 크다 | 거의 없다 |
| 균열발생정도 | 잔균열이 발생하나 비교적 안생기고 안전하다 | 잘 생기며 비교적 굵은 균열이다. |
| 방수층 중량 | 자체는 적으나 보호누름으로 커진다. | 비교적 작다. |
| 시공난이도 | 복잡하다 | 비교적 쉽다 |
| 보호누름 | 필요하다 | 필요 없다 |
| 공사비 | 비싸다 | 싸다 |
| 방수성능 | 높다 | 낮다 |
| 재료취급성능 | 복잡하다 | 간단하다 |
| 결함부발견 | 어렵다 | 쉽다 |
| 보수비용 | 비싸다 | 싸다 |
| 방수층 마무리 | 불확실하고 난점이 있다 | 확실하고 간단하다 |
| 내구성 | 크다 | 작다 |

**26** 다음 그림과 같은 건물에서 G₁과 같은 보가 8개가 있다고 할 때 보의 총 콘크리트량을 구하면? (단, 보의 단면상 슬래브와 겹치는 부분은 제외하며, 철근량은 고려하지 않는다.)

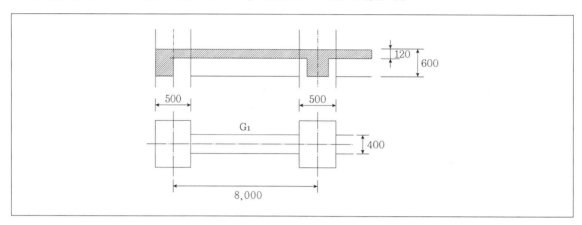

① 11.52m³

② 12.23m³

③ 13.44m³

④ 15.36m³

**27** 다음 중 콘크리트 펌프 사용에 관한 설명으로 바르지 않은 것은?

① 콘크리트 펌프를 사용하여 시공하는 콘크리트는 소요의 워커빌리티를 가지며 시공 시 및 경화 후에 소정의 품질을 갖는 것이어야 한다.

② 압송관의 지름 및 배관의 경로는 콘크리트의 종류 및 품질, 굵은 골재의 최대치수, 콘크리트 펌프의 기종, 압송조건, 압송작업의 용이성, 안전성 등을 고려하여 정하여야 한다.

③ 콘크리트 펌프의 형식은 피스톤식이 적당하고 스퀴즈식은 적용이 불가하다.

④ 압송은 계획에 따라 연속적으로 실시하며, 되도록 중단되지 않도록 해야 한다.

---

**ANSWER**  26.① 27.③

**26**  $V = 0.4 \cdot 0.48 \cdot (8 - 0.5) \cdot 8 = 11.52[\text{m}^3]$

**27**  ③ 스퀴즈 형식도 적용이 가능하다.

※ **콘크리트 펌프 압송방식**

ㄱ 압축 공기식 : 압축 공기의 압력으로 콘크리트를 압송

ㄴ 피스톤 압송식 : 피스톤으로 압송하는 방식으로 유압피스톤이나 수압피스톤을 사용

ㄷ 스퀴즈식 : 짜내는(squeeze) 방식의 압송방식

**28** 다음 중 도장공사를 위한 목부 바탕만들기 공정으로 바르지 않은 것은?

① 오염, 부착물의 제거

② 송진의 처리

③ 옹이땜

④ 바니쉬칠

**29** 다음 중 발주자가 시공자에게 공사를 발주하는 경우 계약방식에 의한 시공방식으로 바르지 않은 것은?

① 보증방식

② 직영방식

③ 실비정산방식

④ 단가도급방식

**30** 건물의 중앙부만 남겨두고 주위부분에 먼저 흙막이를 설치하고 굴착하여 기초부와 주위벽체, 바닥판 등을 구축하고 난 다음 중앙부를 시공하는 터파기 공법은?

① 복수공법

② 지멘스웰 공법

③ 트렌치 컷 공법

④ 아일랜드 컷 공법

---

**28** 목부 바탕만들기 순서 … 오염, 부착물의 제거 → 송진처리(긁어내기, 휘발유 등으로 닦아내기) → 연마지 닦기 → 옹이땜 → 구멍땜

**29** 보증방식은 시공계약방식으로 볼 수 없으며, 공사 관련 계약은 필히 도급자와 수급자간의 보증이 수반되어야 한다.
② **직영방식** : 공사를 시공업체에 도급하지 않고 건축주가 전문 공종의 인력을 이용하여 직접 시공하는 것
③ **실비정산방식** : 도급방식과 직영방식의 장점을 취한 방식으로 건축주와 시공업체는 공사실비에 이윤에 대한 약정에 의하여 계약을 하고 공사를 하는 방식

**30** ① **복수공법** : 지하수위 저하 시 발생하는 사질지반의 압축침하, 점토지반의 압밀침하 등을 방지하기 위해 굴착주변지반에 일정량의 물을 주입하여 흙의 함수량 변화를 적게 하면서 주변지반의 악영향을 막는 공법으로 주수공법과 담수공법이 있다.
② **지멘스웰 공법** : 중력식 배수의 일종으로 유럽에서 발달한 비교적 투수성이 낮은 지반에 쓰이는 배수공법이다. 지름이 20cm인 스트레이너를 가진 우물을 5m 정도의 간격으로 배치하고 여기에 양수관을 설치하여 하나의 집수관에 연결해서 외부로 배출한다. 웰포인트 공법은 이 공법이 발달된 것으로 볼 수 있다.
④ **아일랜드컷 공법** : 중앙 부분을 먼저 터파기하고 기초를 축조한 후 이를 반력으로 하여 버팀대로 지지하여 주변 흙을 굴착하여 지하구조물을 완성하는 공법(트렌치컷 공법의 역순)

**31** 다음 중 PERT-CPM 공정표 작성 시에 EST와 EFT의 계산방법 중 바르지 않은 것은?

① 작업의 흐름에 따라 전진 계산한다.

② 선행작업이 없는 첫 작업의 EST는 프로젝트의 개시시간과 동일하다.

③ 어느 작업의 EFT는 그 작업의 EST에 소요일수를 더하여 구한다.

④ 복수의 작업에 종속되는 작업의 EST는 선행작업 중 EFT의 최솟값으로 한다.


**32** 다음 중 웰포인트(Well Point) 공법에 관한 설명으로 바르지 않은 것은?

① 인접 대지에서 지하수위 저하로 우물 고갈의 우려가 있다.

② 투수성이 비교적 낮은 사질실트층까지도 강제배수가 가능하다.

③ 압밀침하가 발생하지 않아 주변 대지, 도로 등의 균열발생 위험이 없다.

④ 지반의 안정성을 대폭 향상시킨다.


**33** 다음 조건에 따라 바닥재로 화강석을 사용할 경우 소요되는 화강석의 재료량(할증률 고려)으로 바른 것은?

| | |
|---|---|
| • 바닥면적 : $300\text{m}^2$ | • 화강석 판의 두께 : 40mm |
| • 정형돌 | • 습식공법 |

① $315\text{m}^2$

② $321\text{m}^2$

③ $330\text{m}^2$

④ $345\text{m}^2$

---

**31** 복수의 작업에 종속되는 작업의 EST는 선행작업 중 EFT의 최댓값으로 한다.
※ 작업시각
   ㉠ EST(Earliest Starting Time) : 작업을 시작하는 가장 빠른 시각
   ㉡ EFT(Earliest Finishing Time) : 작업을 끝낼 수 있는 가장 빠른 시각
   ㉢ LST(Latest Starting Time) : 작업을 가장 늦게 시작하여도 좋은 시각
   ㉣ LFT(Latest Finishing Time) : 작업을 가장 늦게 종료하여도 좋은 시각

**32** well Point 공법의 단점
   ㉠ 압밀침하로 주변대지, 도로균열 발생
   ㉡ 지하수위 저하로 우물고갈

**33** 석재판붙임용재의 경우 정형물은 할증률이 10%이며, 부정형물은 30%이다. 문제에서 주어진 조건에 따르면 정형돌이므로 할증률을 10%로 해야 하며, 따라서 바닥면적 $300\text{m}^2$에 사용되는 화강석 판의 면적은 $300(1+0.1)=330\text{m}^2$가 되어야 한다.

**34** 건축공사의 원가계산상 현장의 공사용수설비는 어느 항목에 포함되는가?

① 재료비

② 외주비

③ 가설공사비

④ 콘크리트 공사비

**35** 다음 중 회전문(Revolving Door)에 관한 설명으로 바르지 않은 것은?

① 큰 개구부나 칸막이를 가변성 있게 한 장치의 문이다.

② 회전날개 140cm, 1분에 10회 회전하는 것이 보통이다.

③ 원통형의 중심축에 돌개철물을 대어 자유롭게 회전시키는 문이다.

④ 사람의 출입을 조절하고 외기의 유입과 실내공기의 유출을 막을 수 있다.

---

**ANSWER** **34.③** **35.①**

**34** 공사용수설비는 가설공사비에 포함된다.

※ 공사비의 구성

| 비목 | 비목의 내용 |
|---|---|
| 가설공사비 | ① 직접가설 : 사 실시를 위해 직접적으로 필요한 가설비(수평보기, 비계, 보양 청소 등)<br>② 공통가설 : 운영, 관리상 필요한 가설비 (창고, 현장사무소, 가설울타리, 공사용수설비, 공사용동력, 공사용도로 등) (가설공사비는 대략 도급금액의 10% 정도를 차지한다.) |
| 재료비 | ① 직접재료비 : 공사목적물의 실체를 형성하는 재료 (부품, 의장재외주품 등)<br>② 간접재료비 : 실체는 형성하지 않으나 보조적으로 소모되는 물품 (공구, 비품등)<br>③ 운임·보험료·보관비 : 부대비용<br>④ 작업설(作業屑)·부산물 : 그 매각액 또는 이용가치를 추산하여 재료비에서 공제 |
| 노무비 | ① 직접노무비: 직접 작업에 종사하는 노무자 및 종업원에게 제공되는 노동력의 댓가 (기본금, 제수당, 상여금, 퇴직급여충당금)<br>노무소요량 × 시중노임단가로 산정<br>② 간접노무비 : 보조작업에 종사하는 노무자, 종업원과 현장감독자 등의 노동력댓가<br>간접노무비 = 직접노무비 × 간접노무비율 (직접노무비의 13% ~ 17% 정도) |
| 외주비 | 하청에 의해 제작공사의 일부를 따로 위탁 제작하여 반입하는 재료비와 노무비 |
| 경비 | ① 직접계상경비 : 소요, 소비량 측정이 가능한 경비 (가설비, 전력, 운반, 시험, 검사, 임차료, 보험료, 보관비, 안전관리비 등)<br>② 승율계상경비 : 소요, 소비량 측정이 곤란하여서 유사원가자료를 활용하여 비율산정이 불가피한 경우 (연구개발, 소모품비, 복리후생비 등 ) |
| 일반관리비 | 기업유지를 위한 관리 활동 부분의 발생 제비용 (임원급료, 본사직원급료 등)<br>일반관리비 = 공사원가 (재료비+노무비+경비) × 요율 (5 ~ 6% 적용) |
| 이윤 | 기업의 이익을 말하며, 시설공사의 이윤은 공사원가 중 노무비, 경비, 일반관리비의 합계액 (이 경우 기술료, 외주가공비 제외)에 이윤 15%를 초과하여 계상할 수 없다.<br>이윤 = (노무비+경비+일반관리비) × 이윤율(%) |

**35** 회전문은 일반적으로 현관에 방풍용으로 설치한다.

**36** 다음 중 콘크리트 이어치기에 관한 설명으로 바르지 않은 것은?

① 보의 이어치기는 전단력이 가장 적은 스팬의 중앙부에서 수직으로 한다.

② 슬래브(Slab)의 이어치기는 가장자리에서 한다.

③ 아치의 이어치기는 아치축에 직각으로 한다.

④ 기둥의 이어치기는 바닥판 윗면에서 수평으로 한다.


**37** 다음 중 벽체구조에 관한 설명으로 바르지 않은 것은?

① 목조 벽체를 수평력에 견디게 하고 안정한 구조로 하기 위해서 귀잡이를 설치한다.

② 벽돌구조에서 각층의 대린벽으로 구획된 각 벽에 있어서 개구부의 폭의 합계는 그 벽의 길이의 2분의 1 이하로 하여야 한다.

③ 목조 벽체에서 샛기둥은 본기둥 사이에 벽체를 이루는 것으로서 가새의 옆 휨을 막는데 유효하다.

④ 너비 180cm가 넘는 문꼴의 상부에는 철근콘크리트 인방보를 설치하고, 벽돌 벽면에서 내미는 창 또는 툇마루 등은 철골 또는 철근콘크리트로 보강한다.

**36** ② 슬래브(Slab)의 이어치기는 스팬의 중앙에서 한다.

    ※ **콘크리트 이어치기 위치**

       ㉠ **보, 슬래브** : 스팬의 중앙에서 수직

       ㉡ **중앙에 작은 보가 있는 슬래브** : 작은 보 너비의 2배 정도 떨어진 곳에서 수직

       ㉢ **기둥** : 슬래브 또는 기초 위에서 수평

       ㉣ **벽** : 개구부(문꼴) 주위에서 수직, 수평

       ㉤ **아치** : 아치축에 직각

       ㉥ **캔틸레버** : 이어붓지 않음을 원칙으로 한다.

**37** 귀잡이보는 가로재와 세로재가 직각으로 만나 짜이게 되는 귀(모서리)에 빗대는 부재로서 각도가 변형되는 것을 막기 위한 것이다. 목조 벽체를 수평력에 견디게 하고 안정한 구조로 하기 위해서 귀잡이를 설치하는 것은 가새이다.

**38** 다음 중 서중 콘크리트에 관한 설명으로 바른 것은?

① 동일 슬럼프를 얻기 위한 단위수량이 많아진다.

② 장기강도의 증진이 크다.

③ 콜드조인트가 쉽게 발생하지 않는다.

④ 워커빌리티가 일정하게 유지된다.

**39** 압연강재가 냉각될 때 표면에 생기는 산화철 표피를 무엇이라고 하는가?

① 스패터        ② 밀스케일

③ 슬래그        ④ 비드

**40** 다음 중 철골의 구멍 뚫기에서 이형철근 D22의 관통구멍의 구멍직경으로 바른 것은?

① 24mm        ② 28mm

③ 31mm        ④ 35mm

---

**ANSWER**   **38.①   39.②   40.④**

**38** 서중 콘크리트
  ㉠ 일 평균기온이 25도 이상인 경우 시공되는 콘크리트
  ㉡ 슬럼프 저하, 콜드조인트 발생, 장기강도 저하, 균열 발생, 연행공기량 감소(워커빌리티 감소) 등의 문제 발생
  ㉢ 동일 슬럼프를 얻기 위한 단위수량의 증가

**39** 밀스케일 … 압연강재가 냉각될 때 표면에 생기는 산화철 표피
  ※ 스패터 … 용접 중 발생하는 슬래그 및 금속입자

**40** 철근 관통구멍의 구멍지름
  ㉠ 원형철근인 경우는 철근지름의 10mm를 더한 값
  ㉡ 이형철근 경우는 다음과 같다.

| 철근규격 | 최소 관통구멍지름 |
| --- | --- |
| D10 | 21mm |
| D13 | 24mm |
| D16 | 28mm |
| D19 | 31mm |
| D22 | 35mm |
| D25 | 38mm |
| D29 | 43mm |
| D32 | 46mm |

**41** 다음 그림과 같은 단순 인장접합부의 강도한계상태에 따른 고력볼트의 설계전단강도를 구하면? (단, 강재의 재질은 SS400이며 고력볼트는 M22(F10T), 공칭전단강도 $F_{nv} = 500\mathrm{MPa}$, $\phi = 0.75$)

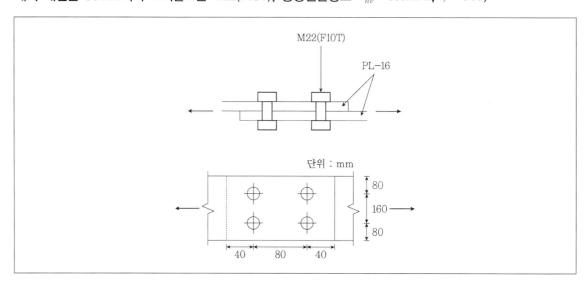

① 500kN

② 530kN

③ 550kN

④ 570kN

---

**41**

$$\phi R_n = \phi \cdot n_b \cdot F_{nv} \cdot A_b = 0.75 \cdot 4 \cdot 500 \cdot \frac{\pi(22)^2}{4} \fallingdotseq 570[\mathrm{kN}]$$

**42** 폭 250mm, $f_{ck}=30\mathrm{MPa}$인 철근콘크리트보 부재의 압축변형률이 $\varepsilon_c=0.003$일 경우 인장철근의 변형률은? (단, $d=440[\mathrm{mm}]$, $A_s=1520.1mm^2$, $f_y=400MPa$)

① 0.00197

② 0.00368

③ 0.00523

④ 0.00857

**43** 다음 중 철골조 주각부분에 사용하는 보강재에 해당되지 않는 것은?

① 윙플레이트

② 데크플레이트

③ 사이드앵글

④ 클립앵글

**42**
$$a=\frac{A_s f_y}{0.85 f_{ck} b}=\frac{1520.1[\mathrm{mm}^2]\cdot 400[\mathrm{MPa}]}{0.85\cdot 30[\mathrm{MPa}]\cdot 250[\mathrm{mm}]}=95.38[\mathrm{mm}]$$

| $f_{ck}$ | 등가압축영역계수 $\beta_1$ |
|---|---|
| $f_{ck}\leq 28Mpa$ | $\beta_1=0.85$ |
| $f_{ck}>28Mpa$ | $\beta_1=0.85-0.007(f_{ck}-28)\geq 0.65$ |

$a=\beta_1 c$ ($\beta_1$ : 등가압축영역계수, $c$ : 중립축거리)

$\beta_1=0.85-0.007(f_{ck}-28)=0.85-0.007(30-28)=0.836\geq 0.65$

$95.34=0.836\cdot c$가 성립해야 하므로 $c=114[\mathrm{mm}]$

순인장변형률(공칭강도에서 압축연단으로부터 최외단에 위치하는 인장철근의 변형률)은

$$\varepsilon_t=\frac{(d_t-c)\cdot\varepsilon_c}{c}=\frac{(440-114)\cdot 0.003}{114}=0.00857$$

**43** 데크플레이트 … 구조물의 바닥재나 거푸집 대용으로 사용되는 철강 판넬

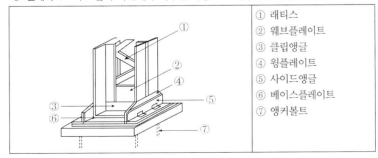

① 래티스
② 웨브플레이트
③ 클립앵글
④ 윙플레이트
⑤ 사이드앵글
⑥ 베이스플레이트
⑦ 앵커볼트

**44** 다음 그림과 같은 단순보에서 최대 처짐은? (단, 보의 단면 $b \times h$=200mm×300mm, $E$=200,000MPa)

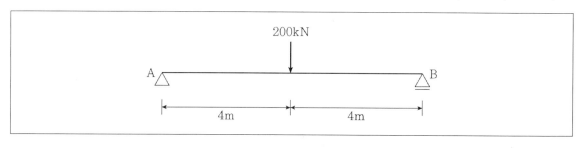

① 13.6mm

② 18.1mm

③ 23.7mm

④ 27.1mm

**45** 다음 중 강구조에 관한 설명으로 바르지 않은 것은?

① 장스팬의 구조물이나 고층 구조물에 적합하다.

② 재료가 불에 타지 않기 때문에 내화성이 크다.

③ 강재는 다른 구조재료에 비하여 균질도가 높다.

④ 단면에 비하여 부재길이가 비교적 길고 두께가 얇아 좌굴하기 쉽다.

**44**
$$\delta_{\max} = \frac{PL^3}{48EI} = \frac{200[\text{kN}] \cdot (8[\text{m}])^3}{48EI} = 23.7[\text{mm}]$$

$$I = \frac{200 \cdot 300^3}{12} = 4.5 \cdot 10^8, \ \ E\text{=200,000MPa}$$

**45** 강구조는 열에 의한 변형이 쉽게 일어나므로 내화성이 좋지 않다.

**46** 다음 그림과 같은 두 개의 단순보에 크기가 같은 ($P=wL$) 하중이 작용할 때, A점에서 발생하는 처짐각의 비율(가 : 나)은? (단, 부재의 $EI$는 일정하다.)

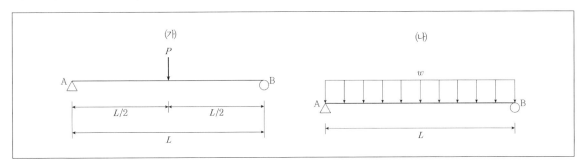

① 1 : 1.5

② 1.5 : 1

③ 1 : 0.67

④ 0.67 : 1

**47** 다음 중 철근의 부착성능에 영향을 주는 요인에 관한 설명으로 옳지 않은 것은?

① 이형철근이 원형철근보다 부착강도가 크다.

② 블리딩의 영향으로 수직철근이 수평철근보다 부착강도가 작다.

③ 보통의 단위중량을 갖는 콘크리트의 부착강도는 콘크리트의 인장강도, 즉 $\sqrt{f_{ck}}$ 에 비례한다.

④ 피복두께가 크면 부착강도가 크다.

---

● ● ●
**ANSWER**   **46.②**   **47.②**

**46** A점의 처짐각은 (가)가 (나)의 1.5배이다. (아래 도표 참고)

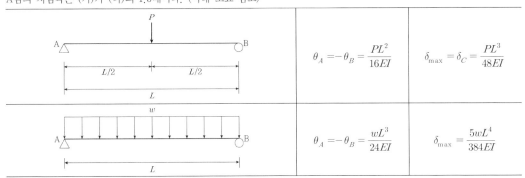

| | | |
|---|---|---|
| | $\theta_A = -\theta_B = \dfrac{PL^2}{16EI}$ | $\delta_{max} = \delta_C = \dfrac{PL^3}{48EI}$ |
| | $\theta_A = -\theta_B = \dfrac{wL^3}{24EI}$ | $\delta_{max} = \dfrac{5wL^4}{384EI}$ |

**47** 블리딩의 영향에 의해 수평철근의 부착강도는 수직철근의 부착강도보다 작게 된다. 이는 수평철근의 아래측에 공극이 생기게 되고, 이 부분에서는 콘크리트와의 부착이 제대로 되지 않기 때문이다.
※ 블리딩 … 타설된 콘크리트에 있어서 시멘트나 골재가 침강하고, 물이 상승하여 상면에 모이는 현상

**48** 다음 트러스 구조물에서 부재력이 '0'이 되는 부재의 개수는?

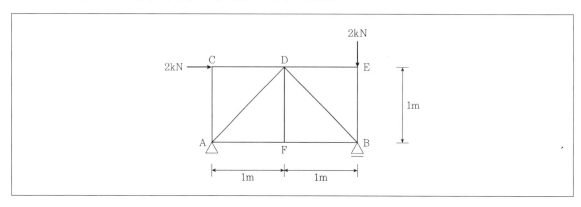

① 1개

② 2개

③ 3개

④ 4개

**49** 다음 그림과 같은 캔틸레버보 자유단(B점)에서의 처짐각은?

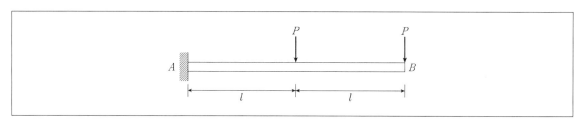

① $\dfrac{Pl^2}{2EI}$

② $Pl^2$

③ $2Pl^2$

④ $\dfrac{5Pl^2}{2EI}$

---

**ANSWER**  48.③  49.④

**48** 3개의 부재가 모이는 절점에 외력이 직접 작용하지 않는 경우 동일 직선상에 놓여 있는 두 부재의 부재력은 같고 다른 한 부재의 부재력은 0이 된다.
AC부재와 BE부재는 외력에 의해 부재력이 발생한다.
절점 F를 기준으로 AF와 BF의 부재력은 동일하며 DF의 부재력은 0이다.
절점 D를 기준으로 CD와 DE의 부재력은 동일하며 AD부재의 부재력과 DB부재의 부재력은 0이 된다.

**49** $\theta_B = \dfrac{Pl^2}{2EI} + \dfrac{P(2l)^2}{2EI} = \dfrac{5Pl^2}{2EI}$

**50** 다음 중 고력볼트 1개의 인장파단 한계상태에 대한 설계인장강도는? (단, 볼트의 등급 및 호칭은 F10T, M24, $\phi = 0.75$)

① 254kN

② 284kN

③ 304kN

④ 324kN

**51** 다음 그림과 같은 구조물에 있어 AB 부재의 재단모멘트 $M_{AB}$는?

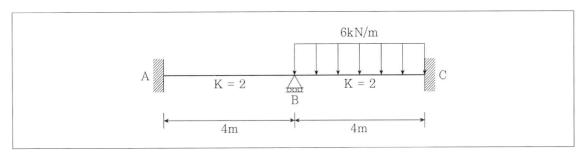

① 0.5[kN · m]

② 1[kN · m]

③ 1.5[kN · m]

④ 2[kN · m]

---

**50** 공칭인장강도 $F_{nt} = 0.75 F_u = 0.75(10\mathrm{t\,f/cm^2}) = 0.75\mathrm{kN/mm^2}$

고력볼트 설계인장강도 $\phi R_n = \phi F_{nt} \cdot A_b = (0.75)(0.75)\left(\dfrac{\pi(24)^2}{4}\right) \fallingdotseq 254\mathrm{kN}$

**51** B절점의 고정단 모멘트 $-\dfrac{wL^2}{12} = -\dfrac{(6)(4)^2}{12} = -8\mathrm{kN \cdot m}$

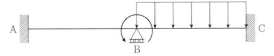

해제모멘트 $\overline{M_B} = -FEM_{BC} = 8\mathrm{kN \cdot m}$

분배율 $DF_{BA} = \dfrac{2}{2+2} = \dfrac{1}{2}$

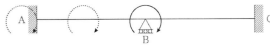

분배모멘트 : $M_{BA} = \overline{M_B} \cdot DF_{BA} = (+8)\left(\dfrac{1}{2}\right) = +4\mathrm{kN \cdot m}$

전달모멘트 : $M_{AB} = \dfrac{1}{2}M_{BA} = \dfrac{1}{2}(+4) = +2\mathrm{kN \cdot m}$

**52** 직경 24mm의 봉강에 65kN의 인장력이 작용할 때 인장응력은 약 얼마인가?

① 128MPa                                  ② 136MPa

③ 144MPa                                  ④ 150MPa

**53** 강도설계법에서 그림과 같이 보의 이음이 없는 경우 요구되는 보의 최소폭 $b$는 약 얼마인가? (단, 전단 철근의 구부림 내면반지름은 고려하지 않으며, 굵은 골재의 최대치수는 25mm, 피복두께 40mm, 주철근 D22, 스터럽 D10)

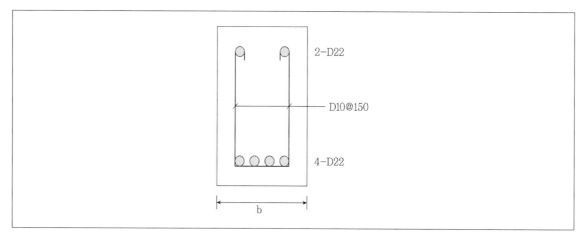

① 290mm                                  ② 330mm

③ 375mm                                  ④ 400mm

---

**ANSWER**    52.③   53.①

**52** $\sigma_t = \dfrac{P}{A} = \dfrac{65[\text{kN}]}{\dfrac{\pi \cdot (24[\text{mm}])^2}{4}} = 143.68[\text{MPa}]$

**53** 다음 중 가장 큰 값으로 정한다.
- 주철근의 직경 : 22mm
- 굵은 골재의 최대치수 : $25 \times \dfrac{4}{3} = 33.3\text{mm}$
- 보의 최소폭 산정 : $b = (40 \times 2) + (10 \times 2) + (22 \times 4) + (33.3 \times 3) = 287.9\text{mm}$

**54** 다음 중 말뚝기초에 관한 설명으로 바르지 않은 것은?

① 사질토에는 마찰말뚝의 적용이 불가하다.

② 말뚝내력의 결정방법은 재하시험이 정확하다.

③ 철근콘크리트 말뚝은 현장에서 제작 양생하여 시공할 수도 있다.

④ 마찰말뚝은 한 곳에 집중하여 시공하지 않는 것이 좋다.

**55** 고층건물의 구조형식 중에서 건물의 중간층에 대형 수평부재를 설치하여 횡력을 외곽기둥이 분담할 수 있도록 한 형식은?

① 트러스 구조

② 튜브 구조

③ 골조 아웃리거 구조

④ 스페이스 프레임 구조

**56** 강도설계법에 의한 띠철근을 가진 철근콘크리트의 기둥설계에서 단주의 최대설계축하중은 약 얼마인가? (단, 기둥의 크기는 400mm×400mm, $f_{ck}=24\text{MPa}$, $f_y=400\text{MPa}$, 12-D22($A_s=4,644\text{mm}^2$, $\phi=0.65$)

① 2,452kN

② 2,525kN

③ 2,614kN

④ 3,234kN

---

**54** 사질토에는 마찰말뚝의 적용이 가능하다.

**55** 골조 아웃리거 구조 … 외주부 기둥들을 대형수평부재(벨트트러스)로 서로 연결시켜 일체화 한 후 벨트트러스를 아웃리거로 내부골조와 연결시킴으로써 외곽기둥이 수평하중을 분담할 수 있도록 한 형식이다. 아웃리거는 내부골조와 외주부의 기둥을 서로 연결시켜주는 대형트러스보이다.

  ※ 튜브구조 … 건물의 외곽기둥을 일체화하여 지상에 솟은 빈 상자형의 캔틸레버와 같은 거동을 하게 하여 수평하중에 대한 건물 전체의 강성을 높이고, 내부의 기둥들은 수직하중만을 부담하도록 한 구조형식이다.

**56** 띠철근으로 보강된 철근콘크리트 기둥의 설계축하중강도의 산정은 다음의 식을 따른다.

$$P_n = \phi P_n = \phi(0.8P_o) = \phi(0.8)(0.85f_{ck}(A_g - A_{st}) + f_y A_{st})$$
$$= 0.65 \times 0.8 \times [0.85 \times 24 \times (400^2 - 4,644) + (400 \times 4,644)]$$
$$= 2,613.96 \fallingdotseq 2,614kN$$

**57** 다음 그림과 같은 직각삼각형인 구조물에서 AC부재가 받는 힘은?

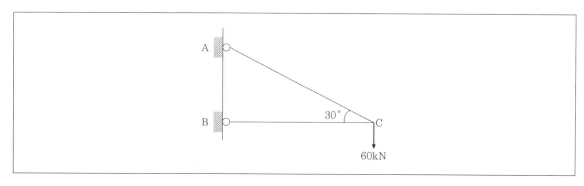

① 30kN

② $30\sqrt{3}\,\text{kN}$

③ $60\sqrt{3}\,kN$

④ 120kN

**58** 다음 그림과 같은 3회전단의 포물선아치가 등분포하중을 받을 때 아치부재의 단면력에 관한 설명으로 바른 것은?

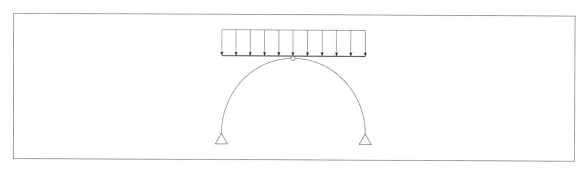

① 축방향력만 존재한다.

② 전단력과 휨모멘트가 존재한다.

③ 전단력과 축방향력이 존재한다.

④ 축방향력, 전단력, 휨모멘트가 모두 존재한다.

---

**57**
$$\sum V = F_{AC} \cdot \sin 30^o - P = F_{AC} \cdot \frac{1}{2} - 60[\text{kN}] = 0$$
$$F_{AC} = 120[\text{kN}]$$

**58** 포물선 형태의 3힌지 아치에 등분포하중이 작용하게 되면 축방향 압축력만 발생하게 된다.

**59** 과도한 처짐에 의해 손상되기 쉬운 비구조 요소를 지지 또는 부착하지 않은 바닥구조의 활하중 $L$에 의한 순간처짐의 한계는?

① $\dfrac{l}{180}$

② $\dfrac{l}{240}$

③ $\dfrac{l}{360}$

④ $\dfrac{l}{480}$

**60** 다음 부정정 구조물에서 A단에 도달하는 모멘트의 크기는 얼마인가?

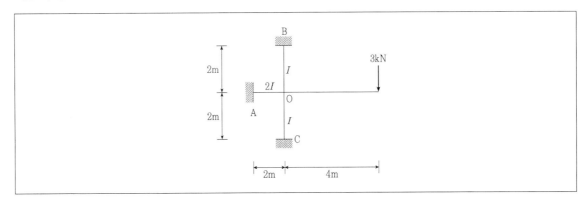

① $1.5\text{kN} \cdot \text{m}$

② $2.0\text{kN} \cdot \text{m}$

③ $2.5\text{kN} \cdot \text{m}$

④ $3.0\text{kN} \cdot \text{m}$

---

**59** 부재의 종류에 따른 처짐한계

| 부재의 종류 | 고려해야 할 처짐 | 처짐한계 |
|---|---|---|
| 과도한 처짐에 의해 손상되기 쉬운 비구조 요소를지 지 또는 부착하지 않은 평지붕구조(외부환경) | 활하중 $L$에 의한 순간처짐 | L/180 |
| 과도한 처짐에 의해 손상되기 쉬운 비구조 요소를 지지 또는 부착하지 않은 바닥구조(내부환경) | 활하중 $L$에 의한 순간처짐 | L/360 |
| 과도한 처짐에 의해 손상되기 쉬운 비구조 요소를 지지 또는 부착한 지붕 또는 바닥구조 | 전체 처짐 중에서 비구조 요소가 부착된 후에 발생하는 처짐부분(모든 지속하중에 의한 장기처짐과 추가적인 활하중에 의한 순간처짐의 합 | L/480 |
| 과도한 처짐에 의해 손상될 우려가 없는 비구조 요소를 지지 또는 부착한 지붕 또는 바닥구조 | | L/240 |

**60**
$$M_{OA} = \mu_{OA}M = \frac{K}{\sum K}M = \frac{2.0}{2.0+1.0+1.0} \times 3 \cdot 4 = 6kN \cdot m$$

$$M_{AO} = \frac{1}{2}M_{OA} = \frac{1}{2} \times 6 = 3kN \cdot m$$

**61** 다음 중 일반적으로 가스사용시설의 지상배관 표면 색상은 어떤 색상으로 도색하는가?

① 백색
② 황색
③ 청색
④ 적색

**62** 다음의 간선 배전방식 중 분전반에서 사고가 발생했을 때 그 파급 범위가 가장 좁은 것은?

① 평행식
② 방사선식
③ 나뭇가지식
④ 나뭇가지 평행식

**63** 에스컬레이터의 경사도는 최대 얼마 이하로 해야 하는가? (단, 공칭속도가 0.5m/s를 초과하는 경우이며 기타 조건은 무시)

① 25°
② 30°
③ 35°
④ 40°

- - -
**ANSWER** 61.② 62.① 63.②

.............................................................................................................

**61** 배관의 도시기호

| 종류 | 식별색 | 종류 | 식별색 |
|------|--------|------|--------|
| 물 | 청색 | 산 | 회자색 |
| 증기 | 진한 적색 | 알칼리 | 회자색 |
| 공기 | 백색 | 기름 | 진한 황적색 |
| 가스 | 황색 | 전기 | 엷은 황적색 |

**62** 간선 배선방식의 종류 및 특징
  ㉠ 나뭇가지식 : 배전반에 나온 1개의 간선이 각 층의 분전반을 거치며 부하가 감소됨에 따라 점차로 간선 도체 굵기도 감소되므로 소규모 건물에 적당한 방식
  ㉡ 평행식 : 용량이 큰 부하, 또는 분산되어 있는 부하에 대하여 단독의 간선으로 배선되는 방식으로 배전반으로부터 각 층의 분전반까지 단독으로 배선되므로 전압 강하가 평균화되고 사고 발생시 파급되는 범위가 좁지만 배선의 혼잡과 동시에 설비비가 많이 든다. 대규모 건물에 적합하다.
  ㉢ 나뭇가지 평행식 : 나뭇가지식과 평행식을 혼합한 배선방식

**63** 일반적으로 에스컬레이터의 경사도는 30° 이하로 한다.

**64** 다음 중 환기에 관한 설명으로 바르지 않은 것은?

① 화장실은 송풍기(급기팬)와 배풍기(배기팬)를 설치하는 것이 일반적이다.

② 기밀성이 높은 주택의 경우 잦은 기계환기를 통해 실내공기의 오염을 낮추는 것이 바람직하다.

③ 병원의 수술실은 오염공기가 실내로 들어오는 것을 방지하기 위해 실내압력을 주변공간보다 높게 설정한다.

④ 공기의 오염농도가 높은 도로에 면해 있는 건물의 경우, 공기조화설비 계통의 외기도입구를 가급적 높은 위치에 설치한다.

**65** 조명기구를 사용하는 도중에 광원의 능률저하나 기구의 오염, 손상 등으로 조도가 점차 저하되는데 인공조명 설계 시 이를 고려하여 반영하는 계수는?

① 광도

② 조명률

③ 실지수

④ 감광 보상률

---

**64** ① 화장실은 송풍기(급기팬)는 설치하지 않고, 배풍기(배기팬)를 설치하는 것이 일반적이다.

※ 각 실에 보내어 환기하는 방식

㉠ 제1종(병용식) 환기 : 송풍기와 배풍기 모두를 사용해서 실내 환기를 행하는 것이며, 실내외의 압력차를 조정할 수 있고, 가장 우수한 환기를 행할 수 있다.

㉡ 제2종(압입식) 환기 : 송풍기에 의해서 일방적으로 실내로 송풍하고 배기는 배기구 및 틈새 등으로부터 배출된다. 따라서, 송풍공기 이외의 외기라든가 기타 침입공기는 없지만, 역으로 다른 실로 배기가 침입할 수 있으므로 주의해야만 한다. 반도체공장이나 병원 무균실에 있어서 신선한 청정공기를 공급하는 경우에 많이 이용된다.

㉢ 제3종(흡출식) 환기 : 배풍기에 의해서 일방적으로 실내공기를 배기한다. 따라서, 공기가 실내로 들어오는 장소를 설치해서 환기에 지장이 없도록 해야만 한다. 주방, 화장실 등 냄새 또는 유해가스, 증기발생이 있는 장소에 적합하다.

| 명칭 | 급기 | 배기 | 실내압 | 적용대상 |
|---|---|---|---|---|
| 제1종 환기 | 기계 | 기계 | 임의 | 병원 수술실 |
| 제2종 환기 | 기계 | 자연 | 정압 | 무균실, 반도체공장 |
| 제3종 환기 | 자연 | 기계 | 부압 | 화장실, 주방 |

**65** 감광 보상률 … 조명기구를 사용하는 도중에 광원의 능률저하나 기구의 오염, 손상 등으로 조도가 점차 저하되는데 인공조명 설계 시 이를 고려하여 반영하는 계수 (감광 보상률의 역수를 유지율, 보수율, 빛손실계수라 한다.)

② 조명률 : 광원에서 방사되는 전광속에 대한 작업면에 입사하는 광속의 비율. 방의 모양, 크기, 천장·벽의 반사율, 조명 기구의 배광에 따라 다르다.

③ 실지수와 실계수 : 방의 크기와 형태에 따라 달라지는 값으로서 실지수가 커지면 조명률도 커지게 된다. 실계수는 광속발산도를 검토할 때 이용된다.

**66** 다음 설명에 알맞은 급수 방식은?

> • 위생성 측면에서 가장 바람직한 방식이다.
> • 정전으로 인한 단수의 염려가 없다.

① 수도직결방식                        ② 고가수조방식

③ 압력수조방식                      ④ 펌프직송방식

**67** 대기압 하에서 0°C의 물이 0°C의 얼음으로 될 경우의 체적 변화에 관한 설명으로 바른 것은?

① 체적이 4% 팽창한다.

② 체적이 4% 감소한다.

③ 체적이 9% 팽창한다.

④ 체적이 9% 감소한다.

**66** 주어진 설명은 수도직결방식에 관한 것이다.

  ※ 급수설비

    ㉠ **수도직결방식** : 수도본관에서 인입관을 따내어 급수하는 방식으로 정전 시에 급수가 가능하고 급수오염이 적으며 소규모 건물에만 사용이 가능하다.

    ㉡ **고가탱크방식** : 수도본관의 인입관으로부터 상수를 일단 저수조에 저수한 후, 펌프를 이용하여 옥상 등 높은 곳에 설치한 고가수조에 양수하여 중력에 의해 건물 내의 필요한 곳에 급수하는 방식으로 단수·정전 시에도 급수가 가능하며 배관부속품의 파손이 적고 대규모 급수설비에 적합하다. 그러나 급수가 오염되기 쉽고 저수시간이 길면 수질이 나빠지며 설비비가 많이 들고 옥상탱크의 자중 때문에 구조검토가 요구된다.

    ㉢ **압력탱크방식** : 수조의 물을 펌프로 압력탱크에 보내고 이곳에서 공기를 압축·가압하며 그 압력으로 건물 내에 급수하는 방식으로 탱크의 설치위치에 제한을 받지 않고 국부적으로 고압을 필요로 하는 곳에 적합하며 옥상에 탱크를 설치하지 않아 건축물의 구조를 강화할 필요가 없다. 그러나 급수압이 일정하지 않으며 펌프의 양정이 커서 시설비가 많이 들며 정전이나 단수 시 급수가 중단된다.

    ㉣ **펌프직송방식** : 각 존에 부스터 펌프로 급수하는 방식이다. 옥상탱크 및 중간탱크가 필요 없어 별도의 설치공간이 없어도 되나 설비비가 고가이다.

**67** 대기압 하에서 0°C의 물이 0°C의 얼음으로 될 경우 체적이 9% 팽창한다.

**68** 어떤 사무실의 취득 현열량이 15,000W일 때 실내온도를 26°C로 유지하기 위하여 16°C의 외기를 도입할 경우, 실내에 공급하는 송풍량은 얼마로 해야 하는가? (단, 공기의 정압비열은 1.01kJ/kg · K, 밀도는 1.2kg/m³이다.)

① 2,455m³/h

② 4,455m³/h

③ 6,455m³/h

④ 8,455m³/h

**69** 다음 중 급수배관의 설계 및 시공상의 주의점에 관한 설명으로 바르지 않은 것은?

① 급수관의 기울기는 1/100을 표준으로 한다.

② 수평배관에는 공기나 오물이 정체하지 않도록 한다.

③ 급수주관으로부터 분기하는 경우는 티(tee)를 사용한다.

④ 음료용 급수관과 다른 용도의 배관을 크로스커넥션하지 않도록 한다.

**70** 다음과 같은 조건에 있는 실의 틈새바람에 의한 현열부하는?

---

- 실의 체적 : 400m³
- 환기횟수 : 0.5회/h
- 실내온도 : 20°C, 외기온도 : 0°C
- 공기의 밀도 : 1.2kg/m³
- 공기의 정압비열 : 1.01kJ/kg · K

---

① 약 654W

② 약 972W

③ 약 1,348W

④ 약 1,654W

**ANSWER** 68.② 69.① 70.③

**68** 냉방용송풍량 … 송풍공기에 의해 현열부하와 잠열부하를 흡수한다.

시간당 실내송풍량을 구해야 하므로

$$Q = \frac{15,000 \times 3,600}{1.01 \times 1,000 \times 1.2 \times (26-16)} = 4,455.4 = 4,455 \text{m}^3/\text{h}$$

**69** 급수관의 기울기는 1/250을 표준으로 한다.

**70** 환기량 $Q = nV = 0.5 \times 400 = 20\text{m}^3/\text{h}$

현열량 $Q_H = 0.337 Q(t_o - t_i) = 0.337(200)(20-0) = 1,348\text{W}$

**71** 지역난방 방식에 관한 설명으로 바르지 않은 것은?

① 열원설비의 집중화로 관리가 용이하다.

② 설비의 고도화로 대기오염 등 공해를 방지할 수 있다.

③ 각 건물의 이용시간차를 이용하면 보일러의 용량을 줄일 수 있다.

④ 고온수난방을 채용할 경우 감압장치가 필요하며 응축수 트랩이나 환수관이 복잡해진다.


**72** 공기조화방식 중 냉풍과 온풍을 공급받아 각 실 또는 각 존의 혼합유닛에서 혼합하여 공급하는 방식은?

① 단일덕트방식

② 이중덕트방식

③ 유인유닛방식

④ 팬코일유닛방식

**71** 지역난방방식은 증기난방과는 달리 응축수 트랩이 필요하지 않으며 환수관이 간단하다.

**72** 이중덕트방식 … 냉풍과 온풍 2계통의 덕트를 설치하여 말단의 혼합 상자에서 냉풍, 온풍을 혼합하여 각 존별로 요구하는 온·습도에 맞추어 송풍을 하는 방식

㉠ 부하특성이 다른 다수의 실이나 존에도 적용이 가능하다.

㉡ 부하변동이 생기면 즉시 혼합상자에 의해 조절이 되므로 적응속도가 빠르다.

㉢ 칸막이 변동이나 용도변경에 대해서 유연성이 있다.

㉣ 실의 냉난방 부하가 감소되어도 취출공기 부족현상이 없다.

㉤ 전공기 방식의 장점이 있다.

㉥ 덕트가 2개 계통이므로 설비비가 많이 들며 덕트 스페이스가 커진다.

㉦ 혼합상자에 의한 소음, 진동이 발생한다.

㉧ 냉온풍 혼합시 혼합손실이 발생하여 에너지 소비량이 많다.

㉨ 실내습도의 제어가 어렵다.

※ 공조장치에 의한 분류

　㉠ 단일덕트정풍량방식 : 공급덕트와 환기덕트에 의해 항상 일정풍량을 공급하는 방식

　㉡ 닥일덕트변풍량방식 : 덕트 말단에 VAV 유닛을 설치하여 온도는 일정하게 하고 송풍량만 조절하는 방식. 에너지절약이 가장 큰 방식이다.

　㉢ 이중덕트방식 : 냉풍, 온풍 2개의 공급덕트와 1개의 환기덕트로 구성. 실내의 취출구 앞에 설치한 혼합상자에서 룸써머스탯에 의하여 냉풍, 온풍을 조절하여 송풍량으로 실내 온도를 유지하는 방식

　㉣ 멀티존방식 : 이중덕트방식과 동일한 방식이나 이중덕트방식과 달리 공조기 내에서 냉·온풍이 혼합되는 방식

　㉤ 각층 유니트방식 : 외기처리용 중앙공조기가 1차로 처리한 외기를 각 층에 설치한 각층 유니트에 보내 필요에 따라 가열 및 냉각하여 실내에 송풍하는 방식

　㉥ 유인유니트방식 : 중앙에 설치된 1차 공조기에서 냉각감습 또는 가열가습한 1차 공기를 고속, 고압으로 실내의 유인 유니트에 보내어 유니트의 노즐에서 불어내고 그 압력으로 유인된 2차 공기가 유니트 내의 코일에 의해 냉각, 가열되는 방식

　㉦ 팬코일유니트방식 : 중앙기계실에서 냉수, 온수를 공급받아 각 실내에 있는 소형공조기로 공조하는 방식

**73** 다음 중 건축물 실내공간의 잔향시간에 가장 큰 영향을 주는 것은?

① 실의 용적

② 음원의 위치

③ 벽체의 두께

④ 음원의 음압

**74** 자동화재탐지설비의 감지기 중 주위의 온도상승률이 일정한 값을 초과하는 경우 동작하는 것은?

① 차동식

② 정온식

③ 광전식

④ 이온화식

**75** 방열기의 입구 수온이 90°C이고 출구 수온이 80°C이다. 난방부하가 3,000W인 방을 온수난방할 경우 방열기의 온수순환량은? (단, 물의 비열은 4.2kJ/kg · K로 한다.)

① 143kg/h

② 257kg/h

③ 368kg/h

④ 455kg/h

---

ANSWER　73.①　74.①　75.②

**73** Sabine의 잔향식은 $RT = K \cdot \dfrac{V}{A}$ 이며 $V$는 실의 용적, $A$는 흡음력이다.

**74** 자동화재탐지설비의 감지기

　㉠ **차동식 감지기** : 주위의 온도가 상승할 때 온도상승률에 비례하여 열팽창이 된 파이프에 접속된 감압실의 접점을 동작시켜 작동되는 감지기로 부착높이가 15m 이하인 곳에 적합하다.

　㉡ **정온식 감지기** : 주위의 온도가 일정 온도 이상이 되었을 경우 바이메탈이 팽창하여 접점이 닫힘으로써 작동되는 감지기로 화기 및 열원기기를 취급하는 보일러실이나 주방 등에 적합하다.

　㉢ **보상식 감지기** : 차동식 감지기와 정온식 감지기의 기능을 합친 감지기

　㉣ **이온화식 감지기** : 연기에 의해서 이온전류가 변화하는 현상을 이용하여 감지하는 방식

　㉤ **광전식 감지기** : 감지기 주위의 공기가 일정한 농도의 연기를 포함하게 되면 작동하는 것으로 연기에 의하여 광전소자의 수광량이 변화하는 것을 이용해서 작동하는 감지기

**75** 온수순환량

$$G = \frac{3,600 \cdot Q[\text{kW}]}{C \cdot (t_1 - t_2)} = \frac{3600 \cdot 3}{4.2 \cdot (90 - 80)} = 257.14 [\text{kg/h}]$$

**76** 배수트랩의 봉수파괴 원인 중 통기관을 설치함으로써 봉수파괴를 방지할 수 있는 것이 아닌 것은?

① 분출작용
② 모세관작용
③ 자기사이펀작용
④ 유도사이펀작용

**77** 습공기를 가열하였을 경우 상태량이 변하지 않는 것은?

① 절대습도
② 상대습도
③ 건구온도
④ 습구온도

**78** 각각의 최대 수용 전력의 합이 1,200kW, 부등률이 1.2일 때 합성 최대 수용 전력은?

① 800kW
② 1,000kW
③ 1,200kW
④ 1,440kW

---

**ANSWER** 76.② 77.① 78.②

**76** 모세관작용에 의한 봉수파괴는 통기관을 설치해서 방지할 수는 없다.
※ 봉수파괴의 종류 및 원인

| 봉수파괴의 종류 | 방지책 | 원인 |
|---|---|---|
| 자기사이펀 작용 | 통기관의 설치 | 만수된 물이 일시에 흐르게 되면 물이 배수관쪽으로 흡인되어 봉수가 파괴되는 현상이다. |
| 감압에 의한 흡인작용 (유도사이펀 작용) | 통기관의 설치 | 배수 수직주관 가까이 있는 트랩의 경우 다량의 물을 주관으로 배수될 때 진공상태가 되어 봉수가 흡입된다. |
| 역압에 의한 분출작용 | 통기관의 설치 | 배수수직주관 가까이에 있는 트랩의 경우 바닥 횡주관에 물이 정체되어 있고 수직관에 다량의 물이 배수될 때 중간에 압력이 발생하여 봉수가 실내 쪽으로 분출하게 된다. |
| 모세관 현상 | 거름망 설치 | 트랩 출구에 머리카락, 천조각 등이 걸렸을 경우 모세관 현상에 의해 봉수가 파괴된다. |
| 증발 | 기름방울로 유막형성 | 사용빈도가 적거나 건물을 장기간 비울 시 봉수가 자연히 증발하는 현상이다. |
| 자기운동량에 의한 관성작용 | 유속의 감소 | 스스로의 운동량에 의해 트랩의 봉수가 빠져나가는 현상이다. |

**77** 절대습도 … 대기 중에 포함된 수증기의 양을 표시하는 방법으로 단위 부피당 수증기의 질량을 말한다. 공기 1m³ 중에 포함된 수증기의 양을 g으로 나타낸다. 가열 또는 냉각하는 경우 절대습도는 일정하다.

**78** 부등률은 각 부하의 최대수용전력의 합계를 합계부하의 최대수용전력으로 나눈 값에 100을 곱한 값이며 항상 1보다 크다. 따라서 합성최대수용전력은 최대수용전력의 합 1,200kW를 부등률 1.2로 나눈 값인 1,000kW가 된다.

**79** 개방형 헤드를 사용하는 연결살수설비에 있어서 하나의 송수구역에 설치하는 살수헤드의 수는 최대 얼마 이하가 되도록 해야 하는가?

① 10개
② 20개
③ 30개
④ 40개

**80** 다음 중 최근 저압선로의 배선보호용 차단기로 가장 많이 사용되는 것은?

① ACB
② GCB
③ MCCB
④ ABCB

**79** 개방형 헤드를 사용하는 연결살수설비에 있어서 하나의 송수구역에 설치하는 살수 헤드의 수는 10개 이하가 되도록 한다.

**80** ③ MCCB(Molded Case Circuit Breaker) : 배선용 차단기이다. 벗겨내기 장치나 개폐기구 등을 몰드용기 안에 일체화시킨 차단기로, 차단능력이 우수하여 퓨즈 달린 스위치 대신 저압 배전반에 사용하기도 한다.
① ACB(Air Circuit Breake) : 기중차단기이다. 압축공기를 사용하여 아크를 끄는 전기개폐장치이다.
② GCB(Gas Circuit Breaker) : 가스차단기이다. 절연내력이 높은 6불화유황(SF6)가스를 고압으로 압축하여 소호(아크제거)매질로 이용한다.
④ ABCB(Air-blast Circuit Breaker) : 공기차단기이다. 전기회로를 차단할 때 발생하는 아크(arc)를 압축공기로 내뿜어서 차단하고, 거듭 고기압에 의한 접점 사이의 고절연 내력을 이용하여 교류회로를 차단한다.

**81** 지하식 또는 건축물식 노외주차장의 차로에 관한 기준 내용으로 바르지 않은 것은? (단, 이륜자동차전용 노외주차장이 아닌 경우)

① 높이는 주차바닥면으로부터 2.3m 이상으로 해야 한다.

② 경사로의 종단경사도는 직선 부분에서는 17%를 초과해서는 안 된다.

③ 곡선 부분은 자동차가 4m 이상의 내변반경으로 회전할 수 있도록 하여야 한다.

④ 주차대수 규모가 50대 이상인 경우의 경사로는 너비 6m 이상인 2차로를 확보하거나 진입차로와 진출 차로를 분리해야 한다.

**82** 높이 31m를 넘는 각 층의 바닥면적 중 최대바닥면적이 5,000m²인 업무시설에 원칙적으로 설치해야 하는 비상용 승강기의 최소 대수는?

① 1대

② 2대

③ 3대

④ 4대

---

**● ● ●**
**ANSWER** 81.③ 82.③

**81** 지하식 또는 건축물식 노외주차장의 차로는 노외주차장 차로 설치기준에 따르는 외에 다음에서 정하는 바에 따른다.
  ㉠ 높이는 주차바닥면으로부터 2.3미터 이상으로 하여야 한다.
  ㉡ 곡선 부분은 자동차가 6미터(같은 경사로를 이용하는 주차장의 총주차대수가 50대 이하인 경우에는 5미터, 이륜자동 차전용 노외주차장의 경우에는 3미터) 이상의 내변반경으로 회전할 수 있도록 하여야 한다.
  ㉢ 경사로의 차로 너비는 직선형인 경우에는 3.3미터 이상(2차로의 경우에는 6미터 이상)으로 하고, 곡선형인 경우에는 3.6미터 이상(2차로의 경우에는 6.5미터 이상)으로 하며, 경사로의 양쪽 벽면으로부터 30센티미터 이상의 지점에 높 이 10센티미터 이상 15센티미터 미만의 연석(沿石)을 설치하여야 한다. 이 경우 연석 부분은 차로의 너비에 포함되는 것으로 본다.
  ㉣ 경사로의 종단경사도는 직선 부분에서는 17퍼센트를 초과하여서는 아니 되며, 곡선 부분에서는 14퍼센트를 초과하여 서는 아니 된다.
  ㉤ 경사로의 노면은 거친 면으로 하여야 한다.
  ㉥ 주차대수 규모가 50대 이상인 경우의 경사로는 너비 6미터 이상인 2차로를 확보하거나 진입차로와 진출차로를 분리 하여야 한다.

**82** 높이 31m를 넘는 각 층의 바닥면적 중 최대바닥면적이 1,500m² 이하이면 1대를 설치해야 하고 1500m²를 초과하면 1대 에 1,500m²를 넘는 3,000m² 이내마다 1대씩 더한 대수 이상을 설치한다.

그러므로 $\dfrac{5,000-1,500}{3,000} \fallingdotseq 1.2$

1.2 + 1 = 2.2대 이므로 최소 3대를 설치해야 한다.

**83** 다음 중 도시 · 군관리계획에 포함되지 않는 것은?

① 도시개발사업이나 정비사업에 관한 계획

② 광역계획권의 장기발전방향을 제시하는 계획

③ 기반시설의 설치 · 정비 또는 개량에 관한 계획

④ 용도지역 · 용도지구의 지정 또는 변경에 관한 계획


**84** 일반주거지역에서 건축물을 건축하는 경우 건축물의 높이 5m인 부분은 정북 방향의 인접 대지 경계선으로부터 원칙적으로 최소 얼마 이상을 띄어 건축하여야 하는가?

① 1.0m

② 1.5m

③ 2.0m

④ 3.0m

**ANSWER**   83.②   84.②

**83** ② 광역도시계획에 대한 내용이다.

※ **도시 · 군관리계획** … 특별시 · 광역시 · 특별자치시 · 특별자치도 · 시 또는 군의 개발정비 및 보전을 위하여 수립하는 토지 이용, 교통, 환경, 경관, 안전, 산업, 정보통신, 보건, 복지, 안보, 문화 등에 관한 다음의 계획을 말한다.

• 용도지역 · 용도지구의 지정 또는 변경에 관한 계획
• 개발제한구역 · 도시자연공원구역 · 시가화조정구역 · 수산자원보호구역의 지정 또는 변경에 관한 계획
• 기반시설의 설치 · 정비이나 개량에 관한 계획
• 도시개발사업이나 정비사업에 관한 계획
• 지구단위계획구역의 지정 또는 변경에 관한 계획과 지구단위계획
• 입지규제최소구역의 지정 또는 변경에 관한 계획과 입지규제최소구역계획

**84** 전용주거지역이나 일반주거지역에서 건축물을 건축하는 경우에는 건축물의 각 부분을 정북(正北) 방향으로의 인접 대지 경계선으로부터 다음의 범위에서 건축조례로 정하는 거리 이상을 띄어 건축하여야 한다.

㉠ 높이 9미터 이하인 부분 : 인접 대지경계선으로부터 1.5미터 이상
㉡ 높이 9미터를 초과하는 부분 : 인접 대지경계선으로부터 해당 건축물 각 부분 높이의 2분의 1 이상

**85** 용도지역의 세분에 있어 주거기능을 위주로 이를 지원하는 일부 상업기능 및 업무기능을 보완하기 위해 필요한 지역은?

① 준주거지역
② 전용주거지역
③ 일반주거지역
④ 유통상업지역

**85** 용도지역의 세분
① 국토교통부장관, 시·도지사 또는 대도시의 시장은 도시·군관리계획결정으로 주거지역·상업지역·공업지역 및 녹지지역을 다음과 같이 세분하여 지정할 수 있다.
   1. 주거지역
      ㉠ 전용주거지역 : 양호한 주거환경을 보호하기 위하여 필요한 지역
      • 제1종 전용주거지역 : 단독주택 중심의 양호한 주거환경을 보호하기 위하여 필요한 지역
      • 제2종 전용주거지역 : 공동주택 중심의 양호한 주거환경을 보호하기 위하여 필요한 지역
      ㉡ 일반주거지역 : 편리한 주거환경을 조성하기 위하여 필요한 지역
      • 제1종 일반주거지역 : 저층주택을 중심으로 편리한 주거환경을 조성하기 위하여 필요한 지역
      • 제2종 일반주거지역 : 중층주택을 중심으로 편리한 주거환경을 조성하기 위하여 필요한 지역
      • 제3종 일반주거지역 : 중고층주택을 중심으로 편리한 주거환경을 조성하기 위하여 필요한 지역
      ㉢ 준주거지역 : 주거기능을 위주로 이를 지원하는 일부 상업기능 및 업무기능을 보완하기 위하여 필요한 지역
   2. 상업지역
      ㉠ 중심상업지역 : 도심·부도심의 상업기능 및 업무기능의 확충을 위하여 필요한 지역
      ㉡ 일반상업지역 : 일반적인 상업기능 및 업무기능을 담당하게 하기 위하여 필요한 지역
      ㉢ 근린상업지역 : 근린지역에서의 일용품 및 서비스의 공급을 위하여 필요한 지역
      ㉣ 유통상업지역 : 도시 내 및 지역 간 유통기능의 증진을 위하여 필요한 지역
   3. 공업지역
      ㉠ 전용공업지역 : 주로 중화학공업, 공해성 공업 등을 수용하기 위하여 필요한 지역
      ㉡ 일반공업지역 : 환경을 저해하지 아니하는 공업의 배치를 위하여 필요한 지역
      ㉢ 준공업지역 : 경공업 그 밖의 공업을 수용하되, 주거기능·상업기능 및 업무기능의 보완이 필요한 지역
   4. 녹지지역
      ㉠ 보전녹지지역 : 도시의 자연환경·경관·산림 및 녹지공간을 보전할 필요가 있는 지역
      ㉡ 생산녹지지역 : 주로 농업적 생산을 위하여 개발을 유보할 필요가 있는 지역
      ㉢ 자연녹지지역 : 도시의 녹지공간의 확보, 도시 확산의 방지, 장래 도시용지의 공급 등을 위하여 보전할 필요가 있는 지역으로서 불가피한 경우에 한하여 제한적인 개발이 허용되는 지역
② 시·도지사 또는 대도시 시장은 해당 시·도 또는 대도시의 도시·군계획조례로 정하는 바에 따라 도시·군관리계획결정으로 제1항에 따라 세분된 주거지역·상업지역·공업지역·녹지지역을 추가적으로 세분하여 지정할 수 있다.

**86** 다음 중 제2종 일반주거지역 안에서 건축할 수 있는 건축물에 속하지 않는 것은?

① 종교시설

② 운수시설

③ 노유자시설

④ 제1종 근린생활시설

**87** 다음은 건축법령상 다세대주택의 정의이다. ( ) 안에 알맞은 것은?

> 주택으로 쓰는 1개 동의 바닥면적의 합계가 ( ㉠ ) 이하이고, 층수가 ( ㉡ ) 이하인 주택(2개 이상의 동을 지하주차장으로 연결하는 경우에는 각각의 동으로 본다)

① ㉠ 330m², ㉡ 3개 층

② ㉠ 330m², ㉡ 4개 층

③ ㉠ 660m², ㉡ 3개 층

④ ㉠ 660m², ㉡ 4개 층

**86** 제2종 일반주거지역 안에서 건축할 수 있는 건축물

1. 건축할 수 있는 건축물(경관관리 등을 위하여 도시·군계획조례로 건축물의 층수를 제한하는 경우에는 그 층수 이하의 건축물로 한정)

   ㉠ 단독주택

   ㉡ 공동주택

   ㉢ 제1종 근린생활시설

   ㉣ 종교시설

   ㉤ 교육연구시설 중 유치원·초등학교·중학교 및 고등학교

   ㉥ 노유자시설

2. 도시·군계획조례가 정하는 바에 따라 건축할 수 있는 건축물(경관관리 등을 위하여 도시·군계획조례로 건축물의 층수를 제한하는 경우에는 그 층수 이하의 건축물로 한정)

   ㉠ 제2종 근린생활시설(단란주점 및 안마시술소 제외)

   ㉡ 문화 및 집회시설(관람장 제외)

   ㉢ 판매시설 중 당해 용도에 쓰이는 바닥면적의 합계가 2천 제곱미터 미만인 것(너비 15미터 이상의 도로로서 도시·군계획조례가 정하는 너비 이상의 도로에 접한 대지에 건축하는 것에 한정)과 기존의 도매시장 또는 소매시장을 재건축하는 경우로서 인근의 주거환경에 미치는 영향, 시장의 기능회복 등을 감안하여 도시·군계획조례가 정하는 경우에는 당해 용도에 쓰이는 바닥면적의 합계의 4배 이하 또는 대지면적의 2배 이하인 것

   ㉣ 의료시설(격리병원 제외)

   ㉤ 교육연구시설 중 유치원·초등학교·중학교 및 고등학교에 해당하지 아니하는 것

   ㉥ 수련시설(야영장 시설을 포함하되, 유스호스텔의 경우 특별시 및 광역시 지역에서는 너비 15미터 이상의 도로에 20미터 이상 접한 대지에 건축하는 것에 한하며, 그 밖의 지역에서는 너비 12미터 이상의 도로에 접한 대지에 건축하는 것에 한함)

   ㉦ 운동시설

**87** 다세대주택 ⋯ 주택으로 쓰는 1개 동의 바닥면적의 합계가 660m² 이하이고, 층수가 4개 층 이하인 주택(2개 이상의 동을 지하주차장으로 연결하는 경우에는 각각의 동으로 본다)

**88** 건축물의 거실에 국토교통부령으로 정하는 기준에 따라 배연설비를 하여야 하는 대상 건축물에 속하지 않는 것은? (단, 피난층의 거실은 제외하며, 6층 이상인 건축물의 경우)

① 종교시설

② 판매시설

③ 위락시설

④ 방송통신시설

**88** ④ 방송통신시설은 배연설비 설치대상에 속하지 않는다.

※ 다음의 건축물의 거실(피난층의 거실은 제외)에는 국토교통부령으로 정하는 기준에 따라 배연설비를 하여야 한다.

1. 6층 이상인 건축물로서 다음의 어느 하나에 해당하는 용도로 쓰는 건축물
   ㉠ 제2종 근린생활시설 중 공연장, 종교집회장, 인터넷컴퓨터게임시설제공업소 및 다중생활시설(공연장, 종교집회장 및 인터넷컴퓨터게임시설제공업소는 해당 용도로 쓰는 바닥면적의 합계가 각각 300제곱미터 이상인 경우만 해당)
   ㉡ 문화 및 집회시설
   ㉢ 종교시설
   ㉣ 판매시설
   ㉤ 운수시설
   ㉥ 의료시설(요양병원 및 정신병원은 제외)
   ㉦ 교육연구시설 중 연구소
   ㉧ 노유자시설 중 아동 관련 시설, 노인복지시설(노인요양시설은 제외)
   ㉨ 수련시설 중 유스호스텔
   ㉩ 운동시설
   ㉪ 업무시설
   ㉫ 숙박시설
   ㉬ 위락시설
   ㉭ 관광휴게시설
   ㉮ 장례시설

2. 다음의 어느 하나에 해당하는 용도로 쓰는 건축물
   ㉠ 의료시설 중 요양병원 및 정신병원
   ㉡ 노유자시설 중 노인요양시설·장애인 거주시설 및 장애인 의료재활시설

**89** 국토의 계획 및 이용에 관한 법률에 따른 용도 지역에서의 용적률 최대 한도 기준이 옳지 않은 것은? (단, 도시지역의 경우)

① 주거지역 : 500퍼센트 이하

② 녹지지역 : 100퍼센트 이하

③ 공업지역 : 400퍼센트 이하

④ 상업지역 : 1000퍼센트 이하

**90** 건축물을 신축하는 경우 옥상에 조경을 $150m^2$ 시공했다. 이 경우 대지의 조경면적은 최소 얼마 이상으로 해야 하는가? (단, 대지면적은 $1,500m^2$이고, 조경설치 기준은 대지면적의 10%이다)

① $25m^2$

② $50m^2$

③ $75m^2$

④ $100m^2$

---

**89** 용도지역에서의 용적률(국토의 계획 및 이용에 관한 법률 제78조)

지정된 용도지역에서 용적률의 최대한도는 관할 구역의 면적과 인구 규모, 용도지역의 특성 등을 고려하여 다음의 범위에서 대통령령으로 정하는 기준에 따라 특별시·광역시·특별자치시·특별자치도·시 또는 군의 조례로 정한다.

1. 도시지역
   ㉠ 주거지역 : 500퍼센트 이하
   ㉡ 상업지역 : 1,500퍼센트 이하
   ㉢ 공업지역 : 400퍼센트 이하
   ㉣ 녹지지역 : 100퍼센트 이하

2. 관리지역
   ㉠ 보전관리지역 : 80퍼센트 이하
   ㉡ 생산관리지역 : 80퍼센트 이하
   ㉢ 계획관리지역 : 100퍼센트 이하. 다만, 성장관리방안을 수립한 지역의 경우 해당 지방자치단체의 조례로 125퍼센트 이내에서 완화하여 적용할 수 있다.

3. 농림지역 : 80퍼센트 이하

4. 자연환경보전지역 : 80퍼센트 이하

**90** 건축물의 옥상에 국토교통부장관이 고시하는 기준에 따라 조경이나 그 밖에 필요한 조치를 하는 경우에는 옥상부분 조경면적의 3분의 2에 해당하는 면적을 대지의 조경면적으로 산정할 수 있다. 이 경우 조경면적으로 산정하는 면적은 조경면적의 100분의 50을 초과할 수 없다.

조경설치면적 기준이 대지면적의 10% 이상이므로 $150m^2$ 이상이어야 한다.

조경기준면적의 1/2까지는 옥상조경면적으로 할 수 있다.

그러므로 대지조경면적은 $150-75=75m^2$ 이상이어야 한다.

**91** 공작물을 축조할 때 특별자치시장·특별자치도지사 또는 시장·군수·구청장에게 신고를 하여야 하는 대상 공작물 기준으로 옳지 않은 것은? (단, 건축물과 분리하여 축조하는 경우)

① 높이 6m를 넘는 굴뚝

② 높이 4m를 넘는 광고탑

③ 높이 4m를 넘는 장식탑

④ 높이 2m를 넘는 옹벽 또는 담장

**91** 공작물을 축조(건축물과 분리하여 축조하는 것을 말한다)할 때 특별자치시장·특별자치도지사 또는 시장·군수·구청장에게 신고를 하여야 하는 공작물은 다음과 같다.

1. 높이 6미터를 넘는 굴뚝
2. 높이 6미터를 넘는 장식탑, 기념탑, 그 밖에 이와 비슷한 것
3. 높이 4미터를 넘는 광고탑, 광고판, 그 밖에 이와 비슷한 것
4. 높이 8미터를 넘는 고가수조나 그 밖에 이와 비슷한 것
5. 높이 2미터를 넘는 옹벽 또는 담장
6. 바닥면적 30제곱미터를 넘는 지하대피호
7. 높이 6미터를 넘는 골프연습장 등의 운동시설을 위한 철탑, 주거지역·상업지역에 설치하는 통신용 철탑, 그 밖에 이와 비슷한 것
8. 높이 8미터(위험을 방지하기 위한 난간의 높이는 제외) 이하의 기계식 주차장 및 철골 조립식 주차장(바닥면이 조립식이 아닌 것을 포함)으로서 외벽이 없는 것
9. 건축조례로 정하는 제조시설, 저장시설(시멘트사일로를 포함), 유희시설, 그 밖에 이와 비슷한 것
10. 건축물의 구조에 심대한 영향을 줄 수 있는 중량물로서 건축조례로 정하는 것
11. 높이 5미터를 넘는 「신에너지 및 재생에너지 개발·이용·보급 촉진법」에 따른 태양에너지를 이용하는 발전설비와 그 밖에 이와 비슷한 것

**92** 건축물에 설치하는 지하층의 구조에 관한 기준 내용으로 바르지 않은 것은?

① 지하층에 설치하는 비상탈출구의 유효너비는 0.75m 이상으로 할 것
② 거실의 바닥 면적의 합계가 1,000㎡ 이상인 층에는 환기설비를 설치할 것
③ 지하층의 바닥 면적이 300㎡ 이상인 층에는 식수공급을 위한 급수전을 1개소 이상 설치할 것
④ 거실의 바닥 면적이 33㎡ 이상인 층에는 직통계단 외에 피난층 또는 지상으로 통하는 비상탈출구를 설치할 것

• • •
ANSWER    92.④

**92** 지하층의 구조(건물의 피난·방화구조 등의 기준에 관한 규칙 제25조)
① 건축물에 설치하는 지하층의 구조 및 설비는 다음의 기준에 적합하여야 한다.
　1. 거실의 바닥 면적이 50제곱미터 이상인 층에는 직통계단 외에 피난층 또는 지상으로 통하는 비상탈출구 및 환기통을 설치할 것. 다만, 직통계단이 2개소 이상 설치되어 있는 경우에는 그러하지 아니하다.
　1의2. 제2종 근린생활시설 중 공연장·단란주점·당구장·노래연습장, 문화 및 집회시설 중 예식장·공연장, 수련시설 중 생활권수련시설·자연권수련시설, 숙박시설 중 여관·여인숙, 위락시설 중 단란주점·유흥주점 또는 「다중이용업소의 안전관리에 관한 특별법 시행령」에 따른 다중이용업의 용도에 쓰이는 층으로서 그 층의 거실의 바닥면적의 합계가 50제곱미터 이상인 건축물에는 직통계단을 2개소 이상 설치할 것
　2. 바닥 면적이 1천 제곱미터 이상인 층에는 피난층 또는 지상으로 통하는 직통계단을 방화구획으로 구획되는 각 부분마다 1개소 이상 설치하되, 이를 피난계단 또는 특별피난계단의 구조로 할 것
　3. 거실의 바닥 면적의 합계가 1천 제곱미터 이상인 층에는 환기설비를 설치할 것
　4. 지하층의 바닥 면적이 300제곱미터 이상인 층에는 식수공급을 위한 급수전을 1개소 이상 설치할 것
② 지하층의 비상탈출구는 다음의 기준에 적합하여야 한다. 다만, 주택의 경우에는 그러하지 아니하다.
　1. 비상탈출구의 유효너비는 0.75미터 이상으로 하고, 유효높이는 1.5미터 이상으로 할 것
　2. 비상탈출구의 문은 피난방향으로 열리도록 하고, 실내에서 항상 열 수 있는 구조로 하여야 하며, 내부 및 외부에는 비상탈출구의 표시를 할 것
　3. 비상탈출구는 출입구로부터 3미터 이상 떨어진 곳에 설치할 것
　4. 지하층의 바닥으로부터 비상탈출구의 아랫부분까지의 높이가 1.2미터 이상이 되는 경우에는 벽체에 발판의 너비가 20센티미터 이상인 사다리를 설치할 것
　5. 비상탈출구는 피난층 또는 지상으로 통하는 복도나 직통계단에 직접 접하거나 통로 등으로 연결될 수 있도록 설치하여야 하며, 피난층 또는 지상으로 통하는 복도나 직통계단까지 이르는 피난통로의 유효너비는 0.75미터 이상으로 하고, 피난통로의 실내에 접하는 부분의 마감과 그 바탕은 불연재료로 할 것
　6. 비상탈출구의 진입부분 및 피난통로에는 통행에 지장이 있는 물건을 방치하거나 시설물을 설치하지 아니할 것
　7. 비상탈출구의 유도등과 피난통로의 비상조명등의 설치는 소방법령이 정하는 바에 의할 것

**93** 비상용승강기 승강장의 구조에 관한 기준 내용으로 바르지 않은 것은?

① 승강장은 각층의 내부와 연결될 수 있도록 할 것

② 벽 및 반자가 실내에 접하는 부분의 마감재료는 준불연재료로 할 것

③ 옥내에 설치하는 승강장의 바닥면적은 비상용승강기 1대에 대하여 $6m^2$ 이상으로 할 것

④ 피난층이 있는 승강장의 출입구로부터 도로 또는 공지에 이르는 거리가 30m 이하일 것


**94** 다음은 대지와 도로의 관계에 관한 기준 내용이다. ( ) 안에 알맞은 것은? (단, 축사, 작물 재배사, 그 밖에 이와 비슷한 건축물로서 건축조례로 정하는 규모의 건축물은 제외)

> 연면적의 합계가 $2,000m^2$(공장인 경우에는 $3,000m^2$) 이상인 건축물의 대지는 너비 ( ㉠ )이상의 도로에 ( ㉡ ) 이상 접하여야 한다.

① ㉠ 2m, ㉡ 4m

② ㉠ 4m, ㉡ 2m

③ ㉠ 4m, ㉡ 6m

④ ㉠ 6m, ㉡ 4m

**93** 비상용승강기 승강장의 구조(건축물의 설비기준 등에 관한 규칙 제10조)

㉠ 승강장의 창문·출입구 기타 개구부를 제외한 부분은 당해 건축물의 다른 부분과 내화구조의 바닥 및 벽으로 구획할 것. 다만, 공동주택의 경우에는 승강장과 특별피난계단(「건축물의 피난·방화구조 등의 기준에 관한 규칙」의 규정에 의한 특별피난계단을 말한다)의 부속실과의 겸용부분을 특별피난계단의 계단실과 별도로 구획하는 때에는 승강장을 특별피난계단의 부속실과 겸용할 수 있다.

㉡ 승강장은 각층의 내부와 연결될 수 있도록 하되, 그 출입구(승강로의 출입구를 제외)에는 갑종방화문을 설치할 것. 다만, 피난층에는 갑종방화문을 설치하지 아니할 수 있다.

㉢ 노대 또는 외부를 향하여 열 수 있는 창문이나 배연설비를 설치할 것

㉣ 벽 및 반자가 실내에 접하는 부분의 마감재료(마감을 위한 바탕을 포함)는 불연재료로 할 것

㉤ 채광이 되는 창문이 있거나 예비전원에 의한 조명설비를 할 것

㉥ 승강장의 바닥면적은 비상용승강기 1대에 대하여 6제곱미터 이상으로 할 것. 다만, 옥외에 승강장을 설치하는 경우에는 그러하지 아니하다.

㉦ 피난층이 있는 승강장의 출입구(승강장이 없는 경우에는 승강로의 출입구)로부터 도로 또는 공지(공원·광장 기타 이와 유사한 것으로서 피난 및 소화를 위한 당해 대지에의 출입에 지장이 없는 것)에 이르는 거리가 30미터 이하일 것

㉧ 승강장 출입구 부근의 잘 보이는 곳에 당해 승강기가 비상용승강기임을 알 수 있는 표지를 할 것

**94** 연면적의 합계가 $2,000m^2$(공장인 경우에는 $3,000m^2$) 이상인 건축물(축산, 작물 재배사, 그 밖의 이와 비슷한 건축불로서 건축조례로 정하는 규모의 건축물은 제외)의 대지는 너비 6m 이상의 도로에 4m 이상 접하여야 한다.

**95** 다음 중 허가 대상 건축물이라 하더라도 건축신고를 하면 건축허가를 받은 것으로 보는 경우에 속하지 않는 것은?

① 건축물의 높이를 4m 증축하는 건축물

② 연면적의 합계가 80m²인 건축물의 건축

③ 연면적이 150m²이고 2층인 건축물의 대수선

④ 2층 건축물로서 바닥면적의 합계 80m²를 증축하는 건축물

**96** 태양열을 주된 에너지원으로 이용하는 주택의 건축면적 산정 시 기준이 되는 것은?

① 외벽의 외곽선

② 외벽의 내측 벽면선

③ 외벽 중 내측 내력벽의 중심선

④ 외벽 중 외측 비내력벽의 중심선

---

**95** 허가 대상 건축물이라 하더라도 다음의 어느 하나에 해당하는 경우에는 미리 특별자치시장·특별자치도지사 또는 시장·군수·구청장에게 국토교통부령으로 정하는 바에 따라 신고를 하면 건축허가를 받은 것으로 본다.

1. 바닥면적의 합계가 85제곱미터 이내의 증축·개축 또는 재축. 다만, 3층 이상 건축물인 경우에는 증축·개축 또는 재축하려는 부분의 바닥면적의 합계가 건축물 연면적의 10분의 1 이내인 경우로 한정한다.
2. 「국토의 계획 및 이용에 관한 법률」에 따른 관리지역, 농림지역 또는 자연환경보전지역에서 연면적이 200제곱미터 미만이고 3층 미만인 건축물의 건축. 다만, 다음의 어느 하나에 해당하는 구역에서의 건축은 제외한다.
   • 지구단위계획구역
   • 방재지구 등 재해취약지역으로서 대통령령으로 정하는 구역
3. 연면적이 200제곱미터 미만이고 3층 미만인 건축물의 대수선
4. 주요구조부의 해체가 없는 등 대통령령으로 정하는 대수선
5. 그 밖에 소규모 건축물로서 대통령령으로 정하는 건축물의 건축
   • 연면적의 합계가 100제곱미터 이하인 건축물
   • 건축물의 높이를 3미터 이하의 범위에서 증축하는 건축물
   • 표준설계도서에 따라 건축하는 건축물로서 그 용도 및 규모가 주위환경이나 미관에 지장이 없다고 인정하여 건축조례로 정하는 건축물
   • 「국토의 계획 및 이용에 관한 법률」에 따른 공업지역, 지구단위계획구역(산업·유통형만 해당) 및 「산업입지 및 개발에 관한 법률」에 따른 산업단지에서 건축하는 2층 이하인 건축물로서 연면적 합계 500제곱미터 이하인 공장(제조업소 등 물품의 제조·가공을 위한 시설 포함)
   • 농업이나 수산업을 경영하기 위하여 읍·면지역(특별자치시장·특별자치도지사·시장·군수가 지역계획 또는 도시·군계획에 지장이 있다고 지정·공고한 구역은 제외)에서 건축하는 연면적 200제곱미터 이하의 창고 및 연면적 400제곱미터 이하의 축사, 작물재배사(作物栽培舍), 종묘배양시설, 화초 및 분재 등의 온실

**96** 태양열을 주된 에너지원으로 이용하는 주택의 건축면적과 단열재를 구조체의 외기측에 설치하는 단열공법으로 건축된 건축물의 건축면적은 건축물의 외벽 중 내측 내력벽의 중심선을 기준으로 한다.

**97** 건축법령상 공사감리자가 수행하여야 하는 감리업무에 속하지 않는 것은?

① 공정표의 작성

② 상세시공도면의 검토 · 확인

③ 공사현장에서의 안전관리의 지도

④ 설계변경의 적정여부의 검토 · 확인

**98** 주차장 수급 실태 조사의 조사구역 설정에 관한 기준 내용으로 바르지 않은 것은?

① 실태조사의 주기는 3년으로 한다.

② 사각형 또는 삼각형 형태로 조사구역을 설정한다.

③ 각 조사구역은 「건축법」에 따른 도로를 경계로 구분한다.

④ 조사구역 바깥 경계선의 최대거리가 500m를 넘지 않도록 한다.

---

**ANSWER** 97.① 98.④

··········································································································································································

**97** 공사감리자가 수행하여야 하는 감리업무

1. 공사시공자가 설계도서에 따라 적합하게 시공하는지 여부의 확인

2. 공사시공자가 사용하는 건축자재가 관계 법령에 따른 기준에 적합한 건축자재인지 여부의 확인

3. 그 밖에 공사감리에 관한 사항으로서 국토교통부령으로 정하는 사항

• 건축물 및 대지가 관계법령에 적합하도록 공사시공자 및 건축주를 지도

• 시공계획 및 공사관리의 적정여부의 확인

• 공사현장에서의 안전관리의 지도

• 공정표의 검토

• 상세시공도면의 검토 · 확인

• 구조물의 위치와 규격의 적정여부의 검토 · 확인

• 품질시험의 실시여부 및 시험성과의 검토 · 확인

• 설계변경의 적정여부의 검토 · 확인

• 기타 공사감리계약으로 정하는 사항

**98** 실태조사 방법 등〈주차장법 시행규칙 제1조의2〉

① 특별자치도지사 · 시장 · 군수 또는 구청장(구청장은 자치구의 구청장을 말하며, 이하 "시장 · 군수 또는 구청장"이라 한다)이 「주차장법」에 따라 주차장의 수급(需給) 실태를 조사(이하 "실태조사")하려는 경우 그 조사구역은 다음의 기준에 따라 설정한다.

1. 사각형 또는 삼각형 형태로 조사구역을 설정하되 조사구역 바깥 경계선의 최대거리가 300미터를 넘지 아니하도록 한다.

2. 각 조사구역은 「건축법」에 따른 도로를 경계로 구분한다.

3. 아파트단지와 단독주택단지가 섞여 있는 지역 또는 주거기능과 상업 · 업무기능이 섞여 있는 지역의 경우에는 주차시설 수급의 적정성, 지역적 특성 등을 고려하여 같은 특성을 가진 지역별로 조사구역을 설정한다.

② 실태조사의 주기는 3년으로 한다.

③ 시장 · 군수 또는 구청장은 특별시 · 광역시 · 특별자치도 · 시 또는 군(광역시의 군은 제외)의 조례로 정하는 바에 따라 설정된 조사구역별로 주차수요조사와 주차시설 현황조사로 구분하여 실태조사를 하여야 한다.

④ 시장 · 군수 또는 구청장은 실태조사를 하였을 때에는 각 조사구역별로 주차수요와 주차시설 현황을 대조 · 확인할 수 있도록 주차실태 조사결과 입력대장에 기록(전산프로그램을 제작하여 입력하는 경우 포함)하여 관리한다.

**99** 피난층 외의 층으로서 피난층 또는 지상으로 통하는 직통계단을 2개소 이상 설치하여야 하는 대상 기준 으로 옳지 않은 것은?

① 지하층으로서 그 층 거실의 바닥면적의 합계가 200m² 이상인 것

② 종교시설의 용도로 쓰는 층으로서 그 층에서 해당 용도로 쓰는 바닥면적의 합계가 200m² 이상인 것

③ 판매시설의 용도로 쓰는 3층 이상의 층으로서 그 층의 해당 용도로 쓰는 거실의 바닥면적의 합계가 200m² 이상인 것

④ 업무시설 중 오피스텔의 용도로 쓰는 층으로서 그 층의 해당 용도로 쓰는 거실의 바닥면적의 합계가 200m² 이상인 것

· · ·
**ANSWER**　99.④

**99** 피난층 외의 층이 다음의 어느 하나에 해당하는 용도 및 규모의 건축물에는 국토교통부령으로 정하는 기준에 따라 피난 층 또는 지상으로 통하는 직통계단을 2개소 이상 설치하여야 한다.
1. 제2종 근린생활시설 중 공연장·종교집회장, 문화 및 집회시설(전시장 및 동·식물원은 제외), 종교시설, 위락시설 중 주점영업 또는 장례시설의 용도로 쓰는 층으로서 그 층에서 해당 용도로 쓰는 바닥면적의 합계가 200제곱미터(제2종 근린생활시설 중 공연장·종교집회장은 각각 300제곱미터) 이상인 것
2. 단독주택 중 다중주택·다가구주택, 제1종 근린생활시설 중 정신과의원(입원실이 있는 경우로 한정), 제2종 근린생활시 설 중 인터넷컴퓨터게임시설제공업소(해당 용도로 쓰는 바닥면적의 합계가 300제곱미터 이상인 경우만 해당)·학원·독 서실, 판매시설, 운수시설(여객용 시설만 해당), 의료시설(입원실이 없는 치과병원 제외), 교육연구시설 중 학원, 노유자 시설 중 아동 관련 시설·노인복지시설·장애인 거주시설(「장애인복지법」에 따른 장애인 거주시설 중 국토교통부령으로 정하는 시설) 및 「장애인복지법」에 따른 장애인 의료재활시설, 수련시설 중 유스호스텔 또는 숙박시설의 용도로 쓰는 3 층 이상의 층으로서 그 층의 해당 용도로 쓰는 거실의 바닥면적의 합계가 200제곱미터 이상인 것
3. 공동주택(층당 4세대 이하인 것 제외) 또는 업무시설 중 오피스텔의 용도로 쓰는 층으로서 그 층의 해당 용도로 쓰는 거실의 바닥면적의 합계가 300제곱미터 이상인 것
4. 1부터 3까지의 용도로 쓰지 아니하는 3층 이상의 층으로서 그 층 거실의 바닥면적의 합계가 400제곱미터 이상인 것
5. 지하층으로서 그 층 거실의 바닥면적의 합계가 200제곱미터 이상인 것

**100** 부설주차장 설치대상 시설물이 종교시설인 경우, 부설주차장 설치기준으로 옳은 것은?

① 시설면적 50m²당 1대
② 시설면적 100m²당 1대
③ 시설면적 150m²당 1대
④ 시설면적 200m²당 1대

ANSWER 100.③

**100** 부설주차장의 설치대상 시설물 종류 및 설치기준

| 시설물 | 설치기준 |
|---|---|
| 위락시설 | 시설면적 100m²당 1대(시설면적/100m²) |
| 문화 및 집회시설(관람장 제외), 종교시설, 판매시설, 운수시설, 의료시설(정신병원·요양병원 및 격리병원 제외), 운동시설(골프장·골프연습장 및 옥외수영장 제외), 업무시설(외국공관 및 오피스텔 제외), 방송통신시설 중 방송국, 장례식장 | 시설면적 150m²당 1대(시설면적/150m²) |
| 제1종 근린생활시설(지역자치센터, 파출소, 지구대, 소방서, 우체국, 방송국, 보건소, 공공도서관, 건강보험공단 사무소 등 및 마을회관, 마을공동작업소, 마을공동구판장), 제2종 근린생활시설, 숙박시설 | 시설면적 200m²당 1대(시설면적/200m²) |
| 단독주택(다가구주택 제외) | • 시설면적 50m² 초과 150m² 이하 : 1대<br>• 시설면적 150m² 초과 : 1대에 150m²를 초과하는 100m²당 1대를 더한 대수 [1+{(시설면적-150m²)/100m²}] |
| 다가구주택, 공동주택(기숙사 제외), 업무시설 중 오피스텔 | 「주택건설기준 등에 관한 규정」에 따라 산정된 주차대수, 이 경우 다가구주택 및 오피스텔의 전용면적은 공동주택의 전용면적 산정방법을 따른다. |
| 골프장, 골프연습장, 옥외수영장, 관람장 | • 골프장 : 1홀당 10대(홀의 수×10)<br>• 골프연습장 : 1타석당 1대(타석의 수×1)<br>• 옥외수영장 : 정원 15명당 1대(정원/15명)<br>• 관람장 : 정원 100명당 1대(정원/100명) |
| 수련시설, 공장(아파트형 제외), 발전시설 | 시설면적 350m²당 1대(시설면적/350m²) |
| 창고시설 | 시설면적 400m²당 1대(시설면적/400m²) |
| 학생용 기숙사 | 시설면적 400m²당 1대(시설면적/400m²) |
| 그 밖의 건축물 | 시설면적 300m²당 1대(시설면적/300m²) |

**1** 공포형식 중 다포식에 관한 설명으로 바르지 않은 것은?

① 다포식 건축물로는 서울 숭례문(남대문) 등이 있다.

② 기둥 상부 이외에 기둥사이에도 공포를 배열한 형식이다.

③ 규모가 커지면서 내부출목보다는 외부출목이 점차 많아졌다.

④ 주심포식에 비해 지붕하중을 등분포로 전달할 수 있는 합리적 구조법이다.

**1** ③ 출목수는 내외가 같은 출목을 하다가 건물규모에 따라 내부출목수가 외부출목수보다 많아지는 경향으로 바뀌어갔다.

| 구조 | 주심포식 | 다포식 |
|---|---|---|
| 전래 | 고려 중기 남송에서 전래 | 고려말 원나라에서 전래 |
| 공포배치 | 기둥 위에 주두를 놓고 배치(평방이 없음) | 기둥 위에 창방과 평방을 놓고 그 위에 공포 배치 |
| 공포의 출목 | 2출목 이하 | 2출목 이상 |
| 첨차의 형태 | 하단의 곡선이 S자형으로 길게 하여 둘을 이어서 연결한 것 같은 형태 | 밋밋한 원호 곡선으로 조각 |
| 소로 배치 | 비교적 자유스럽게 배치 | 상,하로 동일 수직선상에 위치를 고정 |
| 내부 천장구조 | 가구재의 개개 형태에 대한 장식화와 더불어 전체 구성에 미적인 효과를 추구(연등천장) | 가구재가 눈에 띄지 않으며 구조상의 필요만 충족(우물천장) |
| 보의 단면형태 | 위가 넓고 아래가 좁은 4각형을 접은 단면 | 춤이 높은 4각형으로 아랫모를 접은 단면 |
| 기타 | 우미량 사용 | – |

**2** 공동주택을 건설하는 주택단지는 기간도로와 접하거나 기간도로로부터 당해 단지에 이르는 진입도로가 있어야 한다. 주택단지의 총 세대수가 400세대인 경우 기간도로와 접하는 폭 또는 진입도로의 폭은 최소 얼마 이상이어야 하는가? (단, 진입도로가 1개이며, 원룸형 주택이 아닌 경우)

① 4m                                ② 6m

③ 8m                                ④ 12m

**3** 페리(C.A.Perry)의 근린주구(Neighborhood Unit)이론의 내용으로 바르지 않은 것은?

① 초등학교 학구를 기본단위로 한다.

② 중학교와 의료시설을 반드시 갖추어야 한다.

③ 지구 내 가로망은 통과교통이 되지 않도록 한다.

④ 주민에게 적절한 서비스를 제공하는 1~2개소 이상의 상점가를 주요도로의 결절점에 배치한다.

**4** POE(Post-Occupancy Evaluation)의 의미로 가장 알맞은 것은?

① 건축물 사용자를 찾는 것이다.

② 건축물을 사용해 본 후에 평가하는 것이다.

③ 건축물의 사용을 염두에 두고 계획하는 것이다.

④ 건축물 모형을 만들어 설계의 적정성을 평가하는 것이다.

---

**ANSWER**    2.③   3.②   4.②

**2** 공동주택을 건설하는 주택단지는 기간도로와 접하거나 기간도로로부터 당해 단지에 이르는 진입도로가 있어야 한다. 이 경우 기간도로와 접하는 폭 및 진입도로의 폭은 다음 표와 같다.

| 주택단지의 총세대수 | 기간도로와 접하는 폭 또는 진입도로의 폭 |
| --- | --- |
| 300세대 미만 | 6m이상 |
| 300세대 이상 500세대 미만 | 8m이상 |
| 500세대 이상 1000세대 미만 | 12m이상 |
| 1000세대 이상 2000세대 미만 | 15m이상 |
| 2000세대 이상 | 20m이상 |

**3** 페리의 근린주구는 초등학교 1개가 들어서기에 적합한 크기이다. 중학교가 필수시설이라고 할 수는 없다.

**4** POE(Post-Occupancy Evaluation)는 글자 그대로 입주 후 평가로서 건축물을 사용해 본 후에 평가하는 것이다.

**5** 미술관의 전시기법 중 전시평면이 동일한 공간으로 연속되어 배치되는 전시기법으로 동일 종류의 전시물을 반복 전시할 경우에 유리한 방식은?

① 디오라마 전시
② 파노라마 전시
③ 하모니카 전시
④ 아일랜드 전시

**6** 숑바르 드 로우(Chombard de Lawve)가 제시하는 1인당 주거 면적의 병리기준은?

① $6m^2$
② $8m^2$
③ $10m^2$
④ $12m^2$

**7** 이슬람교의 영향을 받은 건축물에서 볼 수 있는 연속적인 기하학적 문양, 식물문양, 당초문양 등을 이르는 용어는?

① 스퀸지
② 펜던티브
③ 모자이크
④ 아라베스크

---

**ANSWER**  5.③  6.②  7.④

---

**5** 특수전시기법
ㄱ 파노라마전시 : 전시물들의 나열 자체가 하나의 큰 그림이나 풍경처럼 보이도록 하여 전체적인 맥락이 이해될 수 있도록 한 전시기법
ㄴ 아일랜드 전시 : 바다에 떠 있는 섬처럼 전시물을 천장에 매달아서 전시물들이 동선을 만들어 관람하게 하는 기법
ㄷ 하모니카 전시 : 동일한 형태의 연속적 배치로 동일 종류의 전시물을 반복 전시할 경우 유리한 기법
ㄹ 디오라마 전시 : 현장감을 가장 실감나게 표현하는 방법으로 하나의 사실 또는 주제의 시간상황을 고정시켜 연출하는 기법

**6** 숑바르 드 로우(Chombard de Lawve)가 제시한 병리기준 : $8m^2$/인, 한계기준 : $14m^2$/인

**7** ④ 아라베스크 : 이슬람교의 영향을 받은 건축물에서 볼 수 있는 연속적인 기하학적 문양, 식물문양, 당초문양 등을 이르는 용어
② 펜던티브(Pendentive) : 아치와 돔 사이에 생기는 3각형 구조물로서 돔 하부의 횡압력을 해결하기 위해 사용되었다.
① 스퀸지 기법 : 펜던티브와 함께 정방형의 평면 위에 돔을 올려놓는 기법으로서 첨탑이나 돔과 같은 상부구조를 지지하기 위하여 정방형의 각 모퉁이를 가로질러 만든 작은 아치 또는 까치발 등의 장치이다. 이 모서리를 가로지르는 작은 아치의 꼭대기에 돔의 원형 밑면이 세워지는데 각 스퀸지는 아랫부분보다 직경이 점점 더 커지며 돔의 발단부는 팔각형 모양이 된다.

**8** 다음 중 극장의 무대에 관한 설명으로 바르지 않은 것은?

① 프로시니엄 아치는 일반적으로 장방형이며, 종횡의 비율은 황금비가 많다.

② 프로시니엄 아치의 바로 뒤에는 막이 처지는데, 이 막의 위치를 커튼라인이라고 한다.

③ 무대의 폭은 적어도 프로시니엄 아치 폭의 2배, 깊이는 프로시니엄 아치 폭 이상으로 한다.

④ 플라이 갤러리는 배경이나 조명기구, 연기자 또는 음향반사판 등을 매달 수 있도록 무대 천장 밑에 철골로 설치한 것이다.

---

**ANSWER** 8.④

**8**  배경이나 조명기구, 연기자 또는 음향반사판 등을 매달 수 있도록 무대 천장 밑에 철골로 설치한 것은 그리드아이언이다. 플라이갤러리는 무대 주위 벽에 6~9m높이로 설치되는 좁은 통로로서 그리드 아이언에 올라가는 계단과 연결된다.

※ 극장무대장치

　㉠ 플라이갤러리 : 무대 후면 벽주위 6~9m 높이에 설치되는 좁은 통로로 그리드 아이언에 올라가는 계단과 연결된다.

　㉡ 그리드아이언 : 격자 발판으로무대 천장에 설치되어 무대의 배경이나 조명기구 또는 음향반사판 등을 매달 수 있게 장치된 것이다.

　㉢ 티이서 : 극장 전무대 아치의 상부를 가로질러 위쪽으로 설치한 수평인 커튼으로 무대지붕의 이면의 은폐에 사용하며 무대 양측을 따라서 있는 막과 함께 사용한다.

　㉣ 사이클로라마(호리존트) : 무대의 제일 뒤에 설치되는 무대 배경용의 벽이다.

　㉤ 플라이로프트 : 무대상부공간 (프로세니움 높이의 4배)

　㉥ 잔교 : 프로세니움 바로 뒤에 접하여 설치된 발판으로 조명조작, 비나 눈 내리는 장면을 위해 필요하며 바닥높이가 관람석보다 높아야 한다.

　㉦ 로프트블록 : 그리드 아이언에 설치된 활차이다.

　㉧ 플로어트랩 : 무대의 임의 장소에서 연기자의 등장과 퇴장이 이루어질 수 있도록 무대와 트랩 룸 사이를 계단이나 사다리로 오르내릴 수 있는 장치이다.

　㉨ 그린룸 : 출연자 대기실을 말한다.

　㉩ 앤티룸 : 무대와 그린 룸 가까이에서 배우가 출연 직전에 대기하는 곳이다.

　㉪ 프롬프터 박스 : 무대 중앙에 객석측을 둘러싸고 무대측만 개방하여 이곳에서 대사를 불러주고 기타 연기의 주의환기를 주지시키는 곳이다.

　㉫ 록 레일(lock rail) : 와이어 로프(wire rope)를 한곳에 모아서 조정하는 장소이며, 벽에 가이드레일을 설치해야 되기 때문에 무대의 좌우 한쪽 벽에 위치한다.

**9** 종합병원 건축계획에 관한 설명으로 바르지 않은 것은?

① 간호사 대기실은 각 간호단위 또는 층별, 동별로 설치한다.

② 수술실의 바닥마감은 전기도체성 마감을 사용하는 것이 좋다.

③ 병실의 창문은 환자가 병상에서 외부를 전망할 수 있게 하는 것이 좋다.

④ 우리나라의 일반적인 외래진료방식은 오픈시스템이며 대규모의 각종 과를 필요로 한다.

**10** 다음 설명에 알맞은 백화점 진열장 배치방법은?

> • Main 통로를 직각배치하며, Sub통로를 45° 정도 경사지게 배치하는 유형이다.
> • 많은 고객이 매장공간의 코너까지 접근하기 용이하지만, 이형의 진열장이 많이 필요하다.

① 직각배치

② 방사배치

③ 사형배치

④ 자유유선배치

---

**ANSWER**    9.④   10.③

**9** • 진료방식 : 오픈 시스템과 클로즈드 시스템으로 나뉜다.
  • 오픈 시스템 : 종합병원 근처의 일반 개업의사는 종합병원에 등록되어 종합병원 내의 큰 시설을 이용할 수 있고 자신의 환자를 종합병원 진찰실에서 예약된 장소와 시간에 진료할 수 있으며 입원시킬 수 있는 제도이다. 외래진료 부는 소규모이며 진찰실은 특별한 시설을 요하는 안과, 이비인후과, 치과 외에는 거의 없다.
  • 클로즈드 시스템 : 대규모의 각종 과를 필요로 하고 환자가 매일 병원에 출입하는 형식이다. 환자의 이용에 편리한 위치로 한 장소에 집중시켜 환자에게 친근감을 주도록 한다. 외래진료, 간단한 처치, 소검사 등을 주로 하고 특수시설을 요하는 의료시설, 검사시설은 원칙적으로 중앙진료부에 둔다. 약국, 중앙주사실, 회계 등은 정면출입구 근처에 둔다.

**10** 진열장 배치유형
  • 직각배치 : 진열장을 직각으로 배치하여 매장면적을 최대한 이용할 수 있으나 구성이 단순하여 단조로우며 고객의 통행량에 따라 통로폭을 조절할 수 없으므로 혼선을 야기할 수 있다.
  • 사행배치 : 주통로 이외의 제2통로를 상하교통계를 향해서 45° 사선으로 배치한 형태로 많은 고객이 판매장구석까지 가기 쉬운 이점이 있으나 이형의 진열장이 필요하다.
  • 방사배치 : 통로를 방사형으로 배치하여 고객의 시선 유도와 점원의 관리가 어려워 적용하기 어려운 기법이다.
  • 자유유선배치 : 자유롭게 진열장을 배치하는 형식으로 각 매장의 특징을 살려 고객에게 보여줄 수 있지만 매장의 변경 및 이동이 어려우므로 계획이 복잡하며 시설비가 많이 든다.

**11** 사무소 건축의 코어유형에 관한 설명으로 바르지 않은 것은?

① 중심코어형은 유효율이 높은 계획이 가능하다.

② 양단코어형은 2방향 피난에 이상적이며 방제상 유리하다.

③ 편심코어형은 각 층 바닥면적이 소규모인 경우에 적합하다.

④ 독립코어형은 구조적으로 가장 바람직한 유형으로 고층, 초고층사무소 건축에 주로 사용한다.

● ● ●
ANSWER   11.④

**11** 독립코어는 외부하중(풍하중, 지진하중 등)에 의해 편심하중이 발생하기 쉬워 구조적으로 매우 불리한 구조이다.

※ 코어의 형식

　㉠ 편심코어형

　• 바닥면적이 작은 경우에 적합하다.

　• 바닥면적이 커지면 코어 외에 피난설비, 설비 샤프트 등이 필요하다.

　• 고층일 경우 구조상 불리하다.

　㉡ 중심 코어형(중앙 코어형)

　• 바닥면적이 큰 경우에 적합하다.

　• 고층, 초고층에 적합하고 외주 프레임을 내력벽으로 하여 중앙 코어와 일체로 한 내진구조로 만들 수 있다.

　• 내부공간과 외관이 획일적으로 되기 쉽다.

　㉢ 독립 코어형(외코어형)

　• 편심 코어형에서 발전된 형으로 특징은 편심코어형과 거의 동일하다.

　• 코어와 관계없이 자유로운 사무실 공간을 만들 수 있다.

　• 설비 덕트, 배관을 사무실까지 끌어 들이는데 제약이 있다.

　• 방재상 불리하고 바닥면적이 커지면 피난시설을 포함한 서브 코어가 필요하다.

　• 코어의 접합부 평면이 과대해지지 않도록 계획할 필요가 있다.

　• 사무실 부분의 내진벽은 외주부에만 하는 경우가 많다.

　• 코어부분은 그 형태에 맞는 구조형식을 취할 수 있다.

　• 내진구조에는 불리하다.

　㉣ 양단 코어형(분리 코어형)

　• 하나의 대공간을 필요로 하는 전용 사무소에 적합하다.

　• 2방향 피난에 이상적이며, 방재상 유리하다.

　• 임대사무소일 경우 같은 층을 분할하여 대여하면 복도가 필요하게 되고 유효율이 떨어진다.

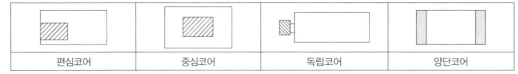

| 편심코어 | 중심코어 | 독립코어 | 양단코어 |
|---|---|---|---|

**12** 한식주택과 양식주택에 관한 설명으로 바르지 않은 것은?

① 양식주택은 입식생활이며 한식주택은 좌식생활이다.

② 양식주택의 실은 단일용도이며, 한식주택의 실은 혼용도이다.

③ 양식주택은 실의 위치별 분화이며, 한식주택은 실의 기능별 분화이다.

④ 양식주택의 가구는 주요한 내용물이며, 한식주택의 가구는 부차적 존재이다.


**13** 다음 설명에 알맞은 공장건축의 레이아웃 형식은?

---

• 동종의 공정, 동일한 기계설비 또는 기능이 유사한 것을 하나의 그룹으로 결합시키는 방식

• 다종 소량 생산의 경우, 예상 생산이 불가능한 경우, 표준화가 이루어지기 어려운 경우에 채용

---

① 고정식 레이아웃        ② 혼성식 레이아웃

③ 공정중심의 레이아웃      ④ 제품중심의 레이아웃

---

**12** ③ 한식주택은 실의 위치별 분화이며, 양식주택은 실의 기능별 분화이다.

| 분류 | 한식주택 | 양식주택 |
|---|---|---|
| 평면의 차이 | • 실의 조합 (은폐적)<br>• 위치별 실의 구분<br>• 실의 다용도 | • 실의 분화 (개방적)<br>• 기능별 실의 분화<br>• 실의 단일용도 |
| 구조의 차이 | • 목조가구식<br>• 바닥이 높고 개구부가 크다. | • 벽돌조적식<br>• 바닥이 낮고 개구부가 작다. |
| 습관의 차이 | 좌식 (온돌) | 입식 (의자) |
| 용도의 차이 | 방의 혼용용도 (사용 목적에 따라 달라진다.) | 방의 단일용도 (침실, 공부방) |
| 가구의 차이 | 부차적 존재 (가구에 상관없이 각 소요실의 크기, 설비가 결정된다.) | 중요한 내용물 (가구의 종류와 형태에 따라 실의 크기와 폭이 결정된다.) |

**13** ㉠ 공정중심의 레이아웃

• 동종의 공정, 동일한 기계설비 또는 기능이 유사한 것을 하나의 그룹으로 결합시키는 방식이다.

• 다종 소량 생산의 경우, 예상 생산이 불가능한 경우, 표준화가 이루어지기 어려운 경우에 채용한다.

㉡ 제품중심의 레이아웃(연속 작업식)

• 생산에 필요한 모든 공정, 기계 기구를 제품의 흐름에 따라 배치하는 방식이다.

• 대량생산 가능, 생산성이 높음, 공정시간의 시간적, 수량적 밸런스가 좋고 상품의 연속성이 가능하게 흐를 경우 성립한다.

㉢ 고정식 레이아웃

• 주가 되는 재료나 조립부품이 고정된 장소에, 사람이나 기계는 그 장소에 이동해 가서 작업이 행해지는 방식이다.

• 제품이 크고 수가 극히 적을 경우(선박, 건축) 채용한다.

**14** 아파트에 의무적으로 설치해야 하는 장애인·노인·임산부 등의 편의시설에 속하지 않는 것은?

① 점자블록

② 장애인전용 주차구역

③ 높이 차이가 제거된 건축물 출입구

④ 장애인 등의 통행이 가능한 접근로

**14** ① 아파트의 경우 점자블록은 권장설치시설이다.

※ 장애인·노인·임산부 등의 편의증진보장에 관한 법률

| 편의시설 / 대상시설 | 매개시설 | | | 내부시설 | | | 위생시설 | | | | | | 안내시설 | | | 기타시설 | | | | |
|---|---|---|---|---|---|---|---|---|---|---|---|---|---|---|---|---|---|---|---|---|
| | 주출입구접근로 | 장애인전용주차구역 | 주출입구높이차이제거 | 출입구(문) | 복도 | 계단또는승강기 | 화장실 | | | 욕실 | 샤워실·탈의실 | 점자블록 | 유도및안내설비 | 경보및피난설비 | 객실·침실 | 관람석·열람석 | 접수대·작업대 | 매표소·판매기·음료대 | 임산부등을위한휴게시설 |
| | | | | | | | 대변기 | 소변기 | 세면대 | | | | | | | | | | |
| 아파트 | 의무 | 의무 | 의무 | 의무 | 권장 | 의무 | 권장 | 권장 | 권장 | 권장 | 권장 | 권장 | | 권장 | 권장 | | | | |
| 연립주택[1] | 의무 | 의무 | 의무 | 의무 | 권장 | 권장 | 권장 | 권장 | 권장 | 권장 | 권장 | 권장 | | 권장 | 권장 | | | | |
| 다세대주택[2] | 의무 | 의무 | 의무 | 의무 | 권장 | 권장 | 권장 | 권장 | 권장 | 권장 | 권장 | 권장 | | 권장 | 권장 | | | | |
| 기숙사[3] | 의무 | 의무 | 의무 | 의무 | 권장 | 권장 | 의무 | 권장 | 의무 | 권장 | 권장 | 권장 | | 권장 | 의무 | | | | |

1) 세대 수가 10세대 이상만 해당

2) 세대 수가 10세대 이상만 해당

3) 기숙사가 2동 이상의 건축물로 이루어져 있는 경우 장애인용 침실이 설치된 동에만 적용한다. 다만, 장애인용 침실수는 전체 건축물을 기준으로 산정하며, 일반 침실의 경우 출입구(문)는 권장사항임

**15** 학교 운영방식에 관한 설명으로 바르지 않은 것은?

① 교과교실형은 교실의 순수율은 높으나 학생의 이동이 심하다.

② 종합교실형은 학생의 이동이 없고, 초등학교 저학년에 적합하다.

③ 일반교실, 특별교실형은 각 학급마다 일반교실을 하나씩 배당하고 그 외에 특별교실을 갖는다.

④ 플래툰(Platoon)형은 학급과 학년을 없애고 학생들은 각자의 능력에 따라서 교과를 선택하는 방식이다.

**16** 로마시대의 것으로 그리스의 아고라(Agora)와 유사한 기능을 갖는 것은?

① 포럼(Forum)

② 인슐라(Insula)

③ 도무스(Domus)

④ 판테온(Pantheon)

**15** ④ 학급과 학년을 없애고 학생들은 각자의 능력에 따라서 교과를 선택하는 방식은 달톤형이다.

ㄱ 달톤형(D형 – Dalton Type)
- 학급, 학년을 없애고 각자의 능력에 따라 교과를 골라 일정한 교과가 끝나면 졸업한다.
- 능력형으로 학원이나 직업학교에 적합하다.
- 하나의 교과의 출석 학생수가 불규칙하므로 여러가지 크기의 교실 설치한다.
- 학원과 같은 곳에서 주로 사용한다.

ㄴ 플래툰형
- 전 학급을 두 분단으로 나눈 후 한 분단은 일반교실, 다른 한 분단은 특별교실 사용하는 형식이다.
- 분단 교체는 점심시간을 이용하도록 하는 것이 유리하다.
- 교사수가 부족하고 시간 배당이 어렵다
- 미국 초등학교에서 과밀을 해소하기 위해 실시한다.

**16** 아고라(agora)는 고대 그리스의 시장 및 대중 집회 공간으로서의 광장이며 포럼(forum)은 고대 로마 시대의 공공 광장을 가리킨다.

| 구분 | 그리스 건축 | 로마 건축 |
|---|---|---|
| 건물형태 | 신전 | 바실리카, 원형경기장, 목욕장 |
| 스타일 | 직사각형 | 원형, 타원형, 복합형 |
| 재료 | 대리석 | 콘크리트 |
| 구조 | 기둥과 보 | 궁형아치, 볼트, 돔 |
| 특징 | 기둥 | 아치 |
| 강조 | 외부의 조작적 형태 | 내부 공간, 효율성 |
| 천장 | 낮음 | 위로 솟음 |
| 실내 | 작고 비좁음 | 넓음 |
| 도시중심 | 스토아로 구획된 아고라 | 포럼 |
| 규모 | 인체 비례에 기초 | 거대함 |
| 정신 | 절제 | 과시 |

**17** 백화점의 에스컬레이터 배치에 관한 설명으로 바르지 않은 것은?

① 교차식 배치는 점유면적이 작다.

② 직렬식 배치는 점유면적이 크나 승객의 시야가 좋다.

③ 병렬식 배치는 백화점 매장 내부에 대한 시계가 양호하다.

④ 병렬연속식 배치는 연속적으로 승강할 수 없다는 단점이 있다.

● ● ●
**ANSWER** 17.④

**17** 병렬연속식 배치는 연속적으로 승강이 가능한 구조이다.

| 유형 | 입면 | 특징 |
|---|---|---|
| 직렬연속식 | | • 승객의 시야가 가장 넓다.<br>• 승객의 시선이 일방향으로 고정된다.<br>• 승강장을 쉽게 찾을 수 있다.<br>• 점유면적이 넓다.<br>• 승강과 하강이 연속적이면서 독립적이다. |
| 병렬단속식<br>(단열중복형) | | • 승강이나 하강이 연속되지 않아 여러모로 불편하다.<br>• 혼잡이 발생하기 쉬우며 넓은 공간이 요구된다. |
| 병렬연속식<br>(평형승계형) | | • 승강이나 하강이 연속적으로 이루어진다.<br>• 승강중인 승객과 하강중인 승객의 시선이 서로 마주친다. |
| 교차식<br>(복렬형) | | • 점유면적이 작다.<br>• 승객의 시야가 좁다.<br>• 승강이나 하강이 연속적으로 이루어진다.<br>• 승강객의 구분이 명확하므로 혼잡이 적다. |

**18** 극장의 평면형식 중 관객이 연기자를 사면에서 둘러싸고 관람하는 형식으로 가장 많은 관객을 수용할 수 있는 형식은?

① 아레나(Arena)형

② 가변형(Adaptable Stage)형

③ 프로시니엄(Proscenium)형

④ 오픈스테이지(Open Stage)형

**19** 사무소 건축의 실단위 계획 중 개방식 배치에 관한 설명으로 바르지 않은 것은?

① 공사비를 줄일 수 있다.

② 실의 깊이나 길이에 변화를 줄 수 없다.

③ 시각차단이 없으므로 독립성이 적어진다.

④ 경영자의 입장에서는 전체를 통제하기가 쉽다.

---

**ANSWER** 18.① 19.②

**18** ① 극장의 평면형식 중 관객이 연기자를 사면에서 둘러싸고 관람하는 형식으로 가장 많은 관객을 수용할 수 있는 형식은 아레나(Arena)식이다.

※ 극장의 평면형태

ⓐ **오픈스테이지** : 무대를 중심으로 객석이 동일 공간에 있다. 배우는 관객석 사이나 스테이지 아래로부터 출입한다. 연기자와 관객 사이의 친밀감을 한층 더 높일 수 있다.

ⓑ **아레나스테이지** : 가까운 거리에서 관람하면서 가장 많은 관객을 수용하며 무대배경을 만들지 않아도 되므로 경제적이다. (배경설치시 무대 배경은 주로 낮은 가구로 구성된다.) 관객이 360도로 둘러싼 형으로 사방의 관객들의 시선을 연기자에게 향하도록 할 수 있다. 관객이 무대 주위를 둘러싸기 때문에 다른 연기자를 가리게 되는 단점이 있다.

ⓒ **프로세니움스테이지** : Picture Frame Stage라고도 하며 연기자가 한 쪽 방향으로만 관객을 대하게 된다.

ⓓ **가변형스테이지** : 최소한의 비용으로 극장표현에 대한 최대한의 선택가능성을 부여한다.

**19** ② 개방식배치는 실의 깊이나 길이에 변화를 줄 수 있다.

개방식배치 : 개방된 큰 방으로 설계하고 중역들을 위해 분리하여 작은 방을 두는 방법

• 전면적을 유효하게 이용할 수 있어 공간절약상 유리하다.

• 칸막이벽이 없어서 공사비가 다소 싸진다.

• 방의 길이나 깊이에 변화를 줄 수 있다.

• 깊은 구역에 대한 평면상의 효율성을 기할 수 있다.

• 소음이 크고 독립성이 떨어진다.

• 자연채광에 인공조명이 필요하다.

• 경영자의 입장에서는 전체를 통제하기 용이하다.

**20** 도서관의 출납시스템 중 열람자는 직접 서가에 면하여 책의 체제나 표지 정도는 볼 수 있으나 내용을 보려면 관원에게 요구하여 대출기록을 남긴 후 열람하는 형식은?

① 폐가식

② 반개가식

③ 안전개가식

④ 자유개가식

· · ·
ANSWER 　20.②

**20** 출납 시스템의 분류

　㉠ **자유개가식**(free open access) : 열람자 자신이 서가에서 책을 꺼내어 책을 고르고 그대로 검열을 받지 않고 열람하는 형식으로 보통 1실형이고 10,000권 이하의 서적 보관과 열람에 적당하다.

　　• 책 내용 파악 및 선택이 자유롭고 용이

　　• 책의 목록이 없어 간편하다.

　　• 책 선택시 대출, 기록의 제출이 없어 분위기가 좋다.

　　• 서가의 정리가 잘 안 되면 혼란스럽게 된다.

　　• 책의 마모, 망실이 된다.

　㉡ **안전개가식**(safe-guarded open access) : 자유 개가식과 반개가식의 장점을 취한 형식으로서, 열람자가 책을 직접 서가에서 뽑지만 관원의 검열을 받고 대출의 기록을 남긴 후 열람하는 형식이다. 보통 15,000권 이하의 서적을 보관함과 열람에 적당하다.

　　• 출납 시스템이 필요 없어 혼잡하지 않다.

　　• 도서 열람의 체크 시설이 필요하다.

　　• 도서 열람이 가능하여 책을 보고 직접 뽑을 수 있다.

　　• 감시가 필요하지 않다.

　㉢ **반개가식**(semi-open access) : 열람자는 직접 서가에 면하여 책의 체재나 표시 정도는 볼 수 있으나 내용을 보려면 관원에게 요구하여 대출 기록을 남긴 후 열람하는 형식이다.

　　• 신간 서적 안내에 채용되며 대량의 도서에는 부적당하다.

　　• 출납 시설이 필요하다.

　　• 서가의 열람이나 감시가 불필요하다.

　㉣ **폐가식**(closed access) : 열람자는 책의 목록에 의해 책을 선택하여 관원에게 대출 기록을 제출한 후 대출받는 형식이다. 서고와 열람실이 분리되어 있다.

　　• 도서의 유지관리가 양호하다.

　　• 감시할 필요가 없다.

　　• 희망한 내용이 아닐 수 있다.

　　• 대출 절차가 복잡하고 관원의 작업량이 많다.

**21** 다음 그림과 같은 네트워크 공정표에서 주공정선(Critical Path)는?

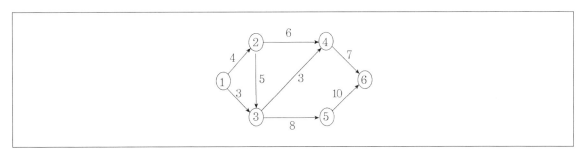

① ①→③→⑤→⑥

② ①→②→④→⑥

③ ①→②→③→④→⑥

④ ①→②→③→⑤→⑥

**22** 다음 중 용접결함에 관한 설명으로 바르지 않은 것은?

① 슬래그 함입 : 용융금속이 급속하게 냉각되면 슬래그의 일부분이 달아나지 못하고 용착금속내에 혼입되는 것

② 오버랩 : 용접금속과 모재가 융합되지 않고 겹쳐지는 것

③ 블로우 홀 : 용융금속이 응고할 때 방출되어야 할 가스가 잔류한 것

④ 크레이터 : 용접전류가 과소하여 발생

**21** 주공정선(Critical path) … 소요일수가 가장 많은 작업경로, 여유시간을 갖지 않는 작업경로, 전체 공기를 지배하는 작업경로이다. 주어진 문제에서 ①→②→③→⑤→⑥의 경우가 가장 소요일수가 많은 경로이므로 주공정선이 된다.

**22** 용접결함
　㉠ 피시아이 : 용접작업 시 용착금속 단면에 생기는 작은 은색의 점
　㉡ 언더컷 : 모재가 녹아 용착금속이 채워지지 않고 홈으로 남는 부분
　㉢ 슬래그섞임(감싸들기) : 슬래그의 일부분이 용착금속 내에 혼입된 것
　㉣ 블로홀 : 용융금속이 응고할 때 방출되어야 할 가스가 남아서 생긴 빈자리
　㉤ 오버랩 : 용착금속과 모재가 융합되지 않고 단순히 겹쳐지는 것
　㉥ 피트 : 작은 구멍이 용접부 표면에 생긴 것
　㉦ 크레이터 : 용접 끝단에 항아리 모양으로 오목하게 파인 것
　㉧ 크랙 : 용접 후 급냉되는 경우 생기는 균열
　㉨ 오버헝 : 상향 용접시 용착금속이 아래로 흘러내리는 현상
　㉩ 용입불량 : 용입깊이가 불량하거나 모재와의 융합이 불량한 것

## 23 다음 중 합성수지에 관한 설명으로 바르지 않은 것은?

① 에폭시 수지는 접착제, 프린트 배선판 등에 사용된다.

② 염화비닐수지는 내후성이 있고, 수도관 등에 사용된다.

③ 아크릴 수지는 내약품성이 있고, 조명기구커버 등에 사용된다.

④ 페놀수지는 알칼리에 매우 강하고, 천장채광판 등에 주로 사용된다.

## 24 다음 중 도장공사 시 주의사항으로 바르지 않은 것은?

① 바탕의 건조가 불충분하거나 공기의 습도가 높을 때에는 시공하지 않는다.

② 불투명한 도장일 때에는 초벌부터 재벌까지 같은 색으로 시공해야 한다.

③ 야간에는 색을 잘못 도장할 염려가 있으므로 시공하지 않는다.

④ 직사광선은 가급적 피하고 도막이 손상될 우려가 있을 경우에는 도장하지 않는다.

**ANSWER** | 23.④  24.②

**23** 합성수지계 재료의 특징
- ㉠ 에폭시 수지
  - 내수성, 내습성, 전기절연성, 내약품성이 우수, 접착력 강하다.
  - 피막이 단단하나 유연성이 부족하다.
  - 플라스틱, 도기, 유리, 목재, 천, 콘크리트 등의 접착제에 사용, 특히 금속재료에 우수하다.
- ㉡ 페놀수지
  - 접착력, 내열성, 내수성이 우수하다.
  - 합판, 목재제품에 사용, 유리·금속의 접착에는 부적당하다.
- ㉢ 초산비닐수지
  - 작업성이 좋고, 다양한 종류의 접착에 알맞다.
  - 목재가구 및 창호, 종이·천 도배, 논슬립 등의 접착에 사용된다.
- ㉣ 요소수지
  - 값이 싸고 접착력이 우수, 집성목재, 파티클보드에 많이 쓰인다.
  - 목재접합, 합판제조 등에 사용된다.
- ㉤ 멜라민수지
  - 내수성, 내열성이 좋고 목재와의 접착성이 우수하다.
  - 목재·합판의 접착제로 사용되며 유리·금속·고무접착에는 부적당하다.
- ㉥ 실리콘수지
  - 특히 내수성이 옷, 내열성, 전기절연성이 우수하다.
  - 유리섬유판, 텍스, 피혁류 등 모든 접착이 가능하며 방수제 등으로 사용된다.
- ㉦ 프란수지
  - 내산성, 내알칼리성, 접착력이 좋다.
  - 화학공장의 벽돌·타일의 접착제로 사용된다.

**24** ② 불투명한 도장일 때에는 초벌, 재벌, 정벌 각각을 서로 다른 색으로 시공해야 한다. (초벌, 재벌, 정벌을 구분하기 위함)

**25** 건축공사에서 공사원가를 구성하는 직접공사비에 포함되는 항목을 바르게 나열한 것은?

① 자재비, 노무비, 이윤, 일반관리비

② 자재비, 노무비, 이윤, 경비

③ 자재비, 노무비, 외주비, 경비

④ 자재비, 노무비, 외주비, 일반관리비


**26** 다음 중 수밀콘크리트에 관한 설명으로 바르지 않은 것은?

① 콘크리트의 소요 슬럼프는 되도록 작게 하여 180[mm]를 넘지 않도록 해야 한다.

② 콘크리트의 워커빌리티를 개선시키기 위해 공기연행제, 공기연행감수제 또는 고성능 공기연행감수제를 사용하는 경우라도 공기량은 25% 이하가 되게 한다.

③ 물결합재비는 50% 이하를 표준으로 한다.

④ 콘크리트 타설 시 다짐을 충분히 하여 가급적 이어붓기를 하지 않아야 한다.

**25**

| | | | | | 재료비 |
|---|---|---|---|---|---|
| 총공사비<br>(견적가격) | 부가이윤 | | | | |
| | 총원가 | 일반관리비<br>부담금 | | | |
| | | 공사원가 | 현장경비 | | |
| | | | 순공사비 | 간접공사비<br>(공통경비) | |
| | | | | 직접공사비 | 노무비 |
| | | | | | 외주비 |
| | | | | | 직접경비 |

**26** 콘크리트의 워커빌리티를 개선시키기 위해 공기연행제, 공기연행감수제 또는 고성능 공기연행감수제를 사용하는 경우라도 공기량은 4% 이하가 되게 한다.

※ 수밀콘크리트
- 콘크리트 자체의 밀도가 높고 방수성을 높여 물의 침투를 방지하도록 한 콘크리트이다.
- 된비빔으로 하며, 물시멘트비가 50% 이하여야 한다.
- 수밀성을 향상하기 위해서는 물시멘트비, 공기량을 적게 하고 굵은 골재량은 되도록 크게 하여야 한다.
- 콘크리트의 소요 슬럼프는 되도록 작게 하여 180[mm]를 넘지 않도록 해야 하며 콘크리트 타설이 용이한 때에는 120[mm]이하로 한다.
- 콘크리트 타설 시 다짐을 충분히 하여 가급적 이어붓기를 하지 않아야 한다.

**27** 사질 지반 굴착 시 벽체 배면의 토사가 흙막이 틈새 또는 구멍으로 누수가 되어 흙막이벽 배면에 공극수압이 발생하여 물의 흐름이 점차로 커져 결국 주변지반을 함몰시키는 현상은?

① 보일링 현상　　　　　　　　　　　　　② 히빙 현상
③ 액상화현상　　　　　　　　　　　　　④ 파이핑 현상

**28** 다음 중 무지보공 거푸집에 관한 설명으로 바르지 않은 것은?

① 하부공간을 넓게 하여 작업공간으로 활용할 수 있다.
② 슬래브(slab) 동바리의 감소 또는 생략이 가능하다.
③ 트러스 형태의 빔(beam)을 보거푸집 또는 벽체 거푸집에 걸쳐 놓고 바닥판 거푸집을 시공한다.
④ 층고가 높을 경우 적용이 불리하다.

**29** 지반조사 시 실시하는 평판재하시험에 관한 설명으로 바르지 않은 것은? (기출 변형)

① 시험위치는 최소한 2개소에서 시험을 하여야 하며 시험개소 사이의 거리는 최대 재하판 지름의 4배 이상이어야 한다. .
② 재하판을 피라미드형으로 설치하는 경우 재하판은 한 조로 구성되어야 하며 상하재하판 지름의 차이는 150mm이하로 한다.
③ 지하수위가 높은 경우는 재하면을 지하수위 위치와 일치시킨다.
④ 시험하중이 허용하중의 3배 이상이거나 누적 침하가 재하판 지름의 10%를 초과하는 경우에는 시험을 멈춘다.

---

**ANSWER**　27.④　28.④　29.①

**27**　④ 파이핑 현상 : 사질 지반 굴착 시 벽　체 배면의 토사가 흙막이 틈새 또는 구멍으로 누수가 되어 흙막이벽이 배면에 공극수압이 발생하여 물의 흐름이 점차로 커져 결국 주변지반을 함몰시키는 현상(수밀성이 적은 흙막이벽 또는 흙막이 벽의 부실로 인한 구멍, 이음새로 물이 배출되는 현상도 포함됨)
　　① 보일링 현상 : 투수성이 좋은 사질지반에서 흙파기 공사를 하는 경우에서, 흙막이벽 배면의 지하수위가 굴착저면보다 높을 때 굴착저면 위로 모래와 지하수가 부풀어 오르는 현상
　　② 히빙 현상 : 토질지반에서 발생하며 굴착면 저면이 부풀어오르는 현상
　　③ 액상화현상 : 포화된 느슨한 모래가 진동, 충격 등에 의하여 간극수압이 급격히 상승하기 때문에 전단저항을 잃어버리는 현상
**28**　④ 무지보공 거푸집은 층고가 높은 경우에도 얼마든지 적용이 가능하다.
**29**　① 시험위치는 최소한 3개소에서 시험을 하여야 하며 시험개소 사이의 거리는 최대 재하판 지름의 5배 이상이어야 한다.

**30** 철근콘크리트공사 중 거푸집이 벌어지지 않게 하는 긴장재는?

① 세퍼레이터(Separator)  ② 스페이서(Spacer)

③ 폼타이(Form Tie)  ④ 인서트(Insert)

**31** 건설현장에서 굳지 않은 콘크리트에 대해 실시하는 시험으로 바르지 않은 것은?

① 슬럼프(Slump)시험  ② 코어(Core) 시험

③ 염화물 시험  ④ 공기량 시험

**32** 건축공사에서 활용되는 견적방법 중 가장 상세한 공사비의 산출이 가능한 견적법은?

① 명세견적  ② 개산견적

③ 입찰견적  ④ 실행견적

---

**ANSWER**  30.③  31.②  32.①

**30** ③ 폼타이(Form Tie) : 거푸집이 벌어지지 않게 하는 긴장재
① 세퍼레이터(Separator) : 콘크리트 공사 시 거푸집의 간격을 유지하기 위한 자재
② 스페이서(Spacer) : 철근이 거푸집에 밀착되는 것을 방지하여 피복간격을 확보하기 위한 간격재(굄재)
④ 인서트(Insert) : 콘크리트에 달대와 같은 설치물을 고정하기 위하여 매입하는 철물

**31** 코어(Core)시험은 굳은 콘크리트로부터 시료를 채취하여 행하는 시험이다.
※ 굳지 않은 콘크리트의 시험
㉠ 슬럼프 시험 : 굳지 않은 콘크리트의 반죽질기를 측정하는 것으로 워커빌리티를 판단하기 위한 시험
㉡ 공기 함유량 시험 : 콘크리트의 워커빌리티, 강도, 내구성, 수밀성 및 단위용적질량 등에 공기량이 영향을 미치므로
콘크리트의 품질관리 및 적절한 배합설계에 이용된다.
㉢ 염화물 함유량 시험 : 굳지 않은 콘크리트에 함유되어 있는 염화물 함유량을 판단하기 위한 시험

**32** ① 명세견적(明細見積) : 완성된 설계도서로 명확한 수량을 산출 집계한 후 공사의 실제 상황에 맞는 적절한 단가로 정밀
하게 산출하는 방법
② 개산견적(槪算見積) : 공사에 필요한 재료 수량이나 노무 수량을 상세하게 산출하지 않고 과거의 공사 실적 자료 등에
서 공사비를 개략적으로 작성하는 적산 방법.

**33** 다음 중 돌로마이트 플라스터 바름에 관한 설명으로 바르지 않은 것은?

① 실내온도가 5℃ 이하일 때는 공사를 중단하거나 난방을 하여 5℃ 이상으로 유지해야 한다.

② 정벌바름용 반죽은 물과 혼합한 후 4시간 정도 지난 다음 사용하는 것이 바람직하다.

③ 초벌바름에 균열이 없을 때에는 고름질한 후 7일 이상 두어 고름질면의 건조를 기다린 후 균열이 발생하지 아니함을 확인한 다음 재벌바름을 실시한다.

④ 재벌바름이 지나치게 건조한 때에는 적당히 물을 뿌리고 정벌바름을 한다.

**34** 철근콘크리트 슬래브와 철골보가 일체로 되는 합성구조에 관한 설명으로 바르지 않은 것은?

① 쉐어커넥터가 요구된다.

② 바닥판의 강성을 증기시키는 효과가 크다.

③ 자재를 절감하므로 경제적이다.

④ 경간이 작은 경우에 주로 사용된다.

**35** 다음 중 건설공사의 일반적인 특징으로 바른 것은?

① 공사비, 공사기일 등의 제약을 받지 않는다.

② 주로 도급식 또는 직영식으로 이루어진다.

③ 육체노동이 주가 되므로 대량생산이 가능하다.

④ 건설 생산물의 품질이 일정하다.

---

**ANSWER**   33.②   34.④   35.②

**33** ② 정벌바름용 반죽은 물과 혼합한 후 12시간 정도 지난 다음 사용하는 것이 바람직하다.

**34** ④ 합성구조는 서로 다른 두가지 이상의 부재의 장점을 취하여 구성한 부재로서 일반적으로 강성이 매우 우수하여 경간이 큰 경우에 주로 사용된다.

**35** ① 건설공사는 공사비, 공사기일 등의 제약을 받는다.
③ 육체노동이 주가 되므로 대량생산이 어렵다.
④ 건설 생산물의 일정한 품질확보가 어렵다.

**36** 다음 중 공사감리업무와 가장 거리가 먼 항목은?

① 설계도서의 적정성 검토

② 시공상의 안전관리지도

③ 공사 실행예산의 편성

④ 사용자재와 설계도서와의 일치 여부


**37** 다음 중 목공사에 사용되는 철물에 대한 설명으로 옳지 않은 것은?

① 감잡이쇠는 큰 보에 걸쳐 작은 보를 받게 하고, 안장쇠는 평보를 대공에 달아매는 경우 또는 평보와 ㅅ
자보의 밑에 쓰인다.

② 못의 길이는 박아대는 재두께의 2.5배 이상이며 마구리 등에 박는 것은 3.0배 이상으로 한다.

③ 볼트 구멍은 볼트지름보다 3mm 이상 커서는 안 된다.

④ 듀벨은 볼트와 같이 사용하여 듀벨에는 전단력, 볼트에는 인장력을 분담시킨다.

**36** ③ 공사의 실행예산은 시공자가 편성을 한다.

※ 공사감리자의 감리업무
- 공사시공자가 설계도서에 적합하게 시공하는지의 여부 확인
- 건축자재가 기준에 적합한지의 여부 확인
- 시공계획 및 공사관리의 적정여부 확인
- 공정표 및 상세시공도면의 검토 및 확인
- 구조물의 위치와 규격의 적정여부 검토 및 확인
- 품질시험의 실시여부 및 시험성과 검토 및 확인
- 설계변경의 적정여부 검토 및 확인
- 공사현장에서의 안전관리 지도
- 기타 공사감리계약으로 정하는 사항

**37** 감잡이쇠는 평보와 왕대공의 보강에 사용되는 철물이며 안장쇠는 큰 보와 작은 보의 보강에 사용되는 철물이다.

**38** 다음 중 방수공사에 관한 설명으로 바른 것은?

① 보통 수압이 적고 얕은 지하실에는 바깥방수법, 수압이 크고 깊은 지하실에는 안방수법이 유리하다.

② 지하실에 안방수법을 채택하는 경우, 지하실 내부에 설치하는 칸막이벽, 창문틀 등은 방수층 시공 전 먼저 시공하는 것이 유리하다.

③ 바깥방수법은 안방수법에 비해 하자보수가 곤란하다.

④ 바깥방수법은 보호누름이 필요하지만 안방수법은 없어도 무관하다.

**39** QC(Quality Control) 활동의 도구가 아닌 것은?

① 기능계통도

② 산점도

③ 히스토그램

④ 특성요인도

**ANSWER** 38.③  39.①

**38** ① 보통 수압이 적고 얕은 지하실에는 안방수법, 수압이 크고 깊은 지하실에는 바깥방수법이 유리하다.

② 지하실에 안방수법을 채택하는 경우, 지하실 내부에 설치하는 칸막이벽, 창문틀 등은 방수층 시공을 하고 난 후 나중에 하는 것이 유리하다. (사소한 틈새를 없애기 위함)

④ 안방수법은 보호누름이 필요하지만 바깥방수법은 없어도 무관하다.

| 비교내용 | 안방수 | 바깥방수 |
|---|---|---|
| 적용개소 | 수압이 적고 얕은 지하실 | 수압이 크고 깊은 지하실 |
| 바탕처리 | 따로 만들 필요가 없다 | 따로 만들어야 한다 |
| 공사시기 | 자유롭다 | 본 공사에 선행한다 |
| 공사용이성 | 간단하다 | 상당한 난점이 있다 |
| 경제성(공사비) | 비교적 싸다 | 비교적 고가이다 |
| 보호누름 | 필요하다 | 없어도 무방하다 |

**39** 품질관리도구의 종류

㉠ 파레토도 : 불량, 결점, 고장 등의 발생건수, 또는 손실금액을 항목별로 나누어 발생빈도의 순으로 나열하고 누적합도 표시한 그림이다.

㉡ 히스토그램 : 치수, 무게, 강도 등 계량치의 Data들이 어떤 분포를 하고 있는지를 보여준다.

㉢ 특성요인도 : 생선뼈 그림이라고도 하며 결과에 대해 원인이 어떻게 관계하는지를 알기 쉽게 작성하였다.

㉣ 산포도(=산점도) : 서로 대응되는 2개의 데이터의 상관관계를 용지 위에 점으로 나타낸 것

㉤ 체크시트 : 계수치의 데이터가 분류항목의 어디에 집중되어 있는지 알아보기 쉽게 나타낸 그림이나 표를 말한다.

㉥ 층별 : 집단을 구성하는 많은 Data를 어떤 특징에 따라 몇 개의 부분 집단으로 나누는 것을 말한다.

**40** 다음 중 멤브레인 방수공사에 해당되지 않는 것은?

① 아스팔트방수공사

② 실링방수공사

③ 시트방수공사

④ 도막방수공사

**40** 멤브레인공법 ⋯ 아스팔트 펠트, 아스팔트 루핑을 3~5층 겹쳐, 그 때마다 용융 아스팔트로 바탕에 붙여서 방수층을 구성하는 방수공법. 일반적으로 아스팔트방수공법이라고 한다.

② 실링(Sealing, 밀봉)방수 : 탄성과 신축성이 우수한 실링재(합성수지, 합성고무, 아스팔트 등)를 줄눈 등에 삽입하여 방수를 하는 것이다.

**41** 다음 그림과 같이 수평하중 30[kN]이 작용하는 라멘구조에서 E점에서의 휨모멘트 값(절대값)은?

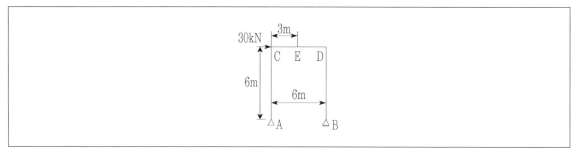

① 40[kN·m]

② 45[kN·m]

③ 60[kN·m]

④ 90[kN·m]

**42** 철골구조에 관한 설명으로 바르지 않은 것은?

① 수평하중에 의한 접합부의 연성능력이 낮다.

② 철근콘크리트조에 비해 넓은 전용면적을 얻을 수 있다.

③ 정밀한 시공을 요한다.

④ 장스팬의 구조물에 적합하다.

---

**ANSWER**  41.④  42.①

**41** $\sum M_A = 0 : 30 \cdot 6 - R_B \cdot 6 = 0$이므로  $R_B = 6[kN](\uparrow)$

$\sum V = 0 : R_A + R_B = 0$이므로  $R_A = 30[kN](\downarrow)$

CD부재를 하나의 보로 보고 해석하면 C점에 30kN의 연직방향 힘이 가해지고 있으므로 E점에서의 휨모멘트는 90[kN·m]이 된다.

**42** ① 철골구조는 다른 구조방식 비해 접합부의 연성능력이 우수하다.

**43** 부하면적 36m$^2$인 콘크리트 기둥의 영향면적에 따른 활하중저감계수(C)로 옳은 것은? (단, $C = 0.3 + \dfrac{4.2}{\sqrt{A}}$, A는 영향면적)

① 0.25

② 0.45

③ 0.65

④ 1

**44** 각 지반의 허용지내력의 크기가 큰 것부터 순서대로 올바르게 나열된 것은?

| | |
|---|---|
| A. 자갈 | B. 모래 |
| C. 연암반 | D. 경암반 |

① B > A > C > D

② A > B > C > D

③ D > C > A > B

④ D > C > B > A

**43** $C = 0.3 + \dfrac{4.2}{\sqrt{A}} = 0.3 + \dfrac{4.2}{\sqrt{144}} = 0.65$

**44** 허용지내력 ··· 경암반 > 연암반 > 자갈 > 모래

**45** 다음 그림과 같은 하중을 받는 단순보에서 단면에 생기는 최대 휨응력도는? (단, 목재는 결함이 없는 균질한 단면이다.)

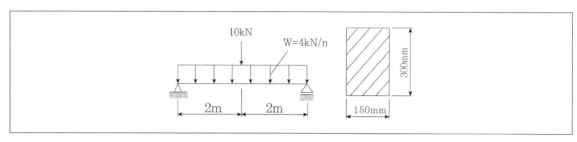

① 8[MPa]

② 10[MPa]

③ 12[MPa]

④ 15[MPa]

**46** 다음 그림과 같은 H형강(H-440×330×10×20) 단면의 전소성모멘트($M_P$)는 얼마인가?
(단, $F_y = 400[MPa]$)

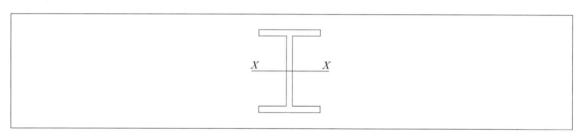

① 963 [kN · m]

② 1168 [kN · m]

③ 1363 [kN · m]

④ 1568 [kN · m]

**46**

소성단면계수 $Z_x = \dfrac{BH^2 - bh^2}{4} = \dfrac{300 \times 440^2 - 290 \times 400^2}{4} = 2,920,000 \text{mm}^3$

소성모멘트 $M_p = 400 \times 2,920,000 \times 10^{-6} = 1,168 \text{kN} \cdot \text{m}$

**47** 양단 힌지인 길이 6m의 H-300×300×10×15의 기둥이 약축방향으로 부재중앙이 가새로 지지되어 있을 때 이 부재의 세장비는? (단, 이 부재의 단면 2차 반경 $r_x = 13.1\text{cm}$, $r_y = 7.51\text{cm}$ 이다.)

① 40.0

② 45.8

③ 58.2

④ 66.3

**48** 다음 그림과 같은 구조물의 부정정차수는?

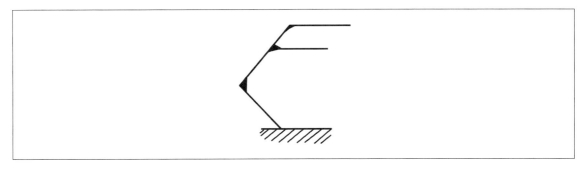

① 불안정

② 1차 부정정

③ 3차 부정정

④ 정정

**47** 양단힌지이므로 유효좌굴길이계수(K)는 1.0이다.
세장비의 경우 강축에 대해서는 부재 전체길이인 6m, 약축에 대해서는 가새로 횡지지되어 있으므로 3m를 적용함에 주의해야 하며 다음 중 큰 값으로 해야 한다.
$$\frac{KL}{r_x} = \frac{(1.0)(600)}{(13.1)} = 45.80, \quad \frac{KL}{r_y} = \frac{(1.0)(300)}{(7.51)} = 39.95$$

**48** 부정정차수 $N = r + m + k - 2j = 3 + 5 + 4 - 2 \times 6 = 0$
$N$ : 총부정정차수, $r$ : 지점반력수, $\text{m}$ : 부재의 수, $k$ : 강절점 수, $j$ : 절점 및 지점수(자유단포함)

**49** 등분포하중을 받는 다음 그림과 같은 3회전단아치에서 C점의 전단력을 구하면?

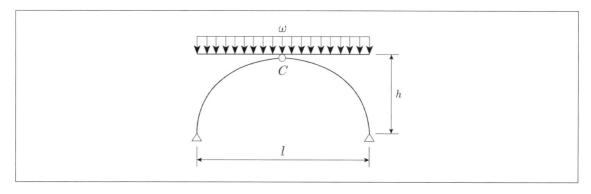

① 0

② $\dfrac{wl}{2}$

③ $\dfrac{wh}{4}$

④ $\dfrac{wl}{8}$

**49** 지점의 반력

$$\sum V = 0 : V_A = V_B = \frac{Wl}{2}$$

$$\sum M_c = 0 : V_A \times \frac{l}{2} - H_A h - \frac{Wl^2}{8} = 0 \quad \therefore H_A = \frac{Wl^2}{8h}$$

$$\sum H = 0 : H_A - H_B = 0, \ \ H_B = H_A = \frac{Wl^2}{8h}$$

전단력

$$S_\theta = (V_A - Wx)\cos\theta - H_A\sin\theta = w\left\{\left(\frac{l}{2} - x\right) - \frac{l^2}{8h}tan\theta\right\}\cos\theta$$

C점은 $x = \dfrac{l}{2}$, $\theta = 90^o$ 이므로 0이다.

**50** 다음 그림과 같은 연속보에 있어 절점 B의 회전을 저지시키기 위해 필요한 모멘트의 절대값은?

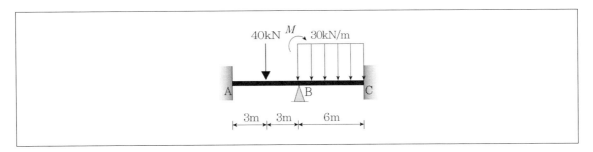

① 30kN · m

② 60kN · m

③ 90 kN · m

④ 120 kN · m

**51** 독립기초(자중포함)가 축방향력 650[kN], 휨모멘트 130[kN · m]를 받을 때 기초 저면의 편심거리는?

① 0.2[m]

② 0.3[m]

③ 0.4[m]

④ 0.6[m]

**50** $\sum M_B = 0 : M_{BA} + M = M_{BC}$

$\dfrac{Pl}{8} + M = M_{BC},\ \dfrac{40 \times 6}{8} + M = \dfrac{30 \times 6^2}{12}$

따라서 B의 회전을 저지하기 위한 모멘트는 $M = \dfrac{30 \times 6^2}{12} - \dfrac{40 \times 6}{8} = 60 kN \cdot m$

**51** $M = 130 = P \cdot e = 650 \cdot e$ 이므로 $e = 0.2[m]$ 가 된다.

**52** 다음 그림과 같은 중공형 단면에 대한 단면2차반경 $r_x$는?

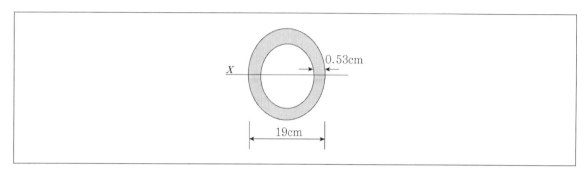

① 3.21cm

② 4.62cm

③ 6.53cm

④ 7.34cm

**53** 아래 그림과 같은 단순보의 중앙점에서 보의 최대처짐은? (단, 부재의 EI는 일정하다.)

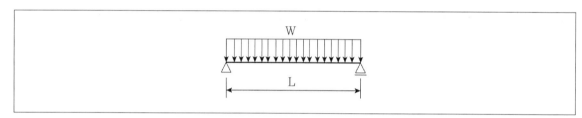

① $\dfrac{wL^3}{24EI}$

② $\dfrac{wL^3}{48EI}$

③ $\dfrac{wL^4}{384EI}$

④ $\dfrac{5wL^4}{384EI}$

---

• • •
**ANSWER**  52.③  53.④

**52** 원형단면의 회전반경은

$$r_{x-x} = \sqrt{\frac{I_{x-x}}{A}} = \sqrt{\frac{1312}{30.75}} = 6.53[cm]$$

$$I_{x-x} = \frac{\pi(19^4 - (19 - 2 \cdot 0.53)^4)}{64} = 1312$$

$$A = \frac{\pi(D^2 - d^2)}{4} = \frac{\pi(19^2 - (19 - 2 \cdot 0.53)^2)}{4} = 30.75$$

**53** 등분포하중이 작용하는 단순보의 중앙점의 최대처짐은 $\dfrac{5wL^4}{384EI}$ 이다.

**54** 지진하중 설계 시 밑면 전단력과 관계가 없는 것은?

① 유효건물중량

② 중요도계수

③ 지반증폭계수

④ 가스트계수

**55** 철근콘크리트구조물의 내구성 설계에 관한 설명으로 바르지 않은 것은?

① 설계기준 강도가 35MPa를 초과하는 콘크리트는 동해저항 콘크리트에 대한 전체 공기량 기준에서 1%를 감소시킬 수 있다.

② 동해저항 콘크리트에 대한 전체 공기량 기준에서 굵은 골재의 최대치수가 25[mm]인 경우 심한노출에서의 공기량 기준은 6.0%이다.

③ 바닷물에 노출된 콘크리트의 철근부식방지를 위한 보통골재콘크리트의 최대 물결합재비는 40%이다.

④ 철근의 부식방지를 위해 굳지 않은 콘크리트의 전체 염소이온량은 원칙적으로 $0.9kg/m^3$이하로 한다.

**56** 다음 그림의 모살용접부의 유효목두께는?

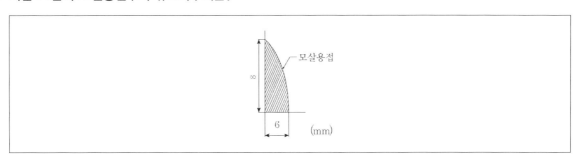

① 4.0[mm]

② 4.2[mm]

③ 4.8[mm]

④ 5.6[mm]

---

**54** 가스트영향계수($G_f$) : 바람의 난류로 인하여 발생되는 구조물의 동적 거동성분을 나타낸 값으로서 평균값에 대한 피크값의 비를 통계적으로 나타낸 계수이다.

**55** 철근의 부식방지를 위해 굳지 않은 콘크리트의 전체 염소이온량은 원칙적으로 $0.3kg/m^3$이하로 한다. (단, 책임구조기술자의 승인을 받는 경우 $0.6kg/m^3$이하까지 허용할 수 있다.)

**56** 유효목두께는 용접의 다리길이의 0.7배이므로 이 경우 4.2mm가 된다.
용접사이즈(다리길이)가 서로 다를 경우 짧은 쪽을 기준으로 다리길이를 정한다.
따라서 주어진 문제의 경우 4.2[mm]가 된다.

**57** 강도설계법에서 D22 압축이형철근의 기본정착길이 $1_{ad}$는? (단, 경량콘크리트 계수 $\lambda = 1.00$이며, $f_{ck} = 27MPa$, $f_y = 400MPa$ 이다.)

① 200.5mm

② 352mm

③ 423.4mm

④ 604.6mm

**58** 단면의 크기가 500mm×500mm인 띠철근 기둥이 저항할 수 있는 최대 설계축하중 $\phi P_n$을 구하면? (단, $f_y = 400MPa$, $f_{ck} = 27MPa$)

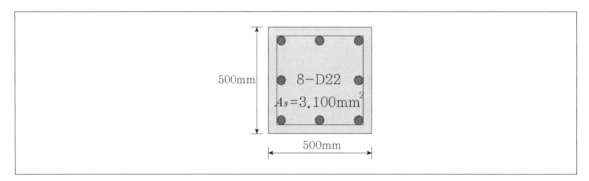

① 3591kN

② 3972kN

③ 4170kN

④ 4275kN

**ANSWER** 57.③ 58.①

**57** 다음 중 큰 값을 적용한다.

$$l_{db} = \frac{0.25d_b f_y}{\lambda \sqrt{f_{ck}}} = \frac{0.25(22)(400)}{(1.0)\sqrt{27}} = 423.4mm$$

$$l_{db} = 0.043d_b f_y = 0.043(22)(400) = 378.4mm$$

**58** 직사각형 띠기둥의 설계축하중강도 산정은 다음의 식을 따른다.

$$P_n = \phi P_n = \phi(0.8P_o) = \phi(0.8)(0.85f_{ck}(A_g - A_{st}) + f_y A_{st})$$

$$= (0.65)(0.8)[0.85(27)(500^2 - 3100) + (400)(3100)] = 3,591kN$$

**59** 보의 유효깊이 d=550mm, 보의 폭 $b_w = 300mm$인 보에서 스터럽이 부담할 전단력 $V_s = 200kN$일 경우 수직스터럽 간격으로 가장 적절한 것은? (단, $A_v = 142mm^2$, $f_{yt} = 400MPa$, $f_{ck} = 24MPa$)

① 120mm

② 150mm

③ 180mm

④ 200mm

**60** 연약지반에 부등침하를 줄이기 위한 가장 효과적인 기초의 종류는?

① 독립기초

② 복합기초

③ 연속기초

④ 온통기초

---

ANSWER  59.② 60.④

**59** $s = \dfrac{A_v f_y d}{V_s} = \dfrac{142 \times 400 \times 550}{200 \times 1000} = 156.2mm$

**60** ④ 온통기초 : 상부구조의 광범위한 면적 내의 응력을 단일 기초판으로 연결하여 지반 또는 지정에 전달하도록 하는 기초로 연약지반의 부등침하를 줄이는데 효과적이다.
② 복합기초 : 2개 또는 그 이상의 기둥으로부터의 응력을 하나의 기초판을 통해 지반 또는 지정에 전달하도록 하는 기초이다.

**61** 다음 중 고속덕트에 대한 설명으로 바르지 않은 것은?

① 원형덕트의 사용이 불가능하다.

② 동일한 풍량을 송풍할 경우 저속덕트에 비해 송풍기 동력이 많이 든다.

③ 공장이나 창고 등과 같이 소음이 별로 문제가 되지 않는 곳에 사용된다.

④ 동일한 풍량을 송풍할 경우 저속덕트에 비해 덕트의 단면치수가 작아도 된다.

**62** 통기관의 설치목적으로 바르지 않은 것은?

① 트랩의 봉수를 보호한다.

② 오수와 잡배수가 서로 혼합되지 않게 한다.

③ 배수계통 내의 배수 및 공기의 흐름을 원활히 한다.

④ 배수관 내에 환기를 도모하여 관 내를 청결하게 유지한다.

**63** 도시가스에서 중압의 가스압력은? (단, 액화가스가 기화되고 다른 물질과 혼합되지 아니한 경우 제외)

① 0.05[MPa]이상, 0.1[MPa]미만

② 0.01[MPa]이상, 0.1[MPa]미만

③ 0.1[MPa]이상, 1[MPa]미만

④ 1[MPa]이상, 10[MPa]미만

---

**ANSWER** 61.① 62.② 63.③

**61** ① 고속덕트는 원형덕트의 사용이 가능하다.
고속덕트… 덕트 내의 풍속을 빠르게 하여 치수를 작게 하는 방식이다. 일반적으로 덕트 내의 풍속이 15~20m/s 또는 그 이상의 경우를 말한다.

**62** 통기관 설치 목적
• 사이펀 작용 및 배압으로부터 트랩의 봉수를 보호
• 배수관 내의 흐름을 원활하게 함
• 배수관 내에 신선한 공기를 유통시켜 배수관 계통의 환기를 도모하여 관 내를 청결하게 유지함.

**63** 도시가스의 분류
• 고압 : 최대 사용압력 1MPa이상
• 중압 : 0.1MPa~1MPa
• 저압 : 0.1MPa미만

**64** 간접가열식 급탕설비에 관한 설명으로 바르지 않은 것은?

① 대규모 급탕설비에 적당하다.

② 비교적 안정된 급탕을 할 수 있다.

③ 보일러 내면에 스케일이 많이 생긴다.

④ 가열보일러는 난방용 보일러와 겸용할 수 있다.

**65** 가로, 세로, 높이가 각각 4.5×4.5×3m인 실의 각 벽면 표면온도가 18℃, 천장면 20℃, 바닥면 30℃일 때 평균복사온도(MRT)는?

① 15.2℃

② 18.0℃

③ 21.0℃

④ 27.2℃

• • •

ANSWER   **64.③   65.③**

**64** ③ 간접가열식은 보일러 내면에 스케일이 거의 생기지 않는다.

    ㉠ **직접가열식**
- 급탕경로는 온수보일러 → 저탕조(급탕탱크) → 급탕주관 → 각 지관 → 사용장소이다.
- 열효율면에서는 경제적이나 계속적인 급수로 항상 새로운 물이 들어오게 되어 보일러의 신축이 불균일하게 된다.
- 수질에 의해 보일러 내면에 스케일이 생기게 되어 열효율이 저하되고 보일러의 수명이 단축된다.
- 급탕하는 건물의 높이에 따라 보일러는 높은 압력을 필요로 한다.
- 주택 또는 소규모 건물에 실용적이다.

    ㉡ **간접가열식**
- 저탕조(급탕탱크)내에 가열코일을 설치하고 이 코일에 증기(또는 고온수)를 통해서 저탕조의 물을 간접적으로 가열하는 방식이다.
- 난방용 보일러의 증기를 사용시 급탕용 보일러가 불필요하다.
- 보일러 내면에 스케일이 거의 생기지 않는다.
- 건물 높이에 따른 수압이 보일러에 작용하지 않고 저탕조에 작용하므로 고압용 보일러가 불필요하다.
- 가열코일에 쓰이는 증기는 건물의 높이에 관계없이 저압으로 충분하기 때문에 고압용 보일러가 불필요하다.
- 대규모 급탕설비에 적합하다.

**65** 평균복사온도 : 인체의 열교환을 행하는 실내 각 부분의 면적을 고려한 평균표면온도이다.

**66** 전기설비가 어느 정도 유효하게 사용되는가를 나타내며 다음과 같은 식으로 산정되는 것은?

$$\frac{\text{부하의 평균전력}}{\text{최대수용전력}} \times 100[\%]$$

① 역률

② 부등률

③ 부하율

④ 수용률

**67** 냉방부하 계산 결과 현열부하가 620[W], 잠열부하가 155[W]일 경우 현열비는?

① 0.2

② 0.25

③ 0.4

④ 0.8

**68** 다음 중 그 값이 클수록 안전한 것은?

① 접지저항

② 도체저항

③ 접촉저항

④ 절연저항

---

**ANSWER** 66.③ 67.④ 68.④

**66** ① 역률 : 실효전력과 피상전력의 비

② 수용률 : 최대사용전력과 설비용량의 비

③ 부등률 : 최대전력의 합계와 기기계통에 발생된 합성최대전력의 비

④ 부하율 : 부하의 평균전력과 최대수용전력의 비

**67** 현열비는 $\dfrac{\text{현열부하}}{\text{현열부하} + \text{잠열부하}} = \dfrac{620}{620 + 155} = 0.8$이 된다.

**68** • 절연저항이 클수록 전기를 잘 통하지 못하게 하여 감전사고를 줄일 수 있다.

• 접지저항이 낮을수록 접지를 통한 지중으로의 방전이 용이하게 된다.

• 접촉저항은 서로 접하고 있는 두 도체의 접촉면을 통하여 전류가 흐를 때, 그 접촉면에 생기는 전기 저항이다. 전류의 손실을 막기 위해서는 이 값이 작을수록 좋다.

**69** 승객 스스로 운전하는 전자동 엘리베이터로 카 버튼이나 승강장의 호출신호로 기동, 정지를 이루는 조작 방식?

① 승합전자동방식
② 카 스위치 방식
③ 시그널 컨트럴 방식
④ 레코드 컨트럴 방식

**70** 스프링클러설비 설치장소가 아파트인 경우, 스프링클러헤드의 기준개수는? (단, 폐쇄형 스프링클러헤드를 사용하는 경우)

① 10개
② 20개
③ 30개
④ 40개

* * *

ANSWER  **69.**① **70.**①

---

**69** 보기의 내용은 승합전자동식에 관한 설명이다.

※ 엘리베이터 조작방식

㉠ 카 스위치방식 : 시동 · 정지는 운전원이 조작반의 스타트 버튼을 조작함으로써 이루어지며, 정지에는 운전원의 판단으로써 이루어지는 수동착상 방식과 정지층 앞에서 핸들을 조작하여 자동적으로 착상하는 자동착상 방식이 있다.

㉡ 레코드 컨트롤방식 : 운전원은 승객이 내리고자 하는 목적층과 승강장으로부터의 호출신호를 보고 조작반의 목적층 단추를 누르면 목적층 순서로 자동적으로 정지하는 방식이다. 시동은 운전원의 스타트용 버튼으로 하며, 반전은 최단층에서 자동적으로 이루어진다

㉢ 시그널 컨트롤방식 : 시동은 운전원이 조작반의 버튼조작으로 하며, 정지는 조작반의 목적층 단추를 누르는 것과 승강장으로부터의 호출신호로부터 층의 순서로 자동적으로 정지한다. 반전은 어느 층에서도 할 수 있는 최고 호출 자동반전 장치가 붙어 있다. 또한, 여러 대의 엘리베이터를 1뱅크로 한 뱅크운전의 경우, 엘리베이터 상호간을 효율적으로 운전시키기 위한 운전간격 등이 자동적으로 조정된다.

㉣ 군관리방식 : 이용 상황이 하루 중에도 크게 변화하는 고층 사무소 건물 등에서 여러 대의 엘리베이터가 설치되어 있는 경우, 그 이용 상황에 따라서 엘리베이터 상호간을 유기적으로 운전하는 군관리방식이 사용된다. 이 관리방식에는 시그널 군승합 전자동 방식, 출발신호 붙은 시그널 군승합 전자동 방식, 군승합 자동 방식 등이 있다. 더욱, 수송계획을 시간대에 맞추어서 자동적으로 행하는 전자동 군관리 방식도 있다.

**70** 스프링클러설비 설치장소가 아파트인 경우, 스프링클러헤드의 기준개수는 10개이다.

※ 스프링클러의 설치기준

• 방수압력 : 0.1MPa이상
• 방수량 : 80L/min이상
• 소화수량 : 80L/min×N(개)×20(min)=1.6N(m³)

(N은 아파트의 경우 10, 판매시설이나 복합상가 및 11층 이상인 소방대상물은 30)

**71** 수관식 보일러에 관한 설명으로 옳지 않은 것은?

① 사용압력이 연관식보다 낮다.

② 설치면적이 연관식보다 넓다.

③ 부하변동에 대한 추종성이 높다.

④ 대형건물과 같이 고압증기를 다량으로 사용하는 곳이나 지역난방등에 사용된다.

**72** 음의 대소를 나타내는 감각량을 음의 크기라고 하는데 음의 크기의 단위는?

① dB

② cd

③ Hz

④ sone

---

**ANSWER** 71.① 72.④

**71** 수관식 보일러
- 사용압력이 연관식보다 높다.
- 설치면적이 연관식보다 넓다.
- 부하변동에 대한 추종성이 높다.
- 연관식보일러보다 가동시간이 짧고 효율이 좋다.
- 가격이 비싸고 수처리가 복잡하다.
- 대형건물과 같이 고압증기를 다량으로 사용하는 곳이나 지역난방 등에 사용된다.

**72** 음의 크기레벨 … 1손(sone)은 40폰(phone)에 해당하며 손(sone)값을 2배로 하면 10phone씩 증가하게 된다. (1손은 40폰이며 2손은 50폰이 되고 4손은 60폰이 된다.)

※ 음압레벨, 음의 세기레벨, 음의 크기레벨
- 음압 : 음파에 의해 공기진동으로 생기는 대기중의 변동으로서 단위면적에 작용하는 힘
- 음의 세기 : 음파의 방향에 직각되는 단위면적을 통하여 1초간에 전파되는 음에너지량
- 음의 크기 : 청각의 감각량으로서 음의 감각적 크기를 보다 직접적으로 표시한 것
- 음압레벨 : $2 \times 10^{-5}\text{N/m}^2$를 기준값으로 하여 어떤 음의 음압이 기준음압의 몇 배인가를 대수로서 표시한 것이다.

  ($SPL = 20\log\dfrac{P}{P_o}(dB)$)
- 음의 세기레벨 : $10\text{-}12\text{W/m}^2$을 기준값으로 하여 어떤 음의 세기가 기준음의 몇 배인가를 나타낸 것이다.

  ($IL = 10\log\dfrac{I}{I_o}(dB)$)
- 음의 크기레벨 : 1손(sone)은 40폰(phone)에 해당하며 손(sone)값을 2배로 하면 10phone씩 증가하게 된다. (1손은 40폰이며 2손은 50폰이 되고 4손은 60폰이 된다.)

**73** 다음 중 온수난방에 대한 설명으로 바르지 않은 것은?

① 증기난방에 비해 보일러의 취급이 비교적 쉽고 안전하다.

② 동일 방열량인 경우 증기난방보다 관 지름을 작게 할 수 있다.

③ 증기난방에 비해 난방부하의 변동에 따른 온도 조절이 용이하다.

④ 보일러 정지 후에도 여열이 남아 있어 실내난방이 어느 정도 지속된다.


**74** 간접조명기구에 관한 설명으로 바르지 않은 것은?

① 직사 눈부심이 없다.

② 매우 넓은 면적이 광원으로서의 역할을 한다.

③ 일반적으로 발산광속 중 상향광속이 90~100[%]정도이다.

④ 천장, 벽면 등은 빛이 잘 흡수되는 색과 재료를 사용해야 한다.

**73** 동일 방열량인 경우 증기난방보다 관지름이 크게 된다.

| 구분 | 증기난방 | 온수난방 |
|---|---|---|
| 표준방열량 | 650kcal/m²h | 450kcal/m²h |
| 방열기면적 | 작다 | 크다 |
| 이용열 | 잠열 | 현열 |
| 열용량 | 작다 | 크다 |
| 열운반능력 | 크다 | 작다 |
| 소음 | 크다 | 작다 |
| 예열시간 | 짧다 | 길다 |
| 관경 | 작다 | 크다 |
| 설치유지비 | 싸다 | 비싸다 |
| 쾌감도 | 나쁘다 | 좋다 |
| 온도조절(방열량조절) | 어렵다 | 쉽다 |
| 열매온도 | 102℃ 증기 | 85~90℃<br>100~150℃ |
| 고유설비 | 방열기트랩<br>(증기트랩, 열동트랩) | 팽창탱크<br>개방식 : 보통온수<br>밀폐식 : 고온수 |
| 공동설비 | 공기빼기 밸브<br>방열기 밸브 | |

**74** 간접조명방식은 천장, 벽면 등이 밝은 색이 되어야 하고 빛이 잘 확산되도록 하여야 한다.

**75** 전기설비 중 다음과 같이 정의가 되는 것은?

> 전면이나 후면, 또는 양면에 개폐기, 과전류 차단장치 및 기타 보호장치, 모선 및 계측기 등이 부착되어 있는 하나의 대형 패널 또는 여러 개의 패널, 프레임 또는 패널 조립품으로서 전면과 후면에서 접근할 수 있는 것

① 캐비닛          ② 차단기
③ 배전반          ④ 분전반

**76** 다음 중 공조시스템의 전열교환기에 관한 설명으로 바르지 않은 것은?

① 공기 대 공기의 열교환기로서 현열만 교환이 가능하다.
② 공조기는 물론 보일러나 냉동기의 용량을 줄일 수 있다.
③ 공기방식의 중앙공조시스템이나 공장 등에서 환기에서의 에너지 회수방식으로 사용된다.
④ 전열교환기를 사용한 공조시스템에서 중간기(봄, 가을)를 제외한 냉방기와 난방기의 열회수량은 실내·외의 온도차가 클수록 많다.

---

ANSWER 75.③    76.①

**75** ㉠ 배전반 : 전면이나 후면, 또는 양면에 개폐기, 과전류 차단장치 및 기타 보호장치, 모선 및 계측기 등이 부착되어 있는 하나의 대형 패널 또는 여러 개의 패널, 프레임 또는 패널 조립품으로서 전면과 후면에서 접근할 수 있는 것
     ㉡ 분전반 : 전기가 흐르는 주된 선을 간선이라 하는데, 옥내 배선에서의 간선으로부터 각 분기회로로 갈라지는 곳에 설치하여 분기회로의 과전류 차단기를 설치해 한곳에 모아놓은 것이다.

**76** 전열교환기는 현열과 잠열의 교환이 모두 가능하다.
   ※ **전열교환기**
     • 공조기에서 배기와 공조기로 도입되는 신선한 외기를 간접적으로 접촉시켜 현열과 잠열을 교환하는 장치이다.
     • 실내 환기 시 실외로 배출되는 공기에서 온도와 습도를 전열교환소자를 통해 회수하여 에너지 절감과 동시에 쾌적한 환기를 제공하는 친환경시스템이다.

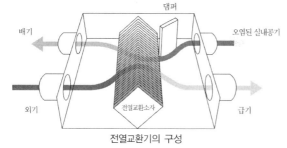

전열교환기의 구성

**77** 다음 중 수격작용의 발생원인과 가장 거리가 먼 것은?

① 밸브의 급폐쇄

② 감압밸브의 설치

③ 배관방법의 불량

④ 수도본관의 고수압(高水壓)


**78** 전압이 1[V]일 때 1[A]의 전류가 1[s]동안 하는 일을 나타내는 것은?

① 1[Ω]

② 1[J]

③ 1[dB]

④ 1[W]


**79** 수도직결방식의 급수방식에서 수도 본관으로부터 8m 높이에 위치한 기구의 소요압이 70kPa이고 배관의 마찰손실이 20kPa인 경우, 이 기구에 급수하기 위해 필요한 수도본관의 최소 압력은?

① 약 90kPa

② 약 98kPa

③ 약 170kPa

④ 약 210kPa


**80** 겨울철 주택의 단열 및 결로에 관한 설명으로 바르지 않은 것은?

① 단층 유리보다 복층 유리의 사용이 단열에 유리하다.

② 벽체내부로 수증기 침입을 억제할 경우 내부결로 방지에 효과적이다.

③ 단열이 잘 된 벽체에서는 내부결로는 발생하지 않으나 표면결로는 발생하기 쉽다.

④ 실내측 벽 표면온도가 실내공기의 노점온도보다 높은 경우 표면결로는 발생하지 않는다.

---

**ANSWER** 77.② 78.④ 79.③ 80.③

**77** 감압밸브를 설치하는 것도 수격작용의 발생원인이 될 수 있으나 제시된 보기들 중 가장 영향이 적다.

   ※ **감압밸브** … 고압배관과 저압배관 사이에 설치하여 압력을 낮추어 일정하게 유지할 때 사용하는 것으로 다이어프램식, 벨로우즈식, 파이롯트식 등이 있다.

**78** 전압이 1[V]일 때 1[A]의 전류가 1[s]동안 하는 일은 1[W]이다.

**79** 급수에 요구되는 수도본관의 최소압력은 기구의 소요압, 마찰손실, 수두의 합이므로 70+20+8×10=170이 된다.

**80** 단열이 잘 된 벽체에서는 열교현상이 줄어들게 되므로 내부결로와 포면결로가 발생하기 어렵다.

**81** 다음 중 건축법이 적용되는 건물은?

① 역사(驛舍)

② 고속도로 통행료 징수시설

③ 철도의 선로 부지에 있는 플랫폼

④ 「문화재보호법」에 따른 가지정(假指定) 문화재

**82** 다음 중 국토의 계획 및 이용에 관한 법령에 따른 도시·군관리계획에 속하지 않는 것은?

① 광역계획권의 장기발전방향에 관한 계획

② 도시개발사업이나 정비사업에 관한 계획

③ 기반시설의 설치·정비 또는 개량에 관한 계획

④ 용도지역·용도지구의 지정 또는 변경에 관한 계획

---

**ANSWER** 81.① 82.①

**81** 건축법이 적용되지 않는 건축물
- 문화재보호법에 따른 지정문화재나 가지정(假指定) 문화재
- 철도·궤도 선로부지 안에 있는 운전보안시설, 보행시설, 플랫폼, 급수, 급탄, 급유시설
- 고속도로 통행료 징수시설
- 컨테이너를 이용한 간이 창고(산업집적 활성화 및 공장설립에 관한 법률에 의한 공장의 용도로만 사용되는 건축물의 대지안에 설치하는 것으로서 이동이 용이한 것에 한함.)

**82** 광역 도시의 장기발전 방향을 제시하는 계획은 광역도시계획이며 도시·군관리계획과는 별개의 개념이다.
- ※ 도시·군관리계획
  - 용도지역·용도지구의 지정 또는 변경에 관한 계획
  - 개발제한구역·시가화조정구역·수산자원보호구역의 지정 또는 변경에 관한 계획
  - 기반시설의 설치·정비 또는 개량에 관한 계획
  - 도시개발사업 또는 정비사업에 관한 계획
  - 지구단위계획구역의 지정 또는 변경에 관한 계획과 지구단위계획

**83** 다음 중 아파트를 건축할 수 없는 용도지역은?

① 준주거지역

② 제1종 일반주거지역

③ 제2종 전용주거지역

④ 제3종 일반주거지역

**84** 다음 중 주차장의 수급실태에 관한 설명으로 바르지 않은 것은?

① 실태조사와 주기는 5년으로 한다.

② 조사구역의 사각형 또는 삼각형 형태로 설정한다.

③ 조사구역 바깥 경계선의 최대거리가 300m를 넘지 않도록 한다.

④ 각 조사구역은 「건축법」에 따른 도로를 경계로 구분한다.

---

• • •

ANSWER | **83.②  84.①**

**83** 제1종 일반주거지역은 저층주택을 중심으로 편리한 주거환경을 조성하기 위해 필요한 지역으로서 아파트를 건축할 수 없다.
　ⓐ 전용주거지역 : 양호한 주거환경을 보호
　　• 제1종전용주거지역 : 단독주택 중심의 양호한 주거환경을 보호하기 위하여 필요한 지역
　　• 제2종전용주거지역 : 공동주택 중심의 양호한 주거환경을 보호하기 위하여 필요한 지역
　ⓐ 일반주거지역 : 편리한 주거환경을 보호
　　• 제1종일반주거지역 : 저층주택을 중심으로 편리한 주거환경을 조성하기 위하여 필요한 지역
　　• 제2종일반주거지역 : 중층주택을 중심으로 편리한 주거환경을 조성하기 위하여 필요한 지역
　　• 제3종일반주거지역 : 중고층주택을 중심으로 편리한 주거환경을 조성하기 위하여 필요한 지역
　ⓒ 준주거지역 : 주거기능을 위주로 이를 지원하는 일부 상업기능 및 업무기능을 보완하기 위하여 필요한 지역

**84** 주차장 수급실태 조사
　• 실태조사의 주기는 3년이다.
　• 사각형 또는 삼각형 형태로 조사구역을 설정하되 조사구역 바깥 경계선의 최대거리가 300m를 넘지 않도록 한다.
　• 각 조사구역은 건축법에 따른 도로를 경계로 한다.
　• 아파트단지와 단독주택단지가 혼재된 지역의 경우에는 주차시설수급의 작정성, 지역적 특성을 고려하여 조사구역을 설정한다.

**85** 한 방에서 층의 높이가 다른 부분이 있는 경우 층고산정방법으로 옳은 것은?

① 가장 낮은 높이로 한다.

② 가장 높은 높이로 한다.

③ 각 부분 높이에 따른 면적에 따라 가중평균한 높이로 한다.

④ 가장 낮은 높이와 가장 높은 높이의 산술평균한 높이로 한다.

**86** 다음 설명에 알맞은 용도지구의 세분은?

산지·구릉지 등 자연경관을 보호하거나 유지하기 위하여 필요한 지구

① 자연경관지구

② 자연방재지구

③ 특화경관지구

④ 생태계보호지구

---

85.③  86.①

**85** 한 방에서 층의 높이가 다른 부분이 있는 경우 층고산정은 각 부분 높이에 따른 면적에 따라 가중평균한 높이로 한다.

**86** 자연경관지구 : 산지·구릉지 등 자연경관을 보호하거나 유지하기 위하여 필요한 지구

시가지경관지구 : 지역 내 주거지, 중심지 등 시가지 경관을 보호 또는 유지하거나 형성하기 위하여 필요한 지구

특화경관지구 : 지역 내 주요 수계의 수변 또는 문화적 보존가치가 큰 건축물 주변의 경관 등 특별한 경관을 보호 또는 유지하거나 형성하기 위하여 필요한 지구

자연방재지구 : 토지의 이용도가 낮은 해안변, 하천변, 급경사지 주변 등의 지역으로서 건축 제한 등을 통하여 재해 예방이 필요한 지구

※ 법률상 용도지구

㉠ 경관지구 : 자연경관지구, 수변경관지구, 시가지경관지구

㉡ 미관지구 : 중심지미관지구, 역사문화미관지구, 일반미관지구

㉢ 고도지구 : 최고고도지구, 최저고도지구

㉣ 보존지구 : 문화자원보존지구, 중요시설물보존지구, 생태계보존지구

㉤ 시설보호지구 : 학교시설보호지구, 공용시설보호지구, 항만시설보호지구, 공항시설보호지구

㉥ 취락지구 : 자연취락지구, 집단취락지구

㉦ 개발진흥지구 : 주거개발진흥지구, 산업개발진흥지구, 유통개발진흥지구, 관광 및 유향개발진흥지구, 복합개발진흥지구, 특정개발진흥지구

**87** 다음과 같은 경우 연면적 1000m²인 건축물의 대지에 확보하여야 하는 전기설비 설치공간의 면적기준은?

> ㉠ 수전전압 : 저압  ㉡ 전력수전 용량 : 200[kW]

① 가로 2.5m, 세로 2.8m

② 가로 2.5m, 세로 4.6m

③ 가로 2.8m, 세로 2.8m

④ 가로 2.8m, 세로 4.6m

**88** 건축법 제61조 제2항에 따른 높이를 산정할 때, 공동주택을 다른 용도와 복합하여 건축하는 경우 건축물의 높이산정을 위한 지표면 기준은?

> 건축법 제61조(일조 등의 확보를 위한 건축물의 높이제한)
> ② 다음 각 호의 어느 하나에 해당하는 공동주택(일반상업지역과 중심상업지역에 건축하는 것은 제외한다.)은 채광(採光)등의 확보를 위하여 대통령령으로 정하는 높이 이하로 해야 한다.
> • 인접 대지경계선 등의 방향으로 채광을 위한 창문 등을 두는 경우
> • 하나의 대지에 두 동(棟) 이상을 건축하는 경우

① 전면도로의 중심선

② 인접대지의 지표면

③ 공동주택의 가장 낮은 부분

④ 다른 용도의 가장 낮은 부분

**87** 전기설비 설치공간 확보기준

| 수전전압 | 전력 수전용량 | 확보면적 |
|---|---|---|
| 특고압, 고압 | 100kW 이상 | 가로 2.8m 세로 2.8m |
| 저압 | 75kW 이상 150kW 미만 | 가로 2.5m 세로 2.8m |
| | 150kW 이상 200kW 미만 | 가로 2.8m 세로 2.8m |
| | 200kW 이상 300kW 미만 | 가로 2.8m 세로 4.6m |
| | 300kW 이상 | 가로 2.8m 세로 4.6m |

**88** 공동주택을 다른 용도와 복합하여 건축하는 경우 공동주택의 가장 낮은 부분을 지표면 기준으로 한다.

**89** 다음 중 노외주차장의 출구 및 입구를 설치할 수 있는 장소는?

① 육교로부터 4m 거리에 있는 도로의 부분

② 지하횡단보도에서 10m거리에 있는 도로의 부분

③ 초등학교 출입구로부터 15m거리에 있는 도로의 부분

④ 장애인 복지시설 출입구로부터 15m거리에 있는 도로의 부분

**90** 건축물에 설치하는 지하층의 구조 및 설비에 관한 기준 내용으로 바르지 않은 것은?

① 거실의 바닥면적의 합계가 $1000m^2$ 이상인 층에는 환기설비를 설치할 것

② 거실의 바닥면적이 $30m^2$ 이상인 층에는 피난층으로 통하는 비상탈출구를 설치할 것

③ 지하층의 바닥면적이 $300m^2$ 이상인 층에는 식수공급을 위한 급수전을 1개소 이상 설치할 것

④ 문화 및 집회시설 중 공연장의 용도에 사용되는 층으로서 그 층의 거실의 바닥면적의 합계가 $50m^2$ 이상인 건축물에는 직통계단을 2개소 이상 설치할 것

---

**ANSWER**  89.② 90.②

**89** 노외주차장의 출입구를 설치할 수 없는 곳
- 종단구배가 10%를 초과하는 도로
- 너비 4m미만의 도로
- 횡단보도(육교 및 지하횡단보도를 포함한다)로부터 5m 이내에 있는 도로의 부분
- 새마을 유아원, 유치원, 초등학교, 특수학교, 장애인복지시설 및 아동전용시설 등의 출입구로부터 20m 이내의 도로
- 주차대수 400대를 초과하는 규모는 노외주차장의 출구와 입구를 각각 따로 설치한다.
- 출입구의 폭은 3.5m이상어야 하며 차로의 높이는 2.3m이상이어야 하며 주차부분의 높이는 2.1m이상이어야 한다. 주차규모가 50대 이상인 경우 출구와 입구를 분리하거나 폭 5.5m이상의 출입구를 설치해야 한다.
- 노외주차장은 본래 녹지지역이 아닌 곳에 설치하는 곳이 원칙이다.

**90** ② 거실의 바닥면적이 $50m^2$ 이상인 층에는 직통계단 외에 피난층 또는 지상으로 통하는 비상탈출구 및 환기통을 설치해야 한다.

**91** 다음 중 건축물의 대지에 공개공지 또는 공개공간을 확보하여야 하는 대상 건축물에 속하는 것은? (단, 일반주거지역의 경우)

① 업무시설로서 해당 용도로 사용되는 바닥면적의 합계가 3000m²인 건축물

② 숙박시설로서 해당용도로 사용되는 바닥면적의 합계가 4000m²인 건축물

③ 종교시설로서 해당용도로 사용되는 바닥면적의 합계가 5000m²인 건축물

④ 문화 및 집회시설로서 해당 용도로 사용되는 바닥면적의 합계가 4000m²인 건축물

**92** 다음 중 부설주차장 설치대상 시설물의 종류와 설치기준의 연결이 바르지 않은 것은?

① 골프장 – 1홀당 10대

② 숙박시설 – 시설면적 200m²당 1대

③ 위락시설 – 시설면적 150m²당 1대

④ 문화 및 집회시설 중 관람장 – 정원 100명당 1대

**91** 공개공지 확보대상
다음의 용도 및 규모의 건축물은 일반이 사용할 수 있도록 소규모 휴식시설 등의 공개공지를 설치해야 한다.

**92** 부설주차장 설치기준

| 위락시설 | 100m²당 1대 |
|---|---|
| 업무, 판매, 의료, 문화 및 집회시설 | 150m²당 1대 |
| 숙박시설, 근린생활시설 | 200m²당 1대 |

**93** 다음 중 건축에 속하지 않는 것은?

① 이전                                ② 증축

③ 개축                                ④ 대수선

---

**ANSWER** 93.④

**93** 대수선은 건축에 속하지 않는다.

※ **건축행위의 종류**

ㄱ **신축** : 부속건축물만 있는 대지에 주된 건축물을 건축하는 것

ㄴ **증축** : 주된건축물이 있는 대지에 부속건축물을 새로이 축조하는 것, 또는 동일한 용도의 건축물을 새로이 축조하는 것

ㄷ **재축** : 자연재해로 인하여 건축물의 일부 또는 전부가 멸실된 경우 그 대지안에 종전의 동일한 규모의 범위안에서 다시 축조하는 행위

ㄹ **개축** : 기존 건축물의 내력벽, 기둥, 보를 철거하고 그 대지에 종전과 같은 규모의 범위에서 건축물을 다시 축조하는 건축 행위

ㅁ **이전** : 기존 건축물의 주요구조부를 해체하지 않고 동일 대지 내에서 건축물의 위치를 옮기는 행위

건축물의 기둥, 보, 내력벽, 주 계단 등의 구조나 외부 형태를 수선·변경하거나 증설하는 것으로 증축·개축 또는 재축에 해당하지 않는 것으로서 다음의 어느 하나에 해당하는 것을 말한다.
① 내력벽을 증설 또는 해체하거나 그 벽 면적을 30제곱미터 이상 수선 또는 변경하는 것
② 기둥을 증설 또는 해체하거나 세 개 이상 수선 또는 변경하는 것
③ 보를 증설 또는 해체하거나 세 개 이상 수선 또는 변경하는 것
④ 지붕틀을 증설 또는 해체하거나 세 개 이상 수선 또는 변경하는 것
⑤ 방화벽 또는 방화구획을 위한 바닥 또는 벽을 증설 또는 해체하거나 수선 또는 변경하는 것
⑥ 주계단·피난계단 또는 특별피난계단을 증설 또는 해체하거나 수선 또는 변경하는 것,
⑦ 미관지구에서 건축물의 외부형태(담장을 포함)를 변경하는 것
⑧ 다가구주택의 가구 간 경계벽 또는 다세대주택의 세대 간 경계벽을 증설 또는 해체하거나 수선 또는 변경하는 것

| 공사범위 | 판정 |
|---|---|
| 내력벽 30m² 이상 수선변경 | 대수선 |
| 방화벽수선(규모와 관계없이) | 대수선 |
| 방화구획벽 수선(규모와 관계없이) | 대수선 |
| 비내력벽수선(규모에 관계없이) | 대수선 아님 |
| 기둥 3개 수선변경 | 대수선 |
| 기둥1+보2개 수선변경 | 대수선 아님 |
| 기둥1+보1+지붕틀1 수선 | 개축 |

**94** 전용주거지역 또는 일반주거지역 안에서 높이 8m의 2층 건축물을 건축하는 경우, 건축물의 각 부분은 일조 등의 확보를 위해 정북방향으로의 인접대지경계선으로부터 최소 얼마이상 띄어 건축해야 하는가?

① 1m

② 1.5m

③ 2m

④ 3m

**95** 다음은 공동주택의 환기설비에 관한 기준내용이다. ( )안에 알맞은 것은?

> 신축 또는 리모델링하는 100세대 이상의 공동주택에는 시간당 ( )이상의 환기가 이루어질 수 있도록 자연환기설비 또는 기계환기설비를 설치해야 한다.

① 0.5회

② 1회

③ 1.5회

④ 2회

**94** 전용주거지역 또는 일반주거지역 안에서 일조 등의 확보를 위해 정북방향의 인접대지 경계선으로부터 건축물을 이격시키는 거리
(건축법 시행령 제86조)
㉠ 건축물의 높이가 9m 이하인 경우 : 1.5m 이상
㉡ 건축물의 높이가 9m 초과인 경우 : 당해 건축물의 각 부분 높이의 1/2 이상
문제에서 건축물의 높이가 8m이므로 9m 이하에 해당되어 최소 1.5m 이상 인접대기경계선으로부터 띄어 건축해야 한다.

**95** 신축 또는 리모델링하는 100세대 이상의 공동주택에는 시간당 0.5회 이상의 환기가 이루어질 수 있도록 자연환기설비 또는 기계환기설비를 설치해야 한다.

**96** 다음 중 건축물의 내부에 설치하는 피난계단의 구조에 관한 기준 내용으로 바르지 않은 것은?

① 계단의 유효너비는 0.9m 이상으로 할 것

② 계단실의 실내에 접하는 부분의 마감은 불연재료로 할 것

③ 계단은 내화구조로 하고 피난층 또는 지상까지 직접 연결되도록 할 것

④ 건축물의 내부에서 계단실로 통하는 출입구의 유효너비는 0.9m 이상으로 할 것

**ANSWER**   96.①

**96** 옥외 피난계단의 폭은 0.9m 이상이며 옥내 피난 계단은 유효기준에 따르도록 하는데 옥내 피난계단의 유효폭에 대한 명확한 기준은 없다. 일반적으로 초·중·고등학교의 피난계단 및 계단참의 너비는 최소 1.5m 이상이어야 한다.

---

※ 피난계단의 구조
1. 건축물의 내부에 설치하는 피난계단의 구조
   • 계단실은 창문·출입구 기타 개구부(이하 "창문등"이라 한다)를 제외한 당해 건축물의 다른 부분과 내화구조의 벽으로 구획할 것
   • 계단실의 실내에 접하는 부분(바닥 및 반자 등 실내에 면한 모든 부분을 말한다)의 마감(마감을 위한 바탕을 포함한다)은 불연재료로 할 것
   • 계단실에는 예비전원에 의한 조명설비를 할 것
   • 계단실의 바깥쪽과 접하는 창문등(망이 들어 있는 유리의 붙박이창으로서 그 면적이 각각 1제곱미터 이하인 것을 제외한다)은 당해 건축물의 다른 부분에 설치하는 창문등으로부터 2미터 이상의 거리를 두고 설치할 것
   • 건축물의 내부와 접하는 계단실의 창문등(출입구를 제외한다)은 망이 들어 있는 유리의 붙박이창으로서 그 면적을 각각 1제곱미터 이하로 할 것
   • 건축물의 내부에서 계단실로 통하는 출입구의 유효너비는 0.9미터 이상으로 하고, 그 출입구에는 피난의 방향으로 열 수 있는 것으로서 언제나 닫힌 상태를 유지하거나 화재로 인한 연기, 온도, 불꽃 등을 가장 신속하게 감지하여 자동적으로 닫히는 구조로 된 제26조에 따른 갑종방화문을 설치할 것
   • 계단은 내화구조로 하고 피난층 또는 지상까지 직접 연결되도록 할 것
2. 건축물의 바깥쪽에 설치하는 피난계단의 구조
   • 계단은 그 계단으로 통하는 출입구외의 창문등(망이 들어 있는 유리의 붙박이창으로서 그 면적이 각각 1제곱미터 이하인 것을 제외한다)으로부터 2미터 이상의 거리를 두고 설치할 것
   • 건축물의 내부에서 계단으로 통하는 출입구에는 제26조에 따른 갑종방화문을 설치할 것
   • 계단의 유효너비는 0.9미터 이상으로 할 것
   • 계단은 내화구조로 하고 지상까지 직접 연결되도록 할 것
3. 특별피난계단의 구조
   • 건축물의 내부와 계단실은 노대를 통하여 연결하거나 외부를 향하여 열 수 있는 면적 1제곱미터 이상인 창문(바닥으로부터 1미터 이상의 높이에 설치한 것에 한한다) 또는 「건축물의 설비기준 등에 관한 규칙」 제14조의 규정에 적합한 구조의 배연설비가 있는 면적 3제곱미터 이상인 부속실을 통하여 연결할 것
   • 계단실·노대 및 부속실(「건축물의 설비기준 등에 관한 규칙」 제10조제2호 가목의 규정에 의하여 비상용승강기의 승강장을 겸용하는 부속실을 포함한다)은 창문등을 제외하고는 내화구조의 벽으로 각각 구획할 것
   • 계단실 및 부속실의 실내에 접하는 부분(바닥 및 반자 등 실내에 면한 모든 부분을 말한다)의 마감(마감을 위한 바탕을 포함한다)은 불연재료로 할 것
   • 계단실에는 예비전원에 의한 조명설비를 할 것
   • 계단실·노대 또는 부속실에 설치하는 건축물의 바깥쪽에 접하는 창문등(망이 들어 있는 유리의 붙박이창으로서 그 면적이 각각 1제곱미터이하인 것을 제외한다)은 계단실·노대 또는 부속실외의 당해 건축물의 다른 부분에 설치하는 창문등으로부터 2미터 이상의 거리를 두고 설치할 것
   • 계단실에는 노대 또는 부속실에 접하는 부분외에는 건축물의 내부와 접하는 창문등을 설치하지 아니할 것
   • 계단실의 노대 또는 부속실에 접하는 창문등(출입구를 제외한다)은 망이 들어 있는 유리의 붙박이창으로서 그 면적을 각각 1제곱미터 이하로 할 것
   • 노대 및 부속실에는 계단실외의 건축물의 내부와 접하는 창문등(출입구를 제외한다)을 설치하지 아니할 것
   • 건축물의 내부에서 노대 또는 부속실로 통하는 출입구에는 제26조에 따른 갑종방화문을 설치하고, 노대 또는 부속실로부터 계단실로 통하는 출입구에는 제26조에 따른 갑종방화문 또는 을종방화문을 설치할 것. 이 경우 갑종방화문 또는 을종방화문은 언제나 닫힌 상태를 유지하거나 화재로 인한 연기, 온도, 불꽃 등을 가장 신속하게 감지하여 자동적으로 닫히는 구조로 하여야 하고, 연기 또는 불꽃으로 감지하여 자동적으로 닫히는 구조로 할 수 없는 경우에는 온도를 감지하여 자동적으로 닫히는 구조로 할 수 있다.
   • 계단은 내화구조로 하되, 피난층 또는 지상까지 직접 연결되도록 할 것
   • 출입구의 유효너비는 0.9미터 이상으로 하고 피난의 방향으로 열 수 있을 것

---

**97** 다음 중 허가대상에 속하는 용도변경은?

① 숙박시설에서 의료시설로의 용도변경

② 판매시설에서 문화 및 집회시설로의 용도변경

③ 제1종 근린생활시설에서 업무시설로의 용도변경

④ 제1종 근린생활시설에서 공동주택으로의 용도변경

**98** 국토의 계획 및 이용에 관한 법률상 다음과 같이 정의되는 것은?

> 도시 · 군계획 수립 대상지역의 일부에 대해 토지이용을 합리화하고 그 기능을 증진시키며 미관을 개선하고 양호한 환경을 확보하며, 그 지역을 체계적 · 계획적으로 관리하기 위하여 수립하는 도시 · 군관리계획

① 광역도시계획

② 지구단위계획

③ 도시 · 군기본계획

④ 입지규제최소구역계획

**97**

| 용도변경 분류 | 행정절차 |
|---|---|
| 자동차 관련 시설군 | |
| 산업 등 시설군 | |
| 전기통신 시설군 | |
| 문화집회 시설군 | |
| 영업 시설군 | 오름차순 변경(↑): 허가 |
| 교육 및 복지 시설군 | 내림차순 변경(↓): 신고 |
| 근린생활 시설군 | |
| 주거업무 시설군 | |
| 기타 시설군 | |

**98** ② 지구단위계획 : 도시 · 군계획 수립대상지역의 일부에 대해 토지이용을 합리화하고 그 기능을 증진시키며 미관을 개선하고 양호한 환경을 확보하며, 그 지역을 체계적 · 계획적으로 관리하기 위하여 수립하는 도시 · 군관리계획

① 광역도시계획 : 광역계획권의 장기적인 발전방향을 제시하고 기능을 상호 연계함으로써 적절한 성장관리를 도모하고 무질서한 확산을 방지하기 위한 계획(광역계획권 내 시군의 도시기본계획 및 도시관리계획의 지침이 된다.)

③ 도시 · 군기본계획 : 국토의 한정된 자원을 효율적이고 합리적으로 활용하여 주민의 삶의 질을 향상시키고, 도시를 환경적으로 건전하고 지속가능하게 발전시키기 위한 장기적인 종합계획

④ 입지규제최소구역계획 : 도심 내 쇠퇴한 주거지역, 역세권 등을 주거 · 상업 · 문화기능이 복합된 거점으로 개발해 지역경제 활성화를 촉진하기 위한 구역 계획

04. 건축기사 2019년 1회 **193**

**99** 다음의 대규모 건축물의 방화벽에 관한 기준 내용 중 (  )안에 공통으로 들어갈 내용은?

연면적 (  )이상인 건축물은 방화벽으로 구획하되, 각 구획된 바닥면적의 합계는 (  )미만이어야 한다.

① 500m$^2$

② 1000m$^2$

③ 1500m$^2$

④ 2000m$^2$

**100** 다음 그림과 같은 대지의 도로 모퉁이 부분의 건축선으로서 도로 경계선의 교차점에서의 거리 A로 옳은 것은?

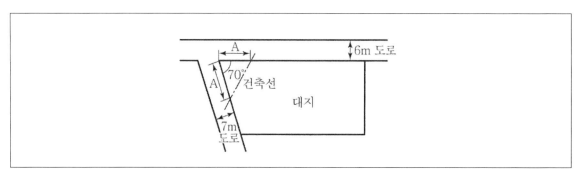

① 1m

② 2m

③ 3m

④ 4m

**99** 대규모 건축물의 방화벽 등의 구획기준
- 연면적 1,000m$^2$ 이상의 목조건축물 : 지붕(불연재료), 외벽 및 처마(방화구조)
- 연면적 1,000m$^2$ 이상의 건축물은 바닥면적 1,000m$^2$ 미만마다 방화벽으로 구획한다.
- 예외 : 주요구조부가 내화구조, 또는 불연재료로 된 것, 단독주택(다가구주택, 다중주택은 제외), 창고, 동·식물 관련시설, 교도소, 감화원, 발전시설, 묘지관련시설(화장시설은 제외)

**100** 도로모퉁이에서의 건축선 규정

| 도로의 교차각 | 교차되는 도로의 너비 | 4m≤D<6m | 6m≤D<8m |
|---|---|---|---|
| 90° 미만 | 4m≤D<6m | 2m | 3m |
|  | 6m≤D<8m | 3m | 4m |
| 90° 이상 120° 미만 | 4m≤D<6m | 2m | 2m |
|  | 6m≤D<8m | 2m | 3m |

**1과목** 건축계획

**1** 도서관의 출납시스템 중 폐가식에 관한 설명으로 바르지 않은 것은?

① 서고와 열람실이 분리되어 있다.

② 도서의 유지 관리가 좋아 책의 망실이 적다.

③ 대출절차가 간단하여 관원의 작업량이 적다.

④ 규모가 큰 도서관의 독립된 서고의 경우에 많이 채용된다.

---

**ANSWER** 1.③

**1** 폐가식은 대출절차가 복잡하고 관원의 작업량이 많다.
　　※ 도서관 출납시스템의 분류
　　　㉠ 폐가식(closed access) : 열람자는 책의 목록에 의해 책을 선택하여 관원에게 대출 기록을 제출한 후 대출받는 형식이다. 서고와 열람실이 분리되어 있다.
　　　　• 도서의 유지관리가 양호하다.
　　　　• 감시할 필요가 없다.
　　　　• 희망한 내용이 아닐 수 있다.
　　　　• 대출 절차가 복잡하고 관원의 작업량이 많다.
　　　㉡ 안전 개가식(safe-guarded open access) : 자유 개가식과 반개가식의 장점을 취한 형식으로서, 열람자가 책을 직접 서가에서 뽑지만 관원의 검열을 받고 대출의 기록을 남긴 후 열람하는 형식이다. 보통 15,000권 이하의 서적을 보관하고 열람하는 데 적당하다.
　　　　• 출납 시스템이 필요 없어 혼잡하지 않다.
　　　　• 도서 열람의 체크 시설이 필요하다.
　　　　• 도서 열람이 가능하여 책을 보고 직접 뽑을 수 있다.
　　　　• 감시가 필요하지 않다.
　　　㉢ 반개가식(semi-open access) : 열람자는 직접 서가에 면하여 책의 체재나 표시 정도는 볼 수 있으나 내용을 보려면 관원에게 요구하여 대출 기록을 남긴 후 열람하는 형식이다.
　　　　• 신간 서적 안내에 채용되며 대량의 도서에는 부적당하다.
　　　　• 출납 시설이 필요하다.
　　　　• 서가의 열람이나 감시가 불필요하다.
　　　㉣ 자유 개가식(free open access) : 열람자 자신이 서가에서 책을 꺼내어 책을 고르고 그대로 검열을 받지 않고 열람하는 형식으로 보통 1실형이고 10,000권 이하의 서적 보관과 열람에 적당하다.
　　　　• 책 내용 파악 및 선택이 자유롭고 용이
　　　　• 책의 목록이 없어 간편하다.
　　　　• 책 선택시 대출, 기록의 제출이 없어 분위기가 좋다.
　　　　• 서가의 정리가 잘 안 되면 혼란스럽게 된다.
　　　　• 책의 마모, 망실이 된다.

**2** 다음 중 르 꼬르뷔제가 제시한 근대건축의 5원칙에 해당하는 것은?

① 옥상정원

② 유기적 건축

③ 노출콘크리트 마감

④ 유니버셜 스페이스

**3** 다음 중 전시공간의 융통성을 주요 건축개념으로 한 것은?

① 퐁피두 센터

② 루브르 박물관

③ 구겐하임 미술관

④ 슈투트가르트 미술관

**ANSWER**   2.①  3.①

**2**   르 꼬르뷔제의 근대건축 5원칙 … 필로티, 수평띠창, 옥상정원, 자유로운 평면, 자유로운 파사드

**3**

〈퐁피두 센터〉

파리에 위치한 퐁피두 센터는 파사드에서부터 파격적인 형상을 볼 수 있다. 리처드 로저스는 건물 내부 공간의 융통성을 높이기 위해 건축물을 크게 2개의 부분으로 구성하였는데 큰 사각형 모양의 주 건물은 중심이 천장까지 뚫린 대형 홀을 중심으로 가장자리에 건물의 구조가 배치돼 내부 공간을 완전히 비워서 사용자가 자유자재로 공간을 바꿀 수 있게 설계하였다. 아울러 건물에 필요한 배관, 계단 그리고 에스컬레이터 등의 서비스 기능들을 주건물 주변에 6개의 부속 부분을 만들어 외부에 노출했다.

**4** 미술관 전시공간의 순회형식 중 갤러리 및 코리더 형식에 관한 설명으로 바른 것은?

① 복도의 일부를 전시장으로 사용할 수 있다.

② 전시실 중 하나의 실을 폐쇄하면 동선이 단절된다는 단점이 있다.

③ 중앙에 커다란 홀을 계획하고 그 홀에 접하여 전시실을 배치한 형식이다.

④ 이 형식을 채용한 대표적인 건축물로는 뉴욕 근대미술관과 프랭크로이드 라이트의 구겐하임 미술관이 있다.

• • •
ANSWER · 4.①

**4** 전시실의 순로형식

　ⓐ 연속순로형식

　　• 구형 또는 다각형의 각 전시실을 연속적으로 연결하는 형식

　　• 단순하고 공간이 절약된다.

　　• 소규모의 전시실에 적합하다.

　　• 전시벽면을 많이 만들 수 있다.

　　• 많은 실을 순서별로 통해야 하고 1실을 닫으면 전체 동선이 막히게 된다.

　ⓑ 갤러리 및 코리도 형식

　　• 연속된 전시실의 한쪽 복도에 의해 각실을 배치한 형식이다.

　　• 복도가 중정을 포위하여 순로를 구성하는 경우가 많다.

　　• 각 실에 직접 출입이 가능하며 필요시 자유로이 독립적으로 폐쇄할 수 있다.

　　• 르 코르뷔제가 와상동선을 발전시켜 미술관 안으로 '성장하는 미술관'을 계획하였다.

　ⓒ 중앙홀형식

　　• 중심부에 하나의 큰 홀을 두고 그 주위에 각 전시실을 배치하여 자유로이 출입하는 형식이다.

　　• 부지의 이용률이 높은 지점에 건립할 수 있다.

　　• 중앙홀이 크면 동선의 혼란이 없으나 장래에 많은 무리가 따른다.

**5** 다음 중 구조코어로서 가장 바람직한 코어형식으로, 바닥면적이 큰 고층, 초고층 사무소에 적합한 것은?

① 중심코어형

② 편심코어형

③ 독립코어형

④ 양단코어형

• • •
ANSWER | 5.①

**5** 구조코어로서 가장 바람직한 코어형식으로, 바닥면적이 큰 고층, 초고층 사무소에 적합한 것은 중심코어형이다.

※ **코어의 형식**

㉠ **편심코어형**
- 바닥면적이 작은 경우에 적합하다.
- 바닥면적이 커지면 코어외에 피난설비, 설비 샤프트 등이 필요하다.
- 고층일 경우 구조상 불리하다.

㉡ **중심 코어형(중앙 코어형)**
- 바닥면적이 큰 경우에 적합하다.
- 고층, 초고층에 적합하고 외주 프레임을 내력벽으로 하여 중앙 코어와 일체로 한 내진구조로 만들 수 있다.
- 내부공간과 외관이 획일적으로 되기 쉽다.

㉢ **독립 코어형(외코어형)**
- 편심 코어형에서 발전된 형으로 특징은 편심코어형과 거의 동일하다.
- 코어와 관계없이 자유로운 사무실 공간을 만들 수 있다.
- 설비 덕트, 배관을 사무실까지 끌어 들이는데 제약이 있다.
- 방재상 불리하고 바닥면적이 커지면 피난시설을 포함한 서브 코어가 필요하다.
- 코어의 접합부 평면이 과대해지지 않도록 계획할 필요가 있다.
- 사무실 부분의 내진벽은 외주부에만 하는 경우가 많다.
- 코어부분은 그 형태에 맞는 구조형식을 취할 수 있다.
- 내진구조에는 불리하다.

㉣ **양단 코어형(분리 코어형)**
- 하나의 대공간을 필요로 하는 전용 사무소에 적합하다.
- 2방향 피난에 이상적이며, 방재상 유리하다.
- 임대사무소일 경우 같은 층을 분할하여 대여하면 복도가 필요하게 되고 유효율이 떨어진다.

| 편심코어 | 중심코어 | 독립코어 | 양단코어 |
|---|---|---|---|

**6** 아파트의 평면형식에 관한 설명으로 바르지 않은 것은?

① 중복도형은 부지의 이용률이 적다.

② 홀형(계단실형)은 독립성(Privacy)이 우수하다.

③ 집중형은 복도부분의 자연환기, 채광이 극히 나쁘다.

④ 편복도형은 복도를 외기에 터놓으면 통풍, 채광이 중복도형보다 양호하다.

---

**6** ① 중복도형은 다른 유형에 비해 부지의 이용률이 높다.

※ 복도의 유형

　㉠ 계단실형(홀형)

　　• 계단 또는 엘리베이터 홀로부터 직접 주거단위로 들어가는 형식

　　• 각 세대간 독립성이 높다.

　　• 고층아파트일 경우 엘리베이터 비용이 증가한다.

　　• 단위주호의 독립성이 좋다.

　　• 채광, 통풍조건이 양호하다.

　　• 복도형보다 소음처리가 용이하다.

　　• 통행부의 면적이 작으므로 건물의 이용도가 높다.

　㉡ 편복도형

　　• 남면일조를 위해 동서를 축으로 한쪽 복도를 통해 각 주호로 들어가는 형식

　　• 거주자의 자연적 환경을 동일하게 만들고자 할 때 일반적으로 채용

　　• 통풍 및 채광은 양호한 편이지만 복도 폐쇄시 통풍이 불리

　㉢ 중복도형

　　• 부지의 이용률이 높다.

　　• 고층고밀화에 유리하여 주로 독신자아파트에 적용된다.

　　• 통풍 및 채광이 불리하다.

　　• 프라이버시가 좋지 않다.

　㉣ 집중형(코어형)

　　• 채광 및 통풍조건이 좋지 않으므로 기후조건에 따라 기계적 환경조절이 필요하다.

　　• 부지이용률이 극대화된다.

　　• 프라이버시가 좋지 않다.

**7** 상점의 판매방식에 관한 설명으로 바르지 않은 것은?

① 측면판매방식은 직원 동선의 이동성이 많다.

② 대면판매방식은 측면판매방식에 비해 상품진열면적이 넓어진다.

③ 측면판매방식은 고객이 직접 진열된 상품을 접촉할 수 있는 관계로 선택이 용이하다.

④ 대면판매방식은 쇼케이스를 중심으로 판매원이 고정된 자리나 위치를 확보하는 것이 용이하다.

**8** 사무소건축의 실단위 계획에 관한 설명으로 바르지 않은 것은?

① 개실시스템은 독립성과 쾌적감의 이점이 있다.

② 개방식 배치는 전면적을 유용하게 사용할 수 있다.

③ 개방식 배치는 개실시스템보다 공사비가 저렴하다.

④ 오피스 랜드스케이프는 개실시스템을 위한 실단위계획이다.

• • •
**ANSWER** 7.② 8.④

**7**  ② 대면판매방식은 측면판매방식에 비해 상품 진열 면적이 좁다.
※ 대면판매와 측면판매
  ㉠ 대면판매 : 고객과 직원이 진열장을 사이에 두고 대면하여 상담 및 판매가 이루어지는 방식
    • 직원이 고객과 마주보고 대면하여 상품설명에 용이하다.
    • 진열장 중심으로 판매원의 고정위치를 정하기가 용이하다.
    • 상품의 포장과 계산이 편리하다.
    • 직원 및 판매원이 통로를 점유하여 상품의 진열면적이 측면방식에 비해 좁다.
    • 진열장이 많아지면 상점 분위기가 다소 경직될 수 있다.
  ㉡ 측면판매 : 직원이 고객과 동일하게 같은 방향에서 진열된 상품을 판매하거나 진열된 상품과 같은 방향에 서서 상품을 판매하는 방식이다.
    • 고객이 직접 상품과 접촉해 충동구매를 유도할 수 있다.
    • 상품에 대해 친근감을 느낄 수 있다.
    • 상품의 구매와 선택이 용이하다.
    • 대면방식에 비해 진열면적을 넓게 확보할 수 있다.
    • 판매원의 위치를 정하기 어렵고 직원 동선의 이동성이 많고 다소 불안정하다.
    • 직원이 상품의 측면에 서서 해야 하므로 상품의 설명이나 포장이 쉽지 않다.
    • 계산이나 포장을 위한 별도의 공간이 필요하다.
    • 상품의 파손 및 도난방지에 주의해야 한다.

**8**  오피스 랜드스케이프는 개실시스템과는 반대되는 개념이다.
개실시스템이란 복도에 의해 각층의 여러 부분으로 들어가는 방식을 말한다. 오피스랜드스케이핑은 개실시스템에 속하지 않으며 개방식시스템에 속한다.

**9** 주택 단지 내 도로의 형태 중 쿨데삭(Cul-de-Sac)형에 관한 설명으로 바르지 않은 것은?

① 통과교통이 방지된다.

② 우회도로가 없으므로 방재·방범상으로 불리하다.

③ 주거환경의 쾌적성과 안전성 확보가 용이하다.

④ 대규모 주택단지에 주로 사용되며 도로의 최대 길이는 1km 이하로 한다.

**10** 학교의 배치형식 중 분산병렬형에 관한 설명으로 바르지 않은 것은?

① 일종의 핑거 플랜이다.

② 구조계획이 간단하고 시공이 용이하다.

③ 부지의 크기에 상관없이 적용이 용이하다.

④ 일조·통풍 등 교실의 환경조건을 균등하게 할 수 있다.

**11** 상점의 매장 및 정면 구성에서 요구되는 AIDMA법칙의 내용으로 바르지 않은 것은?

① Memory                          ② Interest

③ Attention                        ④ Attraction

---

**ANSWER**  9.④  10.③  11.④

**9** 쿨데삭(Cul-de-sac)의 적정 길이는 120~300m정도이며 300m 정도일 경우 편의도모와 혼란방지를 위해 중간지점에 회전구간을 둔다.

**10** 분산병렬형은 충분한 면적의 부지가 확보되어야만 한다.

| 비교항목 | 폐쇄형 | 분산병렬형 |
|---|---|---|
| 부지 | 효율적인 이용 | 넓은 부지 필요 |
| 교사 주변 공지 | 비활용 | 놀이터와 정원 |
| 교실 환경 조건 | 불균등 | 균등 |
| 구조계획 | 복잡(유기적구성) | 단순(규격화) |
| 동선 | 짧다. | 길어진다. |
| 운동장에서의 소음 | 크다. | 작다. |
| 비상시 피난 | 불리하다. | 유리하다. |

**11** A : Attention(주의)

I : Interest(흥미)

D : Desire(욕망)

M : Memory(기억)

A : Action(행동)

**12** 테라스하우스에 관한 설명으로 바르지 않은 것은?

① 경사가 심할수록 밀도가 높아진다.

② 각 세대의 깊이는 7.5m 이상으로 하여야 한다.

③ 평지보다 더 많은 인구를 수용할 수 있어 경제적이다.

④ 시각적인 인공테라스형은 위층으로 갈수록 건물의 내부면적이 작아지는 형태이다.

**13** 극장건축에서 무대의 제일 뒤에 설치되는 무대배경용의 벽을 의미하는 것은?

① 사이클로라마            ② 플라이로프트

③ 플라이갤러리          ④ 그리드아이언

● ● ●
**ANSWER**   12.②   13.①

**12** 각 세대의 깊이는 7.5m 미만으로 하여야 한다.

※ 테라스하우스
- 경사진 대지를 계획하여 배치하는 형태로 아래 세대의 옥상을 정원이나 기타의 용도로 사용할 수 있는 테라스를 갖는다.
- 후면에 창호가 없으므로 각 세대의 깊이가 7.5m 이상일 경우 세대의 일조에 불리하다.
- 대지의 경사도가 30°가 되면 윗집과 아랫집이 절반정도 겹치게 되어 평지보다 2배의 밀도로 건축이 가능하다.
- 하향식의 경우 각 세대의 규모를 동일하게 할 수 있다.
- 테라스 하우스(terrace house)는 상향식이든 하향식이든 경사지에서는 스플릿 레벨(split level) 구성이 가능하다.

**13** ㉠ 사이클로라마(Cyclorama) : 극장건축에서 무대의 제일 뒤에 설치하는 무대배경용의 벽
ㄴ 플라이갤러리(Fly Gallery) : 극장 무대 주위의 벽에 6~9m 높이로 설치되는 좁은 통로로서, 그리드 아이언에 올라가는 계단과 연결되는 것
ㄷ 그리드아이언(Grid Iron) : 격자 발판으로 무대 천장에 설치되어 무대의 배경이나 조명기구 또는 음향반사판 등을 매달 수 있게 장치된 것이다.
ㄹ 그린룸(Green Room) : 출연자 대기실을 의미한다.
ㅁ 록 레일(Lock Rail) : 와이어 로프(wire rope)를 한곳에 모아서 조정하는 장소이며, 벽에 가이드레일을 설치해야 되기 때문에 무대의 좌우 한쪽 벽에 위치한다.
ㅂ 티이서 : 극장 전무대 아치의 상부를 가로질러 위쪽으로 설치한 수평인 커튼으로 무대지붕의 이면의 은폐에 사용하며 무대 양측을 따라서 있는 막과 함께 사용한다.
ㅅ 플라이로프트 : 무대상부공간 (프로세니움 높이의 4배)
ㅇ 잔교 : 프로세니움 바로 뒤에 접하여 설치된 발판으로 조명조작, 비나 눈 내리는 장면을 위해 필요함, 바닥높이가 관람석보다 높아야 한다.
ㅈ 로프트블록 : 그리드 아이언에 설치된 활차
ㅊ 플로어트랩 : 무대의 임의 장소에서 연기자의 등장과 퇴장이 이루어질 수 있도록 무대와 트랩 룸 사이를 계단이나 사다리로 오르내릴 수 있는 장치
ㅋ 앤티룸 : 무대와 그린 룸 가까이에서 배우가 출연 직전에 대기하는 곳
ㅌ 프롬프터 박스 : 무대 중앙에 객석측을 둘러싸고 무대측만 개방하여 이곳에서 대사를 불러주고 기타 연기의 주의환기를 주지시키는 곳이다.

**14** 다음의 호텔 중 연면적에 대한 숙박면적의 비가 일반적으로 가장 큰 것은?

① 커머셜호텔  
② 클럽하우스  
③ 리조트호텔  
④ 아파트먼트 호텔  

**15** 다음 중 건축가와 작품의 연결이 바르지 않은 것은?

① 르 꼬르뷔지에 – 사보이 주택  
② 오스카 니마이어 – 브라질 국회의사당  
③ 미스 반 데어 로에 – 뉴욕 레버하우스  
④ 프랭크 로이드 라이트 – 뉴욕 구겐하임 미술관  

**16** 주택의 부엌계획에 관한 설명으로 바르지 않은 것은?

① 일사가 긴 서쪽은 음식물이 부패하기 쉬우므로 피하도록 한다.  
② 작업 삼각형은 냉장고와 개수대 그리고 배선대를 잇는 삼각형이다.  
③ 부엌가구의 배치유형 중 ㄱ자형은 부엌과 식당을 겸할 경우 많이 활용되는 형식이다.  
④ 부엌가구의 배치유형 중 일렬형은 면적이 좁은 경우 이용에 효과적이므로 소규모 부엌에 주로 활용된다.  

**17** 종합병원계획에 관한 설명으로 바르지 않은 것은?

① 수술부는 타 부분의 통과교통이 없는 장소에 배치한다.  
② 수술실의 바닥은 전기도체성 마감을 사용하는 것이 좋다.  
③ 간호사 대기실은 각 간호단위 또는 층별, 동별로 설치한다.  
④ 평면계획 시 모듈을 적용하여 각 병실을 모두 동일한 크기로 하는 것이 좋다.  

---

**ANSWER**   **14.**① **15.**③ **16.**② **17.**④

**14** 연면적에 대한 숙박관계부분의 비율은 커머셜호텔 > 리조트 호텔 > 레지덴셜 호텔 > 아파트먼트 호텔이다.

**15** 레버하우스는 고든 번샤프트의 작품이다.

**16** 주방의 작업삼각형은 냉장고-개수대-가열대를 잇는 선이다.

**17** 일반적으로 평면계획 시 모듈을 적용하여 되도록 병실을 동일한 크기로 계획하지만 모든 병실을 동일한 크기로 해야될 필요는 없으며 각 병실은 요구조건에 따라 다양한 크기로도 설치될 수 있다.

**18** 공장 건축계획에 관한 설명으로 바르지 않은 것은?

① 기능식 레이아웃은 소종다량생산이나 표준화가 쉬운 경우에 주로 적용된다.

② 공장의 지붕형식 중 톱날지붕은 균일한 조도를 얻을 수 있다는 장점이 있다.

③ 평면계획 시 관리부분과 생산공정부분을 구분하고 동선이 혼란되지 않도록 한다.

④ 공장건축의 형식에서 집중식(Block Type)은 건축비가 저렴하고 공간효율이 좋다.


**19** 척도조정(M.C.)에 대한 설명으로 바르지 않은 것은?

① 설계작업이 단순해지고 간편해진다.

② 현장작업이 단순해지고 공기가 단축된다.

③ 건축물 형태의 다양성 및 창조성 확보가 용이하다.

④ 구성재의 상호조합에 의한 호환성을 확보할 수 있다.


**20** 봉정사 극락전에 관한 설명으로 바르지 않은 것은?

① 지붕은 팔작지붕의 형태를 띠고 있다.

② 공포를 주상에만 짜놓은 주심포 양식의 건축물이다.

③ 우리나라에 현존하는 목조건축물 중 가장 오래된 것이다.

④ 정면 3칸에 측면 4칸의 규모이며 서남향으로 배치되어 있다.

**18**　① 기능식 레이아웃은 기능이 동일하거나 유사한 공정 또는 기계를 집합하여 배치하는 방식으로 다품종 소량생산이나 주문생산의 경우와 표준화가 어려운 경우에 적합한 형식이다.

**19**　③ 척도조정은 규격화, 표준화를 추구하는 방법으로서 건축물 형태의 다양성 및 창조성 확보를 저하시킨다.

**20**　봉정사 극락전의 지붕은 맞배지붕의 형태를 띠고 있다.

팔작지붕

맞배지붕

우진각지붕

십자형지붕

모임지붕(육모지붕)

정자형지붕

2과목 건축시공

**21** 다음 중 금속커튼월의 Mock Up Test에 있어 기본성능시험의 항목에 해당되지 않는 것은?

① 정압수밀시험
② 방재시험
③ 구조시험
④ 기밀시험

**22** 다음 중 표준시방서에 따른 시스템비계에 관한 기준으로 바르지 않은 것은?

① 수직재와 수직재의 연결은 전용의 연결조인트를 사용하여 견고하게 연결하고, 연결 부위가 탈락 또는 꺾어지지 않도록 하여야 한다.
② 수평재는 수직재에 연결핀 등의 결합방법에 의해 견고하게 결합되어 흔들리거나 이탈되지 않도록 해야 한다.
③ 대각으로 설치하는 가새는 비계의 외면으로 평면에 대해 40~60° 방향으로 설치하며 수평재 및 수직재에 결속한다.
④ 시스템 비계 최하부에 설치하는 수직재는 받침 철물의 조절너트와 밀착되도록 설치해야 하며 수직과 수평을 유지해야 한다. 이 때, 수직재와 받침철물의 겹침길이는 받침철물 전체길이의 5분의 1이상이 되도록 해야 한다.

**23** 다음 중 열가소성수지에 해당하는 것은?

① 페놀수지
② 염화비닐수지
③ 요소수지
④ 멜라민수지

**21** 실물대시험(Mock-up-test) : 외벽성능시험이라고도 하며 풍동시험을 근거로 설계한 3개의 실모형으로 현장에서 최악의 외기조건으로 시험한다. 예비시험, 기밀시험, 정압수밀시험, 동압수밀시험, 구조시험, 층간 변위시험을 실시한다.

**22** 시스템 비계 최하부에 설치하는 수직재는 받침 철물의 조절너트와 밀착되도록 설치해야 하며 수직과 수평을 유지해야 한다. 이 때, 수직재와 받침철물의 겹침길이는 받침철물 전체길이의 3분의 1이상이 되도록 해야 한다.

**23** 열가소성수지 : 열을 받으면 다시 연화되고 상온에서 다시 경화되는 성질을 가진다. 폴리에틸렌수지, 아크릴수지, 폴리스티렌수지, 염화비닐수지, 초산비닐수지, 불소수지
열경화성수지 : 열을 한 번 받아서 경화되면 다시 열을 가해도 연화되지 않는다. 페놀수지, 요소수지, 멜라민수지, 폴리에스테르수지, 에폭시수지, 실리콘수지, 우레탄수지, 푸란수지

**24** 콘크리트 균열의 발생 시기에 따라 구분할 때 콘크리트의 경화 전 균열의 원인이 아닌 것은?

① 크리프 수축

② 거푸집의 변형

③ 침하

④ 소성수축


**25** 다음 중 프리스트레스트 콘크리트(Prestressed Concrete)에 대한 설명으로 바르지 않은 것은?

① 포스트텐션(Post-tension)공법은 콘크리트의 강도가 발현된 후 프리스트레스를 도입하는 현장형 공법이다.

② 구조물의 자중을 경감할 수 있으며, 부재단면을 줄일 수 있다.

③ 화재에 강하며, 내화피복이 불필요하다.

④ 고강도이면서 수축 또는 크리프 등의 변형이 적은 균일한 품질의 콘크리트가 요구된다.


**26** 다음 중 고강도 콘크리트의 배합에 대한 기준으로 바르지 않은 것은?

① 단위수량은 소요의 워커빌리티를 얻을 수 있는 범위 내에서 가능한 작게 해야 한다.

② 잔골재율은 소요의 워커빌리티를 얻도록 시험에 의하여 결정하여야 하며 가능한 작게 하도록 한다.

③ 고성능 감수제의 단위량은 소요 강도 및 작업에 적합한 워커빌리티를 얻도록 시험에 의해서 결정하여야 한다.

④ 기상의 변화 등에 관계없이 공기연행제를 사용하는 것을 원칙으로 한다.

**24** 콘크리트 경화 전 균열의 원인 : 거푸집의 변형, 진동 또는 충격, 소성수축, 소성침하, 수화열, 거푸집과 지주의 조기제거
콘크리트 경화 후 균열의 원인 : 건조수축, 크리프 수축, 알칼리 골재반응, 탄화수축

**25** 프리스트레스트 콘크리트는 많은 양의 강재가 사용되므로 화재에 의한 변형이 쉽게 발생하게 된다.

**26** 기상의 변화가 심하거나 동결융해에 대한 대책이 필요한 경우를 제외하고는 AE제를 사용하지 않는 것을 원칙으로 한다.

**27** 다음 중 철골공사의 접합에 관한 설명으로 바르지 않은 것은?

① 고력볼트접합의 종류에는 마찰접합, 지압접합이 있다.

② 녹막이도장은 작업장소 주위의 기온이 5℃ 미만이거나 상대습도가 85%를 초과할 때는 작업을 중지한다.

③ 철골이 콘크리트에 묻히는 부분은 특히 녹막이칠을 잘 해야 한다.

④ 용접접합에 대한 비파괴시험의 종류에는 자분탐상시험, 초음파탐상시험 등이 있다.

**28** 건설현장에서 공사감리자로 근무하고 있는 A씨가 하는 업무에 해당되지 않는 것은?

① 상세시공도면의 작성

② 공사시공자가 사용하는 건축자재가 관계법령에 의한 기준에 적합한 건축자재인지 여부의 확인

③ 공사현장에서의 안전관리지도

④ 품질시험의 실시여부 및 시험성과의 검토, 확인

**29** 다음 중 가설비용의 종류로 볼 수 없는 것은?

① 가설건물비

② 바탕처리비

③ 동력, 전등설비

④ 용수설비

---

* * *
**ANSWER**　27.③　28.①　29.②

**27**　③ 철골이 콘크리트에 묻히는 부분은 녹막이칠을 해서는 안 된다. (녹막이칠을 하게 되면 콘크리트와의 부착력이 저하된다.)

**28**　상세시공도면의 작성은 공사시공자가 맡는다.
　※ 공사감리자의 감리업무
　　• 공사시공자가 설계도서에 적합하게 시공하는지의 여부 확인
　　• 건축자재가 기준에 적합한지의 여부 확인
　　• 시공계획 및 공사관리의 적정여부 확인
　　• 공정표 및 상세시공도면의 검토 및 확인
　　• 구조물의 위치와 규격의 적정여부 검토 및 확인
　　• 품질시험의 실시여부 및 시험성과 검토 및 확인
　　• 설계변경의 적정여부 검토 및 확인
　　• 공사현장에서의 안전관리 지도
　　• 기타 공사감리계약으로 정하는 사항

**29**　바탕처리비는 가설비용에 속하지 않는다.

**30** 다음과 같은 철근 콘크리트조 건축물에서 외줄 비계면적으로 바른 것은? (단, 비계높이는 건축물의 높이로 한다.)

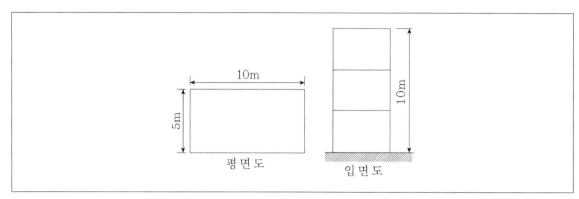

① 300m$^2$

② 336m$^2$

③ 372m$^2$

④ 400m$^2$

**31** 보통 콘크리트용 부순 골재의 원석으로서 가장 적합하지 않은 것은?

① 현무암

② 응회암

③ 안산암

④ 화강암

---

**30** 벽외면에서 45cm거리의 지면에서 건축물 높이까지의 외주면적으로 한다. 평면도 상에서 둘레의 길이와 입면도 상의 높이값을 곱한 값이 외줄비계의 면적이므로

$$10[2(10 + 2 \cdot 0.45) + 2(5 + 2 \cdot 0.45)] = 336\text{m}^2$$

**31** 응회암은 강도가 매우 약하여 골재로서는 부적합하다.

※ 응회암(Tuff) … 화산재가 쌓여서 암석화 작용을 받은 퇴적암으로서 다공질이며, 주로 장식재료로 사용된다. 화산에서 분출된 후 운반작용을 받지 못하고 바로 퇴적되었으므로 분급도(퇴적물의 입도분포 범위와 그 분산정도를 표현한 것)와 원마도(풍화생성물인 다양한 암편들이 하천 등에 의해 운반되는 과정에서 그 모서리가 둥글게 되어가는데 그 둥근정도)가 매우 좋지 않다.

**32** 조적식 구조의 기초에 관한 설명으로 바르지 않은 것은?

① 내력벽의 기초는 연속 기초로 한다.

② 기초판은 철근콘크리트 구조로 할 수 있다.

③ 기초판은 무근콘크리트 구조로 할 수 있다.

④ 기초벽의 두께는 최하층의 벽체 두께와 같게 하되, 250mm 이하로 해야 한다.

**33** 건축공사 스프레이 도장방법에 대한 설명으로 바르지 않은 것은?

① 도장거리는 스프레이 도장면에서 300mm를 표준으로 한다.

② 매 회의 에어스프레이는 붓도장과 동등한 정도의 두께로 하고, 2회분의 도막두께를 한 번에 도장하지 않는다.

③ 각 회의 스프레이 방향은 전회의 방향에 평행으로 진행한다.

④ 스프레이할 때는 항상 평행이동을 하면서 운행의 한 줄마다 스프레이 너비의 1/3 정도를 겹쳐 뿜는다.

**34** 시멘트 광물질의 조성 중에서 발열량이 높고 응결시간이 가장 빠른 것은?

① 알루민산 삼석회

② 규산삼석회

③ 규산이석회

④ 알루민산철 사석회

**32** 기초벽의 두께는 최하층의 벽체 두께와 같게 하되, 250mm 이상으로 해야 한다.

**33** 각 회의 스프레이 방향은 전회의 방향에 직각으로 진행한다.

**34** 알루민산 삼석회는 시멘트 광물질의 조성 중에서 발열량이 높고 응결시간이 매우 빠르다.

**35** 공사장 부지의 경계선으로부터 50m 이내에 주거·상가건물이 있는 경우에 공사현장 주위에 가설울타리는 최소 얼마 이상의 높이로 설치하여 하는가?

① 1.5m                                ② 1.8m

③ 2m                                  ④ 3m

**36** 다음 중 조적벽 치장줄눈의 종류로 바르지 않은 것은?

① 오목줄눈                           ② 빗줄눈

③ 통줄눈                            ④ 실줄눈

**37** 열적외선을 반사하는 은소재 도막으로 코팅하여 방사율가 열관류율을 낮추고 가시광선 투과율을 높인 유리는?

① 스팬드럴 유리                      ② 접합유리

③ 배강도유리                        ④ 로이유리

---

**ANSWER**    35.④   36.③   37.④

**35** 공사장 부지의 경계선으로부터 50m 이내에 주거·상가건물이 있는 경우에 공사현장 주위에 가설울타리는 최소 3m 이상으로 해야 한다.

**36** 통줄눈은 치장줄눈이 아니라 조적벽체를 쌓는 방식에 의해 발생하는 줄눈이다.

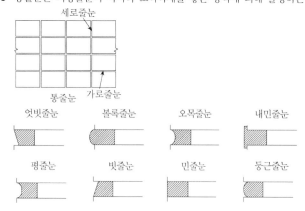

**37** 로이유리 : 열적외선을 반사하는 은소재 도막으로 코팅하여 방사율가 열관류율을 낮추고 가시광선 투과율을 높인 유리

**38** 타격에 의한 말뚝박기공법을 대체하는 저소음, 저진동의 말뚝공법에 해당되지 않는 것은?

① 압입 공법

② 사수(Water Jetting) 공법

③ 프리보링 공법

④ 바이브로 콤포저 공법

**39** 다음 중 공정관리에서의 네트워크(Network)에 관한 용어와 관련이 없는 것은?

① 커넥터(Connector)

② 크리티컬 패스(Critical path)

③ 더미(Dummy)

④ 플로트(Float)

**40** 다음 각 유리에 관한 설명으로 바르지 않은 것은?

① 망입유리는 파손되더라도 파편이 튀지 않으므로 진동에 의해 파손되기 쉬운 곳에 주로 사용된다.

② 복층유리는 단열 및 차음성이 좋지 않아 주로 선박의 창 등에 사용된다.

③ 강화유리는 압축강도를 한층 강화한 유리로서 현장가공 및 절단이 되지 않는다.

④ 자외선 투과유리는 병원이나 온실 등에 이용된다.

---

**38** 바이브로 콤포저 공법 : 특수 파이프를 관입하여 모래를 투입하고 이것을 진동하여 다지면서 파이프를 빼내어 진동다짐 모래말뚝을 형성하는 공법으로서 소음과 진동이 크게 발생한다.

**39** 네트워크 공정표에서 커넥터라는 용어는 정의되지 않았다.

**40** 복층유리 : 최소 두 장의 판유리와 스페이서(spacer)를 이용하여 건조한 공기층을 갖도록 만들어진 유리로서, 창문을 빠져나가는 열에너지의 양을 줄여주고, 단열 및 결로방지 효과를 가지고 있으며 차음성이 우수하다.

**41** H-300×150×6.5×9인 형강보가 10kN의 전단력을 받을 때 웨브에 생기는 전단응력도의 크기는 약 얼마인가? (단, 웨브전단면적 산정 시 플랜지의 두께는 제외한다.)

① 3.46MPa

② 4.46MPa

③ 5.46MPa

④ 6.46MPa

**42** 다음 강종의 표시기호에 관한 설명으로 바르지 않은 것은? (단, KS 강종기호 개정사항 반영)

| SMA | 355 | B | W |
|---|---|---|---|
| (가) | (나) | (다) | (라) |

① (가): 용도에 따른 강재의 명칭 구분

② (나): 강재의 인장강도 구분

③ (다): 충격흡수에너지 등급 구분

④ (라): 내후성 등급 구분

**41** $v = \dfrac{V}{A_w} = \dfrac{10,000}{(300-18)\times 6.5} = 5.46MPa$

**42** (나): 강재의 항복강도

---

일반구조용 압연강재(KS D 3503) (2018년 개정됨)
① 종류의 기호 : 종류의 기호를 인장강도 기준에서 항복강도 기준으로 개정
② 종래기호를 (괄호)로 표기하여 참고표기함
③ 항복점 : 550 N/mm² 이상, 인장강도 690 N/mm² 이상인 SS550을 추가함
④ SS550에 대한 화학성분, 기계적 성질을 규정
⑤ 화학성분 : SS235, SS275, SS315의 C, Si, Mn을 규정하여 개정함
⑥ 화학성분 : 합금원소를 첨가할 수 있으나, KS D 0041에 규정한 합금강의 합금원소 이하로 첨가하도록 규정
⑦ 기계적 성질 : 항복점 또는 항복강도 및 인장강도를 상향시키고, 연신율을 변경하여 개정함
⑧ 두께 100mm 를 초과하는 강판의 4호 시험편의 연신율은 두께 25.0mm 또는 그 끝자리 수를 늘릴 때마다 연신율 값에서 1%를 감하도록 함. 다만, 감하는 한도는 3%로 한다.
⑨ 표시 : 열간 압연 H형강의 롤링 마크는 3.5m 이하의 간격으로 변경하여 규정함.

---

**43** 각종 단면의 주축을 표시한 것으로 바르지 않은 것은?

①

②

③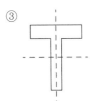

④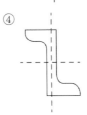

**43**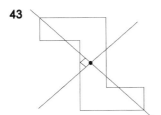

원점 O를 지나는 주축들은 단면2차 모멘트(관성모멘트)를 최대 및 최소가 되게 하는 한 쌍의 직교축을 말한다.

**44** 다음 그림과 같은 라멘의 AB재에 휨모멘트가 발생하지 않게 하려면 P는 얼마가 되어야 하는가?

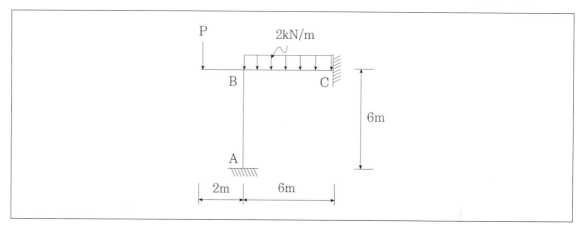

① 3kN

② 4kN

③ 5kN

④ 6kN

**44** AB부재에 휨모멘트가 발생하지 않으려면 B점의 좌측에 유발되는 휨모멘트와 우측에 유발되는 휨모멘트의 크기가 같고 방향이 반대이어야 한다.

B점의 좌측에 발생하는 휨모멘트는 $\dfrac{wl^2}{12} = \dfrac{2 \cdot 6^2}{12} = 6[kN]$

하중 P에 의해 B점 좌측에 유발되는 휨모멘트의 크기는
$P \cdot 2[m]$ 이며 이 값의 크기가 6[kN]이 되어야 하므로 하중 P는 3[kN]이 된다.

**45** 다음 그림과 같은 단순보에서 A점과 B점에 발생하는 반력으로 옳은 것은?

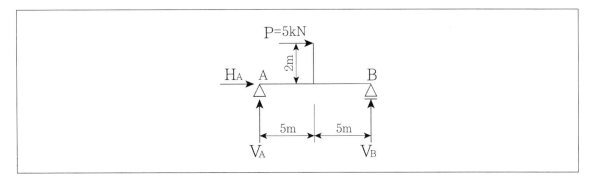

① $H_A = +5[kN]$, $V_A = +1[kN]$, $V_B = +1[kN]$

② $H_A = -5[kN]$, $V_A = -1[kN]$, $V_B = +1[kN]$

③ $H_A = +5[kN]$, $V_A = +1[kN]$, $V_B = -1[kN]$

④ $H_A = -5[kN]$, $V_A = +1[kN]$, $V_B = +1[kN]$

**45** AB중앙부에 10[kNm]이 작용하며 이에 따라 A지점과 B지점에는 방향은 반대이고 동일한 크기의 반력이 발생하게 되므로 $V_A = -1[kN]$, $V_B = +1[kN]$가 된다.
또한 힘의 평형에 의해 $H_A = -5[kN]$가 된다.

**46** 다음과 같은 단순보의 최대 처짐량이 30cm 이하가 되기 위하여 보의 단면 2차모멘트는 최소 얼마 이상이 되어야 하는가? (단, 보의 탄성계수는 $E=1.25 \times 10^4$[N/mm²]이다.) (기출변형)

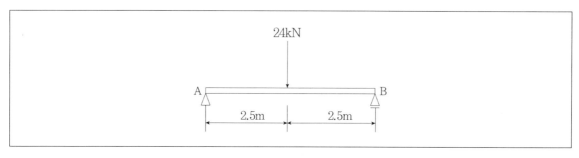

① 1,500cm⁴

② 1,670cm⁴

③ 2,000cm⁴

④ 2,500cm⁴

**47** 횡력의 25% 이상을 부담하는 연성모멘트 골조가 전단벽이나 가새골조와 조합되어 있는 구조방식을 무엇이라고 하는가?

① 제진시스템방식

② 면진시스템방식

③ 이중골조방식

④ 메가칼럼-전단벽 구조방식

**48** 구조물의 내진보강 대책으로 적합하지 않은 것은?

① 구조물의 강도를 증가시킨다.

② 구조물의 연성을 증가시킨다.

③ 구조물의 중량을 감소시킨다.

④ 구조물의 감쇠를 증가시킨다.

---

**46** $\delta = \dfrac{PL^3}{48EI} = \dfrac{24[\text{kN}] \cdot (5[\text{m}])^3}{48 \cdot (1.25 \cdot 10^4 [\text{N/mm}^2]) I} \leq 30[\text{cm}]$

$\therefore I \geq 1,670[\text{cm}^4]$ 이어야 한다.

**47** 이중골조방식 : 횡력의 25퍼센트 이상을 부담하는 전단벽이 연성모멘트 골조와 조화되어 있는 구조방식이다.

슈퍼칼럼 : 메가구조에 사용되는 단면이 매우 큰 기둥을 말한다. 일반적으로 전단벽과 병행한다.

**48** ③ 구조물의 중량을 감소시키면 관성력이 저하되어 동일한 외력에 대해 큰 변위가 발생하게 되는 문제가 생기게 된다.

**49** 폭 b=250mm, 높이 h=500mm인 직사각형 콘크리트 보 부재의 균열모멘트 $M_{cr}$은? (단, 경량콘크리트 계수 $\lambda = 1$, $f_{ck} = 24MPa$ 이다.)

① 8.3 [kN·m]

② 16.4 [kN·m]

③ 24.5 [kN·m]

④ 32.2 [kN·m]

**50** 철근콘크리트 T형보의 유효폭 산정식에 관련된 사항으로 거리가 먼 것은?

① 보의 폭

② 슬래브 중심간 거리

③ 슬래브의 두께

④ 보의 춤

**51** 하중저항계수설계법에 따른 강구조 연결 설계기준을 근거로 할 때 고장력 볼트의 직경이 M24라면 표준 구멍의 직경으로 바른 것은?

① 26mm

② 27mm

③ 28mm

④ 30mm

●●●
ANSWER   49.④   50.④   51.②

**49**

$$M_{cr} = \frac{f_r \cdot I_g}{y_t} = \frac{f_r \cdot \dfrac{b \cdot h^3}{12}}{\dfrac{500}{2}} \fallingdotseq 32.2[kN \cdot m]$$

$f_r = 0.63\lambda \sqrt{f_{ck}} = 0.63 \cdot 1 \cdot \sqrt{24} = 3.086$

**50** T형보의 유효폭 (다음 중 최소값으로 한다.)
- 슬래브 두께의 16배+복부폭
- 양쪽 슬래브의 중심거리
- 보의 경간의 1/4

**51** 다음의 기준에 따라 직경 24mm 고력볼트의 표준구멍직경은 건축구조물의 경우 27mm이다. (다음의 표 참고)

| 고력볼트 | 직경(D) | 구멍의 여유폭 |
|---|---|---|
| | M24 미만 (D〈24) | D+2.0mm |
| | M24 이상 (D≥24) | D+3.0mm |

**52** 강도설계법에서 처짐을 계산하지 않는 경우 스팬이 8m인 단순지지보의 최소두께로 옳은 것은? (단, 보통중량콘크리트와 $f_y = 400[MPa]$인 철근을 사용한 경우)

① 380mm

② 430mm

③ 500mm

④ 600mm

**53** 다음 그림과 같은 도형의 x–x축에 대한 단면 2차모멘트는?

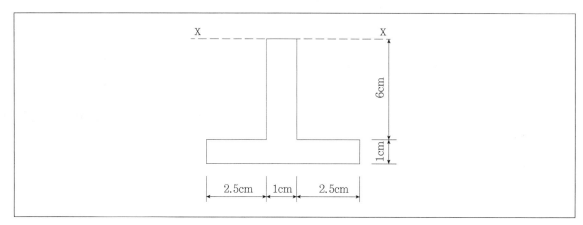

① 326cm$^4$

② 278cm$^4$

③ 215cm$^4$

④ 188cm$^4$

---

**52** 처짐을 계산하지 않는 경우 보의 최소두께(단, 보통콘크리트 $w_o = 2,300kg/m^3$와 설계기준 항복강도 400MPa철근을 이용한 부재)
- 단순지지의 경우 : L/16
- 1단연속의 경우 : L/18.5
- 양단연속의 경우 : L/21
- 캔틸레버의 경우 : L/8

따라서, 스팬이 8m인 단순지지보의 경우 8m/16=500mm가 된다.

**53**
$$I_{X-X, A_0} = \frac{b_0 h_0^3}{12} + A_0 e_0^2 = \frac{6 \cdot 7^3}{12} + 42 \cdot 3.5^2 = 686$$

$$I_{X-X, A_1} = \frac{b_1 h_1^3}{12} + A_1 e_1^2 = \frac{2.5 \cdot 6^3}{12} + 15 \cdot 3^2 = 180$$

$$I_{X-X, A} = I_{X-X, A_0} - 2I_{X-X, A_1} = 686 - 2 \cdot 180 = 326$$

**54** 다음 그림과 같은 트러스(Truss)에서 T부재에 발생하는 부재력으로 바른 것은?

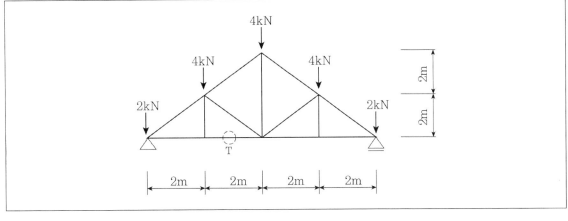

① 4kN

② 6kN

③ 8kN

④ 16kN

**55** 저층 강구조 장스팬 건물의 구조계획에서 고려해야 할 사항으로 가장 관계가 적은 것은?

① 층고, 지붕형태 등 건물의 형상산정

② 적절한 골조간격의 선정

③ 강절점, 활절점에 대한 부재의 접합방법 선정

④ 풍하중에 의한 횡변위 제어방법

**54** 좌우대칭 단순트러스이므로 양지점에 발생하는 반력은 8kN이 된다. 절단법으로 해석하고자 T부재를 포함하여 수직으로 자른 후 왼쪽으로부터 두 번째 수직부재에 4kN이 작용하는 점을 기준하여 모멘트가 0이 되어야 하므로, 8[kN]·2[m] − 2[kN]·2[m] − T·2[m] = 0에 따라 T=6[kN] (인장)

**55** 풍하중에 의한 횡변위 제어는 주로 고층건물에서 고려되는 사항이다.

**56** 보 또는 보의 역할을 하는 리브나 지판이 없어 기둥으로 하중을 전달하는 2방향으로 철근이 배치된 콘크리트 슬래브는?

① 워플 슬래브(Waffle slab)

② 플랫 플레이트(Flat plate)

③ 플랫 슬래브(Flat slab)

④ 데크플레이트 슬래브(Deck plate slab)

**57** 다음 그림과 같은 ㄷ형강(Channel)에서 전단중심의 대략적인 위치는?

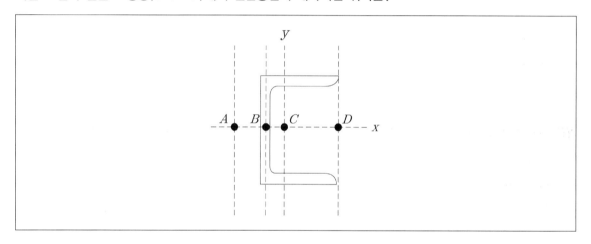

① A점

② B점

③ C점

④ D점

**56** 플랫 플레이트 : 보 또는 보의 역할을 하는 리브나 지판이 없이 기둥으로 하중을 전달하는 2방향으로 철근이 배치된 콘크리트 슬래브

**57** 주어진 ㄷ형강의 전단중심은 A점에 위치한다.

**58** 인장이형철근의 정착길이를 산정할 때 적용되는 보정계수에 해당되지 않는 것은?

① 철근배근 위치 계수

② 철근도막 계수

③ 크리프 계수

④ 경량콘크리트 계수

**59** 철근콘크리트 단근보에서 균형철근비를 계산한 결과 $\rho_b = 0.039$ 이었다. **최대철근비는?** (단, $E = 200,000\mathrm{MPa}$, $f_y = 400\mathrm{MPa}$, $f_{ck} = 24\mathrm{MPa}$)

① 0.01863

② 0.02256

③ 0.02607

④ 0.02785

**58** 콘크리트의 크리프 계수는 인장이형철근의 정착길이를 산정할 때 적용되는 보정계수에 속하지 않는다.

**59** 최대철근비 : 최소 허용인장변형률에 해당하는 철근비

$$\rho_{\max} = \frac{0.003 + \varepsilon_y}{0.003 + \varepsilon_t} \cdot \rho_b$$

$f_y \leq 400MPa$ 이므로 $\varepsilon_t = 0.004$ 이며 E=200,000MPa이므로 $\varepsilon_y = 0.002$ 이다.

$$\rho_{\max} = \frac{0.003 + 0.002}{0.003 + 0.004} \cdot 0.039 = 0.02785$$

$f_{ck} \leq 28MPa$ 이므로 등가압축영역계수 $\beta_1 = 0.85$ 가 된다.

**60** 다음 중 압축재의 좌굴하중 산정 시 직접적인 관련이 없는 것은?

① 부재의 푸아송비　　　　　　　　　② 부재의 단면 2차모멘트

③ 부재의 탄성계수　　　　　　　　　④ 부재의 지지조건

**60** 압축재의 좌굴하중 산정에서 부재의 푸아송비는 고려사항이 아니다.

※ 오일러의 탄성좌굴하중

㉠ 탄성좌굴하중 $P_{cr} = \dfrac{\pi^2 EI_{\min}}{(KL)^2} = \dfrac{n \cdot \pi^2 EI_{\min}}{L^2} = \dfrac{\pi^2 EA}{\lambda^2}$

㉡ 좌굴응력 $f_{cr} = \dfrac{P_{cr}}{A} = \dfrac{\pi^2 EI_{\min}}{(KL)^2 \cdot A} = \dfrac{\pi^2 E \cdot r_{\min}^2}{(KL)^2} = \dfrac{\pi^2 E}{\lambda^2}$

- $E$ : 탄성계수 (MPa, N/mm$^2$)
- $I_{\min}$ : 최소단면2차 모멘트(mm$^4$)
- $K$ : 지지단의 상태에 따른 유효좌굴길이계수
- $KL$ : 유효좌굴길이(mm)
- $\lambda$ : 세장비 (길이를 단면2차반경으로 나눈 값)
- $f_{cr}$ : 임계좌굴응력
- $n$ : 좌굴계수(강도계수, 구속계수)이며 $n = \dfrac{1}{K^2}$ 이다.

| 단부구속조건 | 양단고정 | 1단힌지 타단고정 | 양단힌지 | 1단회전구속 이동자유 타단고정 | 1단회전자유 이동자유 타단고정 | 1단회전구속 이동자유 타단힌지 |
|---|---|---|---|---|---|---|
| 좌굴형태 | | | | | | |
| 유효좌굴길이계수 | 0.50 | 0.70 | 1.0 | 1.0 | 2.0 | 2.0 |
| 절점조건의 범례 | | 회전구속, 이동구속 : 고정단 | | | | |
| | | 회전자유, 이동구속 : 힌지 | | | | |
| | | 회전구속, 이동자유 : 큰 보강성과 작은 기둥강성인 라멘 | | | | |
| | | 회전자유, 이동자유 : 자유단 | | | | |

**61** 다음의 냉방부하 발생요인 중 현열부하만 발생시키는 것은?

① 인체의 발생열량

② 벽체로부터의 취득열량

③ 극간풍에 의한 취득열량

④ 외기의 도입으로 인한 취득열량

**62** 온열지표 중 기온, 습도, 기류, 주벽면 온도의 4가지 요소를 조합하여 체감과의 관계를 나타낸 것은?

① 작용온도

② 불쾌지수

③ 등온지수

④ 유효온도

---

**61** 현열부하만을 계산하는 부하 : 실내기기부하, 조명부하, 벽이나 창을 통한 열관류부하, 창을 통한 일사열부하
현열부하와 잠열부하를 모두 고려해야 하는 부하 : 인체부하, 틈새바람에 의한 부하, 환기를 위한 외기도입시의 부하

**62** 등온지수 : 다음 중 온열지표 중 기온, 습도, 기류, 주벽면 온도의 4요소를 조합하여 체감과의 관계를 나타낸 것

| 온도 | 기호 | 기온 | 습도 | 기류 | 복사열 |
|---|---|---|---|---|---|
| 유효온도 | ET | O | O | O | |
| 수정유효온도 | CET | O | O | O | O |
| 신유효온도 | ET* | O | O | O | O |
| 표준유효온도 | SET | O | O | O | O |
| 작용온도 | OT | O | | O | O |
| 등가온도 | EqT | O | | O | O |
| 등온감각온도 | EqwT | O | O | O | O |
| 합성온도 | RT | O | | O | O |

**63** 직경 200mm의 배관을 통하여 물이 1.5m/s의 속도로 흐를 때 유량은?

① 2.83m$^3$/min            ② 3.2m$^3$/min

③ 3.83m$^3$/min            ④ 6.0m$^3$/min

**64** 건구온도 26℃인 실내공기 8,000m$^3$/h와 건구온도 32℃인 외부공기 2,000m$^3$/h를 단열혼합하였을 때 혼합공기의 건구온도는?

① 27.2℃            ② 27.6℃

③ 28.0℃            ④ 29.0℃

**65** 바닥복사 난방방식에 관한 설명으로 바르지 않은 것은?

① 열용량이 커서 예열시간이 짧다.

② 방을 개방상태로 하여도 난방효과가 있다.

③ 다른 난방방식에 비교하여 쾌적감이 높다.

④ 실내에 방열기를 설치하지 않으므로 바닥이나 벽면을 유용하게 이용할 수 있다.

---

**ANSWER**  **63.**① **64.**① **65.**①

**63** $Q = AV = \dfrac{\pi d^2}{4} \cdot V = \dfrac{\pi \cdot (0.2)^2}{4} \cdot 1.5 [\mathrm{m^3/sec}] = 2.827 [\mathrm{m^3/min}]$

**64** $26 \cdot 8000 + 32 \cdot 2000 = x \cdot 10000$

$x = 27.2$

**65** 열용량이 커서 예열시간이 길다.

  ※ 복사난방의 특징

    • 실내의 수직온도분포가 균등하고 쾌감도가 높다.

    • 방을 개방상태로 해도 난방효과가 높다.

    • 바닥의 이용도가 높다.

    • 대류가 적으므로 바닥면의 먼지가 상승하지 않는다.

    • 외기의 급변에 따른 방열량 조절이 곤란하다.

    • 시공이 어렵고 수리비, 설비비가 비싸다.

    • 매입배관이므로 고장요소를 발견할 수 없다.

    • 열손실을 막기 위한 단열층을 필요로 한다.

    • 바닥하중과 두께가 증가한다.

**66** 점광원으로부터의 거리가 n배가 되면 그 값은 $1/n^2$배가 된다는 '거리의 역제곱의 법칙'이 적용되는 빛환경 지표는?

① 조도
② 광도
③ 휘도
④ 복사속

**67** 가스사용시설의 가스계량기에 관한 설명으로 바르지 않은 것은?

① 가스계량기와 전기점멸기와의 거리는 30cm 이상 유지해야 한다.
② 가스계량기와 전기계량기와의 거리는 60cm 이상 유지해야 한다.
③ 가스계량기와 전기개폐기와의 거리는 60cm 이상 유지해야 한다.
④ 공동주택의 경우 가스계량기는 일반적으로 대피공간이나 주방에 설치된다.

**68** 다음 트랩의 구비조건으로 바르지 않은 것은?

① 봉수깊이는 50mm 이상 100mm 이하일 것
② 오수에 포함된 오물 등이 부착 또는 침전하기 어려운 구조일 것
③ 봉수부에 이음을 사용하는 경우에는 금속제 이음을 사용하지 않을 것
④ 봉수부의 소제구는 나사식 플러그 및 적절한 가스켓을 이용한 구조일 것

---

**ANSWER**　66.①　67.④　68.③

**66** ① 조도 : 단위면적당 입사광속
② 광도 : 점광원으로부터의 단위입체각당 발산광속
③ 휘도 : 빛을 발산하는 면의 단위면적당 광도
④ 광속발산도 : 어느 면에서 빛의 발산정도

**67** 공동주택의 경우 가스계량기는 일반적으로 옥외에 설치된다.

**68** 배수트랩의 봉수부 이음은 금속재를 사용할 수 있으며 일반적으로 내식성이 있는 금속재가 사용된다.
　※ 배수트랩의 필요조건
　• 봉수깊이는 50mm 이상 100mm 이하일 것
　• 봉수부에 이음을 사용하는 경우 내식성이 있는 금속을 사용할 것
　• 기구 내장 트랩의 내벽 및 배수로의 단면형상에 급격한 변화가 없을 것
　• 봉수부의 소제구는 나사식 플러그 및 적절한 가스켓을 이용한 구조일 것

**69** 다음 중 크로스커넥션(Cross Connection)에 대한 설명으로 가장 알맞은 것은?

① 관로 내의 유체의 유동이 급격히 변화하여 압력변화를 일으키는 것

② 상수의 급수, 급탕계통과 그 외의 계통배관이 장치를 통하여 직접 접속되는 것

③ 겨울철 난방을 하고 있는 실내에서 창을 타고 차가운 공기가 하부로 내려오는 현상

④ 급탕, 반탕관의 순환거리를 각 계통에 있어서 거의 같게하여 전 계통의 탕의 순환을 촉진하는 방식

**70** 습공기의 상태변화에 관한 설명으로 바르지 않은 것은?

① 가열하면 엔탈피는 증가한다.

② 냉각하면 비체적은 감소한다.

③ 가열하면 절대습도는 증가한다.

④ 냉각하면 습구온도는 감소한다.

**71** TV공청설비의 주요 구성기기에 속하지 않는 것은?

① 증폭기

② 월패드

③ 컨버터

④ 혼합기

---

**ANSWER**   69.②   70.③   71.②

**69** 크로스커넥션 : 상수의 급수, 급탕계통과 그 외의 계통배관이 장치를 통하여 직접 접속되는 것

**70** 절대습도는 온도의 변화에 관계없이 일정하다.

**71** TV공청설비는 여러 세대가 하나의 안테나로 지상파 방송을 수신할 수 있도록 건물 밀집 지역, 공동 주택 등에 설치한 공동 수신 설비(안테나), 신호 증폭기, 컨버터, 튜너, 혼합기 케이블로 구성된 시설이다.

**72** 다음의 저압 옥내배선방법 중 노출되고 습기가 많은 장소에 시설이 가능한 것은? (단, 400[V] 미만인 경우)

① 금속관 배선

② 금속몰드 배선

③ 금속덕트 배선

④ 플로어덕트 배선

**73** 100[V], 500[W]의 전열기를 90[V]에서 사용할 경우 소비전력은?

① 200[W]

② 310[W]

③ 405[W]

④ 420[W]

• • •

**ANSWER**  72.①  73.③

**72** 금속관공사는 습기가 많은 장소에 시설이 가능하다.

※ 배선공사

ⓐ **합성수지몰드공사** : 접속점이 없는 절연 전선을 사용하여 전선이 노출되지 않도록 하며, 전선을 합성수지몰드안에 넣어 설치한다. 건조한 노출 장소에 설치할 수 있다.

ⓑ **경질비닐관공사** : 관 자체가 절연체이며 중량이 가볍고 시공이 용이하고 내식성이 뛰어나지만 열에 약하며 기계적 강도가 낮다.

ⓒ **금속몰드공사** : 금속제 몰드 홈에 전선을 넣고 뚜껑을 덮어 배선하는 방법으로 건조한 노출장소 및 철근 콘크리트 건물의 기설 금속관 배선에서 증설배선하는 경우 이용한다.

ⓓ **금속관공사** : 철근콘크리트조의 매입공사에 가장 많이 사용되며 습기나 수분이 있는 장소에 사용하는 경우 방습장 치를 해야 하고 금속관에는 제3종 접지공사를 해야 한다.

ⓔ **플로어덕트공사** : 콘크리트 바닥속에 설치하여 커튼월 설치시나 선풍기, 전화기 등의 이용에 편리하도록 한 옥내 배 선방법이다.

ⓕ **버스덕트공사** : 빌딩, 공장 등 비교적 큰 전류의 저압배전반 부근 및 간선에 이용된다.

**73** 저항값은 고정값이므로 $\dfrac{V^2}{R} = P$에 따라 $\dfrac{100^2}{R} = 500$

저항의 크기는 20[ohm]이 된다.

이를 90[V]에서 사용하게 되면 $P = \dfrac{V^2}{R} = \dfrac{90^2}{20} = 405[W]$

**74** 급탕설비에 관한 설명으로 바르지 않은 것은?

① 냉수, 온수를 혼합 사용을 해도 압력차에 의한 온도변화가 없도록 한다.

② 배관은 적정한 압력손실 상태에서 피크시를 충족시킬 수 있어야 한다.

③ 도피관에는 압력을 도피시킬 수 있도록 밸브를 설치하고 배수는 직접배수로 한다.

④ 밀폐형 급탕시스템에는 온도상승에 의한 압력을 도피시킬 수 있는 팽창탱크 등의 장치를 설치한다.


**75** 다음의 에스컬레이터의 경사도에 관한 설명 중 ( )안에 알맞은 것은?

에스컬레이터의 경사도는 ( ㉠ )을 초과하지 않아야 한다. 다만, 높이가 6m 이하이고 공칭속도가 0.5m/s 이하인 경우에는 경사도를 ( ㉡ )까지 증가시킬 수 있다.

① ㉠ 25° ㉡ 30°                  ② ㉠ 25° ㉡ 35°

③ ㉠ 30° ㉡ 35°                  ④ ㉠ 30° ㉡ 40°


**76** 소방시설은 소화설비, 경보설비, 피난구조설비, 소화용수설비, 소화활동설비로 구분할 수 있다. 다음 중 소화활동설비에 속하는 것은?

① 제연설비                        ② 비상방송설비

③ 스프링클러설비                  ④ 자동화재탐지설비


---

**ANSWER**    74.③  75.③  76.①

**74** 도피관은 온수순환배관 도중에 이상압력이 발생할 경우 그 압력을 흡수하는 관이므로 밸브를 절대로 설치해서는 안 된다.

**75** 에스컬레이터의 경사도는 30°을 초과하지 않아야 한다. 다만, 높이가 6m 이하이고 공칭속도가 0.5m/s 이하인 경우에는 경사도를 35°까지 증가시킬 수 있다.

**76** 소방시설의 분류 : 크게 대별하여 소화설비, 경보설비, 피난설비, 소화용수설비, 소화활동설비로 나누어진다.

㉠ 소화설비 : 물, 그 밖의 소화약제를 사용하여 소화를 행하는 기구나 설비(소화기, 스프링클러 등)

㉡ 경보설비 : 화재발생 사실을 통보하는 기계, 기구(비상경보설비, 누전경보기, 자동화재속보설비, 가스누설 경보기 등)

㉢ 피난설비 : 화재가 발생할 경우 피난하기 위하여 사용하는 장치(미끄럼대, 피난사다리, 구조대, 완강기 등)

㉣ 소화용수설비 : 화재를 진압하거나 인명구조활동을 위하여 사용하는 설비(제연설비, 연결송수관설비, 연결살수설비 등)

㉤ 소화활동설비 : 화재를 진압하거나 인명구조활동을 위하여 사용하는 설비(제연설비, 연결송수관, 연결살수설비, 비상콘센트설비, 연소방지설비 등)

**77** 작업구역에는 전용의 국부조명방식으로 조명하고, 기타 주변 환경에 대해서는 간접조명과 같은 낮은 조도레벨로 조명하는 방식은?

① TAL 조명방식
② 반직접 조명방식
③ 반간접 조명방식
④ 전반확산 조명방식

**78** 다음 중 습공기를 가열했을 때 증가하지 않는 상태량은?

① 엔탈피
② 비체적
③ 상대습도
④ 습구온도

**79** 냉방설비의 냉각탑에 관한 설명으로 바른 것은?

① 열에너지에 의해 냉동효과를 얻는 장치
② 냉동기의 냉각수를 재활용하기 위한 장치
③ 임펠러의 원심력에 의해 냉매가스를 압축하는 장치
④ 물과 브롬화리튬 혼합용액으로부터 냉매인 수증기와 흡수제인 LiBr로 분리시키는 장치

**80** 다음 중 전력부하 산정에서 수용률의 산정 방법으로 옳은 것은?

① (부등률/설비용량)×100%
② (최대수용전력/부등률)×100%
③ (최대수용전력/설비용량)×100%
④ (부하각개의 최대 수용전력합계/각 부하를 합한 최대수용전력)×100%

---

**ANSWER**  77.① 78.③ 79.② 80.③

**77** TAL 조명방식(Task & Ambient Lighting) ··· 작업구역(Task)에는 전용의 국부조명방식으로 조명하고, 기타 주변(Ambient) 환경에 대하여는 간접조명과 같은 낮은 조도레벨로 조명하는 방식을 말한다.

**78** 습공기를 가열하면 상대습도는 낮아지게 된다.

**79** ① 열에너지에 의해 냉동효과를 얻는 장치는 흡수식냉동기이다.
③ 임펠러의 원심력에 의해 냉매가스를 압축하는 장치는 터보식 냉동기이다.
④ 물과 브롬화리튬 혼합용액으로부터 냉매인 수증기와 흡수제인 LiBr로 분리시키는 장치는 흡수식 냉동기의 재생기이다.

**80** 수용률 산정식 : (최대수용전력/설비용량)×100%
부등률 : 최대전력의 합계와 기기계통에 발생된 합성최대전력의 비
부하율 : 부하의 평균전력과 최대수용전력의 비

**81** 다음 설명에 알맞은 용도지구의 세분은?

> 건축물 · 인구가 밀집되어 있는 지역으로서 시설 개선 등을 통해 재해 예방이 필요한 지구

① 시가지방재지구

② 특정개발진흥지구

③ 복합개발진흥지구

④ 중요시설물보호지구

**82** 건축허가를 하기 전에 건축물의 구조안전과 인접 대지의 안전에 미치는 영향 등을 평가하는 건축물 안전영향평가를 실시해야 하는 대상 건축물 기준으로 옳은 것은?

① 층수가 6층 이상으로 연면적 1만 제곱미터 이상인 건축물

② 층수가 6층 이상으로 연면적 10만 제곱미터 이상인 건축물

③ 층수가 16층 이상으로 연면적 1만 제곱미터 이상인 건축물

④ 층수가 16층 이상으로 연면적 10만 제곱미터 이상인 건축물

· · ·
**ANSWER** 81.① 82.④

**81** ㉠ 시가지방재지구 : 건축물 · 인구가 밀집되어 있는 지역으로서 시설개선 등을 통하여 재해예방이 필요한 지구
㉡ 자연방재지구 : 토지의 이용도가 낮은 해안변, 하천변, 급경사지 주변 등의 지역으로서 건축제한 등을 통하여 재해예방이 필요한 지구
㉢ 중요시설물보호지구 : 국방상 또는 안보상 중요한 시설물의 보호와 보존을 위해 필요한 지구
㉣ 역사문화환경보호지구 : 문화재, 전통사찰 등 역사 및 문화적으로 보존 가치가 큰 시설 및 지역의 보호와 보존을 위하여 필요한 지구

**82** 건축허가를 하기 전에 건축물의 구조안전과 인접 대지의 안전에 미치는 영향 등을 평가하는 건축물 안전영향평가를 실시해야 하는 대상 건축물 기준 : 층수가 16층 이상으로 연면적 10만 제곱미터 이상인 건축물

**83** 6층 이상의 거실면적의 합계가 12,000m²인 문화 및 집회시설 중 전시장에 설치해야 하는 승용승강기의 최소 대수는? (단, 8인승 승강기 기준)

① 4대          ② 5대

③ 6대          ④ 7대

**84** 다음은 건축선에 따른 건축제한에 관한 기준 내용이다. ( )안에 들어갈 말로 알맞은 것은?

> 도로면으로부터 높이 ( ) 이하에 있는 출입구, 창문, 그 밖에 이와 유사한 구조물은 열고 닫을 때 건축선의 수직면을 넘지 아니하는 구조로 해야 한다.

① 3m          ② 4.5m

③ 6m          ④ 10m

**83** $1대 + \dfrac{12,000m^2 - 3,000m^2}{2,000m^2}대 = 5.5대$

※ 엘리베이터 설치대수 산정식(단, 8인승 승강기의 경우)

| 용도 | A : 6층 이상의 거실면적의 합계 | |
| --- | --- | --- |
| | 3,000m² 이하 | 3,000m² 초과 |
| 공연, 집회, 관람장, 소·도매시장, 상점, 병원시설 | 2대 | $2대 + \dfrac{A - 3,000m^2}{2,000m^2}대$ |
| 전시장 및 동·식물원, 위락, 숙박, 업무시설 | 1대 | $1대 + \dfrac{A - 3,000m^2}{2,000m^2}대$ |
| 공동주택, 교육연구시설, 기타 시설 | 1대 | $1대 + \dfrac{A - 3,000m^2}{3,000m^2}대$ |

**84** 도로면으로부터 높이 4.5m이하에 있는 출입구, 창문, 그 밖에 이와 유사한 구조물은 열고 닫을 때 건축선의 수직면을 넘지 아니하는 구조로 해야 한다.

**85** 부설주차장의 설치대상 시설물 종류와 설치기준의 연결로 바르지 않은 것은?

① 위락시설 – 시설면적 150m²당 1대

② 종교시설 – 시설면적 150m²당 1대

③ 판매시설 – 시설면적 150m²당 1대

④ 수련시설 – 시설면적 350m²당 1대


**86** 평행주차형식으로 일반형인 경우 주차장의 주차단위구획의 크기 기준으로 바른 것은?

① 너비 1.7m 이상, 길이 5.0m 이상

② 너비 1.7m 이상, 길이 6.0m 이상

③ 너비 2.0m 이상, 길이 5.0m 이상

④ 너비 2.0m 이상, 길이 6.0m 이상


**87** 국토의 계획 및 이용에 관한 법령상 아파트를 건축할 수 있는 지역은?

① 자연녹지지역

② 제1종 전용주거지역

③ 제2종 전용주거지역

④ 제1종 일반주거지역


* * *
ANSWER  85.①  86.④  87.③

**85** 위락시설 – 시설면적 100m²당 1대

**86** 평행주차형식으로 일반형인 경우 주차장의 주차단위구획의 크기기준은 너비 2.0m 이상, 길이 6.0m 이상이다.

※ 평행주차장의 주차단위 구획기준

| 구분 | 너비 | 길이 |
| --- | --- | --- |
| 경형 | 1.7m 이상 | 4.5m 이상 |
| 일반형 | 2.0m 이상 | 6.0m 이상 |
| 보도와 차도의 구분이 없는 주거지역의 도로 | 2.0m 이상 | 5.0m 이상 |

**87** ㉠ 전용주거지역 : 양호한 주거환경을 보호
　• 제1종 전용주거지역 : 단독주택 중심의 양호한 주거환경을 보호하기 위하여 필요한 지역
　• 제2종 전용주거지역 : 공동주택 중심의 양호한 주거환경을 보호하기 위하여 필요한 지역
㉡ 일반주거지역 : 편리한 주거환경을 보호
　• 제1종 일반주거지역 : 저층주택을 중심으로 편리한 주거환경을 조성하기 위하여 필요한 지역
　• 제2종 일반주거지역 : 중층주택을 중심으로 편리한 주거환경을 조성하기 위하여 필요한 지역
　• 제3종 일반주거지역 : 중고층주택을 중심으로 편리한 주거환경을 조성하기 위하여 필요한 지역
㉢ 준주거지역 : 주거기능을 위주로 이를 지원하는 일부 상업기능 및 업무기능을 보완하기 위하여 필요한 지역

**88** 용도지역의 건폐율 기준으로 바르지 않은 것은?

① 주거지역 : 70% 이하

② 상업지역 : 90% 이하

③ 공업지역 : 70% 이하

④ 녹지지역 : 30% 이하

**89** 다음은 대피공간의 설치에 관한 기준내용이다. 밑줄 친 요건 내용으로 바르지 않은 것은?

> 공동주택 중 아파트로서 4층 이상인 층의 각 세대가 2개 이상의 직통계단을 사용할 수 없는 경우에는 발코니에 인접 세대와 공동으로 또는 각 세대별로 다음 각 호의 <u>요건</u>을 모두 갖춘 대피공간을 하나 이상 설치하여야 한다.

① 대피공간은 바깥의 공기와 접하지 않을 것

② 대피공간은 실내의 다른 부분과 방화구획으로 구획할 것

③ 대피공간의 바닥면적은 각 세대별로 설치하는 경우 2m$^2$ 이상일 것

④ 대피공간의 바닥면적은 인접세대와 공동으로 설치하는 경우에는 3m$^2$ 이상일 것

---

**ANSWER**   88.④   89.①

**88**

| 용도 | 용도지역 | 세분 용도지역 | 용도지역 재세분 | 건폐율(%) | 용적율(%) |
|---|---|---|---|---|---|
| 도시 지역 | 주거지역 | 선용주거지역 | 제1종 전용주거지역 | 50 | 50~100 |
| | | | 제2종 전용주거지역 | 50 | 50~150 |
| | | 일반주거지역 | 제1종 일반주거지역 | 60 | 100~200 |
| | | | 제2종 일반주거지역 | 60 | 100~250 |
| | | | 제3종 일반주거지역 | 50 | 100~300 |
| | | 준 주거지역 | 〈주거＋상업기능〉 | 70 | 200~500 |
| | 상업지역 | 근린상업지역 | 인근지역 소매시장 | 70 | 200~900 |
| | | 유통상업지역 | 도매시장 | 80 | 200~1100 |
| | | 일반상업지역 | | 80 | 200~1300 |
| | | 중심상업지역 | 도심지의 백화점 | 90 | 200~1500 |
| | 공업지역 | 전용공업지역 | | 70 | 150~300 |
| | | 일반공업지역 | | 70 | 150~350 |
| | | 준 공업지역 | 〈공업＋주거기능〉 | 70 | 150~400 |
| | 녹지지역 | 보전녹지지역 | 문화재가 존재 | 20 | 50~80 |
| | | 생산녹지지역 | 도시외곽지역 농경지 | 20 | 50~100 |
| | | 자연녹지지역 | 도시외곽 완만한 임야 | 20 | 50~100 |
| 관리 지역 | 보전관리 | (16지역) | 준 보전산지 | 20 | 50~80 |
| | 생산관리 | | | 20 | 50~80 |
| | 계획관리 | | | 40 | 50~100 |
| 농림지역 | | | 농업진흥지역 | 20 | 50~80 |
| 자연환경보전지역 | | (5지역) | 보전산지 | 20 | 50~80 |

**89**   대피공간은 바깥의 공기와 접해야만 한다.

**90** 국토의 계획 및 이용에 관한 법령상 광장·공원·녹지·유원지·공공공지가 속하는 기반 시설은?

① 교통시설

② 공간시설

③ 환경기초시설

④ 공공문화체육시설

**91** 다음 중 용적률 산정에 사용되는 연면적에 포함되는 것은?

① 지하층의 면적

② 층고가 2.1m인 다락의 면적

③ 준초고층 건축물에 설치하는 피난안전구역의 면적

④ 건축물의 경사지붕 아래에 설치하는 대피 공간의 면적

---

**90** 기반시설 중 공간시설은 공원, 광장, 녹지, 유원지, 공공공지이다. 우수지는 기반시설 중 방재시설에 속한다.

※ **기반시설의 분류**

㉠ **교통시설** : 도로·철도·항만·공항·주차장·자동차정류장·궤도·운하, 자동차 및 건설기계검사시설, 자동차 및 건설기계운전학원

㉡ **공간시설** : 광장·공원·녹지·유원지·공공공지

㉢ **유통·공급시설** : 유통업무설비, 수도·전기·가스·열공급설비, 방송·통신시설, 공동구·시장, 유류저장 및 송유설비

㉣ **공공·문화체육시설** : 학교·운동장·공공청사·문화시설·체육시설·도서관·연구시설·사회복지시설·공공직업훈련시설·청소년수련시설

㉤ **방재시설** : 하천·유수지·저수지·방화설비·방풍설비·방수설비·사방설비·방조설비

㉥ **보건위생시설** : 화장시설·공동묘지·봉안시설·자연장지·장례식장·도축장·종합의료시설

㉦ **환경기초시설** : 하수도·폐기물처리시설·수질오염방지시설·폐차장

**91** 용적률 산정 시 연면적에서 제외되는 부분

• 지하층의 면적

• 지상 부분의 주차용 면적(부속용도로 사용되는 경우)

• 초고층 건축물, 준초고층 건축물의 피난안전구역의 면적

• 11층 이상의 건축물로서 11층 이상의 층의 바닥면적의 합계가 10,000m2이상 건축물의 경사지붕 아래에 설치하는 대피 공간의 면적

## 92 건축물과 해당 건축물의 용도의 연결이 바르지 않은 것은?

① 주유소 – 자동차관련시설

② 야외음악당 – 관광휴게시설

③ 치과의원 – 제1종 근린생활시설

④ 일반음식점 – 제2종 근린생활시설

ANSWER 92.①

**92** 주유소는 위험물 저장 및 처리시설에 속한다.

| | |
|---|---|
| 단독주택 | 단독주택, 다중주택, 다가구주택, 공관 |
| 공동주택 | 아파트, 연립주택, 다세대주택, 기숙사 |
| 근린생활시설 | 제1종 근린생활시설, 제2종 근린생활시설 |
| 문화 및 집회시설 | 공연장, 집회장, 관람장, 전시장, 동식물원 |
| 종교시설 | 종교집회장, 봉안당 |
| 판매시설 | 도매시장, 소매시장, 상점 |
| 운수시설 | 여객자동차터미널, 철도시설, 공항 및 항만시설 |
| 의료시설 | 병원, 격리병원 |
| 교육연구시설 | 학교, 교육원, 직업훈련소, 학원, 연구소, 도서관 |
| 노유자시설 | 아동관련시설, 노인복지시설, 사회복지시설 |
| 수련시설 | 생활권 및 자연권 수련시설, 유스호스텔 |
| 운동시설 | 체육관, 운동장 |
| 업무시설 | 공공업무시설, 일반업무시설 |
| 숙박시설 | 일반숙박시설, 관광숙박시설, 고시원 |
| 위락시설 | • 단란주점으로서 제2종 근린생활이 아닌 것<br>• 유흥주점 및 이와 유사한 것<br>• 카지노 영업소<br>• 무도장과 무도학원 |
| 공장 | 물품의 제조, 가공이 이루어지는 곳 중 근린생활시설이나 자동차관련시설, 위험물 및 분뇨 쓰레기 처리시설로 분리되지 않는 것 |
| 창고시설 | 창고, 하역장, 물류터미널, 집배송시설 |
| 위험물 시설 | 위험물을 저장 및 처리하는 시설을 갖춘 곳(주유소 포함) |
| 자동차관련시설 | 주차장, 세차장, 폐차장, 매매장, 검사장, 정비공장, 운전학원 |
| 동식물관련시설 | 축사, 도축장, 도계장, 작물재배사, 온실 |
| 쓰레기처리시설 | 분뇨처리시설, 고물상, 폐기물처리시설 |
| 교정 및 군사시설 | 교정시설, 보호관찰소, 국방군사시설 |
| 방송통신시설 | 방송국, 전신전화국, 촬영소, 통신용시설 |
| 발전시설 | 발전소로 사용되는 건축물 중 제1종 근린생활시설로 분류되지 않은 것 |
| 묘지관련시설 | 화장시설, 봉안당, 묘지 및 부속 건축물 |
| 관광휴게시설 | 야외음악당, 야외극장, 어린이회관, 관망탑, 휴게소, 공원 및 유원지 및 관광지에 부수되는 시설 |
| 장례식장 | 장례식장 |

**93** 피난용승강기의 설치에 관한 기준 내용으로 바르지 않은 것은?

① 예비전원으로 작동하는 조명설비를 설치할 것

② 승강장의 바닥면적은 승강기 1대당 5m² 이상으로 할 것

③ 각 층으로부터 피난층까지 이르는 승강로를 단일구조로 연결하여 설치할 것

④ 승강장의 출입구 부근의 잘 보이는 곳에 해당 승강기가 피난용승강기임을 알리는 표지를 설치할 것


**94** 노외주차장의 구조·설비에 관한 기준 내용으로 바르지 않은 것은?

① 출입구의 너비는 3.0m 이상으로 해야 한다.

② 주차구획선의 긴 변과 짧은 변 중 한 변 이상이 차로에 접해야 한다.

③ 지하식인 경우 차로의 높이는 주차바닥면으로부터 2.3m이상이어야 한다.

④ 주차에 사용되는 부분의 높이는 주차바닥면으로부터 2.1m이상이어야 한다.


**95** 다음 중 특별건축구역으로 지정할 수 없는 구역은?

① 「도로법」에 따른 접도구역

② 「택지개발촉진법」에 따른 택지개발사업구역 지역의 사업구역

③ 국가가 국제행사 등을 개최하는 도시 또는 지역의 사업구역

④ 지방자치단체가 국제행사 등을 개최하는 도시 또는 지역의 사업구역


**96** 지하층에 설치하는 비상탈출구의 유효너비 및 유효높이 기준으로 옳은 것은? (단, 주택이 아닌 경우)

① 유효너비 0.5m 이상, 유효높이 1.0m 이상

② 유효너비 0.5m 이상, 유효높이 1.5m 이상

③ 유효너비 0.75m 이상, 유효높이 1.0m 이상

④ 유효너비 0.75m 이상, 유효높이 1.5m 이상

---

ANSWER   93.②   94.①   95.①   96.④

**93** 옥내 승강장의 바닥면적은 비상용승강기 1대에 대하여 6m²이상으로 할 것

**94** 주차대수 규모가 50대 미만인 노외주차장의 출입구의 너비는 3.5m 이상으로 하여야 한다.

**95** 「도로법」에 따른 접도구역은 특별건축구역으로 지정할 수 있는 사업구역에 속하지 않는다.

**96** 지하층에 설치하는 비상탈출구 : 유효너비 0.75m 이상, 유효높이 1.5m 이상

**97** 다음은 대지의 조경에 관한 기준 내용이다. ( )안에 알맞은 것은?

> 면적이 ( ) 이상인 대지에 건축을 하는 건축주는 용도지역 및 건축물의 규모에 따라 해당 지방자치
> 단체의 조례로 정하는 기준에 따라 대지에 조경이나 그 밖에 필요한 조치를 취해야 한다.

① 100m$^2$

② 150m$^2$

③ 200m$^2$

④ 300m$^2$


**98** 같은 건축물 안에 공동주택과 위락시설을 함께 설치하고자 하는 경우에 관한 기준내용으로 바르지 않은 것은?

① 건축물의 주요 구조부를 내화구조로 할 것

② 공동주택과 위락시설은 서로 이웃하도록 배치할 것

③ 공동주택과 위락시설은 내화구조로 된 바닥 및 벽으로 구획하여 서로 차단할 것

④ 공동주택의 출입구와 위락시설의 출입구는 서로 그 보행거리가 30m이상이 되도록 설치할 것


**99** 건축법령상 다음과 같이 정의되는 용어는?

> 건축물의 건축·대수선·용도변경, 건축설비의 설치 또는 공작물의 축조에 관한 공사를 발주하거나
> 현장관리인을 두어 스스로 그 공사를 하는 자

① 건축주

② 건축사

③ 설계자

④ 공사시공자


---

ANSWER  **97.③  98.②  99.①**

**97** 면적이 200m$^2$ 이상인 대지에 건축을 하는 건축주는 용도지역 및 건축물의 규모에 따라 해당 지방자치단체의 조례로 정하는 기준에 따라 대지에 조경이나 그 밖에 필요한 조치를 취해야 한다.

**98** 공동주택과 위락시설은 서로 이웃하도록 배치해서는 안 된다.

**99** 주어진 보기의 설명은 건축주에 관한 설명이다.

**100** 건축물에 설치하는 피난안전구역의 구조 및 설비에 관한 기준으로 바르지 않은 것은?

① 피난안전구역의 높이는 1.8m 이상일 것

② 피난안전구역의 내부마감재료는 불연재료로 설치할 것

③ 비상용승강기는 피난안전구역에서 승하차할 수 있는 구조로 설치할 것

④ 건축물의 내부에서 피난안전구역으로 통하는 계단은 특별피난계단의 구조로 설치할 것

---

**100** 피난안전구역의 높이는 2.1m 이상이어야 한다.

**1** 공장의 레이아웃 형식 중 생산에 필요한 모든 공정과 기계류를 제품의 흐름에 따라 배치하는 형식은?

① 고정식 레이아웃

② 혼성식 레이아웃

③ 제품중심의 레이아웃

④ 공정중심의 레이아웃

**2** 사무소 건축의 코어 계획에 관한 설명으로 옳지 않은 것은?

① 코어부분에는 계단실도 포함시킨다.

② 코어 내의 각 공간은 각 층마다 공통의 위치에 두도록 한다.

③ 코어 내의 화장실은 외부 방문객이 잘 알 수 없는 곳에 배치한다.

④ 엘리베이터 홀은 출입구문에 근접시키지 않고 일정한 거리를 유지하도록 한다.

---

**ANSWER** 1.③ 2.③

**1** ㉠ 제품중심의 레이아웃(연속 작업식)
- 생산에 필요한 모든 공정, 기계 기구를 제품의 흐름에 따라 배치하는 방식이다.
- 대량생산 가능, 생산성이 높음, 공정시간의 시간적, 수량적 밸런스가 좋고 상품의 연속성이 가능하게 흐를 경우 성립한다.

㉡ 공정중심의 레이아웃
- 동종의 공정, 동일한 기계설비 또는 기능이 유사한 것을 하나의 그룹으로 결합시키는 방식이다.
- 다종 소량 생산의 경우, 예상 생산이 불가능한 경우, 표준화가 이루어지기 어려운 경우에 채용한다.

㉢ 고정식 레이아웃
- 주가 되는 재료나 조립부품이 고정된 장소에, 사람이나 기계는 그 장소에 이동해 가서 작업이 행해지는 방식이다.
- 제품이 크고 수가 극히 적을 경우(선박, 건축) 채용한다.

**2** 코어 내의 화장실은 외부 방문객의 편의를 위해 방문객이 잘 알 수 있는 곳에 설치를 해야 한다.

**3** 미술관의 전시실 순회형식 중 많은 실을 순서별로 통해야 하고, 1실을 폐쇄할 경우 전체 동선이 막히게 되는 것은?

① 중앙홀 형식

② 연속순회형식

③ 갤러리(gallery) 형식

④ 코리더(corridor) 형식

**4** 상점 매장의 가구배치에 따른 평면 유형에 관한 설명으로 옳지 않은 것은?

① 직렬형은 부분별로 상품 진열이 용이하다.

② 굴절형은 대면판매 방식만 가능한 유형이다.

③ 환상형은 대면판매와 측면판매 방식을 병행할 수 있다.

④ 복합형은 서점, 패션점, 악세사리점 등의 상점에 적용이 가능하다.

---

ANSWER  3.② 4.②

**3** 전시실의 순로형식

㉠ 연속순로형식
- 구형 또는 다각형의 각 전시실을 연속적으로 연결하는 형식
- 단순하고 공간이 절약된다.
- 소규모의 전시실에 적합하다.
- 전시벽면을 많이 만들 수 있다.
- 많은 실을 순서별로 통해야 하고 1실을 닫으면 전체 동선이 막히게 된다.

㉡ 갤러리 및 코리도 형식
- 연속된 전시실의 한쪽 복도에 의해 각 실을 배치한 형식이다.
- 복도가 중정을 포위하여 순로를 구성하는 경우가 많다.
- 각 실에 직접 출입이 가능하며 필요시 자유로이 독립적으로 폐쇄할 수 있다.
- 르 코르뷔제가 와상동선을 발전시켜 미술관 안으로 '성장하는 미술관'을 계획하였다.

㉢ 중앙홀형식
- 중심부에 하나의 큰 홀을 두고 그 주위에 각 전시실을 배치하여 자유로이 출입하는 형식이다.
- 부지의 이용률이 높은 지점에 건립할 수 있다.
- 중앙홀이 크면 동선의 혼란이 없으나 장래에 많은 무리가 따른다.
- 뉴욕근대미술관, 구겐하임미술관이 이 방식을 적용하였다.

**4** 굴절형은 대면판매 외에 측면판매도 가능한 방식이다. 이 방식은 주로 문방구, 안경점, 모자점 등에서 적용된다.

※ 상점 진열대의 배치형식

| 배치 유형 | 특성 |
|---|---|
| 굴절형 배치 | 고급의류, 잡화, 귀금속, 문방구 등 상품이 소형인 매장에서 주로 적용하는 배치법으로서 대면판매와 측면판매 모두 가능하다. |
| 직렬형 배치 | 생필품, 가전제품, 서점 등 상품이 크거나 수량이 많은 경우에 적용하는 배치법으로서 부분별로 상품진열이 용이하고 대량판매매장에 유리한 배치법이다. 고객의 동선이 빠르고 분명하다. |
| 환상형 배치 | 중앙에 판매원의 공간을 둔 원형 배치법으로서 소형의 고가품을 원형평면 진열장에 배치하고 벽면에는 대형 상품을 진열한다. 매장의 규모에 따라 원형진열의 수를 여러 개로 할 수 있으며 대면판매와 측면판매 방식을 병행할 수 있다. |
| 복합형 배치 | 여러 가지 배치 방법을 조합한 방식으로 대형매장 및 다양한 상품을 판매하는 곳에서 적용하는 방식이다. 매장의 공간을 다양하게 구성할 수 있어 고객의 흥미를 유발할 수 있다. |

**5** 다음의 공동주택 평면형식 중 각 주호의 프라이버시와 거주성이 가장 양호한 것은?

① 계단실형　　　　　　　　　　　　② 중복도형

③ 편복도형　　　　　　　　　　　　④ 집중형

**6** 다음은 극장의 가시거리에 관한 설명이다. (　)안에 알맞은 것은?

> 연극 등을 감상하는 경우 연기자의 표정을 읽을 수 있는 가시한계는 (㉠)m 정도이다. 그러나 실제적으로 극장에서는 잘 보여야 하는 동시에 많은 관객을 수용해야 하므로 (㉡)m 까지를 제1차 허용한도로 한다.

① ㉠ 15, ㉡ 22　　　　　　　　　② ㉠ 20, ㉡ 35

③ ㉠ 22, ㉡ 35　　　　　　　　　④ ㉠ 22, ㉡ 38

- - -
**ANSWER** 5.① 6.①

**5**　거주성이 가장 양호한 유형은 계단실형이다.

※ 복도의 유형

　㉠ 계단실형(홀형)
- 계단 또는 엘리베이터 홀로부터 직접 주거단위로 들어가는 형식
- 각 세대간 독립성이 높다.
- 고층아파트일 경우 엘리베이터 비용이 증가한다.
- 단위주호의 독립성이 좋다.
- 채광, 통풍조건이 양호하다.
- 복도형보다 소음처리가 용이하다.
- 통행부의 면적이 작으므로 건물의 이용도가 높다.

　㉡ 편복도형
- 남면일조를 위해 동서를 축으로 한쪽 복도를 통해 각 주호로 들어가는 형식
- 거주자의 자연적 환경을 동일하게 만들고자 할 때 일반적으로 채용
- 통풍 및 채광은 양호한 편이지만 복도 폐쇄시 통풍이 불리

　㉢ 중복도형
- 부지의 이용률이 높다.
- 고층고밀화에 유리하여 주로 독신자아파트에 적용된다.
- 통풍 및 채광이 불리하다.
- 프라이버시가 좋지 않다.

　㉣ 집중형(코어형)
- 채광 및 통풍조건이 좋지 않으므로 기후조건에 따라 기계적 환경조절이 필요하다.
- 부지이용률이 극대화된다.
- 프라이버시가 좋지 않다.

**6**　연극 등을 감상하는 경우 연기자의 표정을 읽을 수 있는 가시한계는 15m 정도이다. 그러나 실제적으로 극장에서는 잘 보여야 하는 동시에 많은 관객을 수용해야 하므로 22m 까지를 제1차 허용한도로 한다.

**7** 사무소 건축에서 엘리베이터 계획 시 고려되는 승객 집중시간은?

① 출근 시 상승

② 출근 시 하강

③ 퇴근 시 상승

④ 퇴근 시 하강

**8** 1주간의 평균 수업시간이 30시간인 어느 학교에서 설계제도교실이 사용되는 시간은 24시간이다. 그 중 6시간은 다른 과목을 위해 사용된다고 할 때, 설계제도교실의 이용률과 순수율은?

① 이용률 80%, 순수율 25%

② 이용률 80%, 순수율 75%

③ 이용률 60%, 순수율 25%

④ 이용률 60%, 순수율 75%

---

**7** 사무소 건축에서 엘리베이터 계획 시 고려되는 승객 집중시간은 출근 시 상승할 때이다.

**8** 이용률 : $\dfrac{\text{교실이 사용되고 있는 시간}}{\text{1주간의 평균수업시간}} \times 100\%$

순수율 : $\dfrac{\text{일정한 교과를 위해 사용되는 시간}}{\text{교실이 사용되고 있는 시간}} \times 100\%$

이용률 $= \dfrac{24}{30} \times 100\% = 80\%$, 순수율 $= \dfrac{24-6}{24} \times 100\% = 75\%$

**9** 도서관 출납시스템에 관한 설명으로 옳지 않은 것은?

① 폐가식은 서고와 열람실이 분리되어 있다.

② 반개가식은 새로 출간된 신간 서적 안내에 채용된다.

③ 안전개가식은 서가 열람이 가능하여 도서를 직접 뽑을 수 있다.

④ 자유개가식은 이용자가 자유롭게 도서를 꺼낼 수 있으나 열람석으로 가기 전에 관원에게 체크를 받는 형식이다.

---

**ANSWER** 9.④

**9** 자유개가식은 서고와 열람실이 통합되어 있으며 도서열람의 체크시설이 필요하지 않고 대출절차가 간단하며 관원의 작업량이 적다.

※ 도서관 출납 시스템의 분류

ⓐ 자유 개가식(free open access) : 열람자 자신이 서가에서 책을 꺼내어 책을 고르고 그대로 검열을 받지 않고 열람하는 형식으로 보통 1실형이고 10,000권 이하의 서적 보관과 열람에 적당하다.
 • 책 내용 파악 및 선택이 자유롭고 용이
 • 책의 목록이 없어 간편하다.
 • 책 선택시 대출, 기록의 제출이 없어 분위기가 좋다.
 • 서가의 정리가 잘 안 되면 혼란스럽게 된다.
 • 책의 마모, 망실이 된다.

ⓑ 안전 개가식(safe-guarded open access) : 자유 개가식과 반개가식의 장점을 취한 형식으로서, 열람자가 책을 직접 서가에서 뽑지만 관원의 검열을 받고 대출의 기록을 남긴 후 열람하는 형식이다. 보통 15,000권 이하의 서적을 보관함과 열람에 적당하다.
 • 출납 시스템이 필요 없어 혼잡하지 않다.
 • 도서 열람의 체크 시설이 필요하다.
 • 도서 열람이 가능하여 책을 보고 직접 뽑을 수 있다.
 • 감시가 필요하지 않다.

ⓒ 반개가식(semi-open access) : 열람자는 직접 서가에 면하여 책의 체재나 표시 정도는 볼 수 있으나 내용을 보려면 관원에게 요구하여 대출 기록을 남긴 후 열람하는 형식이다.
 • 신간 서적 안내에 채용되며 대량의 도서에는 부적당하다.
 • 출납 시설이 필요하다.
 • 서가의 열람이나 감시가 불필요하다.

ⓓ 폐가식(closed access) : 열람자는 책의 목록에 의해 책을 선택하여 관원에게 대출 기록을 제출한 후 대출받는 형식이다. 서고와 열람실이 분리되어 있다.
 • 도서의 유지관리가 양호하다.
 • 감시할 필요가 없다.
 • 희망한 내용이 아닐 수 있다.
 • 대출 절차가 복잡하고 관원의 작업량이 많다.

**10** 메조넷형 아파트에 관한 설명으로 옳지 않은 것은?

① 다양한 평면구성이 가능하다.

② 소규모 주택에서는 비경제적이다.

③ 편복도형일 경우 프라이버시가 양호하다.

④ 복도와 엘리베이터홀은 각 층마다 계획된다.


**11** 극장의 평면형식에 관한 설명으로 옳지 않은 것은?

① 오픈스테이지형은 무대장치를 꾸미는데 어려움이 있다.

② 프로시니엄형은 객석 수용 능력에 있어서 제한을 받는다.

③ 가변형 무대는 필요에 따라서 무대와 객석을 변화시킬 수 있다.

④ 애리나형은 무대 배경설치 비용이 많이 소요된다는 단점이 있다.

**ANSWER** 10.④ 11.④

**10** 메조넷형은 복도와 엘리베이터홀이 2개층이나 3개층마다 계획되는 형식이다. 따라서 전용공간을 많이 확보할 수 있다.

※ 메조넷형(maisonette type) ⋯ 작은 저택의 뜻을 지니고 있는 유형으로 하나의 주거단위가 복층형식을 취하는 경우로, 단위주거의 평면이 2개 층에 걸쳐 있을 때 듀플렉스형(duplex type), 3층에 있을 때 트리플렉스형(Triplex type)이라고 한다.

ㄱ 장점
- 통로면적이 감소하고 임대면적이 증가한다.
- 프라이버시가 좋다.

ㄴ 단점
- 주호내에 계단을 두어야 하므로 소규모 주택에서는 비경제적이다.
- 공용복도가 없는 층은 화재 및 위험시 대피상 불리하다.
- 스킵플로어형 계획시 구조 및 설비상 복잡하고 설계가 어렵다.
- 공용복도가 중복도일 때 복도의 소음처리가 특별히 고려되어야 한다.

**11** 에리나 스테이지
- 가까운 거리에서 관람하면서 가장 많은 관객을 수용하며 무대배경을 만들지 않아도 되므로 경제적이다. (배경 설치시 무대 배경은 주로 낮은 가구로 구성된다.)
- 관객이 360도로 둘러싼 형으로 사방의 관객들의 시선을 연기자에게 향하도록 할 수 있다.
- 관객이 무대 주위를 둘러싸기 때문에 다른 연기자를 가리게 되는 단점이 있다.

**12** 학교 건축에서 단층 교사에 관한 설명으로 옳지 않은 것은?

① 내진 · 내풍구조가 용이하다.

② 학습 활동을 실외로 연장할 수 있다.

③ 계단이 필요없으므로 재해 시 피난이 용이하다.

④ 설비 등을 집약할 수 있어서 치밀한 평면계획이 용이하다.


**13** 주택의 부엌가구 배치 유형에 관한 설명으로 옳지 않은 것은?

① L자형은 부엌과 식당을 겸할 경우 많이 활용된다.

② ㄷ자형은 작업공간이 좁기 때문에 작업효율이 나쁘다.

③ 일(−)자형은 좁은 면적 이용에 효과적이므로 소규모 부엌에 주로 사용된다.

④ 병렬형은 작업 동선은 줄일 수 있지만 작업시 몸을 앞뒤로 바꿔야 하므로 불편하다.


* * *
ANSWER   12.④   13.②

**12** 단층 교사는 다층 교사에 비해 설비를 집약시키기가 어려우며 치밀한 평면계획도 어렵다.

**13** ㄷ자형은 양측 벽면이 이용될 수 있으므로 수납공간을 넓게 잡을 수 있으며 이용하기에도 아주 편리하다.
※ **부엌의 유형**
  ㉠ **직선형** : 좁은 부엌에 알맞고 동선의 혼란이 없는 반면 움직임이 많아 동선이 길어지는 경향이 있다.
  ㉡ **L자형** : 정방형 부엌에 알맞고 비교적 넓은 부엌에서 능률이 좋으나 모서리 부분은 이용도가 낮다.
  ㉢ **U자형(ㄷ자형)** : 양측 벽면이 이용될 수 있으므로 수납공간을 넓게 잡을 수 있으며 이용하기에도 아주 편리하다.
  ㉣ **병렬형** : 직선형에 비해 작업동선이 줄어들지만 작업시 몸을 앞뒤로 바꿔야 하므로 불편하다. 식당과 부엌이 개방되지 않고 외부로 통하는 출입구가 필요한 경우에 많이 쓰인다.

**14** 장애인·노인·임산부 등의 편의증진 보장에 관한 법령에 따른 편의시설 중 매개시설에 속하지 않는 것은?

① 주출입구접근로

② 유도 및 안내설비

③ 장애인전용주차구역

④ 주출입구 높이차이 제거

**15** 상점계획에 관한 설명으로 옳지 않은 것은?

① 고객의 동선은 일반적으로 짧을수록 좋다.

② 점원의 동선과 고객의 동선은 서로 교차되지 않는 것이 바람직하다.

③ 대면판매형식은 일반적으로 시계, 귀금속, 의약품 상점 등에서 쓰여 진다.

④ 쇼 케이스 배치 유형 중 직렬형은 다른 유형에 비하여 상품의 전달 및 고객의 동선상 흐름이 빠르다.

---

**ANSWER** 14.② 15.①

**14** 장애인·노인·임산부 등의 편의증진 보장에 관한 법령에 따른 편의시설 중 매개시설은 주출입구접근로, 장애인전용주차구역, 주출입구 높이차이 제거가 포함된다. 유도 및 안내설비는 안내시설에 속한다.

| 편의시설 \ 대상시설 | 매개시설 | | | 내부시설 | | | 위생시설 | | | | | | 안내시설 | | | 기타시설 | | | | |
|---|---|---|---|---|---|---|---|---|---|---|---|---|---|---|---|---|---|---|---|---|
| | | | | | | | 화장실 | | | | | | | | | | | | | |
| | 주출입구접근로 | 장애인전용주차구역 | 주출입구높이차이제거 | 출입구(문) | 복도 | 계단또는승강기 | 대변기 | 소변기 | 세면대 | 욕실 | 샤워실·탈의실 | 점자블록 | 유도및안내설비 | 경보및피난설비 | 객실·침실 | 관람석·열람석 | 접수대·작업대 | 매표소·판매기·음료대 | 임산부등을위한휴게시설 |
| 아파트 | 의무 | 의무 | 의무 | 의무 | 권장 | 의무 | 권장 | 권장 | 권장 | 권장 | 권장 | 권장 | | 권장 | 권장 | | | | |
| 연립주택[1] | 의무 | 의무 | 의무 | 의무 | 권장 | 권장 | 권장 | 권장 | 권장 | 권장 | 권장 | 권장 | | 권장 | 권장 | | | | |
| 다세대주택[2] | 의무 | 의무 | 의무 | 의무 | 권장 | 권장 | 권장 | 권장 | 권장 | 권장 | 권장 | 권장 | | 권장 | 권장 | | | | |
| 기숙사[3] | 의무 | 의무 | 의무 | 의무 | 권장 | 권장 | 의무 | 권장 | 의무 | 권장 | 권장 | 권장 | | 권장 | 의무 | | | | |

1) 세대 수가 10세대 이상만 해당
2) 세대 수가 10세대 이상만 해당
3) 기숙사가 2동 이상의 건축물로 이루어져 있는 경우 장애인용 침실이 설치된 동에만 적용한다. 다만, 장애인용 침실수는 전체 건축물을 기준으로 산정하며, 일반 침실의 경우 출입구(문)는 권장사항임

**15** 고객의 판매욕구 유발을 위해 고객이 보다 많은 상품들을 볼 수 있도록 동선은 일반적으로 길수록 좋다.

**16** 한국 고대 사찰배치 중 1탑3금당 배치에 속하는 것은?

① 미륵사지

② 불국사지

③ 정림사지

④ 청암리사지


**17** 그리스 아테네 아크로폴리스에 관한 설명으로 옳지 않은 것은?

① 프로필리어는 아크로폴리스로 들어가는 입구 건물이다.

② 에렉테이온 신전은 이오닉 양식의 대표적인 신전으로 부정형 평면으로 구성되어 있다.

③ 니케 신전은 순수한 코린트식 양식으로서 페르시아와의 전쟁의 승리기념으로 세워졌다.

④ 파르테논 신전은 도릭 양식의 대표적인 신전으로서 그리스 고전건축을 대표하는 건물이다.

**16** 청암리사지는 평안남도 평양시 청암리에 있는 고구려의 절터로서 1938년과 1939년의 발굴조사에 의하여 절의 규모가 확인되었다.
탑을 중심으로 동서북쪽에 금당이 있고 남쪽에는 중문이 있어 십자축을 이루고 있어 이른바 1탑3금당식 가람배치라 불리며, 이는 고구려 사찰배치에서 주로 보이는 양식이다.

- 1탑3금당식 가람배치는 우리나라에서 가장 오래된 형식으로 주로 고구려의 탑 배치에서 그 형식을 찾아 볼 수 있다. 배치 형태를 살펴보면, 탑을 한가운데 두고 북쪽으로 금당이 있고 동서에도 2개의 금당이 있어 탑을 삼면에서 둘러싸고 있는 형상이다. 이는 고구려에서 확립된 독특한 가람배치다.
- 사찰 안의 탑은 금당과 그 밖의 여러 부속 건물들과 어우러져 하나의 전체를 이루고 있다. 이때 사찰 안의 탑과 건물이 어떠한 관계로 자리잡고 있는가를 살펴보아야 하는데, 이 관계를 '가람배치(伽藍配置)'라고 부른다.
- 예를 들면 탑과 금당의 관계에 따라 1탑3금당식 · 1탑1금당식 · 쌍탑식 가람배치 등으로 분류하고 있다.
- 고구려의 금강사지(金剛寺址), 상오리사지(上吾里寺址), 정릉사지(定陵寺址) 등의 절터가 모두 이와 같은 1탑3금당식의 가람배치다.

**17** 니케 신전은 이오니아 양식을 취한 건축물이었다.
아테나 니케의 신전(Naos tis Athinas Nikis)은 그리스 아테네의 아크로폴리스에 위치하여 아테나 여신을 모시던 신전이다. 니케는 그리스어로 "승리"를 의미하고, 지혜의 여신 아테나는 "아테나 니케"(Athena Nike)라는 이름으로 숭배되었다. 아크로폴리스 초기의 이오니아 양식이며, 프로필라이아(아크로폴리스의 정문) 오른쪽의 가파른 용마루 성보의 남서쪽에 위치하고 있었다. 18세기 요새를 지을 석재를 구하려는 터키인들에 의해 허물어졌지만 나중에 파괴된 요새에서 돌을 가져와 다시 복구했다.

**18** 다음 중 건축가와 작품의 연결이 옳지 않은 것은?

① 르 꼬르뷔지에(Le Corbusier) – 롱샹 교회

② 월터 그로피우스(Walter Gropius) – 아테네 미국대사관

③ 프랭크 로이드 라이트(Frank Lloyd Wright) – 구겐하임 미술관

④ 미스 반 데르 로에(Mies Van der Rohe) – M.I.T 공대 기숙사


**19** 주거단지의 각 도로에 관한 설명으로 옳지 않은 것은?

① 격자형 도로는 교통을 균등 분산시키고 넓은 지역을 서비스할 수 있다.

② 선형 도로는 폭이 넓은 단지에 유리하고 한쪽 측면의 단지만을 서비스할 수 있다.

③ 루프(loop)형은 우회도로가 없는 쿨데삭(cul-de-sac)형의 결점을 개량하여 만든 유형이다.

④ 쿨데삭(cul-de-sac)형은 통과교통을 방지함으로써 주거환경의 쾌적성과 안정성을 모두 확보할 수 있다.


**20** 다음은 주택의 기준척도에 관한 설명이다. (   )안에 알맞은 것은?

| |
|---|
| 거실 및 침실의 평면 각 변의 길이는 (   )를 단위로 한 것을 기준 척도로 한다. |

① 5cm

② 10cm

③ 15cm

④ 30cm

**18** MIT공대 기숙사(Simmons Hall at the MIT)는 시몬스 홀의 대표적 작품이다. (본래 알바알토의 작품 중 MIT공대 기숙사가 있었으나 가장 최근의 MIT공대기숙사는 시몬스 홀의 작품이다.)

**19** 선형도로는 폭이 좁은 단지에 유리한 방식이다.

**20** • 거실 및 침실의 평면 각 변의 길이는 10cm를 단위로 한 것을 기준 척도로 한다.
   • 치수 및 기준척도는 안목치수를 원칙으로 한다.
   • 층높이는 2.4m 이상으로 하되, 5cm를 단위로 한 것을 기준척도로 한다.
   • 계단 및 계단참이 평면 각 변의 길이 또는 너비는 10cm를 단위로 한 것을 기준척도로 한다.

**21** 콘크리트의 균열을 발생시기에 따라 구분할 때 경화 후 균열의 원인에 해당되지 않는 것은?

① 알칼리 골재 반응
② 동결융해
③ 탄산화
④ 재료분리

**22** 도막방수에 관한 설명으로 옳지 않은 것은?

① 복잡한 형상에 대한 시공성이 우수하다.
② 용제형 도막방수는 시공이 어려우나 충격에 매우 강하다.
③ 에폭시계 도막방수는 접착성, 내열성, 내마모성, 내약품성이 우수하다.
④ 셀프레벨링공법은 방수 바닥에서 도료상태의 도막재를 바닥에 부어 도포한다.

---

**21** 재료분리는 경화 전에 발생하는 현상으로서 경화 후 균열의 원인이라고 보기에는 무리가 있다.

**22** 용제형 도막방수는 시공이 간단하고 착색이 용이하나 충격에 약함으로 보호층이 필요하다.
  ※ 도막방수는 방수바탕에 합성수지나 합성고무의 용액을 도포하여 방수층을 형성하는 공법으로서 용제형(Solvent)과 유제형(Emulsion)으로 대분된다.
    ㉠ 용제형(Solvent) 도막방수
      • 합성고무를 Solvent에 녹여 0.5mm~0.8mm의 방수피막을 형성한다.
      • Sheet와 같은 피막을 형성하며 고가품으로 최상층 마무리에 사용된다.
      • 시공이 간단하고 착색이 용이하나 충격에 약함으로 보호층이 필요하다.
    ㉡ 유제형(Emulsion) 도막방수
      • 수지, 유지를 여러번 발라서 0.5~1mm의 피막을 형성한다.
      • 바탕 1/50의 물흘림경사, 구석, 모서리 5cm이상 면을 접는다.
      • 다소 습기가 있어도 시공이 가능하며 보호층을 둔다.
      • 우천 시 동기시공(2도 이하)는 피해야 한다.

**23** 다음과 같은 원인으로 인하여 발생하는 용접 결함의 종류는?

> 원인 : 도료, 녹, 밀, 스케일, 모재의 수분

① 피트
② 언더컷
③ 오버랩
④ 엔드탭

**24** 터파기 공사 시 지하수위가 높으면 지하수에 의한 피해가 우려되므로 차수공사를 실시하며, 이 방법만으로 부족할 때에는 강제배수를 실시하게 되는데 이때 나타나는 현상으로 옳지 않은 것은?

① 점성토의 압밀
② 주변침하
③ 흙막이 벽의 토압감소
④ 주변우물의 고갈

**23** 보기의 원인에 의해 발생하는 용접결함은 피트이다.
　　※ 용접결함
　　• 언더컷 : 모재가 녹아 용착금속이 채워지지 않고 홈으로 남는 부분
　　• 슬래그섞임(감싸들기) : 슬래그의 일부분이 용착금속 내에 혼입된 것
　　• 블로홀 : 용융금속이 응고할 때 방출되어야 할 가스가 남아서 생긴 빈자리
　　• 오버랩 : 용착금속과 모재가 융합되지 않고 단순히 겹쳐지는 것
　　• 피트 : 작은 구멍이 용접부 표면에 생긴 것
　　• 크레이터 : 용즙 끝단에 항아리 모양으로 오목하게 파인 것
　　• 피시아이 : 용접작업 시 용착금속 단면에 생기는 작은 은색의 점
　　• 크랙 : 용접 후 급냉되는 경우 생기는 균열
　　• 오버형 : 상향 용접시 용착금속이 아래로 흘러내리는 현상
　　• 용입불량 : 용입깊이가 불량하거나 모재와의 융합이 불량한 것

**24** 문제 오류이다. 지하수위를 저하시키면 흙의 내부의 수분함량이 줄어들게 되어 비중이 줄어들므로 흙막이 벽의 토압이 감소하게 된다. (이 문제는 모두 정답처리)

**25** 일반경쟁입찰의 업무순서에 따라 보기의 항목을 옳게 나열한 것은?

---

A. 입찰공고                    B. 입찰등록
C. 견적                        D. 참가등록
E. 입찰                        F. 현장설명
G. 개찰 및 낙찰                H. 계약

---

① A → B → F → D → C → E → G → H

② A → D → F → C → B → E → G → H

③ A → B → C → F → D → G → E → H

④ A → D → C → F → E → G → B → H

**26** TQC를 위한 7가지 도구 중 다음 설명에 해당하는 것은?

---

모집단에 대한 품질특성을 알기 위하여 모집단의 분포상태, 분포의 중심위치, 분포의 산포 등을 쉽게
파악할 수 있도록 막대그래프 형식으로 작성한 도수분포도를 말한다.

---

① 히스토그램

② 특성요인도

③ 파레토도

④ 체크시트

---

**25** 일반경쟁입찰의 업무순서 … 입찰공고 → 참가등록 → 현장설명 → 견적 → 입찰등록 → 입찰 → 개찰 및 낙찰 → 계약

**26** 품질관리도구의 종류
ㄱ **파레토도** : 불량, 결점, 고장 등의 발생건수, 또는 손실금액을 항목별로 나누어 발생빈도의 순으로 나열하고 누적합도
　표시한 그림이다.
ㄴ **히스토그램** : 치수, 무게, 강도 등 계량치의 Data들이 어떤 분포를 하고 있는지를 보여준다.
ㄷ **특성요인도** : 생선뼈 그림이라고도 하며 결과에 대해 원인이 어떻게 관계하는지를 알기 쉽게 작성하였다.
ㄹ **산포도** : 서로 대응되는 2개의 데이터의 상관관계를 용지 위에 점으로 나타낸 것
ㅁ **체크시트** : 계수치의 데이터가 분류항목의 어디에 집중되어 있는지 알아보기 쉽게 나타낸 그림이나 표를 말한다.
ㅂ **층별** : 집단을 구성하는 많은 Data를 어떤 특징에 따라 몇 개의 부분 집단으로 나누는 것을 말한다.

**27** 경량형 강재의 특징에 관한 설명으로 옳지 않은 것은?

① 경량형 강재는 중량에 대한 단면 계수, 단면 2차 반경이 큰 것이 특징이다.

② 경량형 강재는 일반구조용 열간 압연한 일반형 강재에 비하여 단면형이 크다.

③ 경량형 강재는 판두께가 얇지만 판의 국부 좌굴이나 국부 변형이 생기지 않아 유리하다.

④ 일반구조용 열간 압연한 일반형 강재에 비하여 판두께가 얇고 강재량이 적으면서 휨강도는 크고 좌굴 강도도 유리하다.

**28** 거푸집에 작용하는 콘크리트의 측압에 끼치는 영향요인과 가장 거리가 먼 것은?

① 거푸집의 강성

② 콘크리트 타설 속도

③ 기온

④ 콘크리트의 강도

**27** 경량형 강재는 판의 두께가 얇으므로 국부좌굴이나 국부변형이 발생할 우려가 크다.

**28** 콘크리트 강도 자체는 측압에 영향을 직접적으로 끼치는 요인으로 보기에는 무리가 있다.

| 요소별 항목 | 콘크리트 측압에 미치는 영향 |
|---|---|
| 콘크리트 타설속도 | 빠를수록 크다 |
| 컨시스턴시 | 묽을수록 크다 |
| 콘크리트 비중 | 클수록 크다 |
| 시멘트량 | 많을수록 크다 |
| 콘크리트 온습도 | 높을수록 크다 |
| 거푸집표면 평활도 | 평활할수록 크다 |
| 거푸집 강성 | 클수록 크다 |
| 거푸집 투수성 | 클수록 작다 |
| 철근량 | 많을수록 작다 |

**29** 건설 프로세스의 효율적인 운영을 위해 형성된 개념으로 건설생산에 초점을 맞추고 이에 관련된 계획, 관리, 엔지니어링, 설계, 구매, 계약, 시공, 유지 및 보수 등의 요소들을 주요 대상으로 하는 것은?

① CIC(Computer Integrated Construction)

② MIS(Management Information System)

③ CIM(Computer Integrated Manufacturing)

④ CAM(Computer Aided Manufacturing)

**30** 경량기포콘크리트(ALC)에 관한 설명으로 옳지 않은 것은?

① 기건 비중은 보통 콘크리트의 약 1/4 정도로 경량이다.

② 열전도율은 보통 콘크리트의 약 1/10정도로서 단열성이 우수하다.

③ 유기질 소재를 주원료로 사용하여 내화성능이 매우 낮다.

④ 흡음성과 차음성이 우수하다.

**31** 실의 크기 조절이 필요한 경우 칸막이 기능을 하기 위해 만든 병풍 모양의 문은?

① 여닫이문

② 자재문

③ 미서기문

④ 홀딩 도어

---

**ANSWER** 29.① 30.③ 31.④

**29** ① CIC(Computer Integrated Construction) : 건설프로세스의 효율적인 운영을 위해 형성된 개념으로 건설생산에 초점을 맞추고 이에 관련된 계획, 관리, 엔지니어링, 설계, 구매, 계약, 시공, 유지 및 보수 등의 요소들을 주요 대상으로 하는 것
   ② MIS(Management Information System) : 경영정보시스템
   ③ CIM(Computer Integrated Manufacturing) : 컴퓨터 통합생산 시스템
   ④ CAM(Computer Aided Manufacturing) : 컴퓨터 지원 제조시스템

**30** 경량기포콘크리트는 무기질 소재를 주원료로 사용하며 내화성능이 매우 우수하다.

**31** 홀딩 도어 : 실의 크기 조절이 필요한 경우 칸막이 기능을 하기 위해 만든 병풍 모양의 문

**32** 타일 108mm 각으로, 줄눈을 5mm로 벽면 6m²를 붙일 때 필요한 타일의 장수는? (단, 정미량으로 계산)

① 350장

② 400장

③ 470장

④ 520장

**33** 수장공사 적산 시 유의사항에 관한 설명으로 옳지 않은 것은?

① 수장공사는 각종 마감재를 사용하여 바닥 벽 천장을 치장하므로 도면을 잘 이해하여야 한다.

② 최종 마감재만 포함하므로 설계도서를 기준으로 각종 부속공사는 제외하여야 한다.

③ 마무리 공사로서 자재의 종류가 다양하게 포함되므로 자재별로 잘 구분하여 시공 및 관리하여야 한다.

④ 공사범위에 따라서 주자재, 부자재, 운반 등을 포함하고 있는지 파악하여야 한다.

**34** 석재의 표면 마무리의 갈기 및 광내기에 사용하는 재료가 아닌 것은?

① 금강사

② 황산

③ 숫돌

④ 산화주석

**32** 단순한 계산문제이다. 줄눈의 간격 5mm를 고려하면 타일1개를 붙이기 위해 필요한 면적은 $(0.108+0.005)^2[\text{m}]$이므로 6m²에 필요한 타일의 정미수량은

$$\frac{6}{(0.108+0.005)^2} = 469.88[\text{장}]$$

정미수량 : 공사에 필요한 순수 수량 (할증이 붙지 않은 수량)

**33** 수장공사는 최종 마감재 외에도 다양한 부속자재들이 사용되며 설계도서를 기준으로 부속공사는 반드시 포함되어야 한다.

**34** 황산은 석재의 표면마무리에 사용할 경우 부식과 같은 부작용이 발생할 수 있다.

**35** 평판재하시험에 관한 설명으로 옳지 않은 것은?(기출 변형)

① 재하판을 피라미드형으로 설치하는 경우 재하판은 한 조로 구성되어야 하며 상하재하판 지름의 차이는 150mm이하로 한다.

② 시험위치는 최소한 3개소에서 시험을 하여야 하며 시험개소 사이의 거리는 최대 재하판 지름의 5배 이상이어야 한다.

③ 지하수위가 높은 경우는 재하면을 지하수위 위치의 아래쪽에 위치하게 한다.

④ 시험하중이 허용하중의 3배 이상이거나 누적 침하가 재하판 지름의 10%를 초과하는 경우에는 시험을 멈춘다.

---

**35** KSF 2444 얕은 기초의 평판재하시험 방법(2019년 개정)

㉠ 재하판
- 재하판은 두께 25mm이상, 지름 300mm, 400mm, 750mm인 재하판은 두께 25mm이상, 지름 300mm, 400mm, 750mm인 강재원판을 표준으로 하고 등가면적의 정사각형 철판으로 해도 된다.
- 재하판을 피라미드형으로 설치하는 경우 재하판은 한 조로 구성되어야 하며 상하재하판 지름의 차이는 150mm이하로 한다.

㉡ 변위계 : 작용 스트로크 길이가 50mm이상이고 0.01mm의 정밀도를 가진 다이얼게이지나 LVDT이어야 한다.

㉢ 변위계 지지대 : 변위계 지지대는 재하판의 침하량을 측정하는 장치로 변위계를 부착할 수 있는 길이 3m 이상의 지지보와 그 지지다리로 구성되며 지지다리의 위치는 재하판 및 지지력 장치의 지지점(자동차 또는 트레일러의 경우는 그 차륜)에서 1m이상 떨어져 설치한다.

㉣ 시험위치
- 시험위치는 최소한 3개소에서 시험을 하여야 하며 시험개소 사이의 거리는 최대 재하판 지름의 5배 이상이어야 한다. 함수비의 변화가 없도록 가능한 한 신속하게 재하시험을 실시한다.
- 지하수위가 높은 경우는 재하면을 지하수위 위치와 일치시킨다.
- 지하수위보다 재하면이 깊으면 집수정을 설치하여 배수한다.
- 수력 구조물 등 장기적으로 습윤상태가 유지될 경우에는 최대재하판 지름의 2배 이상의 깊이까지 미리 수침하여 포화시킨다.

㉤ 침하측정
- 정밀도 0.01mm의 다이얼게이지 또는 LVDT로 침하량을 측정하며 모든 치하량을 계속해서 기록한다.
- 침하량 측정은 하중재하가 된 시점에서, 그리고 하중이 일정하게 유지되는 동안 15분까지는 1, 2, 3, 5, 10, 15에 각각 침하를 측정하고 그 이후에는 동일시간 간격으로 측정한다.
- 15분까지 침하 측정 이후에 10분당 침하량이 0.05mm/min미만이거나 15분간 침하량이 0.01mm이하이거나 1분간의 침하량이 그 하중강도에 의한 그 단계에서의 누적 침하량의 1%이하가 되면 침하의 진행이 정지된 것으로 본다.

㉥ 시험종료
- 시험하중이 허용하중의 3배 이상이거나 누적 침하가 재하판 지름의 10%를 초과하는 경우에는 시험을 멈춘다.
- 최후하중 증가에 대한 관측을 오나료한 후 재하하중을 제거하고 적어도 선정된 시간 간격과 같은 시간동안 탄성거동이 더 일어나지 않을 때까지 계속한다.

㉦ 재하대 : 재하대는 재하도중에 올려지거나 지반 침하에 의해 기울어지지 않아야하며 지지점은 재하판으로부터 2.4m이상 떨어져 있어야 한다. 시험에 필요한 총 하중은 시험이 시작되기 전에 현장에 준비되어 있어야 한다.

㉧ 시험장치 및 기구 : 강재 철판, 재하기둥, 잭 등 모든 기구는 하중을 재하하기 전에 무게를 측정하여 사하중으로 기록하여야 한다.

**36** 건축주가 시공회사의 신용, 자산, 공사경력, 보유기자재 등을 고려하여 그 공사에 적격한 하나의 업체를 지명하여 입찰시키는 방법은?

① 공개경쟁입찰
② 제한경쟁입찰
③ 지명경쟁입찰
④ 특명입찰

**37** 서로 다른 종류의 금속재가 접촉하는 경우 부식이 일어나는 경우가 있는데 부식성이 큰 금속 순으로 옳게 나열된 것은?

① 알루미늄 > 철 > 주석 > 구리
② 주석 > 철 > 알루미늄 > 구리
③ 철 > 주석 > 구리 > 알루미늄
④ 구리 > 철 > 알루미늄 > 주석

**38** 스프레이 도장방법에 관한 설명으로 옳지 않은 것은?

① 도장거리는 스프레이 도장면에서 150mm를 표준으로 하고 압력에 따라 가감한다.
② 스프레이할 때에는 매끈한 평면을 얻을 수 있도록 하고, 항상 평행이동하면서 운행의 한 줄마다 스프레이 너비의 1/3 정도를 겹쳐 뿜는다.
③ 각 회의 스프레이 방향은 전회의 방향에 직각으로 한다.
④ 에어레스 스프레이 도장은 1회 도장에 두꺼운 도막을 얻을 수 있고 짧은 시간에 넓은 면적을 도장할 수 있다.

---

**ANSWER** 36.④ 37.① 38.①

**37** 특명입찰 : 건축주가 시공회사의 신용, 자산, 공사경력, 보유기자재 등을 고려하여 그 공사에 적격한 하나의 업체를 지명하여 입찰시키는 방법

**37** 부식성이 큰 것부터 나열하면 알루미늄 > 철 > 주석 > 구리의 순이 된다.

**38** 도장거리는 스프레이 도장면에서 300mm를 표준으로 하고 압력에 따라 가감한다.

**39** 창호철물 중 여닫이문에 사용하지 않는 것은?

① 도어 행거(door hanger)
② 도어 체크(door check)
③ 실린더 록(cylinder lock)
④ 플로어 힌지(floor hinge)

**40** 아스팔트 방수공사에 관한 설명으로 옳지 않은 것은?

① 아스팔트 프라이머는 건조하고 깨끗한 바탕면에 솔, 롤러, 뿜칠기 등을 이용하여 규정량을 균일하게 도포한다.

② 용융 아스팔트는 운반용 기구로 시공 장소까지 운반하여 방수 바탕과 시트재 사이에 롤러, 주걱 등으로 뿌리면서 시트재를 깔아 나간다.

③ 옥상에서의 아스팔트 방수 시공 시 평탄부에서의 방수 시트깔기 작업 후 특수부위에 대한 보강붙이기를 시행한다.

④ 평탄부에서는 프라이머의 적절한 건조상태를 확인하여 시트를 깐다.

---

**ANSWER** 39.① 40.③

**39** 도어 행거는 창틀에 창을 매달기 위한 자재로서 일반적으로 미닫이문에서 주로 사용되나 여닫이문에서는 거의 사용하지 않는다.
※ 창호철물의 종류
　㉠ 자유정첩(Double acting butt) : 스프링을 장치하여 안팎으로 자유로이 여닫게 되는 정첩으로 외자유정첩(한면용)과 양자유정첩(양면용)이 있다.
　㉡ 레버터리힌지(Lavatory hinge) : 스프링힌지의 일종으로 공중용 변소, 전화실, 출입문 등에 쓰인다. 저절로 닫혀지나 15cm 정도는 열려있어, 표시기가 없어도 비어 있는 것이 판별되고 사용시는 안에서 꼭 닫아 잠그게 되어있다.
　㉢ 플로어힌지(Floor hinge) : 오일 또는 스프링을 써서 문을 열면 저절로 닫혀지는 장치를 하고 바닥에 묻어 설치한 다음 문의 징두리를 여기에 꽂아 돌게하는 창호철물이다.
　㉣ 피벗힌지(Pivot hinge) : 플로어 힌지를 쓸 때 문의 위촉의 돌대로 쓰는 철물이다.
　㉤ 도어클로저(Door closer) : 문과 문틀에 장치하여 문을 열면 저절로 닫혀지는 장치가 되어 있는 창호철물로 스프링과 피스톤 장치로 기름을 넣는 통에 피스톤 장치가 있어 개폐속도를 조절한다.
　㉥ 함자물쇠 : 자물쇠를 작은 상자에 장치한 것으로 출입문 등 문의 울거미 표면에 붙여대는 자물쇠이다.
　㉦ 실린더자물쇠(Pin tumbler lock) : 자물통이 실린더로 된 것으로 텀블러 대신 핀을 넣은 실린더 볼트가 함께 있다.
　㉧ 도어스톱 : 여닫이문이나 장지를 고정하는 철물, 문받이 철물로 문틀의 내면에 둔 돌기부분으로서 문을 닫을 때 문짝이 지나치지 않도록 하기위한 것이다.
　㉨ 도어체크(Door check) : 문과 문틀에 장치하여 문을 열면 저절로 닫혀지는 장치가 되어 있는 창호철물이다.
　㉩ 도어홀더 : 여닫 창호를 열어서 고정시켜 놓는 철물이다.
　㉪ 오르내리꽂이쇠 : 쌍여닫이문(주로 현관문)에 상하고 정용으로 달아서 개폐를 방지한다.
　㉫ 크리센트 : 오르내리창의 윗막이대 윗면에 대어 다른 창의 밑막이에 걸리게 되는 걸쇠이다.
　㉬ 멀리온 : 창틀 또는 문틀로 둘러 싸인 공간을 다시 세로로 세분하는 중간 선틀로 창면적이 클때에는 스틸바만으로서는 약하며 또한 여닫을 때의 진동으로 유리가 파손될 우려가 있으므로 이것을 보강하고 외관을 꾸미기 위하여 강판을 중공형으로 접어 가로나 세로로 댄다.

**40** 옥상에서의 아스팔트 방수 시공 시 평탄부에서의 방수 시트깔기 작업 전 특수부위(드레인주변, 파이프주변 등)에 대한 보강붙이기를 먼저 시행한다.

**41** 다음 그림과 같은 라멘의 부정정차수는?

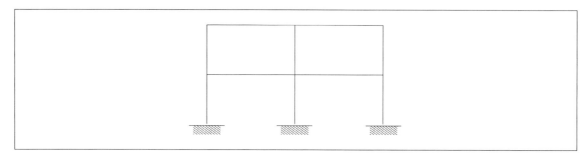

① 6차 부정정

② 8차 부정정

③ 10차 부정정

④ 12차 부정정

**42** 1단은 고정, 1단은 자유인 길이 10m인 철골기둥에서 오일러의 좌굴하중은? (단, A = 6000mm$^2$, $I_x$는 4000cm$^4$, $I_y$는 2000cm$^4$, E=205000MPa)

① 101.2kN

② 168.4kN

③ 195.7kN

④ 202.4kN

---

**ANSWER**  41.④  42.①

**41** 부정정차수 $N = r + m + s - 2j = 9 + 10 + 11 - 2 \times 9 = 12$

$N$ : 총부정정 차수, $r$ : 지점반력수, m : 부재의 수, $s$ : 강절점 수, $j$ : 절점 및 지점수(자유단포함)

**42** $I_{\min} = I_y = 2,000[\text{cm}^4]$이며

$$P_{cr} = \frac{\pi^2 E I_{\min}}{(KL)^2} = \frac{\pi^2 \cdot 205,000[\text{MPa}] \cdot 2000[\text{cm}^4]}{(2.0 \cdot 10[\text{m}])^2} = 101.16[\text{kN}]$$

**43** 다음 그림과 같은 보에서 중앙점(C점)의 휨모멘트($M_c$)를 구하면?

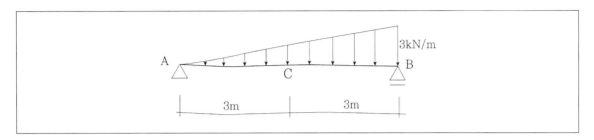

① 4.50 kN · m

② 6.75 kN · m

③ 8.00 kN · m

④ 10.50 kN · m

43.②

**43** 등변분포하중을 집중하중으로 치환하면 크기는 9kN이 되며 이는 A점으로부터 4m떨어진 곳에 작용한다. 따라서 A점에 대해서 모멘트합이 평형을 이루는 조건에 따라 A점의 B점의 반력을 구하면 $R_A = 3[kN]$, $R_B = 6[kN]$이 된다.

중앙점의 휨모멘트를 구하면

$$V_c = R_A \cdot 3 - \int_0^3 (3 \cdot \frac{x}{6}) dx = 3 \cdot 3 - [3 \cdot \frac{1}{2} \cdot \frac{x^2}{6}]_0^3 = 9 - \frac{3^2}{4} = 9 - 2.25 = 6.75[kNm]$$

| 전단력도 | 휨모멘트도 |
|---|---|
| $\frac{wL}{6}$ $+$ $-$ $\frac{wL}{3}$ | $+$ $\frac{wL^2}{9\sqrt{3}}$ |
| $V_A = \dfrac{wL}{6}$, $V_B = \dfrac{wL}{3}$, $V_{\max} = \dfrac{wL}{3}$ | $M_A = 0$, $M_B = 0$ |
| $x = \dfrac{L}{\sqrt{3}} = 0.57735L$ | $M_x = M_{\max} = \dfrac{wL^2}{9\sqrt{3}}$ |

**44** 그림과 같은 단면에서 x-x축에 대한 단면2차반경으로 옳은 것은?

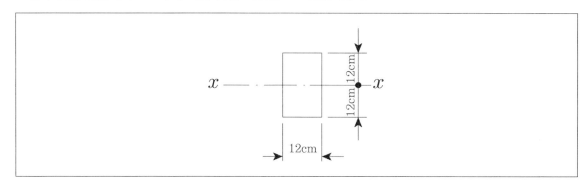

① 5.5cm

② 6.9cm

③ 7.7cm

④ 8.1cm

**45** 스팬이 $\ell$ 고 양단이 고정인 보의 전체에 등분포하중 $w$가 작용할 때 중앙부의 최대 처짐은?

① $\dfrac{wL^4}{48EI}$

② $\dfrac{5wL^4}{48EI}$

③ $\dfrac{wL^4}{384EI}$

④ $\dfrac{5wL^4}{384EI}$

• • •
**ANSWER**   **44.②   45.④**

**44**

$$r_{x-x} = \sqrt{\frac{I_{x-x}}{A}} = \sqrt{\frac{13,824}{12 \cdot 24}} = 6.92[cm]$$

$$I_{x-x} = \frac{12 \cdot 24^3}{12} = 13,824$$

$$A = 12 \cdot 24 = 288$$

**45**

| | | |
|---|---|---|
| A△ $\overset{\downarrow P}{\underset{\text{L/2} \;\; \text{C} \;\; \text{L/2}}{\rule{3cm}{0.4pt}}}$ △B | $\theta_A = -\theta_B = \dfrac{PL^2}{16EI}$ | $\delta_{max} = \delta_C = \dfrac{PL^3}{48EI}$ |
| A△ $\overset{w}{\underset{\text{L}}{\downarrow\downarrow\downarrow\downarrow\downarrow\downarrow\downarrow\downarrow\downarrow}}$ △B | $\theta_A = -\theta_B = \dfrac{wL^3}{24EI}$ | $\delta_{max} = \dfrac{5wL^4}{384EI}$ |

**46** 철근콘크리트의 보강철근에 관한 설명으로 옳지 않은 것은?

① 보강철근으로 보강하지 않은 콘크리트는 연성거동을 한다.

② 보강철근은 콘크리트의 크리프를 감소시키고 균열의 폭을 최소화시킨다.

③ 이형철근은 원형강봉의 표면에 돌기를 만들어 철근과 콘크리트의 부착력을 최대가 되도록 한 것이다.

④ 보강철근을 콘크리트 속에 매립합으로써 콘크리트의 휨강도를 증대시킨다.

**47** 강도설계법 적용 시 그림과 같은 단철근 직사각형보 단면의 공칭휨강도 $M_n$은?

(단, $f_{ck}$는 21MPa, $f_y$는 400MPa, $A_s$는 1200mm²)

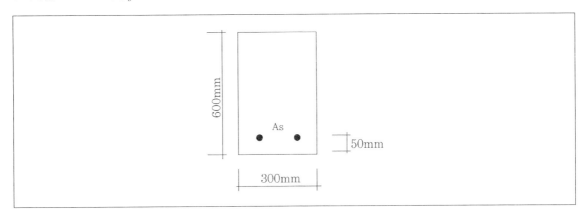

① 162 kN · m

② 182 kN · m

③ 202 kN · m

④ 242 kN · m

**46** 보강철근으로 보강하지 않은 콘크리트는 취성거동을 한다.

**47** 공칭휨강도 : 구조체나 구조부재의 하중에 대한 휨저항능력으로서, 규정된 재료강도 및 부재치수를 사용하여 계산된 값
단면의 공칭휨강도($M_n$, 단면저항모멘트 : 주어진 단면에서 저항할 수 있는 모멘트)

$$M_n = M_{rc} = M_{rs} = T \cdot z = C \cdot z = A_s f_y \left( d - \frac{a}{2} \right) = 0.85 f_{ck} ab \left( d - \frac{a}{2} \right)$$

$$M_n = M_{rc} = M_{rs} = T \cdot z = C \cdot z = 1,200[mm] \cdot 400[MPa] \cdot \left( 550 - \frac{a}{2} \right) = 0.85 \cdot 21 \cdot a \cdot 300 \cdot \left( 550 - \frac{a}{2} \right)$$

이를 만족하는 a는 89.6[mm]이며 이 값을 위의 식에 대입하면

$$M_n = M_{rc} = M_{rs} = T \cdot z = C \cdot z = A_s f_y \left( d - \frac{a}{2} \right) = 1,200[mm] \cdot 400[MPa] \cdot \left( 550 - \frac{89.6}{2} \right) = 242.46[kNm]$$

**48** 철근의 정착길이에 관한 사항으로 옳지 않은 것은?

① 인장이형철근 및 이형철선의 정착길이 $l_d$는 항상 300mm 이상이어야 한다.

② 압축이형철근의 정착길이 $l_d$는 항상 150mm 이상이어야 한다.

③ 인장 또는 압축을 받는 하나의 다발철근 내에 있는 개개 철근의 정착길이 $l_d$는 다발철근이 아닌 경우의 각 철근의 정착길이보다 3개의 철근으로 구성된 다발철근에 대해서 20% 증가시켜야 한다.

④ 단부에 표준갈고리를 갖는 인장이형철근의 정착길이 $l_{hd}$는 항상 $8d_d$ 이상 또한 150mm 이상이어야 한다.

**49** 강도설계법에 의한 철근콘크리트보 설계에서 양단연속인 경우 처짐을 계산하지 않아도 되는 보의 최소 두께로 옳은 것은? (단, 보통콘크리트 $\omega_c = 2,300 \text{kg/m}^3$와 설계기준항복강도 400MPa 철근을 사용)

① $\ell$ /16

② $\ell$ /21

③ $\ell$ /24

④ $\ell$ /28

**48** 압축이형철근의 정착길이는 항상 200mm 이상이어야 한다.

**49** 처짐을 계산하지 않는 경우의 보 또는 1방향 슬래브의 최소두께는 다음과 같다. (L은 경간의 길이)

| 부재 | 최소 두께 또는 높이 | | | |
|---|---|---|---|---|
| | 단순지지 | 일단연속 | 양단연속 | 캔틸레버 |
| 1방향 슬래브 | L/20 | L/24 | L/28 | L/10 |
| 보 | L/16 | L/18.5 | L/21 | L/8 |

위의 표의 값은 보통콘크리트($m_c = 2,300 kg/m^3$)와 설계기준항복강도 400MPa철근을 사용한 부재에 대한 값이며 다른 조건에 대해서는 그 값을 다음과 같이 수정해야 한다.

1500~2000kg/m³범위의 단위질량을 갖는 구조용 경량콘크리트에 대해서는 계산된 $h_{\min}$ 값에 $(1.65 - 0.00031 \cdot m_c)$를 곱해야 하나 1.09보다 작지 않아야 한다.

$f_y$가 400MPa 이외인 경우에는 계산된 $h_{\min}$ 값에 $(0.43 + \dfrac{f_y}{700})$를 곱해야 한다.

**50** 내진설계에 있어서 밑면전단력 산정인자가 아닌 것은?

① 건물의 중요도 계수

② 반응수정계수

③ 진도계수

④ 유효건물중량


**51** 다음 그림과 같은 구조에서 B단에 발생하는 모멘트는?

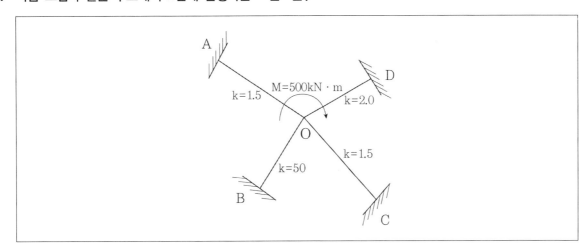

① 125 kN · m

② 188 kN · m

③ 250 kN · m

④ 300 kN · m


---

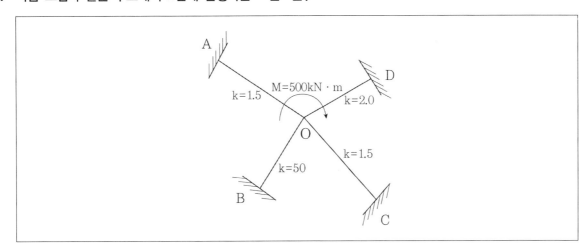

ANSWER   **50.**③   **51.**①

**50** 밑면전단력 $V = C_s \cdot W$

유효건물중량 $W$

지진응답계수 $C_s = \dfrac{S_{D1} I_E}{RT}$

$S_{D1}$ : 1초 주기의 설계스펙트럼 가속도

$I_E$ : 중요도계수

$R$ : 반응수정계수

$T$ : 건물의 고유주기

**51** 각 부재의 길이가 같다고 가정하면 중앙에 발생하는 모멘트는 강비에 비례하여 각 부재에 분배가 된다.

OB부재에는 $500 \cdot \dfrac{5.0}{1.5 + 5.0 + 1.5 + 2.0} = 250[\text{kNm}]$이 분배가 되며 고정단이므로 이 중 1/2의 값인 2가 B점에 도달된다.

따라서 B점에서는 125[kNm]의 모멘트가 발생한다.

**52** 다음 그림과 같은 구멍 2열에 대하여 파단선 A–B–C를 지나는 순단면적과 동일한 순단면적을 갖는 파단선 D–E–F–G의 피치(s)는? (단, 구멍은 여유폭을 포함하여 23mm임)

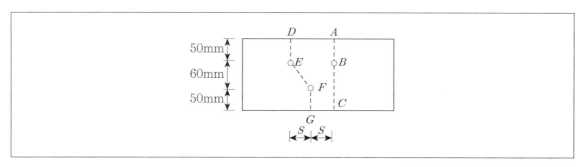

① 3.7cm

② 7.4cm

③ 11.1cm

④ 14.8cm

**53** 원형단면에 전단력 S=30kN이 작용할 때 단면의 최대 전단응력도는? (단, 단면의 반경은 180mm이다.)

① 0.19 MPa

② 0.24 MPa

③ 0.39 MPa

④ 0.44 MPa

**52** 철판의 두께가 주어지지 않았으므로 모든 문제가 정답이 될 수 있다. 풀이상 10mm로 가정하면 풀이과정은 다음과 같다.

㉠ 파단선 A–B–C의 순단면적 : $A_n = A_g - n d_o t = 160 - 1 \times 23 \times 1 = 137mm^2$

㉡ 파단선 D–E–F–G의 순단면적 : $A_n = A_g - n d_o t + \sum \frac{s^2 \times t}{4g} = 160 - 2 \times 23 \times 1 + \frac{s^2}{4 \times 60} = 114 + \frac{s^2}{240}$

위의 두 값이 서로 같아야 하므로 $114 + \frac{s^2}{240} = 137$ 에서 s값을 구하면 s=74.3mm가 된다.

**53** $\tau_{max} = \frac{4}{3} \cdot \frac{V}{A} = \frac{4}{3} \cdot \frac{30[kN]}{\pi \cdot (180mm)^2} = 0.39[\text{MPa}]$

**54** 다음 그림과 같은 부정정보에서 고정단모멘트 $M_{AB}(C_{AB})$의 절대값은?

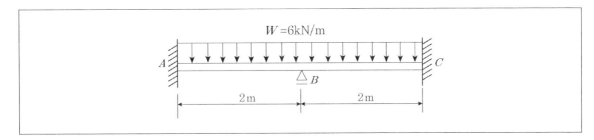

① 2kN · m
② 3kN · m
③ 4kN · m
④ 5kN · m

**55** 바닥슬래브와 철골보 사이에 발생하는 전단력에 저항하기 위해 설치하는 것은?

① 커버 플레이트(cover plate)
② 스티프너(stiffener)
③ 턴버클(turn buckle)
④ 쉬어 커넥터(shear connector)

---

**54** 그림이 복잡해 보이지만 모멘트 분배법에 관한 문제이다. (부재를 B를 중심으로 조금 구부리면 직관적으로 모멘트 분배법에 관한 문제임을 알 수 있다.)

B절점의 고정단 모멘트는 $-\dfrac{wL^2}{12}=-\dfrac{6\cdot 2^2}{12}=-4[\text{kNm}]$ 이며 A점의 재단모멘트($M_{AB}$)는 B절점의 해체모멘트(B절점의 고정단 모멘트와 크기가 같다.)에 강비 $\dfrac{1}{1+1}=0.5$(B점의 좌우 부재의 강비가 동일함)를 곱한 값이므로 2[kNm]가 된다.

**55** 쉬어 커넥터 : 바닥슬래브와 철골보간에 발생하는 전단력에 저항하기 위해 설치하는 것 (글자 그대로 전단연결재이다.)

**56** 그림과 같은 보의 C점에서의 최대처짐은?

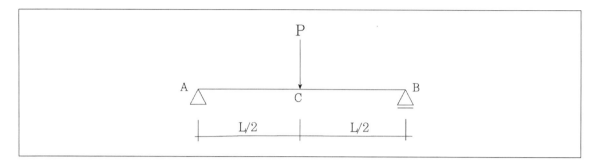

① $\dfrac{PL^3}{2EI}$

② $\dfrac{PL^3}{48EI}$

③ $\dfrac{PL^3}{384EI}$

④ $\dfrac{5PL^3}{384EI}$

| 56 | | |
|---|---|---|
| | $\theta_A = -\theta_B = \dfrac{PL^2}{16EI}$ | $\delta_{\max} = \delta_C = \dfrac{PL^3}{48EI}$ |
| | $\theta_A = -\theta_B = \dfrac{wL^3}{24EI}$ | $\delta_{\max} = \dfrac{5wL^4}{384EI}$ |

**57** 말뚝기초에 관한 설명으로 옳지 않은 것은?

① 말뚝기초는 지반이 연약하고 기초상부의 하중을 직접 지반에 전달하며 주위 흙과의 마찰력은 고려하지 않는다.

② 지지말뚝은 굳은 지반까지 말뚝을 박아 하중을 직접 지반에 전달하며 주위 흙과의 마찰력은 고려하지 않는다.

③ 마찰말뚝은 주위 흙과의 마찰력으로 지지되며 n개를 박았을 때 그 지지력은 n배가 된다.

④ 동일 건물에서는 서로 다른 종류의 말뚝을 혼용하지 않는다.


**58** 철골트러스의 특성에 관한 설명으로 옳지 않은 것은?

① 직선 부재들이 삼각형의 형태로 구성되어 안정적인 거동을 한다.

② 트러스의 개방된 웨브공간으로 전기배선이나 덕트 등과 같은 설비배관의 통과가 가능하다.

③ 부정정차수가 낮은 트러스의 경우에는 일부 부재나 접합부의 파괴가 트러스의 붕괴를 야기할 수 있다.

④ 직선 부재로만 구성되기 때문에 비정형 건축물의 구조체에는 적용되지 않는다.


**ANSWER**   57.③   58.④

......................................................................................................................................

**57** 마찰말뚝 여러개를 묶어서 하나로 만든 군항말뚝의 효율은 1미만이다. 따라서 n개의 말뚝을 박는다고 해서 지지력이 n배가 되는 것이 아니라 그보다 낮은 지지력을 갖는다.

**58** 트러스는 비정형 구조체에도 도입될 수 있다. 한 예로 입체트러스(스페이스 프레임)구조는 거대한 곡면형상도 만들어낼 수 있다.

**59** 아래 단면을 가진 철근콘크리트 기둥의 최대 설계축하중($\phi Pn$)은? (단, $f_{ck} = 30\,MPa$, $f_y = 400\,MPa$)

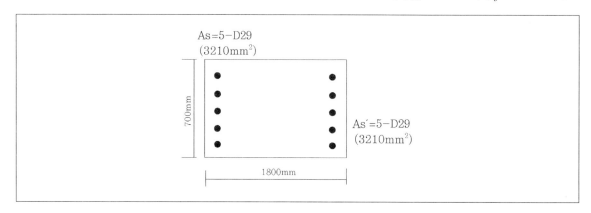

As=5-D29
(3210mm$^2$)

700mm

As′=5-D29
(3210mm$^2$)

1800mm

① 12958kN

② 15425kN

③ 17958kN

④ 21425kN

**60** 철골구조 주각부의 구성요소가 아닌 것은?

① 커버 플레이트

② 앵커볼트

③ 베이스 모르타르

④ 베이스 플레이트

**ANSWER**    59.③    60.①

**59** $\phi P_n = \phi\alpha\{0.85f_{ck}(A_g - A_{st}) + f_y A_{st}\} = 0.80 \cdot 0.65[0.85 \cdot 30(700 \cdot 1800 - 2 \cdot 3210) + 400 \cdot (2 \cdot 3210)] = 17957.8[kN]$

**60** 커버플레이트(덧판플레이트)는 철골보의 플랜지 위에 얹혀지는 판재이다.

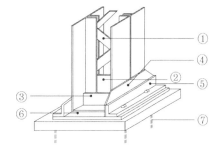

① 래티스
② 웨브 플레이트
③ 클립앵글
④ 윙 플레이트
⑤ 사이드앵글
⑥ 베이스 플레이트
⑦ 앵커볼트

**61** 실내공기오염의 종합적 지표로서 사용되는 오염 물질은?

① 부유분진　　　　　　　② 이산화탄소
③ 일산화탄소　　　　　　④ 이산화질소

**62** 전기 샤프트(ES)에 관한 설명으로 옳지 않은 것은?

① 전기 샤프트(ES)는 각 층마다 같은 위치에 설치한다.
② 전기 샤프트(ES)의 면적은 보, 기둥부분을 제외하고 산정한다.
③ 전기 샤프트(ES)는 전력용(EPS)과 정보통신용(TPS)을 공용으로 설치하는 것이 원칙이다.
④ 전기 샤프트(ES)의 점검구는 유지보수시 기기의 반입 및 반출이 가능하도록 하여야 한다.

**63** 기온, 습도, 기류의 3요소의 조합에 의한 실내 온열감각을 기온의 척도로 나타낸 것은?

① 작용온도　　　　　　　② 등가온도
③ 유효온도　　　　　　　④ 등온지수

---

**ANSWER**　　**61.**② **62.**③ **63.**③

**61** 실내공기오염의 종합적 지표로서 사용되는 오염 물질은 이산화탄소이다.

**62** 전기 샤프트(ES)는 전력용(EPS)과 정보통신용(TPS)을 각각 독립적으로 설치하는 것이 원칙이다. (전자기력에 의해 통신이 방해되는 유도장해 등의 문제가 발생할 수 있기 때문이다.)

**63**

| 온도 | 기호 | 기온 | 습도 | 기류 | 복사열 |
|------|------|------|------|------|--------|
| 유효온도 | ET | O | O | O | |
| 수정유효온도 | CET | O | O | O | O |
| 신유효온도 | ET* | O | O | O | O |
| 표준유효온도 | SET | O | O | O | O |
| 작용온도 | OT | O | | O | O |
| 등가온도 | EqT | O | | O | O |
| 등온감각온도 | EqwT | O | O | O | O |
| 합성온도 | RT | O | | O | O |

**64** 증기난방에 관한 설명으로 옳지 않은 것은?

① 온수난방에 비해 예열시간이 짧다.

② 온수난방에 비해 한랭지에서 동결의 우려가 적다.

③ 운전 시 증기해머로 인한 소음을 일으키기 쉽다.

④ 온수난방에 비해 부하변동에 따른 실내방열량의 제어가 용이하다.

**65** 조명설비에서 눈부심에 관한 설명으로 옳지 않은 것은?

① 광원의 크기가 클수록 눈부심이 강하다.

② 광원의 휘도가 작을수록 눈부심이 강하다.

③ 광원이 시선에 가까울수록 눈부심이 강하다.

④ 배경이 어둡고 눈이 암순응될수록 눈부심이 강하다.

**64** 증기난방은 온수난방에 비해 부하변동에 따른 실내방열량의 제어가 어렵다.

| 구 분 | 증기난방 | 온수난방 |
| --- | --- | --- |
| 표준방열량 | 650kcal/m²h | 450kcal/m²h |
| 방열기면적 | 작다 | 크다 |
| 이용열 | 잠열 | 현열 |
| 열용량 | 작다 | 크다 |
| 열운반능력 | 크다 | 작다 |
| 소음 | 크다 | 작다 |
| 예열시간 | 짧다 | 길다 |
| 관경 | 작다 | 크다 |
| 설치유지비 | 싸다 | 비싸다 |
| 쾌감도 | 나쁘다 | 좋다 |
| 온도조절(방열량조절) | 어렵다 | 쉽다 |
| 열매온도 | 102℃ 증기 | 85~90℃<br>100~150℃ |
| 고유설비 | 방열기트랩(증기트랩, 열동트랩) | 팽창탱크<br>개방식 : 보통온수<br>밀폐식 : 고온수 |
| 공동설비 | 공기빼기 밸브<br>방열기 밸브 | |

**65** 광원의 휘도가 클수록 눈부심이 강하다.

**66** 주철제 보일러에 관한 설명으로 옳지 않은 것은?

① 재질이 약하여 고압으로는 사용이 곤란하다.

② 섹션(section)으로 분할되므로 반입이 용이하다.

③ 재질이 주철이므로 내식성이 약하여 수명이 짧다.

④ 규모가 비교적 작은 건물의 난방용으로 사용된다.

66.③

**66** 주철은 내식성과 내열성이 우수한 금속재료이다.

| | |
|---|---|
| 주철제 보일러 | • 조립식이므로 용량을 쉽게 증가시킬 수 있다.<br>• 파열 사고시 피해가 적다.<br>• 내식–내열성이 우수하다.<br>• 반입이 자유롭고 수명이 길다.<br>• 인장과 충격에 약하고 균열이 쉽게 발생한다.<br>• 고압–대용량에 부적합하다. |
| 노통연관보일러 | • 부하의 변동에 대해 안정성이 있다.<br>• 수면이 넓어 급수조절이 쉽다. |
| 수관 보일러 | • 기동시간이 짧고 효율이 좋다.<br>• 고가이며 수처리가 복잡하다.<br>• 다량의 증기를 필요로 한다.<br>• 고압의 증기를 필요로 하는 병원, 호텔 등에 적합하다. |
| 관류 보일러 | • 증기 발생기라고 한다.<br>• 하나의 관내를 흐르는 동안에 예열, 가열, 증발, 과열이 행해진다.<br>• 보유수량이 적기 때문에 시동시간이 짧다.<br>• 수처리가 복잡하고 소음이 높다. |
| 입형 보일러 | • 설치면적이 작고 취급이 간단하다.<br>• 소용량의 사무소, 점포, 주택 등에 쓰인다.<br>• 효율은 다른 보일러에 비해 떨어진다.<br>• 구조가 간단하고 가격이 싸다. |
| 전기 보일러 | • 심야전력을 이용하여 가정 급탕용에 사용한다.<br>• 태양열이용 난방시스템의 보조열원에 이용된다. |

**67** 배수트랩에 관한 설명으로 옳지 않은 것은?

① 트랩은 이중으로 설치하면 효과적이다.

② 트랩의 봉수깊이가 너무 깊으면 통수능력이 감소된다.

③ 트랩은 하수가스의 실내 침입을 방지하는 역할을 한다.

④ 트랩은 위생기구에 가능한 한 접근시켜 설치하는 것이 좋다.


**68** 액화천연가스(LNG)에 관한 설명으로 옳지 않은 것은?

① 공기보다 가볍다.

② 무공해, 무독성이다.

③ 프로필렌, 부탄, 에탄이 주성분이다.

④ 대규모의 저장시설을 필요로 하며, 공급은 배관을 통하여 이루어진다.

**67** 바람직하지 않은 트랩

가동부분이 있는 트랩, 격벽에 의한 트랩(트랩의 수봉 부분이 격판이나 격벽에 의해 만들어진 것), 수봉식이 아닌 트랩, 2중 트랩(트랩을 연속하여 설치하는 것으로 트랩 간 공기가 밀폐되어 배수기능이 저하될 수 있음), 비닐호스를 이용한 트랩 등은 매우 좋지 않은 방식이다.

**68** ㉠ LNG(액화천연가스)
- 메탄을 주성분으로 하는 천연가스를 냉각하여 액화시킨 것이다.
- 1기압하, −162℃에서 액화하며 이 때 체적이 1/580~1/600으로 감소한다.
- 공기보다 가볍기 때문에 누설이 된다고 해도 공기중에 흡수되어 안정성이 높다.
- 작은 용기에 담아서 사용할 수가 없고 반드시 대규모 저장시설을 갖추어 배관을 통해서 공급해야 한다.

㉡ LPG(액화석유가스)
- 석유정제과정에서 채취된 가스를 압축냉각해서 액화시킨 것이다.
- 액화하면 체적이 1/250이 된다.
- 주성분은 프로판, 프로필렌, 부탄, 부틸렌, 에탄, 에틸렌 등이다.
- 무색무취이지만 프로판에 부탄을 배합해서 냄새를 만든다.

**69** 다음 설명에 알맞은 냉동기는?

---

- 기계적 에너지가 아닌 열에너지에 의해 냉동효과를 얻는다.
- 구조는 증발기, 흡수기, 재생기(발생기), 응축기 등으로 구성되어 있다.

---

① 터보식 냉동기          ② 흡수식 냉동기

③ 스크류식 냉동기        ④ 왕복동식 냉동기

**70** 수량 22.4 m³/h 를 양수하는데 필요한 터빈 펌프의 구경으로 적당한 것은? (단, 터빈 펌프 내의 유속은 2m/s로 한다.)

① 65mm            ② 75mm

③ 100mm          ④ 125mm

---

**ANSWER**    **69.②**    **70.①**

---

**69** 보기의 내용은 흡수식 냉동기에 관한 사항들이다.
　※ 압축식 냉동기의 종류
　　㉠ 터보식 냉동기
　　　• 원심력으로 냉매가스를 압축하는 방식이다.
　　　• 대규모 공조 및 냉동에 적합하고, 소용량에는 부적합하다.
　　　• 효율이 좋고 가격이 저렴하다.
　　　• 냉매가 고압가스가 아니므로 취급이 용이하다.
　　　• 부하가 25%이하일 경우 운전이 불가능하여 겨울에 주의해야 한다.
　　㉡ 스크류식 냉동기
　　　• 압축비가 클 때 효율이 우수하다.
　　　• 대형공기열원의 히트펌프용으로 사용된다.
　　　• 고가이며 냉방전용으로는 부적합하다.
　　㉢ 왕복동식 냉동기
　　　• 피스톤의 상하운동에 따라 냉매가스를 압축한다.
　　　• 회전수가 커 냉동능력에 비해 기계가 작고 가격이 저렴하다.
　　　• 실린더의 지름이 작으며 수가 많아 진동이 적게 발생한다.
　　　• 냉동용량의 조절이 가능하다.

**70** $\dfrac{22.4[\mathrm{m}^3]}{[\mathrm{hr}]} = \dfrac{22.4[m^3]}{3600[\sec]} = 0.0062[m^3/\sec]$ 이며 Q=AV이므로

$A = \dfrac{Q}{V} = (0.0062\mathrm{m}^3/\sec)/(2\mathrm{m}/\sec) = 0.0034[\mathrm{m}^2]$

$A = \dfrac{\pi d^2}{4}$ 이므로

$d = \sqrt{\dfrac{4A}{\pi}} = \sqrt{\dfrac{4 \cdot 0.0034}{3.14}} = \sqrt{\dfrac{0.0136}{3.14}} \fallingdotseq 0.0658[\mathrm{m}] = 65[\mathrm{mm}]$

**71** 건축물의 에너지절약설계기준에 따른 건축물의 단열을 위한 권장사항으로 옳지 않은 것은?

① 외벽 부위는 내단열로 시공한다.

② 열손실이 많은 북측 거실의 창 및 문의 면적은 최소화한다.

③ 외피의 모서리 부분은 열교가 발생하지 않도록 단열재를 연속적으로 설치한다.

④ 발코니 확장을 하는 공동주택에는 단열성이 우수한 로이(Low-E) 복층창이나 삼중창이상의 단열성능을 갖는 창을 설치한다.


**72** 전류가 흐르고 있는 전자기기, 배선과 관련된 화재를 의미하는 것은?

① A급 화재　　　　　　　　　　　② B급 화재

③ C급 화재　　　　　　　　　　　④ K급 화재


**73** 다음 중 변전실 면적에 영향을 주는 요소와 가장 거리가 먼 것은?

① 발전기실의 면적

② 변전설비 변압방식

③ 수전전압 및 수전방식

④ 설치 기기와 큐비클의 종류

**71** 건축물의 에너지절약설계기준에 따른 건축물의 단열을 위한 권장사항에 의하면 외벽 부위는 외단열로 시공해야 한다.

**72**

| 등급 | 종류 | 표시색 | 내용 |
|---|---|---|---|
| A 급 | 일반화재 | 백색 | 목재, 섬유, 고무류, 합성수지 등 |
| B 급 | 유류화재 | 황색 | 인화성 액체 등 기름성분인 것 |
| C 급 | 전기화재 | 청색 | 통전중인 전기설비 및 기기의 화재 |
| D 급 | 금속화재 | 무색 | 금속분, 박 등의 금속화재 |
| E 급 | 가스화재 | 황색 | LPG, LNG, 도시가스 등의 화재 |

**73** 변전실의 면적에 영향을 주는 요소
- 건축물의 구조적 조건
- 수전전압과 수전방식
- 설치기기 및 큐비클의 종류
- 기기의 배치방법 및 유지보수 필요면적
- 변전설비 강압방식, 변압기의 용량, 수량 및 형식

**74** 다음 중 엘리베이터의 안전장치와 가장 관계가 먼 것은?

① 조속기

② 핸드 레일

③ 종점 스위치

④ 전자 브레이크


**75** 배관재료에 관한 설명으로 옳지 않은 것은?

① 주철관은 오배수관이나 지중 매설 배관에 사용된다.

② 경질염화비닐관은 내식성은 우수하나 충격에 약하다.

③ 연관은 내식성이 작아 배수용보다는 난방배관에 주로 사용된다.

④ 동관은 전기 및 열전도율이 좋고 전성 연성이 풍부하며 가공도 용이하다.

● ● ●

ANSWER  74.②  75.③

**74** 엘리베이터 내부에 설치된 핸드 레일을 안전장치로 보는 것은 무리가 있다.

※ **엘리베이터의 구성장치**

ⓐ **권상기** : 회전력을 로프에 전달하는 기기

• 제동기 : 전기적 제동기, 기계적 제동기

• 감속기 : 기어식, 직류직결식

• 균형추 : 권상기부하를 줄이고자 카의 반대측 로프에 장치함

ⓑ **승강카** : 승객 또는 화물을 운반하는 용기

ⓒ **안전장치**

• 전자브레이크 : 전동기의 토크손실이 생겼을 때 엘리베이터를 정지시킨다.

• 조속기 : 케이지가 과속했을 때 작동한다.

• 비상정지버튼 : 케이지 안에 있는 것으로 비상시엔 급정지시킨다.

• 종점스위치(스토핑스위치) : 최상층이나 최하층에서 케이지를 자동적으로 정지시킨다.

• 리미트스위치(제한스위치) : 스토핑 스위치가 작동하지 않을 때 제2단의 작동으로 주회로를 차단한다.

• 도어 안전스위치 : 자동 엘리베이터에 있어서 닫히고 있는 문에 몸이 접촉되면 도로 문이 열린다.

• 완충기 : 비상 정지 장치가 작동하지 않아 케이지가 미끄러져 떨어지거나 초과부하로 브레이크가 듣지 않아 케이지가 미끄러져 떨어질 때 승강로 밑바닥으로 격돌하는 것을 방지한다.

**75** 연관이나 경질염화비닐관은 열에 약하여 급탕 및 난방배관용으로는 적합하지 않다.

**76** 공기조화방식 중 팬코일 유닛방식에 관한 설명으로 옳지 않은 것은?

① 각 실에 수배관으로 인한 누수의 우려가 있다.

② 덕트 샤프트나 스페이스가 필요없거나 작아도 된다.

③ 각 실의 유닛은 수동으로도 제어할 수 있고, 개별제어가 쉽다.

④ 유닛을 창문 밑에 설치하면 콜드 드래프트(cold draft)가 발생할 우려가 높다.


**77** 다음 그림과 같은 형태를 갖는 간선의 배선 방식은?

① 개별방식
② 루프방식
③ 병용방식
④ 나뭇가지방식

**76** 유닛을 창문 밑에 설치하면 콜드 드래프트를 줄일 수 있다.

콜드 드래프트(Cold Draft) : 외부의 기온이 낮을 때 외부의 찬 공기가 들어오거나 외기와 접한 유리나 벽면 따위가 냉각되면서 실내에 찬 공기의 흐름이 생기는 현상.

**77** 제시된 보기는 배전반으로부터 각 분전반으로 전기가 공급되는 개별방식이다.

※ 배선 및 간선

    ㉠ 배선 : 3차 변전소까지 송전되어 온 전력을 수용기에 분배하는 것으로 간선, 분전반, 분기회를 거쳐 배전된다.

    ㉡ 간선 : 빌딩 내의 수전, 변전 설비 등의 전원 측에서 전등분전반, 동력까지의 배선선로

    ㉢ 분전반 : 주개폐기, 분기 회로용 개폐기나 자동차단기를 한 곳에 모아서 설치한 것

    ㉣ 배선방식의 종류 및 특징

      • 나뭇가지식 : 배전반에 나온 1개의 간선이 각 층의 분전반을 거치며 부하가 감소됨에 따라 점차로 간선 도체 굵기도 감소되므로 소규모 건물에 적당한 방식

      • 평행식 : 용량이 큰 부하, 또는 분산되어 있는 부하에 대하여 단독의 간선으로 배선되는 방식으로 배전반으로부터 각 층의 분전반까지 단독으로 배선되므로 전압 강하가 평균화되고 사고 발생시 파급되는 범위가 좁지만 배선의 혼잡과 동시에 설비비가 많이 든다. 대규모 건물에 적합하다.

      • 나뭇가지 평행식 : 나뭇가지식과 평행식을 혼합한 배선방식

**78** 실내의 탄산가스 허용농도가 1000ppm, 외기의 탄산가스 농도가 400ppm 일 때, 실내 1인당 필요한 환기량은? (단, 실내 1인당 탄산가스 배출량은 15L/h 이다.)

① $15\text{m}^3/\text{h}$

② $20\text{m}^3/\text{h}$

③ $25\text{m}^3/\text{h}$

④ $30\text{m}^3/\text{h}$

**79** 펌프의 양수량이 $10\text{m}^3/\text{min}$ , 전양정이 10m, 효율이 80%일 때, 이 펌프의 축동력은?

① 20.4kW

② 22.5kW

③ 26.5kW

④ 30.6kW

**80** 최대수요전력을 구하기 위한 것으로 총 부하 설비용량에 대한 최대수요전력의 비율을 백분율로 나타낸 것은?

① 역률

② 수용률

③ 부등률

④ 부하율

**78** 우선 계산을 위해 $15l/hr = 0.015m^3/h$로 단위를 환산한다.

$$Q = \frac{k}{C - C_o} = \frac{0.015}{0.001 - 0.0004} = 25m^3/h$$

**79** 펌프의 축동력 $\dfrac{W \cdot Q \cdot H}{6120 \cdot E}[kW]$ 이므로 $\dfrac{1000 \cdot 10 \cdot 10}{6120 \cdot 0.8} \times 1.1[kW] = 22.5[kW]$

W는 물의 비중량($kg/m^3$), Q는 양수량($m^3/min$), H는 전양정(m), E는 효율(%)

**80** ② **수용률**(Demand Factor) : 변압기 수전용량을 산정하기 위한 개념 (부하집합의 최대전력/개별 부하설비용량의 합)

③ **부등률**(Diversity Factor) : 공급측에서 여러 부하군에 전력을 공급할 때 변압기 및 선로 용량을 계산하기 위한 개념 (개별 부하집합 최대전력의 합 / 부하군의 최대전력)

④ **부하율**(Load Factor) : 전력공급자의 입장에서 전력공급설비의 효율성을 판단하기 위한 개념 (평균부하/최대부하)

**81** 특별피난계단의 구조에 관한 기준 내용으로 옳지 않은 것은?

① 계단실에는 예비전원에 의한 조명설비를 할 것

② 계단은 내화구조로 하되, 피난층 또는 지상까지 직접 연결되도록 할 것

③ 출입구의 유효너비는 0.9m 이상으로 하고 피난의 방향으로 열 수 있을 것

④ 계단실의 노대 또는 부속실에 접하는 창문은 그 면적을 각각 3m² 이하로 할 것

ANSWER | 81.④

**81** 계단실의 노대 또는 부속실에 접하는 창문등(출입구를 제외한다)은 망이 들어 있는 유리의 붙박이창으로서 그 면적을 각각 1제곱미터 이하로 해야 한다.

---

**특별피난계단의 구조**

- 건축물의 내부와 계단실은 노대를 통하여 연결하거나 외부를 향하여 열 수 있는 면적 1제곱미터 이상인 창문(바닥으로부터 1미터 이상의 높이에 설치한 것에 한한다) 또는 「건축물의 설비기준 등에 관한 규칙」 제14조의 규정에 적합한 구조의 배연설비가 있는 면적 3제곱미터 이상인 부속실을 통하여 연결할 것
- 계단실·노대 및 부속실(「건축물의 설비기준 등에 관한 규칙」 제10조제2호 가목의 규정에 의하여 비상용승강기의 승강장을 겸용하는 부속실을 포함한다)은 창문등을 제외하고는 내화구조의 벽으로 각각 구획할 것
- 계단실 및 부속실의 실내에 접하는 부분(바닥 및 반자 등 실내에 면한 모든 부분을 말한다)의 마감(마감을 위한 바탕을 포함한다)은 불연재료로 할 것
- 계단실에는 예비전원에 의한 조명설비를 할 것
- 계단실·노대 또는 부속실에 설치하는 건축물의 바깥쪽에 접하는 창문등(망이 들어 있는 유리의 붙박이창으로서 그 면적이 각각 1제곱미터이하인 것을 제외한다)은 계단실·노대 또는 부속실외의 당해 건축물의 다른 부분에 설치하는 창문등으로부터 2미터 이상의 거리를 두고 설치할 것
- 계단실에는 노대 또는 부속실에 접하는 부분외에는 건축물의 내부와 접하는 창문등을 설치하지 아니할 것
- 계단실의 노대 또는 부속실에 접하는 창문등(출입구를 제외한다)은 망이 들어 있는 유리의 붙박이창으로서 그 면적을 각각 1제곱미터 이하로 할 것
- 노대 및 부속실에는 계단실외의 건축물의 내부와 접하는 창문등(출입구를 제외한다)을 설치하지 아니할 것
- 건축물의 내부에서 노대 또는 부속실로 통하는 출입구에는 제26조에 따른 갑종방화문을 설치하고, 노대 또는 부속실로부터 계단실로 통하는 출입구에는 제26조에 따른 갑종방화문 또는 을종방화문을 설치할 것. 이 경우 갑종방화문 또는 을종방화문은 언제나 닫힌 상태를 유지하거나 화재로 인한 연기, 온도, 불꽃 등을 가장 신속하게 감지하여 자동적으로 닫히는 구조로 하여야 하고 연기 또는 불꽃으로 감지하여 자동적으로 닫히는 구조로 할 수 없는 경우에는 온도를 감지하여 자동적으로 닫히는 구조로 할 수 있다.
- 계단은 내화구조로 하되, 피난층 또는 지상까지 직접 연결되도록 할 것
- 출입구의 유효너비는 0.9미터 이상으로 하고 피난의 방향으로 열 수 있을 것

---

**82** 그림과 같은 일반 건축물의 건축면적은? (단, 평면도 건물 치수는 두께 300mm인 외벽의 중심치수이고, 지붕선 치수는 지붕외곽선 치수임)

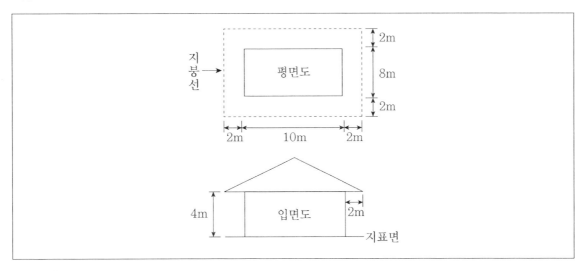

① 80m$^2$

② 100m$^2$

③ 120m$^2$

④ 168m$^2$

• • •
ANSWER   82.③

**82** 처마, 차양, 부연 등이 외벽의 중심선으로부터 수평거리 1m이상 돌출한 경우 돌출한 끝부분으로부터 전통사찰(4m), 축사(3m), 한옥(2m), 기타 일반적인 건축물(1m)의 거리를 후퇴한 선으로 구획한 면적으로 건축면적을 산정해야 한다. 그러므로 건축면적은 (1+10+1)×(1+8+1)=120m$^2$이 된다.

**83** 다음은 대지의 조경에 관한 기준 내용이다. (  )안에 알맞은 것은?

> 면적이 (  )이상인 대지에 건축을 하는 건축주는 용도지역 및 건축물의 규모에 따라 해당 지방자치단체의 조례로 정하는 기준에 따라 대지에 조경이나 그 밖에 필요한 조치를 취해야 한다.

① $100m^2$

② $200m^2$

③ $300m^2$

④ $500m^2$

**84** 건축법령상 초고층 건축물의 정의로 옳은 것은?

① 층수가 30층 이상이거나 높이나 90m 이상인 건축물

② 층수가 30층 이상이거나 높이가 120m 이상인 건축물

③ 층수가 50층 이상이거나 높이가 150m 이상인 건축물

④ 층수가 50층 이상이거나 높이가 200m 이상인 건축물

---

• • •
**ANSWER**　83.②　84.④

**83** 면적이 200제곱미터 이상인 대지에 건축을 하는 건축주는 용도지역 및 건축물의 규모에 따라 해당 지방자치단체의 조례로 정하는 기준에 따라 대지에 조경이나 그 밖에 필요한 조치를 하여야 한다.
　※ 대지 안의 조경대상
　　• 대지면적이 $200m^2$ 이상이면 조경의무대상이나 다음의 경우는 예외로 한다.
　　• 자연녹지지역에 건축하는 건축물
　　• 공장을 $5,000m^2$ 미만인 대지에 건축하는 경우
　　• 공장의 연면적합계가 $1,500m^2$ 미만인 경우
　　• 공장을 산업단지 안에 건축하는 경우
　　• 축사, 가설건축물
　　• 연면적 합계가 $1,500m^2$ 미만인 물류시설(주거지역 및 상업지역에 건축하는 것은 제외함)
　　• 도시지역 및 지구단위계획구역 이외의 지역

**84** 건축법상 고층, 준초고층, 초고층 건축물의 정의
　　고층 : 30층 이상이거나 높이가 120m 이상인 건축물
　　준초고층 : 고층 건축물 중 초고층 건축물이 아닌 건축물
　　초고층 : 50층 이상이거나 높이가 200m 이상인 건축물

**85** 건축물의 거실에 건축물의 설비기준 등에 관한 규칙에 따라 배연설비를 설치하여야 하는 대상 건축물에 속하지 않는 것은? (단, 피난층의 거실은 제외)

① 6층 이상인 건축물로서 창고시설의 용도로 쓰는 건축물

② 6층 이상인 건축물로서 운수시설의 용도로 쓰는 건축물

③ 6층 이상인 건축물로서 위락시설의 용도로 쓰는 건축물

④ 6층 이상인 건축물로서 종교시설의 용도로 쓰는 건축물

**86** 비상용승강기의 승강장의 구조에 관한 기준 내용으로 옳지 않은 것은?

① 채광이 되는 창문이 있거나 예비전원에 의한 조명설비를 할 것

② 벽 및 반자가 실내에 접하는 부분의 마감 재료는 불연재로로 할 것

③ 피난층이 있는 승강장의 출입구로부터 도로 또는 공지에 이르는 거리가 50m 이하일 것

④ 옥내에 승강장을 설치하는 경우 승강장의 바닥면적은 비상용승강기 1대에 대하여 $6m^2$ 이상으로 할 것

---

**ANSWER** 85.① 86.③

**85** 배연설비를 설치해야 하는 대상

| 규모 | 설치장소 | 건축물의 용도 |
|---|---|---|
| 6층 이상인 건축물 | 거실 | • 문화 및 집회시설, 종교시설, 판매시설, 의료시설<br>• 연구소, 아동관련시설, 노인복지시설, 유스호스텔<br>• 운동시설, 업무시설, 숙박시설, 위락시설, 관광휴게시설 |

(단, 당해 용도로 사용하는 층이 피난층인 경우는 예외로 한다.)

**86** 피난층이 있는 승강장의 출입구로부터 도로 또는 공지에 이르는 거리가 30m 이하일 것

**87** 도시지역에서 복합적인 토지이용을 증진시켜 도시 정비를 촉진하고 지역 거점을 육성할 필요가 있다고 인정되는 지역을 대상으로 지정하는 구역은?

① 개발제한구역
② 시가화조정구역
③ 입지규제최소구역
④ 도시자연공원구역

**88** 건축물의 주요구조부를 내화구조로 하여야 하는 대상 건축물에 속하지 않는 것은?

① 공장의 용도로 쓰는 건축물로서 그 용도로 쓰는 바닥면적의 합계가 500m²인 건축물

② 판매시설의 용도로 쓰는 건축물로서 그 용도로 쓰는 바닥면적의 합계가 500m²인 건축물

③ 창고시설의 용도로 쓰는 건축물로서 그 용도로 쓰는 바닥면적의 합계가 500m²인 건축물

④ 문화 및 집회시설 중 전시장의 용도로 쓰는 건축물로서 그 용도로 쓰는 바닥면적의 합계가 500m²인 건축물

---

**ANSWER** 87.③ 88.①

**87** 입지규제최소구역에 관한 설명이다.
③ **입지규제최소구역** : 도시지역에서 복합적인 토지이용을 증진시켜 도시 정비를 촉진하고 지역 거점을 육성할 필요가 있다고 인정되는 지역을 대상으로 지정하는 용도구역
① **개발제한구역** : 도시의 경관을 정비하고, 환경을 보전하기 위해서 설정된 녹지대로, 그린벨트(greenbelt)라고도 하는데, 생산녹지와 차단녹지로 구분되며, 건축물의 신축·증축, 용도변경, 토지의 형질변경 및 토지분할 등의 행위가 제한된다.
② **시가화조정구역** : 도시지역과 그 주변지역의 무질서한 시가화를 방지하고 계획적이고 단계적인 개발을 유도하기 위하여 5년 이상 20년 이내로 기간을 정하여 시가화를 유보하는 지역
④ **도시자연공원구역** : 도시의 자연환경 및 경관을 보호하고 도시민에게 건전한 여가·휴식공간을 제공하기 위하여 도시지역 안의 식생이 양호한 산지의 개발을 제한하기 위하여 『국토의 계획 및 이용에 관한 법률』에 의해 지정되는 구역.

**88** 공장의 용도로 쓰는 건축물로서 그 용도로 쓰는 바닥면적의 합계가 2,000m²이상인 건축물은 주요구조부를 내화구조로 해야 한다.

| 해당 용도로 쓰는 바닥면적의 합계 | 적용대상 |
|---|---|
| 200m² 이상 | • 관람석 및 집회실(옥외관람석 1000m² 이상)<br>• 문화 및 집회시설(전시장 및 동·식물원 제외), 장례식장, 유흥주점, 종교시설, 300m² 이상인 공연장 및 종교집회장) |
| 400m² 이상 | • 공동주택 및 단독주택 중 다중주택과 다가구주택<br>• 의료시설 및 의료용도로 쓰이는 제1종 근린생활시설<br>• 다중생활시설(제2종 근린생활시설 중 고시원)<br>• 아동관련시설, 노인복지시설, 유스호스텔, 오피스텔, 숙박시설, 장례식장 |
| 500m² 이상 | • 문화 및 집회시설 중 전시장 및 동·식물원<br>• 위락시설(주점영업 제외)<br>• 판매시설, 운수시설, 수련시설, 창고시설, 관광휴게시설<br>• 운동시설 중 체육관 및 운동장<br>• 위험물 저장 및 처리시설<br>• 방송통신시설 중 방송국, 전신전화국 및 촬영소 |

**89** 건축법령상 건축허가신청에 필요한 설계도서에 속하지 않는 것은?

① 조감도

② 배치도

③ 건축계획서

④ 실내마감도

. . .
ANSWER | 89.①

**89** 건축허가신청 시 필요한 설계도서 … 건축계획서, 배치도, 평면도, 입면도, 단면도, 구조도, 구조계산서, 시방서, 실내마감도, 소방설비도, 건축설비도, 토지굴착 및 옹벽도

| 도서의 종류 | 도서의 축척 | 표시하여야 할 사항 |
|---|---|---|
| 건축계획서 | 임의 | 1. 개요(위치·대지면적 등)<br>2. 지역·지구 및 도시계획사항<br>3. 건축물의 규모(건축면적·연면적·높이·층수 등)<br>4. 건축물의 용도별 면적<br>5. 주차장규모<br>6. 에너지절약계획서(해당건축물에 한한다)<br>7. 노인 및 장애인 등을 위한 편의시설 설치계획서(관계법령에 의하여 설치의무가 있는 경우에 한한다) |
| 배치도 | 임의 | 1. 축척 및 방위<br>2. 대지에 접한 도로의 길이 및 너비<br>3. 대지의 종·횡단면도<br>4. 건축선 및 대지경계선으로부터 건축물까지의 거리<br>5. 주차동선 및 옥외주차계획<br>6. 공개공지 및 조경계획 |
| 평면도 | 임의 | 1. 1층 및 기준층 평면도<br>2. 기둥·벽·창문 등의 위치<br>3. 방화구획 및 방화문의 위치<br>4. 복도 및 계단의 위치<br>5. 승강기의 위치 |
| 입면도 | 임 의 | 1. 2면 이상의 입면계획<br>2. 외부마감재료<br>3. 간판 및 건물번호판의 설치계획(크기·위치) |
| 단면도 | 임의 | 1. 종·횡단면도<br>2. 건축물의 높이, 각층의 높이 및 반자높이 |
| 구조도<br>(구조안전 확인 또는<br>내진설계 대상 건축물) | 임의 | 1. 구조내력상 주요한 부분의 평면 및 단면<br>2. 주요부분의 상세도면<br>3. 구조안전확인서 |
| 구조계산서<br>(구조안전 확인 또는<br>내진설계 대상 건축물) | 임의 | 1. 구조내력상 주요한 부분의 응력 및 단면 산정 과정<br>2. 내진설계의 내용(지진에 대한 안전 여부 확인 대상 건축물) |
| 시방서 | 임의 | 1. 시방내용(국토교통부장관이 작성한 표준시방서에 없는 공법인 경우에 한한다)<br>2. 흙막이공법 및 도면 |
| 실내마감도 | 임의 | 벽 및 반자의 마감의 종류 |
| 소방설비도 | 임의 | 「소방시설설치유지 및 안전관리에 관한 법률」에 따라 소방관서의 장의 동의를 얻어야 하는 건축물의 해당소방 관련 설비 |
| 건축설비도 | 임의 | 냉·난방설비, 위생설비, 환경설비, 전기설비, 통신설비, 승강설비 등 건축설비 |
| 토지굴착 및<br>옹벽도 | 임의 | 1. 지하매설구조물 현황<br>2. 흙막이 구조(지하 2층 이상의 지하층을 설치하는 경우에 한한다)<br>3. 단면상세<br>4. 옹벽구조 |

**90** 노외주차장의 출입구가 2개인 경우 주차형식에 따른 차로의 최소 너비가 옳지 않은 것은? (단, 이륜자동차전용 외의 노외주차장의 경우)

① 직각주차 : 6.0m

② 평행주차 : 3.3m

③ 45도 대향주차 : 3.5m

④ 60도 대향주차 : 5.0m

**91** 막다른 도로의 길이가 20m인 경우, 이 도로가 건축법령상 도로이기 위한 최소 너비는?

① 2m

② 3m

③ 4m

④ 6m

**92** 어느 건축물에서 주차장 외의 용도로 사용되는 부분이 판매시설인 경우, 이 건축물이 주차전용 건축물이기 위해서는 주차장으로 사용되는 부분의 연면적 비율이 최소 얼마 이상이어야 하는가?

① 50%

② 70%

③ 85%

④ 95%

**ANSWER**  **90.④  91.② 92.②**

**90** 주차형식 및 출입구의 개수에 따른 차로의 너비(주차장법 시행규칙 제6조)
이륜자동차전용 외의 노외주차장

| 주차형식 | 차로의 너비 | |
|---|---|---|
| | 출입구가 2개 이상인 경우 | 출입구가 1개인 경우 |
| 평행주차 | 3.3m | 5.0m |
| 직각주차 | 6.0m | 6.0m |
| 60도 대향주차 | 4.5m | 5.5m |
| 45도 대향주차 | 3.5m | 5.0m |
| 교차주차 | 3.5m | 5.0m |

**91** 막다른 도로의 너비

| 막다른 도로의 길이 | 도로의 너비 |
|---|---|
| 10m 미만 | 2m 이상 |
| 10m 이상 35m 미만 | 3m 이상 |
| 35m 이상 | 6m(도시지역이 아닌 읍·면지역은 4m) 이상 |

**92** 주차전용건축물의 주차면적비율
• 연면적 중 95% 이상 : 일반용도
• 연면적 중 70% 이상 : 제1종 및 제2종 근린생활시설, 문화 및 집회시설, 판매시설, 운동시설, 업무시설, 자동차관련시설

**93** 다음은 차수설비의 설치에 관한 기준 내용이다. ( )안에 알맞은 것은?

> 「국토의 계획 및 이용에 관한 법률」에 따른 방재지구에서 연면적 ( )이상의 건축물을 건축하려는 자는 빗물 등의 유입으로 건축물이 침수되지 아니하도록 해당 건축물의 지하층 및 1층의 출입구(주차장의 출입구를 포함한다.)에 차수설비를 설치해야 한다. 다만, 법 제5조 제1항에 다른 허가권자가 침수의 우려가 없다고 인정하는 경우에는 그러하지 아니하다.

① 3000m$^2$

② 5000m$^2$

③ 10000m$^2$

④ 20000m$^2$

**94** 건축법령상 아파트의 정의로 가장 알맞은 것은?

① 주택으로 쓰는 층수가 3개 층 이상인 주택

② 주택으로 쓰는 층수가 5개 층 이상인 주택

③ 주택으로 쓰는 층수가 7개 층 이상인 주택

④ 주택으로 쓰는 층수가 10개 층 이상인 주택

---

**ANSWER** 93.③ 94.②

---

**93** 「국토의 계획 및 이용에 관한 법률」에 따른 방재지구에서 연면적 1만제곱미터 이상의 건축물을 건축하려는 자는 빗물 등의 유입으로 건축물이 침수되지 아니하도록 해당 건축물의 지하층 및 1층의 출입구(주차장의 출입구를 포함한다.)에 차수설비를 설치해야 한다. 다만, 법 제5조 제1항에 다른 허가권자가 침수의 우려가 없다고 인정하는 경우에는 그러하지 아니하다.

> 건축물의 설비 등에 관한 규칙 제17조의2 (차수설비)
> ① 다음 각 호의 어느 하나에 해당하는 지역에서 연면적 1만제곱미터 이상의 건축물을 건축하려는 자는 빗물 등의 유입으로 건축물이 침수되지 아니하도록 해당 건축물의 지하층 및 1층의 출입구(주차장의 출입구를 포함한다)에 차수판(遮水板) 등 해당 건축물의 침수를 방지할 수 있는 설비(이하 "차수설비"라 한다)를 설치하여야 한다. 다만, 법 제5조제1항에 따른 허가권자가 침수의 우려가 없다고 인정하는 경우에는 그러하지 아니하다.
> 1. 「국토의 계획 및 이용에 관한 법률」 제37조 제1항 제5호에 따른 방재지구
> 2. 「자연재해대책법」 제12조 제1항에 따른 자연재해위험지구
> ② 제1항에 따라 설치되는 차수설비는 다음 각 호의 기준에 적합하여야 한다. 〈개정 2013. 3. 23.〉
> 1. 건축물의 이용 및 피난에 지장이 없는 구조일 것
> 2. 그 밖에 국토교통부장관이 정하여 고시하는 기준에 적합하게 설치할 것 [본조신설 2012. 4. 30.]

**94** 아파트 : 주택으로 사용되는 층수가 5개층 이상인 주택
다세대주택 : 주택으로 사용되는 1개동의 바닥면적 합계가 660m$^2$ 이하이고, 층수가 4개층 이하인 주택
연립주택 : 주택으로 사용되는 1개동의 바닥면적의 합계가 660m$^2$ 을 초과하고 층수가 4개층 이하인 주택
다가구주택 : 1개동의 주택으로 쓰이는 바닥면적의 합계가 330m$^2$ 이하이고 주택으로 사용되는 층수가 3개층 이하인 주택

**95** 부설주차장의 설치대상 시설물이 업무시설인 경우 설치기준으로 옳은 것은? (단, 외국공관 및 오피스텔은 제외)

① 시설면적 100m² 당 1대
② 시설면적 150m² 당 1대
③ 시설면적 200m² 당 1대
④ 시설면적 350m² 당 1대

**ANSWER** | 95.②

**95** 업무시설의 경우 부설주차장의 설치기준은 시설면적 150m² 당 1대 이상이다.
부설주차장 : 건축물, 골프연습장, 기타 주차수요를 유발하는 시설에 부대하여 설치된 주차장
※ 부설주차장 설치기준

| 주요 시설 | 설치기준 |
|---|---|
| 위락시설 | 100m² 당 1대 |
| 문화 및 집회시설(관람장 제외)<br>종교시설<br>판매시설<br>운수시설<br>의료시설(정신병원, 요양병원 및 격리병원 제외)<br>운동시설(골프장, 골프연습장, 옥외수영장 제외)<br>업무시설(외국공관 및 오피스텔은 제외)<br>방송통신시설 중 방송국<br>장례식장 | 150m² 당 1대 |
| 숙박시설, 근린생활시설(제1종, 제2종) | 200m² 당 1대 |
| 단독주택 | 시설면적 50m² 초과 150m² 이하 : 1대<br>시설면적 150m² 초과 시 : $1+\dfrac{(시설면적-150m^2)}{100m^2}$ |
| 다가구주택, 공동주택(기숙사 제외), 오피스텔 | 주택건설기준 등에 관한 규정 |
| 골프장<br>골프연습장<br>옥외수영장<br>관람장 | 1홀당 10대<br>1타석당 1대<br>15인당 1대<br>100인당 1대 |
| 수련시설, 발전시설, 공장(아파트형 제외) | 350m² 당 1대 |
| 창고시설 | 400m² 당 1대 |
| 학생용 기숙사 | 400m² 당 1대 |
| 그 밖의 건축물 | 300m² 당 1대 |

**96** 문화 및 집회시설 중 공연장의 개별관람실을 다음과 같이 계획하였을 경우, 옳지 않은 것은? (단, 개별 관람실의 바닥면적은 1000m²이다.)

① 각 출구의 유효너비는 1.5m 이상으로 하였다.

② 관람실로부터 바깥쪽으로의 출구로 쓰이는 문을 밖여닫이로 하였다.

③ 개별관람실의 바깥쪽에는 그 양쪽 및 뒤쪽에 각각 복도를 설치하였다.

④ 개별관람실의 출구는 3개소 설치하였으며 출구의 유효너비의 합계는 4.5m로 하였다.

**97** 용도지역의 세분 중 도심·부도심의 상업기능 및 업무기능의 확충을 위하여 필요한 지역은?

① 유통상업지역

② 근린상업지역

③ 일반상업지역

④ 중심상업지역

**98** 국토의 계획 및 이용에 관한 법령상 기반시설 중 광장의 세분에 해당하지 않는 것은?

① 옥상광장

② 일반광장

③ 지하광장

④ 건축물부설광장

* * *
ANSWER    **96.**④  **97.**④  **98.**①

⋯⋯⋯⋯⋯⋯⋯⋯⋯⋯⋯⋯⋯⋯⋯⋯⋯⋯⋯⋯⋯⋯⋯⋯⋯⋯⋯⋯⋯⋯⋯⋯⋯⋯⋯⋯⋯⋯⋯⋯⋯⋯⋯⋯⋯⋯⋯⋯⋯⋯⋯⋯⋯⋯⋯

**96** 개별관람석의 출구는 3개소 설치하였으며 출구의 유효너비의 합계는 6m로 해야 한다.

**97** 상업지역의 세분
    ㉠ 중심상업지역 : 도심·부도심의 상업기능 및 업무기능의 확충을 위하여 필요한 지역
    ㉡ 일반상업지역 : 일반적인 상업기능 및 업무기능을 담당하게 하기 위하여 필요한 지역
    ㉢ 근린상업지역 : 근린지역에서의 일용품 및 서비스의 공급을 위하여 필요한 지역
    ㉣ 유통상업지역 : 도시내 및 지역간 유통기능의 증진을 위하여 필요한 지역

**98** 국토의 계획 및 이용에 관한 법률에 의한 광장의 세분 : 교통광장, 일반광장, 경관광장, 지하광장, 건축물부설광장

**99** 층수가 15층이며, 6층 이상의 거실면적의 합계가 15000㎡인 종합병원에 설치하여야 하는 승용 승강기의 최소 대수는? (단, 8인승 승용승강기의 경우)

① 6대

② 7대

③ 8대

④ 9대

● ● ●
ANSWER   99.③

**99**

$$2대 + \frac{15,000 - 3,000m^2}{2,000m^2} 대 = 8대$$

※ 엘리베이터 설치대수 산정식

| 용 도 | A: 6층 이상의 거실면적의 합계 | |
|---|---|---|
| | 3,000㎡ 이하 | 3,000㎡ 초과 |
| 공연, 집회, 관람장, 소·도매시장, 상점, 병원시설 | 2대 | $2대 + \dfrac{A - 3,000m^2}{2,000m^2} 대$ |
| 전시장 및 동·식물원, 위락, 숙박, 업무시설 | 1대 | $1대 + \dfrac{A - 3,000m^2}{2,000m^2} 대$ |
| 공동주택, 교육연구시설, 기타 시설 | 1대 | $1대 + \dfrac{A - 3,000m^2}{3,000m^2} 대$ |

**100** 다음 중 제1종 전용주거지역 안에서 건축할 수 있는 건축물에 속하지 않는 것은? (단, 도시·군계획조례가 정하는 바에 의하여 건축할 수 있는 건축물 포함)

① 노유자시설

② 공동주택 중 아파트

③ 교육연구시설 중 고등학교

④ 제2종 근린생활시설 중 종교집회장

・・・
ANSWER 　100.②

・・・・・・・・・・・・・・・・・・・・・・・・・・・・・・・・・・・・・・・・・・・・・・・・・・・・・・・・・・・・・・・・・・・・・・・・・・・・・・・・・・・・・・・・・・・・・・・・・・・・・・・・・・・・・・・・・

**100** 제1종 전용주거지역 안에서 건축할 수 있는 건축물
　① 건축할 수 있는 건축물
　　㉠ 「건축법 시행령」 별표 1 제1호의 단독주택(다가구주택을 제외한다)
　　㉡ 「건축법 시행령」 별표 1 제3호 가목부터 바목까지 및 사목(공중화장실·대피소, 그 밖에 이와 비슷한 것 및 지역 아동센터는 제외한다)의 제1종 근린생활시설로서 해당 용도에 쓰이는 바닥면적의 합계가 1천제곱미터 미만인 것
　② 도시·군계획조례가 정하는 바에 의하여 건축할 수 있는 건축물
　　㉠ 「건축법 시행령」 별표 1 제1호의 단독주택 중 다가구주택
　　㉡ 「건축법 시행령」 별표 1 제2호의 공동주택 중 연립주택 및 다세대주택
　　㉢ 「건축법 시행령」 별표 1 제3호사목(공중화장실·대피소, 그 밖에 이와 비슷한 것 및 지역아동센터만 해당한다) 및 아목에 따른 제1종 근린생활시설로서 해당 용도에 쓰이는 바닥면적의 합계가 1천제곱미터 미만인 것
　　㉣ 「건축법 시행령」 별표 1 제4호의 제2종 근린생활시설 중 종교집회장
　　㉤ 「건축법 시행령」 별표 1 제5호의 문화 및 집회시설 중 같은 호 라목[박물관, 미술관, 체험관(「건축법 시행령」 제2조제16호에 따른 한옥으로 건축하는 것만 해당한다) 및 기념관에 한정한다]에 해당하는 것으로서 그 용도에 쓰이는 바닥면적의 합계가 1천제곱미터 미만인 것
　　㉥ 「건축법 시행령」 별표 1 제6호의 종교시설에 해당하는 것으로서 그 용도에 쓰이는 바닥면적의 합계가 1천제곱미터 미만인 것
　　㉦ 「건축법 시행령」 별표 1 제10호의 교육연구시설 중 유치원·초등학교·중학교 및 고등학교
　　㉧ 「건축법 시행령」 별표 1 제11호의 노유자시설
　　㉨ 「건축법 시행령」 별표 1 제20호의 자동차관련시설 중 주차장

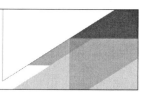

**1** 동일한 대지조건, 동일한 단위주호 면적을 가진 편복도형 아파트가 홀형 아파트에 비해 유리한 점은?

① 피난에 유리하다.

② 공용면적이 적다.

③ 엘리베이터 이용효율이 높다.

④ 채광, 통풍을 위한 개구부가 넓다.

**ANSWER** 1.③

**1** ① 편복도형은 홀형(계단실형)보다 피난에 불리하다.

② 편복도형은 홀형(계단실형)보다 공용면적(복도, 통행로 등)이 넓다.

④ 채광, 통풍을 위한 개구부는 홀형 아파트가 편복도형 아파트보다 넓다.

※ 복도에 따른 아파트 형식 분류

㉠ 계단실형(홀형)

• 복도가 없이 계단 또는 엘리베이터 홀로부터 직접 주거단위로 들어가는 형식이다.

• 각 세대간 독립성이 높다.

• 단위주호의 독립성이 좋다.

• 채광, 통풍조건이 양호하다.

• 복도형보다 소음처리가 용이하다.

• 통행부의 면적이 작으므로 건물의 이용도가 높다.

• 고층아파트일 경우 엘리베이터 비용이 증가한다.

• 엘리베이터의 이용률이 낮다.

㉡ 편복도형

• 계단 또는 엘리베이터로 각 층에 연결되고 연속된 긴 복도에 의해 각 세대를 출입하는 형식으로서 남면일조를 위해 동서를 축으로 한쪽 복도를 통해 각 주호로 들어가는 형식이다.

• 거주자의 자연적 환경을 동일하게 만들고자 할 때 일반적으로 채용한다.

• 통풍 및 채광은 양호한 편이지만 복도 폐쇄시 통풍이 불리하다.

• 엘리베이터 1대당 단위주거를 많이 둘 수 있으나 공용복도에 있어서는 프라이버시의 침해가 쉽다.

㉢ 중복도형

• 편복도형과 유사하나 복도의 양측에 세대를 배치하는 형식으로서 부지의 이용률이 높다.

• 고층고밀화에 유리하여 주로 독신자아파트에 적용된다.

• 통풍 및 채광이 매우 불리하며 프라이버시가 좋지 않다.

㉣ 집중형(코어형)

• 채광 및 통풍조건이 좋지 않으므로 기후조건에 따라 기계적 환경조절이 필요하다.

• 부지이용률이 극대화된다.

• 프라이버시가 좋지 않다.

**2** 주거단지 내의 공동시설에 관한 설명으로 바르지 않은 것은?

① 중심을 형성할 수 있는 곳에 설치한다.

② 이용 빈도가 높은 건물은 이용거리를 길게 한다.

③ 확장 또는 증설을 위한 용지를 확보하는 것이 좋다.

④ 이용성, 기능상의 인접성, 토지이용의 효율성에 따라 인접하여 배치한다.

**3** 다음 중 연면적에 대한 숙박부분의 비율이 가장 높은 호텔은?

① 커머셜 호텔

② 리조트 호텔

③ 클럽 하우스

④ 아파트먼트 호텔

**4** 종합병원의 건축형식 중 분관식(Pavillion Type)에 관한 설명으로 바르지 않은 것은?

① 평면 분산적이다.

② 채광 및 통풍조건이 좋다.

③ 일반적으로 3층 이하의 저층건물로 구성된다.

④ 재난 시 환자의 피난이 어려우며 공사비가 높다.

---

**ANSWER** 2.② 3.① 4.④

**2** ② 이용빈도가 높은 건물은 이용거리를 가능한 짧게 한다.

**3** 시티호텔 중에서는 커머셜 호텔이 연면적에 대한 숙박면적비가 가장 크다.

**4**

| 비교내용 | 분관식 | 집중식 |
|---|---|---|
| 배치형식 | 저층평면 분산식 | 고층집약식 |
| 환경조건 | 양호(균등) | 불량(불균등) |
| 부지의 이용도 | 비경제적 | 경제적 |
| 부지특성 | 제약조건이 적음 | 제약조건이 많음 |
| 설비시설 | 분산적 | 집중적 |
| 설비비 | 많이 든다 | 적게 든다 |
| 관리상 | 불편함 | 편리함 |
| 재난대피 | 용이하다 | 어렵다 |
| 보행거리(동선) | 길다 | 짧다 |
| 적용대상 | 특수병원 | 도심대규모 병원 |

**5** 한국전통건축의 지붕양식에 관한 설명으로 바른 것은?

① 팔작지붕은 원초적인 지붕형태로 원시움집에서부터 사용되었다.

② 모임지붕은 용마루와 내림마루가 있고 추녀마루만 없는 형태이다.

③ 맞배지붕은 용마루와 추녀마루로만 구성된 지붕으로 주로 다포식 건물에 사용되었다.

④ 우진각지붕은 네 면에 모두 지붕면이 있으며 전후 지붕면은 사다리꼴이고 양측 지붕면은 삼각형이다.

• • •
**ANSWER**    5.④

**5**    ① 삿갓(사모지붕, 육모지붕, 팔모지붕)지붕은 원초적인 지붕형태로 원시움집에서부터 사용되었다.
② 모임지붕은 삿갓지붕의 이칭으로서 용마루가 없다.
③ 맞배지붕은 용마루와 내림마루로만 구성된 지붕으로 주로 주심포식 건물에 사용되었다.

※ 한옥의 지붕

팔작지붕

맞배지붕

우진각지붕

십자형지붕

모임지붕(육모지붕)

정자형지붕

㉠ 맞배지붕
• 가장 간단한 구조이며 추녀와 활주가 없다.
• 건물의 앞뒤에서만 지붕면이 보이고 용마루와 내림마루로만 구성된다.

㉡ 우진각지붕
• 4면에 모두 지붕면이 만들어지는 형태이다.
• 전·후면에서 볼 때는 사다리꼴 모양이고 양측면에서 볼 때는 삼각형의 지붕형태이다.

㉢ 팔작지붕
• 우직각지붕과 맞배지붕을 합쳐놓은 형상이다.
• 전·후면에서 보면 갓을 쓴 것과 같은 형태이고 측면에서 사다리꼴 위에 측면 박공을 올려놓은 것과 같은 형태이다.

㉣ 삿갓(모임지붕)
• 사면의 처마로부터 중앙의 정상부를 향하도록 솟아오르게 구조된 지붕이다.
• 용마루 없이 하나의 꼭지점에서 지붕골이 만나는 지붕형태이다.
• 평면의 형태에 따라 사모, 육모, 팔모지붕으로 나뉜다.

**6** 극장의 평면형식 중 에리너(Arena)형에 관한 설명으로 바르지 않은 것은?

① 관객이 무대를 360도 둘러싼 형식이다.

② 무대의 장치나 소품은 주로 낮은 기구들로 구성된다.

③ 픽쳐 프레임 스테이지(Picture Frame Stage)형이라고도 한다.

④ 가까운 거리에서 관람하면서 많은 관객을 수용할 수 있다.

**7** 각 사찰에 관한 설명으로 바르지 않은 것은?

① 부석사의 가람배치는 누하진입 형식을 취하고 있다.

② 화엄사는 경사된 지형을 수단(繡緞)으로 나누어서 정지(整地)하여 건물을 적절히 배치하였다.

③ 통도사는 산지에 위치하나 산지가람처럼 건물들을 불규칙하게 배치하지 않고 직교식으로 배치하였다.

④ 봉정사 가람배치는 대지가 3단으로 나누어져 있으며 상단부분에 대웅전과 극락전 등 중요한 건물들이 배치되어 있다.

**8** 공장건축의 레이아웃 계획에 대한 설명으로 바르지 않은 것은?

① 플랜트 레이아웃은 공장건축의 기본설계와 병행하여 이루어진다.

② 고정식 레이아웃은 조선소와 같이 제품이 크고 수량이 적을 경우에 적용한다.

③ 다품종 소량생산이나 주문생산 위주의 공장에는 공정중심의 레이아웃이 적합하다.

④ 레이아웃 계획은 작업장 내의 기계설비 배치에 관한 것으로 공장규모변화에 따른 융통성은 고려대상으로 볼 수 없다.

---

**6**  ③ 픽쳐 프레임 스테이지(Picture Frame Stage)형이라고 불리는 형식은 프로세니엄 형식이다.

**7**  ③ 통도사는 직교식으로 배치되지 않고 불규칙하게 배치된 산지형 가람이다.

**8**  ④ 레이아웃 계획에서 향후 변화에 적응하기 위한 융통성 확보는 필수적인 고려대상이다.

**9** 다음 설명에 알맞은 도서관의 자료 출납시스템의 유형은?

> 이용자가 직접 서고 내의 서가에서 도서자료의 제목 정도는 볼 수 있으나 내용을 열람하고자 할 경우 관원에게 대출을 요구해야 하는 형식

① 폐가식            ② 반개가식

③ 자유개가식       ④ 안전개가식

---

**9**   반개가식 : 이용자가 직접 서고 내의 서가에서 도서자료의 제목 정도는 볼 수 있으나 내용을 열람하고자 할 경우 관원에게 대출을 요구해야 하는 형식

※ **출납 시스템의 분류**

    ㉠ 자유 개가식(free open access) : 열람자 자신이 서가에서 책을 꺼내어 책을 고르고 그대로 검열을 받지 않고 열람하는 형식으로 보통 1실형이고 10,000권 이하의 서적 보관과 열람에 적당하다.

       • 책 내용 파악 및 선택이 자유롭고 용이

       • 책의 목록이 없어 간편하다.

       • 책 선택시 대출, 기록의 제출이 없어 분위기가 좋다.

       • 서가의 정리가 잘 안 되면 혼란스럽게 된다.

       • 책의 마모, 망실이 된다.

    ㉡ 안전 개가식(safe-guarded open access) : 자유 개가식과 반개가식의 장점을 취한 형식으로서, 열람자가 책을 직접 서가에서 뽑지만 관원의 검열을 받고 대출의 기록을 남긴 후 열람하는 형식이다. 보통 15,000권 이하의 서적을 보관함과 열람에 적당하다.

       • 출납 시스템이 필요 없어 혼잡하지 않다.

       • 도서 열람의 체크 시설이 필요하다.

       • 도서 열람이 가능하여 책을 보고 직접 뽑을 수 있다.

       • 감시가 필요하지 않다.

    ㉢ 반개가식(semi-open access) : 열람자는 직접 서가에 면하여 책의 체재나 표시 정도는 볼 수 있으나 내용을 보려면 관원에게 요구하여 대출 기록을 남긴 후 열람하는 형식이다.

       • 신간 서적 안내에 채용되며 대량의 도서에는 부적당하다.

       • 출납 시설이 필요하다.

       • 서가의 열람이나 감시가 불필요하다.

    ㉣ 폐가식(closed access) : 열람자는 책의 목록에 의해 책을 선택하여 관원에게 대출 기록을 제출한 후 대출받는 형식이다. 서고와 열람실이 분리되어 있다.

       • 도서의 유지관리가 양호하다.

       • 감시할 필요가 없다.

       • 희망한 내용이 아닐 수 있다.

       • 대출 절차가 복잡하고 관원의 작업량이 많다.

**10** 다음 설명에 알맞은 국지도로의 유형은?

> 불필요한 차량 진입이 배제되는 이점을 살리면서 우회도로가 없는 쿨데삭(Cul-de-Sac)형의 결점을 개량하여 만든 패턴으로서 보행자의 안전성 확보가 가능하다.

① Loop형
② 격자형
③ T자형
④ 간선분리형

**10** 루프(Loop)형은 우회도로가 없는 쿨데삭형의 결점을 개량하여 만든 패턴으로 도로율이 높아지는 단점이 있다.

| 국지도로의 패턴 | |
| --- | --- |
| | **격자형**<br>• 가로망의 형태가 단순명료하며 가구 및 획지구획상 택지의 이용효율이 높다.<br>• 계획적으로 조성된 시가지에 가장 많이 적용되며 자동차의 교통이 편리하다. |
| | **T자형**<br>• 도로 교차방식이 주로 T자형으로 발생한다.<br>• 격자형이 갖는 택지의 효율성이 강조되며 지구내 통과교통을 배제시키고 주행속도를 감소시킨다.<br>• 통행거리가 증가하게 되므로 보행전용도로와 결합해서 사용하면 좋다. |
| | **Cul-de-Sac형**<br>• 통과교통이 없으며 주거환경의 쾌적성 및 안전성 확보가 용이하다.<br>• 각 기구와 관계없는 차량의 진입이 배제된다.<br>• 우회도로가 없어 방재나 방범상 불리하며 주택 배면에 보행자 전용도로가 함께 설치되어야 효과적이다.<br>• Cul-de-Sac의 최대길이는 150m이하로 계획한다. |
| | **Loop형**<br>• 불필요한 차량의 진입을 배제할 수 있으며 우회로가 없는 Cul-de-Sac의 결점을 보완할 수 있다.<br>• Cul-de-Sac과 같이 통과교통이 없으므로 주거환경이 양호하며 안전성이 확보된다. |

**11** 사무실 내의 책상배치의 유형 중 좌우대향형에 관한 설명으로 옳은 것은?

① 대향형과 동향형의 양쪽 특성을 절충한 형태로 커뮤니케이션의 형성에 불리하다.

② 4개의 책상이 맞물려 십자를 이루도록 배치하는 형식으로 그룹작업을 요하는 업무에 적합하다.

③ 책상이 서로 마주보도록 하는 배치로 면적효율은 좋으나 대면 시선에 의해 프라이버시가 침해당하기 쉽다.

④ 낮은 칸막이로 한 사람의 작업활동을 위한 공간이 주어지는 형태로 독립성을 요하는 전문직에 적합한 배치이다.

**12** 사무소 건축의 중심코어 형식에 관한 설명으로 바른 것은?

① 구조코어로서 바람직한 형식이다.

② 유효율이 낮아 임대 사무소 건축에는 부적합하다.

③ 일반적으로 기준층 바닥면적이 작은 경우에 주로 사용된다.

④ 2방향 피난에는 이상적인 관계로 방재/피난상 가장 유리한 형식이다.

**13** 학교 건축에서 단층교사에 관한 설명으로 바르지 않은 것은?

① 재해 시 피난이 유리하다.

② 학습활동을 실외에 연장할 수 있다.

③ 부지의 이용률이 높으며 설비의 배선, 배관을 집약할 수 있다.

④ 개개의 교실에서 밖으로 직접 출입할 수 있으므로 복도가 혼잡하지 않다.

---

**ANSWER** 11.① 12.① 13.③

**11** ② 4개의 책상이 맞물려 십자를 이루도록 배치하는 형식으로 그룹작업을 요하는 업무에 적합한 형식은 십자형이다.
③ 낮은 칸막이로 한 사람의 작업활동을 위한 공간이 주어지는 형태로 독립성을 요하는 전문직에 적합한 배치형식은 자유형이다.
④ 책상이 서로 마주보도록 하는 배치로 면적효율은 좋으나 대면 시선에 의해 프라이버시가 침해당하기 쉬운 형식은 대향형이다.

**12** ② 중심코어형식은 유효율이 높아 임대 사무소 건축에 적합하다.
③ 일반적으로 기준층 바닥면적이 클 경우에 주로 사용된다.
④ 코어가 집중되어 있어 피난 시 동선혼란이 초래되기 쉬운 매우 불리한 형식이다.

**13** 단층교사는 부지이용률이 낮다.

**14** 백화점의 에스컬레이터 배치형식에 관한 설명으로 바른 것은?

① 직렬식 배치는 승객의 시야도 좋고 점유면적도 작다.

② 병렬연속식 배치는 연속적으로 승강할 수 없다는 단점이 있다.

③ 교차식 배치는 점유면적이 작으며 연속 승강이 가능하다는 장점이 있다.

④ 병렬단속식 배치는 승객의 시야는 안좋으나 점유면적이 적어 고층 백화점에 주로 사용된다.

**14** ① 직렬식 배치는 승객의 시야는 좋으나 점유면적이 크다는 단점이 있다.

② 병렬연속식 배치는 연속적으로 승강할 수 있다.

④ 병렬단속식 배치는 승객의 시야가 좋으나 교통이 불연속되고 서비스가 좋지 않다.

※ 에스컬레이터 배치형식

㉠ 직렬형
  • 승객의 시야가 가장 넓다.
  • 점유면적이 넓다.

㉡ 단열중복형(병렬단속형)
  • 에스컬레이터의 존재를 잘 알 수 있다.
  • 시야를 막지 않는다.
  • 교통이 불연속으로 되고, 서비스가 나쁘다.
  • 승객이 한 방향으로만 바라본다.
  • 승강객이 혼잡하다.

㉢ 병렬연속형(평행승계형)
  • 교통이 연속되고 있다.
  • 타고 내리는 교통이 명백히 분할될 수 있다.
  • 승객의 시야가 넓어진다.
  • 에스컬레이터의 존재를 잘 알 수 있다.
  • 점유면적이 넓다.
  • 시선이 마주친다.

㉣ 교차형(복렬형)
  • 교통이 연속하고 있다.
  • 승강객의 구분이 명확하므로 혼잡이 적다.
  • 점유면적이 좁다.
  • 승객의 시야가 좁다.
  • 에스컬레이터의 위치를 표시하기 힘들다.

**15** 건축물의 에너지절약을 위한 계획 내용으로 옳지 않은 것은?

① 공동주택은 인동간격을 넓게 하여 저층부의 일사 수열량을 증대시킨다.

② 건축물의 체적에 대한 외피면적의 비 또는 연면적에 대한 회피면적의 비는 가능한 크게 한다.

③ 건축물은 대지의 향, 일조 및 주풍향 등을 고려하여 배치하며, 남향 또는 남동향 배치를 한다.

④ 거실의 층고 및 반자 높이는 실의 용도와 기능에 지장을 주지 않는 범위 내에서 가능한 낮게 한다.

**16** 극장 무대에서 그리드 아이언(Grid Iron)이란 무엇인가?

① 조명 조작 등을 위해 무대 주위 벽에 6~9m의 높이로 설치되는 좁은 통로

② 조명기구, 연기자 또는 음향반사판을 매달기 위해 무대 천장 밑에 설치되는 시설

③ 하늘이나 구름 등 자연현상을 나타내기 위한 무대 배경용 벽

④ 무대와 객석의 경계를 이루는 곳으로 액자와 같은 시각적 효과를 갖게 하는 시설

**17** 다음 중 상점계획에서 파사드 구성에 요구되는 소비자 구매심리 5단계(AIDMA법칙)에 속하지 않는 것은?

① 흥미(Interest)

② 욕망(Desire)

③ 기억(Memory)

④ 유인(Attaraction)

**15**   ② 에너지절약을 위해서는 건축물의 체적에 대한 외피면적의 비 또는 연면적에 대한 회피면적의 비는 가능한 작게 한다.

**16**   그리드아이언(Grid Iron) ··· 격자 발판으로무대 천장에 설치되어 무대의 배경이나 조명기구 또는 음향반사판 등을 매달 수 있게 장치된 것이다.
① 조명 조작 등을 위해 무대 주위 벽에 6~9m의 높이로 설치되는 좁은 통로는 플라이갤러리이다.
③ 하늘이나 구름 등 자연현상을 나타내기 위한 무대 배경용 벽은 사이클로라마이다.
④ 무대와 객석의 경계를 이루는 곳으로 액자와 같은 시각적 효과를 갖게 하는 시설은 프로시니엄아치(픽처프레임)이다.

**17**   A : Attention(주의)
I : Interest(흥미)
D : Desire(욕망)
M : Memory(기억)
A : Action(행동)

**18** 바실리카식 교회당의 각부 명칭과 관계없는 것은?

① 아일(Aisle)  ② 파일론(Pylon)

③ 나르텍스(Narthex)  ④ 트란셉트(Transept)

**19** 전시공간의 특수전시기법에 관한 설명으로 바르지 않은 것은?

① 파노라마 전시는 전체의 맥락이 중요하다고 생각될 때 사용한다.

② 하모니카 전시는 동일 종류의 전시물을 반복하여 전시할 경우에 유리하다.

③ 디오라마 전시는 하나의 사실 또는 주제의 시간 상황을 고정시켜 연출하는 기법이다.

④ 아일랜드 전시는 벽면 전시기법으로 전체 벽면의 일부만을 사용하며 그림과 같은 미술품 전시에 주로 사용된다.

**20** 교학건축인 성균관의 구성에 속하지 않는 것은?

① 동재  ② 존경각

③ 천추전  ④ 명륜당

---

**ANSWER**    18.②   19.④   20.③

**18** 파일론(Pylon)은 고대 이집트의 신전이나 대건축물의 탑 모양의 문을 말한다.

**19** 특수전시기법

　㉠ 파노라마전시 : 전시물들의 나열 자체가 하나의 큰 그림이나 풍경처럼 보이도록 하여 전체적인 맥락이 이해될 수 있도록 한 전시기법

　㉡ 아일랜드 전시 : 바다에 떠 있는 섬처럼 전시물을 천장에 매달아서 전시물들이 동선을 만들어 관람하게 하는 기법

　㉢ 하모니카 전시 : 동일한 형태의 연속적 배치로 동일 종류의 전시물을 반복전시할 경우 유리한 기법

　㉣ 디오라마 전시 : 현장감을 가장 실감나게 표현하는 방법으로 하나의 사실 또는 주제의 시간상황을 고정시켜 연출하는 기법

**20** 천추전은 성균관의 구성에 속하는 공간이 아니다.

　※ 성균관의 구성

　　㉠ 명륜당 : 강학공간으로 쓰이는 강당

　　㉡ 동재와 서배 : 성균관 유생들의 기숙사

　　㉢ 존경각 : 장서를 보관하는 도서관

　　㉣ 육일각 : 심신 단련용 활과 화살을 보관하는 곳

　　㉤ 정록청 : 성균관 관리들이 근무하는 곳

**2과목** 건축시공

**21** 콘크리트 블록(Block) 벽체의 크기가 3×5m일 때 쌓기 모르타르의 소요량으로 바른 것은? (단, 블록의 치수는 390×190×190mm, 재료량은 할증이 포함되어 있으며, 모르타르 배합비는 1:3이다.)

① 0.10m$^3$

② 0.12m$^3$

③ 0.15m$^3$

④ 0.18m$^3$

**22** 지표 재하하중으로 흙막이 저면 흙이 붕괴되고 바깥에 있는 흙이 안으로 밀려 블록하게 되어 파괴되는 현상은?

① 히빙(Heaving) 파괴

② 보일링(Boiling) 파괴

③ 수동토압(Passive Earth Pressure) 파괴

④ 전단(Shearing) 파괴

**ANSWER** 21.③ 22.①

**21** 아래의 표에 의하면 m$^2$당 0.01m$^3$의 쌓기몰탈이 사용되므로 3m×5m=15m$^2$에는 0.15m$^3$의 모르타르가 사용된다.

| 종류 | 규격 | 단위 | 몰탈(m$^3$) | 시멘트(kg) | 모래(m$^3$) |
|---|---|---|---|---|---|
| 시멘트 벽돌 | 옆세워쌓기 | 천매 | 0.18 | 91.8 | 0.198 |
| | 0.5B | 천매 | 0.25 | 127.5 | 0.275 |
| | 1.0B | 천매 | 0.33 | 168.3 | 0.363 |
| | 1.5B | 천매 | 0.35 | 178.5 | 0.385 |
| 블록 | 390×190×150mm | m$^2$ | 0.009 | 4.59 | 0.01 |
| | 390×190×190mm | m$^2$ | 0.010 | 5.10 | 0.011 |
| | 390×190×210mm | m$^2$ | 0.0105 | 5.36 | 0.012 |

**22** 히빙(Heaving) 파괴 : 지표 재하하중으로 흙막이 저면 흙이 붕괴되고 바깥에 있는 흙이 안으로 밀려 블록하게 되어 파괴되는 현상

보일링(Boiling) 파괴 : 사질 지반 굴착 시 벽체 배면의 토사가 흙막이 틈새 또는 구멍으로 누수가 되어 흙막이벽이 배면에 공극수암이 발생하여 물의 흐름이 점차로 커져 결국 주변지반을 함몰시키는 현상

**23** 건설공사현장에서 보통 콘크리트를 KS규격품인 레미콘으로 주문할 때의 요구항목이 아닌 것은?

① 잔골재의 조립율

② 굵은 골재의 최대 치수

③ 호칭강도

④ 슬럼프

**24** 유동화 콘크리트에 대한 설명으로 바르지 않은 것은?

① 높은 유동성을 가지면서도 단위수량은 보통 콘크리트보다 적다.

② 일반적으로 유동성을 높이기 위하여 화학혼화제를 사용한다.

③ 동일한 단위시멘트량을 갖는 보통콘크리트에 비해 압축강도가 매우 높다.

④ 일반적으로 건조수축은 묽은 비빔 콘크리트보다 적다.

**25** 잔류유(찌꺼기)를 저온으로 장시간 증류한 것으로 응집력이 크고 온도에 의한 변화가 적으며 연화점이 높고 안전하여 방수공사에 많이 사용되는 것은?

① 아스팔트 펠트

② 블로운 아스팔트

③ 아스팔타이트

④ 레이크 아스팔트

---

**ANSWER**  **23.**① **24.**③ **25.**②

**23** 레미콘 규격표시 "25-21-180"의 경우 굵은골재 최대치수는 25mm, 콘크리트 압축강도는 21MPa, 슬럼프치는 180mm임을 의미한다. 잔골재의 조립률은 해당되지 않는다.

**24** 유동화 콘크리트는 동일한 단위시멘트량을 갖는 보통콘크리트에 비해 압축강도는 낮은 편이다.

**25** ② 블로운 아스팔트 : 잔류유(찌꺼기)를 저온으로 장시간 증류한 것으로 응집력이 크고 온도에 의한 변화가 적으며 연화점이 높고 안전하여 방수공사에 많이 사용한다.
　① 아스팔트 펠트 : 유기질의 섬유 중에서 가장 내구력이 좋고 원지를 유연하게 하는 양모, 목면, 석면 등을 원료로 하여 만들어진 특수 원지에, 가열용융한 침투용 스트레이트 아스팔트 속에 통과시켜서 나온 제품이다.
　③ 아스팔타이트 : 암석의 균열 등에 석유가 스며들어 오랜 세월에 거쳐 아스팔트로 변질된 것으로서 불순물이 거의 없는 순수한 아스팔트이다.
　④ 레이크 아스팔트 : 아스팔트가 호수와 같은 모양으로 지표면에 노출되어 있는 것이다.

**26** 콘크리트용 골재의 품질에 대한 설명으로 바르지 않은 것은?

① 골재는 청정, 견경하고 유해량의 먼지, 유기불순물이 포함되지 않아야 한다.

② 골재의 입형은 콘크리트의 유동성을 갖도록 한다.

③ 골재는 예각으로 된 것을 사용하도록 한다.

④ 골재의 강도는 콘크리트 내 경화한 시멘트페이스트의 강도보가 커야 한다.


**27** 대안입찰제도의 특징에 관한 설명으로 바르지 않은 것은?

① 공사비를 절감할 수 있다.

② 설계상 문제점의 보완이 가능하다.

③ 신기술의 개발 및 축적을 기대할 수 있다.

④ 입찰기간이 단축된다.


**28** 다음에서 설명하고 있는 도장결함은?

| |
|---|
| 도료를 겹칠하였을 때 하도의 색이 상도막 표면에 떠올라 상도의 색이 변하는 현상 |

① 번짐                    ② 색 분리
③ 주름                    ④ 핀홀

**26** 골재는 입형은 콘크리트의 유동성과 관련이 있으며 공극률이 작아 시멘트를 절약할 수 있는 구형이나 입방체에 가까운 것이 좋고 너무 매끄럽거나 납작한 것, 길죽한 것, 예각으로 된 것은 좋지 않다.

**27** ④ 대안입찰제도는 입찰기간이 길어지는 단점이 있다.

**28** ① 번짐 : 도료를 겹칠하였을 때 하도의 색이 상도막 표면에 떠올라 상도의 색이 변하는 현상

② 색 분리 : 색이 분리되어 불균일한 도색이 되는 현상으로서 안료의 분산성, 수지의 상용성, 용해력 불량 등에 의해 발생한다.

③ 주름(리프팅, 지지미) : 도막표면이 심하게 주름상이 되는 현상으로서 도막의 표면층과 내부층의 뒤틀림에 의해서 생긴다.

④ 핀홀(기포) : 도막에 바늘구멍만한 구멍이 생기는 현상으로서 도막중의 용제가 표면건조 중에 급격히 증발할 때 그 흔적이 구멍이 되어 남는다.

**29** 건축물 외부에 설치하는 커튼월에 관한 설명으로 바르지 않은 것은?

① 커튼월이란 외벽을 구성하는 비내력벽 구조이다.

② 커튼월의 조립은 대부분 외부에 대형발판이 필요하므로 비계공사가 필수적이다.

③ 공장에서 생산하여 반입하는 프리패브 제품이다.

④ 일반적으로 콘크리트나 벽돌 등의 외장재에 비해 경량이어서 건물의 전체 무게를 줄이는 역할을 한다.

**30** 계약방식 중 단가계약 제도에 관한 설명으로 옳지 않은 것은?

① 실시수량의 확정에 따라서 차후 정산하는 방식이다.

② 긴급공사 시 또는 수량이 불명확할 때 간단히 계약할 수 있다.

③ 설계변경에 의한 수량의 증감이 용이하다.

④ 공사비를 절감할 수 있으며, 복잡한 공사에 적용하는 것이 좋다.

**31** 콘크리트의 크리프에 관한 설명으로 바르지 않은 것은?

① 습도가 높을수록 크리프는 크다.

② 물-시멘트 비가 클수록 크리프는 크다.

③ 콘크리트의 배합과 골재의 종류는 크리프에 영향을 끼친다.

④ 하중이 제거되면 크리프 변형은 일부 회복된다.

---

**ANSWER**    29.②    30.④    31.①

**29** ② 커튼월 공사에서는 안전상의 이유로 외부에 비계를 설치하여 공사하는 것을 엄격히 금지한다.

**30** ④ 단가계약방식은 다른 계약방식에 비해 일반적으로 공사비가 상승하게 된다.

  ※ **단가계약제도** ⋯ 일정기간 동안 지속적으로 필요한 물품 등을 단가를 정하여 체결하는 구매계약으로서 공사금액을 구성하는 물량 또는 단위공사 부분에 대한 단가만을 확정하고 공사 완료 시 실시수량의 확정에 따라 정산하는 방식이다. 처음부터 공사물량의 증감을 전제로 하고 있기 때문에 사업주의 변경지시없이도 변경, 추가공사가 가능하다.

**31** 크리프는 습도가 높을수록 적게 발생한다.

  ㉠ **크리프** : 콘크리트에 일정한 하중이 계속 작용하면 하중의 증가가 없어도 시간과 더불어 변형이 증가하는 현상으로 콘크리트의 소성변형이다.

  ㉡ **크리프에 관한 사항**

  • 물시멘트비, 단위시멘트량, 단위수량, 온도, 작용하중(응력)이 클수록 크리프는 크게 발생한다.

  • 체적, 상대습도, 강도, 단면치수, 재령일수가 클수록 크리프는 작게 발생한다.

  • 시간이 지날수록 단위시간당 발생하는 크리프는 감소된다.

  • 옥내가 옥외보다, 옥외가 수중보다 크게 발생한다.

**32** 웰포인트 공법에 관한 설명으로 바르지 않은 것은?

① 흙파기 밑면의 토질 악화를 예방한다.

② 진공펌프를 사용하여 토중의 지하수를 강제적으로 집수한다.

③ 지하수 저하에 따른 인접지반과 공동매설물 침하에 주의가 필요하다.

④ 사질지반보다 점토층 지반에서 효과적이다.

**33** ALC 패널의 설치공법이 아닌 것은?

① 수직철근 공법

② 슬라이드 공법

③ 커버플레이트 공법

④ 피치 공법

• • •
ANSWER | 32.④  33.④

**32** 웰포인트(Well Point)공법 … 강제배수공법의 대표적인 공법으로서 지멘스웰 공법이 발전된 공법이다. 인접 건물과 흙막이 벽 사이에 케이싱을 삽입하여 지하수를 배수한다. 지름 50~70mm의 관을 1~2m 간격으로 박은 후 수평흡상관에 연결한 후 진공펌프를 사용하여 배수하는 방식으로서 사질지반에서만 적용하며 배수에 의해 발생되는 지하수위의 저하로 인한 인접지반과 공동매설물의 침하에 유의해야 한다.

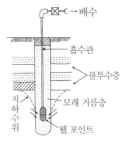

웰 포인트 공법

**33** 커버플레이트 공법, 타이플레이트 공법, 부설근 공법, 볼트조임 공법, 슬라이드 공법, 수직철근 보강공법

**34** 건축재료별 수량 산출 시 적용하는 할증률로 바르지 않은 것은?

① 유리 : 1%

② 단열재 : 5%

③ 붉은 벽돌 : 3%

④ 이형철근 : 3%

**ANSWER**   34.②

**34** 단열재의 할증률은 10%이다.

※ 건축재료의 기본할증률

| 종류 | | 할증율(%) | 종류 | | 할증율(%) |
|---|---|---|---|---|---|
| 목재 | 각재 | 5 | 레디믹스트 콘크리트 | 무근구조물 | 2 |
| | 판재 | 10 | | 철근구조물 | 1 |
| | 졸대 | 20 | | 철골구조물 | 1 |
| 합판 | 일반용 | 3 | 혼합콘크리트 (인력 및 믹서) | 무근구조물 | 3 |
| | 수장용 | 5 | | 철근구조물 | 2 |
| 벽돌 | 붉은벽돌 | 3 | | 소형구조물 | 5 |
| | 내화벽돌 | 3 | 아스팔트 콘크리트 | | 2 |
| | 시멘트벽돌 | 5 | 콘크리트 포장 혼합물의 포설 | | 4 |
| | 경계블록 | 3 | 기와 | | 5 |
| | 호안블록 | 5 | 슬레이트 | | 3 |
| 블록 | | 4 | 원석(마름돌용) | | 30 |
| 도료 | | 2 | 석재판붙임용재 | 정형물 | 10 |
| 유리 | | 1 | 석재판붙임용재 | 부정형물 | 30 |
| 타일 | 모자이크, 도기, 자기, 크링커 | 3 | 시스판 | | 8 |
| | | | 원심력 콘크리트판 | | 3 |
| 타일 (수정용) | 아스팔트, 리놀륨, 비닐 | 5 | 조립식 구조물 | | 3 |
| | | | 덕트용 금속판 | | 28 |
| 텍스, 콜크판 | | 5 | 위생기구(도기, 자기류) | | 2 |
| 석고판(본드붙임용) | | 8 | 조경용수목, 잔디 | | 10 |
| 석고보드(못붙임용) | | 5 | 단열재 | | 10 |
| 원형철근 | | 5 | 강판, 동판 | | 10 |
| 이형철근 | | 3 | 대형형강 | | 7 |
| 일반볼트 | | 5 | 소형 형강, 봉강, 강관, 각관, 리벳, 경량형강, 동관, 평강 | | 5 |
| 고장력볼트 | | 3 | | | |

**35** 다음 중 공사진행의 일반적인 순서로 바른 것은?

① 가설공사 → 공사 착공 준비 → 토공사 → 지정 및 기초공사 → 구조체 공사

② 공사 착공 준비 → 가설공사 → 토공사 → 지정 및 기초공사 → 구조체 공사

③ 공사 착공 준비 → 토공사 → 가설공사 → 구조체 공사 → 지정 및 기초공사

④ 공사 착공 준비 → 지정 및 기초공사 → 토공사 → 가설공사 → 구조체 공사

**36** 블록조 벽체에 와이어메시를 가로줄눈에 묻어 쌓기도 하는데 이에 관한 설명으로 바르지 않은 것은?

① 전단작용에 대한 보강이다.

② 수직하중을 분산시키는데 유리하다.

③ 블록과 모르타르의 부착성능의 증진을 위한 것이다.

④ 교차부의 균열을 방지하는데 유리하다.

**37** 다음 중 공사관리방법 중 CM 계약방식에 대한 설명으로 옳지 않은 것은?

① 대리인형 CM(CM for fee)인 경우 공사품질에 책임을 지며, 품질 문제 발생 시 책임소재가 명확하다.

② 프로젝트의 전 과정에 걸쳐 공사비, 공기 및 시공성에 대한 종합적인 평가 및 설계변경에 대한 효율적인 평가가 가능하여 발주자의 의사결정에 도움이 된다.

③ 설계과정에서 설계가 시공에 미치는 영향을 예측할 수 있어 설계도서의 현실성을 향상시킬 수 있다.

④ 단계적 발주 및 시공의 적용이 가능하다.

---

**ANSWER** 35.② 36.③ 37.①

**35** 공사진행의 일반적인 순서 … 공사 착공 준비 → 가설공사 → 토공사 → 지정 및 기초공사 → 구조체 공사

**36** 블록쌓기 시 와이어메시는 벽체의 균열을 방지하고, 모서리와 교차부의 벽체를 보강하며, 전단작용 및 횡력과 편심하중을 분산시키는 역할을 한다. 그러나 블록과 모르타르의 부착성능의 증진과 관련이 있다고 보기는 어렵다.

**37** 책임자형 CM(CM at risk)인 경우 위험부담에 의해 공사품질에 책임을 지게 되며, 따라서 품질 문제 발생 시 책임소재가 명확하게 된다.

**38** 목구조 재료로 사용되는 침엽수의 특징에 해당하지 않는 것은?

① 직선부재의 대량생산이 가능하다.

② 단단하고 가공이 어려우나 미관이 좋다.

③ 병충해에 약하여 방부 및 방충처리를 하여야 한다.

④ 수고(樹高)가 높으며 통직하다.

**38** 침엽수는 활엽수에 비해 가볍고 탄력이 있어 가공이 용이하다.

㉠ **침엽수**
- 바늘잎 나무라하여 잎이 가늘고 뾰족하다.
- 활엽수에 비해 진화정도가 느리며 구성세포의 종류와 형태도 훨씬 단순하다.
- 도관(양 끝이 둥글게 뚫려있고 천공판 조직이 이웃 도관끼리의 물 움직임을 활발하게 한다.)이 없다.
- 직선부재의 대량생산이 가능하다.
- 비중이 활엽수에 비해 가볍고 가공이 용이하다.
- 수고(樹高)가 높으며 통직하다.

㉡ **활엽수**
- 너른잎나무라 하여 넓고 평평하다.
- 참나무 같이 단단하고 무거운 종류가 많아 Hard wood라고도 한다.
- 침엽수에 비해 무겁고 강도가 크므로 가공이 어렵다.
- 도관이 있다.

**39** 창호철물과 창호의 연결로 바르지 않은 것은?

① 도어체크(Door Check) – 미닫이문

② 플로어힌지(Floor Hinge) – 자재 여닫이문

③ 크레센트(Crescent) – 오르내리창

④ 레일(Rail) – 미서기창

• • •
ANSWER | 39.①

**39** 도어체크(도어클로저)는 여닫이문에 사용된다.

※ 주요 창호개폐 자재

| 부품 | 용도 |
|---|---|
| 자유 정첩 | 안밖으로 개폐할 수 있는 정첩, 자재문에 사용 |
| 플로어 힌지(Floor hinge) | 정첩으로 지탱할 수 없는 무거운 자재 여닫이문에 사용 |
| 피보트 힌지(Pivot hinge) | 용수철을 쓰지 않고 문장부식으로 된 정첩, 가장 중량문에 사용 |
| 도어체크(Door check) | 문 윗틀과 문짝에 설치하여 자동으로 문을 닫는 장치(=Door closer) |
| 레버터리 힌지(Labatory hinge) | 공중전화 출입문, 공중변소에 사용, 15cm 정도 열려진 것 |
| 함 자물쇠(Rimlock) | Latch bolt(손잡이를 돌리면 열리는 자물통)와 Dead bolt (열쇠로 회전시켜 잠그는 자물쇠)가 함께 있다. |
| 실린더 자물쇠 | Pin tumbler lock, Mono lock 자물통이 실린더로 된 것으로, 텀블러 대신 핀을 넣은 실린더록으로 고정 |
| 나이트 래치(Night latch) | 바깥에서는 열쇠, 안에서는 손잡이로 여는 실린더 장치 |
| 창개폐 조절기 | 여닫이창, 젖힘창의 개폐조절 (=창 순위조절기) |
| 도어홀더, 도어스톱 | 도어 홀더(문열림 방지), 도어 스톱(벽, 문짝 보호) |
| 오르내리 꽂이쇠 | 쌍여닫이문(주로 현관문)에 상하 고정용으로 달아서 개폐방지 |
| 크레센트(Crescent) | 오르내리창이나 미서기창의 잠금장치(자물쇠) |
| 멀리온(Mullion) | 창면적이 클 때 기존 창 Frame을 보강하는 중간 선대 |

**40** 목재의 무늬나 바탕의 재질을 잘 보이게 하는 도장방법은?

① 유성페인트 도장

② 에나멜 페인트 도장

③ 합성수지 페인트 도장

④ 클리어 래커도장

• • •
ANSWER  40.④

**40** ㉠ 클리어래커
  • 주원료는 질산섬유소 수지, 휘발성 용제이다.
  • 목재면의 무늬를 살리기 위한 도장 재료로 적당하다.
  • 유성 바니쉬에 비하여 도막이 얇고 견고하다.
  • 담갈색 빛으로 시공 후에는 우아한 광택이 있다.
  • 내수성, 내후성이 다소 부족하여 실내용으로 주로 이용한다.
  • 속건성이므로 스프레이를 사용하여 시공하는 것이 좋다.
㉡ 유성페인트
  • 재료 : 안료 + 용제 + 희석제 + 건조제
  • 반죽의 정도에 따른 분류 : 된반죽 페인트, 중반죽 페인트, 조합 페인트
  • 광택과 내구력이 좋으나 건조가 늦다
  • 철제, 목재의 도장에 쓰인다
  • 알칼리에는 약하므로 콘크리트, 모르타르 면에 바를 수 없다
㉢ 유성 에나멜 페인트
  • 유성바니시를 전색제로 하여 안료를 첨가한 것으로 일반적으로 내알칼리성이 약하다
  • 일반 유성페인트보다는 건조시간이 느리고, 도막은 탄성, 광택이 있으며 경도가 크다
  • 스파아 바니쉬를 사용한 에나멜 페인트는 내수성, 내후성이 특히 우수하여 외장용으로 쓰인다.
㉣ 합성수지 페인트
  • 재료 : 합성수지 + 중화제 + 안료
  • 도막이 단단하며 건조가 빠르다.
  • 내마모성, 내산성, 내알칼리성이 우수하다.

**41** 다음 그림과 같은 앵글(angle)의 유효단면적으로 옳은 것은? (단, Ls−50×50×6 사용, a=5.644cm², d=1.7cm)

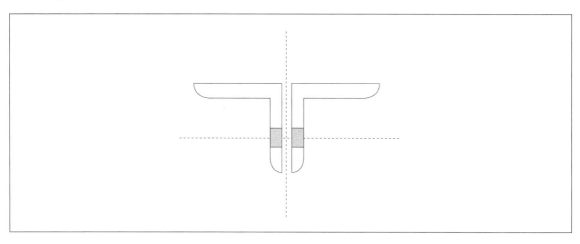

① 8.0 cm²

② 8.5 cm²

③ 9.0 cm²

④ 9.25 cm²

**42** 다음 용어 중 서로 관련이 가장 적은 것은?

① 기둥 – 메탈터치(Metal Touch)

② 인장가새 – 턴버클(Turn Bukcle)

③ 주각부 – 거셋 플레이트(Gusset Plate)

④ 중도리 – 새그로드(Sag Rod)

---

ANSWER  **41.**④  **42.**③

**41** 그림의 인장재의 순단면적(유효단면적)

$A_n = A_g - n \cdot d \cdot t = (5.644 \times 2개) - (2)(1.7)(0.6)$

$= 9.248cm^2$

**42** 거셋 플레이트(Gusset Plate)는 주각부에 사용되는 부재가 아니라 주로 가새나 트러스의 접합부에 사용되는 보조강판이다.

**43** 강재의 응력–변형도 시험에서 인장력을 가해 소성상태에 들어선 강재를 다시 반대 방향으로 압축력을 작용하였을 때의 압축항복점이 소성상태에 들어서지 않은 강재의 압축항복점에 비해 낮은 것을 볼 수 있는데 이러한 현상을 무엇이라 하는가?

① 루더선(Luder's line)

② 소성흐름(Plastic flow)

③ 바우싱거효과(Baushinger's effect)

④ 응력집중(Stress concentration)

**44** 다음 그림에서 절점 D는 이동을 하지 않으며 A, B, C는 고정단일 때 C단의 모멘트는? (단, k는 강비임)

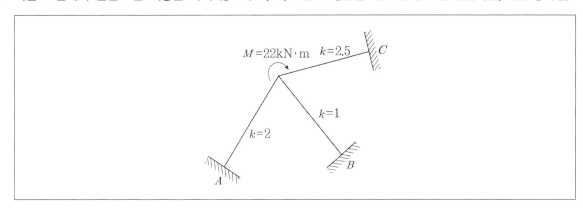

① 4.0 kN·m

② 4.5 kN·m

③ 5.0 kN·m

④ 5.5 kN·m

---

**43** 바우싱거효과 : 강재의 응력–변형도 시험에서 인장력을 가해 소성상태에 들어선 강재를 다시 반대 방향으로 압축력을 작용하였을 때의 압축항복점이 소성상태에 들어서지 않은 강재의 압축항복점에 비해 낮아지는 현상

**44**
DB의 분배율 $\mu_{DC} = \dfrac{K_{DC}}{\sum K} = \dfrac{2.5}{2.5 + 2 + 1} = \dfrac{2.5}{5.5} = 0.455$

분배모멘트 $M_{DC} = \mu_{DC} \cdot M = 0.455 \times 22 = 10\text{kN} \cdot \text{m}$

전달모멘트 $M_{CD} = \dfrac{1}{2} M_{DC} = \dfrac{1}{2} \times 10 = 5\text{kN} \cdot \text{m}$

**45** 단면의 지름이 150mm, 재축방향 길이가 300mm인 원형 강봉의 윗면에 300kN의 힘이 작용하여 재축 방향 길이가 0.16mm 줄어들었고, 단면의 지름이 0.01mm 늘어났다면 이 강봉의 탄성계수 E와 푸와송 비는?

① 31,830MPa, 0.25                 ② 31,830MPa, 0.125

③ 39,630MPa, 0.25                 ④ 39,630MPa, 0.125

**46** 건축물의 기초구조 설계 시 말뚝재료별 구조세칙으로 바르지 않은 것은?

① 나무말뚝을 타설할 때 그 중심간격은 말뚝머리지름의 2.5배 이상 또한 600mm 이상으로 한다.

② 기성콘크리트말뚝을 타설할 때 그 중심간격은 말뚝머리지름의 2.5배 이상 또한 1,100mm 이상으로 한다.

③ 강재말뚝을 타설할 때 그 중심간격은 말뚝머리의 지름 또는 폭의 2.0배 이상(다만, 폐단강관 말뚝에 있어서 2.5배) 또한 750mm 이상으로 한다.

④ 현장타설콘크리트말뚝을 배치할 때 그 중심간격은 말뚝머리 지름의 2.0배 이상 또한 말뚝머리 지름에 1,000mm를 더한 값 이상으로 한다.

ANSWER 45.②   46.②

**45**

$$E = \frac{P \cdot L}{A \cdot \triangle L} = 31,830 N/mm^2, \quad \nu = \frac{\varepsilon'}{\varepsilon} = \frac{\dfrac{\triangle D}{D}}{\dfrac{\triangle L}{L}} = 0.125$$

**46** ② 기성콘크리트말뚝을 타설할 때 그 중심간격은 말뚝머리지름의 2.5배 이상 또한 750mm 이상으로 한다.

| 종별 | 중심간격 | 길이 | 지지력 | 특징 |
|---|---|---|---|---|
| 나무말뚝 | 2.5D<br>60cm 이상 | 7m 이하 | 최대 10ton | • 상수면 이하에 타입<br>• 끝마루직경 12cm 이상 |
| 기성콘크리트 말뚝 | 2.5D<br>75cm 이상 | 최대 15m 이하 | 치대 50ton | • 주근 6개 이상<br>• 철근량 0.8% 이상<br>• 피복두께 3cm 이상 |
| 강재말뚝 | 직경, 폭의 2배<br>75cm 이상 | 최대 70m | 최대 100ton | • 깊은 기초에 사용<br>• 폐단 강관말뚝간격 2.5배 이상 |
| 매입말뚝 | 2.0D 이상 | RC말뚝과<br>강재말뚝 | 최대 50~100ton | • 프리보링공법<br>• SIP공법 |
| 현장타설<br>콘크리트말뚝 | 2.0D 이상<br>D+1m 이상 | | 보통 200ton<br>최대 900ton | • 주근 4개 이상<br>• 철근량 0.25% 이상 |
| 공통 적용 | 간격 : 보통 3~4D (D는 말뚝외경, 직경)<br>연단거리 : 1.25D 이상, 보통 2D 이상<br>배치방법 : 정열, 엇모, 동일건물에 2종 말뚝 혼용금지 | | | |

**47** 볼트의 기계적 등급을 나타내기 위해 표시하는 F8T, F10T, F11T에서 가운데 숫자는 무엇을 의미하는가?

① 휨강도
② 인장강도
③ 압축강도
④ 전단강도

**48** 콘크리트 구조 설계 시 철근간격제한에 관한 내용으로 옳지 않은 것은?

① 벽체 또는 슬래브에서 휨 주철근의 간격은 벽체나 슬래브 두께의 3배 이하로 하여야 하고, 또한 450mm 이하로 해야 한다.
② 상단과 하단에 2단 이상으로 배치된 경우 상하철근은 동일 연직면 내에 배치되어야 하고 이 때 상하철근의 순간격은 25mm 이상으로 해야 한다.
③ 나선철근 또는 띠철근이 배근된 압축부재에서 축방향 철근의 순간격은 25mm 이상, 또한 철근 공칭지름의 2.5배 이상으로 하여야 한다.
④ 2개 이상의 철근을 묶어서 사용하는 다발철근은 이형철근으로 그 개수는 4개 이하여야 하며 이들은 스터럽이나 띠철근으로 둘러싸여져야 한다.

**49** 다음 중 한계상태설계법에서 강도 한계상태를 구성하는 요소가 아닌 것은?

① 바닥재의 진동
② 기둥의 좌굴
③ 골조의 불안정성
④ 취성파괴

---

**ANSWER** 47.② 48.③ 49.①

**47** F10T(F=Friction Grip, 10=인장강도, T=Tensile Strength) : 1제곱미터 당 마찰인장력이 10톤이라는 의미이다.

**48** ③ 나선철근 또는 띠철근이 배근된 압축부재에서 축방향 철근의 순간격은 40mm 이상, 또한 철근 공칭 지름의 1.5배 이상으로 하여야 한다.

**49** 바닥재의 진동은 사용성 한계상태에서 고려되어야 할 사항이다.
　※ **구조체의 한계상태**
　　㉠ **한계상태** : 구조체 또는 구조요소가 사용하기에 부적당하게 되고 의도된 기능을 더 이상 발휘하지 못하는 상태(사용성한계상태) 또는 극한하중지지능력에 도달한 상태(강도한계상태)
　　㉡ **강도한계상태** : 구조체에 작용하는 하중효과가 구조체 또는 구조체를 구성하는 부재의 강도보다 커져 구조체가 하중지지능력을 잃고 붕괴되는 상태이다. 구조체의 파괴(휨인장파괴, 전단파괴 등), 평형상태의 상실, 구조체의 점점적인 붕괴, 소성기구의 형성, 구조체의 불안정이 이에 해당된다.
　　㉢ **사용성한계상태** : 구조체가 붕괴되지는 않더라도 구조기능이 저하되어 외관, 유지관리, 내구성 및 사용에 매우 부적합하게 되는 상태이다. 즉, 구조물의 외형, 유지 및 관리, 내구성, 사용자의 안락감 또는 기계류의 정상적인 기능 등을 유지하기 위한 구조물의 능력에 영향을 미치는 한계상태를 말한다. 과도한 처짐이나 변위발생, 균열폭의 증가, 기준치 이상의 진동 등이 이에 해당된다.
　　㉣ **한계상태설계법** : 구조물의 모든 부재가 한계상태로 되는 확률을 일정한 값 이하가 되도록 하는 설계법이다. 즉, 하중의 작용과 재료강도의 변동 등을 종합적으로 고려하여 구조물의 안전성을 확률론적으로 평가하는 것이다.

**50** 다음 두 보의 최대처짐량이 같기 위한 등분포하중의 비로 알맞은 것은? (단, 부재의 재질과 단면은 동일하며 A부재의 길이는 B부재의 길이의 2배임)

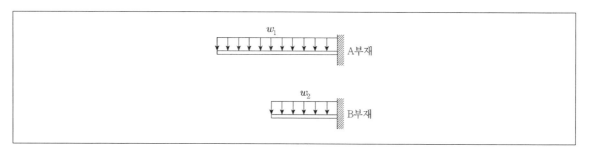

① $w_2 = 2w_1$

② $w_2 = 4w_1$

③ $w_2 = 8w_1$

④ $w_2 = 16w_1$

**51** 스터럽으로 보강된 휨 부재의 최외단 인장철근의 순인장변형률 $\varepsilon_t$가 0.004일 경우 강도감소계수 $\phi$로 옳은 것은? (단, $f_y = 400MPa$)

① 0.65

② 0.717

③ 0.783

④ 0.817

**• • •**
**ANSWER**  50.④  51.③

**50** $\delta_A = \dfrac{w(2l)^4}{8EI} = \dfrac{16w_1 l^4}{8EI}$, $\delta_B = \dfrac{w_2 l^4}{8EI}$

$\delta_A = \delta_B$, $16w_1 = w_2$

**51** 순인장변형률이 0.002와 0.005사이의 값이므로 변화구간의 단면이다.

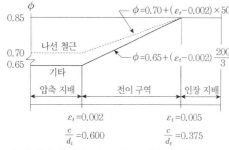

이 때 휨부재의 강도감소계수는 다음 식에 의한다.

$\phi = 0.65 + (\varepsilon_t - 0.002) \times \dfrac{200}{3} = 0.783$

**52** 다음 그림과 같은 트러스에서 '가' 및 '나' 부재의 부재력을 바르게 구한 것은? (단, −는 압축력, +는 인장력을 의미한다)

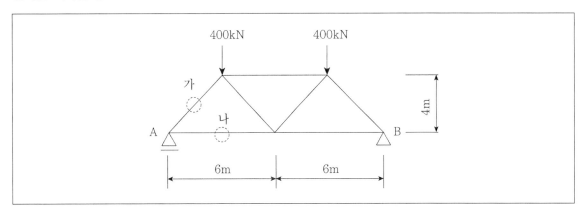

① 가 : −500kN, 나 : 300kN

② 가 : −500kN, 나 : 400kN

③ 가 : −400kN, 나 : 300kN

④ 가 : −400kN, 나 : 400kN

**53** 강도설계법에 의한 철근콘크리트 보에서 콘크리트만의 설계전단강도는 얼마인가? (단, $f_{ck} = 24MPa$, $\lambda = 1$)

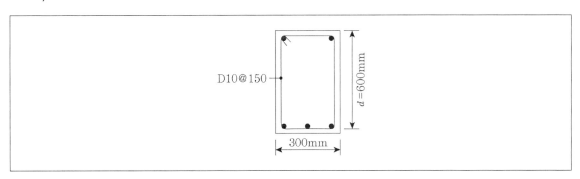

① 31.5 kN

② 75.8 kN

③ 110.2 kN

④ 145.6 kN

**52** 간단한 절점법 해석문제이다.

A절점에서 힘의 평형이 이루어져야 한다는 점을 고려하면

(가)에는 압축력 500kN이, (나)에는 인장력 300kN이 발생하게 됨을 직관적으로 알 수 있다.

**53** $\phi V_c = \phi \dfrac{1}{6} \sqrt{f_{ck}} \, b_w d = 0.75 \times \dfrac{1}{6} \times \sqrt{24} \times 300 \times 600 \times 10^{-3} = 110.2kN$

**54** 다음 그림과 같은 단면에 전단력 50kN이 가해진 경우 중립축에서 상방향으로 100mm 떨어진 지점의 전단응력은? (단, 전체 단면의 크기는 200×300mm임)

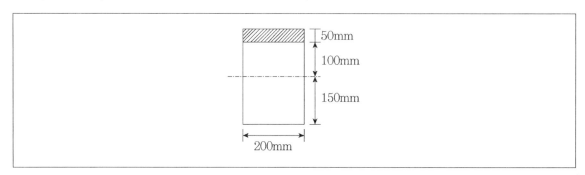

① 0.85MPa　　　　　　　　　　　② 0.79MPa

③ 0.73MPa　　　　　　　　　　　④ 0.69MPa

**55** 등가정적해석법에 의한 건축물의 내진설계 시 고려해야 할 사항이 아닌 것은?

① 지역계수　　　　　　　　　　　② 노풍도계수

③ 지반종류　　　　　　　　　　　④ 반응수정계수

---

**ANSWER**　54.④　55.②

**54** 전단응력 $\tau = \dfrac{V \cdot Q}{I \cdot b}$

$I = \dfrac{bh^3}{12} = 450 \times 10^6 mm^4$

$b$ : 전단응력을 구하고자 하는 위치의 단면폭 $b = 200mm$

$V$ : 전단력, $V = 50kN = 50 \times 10^3 N$

$Q$ : 전단응력을 구하고자 하는 외측단면에 대한 중립축에서의 단면1차 모멘트

$Q = (200 \times 50)(100 + \dfrac{50}{2}) = 1.25 \times 10^6 mm^3$

$\tau = \dfrac{V \cdot Q}{I \cdot b} = \dfrac{(50 \times 10^3)(1.25 \times 10^6)}{(450 \times 10^6)(200)} = 0.69 N/mm^2$

**55** 노풍도계수는 풍하중과 관련된 개념이다.

**56** 다음 그림과 같은 압축재에 V-V축의 세장비 값으로 옳은 것은? (단, $A = 10\text{cm}^2$, $l_V = 36\text{cm}^4$)

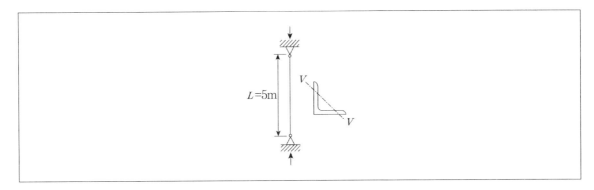

① 270.3

② 263.1

③ 254.8

④ 236.4

**57** 철근콘크리트 구조설계 시 고려하는 강도설계법에 관한 설명으로 바르지 않은 것은?

① 보의 압축측의 응력분포는 사다리꼴, 포물선 등의 형태로 본다.

② 규정된 허용하중이 초과될지도 모를 가능성을 예측하여 하중계수를 사용한다.

③ 재료의 변화, 시공오차 등의 기술적인 면을 고려하여 강도감소계수를 고려한다.

④ 이 설계방법은 탄성이론 하에서 이루어진 설계법이다.

---

**56** 세장비 $\lambda = \dfrac{I}{r_{\min}} = \dfrac{k \cdot l}{\sqrt{\dfrac{I_{\min}}{A}}} = \dfrac{1 \times 500}{\sqrt{\dfrac{36}{10}}} \fallingdotseq 263.1$

**57** ④ 강도설계법은 소성이론 하에서 이루어진 설계법이다. (콘크리트는 완전 탄성체가 아니라 소성체에 가까운 특성상 강도설계법은 반드시 필요하다.)

ⓐ 강도설계법 : 구조부재를 구성하는 재료의 비탄성거동을 고려하여 산정한 부재단면의 공칭강도에 강도감소계수를 곱한 설계용 강도의 값(설계강도)과 계수하중에 의한 부재력(소요강도)이상이 되도록 구조부재를 설계하는 방법.

ⓑ 허용응력설계법 : 탄성이론에 의한 구조해석으로 산정한 부재단면의 응력이 허용응력(안전율을 감안한 한계응력)을 초과하지 아니하도록 구조부재를 설계하는 방법

**58** 3회전단 포물선아치에 다음 그림과 같이 등분포 하중이 가해졌을 경우 단면상에 나타나는 부재력의 종류는?

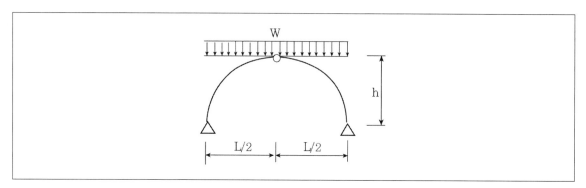

① 전단력, 휨모멘트

② 축방향력, 전단력, 휨모멘트

③ 축방향력, 전단력

④ 축방향력

**58** 3회전단 포물선아치에 위의 그림과 같이 등분포 하중이 가해졌을 경우 단면상에는 축방향력만 발생한다.

**59** 다음 그림과 같은 정정구조의 CD부재에서 C, D점의 휨모멘트 값 중 옳은 것은?

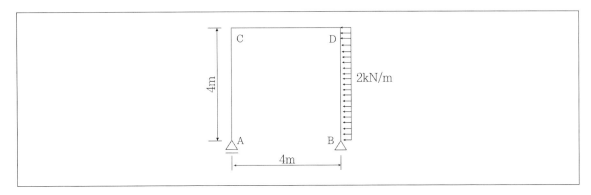

① (C) 0kN · m, (D) 16kN · m

② (C) 16kN · m, (D) 16kN · m

③ (C) 0kN · m, (D) 32kN · m

④ (C) 32kN · m, (D) 32kN · m

**60** 일반 또는 경량콘크리트 휨부재의 크리프와 건조수축에 의한 추가 장기처짐 산정과 관련하여 5년 이상일 때 지속하중에 대한 시간경과계수$\xi$는 얼마인가?

① 2.4          ② 2.2

③ 2.0          ④ 1.4

---

**ANSWER**    **59.**①    **60.**③

**59** AC부재에는 휨모멘트가 발생하지 않으므로 C부재의 휨모멘트값은 0이 된다.
$$\sum H = 0 : H_B - 2 \cdot 4 = 0$$이므로 $H_B = 8kN(\rightarrow)$
$$M_D = 8 \cdot 4 - 8 \cdot 2 = 16$$

**60** 시간경과계수 : 3개월 이상 6개월 미만인 경우 1.0, 6개월 이상 12개월 미만인 경우 1.2, 12개월 이상 5년 미만인 경우 1.4, 5년 이상인 경우 2.0이 된다.

**4과목** 건축설비

**61** 엘리베이터의 안전장치 중 일정 이상의 속도가 되었을 때 브레이크 등을 작동시키는 기능을 하는 것은?

① 조속기
② 권상기
③ 완충기
④ 가이드 슈

**62** 자연환기에 관한 설명으로 바르지 않은 것은?

① 외부 풍속이 커지면 환기량은 많아진다.
② 실내외의 온도차가 크면 환기량은 작아진다.
③ 중력환기는 실내외의 온도차에 의한 공기의 밀도차가 원동력이 된다.
④ 자연환기량은 중성대로부터 공기유입구 또는 유출구까지의 높이가 클수록 많아진다.

**63** 다음 중 변전실 면적 결정 시 영향을 주는 요소와 가장 거리가 먼 것은?

① 수전전압
② 수전방식
③ 발전기 용량
④ 큐비클 종류

⋯

**ANSWER**    61.①  62.②  63.③

- - - - - - - - - - - - - - - - - - - - - - - - - - - - - - - - - - - - - - - - - - - - - - - - - - - - - - - - -

**61** ① 조속기 : 일정 이하의 속도가 되었을 때 브레이크 등을 작동시키는 장치
③ 완충기 : 카와 균형추가 승강로 저부에 낙하할 때 발생하는 충격을 완화시켜주는 장치
④ 가이드 슈 : 승강기 차 및 평형추 상단 끝에 설치하여 가이드 레일 면과 연동하면서 승강기 차와 평형추를 잡아 주는
장치

**62** ② 실내외의 온도차가 크면 자연환기량은 커진다.

**63** 변전실 면적 결정 시 영향을 주는 요소
- 수전방식 및 수전전압
- 변전설비의 강압방식, 변압기용량, 수량 및 형식
- 설치기기와 큐비클의 종류
- 기기의 배치방법 및 유지보수의 필요면적
- 건축물의 구조적 여건

**64** 다음 중 어떤 상태의 습공기를 절대습도의 변화없이 건구온도만 상승시킬 때 습공기의 상태변화로 옳은 것은?

① 엔탈피는 증가한다.

② 비체적은 감소한다.

③ 노점온도는 낮아진다.

④ 상대습도는 증가한다.

**65** 흡음 및 차음에 대한 설명으로 바르지 않은 것은?

① 벽의 차음성능은 투과손실이 클수록 높다.

② 차음성능이 높은 재료는 흡음성능도 높다.

③ 벽의 차음성능은 사용재료의 면밀도에 크게 영향을 받는다.

④ 벽의 차음성능은 동일재료에서도 두께와 시공법에 따라 다르다.

**66** 다음 중 옥내의 노출된 건조한 장소에 시설이 불가능한 배선방법은? (단, 사용전압이 400V 미만인 경우)

① 금속관의 배선

② 버스덕트 배선

③ 가요전선관 배선

④ 플로어덕트 배선

---

**ANSWER**    64.①    65.②    66.④

**64** 절대습도의 변화없이 건구온도만을 상승시키면(공기를 가열하면) 상대습도는 낮아지게 되고 노점온도는 절대습도의 변화가 없기에 일정하며 비체적은 증가하게 된다.

**65** 차음성능이 높은 재료는 대체로 흡음성능은 좋지 않다.
(차음은 음이 물체의 표면에서 반사되도록 하거나 투과되지 못하게 하는 것이고 흡음은 물체가 음 자체를 흡수를 하는 것이다.)

**66** 플로어덕트 배선은 옥내의 바닥에 매입시키는 배선방식이다.

**67** 급수설비에서 펌프의 실양정이 의미하는 것은? (단, 물을 높은 곳으로 보내는 경우)

① 배관계의 마찰손실에 해당하는 높이

② 흡수면에서 토출수면까지의 수직거리

③ 흡수면에서 펌프축 중심까지의 수직거리

④ 펌프축 중심에서 토출수면까지의 수직거리

**68** 다음 중 실내를 부압으로 유지하며 실내의 냄새나 유해물질을 다른 실로 흘려보내지 않으므로 주방, 화장실, 유해가스 발생장소 등에 사용되는 환기방식은?

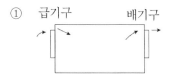

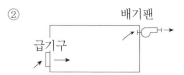

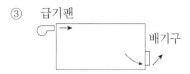

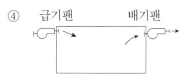

**ANSWER** 67.② 68.②

**67** 펌프의 실양정은 흡수면에서 토출수면까지의 수직거리를 의미한다.

**68** 3종 환기방식에 관한 설명이다.

※ 환기방식

㉠ 자연환기 : 공기의 압력차 또는 온도차에 의해 발생되는 자연력을 이용하여 환기하는 방식

㉡ 풍력환기 : 바람(통풍)에 의한 환기

㉢ 중력환기 : 실내외 공기의 온도차에 의해 생기는 환기

㉣ 기계환기(강제환기) : 기계를 사용하여 환기조작을 하여 외기 혹은 실내공기의 일부를 통하여 각 실에 보내어 환기하는 방식

㉤ 제1종(병용식)환기 : 송풍기와 배풍기 모두를 사용해서 실내 환기를 행하는 것이며, 실내외의 압력차를 조정할 수 있고, 가장 우수한 환기를 행할 수 있다.

㉥ 제2종(압입식)환기 : 송풍기에 의해서 일방적으로 실내로 송풍하고 배기는 배기구 및 틈새 등으로부터 배출된다. 따라서, 송풍공기 이외의 외기라든가 기타 침입공기는 없지만, 역으로 다른 실로 배기가 침입할 수 있으므로 주의해야만 한다. 반도체공장이나 병원무균실에 있어서 신선한 청정공기를 공급하는 경우에 많이 이용된다.

㉦ 제3종(흡출식)환기 : 배풍기에 의해서 일방적으로 실내공기를 배기한다. 따라서, 공기가 실내로 들어오는 장소를 설치해서 환기에 지장이 없도록 해야만 한다. 주방, 화장실 등 냄새 또는 유해가스, 증기발생이 있는 장소에 적합하다

**69** 실내 $CO_2$ 발생량이 17L/h, 실내 $CO_2$ 허용농도가 0.1%, 외기의 $CO_2$ 농도가 0.04%일 경우 필요환기량은?

① 약 $42.5 m^3/h$

② 약 $40.3 m^3/h$

③ 약 $35.0 m^3/h$

④ 약 $28.3 m^3/h$

**70** 가스사용시설에서 가스계량기의 설치에 관한 설명으로 바르지 않은 것은?

① 전기접속기와의 거리가 최소 30cm 이상이 되도록 한다.

② 전기점멸기와의 거리가 최소 60cm 이상이 되도록 한다.

③ 전기개폐기와의 거리가 최소 60cm 이상이 되도록 한다.

④ 전기계량기와의 거리가 최소 60cm 이상이 되도록 한다.

**71** 조명설비의 광원 중 할로겐 램프에 관한 설명으로 옳지 않은 것은?

① 휘도가 낮다.

② 백열전구에 비해 수명이 길다.

③ 연색성이 좋고 설치가 용이하다.

④ 흑화가 거의 일어나지 않고 광속이나 색온도의 저하가 적다.

**69** 단위환산 : $17l/hr = 0.017 m^3/h$

$$Q = \frac{k}{C - C_o} = \frac{100 \times 0.017}{(0.001) - (0.0004)} = 28.333 m^3/h$$

**70** 전기점멸기와의 거리가 최소 30cm 이상이 되도록 한다.
가스계량기와 전기계량기 및 전기개폐기와의 거리는 60cm 이상
가스계량기 및 가스관의 이음부와 전력량계 및 개폐기의 이격거리는 60cm 이상
가스계량기와 점멸기 및 접속기의 이격거리는 30cm 이상
가스관의 이음부와 점멸기 및 접속기의 이격거리는 15cm 이상

**71** 할로겐 램프는 휘도가 높으므로 광원이 시야에 직접 들어오지 않도록 계획해야 한다.

**72** 다음 중 냉방부하 계산 시 현열만을 포함하고 있는 것은?

① 인체의 발생열량

② 벽체로부터의 취득열량

③ 극간풍에 의한 취득열량

④ 외기의 도입으로 인한 취득열량

**73** 급수방식 중 고가수조방식에 관한 설명으로 옳은 것은?

① 급수압력이 일정하다.

② 2층 정도의 건물에만 적용이 가능하다.

③ 위생성 측면에서 가장 바람직한 방식이다.

④ 저수조가 없으므로 단수 시에 급수가 불가능하다.

**74** 전기샤프트(ES)에 관한 설명으로 바르지 않은 것은?

① 각 층마다 같은 위치에 설치한다.

② 전력용과 정보통신용은 공용으로 사용해서는 안 된다.

③ 전기샤프트의 면적은 보, 기둥 부분을 제외하고 산정한다.

④ 현재 장비 이외에 장래의 배선 등에 대한 여유성을 고려한 크기로 한다.

---

**ANSWER** 72.② 73.① 74.②

**72** 현열부하만을 계산하는 부하 : 실내기기부하, 조명부하, 벽이나 창을 통한 열관류부하, 창을 통한 일사열부하
현열부하와 잠열부하를 모두 고려해야 하는 부하 : 인체부하, 틈새바람에 의한 부하, 환기를 위한 외기도입시의 부하

**73** ② 3층 이상의 고층으로의 급수가 용이하다.
③ 위생성 측면에서 좋지 않다.
④ 저수조가 옥상에 설치되어 단수 시에 급수가 가능하다.

**74** ② 전기샤프트를 전력용과 정보통신용을 공용으로 사용해서는 안 된다는 규정은 없으며 실재로 EPS실을 살펴보면 공용으로 사용하는 경우를 쉽게 볼 수 있다.

**75** 다음과 같은 조건에서 실내에 500W의 열을 발산하는 기기가 있을 때, 이 열을 제거하기 위한 필요환기량은?

> • 실내온도 : 20℃
> • 환기온도 : 10℃
> • 공기의 정압비열 : 1.01kJ/kg · K
> • 공기의 밀도 : 1.2kg/m³

① 41.3m³/h

② 148.5m³/h

③ 413m³/h

④ 1485m³/h

**76** 고온수 난방방식에 관한 설명으로 바르지 않은 것은?

① 장치의 열용량이 크므로 예열시간이 길게 된다.

② 공급과 환수의 온도차를 크게 할 수 있으므로 열수송량이 크다.

③ 공업용과 같이 고압증기를 다량으로 필요로 할 경우에는 부적당하다.

④ 지역난방에는 이용할 수 없으며 높이가 높고 건축면적이 넓은 단일 건물에 주로 이용된다.

---

**ANSWER**  75.②  76.④

**75** 1시간당 발열량 : $500J/\sec \times 3,600\sec/h = 1,800,000J/h$

$$Q = \frac{1시간당\ 발열량}{공기의\ 정압비열 \times 공기의\ 밀도 \times 온도차}$$

$$= \frac{1,800,000}{1.01 \times 1,000J/kg \cdot K \times 1.2kg/m^3 \times (20-10)K}$$

$$= 148.515(m^3/h)$$

**76** ④ 고온수 난방방식은 가압하여 100℃ 이상의 온수를 이용하는 난방 방법으로서 일반적으로 지역난방이나 대규모 건물 난방에 적용된다.

**77** 다음과 같은 조건에 있는 양수펌프의 축동력은?

- 양수량 : 490L/min
- 전양정 : 30m
- 펌프의 효율 : 60%

① 약 3kW
② 약 4kW
③ 약 5kW
④ 약 6kW

**78** 전기설비에서 다음과 같이 정의되는 장치는?

지락전류를 영상변류기로 검출하는 전류 동작형으로 지락전류가 미리 정해놓은 값을 초과할 경우, 설정된 시간 내에 회로나 회로의 일부전원을 자동으로 차단하는 장치

① 퓨즈
② 누전차단기
③ 단로스위치
④ 절환스위치

---

**77** 펌프의 축동력 $\dfrac{W \cdot Q \cdot H}{6,120 \cdot E} = \dfrac{(1,000)(0.49)(30)}{6,120(0.6)} = 4.0kW$

**78** ② 누전차단기 : 지락전류를 영상변류기로 검출하는 전류 동작형으로 지락전류가 미리 정해놓은 값을 초과할 경우, 설정된 시간 내에 회로나 회로의 일부전원을 자동으로 차단하는 장치
③ 단로스위치 : 주변에서 흔히 볼 수 있는 On/Off스위치이다.
④ 절환(Change-over)스위치 : 전기회로를 한 방향에서 다른 방향으로 절환하는 스위치로, 로터리 스위치처럼 다접점, 다회로는 많지 않다. 약전용의 초소형부터 전등회로에 사용하는 3로 스위치, 전열기의 전력 절환 스위치 등이 있다.

**79** 다음 중 국소식 급탕방식에 대한 설명으로 옳지 않은 것은?

① 배관의 열손실이 적다.
② 급탕개소와 급탕량이 많은 경우에 유리하다.
③ 급탕개소마다 가열기의 설치 스페이스가 필요하다.
④ 건물 완공 후에도 급탕 개소의 증설이 비교적 쉽다.

**80** 다음 설명에 알맞은 화재의 종류는?

> 나무, 섬유, 종이, 고무, 플라스틱류와 같은 일반가연물이 타고 나서 재가 남는 화재

① A급 화재
② B급 화재
③ C급 화재
④ K급 화재

• • •
**ANSWER**  79.②  80.①

**79** 국소식 급탕방식은 개별식 급탕방식과 동일한 개념으로 볼 수 있으며 급탕 개소마다 가열기의 설치공간이 요구되므로 급탕 개소가 적을 경우나 급탕량이 적을 경우 유리한 방식이다.

**80**

| 등급 | 종류 | 표시색 | 내용 |
|---|---|---|---|
| A급 | 일반화재 | 백색 | 목재, 섬유, 고무류, 합성수지 등 |
| B급 | 유류화재 | 황색 | 인화성 액체 등 기름성분인 것 |
| C급 | 전기화재 | 청색 | 통전중인 전기설비 및 기기의 화재 |
| D급 | 금속화재 | 무색 | 금속분, 박 등의 금속화재 |
| E급 | 가스화재 | 황색 | LPG, LNG, 도시가스 등의 화재 |

K급 화재의 K는 Kitchen(주방)을 의미하며 이는 식용유 등에 의해 발생하는 화재의 경우 K급 소화기를 사용해야 함을 의미한다.

**81** 주거용 건축물 급수관의 지름 산정에 관한 기준내용으로 바르지 않은 것은?

① 가구 또는 세대수가 1일 때의 급수관 지름의 최소기준은 15mm이다.

② 가구 또는 세대수가 7일 때의 급수관의 지름의 최소기준은 25mm이다.

③ 가구 또는 세대수가 18일 때 급수관 지름의 최소기준은 50mm이다.

④ 가구 또는 세대의 구분이 불분명한 건축물에 있어서는 주거에 사용되는 바닥면적의 합계가 85m² 초과 150m²이하인 경우는 3가구로 산정한다.

**82** 건축물의 면적·높이 및 층수 등의 산정 기준으로 옳지 않은 것은?

① 대지면적은 대지의 수평투영면적으로 한다.

② 건축면적은 건축물의 외벽(외벽이 없는 경우에는 외곽 부분의 기둥)의 중심선으로 둘러싸인 부분의 수평투영면적으로 한다.

③ 바닥면적은 건축물의 각 층 또는 그 일부로서 벽, 기둥, 그 밖에 이와 비슷한 구획의 중심선으로 둘러싸인 부분의 수평투영면적으로 한다.

④ 연면적은 하나의 건축물 각 층의 거실면적의 합계로 한다.

• • •
**ANSWER** │ 81.② 82.④

---

**81** 가구 또는 세대수가 7일 때의 급수관의 지름의 최소기준은 32mm이다.

| 가구 또는 세대수 | 1 | 2~3 | 4~5 | 6~8 | 9~16 | 17이상 |
|---|---|---|---|---|---|---|
| 급수관 지름의 최소기준 (밀리미터) | 15 | 20 | 25 | 32 | 40 | 50 |

비고 :

1. 가구 또는 세대의 구분이 불분명한 건축물에 있어서는 주거에 쓰이는 바닥면적의 합계에 따라 다음과 같이 가구수를 산정한다.
   가. 바닥면적 85제곱미터이하 : 1가구
   나. 바닥면적 85제곱미터초과 150제곱미터이하 : 3가구
   다. 바닥면적 150제곱미터초과 300제곱미터이하 : 5가구
   라. 바닥면적 300제곱미터초과 500제곱미터이하 : 16가구
   마. 바닥면적 500제곱미터초과 : 17가구
2. 가압설비등을 설치하여 급수되는 각 기구에서의 압력이 1센티미터당 0.7킬로그램이상인 경우에는 위 표의 기준을 적용하지 아니할 수 있다.

**82** 연면적은 하나의 건축물 각 층의 바닥면적의 합계로 하며 지하층의 바닥면적은 제외한다.

**83** 문화재 · 전통사찰 등 역사 · 문화적으로 보존가치가 큰 시설 및 지역의 보호와 보존을 위하여 필요한 지구는?

① 생태계 보존지구　　　　　　　　　② 역사문화미관지구

③ 중요시설물 보존지구　　　　　　　④ 역사문화환경보호지구

**84** 노외주차장 내부 공간의 일산화탄소 농도는 주차장을 이용하는 차량이 가장 빈번한 시각의 앞뒤 8시간의 평균치가 몇 ppm이하로 유지되어야 하는가?

① 80ppm　　　　　　　　　　　　　② 70ppm

③ 60ppm　　　　　　　　　　　　　④ 50ppm

**85** 국토의 계획 및 이용에 관한 법령 상 일반상업지역 안에서 건축할 수 있는 건축물은?

① 묘지관련시설

② 자원순환 관련 시설

③ 의료시설 중 요양병원

④ 자동차 관련시설 중 폐차장

---

**83** 역사문화미관지구 : 문화재와 문화적으로 보존가치가 큰 건축물 등의 미관을 유지, 관리하기 위하여 필요한 지구
중요시설물보호지구 : 국방상 또는 안보상 중요한 시설물의 보호와 보존을 위해 필요한 지구

**84** 실내 일산화탄소의 농도는 주차장을 이용하는 차량이 가장 빈번한 시각의 앞뒤 8시간의 평균치가 50ppm이하가 되도록 유지해야 한다.

**85** 일반상업지역 안에서 건축할 수 없는 건축물
 • 묘지관련시설
 • 자원순환관련시설
 • 공장시설
 • 자동차관련 시설 중 폐차장
 • 위험물저장 및 처리시설 중 시내버스 차고지외의 지역에 설치하는 액화석유가스 충전소 및 고압가스 충전소, 저장소
 • 숙박시설 중 일반숙박시설 및 생활숙박시설
 • 위락시설(단, 공원이나 녹지 또는 지형지물에 따라 주거지역과 차단되거나 주거지역으로부터 도시 · 군계획조례로 정하는 거리 밖에 있는 대지에 건축하는 것은 제외한다.)
 • 동물 및 식물관련 시설 중 같은 호 가목부터 라목까지에 해당하는 것

**86** 방화와 관련하여 같은 건축물에 함께 설치할 수 없는 것은?

① 의료시설과 업무시설 중 오피스텔

② 위험물 저장 및 처리시설과 공장

③ 위락시설과 문화 및 집회시설 중 공연장

④ 공동주택과 제2종 근린생활시설 중 다중생활시설


**87** 국토의 계획 및 이용에 관한 법령상 개발행위 허가를 받지 아니하여도 되는 경미한 행위 기준으로 바르지 않은 것은?

① 지구단위계획구역에서 무게 100t이하, 부피 50m³ 이하, 수평투영면적 25m² 이하인 공작물의 설치

② 조성이 완료된 기존 대지에 건축물이나 그 밖의 공작물을 설치하기 위한 토지의 형질변경(절토 및 성토 제외)

③ 지구단위계획구역에서 채취면적이 25m² 이하인 토지에서의 부피 50m³이하의 토석채취

④ 녹지지역에서 물건을 쌓아두는 면적이 25m² 이하인 토지에 전체무게 50t 이하, 전체 부피 50m³ 이하로 물건을 쌓아놓는 행위

**86** 방화에 장애가 되므로 같은 건축물 내에서는 절대로 분리해야 하는 건축물
  • 아동관련시설 · 노인복지시설과 도매시장 · 소매시장
  • 공동주택 · 다가구주택 · 다중주택 · 조산원 · 산후조리원과 제2종 근린생활시설 중 고시원

**87** 국토의 계획 및 이용에 관한 법령상 개발행위허가를 받지 아니하여도 되는 경미한 행위는 다음 각 호의 행위를 말한다. (다만, 다음 각 호에 규정된 범위에서 특별시 · 광역시 · 특별자치시 · 특별자치도 · 시 또는 군의 도시 · 군계획조례로 따로 정하는 경우에는 그에 따른다.)

  1. 건축물의 건축 : 「건축법」 제11조제1항에 따른 건축허가 또는 같은 법 제14조제1항에 따른 건축신고 및 같은 법 제 20조제1항에 따른 가설건축물 건축의 허가 또는 같은 조 제3항에 따른 가설건축물의 축조신고 대상에 해당하지 아니하는 건축물의 건축
  2. 공작물의 설치
      가. 도시지역 또는 지구단위계획구역에서 무게가 50톤 이하, 부피가 50세제곱미터 이하, 수평투영면적이 50제곱미터 이하인 공작물의 설치. 다만, 「건축법 시행령」 제118조제1항 각 호의 어느 하나에 해당하는 공작물의 설치는 제외한다.
      나. 도시지역 · 자연환경보전지역 및 지구단위계획구역외의 지역에서 무게 150톤 이하, 부피가 150세제곱미터 이하, 수평투영면적이 150제곱미터 이하인 공작물의 설치. 다만, 「건축법 시행령」 제118조제1항 각 호의 어느 하나에 해당하는 공작물의 설치는 제외한다.
      다. 녹지지역 · 관리지역 또는 농림지역안에서의 농림어업용 비닐하우스(비닐하우스안에 설치하는 육상어류양식장을 제외한다)의 설치

**88** 200m²인 대지에 10m²의 조경을 설치하고 나머지는 건축물의 옥상에 설치하고자 할 때 옥상에 설치하여야 하는 최소조경면적은?

① 10m²

② 15m²

③ 20m²

④ 30m²

3. 토지의 형질변경
   가. 높이 50센티미터 이내 또는 깊이 50센티미터 이내의 절토·성토·정지 등(포장을 제외하며, 주거지역·상업지역 및 공업지역외의 지역에서는 지목변경을 수반하지 아니하는 경우에 한한다)
   나. 도시지역·자연환경보전지역 및 지구단위계획구역 외의 지역에서 면적이 660제곱미터 이하인 토지에 대한 지목변경을 수반하지 아니하는 절토·성토·정지·포장 등(토지의 형질변경 면적은 형질변경이 이루어지는 당해 필지의 총면적을 말한다. 이하 같다)
   다. 조성이 완료된 기존 대지에 건축물이나 그 밖의 공작물을 설치하기 위한 토지의 형질변경(절토 및 성토는 제외한다)
   라. 국가 또는 지방자치단체가 공익상의 필요에 의하여 직접 시행하는 사업을 위한 토지의 형질변경
4. 토석채취
   가. 도시지역 또는 지구단위계획구역에서 채취면적이 25제곱미터 이하인 토지에서의 부피 50세제곱미터 이하의 토석채취
   나. 도시지역·자연환경보전지역 및 지구단위계획구역외의 지역에서 채취면적이 250제곱미터 이하인 토지에서의 부피 500세제곱미터 이하의 토석채취
5. 토지분할
   가. 「사도법」에 의한 사도개설허가를 받은 토지의 분할
   나. 토지의 일부를 공공용지 또는 공용지로 하기 위한 토지의 분할
   다. 행정재산중 용도폐지되는 부분의 분할 또는 일반재산을 매각·교환 또는 양여하기 위한 분할
   라. 토지의 일부가 도시·군계획시설로 지형도면고시가 된 당해 토지의 분할
   마. 너비 5미터 이하로 이미 분할된 토지의 「건축법」 제57조제1항에 따른 분할제한면적 이상으로의 분할
6. 물건을 쌓아놓는 행위
   가. 녹지지역 또는 지구단위계획구역에서 물건을 쌓아놓는 면적이 25제곱미터 이하인 토지에 전체무게 50톤 이하, 전체부피 50세제곱미터 이하로 물건을 쌓아놓는 행위
   나. 관리지역(지구단위계획구역으로 지정된 지역을 제외한다)에서 물건을 쌓아놓는 면적이 250제곱미터 이하인 토지에 전체무게 500톤 이하, 전체부피 500세제곱미터 이하로 물건을 쌓아놓는 행위

**88** 옥상 조경면적은 2/3만 적용되기 때문에 총 필요한 조경면적 20m² 중 나머지 10m²을 인정받으려면 옥상에 15m² 만큼을 설치하여야 한다.

**89** 두 도로의 교차각이 90° 미만이고 교차되는 도로의 너비(W)가 모두 6m인 도로모퉁이에 있는 대지의 건축선은 도로경계선의 교차점으로부터 도로경계선을 따라 각각 얼마를 후퇴하여 두 점을 연결한 선으로 하는가?

① 후퇴하지 아니한다.
② 2m
③ 3m
④ 4m

**90** 특별건축구역의 지정과 관련한 아래의 내용에서 밑줄 친 부분에 해당하지 않는 것은?

> 국토교통부장관 또는 시·도지사는 다음 각 호의 구분에 따라 도시나 지역의 일부가 특별건축구역으로 특례적용이 필요하다고 인정하는 경우에는 특별건축구역을 지정할 수 있다.
> 국토교통부 장관이 지정하는 경우
> 가. 국가가 국제행사 등을 개최하는 도시 또는 지역의 사업구역
> 나. 관계법령에 따른 국가정책사업으로서 대통령령으로 정하는 사업구역

① 「도로법」에 따른 접도구역
② 「도시개발법」에 따른 도시개발구역
③ 「택지개발촉진법」에 따른 택지개발사업구역
④ 「혁신도시 조성 및 발전에 관한 특별법」에 따른 혁신도시의 사업구역

---

ANSWER  89.③  90.①

**88** 도로모퉁이에서의 건축선 규정

| 도로의 교차각 | 교차되는 도로의 너비 | 4m≤D<6m | 6m≤D<8m |
|---|---|---|---|
| 90° 미만 | 4m≤D<6m | 2m | 3m |
| | 6m≤D<8m | 3m | 4m |
| 90° 이상 120° 미만 | 4m≤D<6m | 2m | 2m |
| | 6m≤D<8m | 2m | 3m |

**90** 「도로법」에 따른 접도구역은 특별건축구역으로 지정할 수 있는 사업구역에 속하지 않는다.

**91** 건축물의 출입구에 설치하는 회전문의 설치기준으로 바르지 않은 것은?

① 계단이나 에스컬레이터로부터 2m 이상의 거리를 둘 것

② 회전문의 회전속도는 분당회전수가 15회를 넘지 않도록 할 것

③ 출입에 지장이 없도록 일정한 방향으로 회전하는 구조로 할 것

④ 회전문의 중심축에서 회전문과 문틀 사이의 간격을 포함한 회전문 날개 끝부분까지의 길이는 140cm이상이 되도록 해야 한다.

**92** 태양열을 주된 에너지원으로 이용하는 주택의 건축면적 산정의 기준이 되는 것은?

① 외벽 중 내측 내력벽의 중심선

② 외벽 중 외측 비내력벽의 중심선

③ 외벽 중 내측 내력벽의 외측 외곽선

④ 외벽 중 외측 비내력벽의 외측 외곽선

**93** 건축물의 바깥쪽에 설치하는 피난계단 구조에서 피난층으로 통하는 직통계단의 최소유효너비기준으로 바른 것은?

① 0.7m 이상

② 0.8m 이상

③ 0.9m 이상

④ 1.0m 이상

・・・
ANSWER   **91.**② **92.**① **93.**③

**91** ② 회전문의 회전속도는 분당회전수를 8회 이하로 제한하고 있다.

**92** ① 태양열을 주된 에너지원으로 이용하는 주택의 건축면적은 건축물의 외벽 중 내측 내력벽의 중심선을 기준으로 한다.

**93** 건축물의 바깥쪽에 설치하는 피난계단 구조에서 피난층으로 통하는 직통계단의 최소유효너비는 0.9m이다.

**94** 건축법령상 건축물과 해당 건축물의 용도가 바르게 짝지어진 것은?

① 의원 – 의료시설

② 도매시장 – 판매시설

③ 유스호스텔 – 숙박시설

④ 장례식장 – 묘지관련 시설

**94** 주의해야 할 용도분류

- 유스호스텔 : 수련시설
- 자동차학원 : 자동차 관련시설
- 무도학원 : 위락시설
- 독서실 : 2종 근린생활시설
- 치과의원 : 1종 근린생활시설
- 치과병원 : 의료시설 (병원은 입원환자 30인 이상 수용 할 수 있는 시설을 갖춘 곳이며 의원은 30인 이하의 환자를 수용할 수 있는 곳이다.)
- 동물병원 : 2종 근린생활시설
- 장례식장 : 장례식장 (묘지관련시설이 아님에 유의)
- 묘지관련시설 : 화장시설, 봉안당, 묘지 및 부속 건축물

| 단독주택 | 단독주택, 다중주택, 다가구주택, 공관 |
|---|---|
| 공동주택 | 아파트, 연립주택, 다세대주택, 기숙사 |
| 근린생활시설 | 제1종 근린생활시설, 제2종 근린생활시설 |
| 문화 및 집회시설 | 공연장, 집회장, 관람장, 전시장, 동식물원 |
| 종교시설 | 종교집회장, 봉안당 |
| 판매시설 | 도매시장, 소매시장, 상점 |
| 운수시설 | 여객자동차터미널, 철도시설, 공항 및 항만시설 |
| 의료시설 | 병원, 격리병원 |
| 교육연구시설 | 학교, 교육원, 직업훈련소, 학원, 연구소, 도서관 |
| 노유자시설 | 아동관련시설, 노인복지시설, 사회복지시설 |
| 수련시설 | 생활권 및 자연권 수련시설, 유스호스텔 |
| 운동시설 | 체육관, 운동장 |
| 업무시설 | 공공업무시설, 일반업무시설 |
| 숙박시설 | 일반숙박시설, 관광숙박시설, 고시원 |
| 위락시설 | • 단란주점으로서 제2종 근린생활이 아닌 것<br>• 유흥주점 및 이와 유사한 것<br>• 카지노 영업소<br>• 무도장과 무도학원 |
| 공장 | 물품의 제조, 가공이 이루어지는 곳 중 근린생활시설이나 자동차관련시설, 위험물 및 분뇨 쓰레기 처리시설로 분리되지 않는 것 |
| 창고시설 | 창고, 하역장, 물류터미널, 집배송시설 |
| 위험물 시설 | 위험물을 저장 및 처리하는 시설을 갖춘 곳 |
| 자동차관련시설 | 주차장, 세차장, 폐차장, 매매장, 검사장, 정비공장, 운전학원 |
| 동식물관련시설 | 축사, 도축장, 도계장, 작물재배사, 온실 |
| 쓰레기처리시설 | 분뇨처리시설, 고물상, 폐기물처리시설 |
| 교정 및 군사시설 | 교정시설, 보호관찰소, 국방군사시설 |
| 방송통신시설 | 방송국, 전신전화국, 촬영소, 통신용시설 |
| 발전시설 | 발전소로 사용되는 건축물 중 제1종 근린생활시설로 분류되지 않은 것 |
| 묘지관련시설 | 화장시설, 봉안당, 묘지 및 부속 건축물 |
| 관광휴게시설 | 야외음악당, 야외극장, 어린이회관, 관망탑, 휴게소, 공원 및 유원지 및 관광지에 부수되는 시설 |
| 장례식장 | 장례식장 |

**95** 공동주택을 리모델링이 쉬운 구조로 하여 건축허가를 신청할 경우 100분의 120의 범위에서 완화하여 적용받을 수 없는 것은?

① 대지의 분할제한
② 건축물의 용적률
③ 건축물의 높이제한
④ 일조 등의 확보를 위한 건축물의 높이 제한

**96** 다음의 피난계단의 설치에 관한 기준 내용 중 ( )안에 들어갈 내용으로 바른 것은?

> 5층 이상 또는 지하 2층 이하인 층에 설치하는 직통계단은 피난계단 또는 특별피난계단으로 설치하는데 (  )의 용도로 쓰는 층으로부터의 직통계단은 그 중 1개소 이상을 쓰는 특별피난계단으로 해야 한다.

① 의료시설
② 숙박시설
③ 판매시설
④ 교육연구시설

---

ANSWER  **95.①  96.③**

**95** 리모델링이 쉬운 구조의 공동주택의 건축을 촉진하기 위하여 공동주택을 대통령령으로 정하는 구조로 하여 건축허가를 신청하면 제56조(용적률완화규정), 제60조(건축물의 높이제한 완화규정) 및 제61조(일조 등의 확보를 위한 건축물의 높이 제한 완화규정)에 따른 기준을 100분의 120의 범위에서 대통령령으로 정하는 비율로 완화하여 적용할 수 있다.

※ 리모델링이 쉬운 공동주택의 구조
• 각 세대는 인접한 세대와 수직 또는 수평방향으로 통합하거나 분할할 수 있을 것
• 구조체에서 건축설비, 내부마감재료 및 외부마감재료를 분리할 수 있을 것
• 개별 세대안에서 구획된 실의 크기, 개수 또는 위치 등을 변경할 수 있을 것
• 리모델링이 쉬운 구조

| 공동주택의 구조 | 완화규정 및 내용 | |
|---|---|---|
| 각 세대는 인접한 세대와 수직 또는 수평방향으로 통합하거나 분할할 수 있을 것 | 건축물의 용적률 | 120/100 범위 내 완화적용 가능 |
| 구조체에서 건축설비, 내부마감 재료 및 외부마감재료를 분리할 수 있을 것 | 건축물의 높이제한 | |
| 개별 세대 안에서 구획된 실의 크기, 개수 또는 위치 등을 변경할 수 있을 것 | 일조 등의 확보를 위한 건축물의 높이제한 | |

**96** 5층 이상 또는 지하 2층 이하인 층에 설치하는 직통계단은 피난계단 또는 특별피난계단으로 설치하여야 하는데, 판매시설의 용도로 쓰는 층으로부터의 직통계단은 그 중 1개소 이상을 특별피난계단으로 설치하여야 한다.

**97** 국토의 계획 및 이용에 관한 법령에 따른 기반시설 중 공간시설에 속하지 않는 것은?

① 녹지

② 유원지

③ 유수지

④ 공공공지

**98** 상업지역 및 주거지역에서 건축물에 설치하는 냉방시설 및 환기시설의 배기구를 설치하는 높이 기준으로 바른 것은?

① 도로면으로부터 1.5m 이상

② 도로면으로부터 2.0m 이상

③ 건축물 1층 바닥에서 1.5m 이상

④ 건축물 1층 바닥에서 2.0m 이상

**97** 기반시설 중 공간시설은 공원, 광장, 녹지, 유원지, 공공공지이다. 유수지는 기반시설 중 방재시설에 속한다.

※ 기반시설의 분류

㉠ 교통시설 : 도로 · 철도 · 항만 · 공항 · 주차장 · 자동차정류장 · 궤도 · 운하, 자동차 및 건설기계검사시설, 자동차 및 건설기계운전학원

㉡ 공간시설 : 광장 · 공원 · 녹지 · 유원지 · 공공공지

㉢ 유통 · 공급시설 : 유통업무설비, 수도 · 전기 · 가스 · 열공급설비, 방송 · 통신시설, 공동구 · 시장, 유류저장 및 송유설비

㉣ 공공 · 문화체육시설 : 학교 · 운동장 · 공공청사 · 문화시설 · 체육시설 · 도서관 · 연구시설 · 사회복지시설 · 공공직업훈련시설 · 청소년수련시설

㉤ 방재시설 : 하천 · 유수지 · 저수지 · 방화설비 · 방풍설비 · 방수설비 · 사방설비 · 방조설비

㉥ 보건위생시설 : 화장시설 · 공동묘지 · 봉안시설 · 자연장지 · 장례식장 · 도축장 · 종합의료시설

㉦ 환경기초시설 : 하수도 · 폐기물처리시설 · 수질오염방지시설 · 폐차장

**98** 상업지역이나 주거지역에서 도로(길이 10m 미만의 막다른 도로는 제외)에 면한 배기구는 도로면으로부터 2m 이상의 위치에 설치해야 한다.

**99** 다음 중 비상용승강기 승강장의 구조에 관한 기준 내용으로 바르지 않은 것은?

① 승강장은 각층의 내부와 연결될 수 있도록 할 것

② 벽 및 반자가 실내에 접하는 부분의 마감재료는 준불연재료로 할 것

③ 옥내에 설치하는 승강장의 바닥면적은 비상용 승강기 1대에 대하여 6m²이상으로 할 것

④ 피난층이 있는 승강장의 출입구로부터 도로 또는 공지에 이르는 거리가 30m이하일 것

**100** 부설주차장의 설치대상 시설물 종류에 따른 설치기준이 틀린 것은〉

① 골프장 : 1홀당 10대

② 위락시설 : 시설면적 80m²당 1대

③ 판매시설 : 시설면적 150m²당 1대

④ 숙박시설 : 시설면적 200m²당 1대

---

**ANSWER**　99.②　100.②

**99** 비상용승강기의 구조에서 벽 및 반자가 실내에 접하는 부분의 마감재료(마감을 위한 바탕포함)는 불연재료로 해야 한다.

**100** 위락시설의 경우 시설면적 100m²당 1대가 기준이다.

**1**  다음 중 극장의 평면형에 관한 설명으로 옳지 않은 것은?

① 애리너형에서 무대배경은 주로 낮은 기구들로 구성된다.

② 프로시니엄형은 픽쳐 프레임 스테이지형이라고도 불리운다.

③ 오픈 스테이지형은 관객석이 무대의 대부분을 둘러싸고 있는 형식이다.

④ 프로시니엄형은 가까운 거리에서 관람하게 되며, 가장 많은 관객을 수용할 수 있다.

**2**  다음 중 종합병원의 외래진료부를 클로즈드 시스템(Closed System)으로 계획할 경우 고려할 사항으로 가장 부적절한 것은?

① 1층에 두는 것이 좋다.

② 부속 진료시설을 인접하게 한다.

③ 약국, 회계 등은 정면출입구 근처에 설치한다.

④ 외과계통은 소진료실을 다수 설치하도록 한다.

---

**ANSWER**  1.④  2.④

**1**  ④ 가까운 거리에서 관람하게 되며, 가장 많은 관객을 수용할 수 있는 형식은 에리나형이다.

**2**  ④ 내과계통은 소진료실을 다수 설치하도록 계획하며 외과계통은 1실에서 여러 환자를 볼 수 있도록 대실을 설치하도록 계획한다.

**3** 다음 중 주택의 평면과 각 부위의 치수 및 기준척도에 관한 설명으로 옳지 않은 것은?

① 치수 및 기준척도는 안목치수를 원칙으로 한다.

② 거실 및 침실의 평면 각 변의 길이는 10cm를 단위로 한 것을 기준 척도로 한다.

③ 거실 및 침실의 층높이는 2.4m 이상으로 하되, 5cm를 단위로 한 것을 기준척도로 한다.

④ 계단 및 계단참이 평면 각 변의 길이 또는 너비는 5cm를 단위로 한 것을 기준척도로 한다.

**4** 공장의 지붕형태에 관한 설명으로 바른 것은?

① 솟음지붕은 채광 및 환기에 적합한 방법이다.

② 샤렌구조는 기둥이 많이 소요된다는 단점이 있다.

③ 뾰족지붕은 직사광선이 완전히 차단된다는 장점이 있다.

④ 톱날지붕은 남향으로 할 경우 하루종일 변함없는 조도를 가진 약광선을 받아들일 수 있다.

---

**ANSWER** 3.② 4.①

**3** 거실 및 침실의 평면 각 변의 길이는 5cm를 단위로 한 것을 기준 척도로 한다.

> ※ 주택건설기준 등에 관한 규칙 제3조 (치수 및 기준척도)
> 1. 치수 및 기준척도는 안목치수를 원칙으로 할 것. 다만, 한국산업규격이 정하는 모듈정합의 원칙에 의한 모듈격자 및 기준면의 설정방법등에 따라 필요한 경우에는 중심선치수로 할 수 있다.
> 2. 거실 및 침실의 평면 각변의 길이는 5센티미터를 단위로 한 것을 기준척도로 할 것
> 3. 부엌·식당·욕실·화장실·복도·계단 및 계단참등의 평면 각 변의 길이 또는 너비는 5센티미터를 단위로 한 것을 기준척도로 할 것. 다만, 한국산업규격에서 정하는 주택용 조립식 욕실을 사용하는 경우에는 한국산업규격에서 정하는 표준모듈호칭치수에 따른다.
> 4. 거실 및 침실의 반자높이(반자를 설치하는 경우만 해당한다)는 2.2미터이상으로 하고 층높이는 2.4미터이상으로 하되, 각각 5센티미터를 단위로 한 것을 기준척도로 할 것
> 5. 창호설치용 개구부의 치수는 한국산업규격이 정하는 창호개구부 및 창호부품의 표준모듈호칭치수에 의할 것. 다만, 한국산업규격이 정하지 아니한 사항에 대하여는 국토교통부장관이 정하여 공고하는 건축표준상세도에 의한다.
> 6. 제1호 내지 제5호에서 규정한 사항외의 구체적인 사항은 국토교통부장관이 정하여 고시하는 기준에 적합할 것

**4** ② 샤렌구조는 기둥이 적게 소요된다는 단점이 있다.
　③ 뾰족지붕은 직사광선을 완전히 차단할 수는 없다.
　④ 톱날지붕은 북향으로 할 경우 하루종일 변함없는 조도를 가진 광선을 받아들일 수 있다.
　※ 공장건축 지붕형식
　　㉠ 톱날지붕: 북향의 채광창으로 하루 종일 변함없는 조도를 유지할 수 있다.
　　㉡ 뾰족지붕: 직사광선을 어느 정도 허용하는 결점이 있다.
　　㉢ 솟을지붕: 채광, 환기에 가장 이상적이다.
　　㉣ 샤렌지붕: 지붕 슬래브가 곡면으로 되어 있어 외력에 저항하도록 만들어진 지붕이므로 일반평지붕보다 기둥이 적게 소요된다.

**5** 다음 중 레드번(Radburn) 주택단지계획에 대한 설명으로 옳지 않은 것은?

① 중앙에는 대공원 설치를 계획하였다.

② 주거구는 슈퍼블록 단위로 계획하였다.

③ 보행자의 보도와 차도를 분리하여 계획하였다.

④ 주거지 내의 통과교통으로 간선도로를 계획하였다.

**6** 공포형식 중 다포식에 관한 설명으로 바르지 않은 것은?

① 출목은 2출목 이상으로 전개된다.

② 수덕사 대웅전이 대표적인 건물이다.

③ 내부 천장구조는 대부분 우물천장이다.

④ 기둥 상부 이외에 기둥 사이에도 공포를 배열한 형식이다.

• • •
ANSWER    5.④  6.②

**5** 래드번에서는 쿨데삭을 두어 주거지 내의 통과교통을 배제하고자 하였다.

※ 래드번 계획(H. Wright, C. Stein)
- 자동차 통과교통의 배제를 위한 슈퍼블록의 구성
- 보도와 차도의 입체적 분리
- Cul-de-sac형의 세가로망 구성
- 공동의 오픈스페이스 조성
- 도로는 목적별로 4종류의 도로 설치
- 단지 중앙에는 대공원 설치
- 초등학교 800m, 중학교 1,600m 반경권

**6**

| 구조 | 주심포식 | 다포식 |
|---|---|---|
| 전래 | 고려 중기 남송에서 전래 | 고려말 원나라에서 전래 |
| 공포배치 | 기둥 위에 주두를 놓고 배치(평방이 없음) | 기둥 위에 창방과 평방을 놓고 그 위에 공포배치 |
| 공포의 출목 | 2출목 이하 | 2출목 이상 |
| 첨차의 형태 | 하단의 곡선이 S자형으로 길게 하여 둘을 이어서 연결한 것 같은 형태 | 밋밋한 원호 곡선으로 조각 |
| 소로 배치 | 비교적 자유스럽게 배치 | 상, 하로 동일 수직선상에 위치를 고정 |
| 내부 천장구조 | 가구재의 개개 형태에 대한 장식화와 더불어 전체 구성에 미적인 효과를 추구(연등천장) | 가구재가 눈에 띄지 않으며 구조상의 필요만 충족(우물천장) |
| 보의 단면형태 | 위가 넓고 아래가 좁은 4각형을 접은 단면 | 춤이 높은 4각형으로 아랫모를 접은 단면 |
| 기타 | 우미량 사용 | – |

**7** 탑상형 공동주택에 관한 설명으로 바르지 않은 것은?

① 각 세대에 시각적인 개방감을 준다.

② 각 세대의 거주 조건이나 환경이 균등하다.

③ 도심지 내의 랜드마크적인 역할이 가능하다.

④ 건축물 외면의 4개의 입면성을 강조한 유형이다.

**8** 다음 중 학교의 운영방식에 관한 설명으로 옳지 않은 것은?

① 플래툰형은 교과교실형보다 학생의 이동이 많다.

② 종합교실형은 초등학교 저학년에 가장 권장할만한 형식이다.

③ 달톤형은 규모 및 시설이 다른 다양한 형태의 교실이 요구된다.

④ 일반 및 특별교실형은 우리나라 중학교에서 일반적으로 사용되는 방식이다.

---

**ANSWER**   7.②   8.①

**7**   ② 탑상형 공동주택은 각 세대의 거주조건이나 환경이 불균등하다.

   ㉠ 판상형 공동주택
- 각 단위세대를 전후 또는 좌우로 연립하여 배열한 형식이다.
- −자형, ㄱ자형, ㄷ자형, T자형, Y자형, +자형 등으로 분류된다.
- 각 단위세대마다 향, 채광, 통풍 등의 환경조건을 균등하게 제공할 수 있다.
- 동일 형식의 단위세대가 반복적으로 배열된다.
- 각 단위세대의 조망과 경관확보가 어렵다.
- 인동간격 확보에 따른 배치계획으로 자유로운 다양한 배치가 어렵다.

   ㉡ 탑상형 공동주택
- 엘리베이터 및 계단실이 있는 홀을 중심으로 그 주위에 단위세대를 배치하고 고층형태로 쌓아올린 형식이다.
- 외부 4면의 입면성을 강조하여 랜드마크적 역할을 할 수 있다.
- 개방성의 증가로 단지에 넓은 오픈 스페이스를 조성할 수 있다.
- 각 단위세대의 조망과 경관성이 좋다.
- 엘리베이터의 효율성이 낮아 유지관리비용이 증가한다.
- 주호가 중앙 홀을 중심으로 전면에 배치됨으로써 각 주호의 거주조건이나 환경이 불균등해진다.

**8**   ① 교과교실형은 플래툰형보다 학생의 이동이 많다.

**9** 사무소 건축에서 오피스 랜드스케이핑(office landscaping)에 관한 설명으로 바르지 않은 것은?

① 프라이버시 확보가 용이하며 업무의 효율성이 증대된다.

② 커뮤니케이션의 융통성이 있고 장애요인이 거의 없다.

③ 실내에 고정된 칸막이를 설치하지 않으며 공간을 절약할 수 있다.

④ 변화하는 작업의 패턴에 따라 조절이 가능하며 신속하고 경제적으로 대처할 수 있다.


**10** 엘리베이터의 설계 시 고려사항으로 바르지 않은 것은?

① 군 관리운전의 경우 동일 군내의 서비스층은 같게 한다.

② 승객의 층별대기시간은 평균 운전간격 이하가 되게 한다.

③ 건축물의 출입층이 2개 층이 되는 경우는 각각의 교통수요량 이상이 되도록 한다.

④ 백화점과 같은 대규모 매장에는 일반적으로 승객수송의 70~80%를 분담하도록 계획한다.

**9**　오피스 랜드스케이핑(office landscaping)은 프라이버시확보가 매우 어렵다.

**10**　백화점과 같은 대규모 매장에는 일반적으로 승객수송의 70~80%를 분담하도록 계획하는 것은 에스컬레이터에 관한 고려 사항이다.

※ 승강기 설계 시 고려사항

　가. 엘리베이터
　　• 수량 계산시 대상 건축물의 교통수요에 적합해야 한다.
　　• 층별 대기시간은 허용 값 이하가 되게 한다.
　　• 엘리베이터 배치시는 운용에 편리한 배열로 되어야 하고, 서비스를 균일하게 할 수 있도록 건물의 중심부에 설치토록 하여야 한다.
　　• 건물의 출입층이 2개층이 되는 경우는 각각의 교통수요 이상이 되어야 한다.
　　• 군 관리운전의 경우 동일군 내의 서비스층은 같게 한다.
　　• 초고층, 대규모 빌딩인 경우는 서비스 그룹을 분할한다.

　나. 에스컬레이터
　　• 연속하여 많은 승객을 수송해야 하는 동선의 흐름상에 설치한다.
　　• 백화점, 대규모 매장, 공항, 역사, 터미널 등에는 일반적으로 승객수송의 70~80[%]를 분담하도록 계획한다.
　　• 초고층, 대규모 빌딩의 경우 출발 기준층의 분할시 연계성 확보 등에 사용한다.

**11** 극장 건축과 관련된 용어의 설명으로 옳지 않은 것은?

① 플라이갤러리(Fly Gallery) : 무대 주위의 벽에 설치되는 좁은 통로이다.

② 사이클로라마(cyclorama) : 무대의 제일 뒤에 설치되는 무대배경용 벽이다.

③ 그린 룸(Green Room) : 연기자가 분장 또는 화장을 하고 의상을 갈아입는 곳이다.

④ 그리드아이언(Grid Iron) : 무대 천장 밑에 설치한 것으로 배경이나 조명 기구 등이 매달린다.

**12** 다음 중 숑바르 드 로브의 주거면적으로 옳은 것은?

① 병리기준 : $6m^2$, 한계기준 : $12m^2$

② 병리기준 : $8m^2$, 한계기준 : $14m^2$

③ 병리기준 : $6m^2$, 한계기준 : $14m^2$

④ 병리기준 : $8m^2$, 한계기준 : $12m^2$

**13** 경복궁의 궁궐배치는 전조공간과 후침공간으로 이루어져 있다. 다음 중 전조공간의 구성에 속하지 않는 것은?

① 근정전

② 만춘전

③ 천추전

④ 강녕전

---

• • •
ANSWER    11.③   12.②   13.④

**11** 분장이나 화장을 목적으로 하는 곳은 분장실이다. 그린 룸(Green Room)은 출연자가 무대 위에 출연하기 전에 잠시 대기하는 곳이다.

**12** 병리기준 : $8m^2$/인, 한계기준: $14m^2$/인

**13** 경복궁의 공간 분할은 왕의 공적인 업무와 개인 생활을 기준으로 나뉜다. 정문인 광화문과 직선으로 중문 홍례문과 정전인 근정전이 있다. 정전은 특별한 행사에 주로 썼고, 평상시 왕은 근정전 뒤쪽 건물인 사정전과 만춘전, 천추전에서 정사를 돌봤으며 이들을 통틀어 편전이라 하였는데, 근정전과 함께 이들은 전조공간을 구성하였다.

**14** 다음 중 미술관 전시실의 순회형식에 관한 설명으로 바르지 않은 것은?

① 연속순회형식은 전시 벽면이 최대화되고 공간절약 효과가 있다.

② 연속순회형식은 한 실을 폐쇄하면 다음 실로의 이동이 불가능하다.

③ 갤러리 및 복도형식은 관람자가 전시실을 자유롭게 선택하여 관람할 수 있다.

④ 중앙홀 형식에서 중앙홀이 크면 장래의 확장에는 용이하나 동선의 혼잡이 심해진다.

**15** 도서관 건축에 관한 설명으로 바르지 않은 것은?

① 캐럴(Carrel)은 서고 내에 설치된 소연구실이다.

② 서고의 내부는 자연채광을 하지 않고 인공 조명을 사용한다.

③ 일반 열람실의 면적은 $0.25{\sim}0.5m^2$인 정도의 규모로 계획한다.

④ 서고면적 $1m^2$당 $150{\sim}250$권 정도의 수장능력을 갖도록 계획한다.

---

**ANSWER** 14.④  15.③

**14** 중앙홀 형식에서 중앙홀이 크면 동선의 혼란은 적게 되나 장래의 확장에 많은 무리가 따른다.
  ※ 전시실의 순로형식
    ㉠ 연속순로형식
      • 구형 또는 다각형의 각 전시실을 연속적으로 연결하는 형식
      • 단순하고 공간이 절약된다.
      • 소규모의 전시실에 적합하다.
      • 전시벽면을 많이 만들 수 있다.
      • 많은 실을 순서별로 통해야 하고 1실을 닫으면 전체 동선이 막히게 된다.
    ㉡ 갤러리 및 코리도 형식
      • 연속된 전시실의 한쪽 복도에 의해 각실을 배치한 형식이다.
      • 복도가 중정을 포위하여 순로를 구성하는 경우가 많다.
      • 각 실에 직접출입이 가능하며 필요시 자유로이 독립적으로 폐쇄할 수 있다.
      • 르 코르뷔제가 와상동선을 발전시켜 미술관 안으로 '성장하는 미술관'을 계획하였다.
    ㉢ 중앙홀형식
      • 중심부에 하나의 큰 홀을 두고 그 주위에 각 전시실을 배치하여 자유로이 출입하는 형식이다.
      • 부지의 이용률이 높은 지점에 건립할 수 있다.
      • 중앙홀이 크면 동선의 혼란이 없으나 장래의 확장에 많은 무리가 따른다.

**15** 일반 열람실
    • 크기는 성인 1인당 $1.5{\sim}2.0m^2$, 아동 1인당 $1.1m^2$정도가 필요하다.(1석당 평균 면적은 $1.8m^2$ 전후)
    • 일반적인 학생들의 이용률은 7:3 정도이고 일반인과 학생용 열람실을 분리한다.
    • 실 전체로는 1석 평균 $2.0{\sim}2.5m^2$의 바닥 면적이 필요하다.

**16** 호텔건축에 관한 설명으로 옳지 않은 것은?

① 커머셜 호텔은 가급적 저층으로 한다.

② 아파트먼트 호텔은 장기 체류용 호텔이다.

③ 리조트 호텔은 자연 경관의 좋은 곳을 선택한다.

④ 터미널 호텔은 교통기관의 발착지점에 위치한다.

**17** 다음 중 공동주택의 단위주거 단면구성 형태에 관한 설명으로 옳지 않은 것은?

① 플랫형은 주거단위가 동일층에 한하여 구성되는 형식이다.

② 스킵 플로어형은 통로 및 공용면적이 적은 반면에 전체적으로 유효면적이 높다.

③ 복층형(메조네트형)은 엘리베이터의 정지 층수를 적게 할 수 있다.

④ 트리플렉스형은 듀플렉스형보다 프라이버시의 확보율이 낮고 통로면적이 많이 필요하다.

**18** 다음 중 건축요소와 해당 건축요소가 사용된 건축양식의 연결이 바르지 않은 것은?

① 장미창(Rose Window) – 고딕

② 러스티케이션(Rustication) – 르네상스

③ 첨두아치(Pointed Arch) – 로마네스크

④ 펜던티브돔(Pendentive Dome) – 비잔틴

---

**• • •**
**ANSWER**  16.①  17.④  18.③

**16** 커머셜 호텔은 비즈니스 중심의 호텔로서 도심지에 위치하므로 가급적 고층으로 하는 것이 바람직하다.

**17** 트리플렉스형은 하나의 주거단위가 3개의 층으로 구성된 형식이며 듀플렉스형은 하나의 주거단위가 2개의 층으로 구성된 형식이다. 트리플렉스형은 동일건축면적 대비 복도의 면적이 듀플렉스형에 비해 상대적으로 적으므로 프라이버시의 확보율이 더 높게 된다.

**18** 첨두아치(Pointed Arch)는 고딕건축의 특징이다.

**19** 은행건축계획에 관한 설명으로 바르지 않은 것은?

① 고객과 직원과의 동선이 중복되지 않도록 계획한다.

② 대규모 은행일 경우 고객의 출입구는 되도록 1개소로 계획한다.

③ 이중문을 설치할 경우 바깥문은 바깥 여닫이 또는 자재문으로 계획한다.

④ 어린이의 출입이 많은 경우에는 주출입구에 회전문을 설치하는 것이 좋다.

**20** 다음 중 백화점 기둥간격의 결정요소와 가장 거리가 먼 것은?

① 지하 주차장의 주차방법

② 진열대의 치수와 배열법

③ 엘리베이터의 배치 방법

④ 각 층별 매장의 상품구성

---

**21** 다음 그림의 형태를 가진 흙막이의 명칭은?

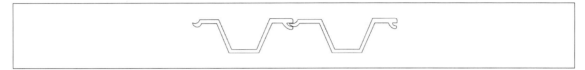

① H−말뚝 토류판
② 슬러리월
③ 소일콘크리트 말뚝
④ 시트파일

**22** 다음 중 통계적 품질관리 기법의 종류에 해당되지 않는 것은?

① 히스토그램
② 특성요인도
③ 브레인스토밍
④ 파레토도

---

ANSWER    21.④    22.③

**21**    제시된 그림은 시트파일의 단면이다.

**22**    통계적 품질관리도구의 종류
⊙ 파레토도 : 불량, 결점, 고장 등의 발생건수, 또는 손실금액을 항목별로 나누어 발생빈도의 순으로 나열하고 누적합도 표시한 그림이다.
ⓒ 히스토그램 : 치수, 무게, 강도 등 계량치의 Data들이 어떤 분포를 하고 있는지를 보여준다.
ⓒ 특성요인도 : 생선뼈 그림이라고도 하며 결과에 대해 원인이 어떻게 관계하는지를 알기 쉽게 작성하였다.
ⓔ 산포도 : 서로 대응되는 2개의 데이터의 상관관계를 용지 위에 점으로 나타낸 것
ⓜ 체크시이트 : 계수치의 데이터가 분류항목의 어디에 집중되어 있는지 알아보기 쉽게 나타낸 그림이나 표를 말한다.
ⓑ 층별 : 집단을 구성하는 많은 Data를 어떤 특징에 따라 몇 개의 부분 집단으로 나누는 것을 말한다.

**23** 도장공사에 필요한 가연성 도료를 보관하는 창고에 관한 설명으로 바르지 않은 것은?

① 독립한 단층거물로서 주위 건물에서 1.5m 이상 떨어져 있게 한다.

② 건물내의 일부를 도료의 저장장소로 이용할 때에는 내화구조 또는 방화구조로 구획된 장소를 선택한다.

③ 바닥에는 침투성이 없는 재료를 깐다.

④ 지붕을 불연재로 하고 적정한 높이의 천장을 설치한다.

**24** 철근콘크리트 구조물에서 철근조립순서로 바른 것은?

① 기초철근 → 기둥철근 → 보철근 → 슬래브철근 → 계단철근 → 벽철근

② 기초철근 → 기둥철근 → 벽철근 → 보철근 → 슬래브철근 → 계단철근

③ 기초철근 → 벽철근 → 기둥철근 → 보철근 → 슬래브철근 → 계단철근

④ 기초철근 → 벽철근 → 보철근 → 기둥철근 → 슬래브철근 → 계단철근

**25** 타일의 흡수율 크기의 대소관계로 바른 것은?

① 석기질 > 도기질 > 자기질

② 도기질 > 석기질 > 자기질

③ 자기질 > 석기질 > 도기질

④ 석기질 > 자기질 > 도기질

---

**ANSWER** 23.④ 24.② 25.②

**24** • 천장을 설치하지 않도록 한다.
- 독립한 단층건물로서 주위 거물에서 1.5m 이상 떨어져 있게 한다.
- 건물 내부의 일부를 도료의 저장장소로 이용할 때에는 내화구조 또는 방화구조로 된 고획된 장소를 선택한다.
- 지붕은 불연재로 하고, 천장을 설치하지 않는다.
- 바닥에는 침투성이 없는 재료를 깐다.
- 신너를 많이 보관할 때에는 소화방법 및 기타 위험물 취급에 관한 법령에 준하여 소화기 및 소화용 모래 등을 비치한다.

**25** 철근조립순서 ⋯ 기초철근 → 기둥철근 → 벽철근 → 보철근 → 슬래브철근 → 계단철근

**26** 타일의 흡수율 ⋯ 도기질 > 석기질 > 자기질

**26** 건설사업자원 통합 전산망으로 건설생산활동 전과정에서 건설관련 주체가 전산망을 통해 신속히 교환 및 공유할 수 있도록 지원하는 통합정보시스템의 용어로서 옳은 것은?

① 건설 CIC (Computer Integrated Construction)

② 건설 CALS (Continuous Acquisition & Life Cycle Support)

③ 건설 EC (Engineering Construction)

④ 건설 EVMS (Earned Value Management System)

**27** MCX(Minimum Cost Expediting)기법에 의한 공기단축에서 아무리 비용을 투자해도 그 이상 공기를 단축할 수 없는 한계점을 무엇이라 하는가?

① 표준점                  ② 포화점

③ 경제속도점           ④ 특급점

**28** 콘크리트에 사용되는 혼화제 중 플라이애시의 사용에 따른 이점으로 볼 수 없는 것은?

① 유동성 개선

② 수화열 감소

③ 수밀성 향상

④ 초기강도 증진

---

**ANSWER**   26.②   27.④   28.④

**26** ① 건설 CALS(Continuous Acquisition & Life Cycle Support) : 건설사업자원 통합 전산망으로 건설생산활동 전과정에서 건설관련 주체가 전산망을 통해 신속히 교환 및 공유할 수 있도록 지원하는 통합정보시스템

     ① 건설 CIC(Computer Integrated Construction) : 건설의 전 과정에서 품질개선과 비용절감을 위해 정보처리 및 통신기술을 사용하는 것.

     ③ 건설 EC(Engineering Construction) : 종래의 단순시공에서 벗어나 설계, 엔지니어링, 조달 및 운영 등 프로젝트의 전반에 걸쳐 종합적으로 계획하고 관리하는 것이다.

     ④ 건설 EVMS(Earned Value Management System) : 일정과 비용을 통합하여 관리하는 방식으로, 목표 및 기준설정과 이에 대비한 실적진도의 측정을 위한 성과위주의 관리체계이다. 계획작업과 실제작업을 측정하여 프로젝트의 최종비용과 일정을 예측하는 관리법이다.

**27** 특급점 : MCX(Minimum Cost Expediting)기법에 의한 공기단축에서 아무리 비용을 투자해도 그 이상 공기를 단축할 수 없는 한계점이다. (주의 : 최적공기는 특급점이 아닌, 표준점을 의미한다.)

**28** 플라이애시는 초기강도는 작으나 장기강도가 증진된다.

**29** 다음 중 공사시방서에 기재하지 않아도 되는 사항은?

① 건물 전체의 개요

② 공사비 지급방법

③ 시공방법

④ 사용재료

**30** 방수공사용 아스팔트의 종류 중 표준용융온도가 가장 낮은 것은?

① 1종

② 2종

③ 3종

④ 4종

**31** 외부 조적벽의 방습, 방열, 방한, 방서 등을 위해서 설치하는 쌓기법은?

① 내쌓기

② 기초쌓기

③ 공간쌓기

④ 엇모쌓기

**29** 공사비 지급방법은 공사시방서상에 기재되는 것이 아니라 공사입찰공고문과 계약관련 서류에 기재된다.

**30** 방수공사용 아스팔트의 종별 용융온도
1종 : 220~230도
2종 : 240~250도
3종 : 260~270도
4종 : 260~270도

**31** 공간쌓기 : 외부 조적벽의 방습, 방열, 방한, 방서 등을 위해서 설치하는 쌓기법이다.

**32** 칠공사에 사용되는 희석제의 분류가 잘못 연결된 것은?

① 송진건류품 – 테레빈유
② 석유건류품 – 휘발유, 석유
③ 콜타르 증류품 – 미네랄 스피리트
④ 송근견류품 – 송근유

**33** 토공사에 사용되는 굴착용 기계 중 기계가 서있는 지반면보다 위에 있는 흙의 굴착에 적합한 장비는?

① 파워 쇼벨(Power Shovel)
② 드래그 라인(Drag Line)
③ 드래그 쇼벨(Drag Shovel)
④ 클램셀(Clamshell)

---

ANSWER  32.③  33.①

---

**32** 미네랄스피릿 : 석유계 정제용제로서 오일의 희석용으로 사용한다.

| 구분 | 희석제의 종류 |
| --- | --- |
| 송진 건류품 | 터핀타인유, 테레빈유 |
| 석유 건류품 | 미네랄 스피릿, 벤진, 휘발유, 석유 |
| 콜타르 증류품 | 벤졸, 솔벤트 나프터 |
| 송근 건류품 | 송근유 |
| 알코올 | 에틸 · 메틸 · 아밀 알코올 |
| 에스테르 | 초산 아밀, 초산 부틸 |

**33** 파워 쇼벨(Power Shovel) : 토공사에 사용되는 굴착용 기계 중 기계가 서있는 지반면보다 위에 있는 흙의 굴착에 적합한 장비이다.
※ 건설기계의 종류

| 구분 | 종류 | 특성 |
| --- | --- | --- |
| 굴착용 | 파워 쇼벨 | 지반면보다 높은 곳의 땅파기에 적합하며 굴착력이 크다. |
| | 드래그 쇼벨 | 지반보다 낮은 곳에 적당하며 굴착력이 크고 범위가 좁다. |
| | 드래그 라인 | 기계를 설치한 지반보다 낮은 곳 또는 수중 굴착시에 적당하다. |
| | 클램셀 | 좁은 곳의 수직굴착, 자갈 적재에도 적합하다. |
| | 트렌처 | 도랑파기, 줄기초파기에 사용된다. |
| 정지용 | 불도저 | 운반거리 50~60m(최대 100m)의 배토, 정지작업에 사용된다. |
| | 앵글도저 | 배토판을 좌우로 30도 회전하며 산허리를 깎는데 유리하다. |
| | 스크레이퍼 | 흙을 긁어모아 적재하여 운반하며 100~150m의 중거리 정지공사에 적합하다. |
| | 그레이더 | 땅고르기 기계로 정지공사 마감이나 도로 노면정리에 사용된다. |
| 다짐용 | 전압식 | 롤러 자중으로 지반을 다진다. (로드롤러, 탬핑롤러, 머케덤롤러, 타이어롤러) |
| | 진동식 | 기계에 진동을 발생시켜 지반을 다진다. (진동롤러, 컴팩터) |
| | 충격식 | 기계가 충격력을 발생시켜 지반을 다진다. (램머, 탬퍼) |
| 싣기용 | 크롤러로더 | 굴착력이 강하며, 불도저 대용용으로도 쓸 수 있다. |
| | 포크리프트 | 창고하역이나 목재싣기에 사용된다. |
| 운반용 | 컨베이어 | 벨트식과 버킷식이 있고 이동식이 많이 사용된다. |

**34** 바깥방수와 비교한 안방수의 특징에 관한 설명으로 바르지 않은 것은?

① 공사가 간단하다.

② 공사비가 비교적 저렴하다.

③ 보호누름이 없어도 무방하다.

④ 수압이 적은 곳에 사용된다.


**35** 다음 중 한중콘크리트에 대한 설명으로 바른 것은?

① 한중콘크리트는 공기연행콘크리트를 사용하는 것을 원칙으로 한다.

② 타설 시 콘크리트 온도는 구조물의 단면 치수, 기상 조건 등을 고려하여 최소 25도 이상으로 한다.

③ 물결합제의 비는 50% 이하로 하고, 단위수량은 소요 워커빌리티를 유지할 수 있는 범위 내에서 되도록 크게 정하여야 한다.

④ 콘크리트를 타설한 직후에 찬 바람이 콘크리트 표면에 닿도록 하여 초기양생을 실시한다.


**36** 네트워크(Network) 공정표의 장점으로 볼 수 없는 것은?

① 작업 상호간의 관련성을 알기 쉽다.

② 공정계획의 초기 작성 시간이 단축된다.

③ 공사의 진척관리를 정확히 할 수 있다.

④ 공기단축 가능요소의 발견이 용이하다.


---

**ANSWER**   34.③   35.①   36.②

**34** ③ 안방수는 보호누름이 필수적이다.

**35** ② 한중콘크리트 타설 시 콘크리트 온도는 구조물의 단면 치수, 기상 조건 등을 고려하여 5~25℃로 한다.
③ 물결합제의 비는 60% 이하로 하고, 단위수량은 소요 워커빌리티를 유지할 수 있는 범위 내에서 되도록 작게 정하여야 한다.
④ 콘크리트를 타설한 직후에 찬 바람이 콘크리트 표면에 닿도록 하여 초기양생을 실시한다.

**36** 네트워크 공정표는 공정계획의 초기작성시간이 다른 공정표에 비하여 많이 소요된다.

**37** 일반 콘크리트의 내구성에 관한 설명으로 바르지 않은 것은?

① 콘크리트에 사용되는 재료는 콘크리트의 소요 내구성을 손상시키지 않는 것이어야 한다.

② 굳지 않은 콘크리트 중의 전 염소이온량은 원칙적으로 $0.3kg/m^3$ 이하로 해야 한다.

③ 콘크리트는 원칙적으로 공기연행콘크리트로 해야 한다.

④ 콘크리트의 물-결합제비는 원칙적으로 50% 이하여야 한다.


**38** 철근콘크리트 공사에서 철근조립에 관한 설명으로 바르지 않은 것은?

① 황갈색의 녹이 발생한 철근은 그 상태가 경미하다 하더라도 사용이 불가하다.

② 철근의 피복두께를 정확하게 확보하기 위해 적절한 간격으로 고임재 및 간격재를 배치해야 한다.

③ 거푸집에 접하는 고임재 및 간격재는 콘크리트 제품 또는 모르타르 제품을 사용해야 한다.

④ 철근을 조립한 다음 장기간 경과한 경우에는 콘크리트를 타설 전에 다시 조립검사를 하고 청소해야 한다.

---

● ● ●
ANSWER  37.④  38.①

**37** • 콘크리트는 구조물의 사용기간 중에 받는 여러 가지의 화학적, 물리적 작용에 대하여 충분한 내구성을 가져야 한다.
- 콘크리트에 사용하는 재료는 콘크리트의 소요 내구성을 손상시키지 않는 것이어야 한다.
- 콘크리트는 그 내부에 배치되는 강재가 사용기간 중 소정의 기능을 발휘할 수 있도록 강재를 보호하는 성능을 가져야 한다.
- 콘크리트의 물-결합재비는 원칙적으로 60% 이하이어야 한다.
- 콘크리트는 원칙적으로 공기연행콘크리트로 하여야 한다.
- 콘크리트는 침하균열, 소성수축균열, 건조수축균열, 자기수축균열 혹은 온도균열에 의한 균열폭이 허용균열폭 이내여야 한다.

> **물-결합제비** : 굳지 않은 콘크리트 또는 굳지 않은 모르타르에 포함되어 있는 시멘트 풀 속의 물과 결합재의 질량비 (W/B)
> **물-시멘트비** : 굳지 않은 콘크리트 또는 굳지 않은 모르타르에 포함되어 있는 시멘트 풀 속의 물과 시멘트의 질량비

**38** 황갈색의 녹이 발생한 철근은 그 상태가 경미한 경우 사용이 가능하다. (약간의 녹은 철근과 콘크리트의 부착력을 향상시킨다.)

**39** 다음 중 유리의 주성분으로 옳은 것은?

① $Na_2O$

② $CaO$

③ $SiO_2$

④ $K_2O$

**40** 8개월간 공사하는 현장에 필요한 시멘트량이 2397포이다. 이 공사현장에 필요한 시멘트 창고의 필요면적으로 적합한 것은? (단, 쌓기단수는 13단)

① $24.6m^2$

② $54.2m^2$

③ $73.8m^2$

④ $98.5m^2$

**39** 유리의 주성분은 $SiO_2$이다.

**40** 시멘트 창고 소요면적 $A(m^2) = 0.4 \cdot \dfrac{N}{n}$ (N은 시멘트포대수, n은 쌓기 단수)

쌓기단수는 최대 13포대이며 최소필요면적이므로 n=13을 적용한다.

시멘트포대수가 1800포를 초과할 경우 포대수의 1/3을 N값으로 한다.

(N값은 600포 미만인 경우 포대수, 600포~1800포인 경우 600, 1800포대 초과 시 포대수의 1/3값으로 한다.)

따라서 이 공사현장에 필요한 시멘트창고의 필요면적은 $24.6m^2$

$$(A(m^2) = 0.4 \cdot \frac{2,397 \cdot \frac{1}{3}}{13} = 24.58(m^2)$$

**41** 다음 중 지진에 의해 발생되는 현상이 아닌 것은?

① 동상현상

② 해일

③ 지반액상화

④ 단층의 이동

**42** 철근콘크리트 보의 사인장 균열에 관한 설명으로 바르지 않은 것은?

① 전단력 및 비틀림에 의해 발생한다.

② 보의 축과 약 45°의 각도를 이룬다.

③ 주인장응력도의 방향과 사인장 균열의 방향은 일치한다.

④ 보의 단부에 주로 발생한다.

**43** 연약한 지반에 대한 대책 중 상부구조의 조치사항으로 바르지 않은 것은?

① 건물의 수평길이를 길게 한다.

② 건물을 경량화를 한다.

③ 건물의 강성을 높여준다.

④ 건물의 인동간격을 멀리한다.

---

ANSWER  **41.**① **42.**③ **43.**①

**41** ① 동상현상은 기온저하로 인해 발생되는 현상이다.

**42** ③ 주인장응력도의 방향과 사인장 균열의 방향은 서로 90도의 각도를 이룬다.

**43** ① 연약지반일수록 건물의 수평길이를 되도록 짧게해야 부등침하 등을 최소화 할 수 있다.

**44** 다음 그림과 같은 직사각형 띠철근 기둥의 설계축하중($\phi P_n$)의 값으로 옳은 것은? (단, $f_{ck} = 24\text{MPa}$, $f_y = 400\text{MPa}$이며 주근의 단면적 $A_{st} = 3,000\text{mm}^2$이다.)

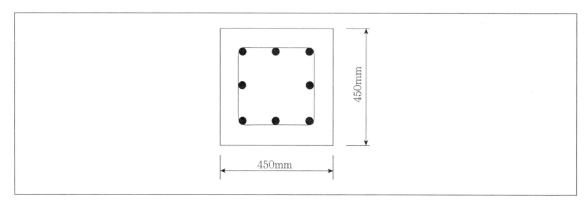

① 2,740kN ② 2,952kN

③ 3,335kN ④ 3,359kN

**45** 다음 그림과 같은 단면에서 $x$축에 대한 단면 2차 모멘트는?

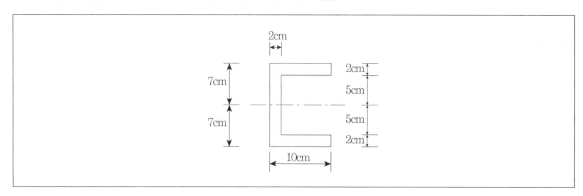

① 1,420cm$^4$ ② 1,520cm$^4$

③ 1,620cm$^4$ ④ 1,720cm$^4$

**ANSWER** 44.① 45.③

**44** 직사각형 띠기둥의 설계축하중강도의 산정은 다음의 식을 따른다.

$$P_n = \phi P_n = \phi(0.8P_o) = \phi(0.8)(0.85f_{ck}(A_g - A_{st}) + f_y A_{st})$$
$$= (0.65)(0.8)[0.85(24)(450^2 - 3000) + (400)(3000)] \fallingdotseq 2740kN$$

**45** 간단한 계산 문제이다. $I_{X-X} = \dfrac{10 \cdot 14^3}{12} - \dfrac{8 \cdot 10^3}{12} = 1,620$

**46** 철골조의 가새에 관한 설명으로 바르지 않은 것은?

① 트러스의 절점 또는 기둥의 절점을 각각 대각선 방향으로 연결하여 구조체의 변형을 방지하는 부재이다.

② 풍하중, 지진력 등의 수평하중에 저항하는 것으로 부재에는 인장응력만 발생한다.

③ 보통 단일형강재 또는 조립재를 쓰지만 응력이 작은 지붕가새에는 봉강을 사용한다.

④ 수평가새는 지붕트러스의 지붕면(경사면)에 설치한다.

**47** 절점 B에 외력 M=200kN·m가 작용하고 각 부재의 강비가 다음 그림과 같을 경우 $M_{AB}$는?

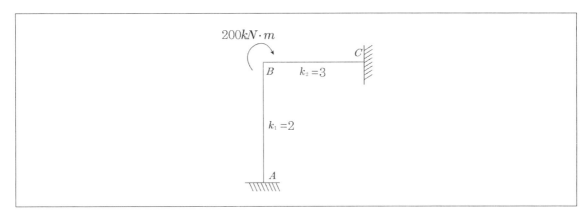

① 20kN·m

② 40kN·m

③ 60kN·m

④ 80kN·m

**46** 철골조 가새는 압축재와 인장재로 구성되므로 따라서 압축응력도 발생한다.

**47** 부재 AB의 강비는 2/5이므로 200×0.4=80kN·m이 AB로 분배가 된다.
이 때 A단에 전달되는 모멘트는 이 값의 1/2이므로 40kN·m이 된다.

**48** 다음 그림과 같은 모살용접의 유효길이는? (단, 유효용접길이는 1면에 대해서만 산정한다.)

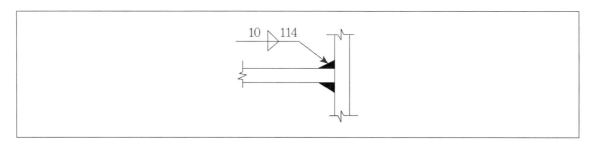

① 10mm

② 94mm

③ 107mm

④ 114mm

**49** 강구조에서 하중점과 볼트, 접합된 부재의 반력사이에서 지렛대와 같은 거동에 의해 볼트에 작용하는 인장력이 증폭되는 현상을 무엇이라 하는가?

① slip-critical action

② bearing action

③ prying action

④ buckling action

• • •
ANSWER  48.②  49.③

**48** 모살용접의 유효길이 : L−2s=114−2(10)=94mm

**49**

| | |
|---|---|
| $F_T$↑ Applied force 그림 ($Q$, Bolt force, $F_B$, Prying force) | prying action<br>강구조에서 하중점과 볼트, 접합된 부재의 반력사이에서 지렛대와 같은 거동에 의해 볼트에 작용하는 인장력이 증폭되는 현상 |

**50** 다음 그림과 같은 보에서 고정단에 생기는 휨모멘트는?

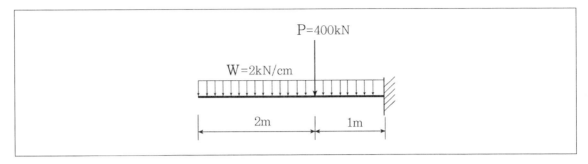

① 500kN · m
② 900kN · m
③ 1300kN · m
④ 1500kN · m

**51** 다음 그림과 같은 구조물의 부정정차수로 바른 것은?

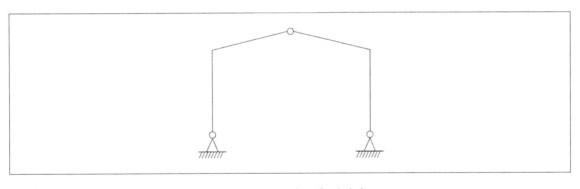

① 정정
② 1차 부정정
③ 2차 부정정
④ 3차 부정정

---

• • •
**ANSWER**   50.③   51.①

**50** 중첩법을 적용하여 간단하게 풀 수 있는 문제이다.
등분포하중에 의한 고정단모멘트 : 2(kN/cm)×(2+1)m×(1.5)m=900kNm
집중하중에 의한 고정단 모멘트 : 400kN×1m=400kNm
따라서 두 고정단모멘트를 합치면 1300kN · m

**51** 직관적으로 정정구조임을 알 수 있다. 부재내에 힌지가 1개가 있어 내적부정정차수는 -1이 된다. 반력수가 4개(수평2개, 연직2개)이므로 외적부정정차수는 $N_e = r - 3 = 4 - 3 = 1$이 되며 총 부정정차수는 내적부정정차수와 외적부정정차수의 합이므로 0이 되어 정정구조가 된다.

**52** 다음과 같은 볼트군의 $x_o$으로부터의 도심위치 $x$를 구하면? (단, 그림의 단위는 mm)

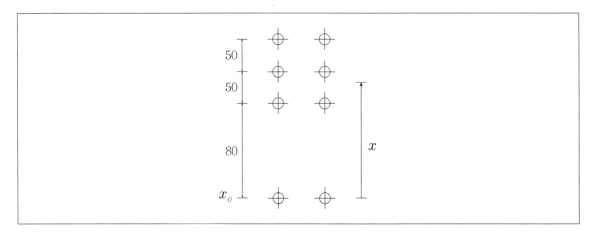

① 80mm

② 89.5mm

③ 90mm

④ 97.5mm

**53** 압축이형철근의 정착길이에 관한 기준으로 바르지 않은 것은?

① 계산된 정착길이는 항상 200mm이상이어야 한다.

② 기본정착길이는 최소 $0.0043d_b f_y$ 이어야 한다.

③ 해석결과 요구되는 철근량을 초과하여 배치한 경우 소요철근량/배근철근량을 곱하여 보정한다.

④ 전경량콘크리트를 사용한 경우 기본정착길이에 0.85배하여 정착길이를 산정한다.

---

**52** 계산의 편의를 위해 $x_0$으로부터 20mm아래를 기준선으로 잡고 도심의 위치를 구하면

$$x_{-20} = \frac{20 + (20+80) + (20+80+50) + (20+80+50+50)}{4} = 117.5$$

따라서 도심의 위치는 $x_0$으로부터 117.5−20=97.5mm가 된다.

**53** 전경량콘크리트를 사용한 경우 기본정착길이에 0.75배하여 정착길이를 산정한다.

**54** 철근콘크리트 보에서 콘크리트를 이어붓기 할 때 그 이음의 위치로 가장 적당한 것은?

① 전단력이 최소인 부분

② 휨모멘트가 최소인 부분

③ 큰 보와 작은보가 접합되는 단면에 변화되는 부분

④ 보의 단부

**55** 다음 그림과 같이 양단이 고정된 강재 부재에 온도변화량 $\triangle T = 30^{\circ}C$로 증가될 때 이 부재에 걸리는 압축응력은 얼마인가? (단, 강재의 탄성계수 $E_S = 2.0 \times 10^5 \mathrm{MPa}$, 부재 단면적 A=5,000mm$^2$, 열팽창 계수 $\alpha = 1.2 \times 10^{-5}/^{\circ}C$)

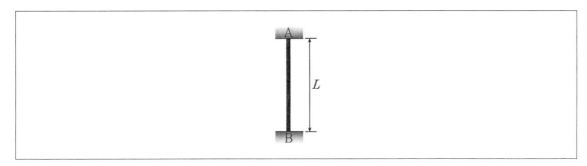

① 25MPa

② 48MPa

③ 64MPa

④ 72MPa

**54** 철근콘크리트 보에서는 전단력이 최소인 부분에서 이어붓기를 한다.

**55** 온도응력

$\sigma_T = E \cdot \varepsilon_T = E \cdot \alpha \cdot \triangle T = 200,000 \cdot 1.2 \cdot 10^{-5} \cdot 30 = 72[\mathrm{MPa}]$

**56** 다음 그림과 같은 압축재 H-200×200×8×12가 부재의 중앙지점에서 약축에 대해 휨변형이 구속되어 있다. 이 부재의 탄성좌굴응력도를 구하면? (단, 단면적 $A = 63.53 \times 10^2 \text{mm}^2$, $I_x = 4.72 \times 10^7 mm^4$, $I_y = 1.60 \times 10^7 \text{mm}^4$, $E = 205,000\text{MPa}$)

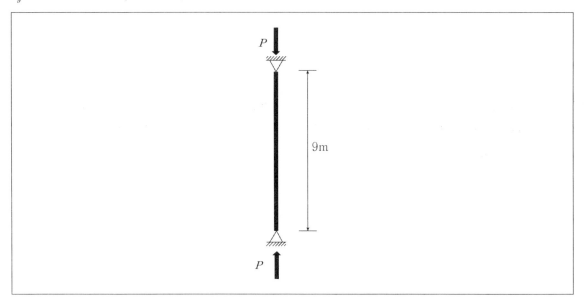

9m

① 252 N/mm$^2$

② 186 N/mm$^2$

③ 132 N/mm$^2$

④ 108 N/mm$^2$

**56** 양단힌지의 유효좌굴길이계수는 1.0이다. 따라서 유효좌굴길이계수 K=1.0이 된다.
강축에 대해서는 부재 전체의 길이인 9m를 적용한다.

$$P_{cr,x} = \frac{\pi^2 EI}{(KL_x)^2} = \frac{\pi^2 (205,000)(4.72 \times 10^7)}{(1.0 \times 9,000)^2} = 1,180 kN$$

약축에 대해서는 휨변형이 구속되므로 4.5m를 적용해야 한다.

$$P_{cr,y} = \frac{\pi^2 EI_y}{(KL_x)^2} = \frac{\pi^2 (205,000)(1.60 \times 10^7)}{(1.0 \times 4,500)^2} = 1,600 kN$$

위의 좌굴하중 중 작은 값에 지배되므로 탄성좌굴응력은 $f_{cr} = \dfrac{P_{cr}}{A} ≒ 186 N/mm^2$ 이 된다.

※ 오일러의 탄성좌굴하중

탄성좌굴하중 $P_{cr} = \dfrac{\pi^2 EI_{min}}{(KL)^2} = \dfrac{n \cdot \pi^2 EI_{min}}{L^2} = \dfrac{\pi^2 EA}{\lambda^2}$

좌굴응력 $f_{cr} = \dfrac{P_{cr}}{A} = \dfrac{\pi^2 EI_{min}}{(KL)^2 \cdot A} = \dfrac{\pi^2 E \cdot r_{min}^2}{(KL)^2} = \dfrac{\pi^2 E}{\lambda^2}$

$E$ : 탄성계수 (MPa, N/mm$^2$)

$I_{min}$ : 최소단면2차 모멘트(mm$^4$)

$K$ : 지지단의 상태에 따른 유효좌굴길이계수

$KL$ : 유효좌굴길이(mm)

$\lambda$ : 세장비 (길이를 단면2차반경으로 나눈 값)

$f_{cr}$ : 임계좌굴응력

$n$ : 좌굴계수(강도계수, 구속계수)이며 $n = \dfrac{1}{K^2}$ 이다.

| 단부구속조건 | 양단고정 | 1단힌지 타단고정 | 양단힌지 | 1단회전구속이 동자유 타단고정 | 1단회전자유이 동자유 타단고정 | 1단회전구속이 동자유 타단힌지 |
|---|---|---|---|---|---|---|
| 좌굴형태 | | | | | | |
| 유효좌굴길이계수 | 0.50 | 0.70 | 1.0 | 1.0 | 2.0 | 2.0 |
| 절점조건의 범례 | | 회전구속, 이동구속 : 고정단 | | | | |
| | | 회전자유, 이동구속 : 힌지 | | | | |
| | | 회전구속, 이동자유 : 큰 보강성과 작은 기둥강성인 라멘 | | | | |
| | | 회전자유, 이동자유 : 자유단 | | | | |

**57** 철근콘크리트보의 장기처짐을 구할 때 적용되는 5년 이상 지속하중에 대한 시간경과계수의 값은?

① 2.4

② 2.0

③ 1.2

④ 1.0

**58** 강도설계법에서 휨 또는 휨과 축력을 동시에 받는 부재의 콘크리트 압축연단에서 극한변형률은 얼마로 가정하는가?

① 0.002

② 0.003

③ 0.005

④ 0.007

**59** 다음 그림과 같은 구조물에서 기둥에 발생하는 휨모멘트가 0이 되려면 등분포하중은 얼마여야 하는가?

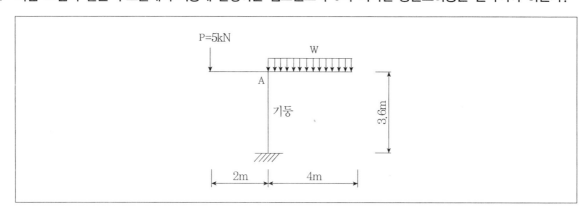

① 2.5kN/m

② 0.8kN/m

③ 1.25kN/m

④ 1.75kN/m

**57** 시간경과계수 : 3개월(1.0), 6개월(1.2), 12개월(1.4), 2년(1.65), 5년(2.0)

**58** 강도설계법에서 휨 또는 휨과 축력을 동시에 받는 부재의 콘크리트 압축연단에서 극한변형률은 0.003으로 한다.

**59** 기둥에 발생되는 휨모멘트가 0이 되려면 좌측부재와 우측부재가 각각 발생시키는 휨모멘트의 크기가 같고 방향이 서로 반대여야 한다. 우측의 등분포하중을 집중하중으로 치환시키면 4W가 되고 작용점은 부재중앙이 된다. 그리고 우측모멘트와 좌측모멘트가 같아야 하므로 4W×2m=5kN×2를 만족하는 W=1.25kN/m가 된다.

**60** 다음 그림과 같은 캔틸레버 보에서 B점의 처짐을 구하면?

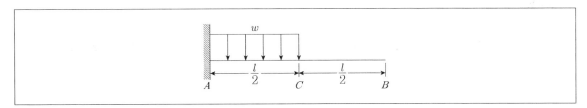

① $\dfrac{wl^4}{128EI}$

② $\dfrac{3wl^4}{128EI}$

③ $\dfrac{3wl^4}{384EI}$

④ $\dfrac{7wl^4}{384EI}$

60.④

**60** $\delta_B = M_B' = \left( \dfrac{1}{3} \cdot \dfrac{wl^2}{8EI} \cdot \dfrac{l}{2} \left( \dfrac{l}{2} + \dfrac{l}{2} \cdot \dfrac{3}{4} \right) \right) = \dfrac{7wl^4}{384EI}$

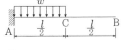

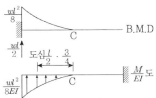

Advice) 이런 문제는 공액보로 푸는 것보다는 다음의 식 자체를 암기할 것을 권한다.

| 하중조건 | 처짐각 | 처짐 |
|---|---|---|
| ![하중조건 w L A B] | $\theta_B = \dfrac{wL^3}{6EI}$ | $\delta_B = \dfrac{wL^4}{8EI}$ |
| ![하중조건 w L/2 L/2 A B] | $\theta_B = \dfrac{7wL^3}{46EI}$ | $\delta_B = \dfrac{41wL^4}{384EI}$ |
| ![하중조건 w L/2 L/2 A B] | $\theta_B = \dfrac{wL^3}{48EI}$ | $\delta_B = \dfrac{7wL^4}{384EI}$ |

**61** 자동화재탐지설비의 감지기 중 주위의 온도가 일정한 온도 이상이 되었을 때 작동하는 것은?

① 차동식 감지기
② 정온식 감지기
③ 광전식 감지기
④ 이온화식 감지기

**62** 급탕설비에 관한 설명으로 옳은 것은?

① 팽창탱크는 반드시 개방식으로 해야 한다.
② 리버스 리턴(Reverse-Return)방식은 전 계통의 탕의 순환을 촉진하는 방식이다.
③ 직접가열식 중앙급탕법은 보일러 안에 스케일 부착이 없어 내부에 방식처리가 불필요하다.
④ 간접가열식 중앙급탕법은 저탕조와 보일러를 직결하여 순환가열하는 것으로 고압용 보일러가 주로 사용된다.

---

**ANSWER** 61.② 62.②

---

**61** 정온식 감자기에 관한 설명이다.
 ※ 자동화재 탐지설비 중 감지기의 종류
  ㉠ 정온식 감지기 : 주위의 온도가 일정 온도 이상이 되었을 경우 바이메탈이 팽창하여 접점이 닫힘으로써 작동되는 감지기로 화기 및 열원기기를 취급하는 보일러실이나 주방 등에 적합하다.
  ㉡ 차동식 감지기 : 감지기 내의 장치가 주변의 온도상승으로 인한 열팽창률에 의해 팽창하여 파이프에 접속된 감압실의 접점을 동작시켜 작동되는 감지기로 부착높이가 15m이하인 곳에 적합하다.
  ㉢ 보상식 감지기 : 차동식 감지기와 정온식 감지기의 기능을 합친 감지기
  ㉣ 이온화식 감지기 : 연기에 의해서 이온전류가 변화하는 현상을 이용하여 감지하는 방식
  ㉤ 광전식 감지기 : 감지기의 주위의 공기가 일정한 농도의 연기를 포함하게 되면 작동하는 것으로 연기에 의하여 광전소자의 수광량이 변화하는 것을 이용해서 작동하는 감지기

| | | |
|---|---|---|
| 감지기 | 정온식 | 스폿형(바이메탈식) |
| | | 감지선형(가용절연물식) |
| | 차동식 | 스폿형(공기식) |
| | | 분포형(공기관식, 열전대식) |
| | 보상식 | 스폿형 |
| | 연기식 | 광전식, 이온화식 |

**62** 리버스리턴(Reverse-Return)방식 : 각 지관에서 온수의 순환을 균일하게 하기 위해(마찰저항을 균일하게 하여) 열원에서 각 지관의 공급개소까지 온수공급관과 반송관의 배관길이를 동일하게 하는 방식이다.
**직접가열식** : 저탕조와 보일러를 직결하여 순환가열하는 방식이다.
**간접가열식** : 저탕조 내 가열코일을 설치하고 이 코일에 증기나 온수를 보내 저탕조의 물을 간접적으로 가열하는 방식이다.
① 팽창탱크는 고온수난방을 제외하고는 개방식으로 한다.
③ 직접가열식 중앙급탕법은 보일러 안에 스케일 부착이 심해 내부에 방식처리가 요구된다.
④ 저탕조와 보일러를 직결하여 순환가열하는 방식은 직접가열식으로서 고압용 보일러가 주로 사용된다.

**63** 알칼리 축전지에 관한 설명으로 바르지 않은 것은?

① 고율방전특성이 좋다.

② 공칭전압은 2[V/셀]이다.

③ 기대수명이 10년 이상이다.

④ 부식성의 가스가 발생하지 않는다.


**64** 다음 중 각종 난방방식에 관한 설명으로 옳지 않은 것은?

① 증기난방은 잠열을 이용한 난방이다.

② 온수난방은 온수의 현열을 이용한 난방이다.

③ 온풍난방은 온습도 조절이 가능한 난방이다.

④ 복사난방은 열용량이 작으므로 간헐난방에 적합하다.

• • •
ANSWER  **63.**② **64.**④

- - - - - - - - - - - - - - - - - - - - - - - - - - - - - - - - - - - - - - - - - - - - - - - - - - - - - - - - - - - - - - - - - -

**63** 알칼리 축전지의 공칭전압은 1.2[V/셀]이다.
(연축전지의 공칭전압은 2.0[V/셀]이다.)

**64** ④ 복사난방은 열용량이 크고 방열량의 조절이 어려워 간헐난방에는 부적합하다.

　※ 난방방식의 특징

　　㉠ 증기난방의 특징

　　• 예열시간이 짧다.

　　• 방열량조절이 어렵다.

　　• 설비비는 저렴하나 소음이 크다.

　　• 관의 부식이 빠르게 진행된다.

　　• 분류 : 배관환수방식-단관식, 복관식 / 응축수　환수방식-중력환수식, 기계환수식, 진공환수식 / 환수주관의　위치-습식환수, 건식환수

　　㉡ 온수난방의 특징

　　• 예열시간이 길어서 간헐운전에 부적합하다.

　　• 열용량은 크나 열운반능력이 작다.

　　• 방열량의 조절이 용이하다.

　　• 소음이 적은 편이나 설비비가 비싸다.

　　• 쾌감도가 높은 편이다.

　　• 분류 : 온수의　온도-저온수난방,　고온수난방 / 순환방법-중력환수식,　강제순환식 / 배관방식-단관식,　복관식 / 온수의 공급방향-상향공급식, 하향공급식, 절충식

　　㉢ 복사난방의 특징

　　• 실내의 수직온도분포가 균등하고 쾌감도가 높다.

　　• 방을 개방상태로 해도 난방효과가 높다.

　　• 바닥의 이용도가 높다.

　　• 대류가 적으므로 바닥면의 먼지가 상승하지 않는다.

　　• 외기의 급변에 따른 방열량 조절이 곤란하다.

　　• 시공이 어렵고 수리비, 설비비가 비싸다.

　　• 매입배관이므로 고장요소를 발견할 수 없다.

　　• 열손실을 막기 위한 단열층을 필요로 한다.

　　• 바닥하중과 두께가 증가한다.

**65** 다음 중 덕트 설비에 관한 설명으로 옳은 것은?

① 고속덕트에는 소음상자를 사용하지 않는 것이 원칙이다.

② 고속덕트는 관마찰저항을 줄이기 위하여 일반적으로 장방형 덕트를 사용한다.

③ 등마찰손실법은 덕트 내의 풍속을 일정하게 유지할 수 있도록 덕트 치수를 결정하는 방법이다.

④ 같은 양의 공기가 덕트를 통해 송풍될 때 풍속을 높게 하면 덕트의 단면치수를 작게 할 수 있다.

**66** 사무소 건물에서 다음과 같이 위생기구를 배치했을 때 이들 위생기구 전체로부터 배수를 받아들이는 배수수평지관의 관경으로 가장 알맞은 것은?

| 기구종류 | 바닥배수 | 소변기 | 대변기 |
|---|---|---|---|
| 배수부하단위 | 2 | 4 | 8 |
| 기구수 | 2 | 8 | 2 |

| 관경(mm) | 배수수평지관의 배수부하단위 |
|---|---|
| 75 | 14 |
| 100 | 96 |
| 125 | 216 |
| 150 | 372 |

① 75mm

② 100mm

③ 125mm

④ 150mm

---

**65** ① 고속덕트는 덕트 내 풍속이 크므로 고압이 발생하기 때문에 소음상자를 사용하는 것이 원칙이다.
　　② 고속덕트는 관마찰저항을 줄이기 위하여 일반적으로 원형 덕트를 사용한다.
　　③ 덕트 내의 풍속을 일정하게 유지할 수 있도록 덕트 치수를 결정하는 방법은 등속법이다.
　　※ **고속덕트** … 덕트 내의 풍속을 빠르게 하여 치수를 작게 하는 방식이다. 일반적으로 덕트 내의 풍속이 15~20m/s 또는 그 이상의 경우를 말한다.

**66** 배수부하단위×기구수=(2×2)+(4×8)+(8×2)=52이므로 100mm관경이 적합하다.

**67** 다음 중 건물 실내에 표면결로 현상이 발생하는 원인과 가장 거리가 먼 것은?

① 실내의 온도차

② 구조재의 열적특성

③ 실내 수증기 발생량 억제

④ 생활습관에 의한 환기부족

**68** 양수량이 1m³/min, 전양정이 50m인 펌프에서 회전수를 1.2배 증가시켰을 때의 양수량은?

① 1.2배 증가

② 1.44배 증가

③ 1.73배 증가

④ 2.4배 증가

**69** 높이 30m의 고가수조에 매분 1m³의 물을 보내려고 할 때 필요한 펌프의 축동력은? (단, 마찰손실수두 6m, 흡입양정 1.5m, 펌프효율 50%인 경우)

① 약 2.5kW

② 약 9.8kW

③ 약 12.3kW

④ 약 16.7kW

**70** 다음 중 전기설비가 어느 정도 유효하게 사용되는가를 나타내며 최대수용전력에 대한 부하의 평균전력의 비로 표현되는 것은?

① 부하율

② 부등률

③ 수용률

④ 유효율

---

**ANSWER**   67.③   68.①   69.③   70.①

........................................................................

**67** 실내가 완전 건조되면 습기가 없기에 결로가 발생하지 않는다.

**68** 펌프의 양수량은 펌프의 회전수에 비례한다.

**69** 펌프의 전양정 : 1.5+30+6=37.5m

펌프의 축동력 : $\dfrac{W \cdot Q \cdot H}{6,120 \cdot E} = \dfrac{(1,000)(1)(37.5)}{6,120(0.5)} = 12.25kW$

**70** 부하율(Load Factor) : 전력공급자의 입장에서 전력공급설비의 효율성을 판단하기 위한 개념(평균부하/최대부하)

수용률(Demand Factor) : 변압기 수전용량을 산정하기 위한 개념(부하집합의 최대전력/개별 부하설비용량의 합)

부등률(Diversity Factor) : 공급측에서 여러 부하군에 전력을 공급할 때 변압기 및 선로 용량을 계산하기 위한 개념(개별 부하집합 최대전력의 합 / 부하군의 최대전력)

**71** 각 층마다 옥내소화전이 3개씩 설치되어 있는 건물에서 옥내소화전 설비의 수원의 저수량은 최소 얼마 이상이 되도록 하여야 하는가?

① $6.9m^3$

② $7.2m^3$

③ $7.5m^3$

④ $7.8m^3$

**72** 다음 중 통기방식에 관한 설명으로 옳지 않은 것은?

① 신정통기방식에서는 통기수직관을 설치하지 않는다.

② 루프 통기방식은 각 기구의 트랩마다 통기관을 설치하고 각각을 통기수평지관에 연결하는 방식이다.

③ 신정통기방식은 배수수직관의 상부를 연장하여 신정통기관으로 사용하는 방식으로 대기중에 개구한다.

④ 각개 통기방식은 트랩마다 통기되기 때문에 가장 안정도가 높은 방식으로, 자기사이폰 작동의 방지에도 효과가 있다.

**73** 다음 중 습공기를 가열하였을 경우 상태량이 변하지 않는 것은?

① 엔탈피

② 비체적

③ 절대습도

④ 상대습도

---

**71** 옥내소화전 소화수량 : 2.6N(N은 최대 5개)
2.6N=2.6(3)=7.8m³

**72** 각 기구의 트랩마다 통기관을 설치하고 각각을 통기수평지관에 연결하는 방식은 각개 통기방식이다.

**73** 절대습도 : 대기 중에 포함된 수증기의 양을 표시하는 방법으로 단위 부피당 수증기의 질량을 말한다. 공기 1m³ 중에 포함된 수증기의 양을 g으로 나타낸다.

**74** 어느 점광원에서 1[m] 떨어진 곳의 직각면 조도가 200[lx]일 때 이 광원에서 2[m] 떨어진 곳의 조도는?

① 25[lx]

② 50[lx]

③ 100[lx]

④ 200[lx]

**75** 다음 중 공기조화방식 중 전수방식에 관한 설명으로 옳지 않은 것은?

① 각 실의 제어가 용이하다.

② 실내의 배관에 의해 누수의 우려가 있다.

③ 극장의 관객석과 같이 많은 풍량을 필요로 하는 곳에 주로 사용된다.

④ 열매체가 증기 또는 냉·온수로 열의 운송동력이 공기에 비해 적게 소요된다.

**76** 터보냉동기에 관한 설명으로 바르지 않은 것은?

① 왕복동식에 비하여 진동이 적다.

② 흡수식에 비해 소음 및 진동이 심하다.

③ 임펠러 회전에 의한 원심력으로 냉매가스를 압축한다.

④ 일반적으로 대용량에는 부적합하며 비례제어가 불가능하다.

---

ANSWER | **74.**② **75.**③ **76.**④

**74** 조도($E$)의 법칙

코사인법칙 : $E = \dfrac{I}{d^2} \cdot \cos\theta$, 거리의 역자승 법칙 : $E = \dfrac{I}{d^2}$ ($I$ : 광도, $d$ : 광원에서의 거리)

거리의 역자승 법칙($E = \dfrac{I}{d^2}$)에 따라 거리가 2배가 되면 조도는 1/4배가 된다.

**75** ③ 극장의 관객석과 같이 많은 풍량을 필요로 하는 곳에 주로 사용되는 방식은 대형공조덕트를 통한 전공기방식이다.

**76** ④ 터보식냉동기는 소용량에 부적합하며 비례제어가 가능하다. (비례제어 : 원하는 값과 측정된 값 사이의 차이에 비례하는 제어 변수에 보정이 적용되는 선형 피드백 제어 시스템)

※ 터보식 냉동기
- 임펠러 회전에 의한 원심력으로 냉매가스를 압축하는 방식이다.
- 대규모 공조 및 냉동에 적합하고, 소용량에는 부적합하다.
- 효율이 좋고 가격이 저렴하다.
- 왕복동식에 비하여 진동이 적다.
- 냉매가 고압가스가 아니므로 취급이 용이하다.
- 부하가 25% 이하일 경우 운전이 불가능하여 겨울에 주의해야 한다.
- 30% 이하의 출력에서는 서징(Surging)현상이 일어나므로 운전이 곤란하다.

**77** 다음 중 가스배관 경로 선정시 주의하여야 할 사항으로 옳지 않은 것은?

① 장래의 증설 및 이설 등을 고려한다.

② 주요구조부를 관통하지 않도록 한다.

③ 옥내배관은 매립하는 것을 원칙으로 한다.

④ 손상이나 부식 및 전식을 받지 않도록 한다.

**78** 다음과 같은 특징을 갖는 배선공사방식은?

• 열적영향이나 기계적 외상을 받기 쉬운 곳이 아니면 금속배관과 같이 광범위하게 사용이 가능하다.
• 관자체가 절연체이므로 감전의 우려가 없으며 시공이 용이하다.

① 금속덕트 공사

② 버스덕트 공사

③ 플로어덕트 공사

④ 합성수지관 공사

**79** 다음 중 엘리베이터의 일주시간 구성 요소에 속하지 않는 것은?

① 주행시간

② 도어개폐시간

③ 승객출입시간

④ 승객대기시간

**ANSWER**  77.③  78.④  79.④

**77** ③ 가스배관은 가스누출시의 환기를 위해 매립하지 않고 노출시키는 것이 원칙이다.

**78** 보기의 내용은 합성수지관 공사에 관한 설명이다.

**79** 엘리베이터의 5분간 수송 인원수

$$P = \frac{(60 \times 5)(0.8 \times 엘리베이터카의 정원)}{평균일주시간}$$

평균일주시간=승객출입시간+문의 개폐시간+카의 주행시간

**80** 다음과 같은 조건에 있는 실의 틈새바람에 의한 현열 부하량은?

> 실의 체적 : 400m$^3$
>
> 환기횟수 : 0.5회/h
>
> 실내공기건구온도 : 실내공기건구온도20℃, 외기건구온도: 0℃
>
> 공기의 밀도 : 1.2kg/m$^3$, 공기의 비열: 1.01kJ/kg · K

① 약 986W

② 약 1,124W

③ 약 1,347W

④ 약 1,542W

**80** 환기량 $Q = nV = 0.5 \times 400 = 20 m^3/h$

현열량 $Q_H = 0.337 Q(t_o - t_i) = 0.337(200)(20 - 0) = 1,348 W$

**81** 지구단위계획구역의 지정목적을 이루기 위하여 지구단위계획에 포함될 수 있는 내용이 아닌 것은?

① 용도지역이나 용도지구를 대통령령으로 정하는 범위에서 세분하거나 변경하는 사항

② 건축물 높이의 최고한도 또는 최저한도

③ 도시군관리계획 중 정비사업에 관한 계획

④ 대통령령으로 정하는 기반시설의 배치와 규모

**82** 시장·군수·구청장이 국토의 계획 및 이용에 관한 법률에 따른 도시지역에서 건축선을 따로 지정할 수 있는 최대 범위는?

① 2m

② 3m

③ 4m

④ 6m

---

● ● ●
**ANSWER**  81.③  82.③

**81** ③ 도시군관리계획 중 정비사업에 관한 계획은 지구단위계획에는 포함되지 않는다.
지구단위계획구역의 지정목적을 이루기 위하여 지구단위계획에는 다음 각 호의 사항 중 제2호와 제4호의 사항을 포함한 둘 이상의 사항이 포함되어야 한다.
1. 용도지역이나 용도지구를 대통령령으로 정하는 범위에서 세분하거나 변경하는 사항
1의2. 기존의 용도지구를 폐지하고 그 용도지구에서의 건축물이나 그 밖의 시설의 용도·종류 및 규모 등의 제한을 대체하는 사항
2. 대통령령으로 정하는 기반시설의 배치와 규모
3. 도로로 둘러싸인 일단의 지역 또는 계획적인 개발·정비를 위하여 구획된 일단의 토지의 규모와 조성계획
4. 건축물의 용도제한, 건축물의 건폐율 또는 용적률, 건축물 높이의 최고한도 또는 최저한도
5. 건축물의 배치·형태·색채 또는 건축선에 관한 계획
6. 환경관리계획 또는 경관계획
7. 교통처리계획
8. 그 밖에 토지 이용의 합리화, 도시나 농·산·어촌의 기능 증진 등에 필요한 사항으로서 대통령령으로 정하는 사항

**82** 시장·군수·구청장이 국토의 계획 및 이용에 관한 법률에 따른 도시지역에서 건축선을 따로 지정할 수 있는 최대범위는 4m이다.

**83** 주차전용건축물이란 건축물의 연면적 중 주차장으로 사용되는 부분의 비율이 최소 얼마 이상인 건축물을 말하는가?(단, 주차장 외의 용도가 자동차 관련시설인 건축물의 경우)

① 70%
② 80%
③ 90%
④ 95%

**84** 다음 중 건축물의 면적, 높이 및 층수 등의 산정방법에 관한 설명으로 옳은 것은?

① 건축물의 높이 산정 시 건축물의 대지에 접하는 전면도로의 노면에 고저차가 있는 경우에는 그 건축물이 접하는 범위의 전면도로부분의 수평거리에 따라 가중평균한 높이의 수평면을 전면도로면으로 본다.
② 용적률 산정 시 연면적에는 지하층의 면적과 지상층의 주차용으로 쓰는 면적을 포함시킨다.
③ 건축면적은 건축물의 내벽의 중심선으로 둘러싸인 부분의 수평투영면적으로 한다.
④ 건축물의 층수는 지하층을 포함하여 산정하는 것이 원칙이다.

**85** 다음 중 대형건축물의 건축허가 사전승인신청시 제출도서 중 설계설명서에 표시하여야 할 사항에 해당하지 않는 것은?

① 시공방법
② 동선계획
③ 개략공정계획
④ 각부 구조계획

**83** 주차전용건축물의 원칙은 주차장으로 사용되는 비율이 연면적의 95%이 상인 것을 말한다. 다만, 주차장 외의 용도로 사용되는 부분이 근린생활시설 등으로 사용되는 경우 70% 이상으로 할 수 있다.

**84** ② 용적률 산정 시 연면적에는 지하층의 면적과 지상층의 주차용으로 쓰는 면적을 제외한다.
③ 건축면적은 건축물의 외벽의 중심선으로 둘러싸인 부분의 수평투영면적으로 한다.
④ 건축물의 층수는 지하층을 제외하고 지상 건축물의 층(구조 바닥, slab) 개수만을 말한다.

**85** 대형건축물의 건축허가 사전승인신청시 제출도서의 종류 중 설계설명서에 표시하여야 할 사항
• 공사개요(위치, 대지, 면적, 공사기간, 공사금액 등)
• 사전조사사항
• 건축계획(배치, 평면, 입면, 동선, 조경, 주차, 교통처리계획 등)
• 시공방법, 개략공정계획, 주요설비계획
• 주요자재 사용계획 및 그 외 필요한 사항

**86** 다음 중 건축물을 건축하는 경우 해당 건축물의 설계자가 국토교통부령으로 정하는 구조기준 등에 따라 그 구조의 안전을 확인할 때 건축구조기술사의 협력을 받아야 하는 대상 건축물 기준으로 옳지 않은 것은? (기출 변형)

① 다중이용 건축물

② 6층 이상인 건축물

③ 3층 이상의 필로티형식의 건축물

④ 기둥과 기둥 사이의 거리가 20m 이하인 건축물

**87** 다음 중 비상용승강기의 승강장 및 승강로의 구조에 관한 기준 내용으로 옳지 않은 것은?

① 옥내에 설치하는 승강장의 바닥면적은 비상용승강기 1대에 대하여 $6m^2$ 이상으로 할 것

② 각층으로부터 피난층까지 이르는 승강로를 단일구조로 연결하여 설치할 것

③ 피난층이 있는 승강장의 출입구로부터 도로 또는 공지에 이르는 거리가 30m 이하일 것

④ 승강장에는 배연설비를 설치해야 하며 외부를 향하여 열 수 있는 창문 등을 설치해서는 안 된다.

---

**86** 건축구조기술사 협력의무대상 건축물 … 다음의 어느 하나에 해당하는 건축물의 설계자는 해당 건축물에 대한 구조의 안전을 확인하는 경우에는 건축구조기술사의 협력을 받아야 한다.
- 3층 이상의 필로티형식 건축물
- 6층 이상인 건축물
- 특수구조 건축물(보, 차양 등이 외벽중심선에서 3미터 이상 돌출된 건축물, 기둥과 기둥 사이의 거리가 20m이상인 건축물, 국토교통부장관이 정하여 고시하는 구조로 된 건축물)
- 다중이용건축물, 준다중이용건축물
- 지진구역 I 인 지역 내에 건축하는 건축물로서 중요도가 〈특〉에 해당하는 건축물
- 건축물의 용도 및 규모를 고려한 중요도가 높은 건축물로서 국토교통부령으로 정하는 건축물

**87** 승강장에는 외부를 향하여 열 수 있는 창문이 설치되어야 한다.

**88** 국토의 계획 및 이용에 관한 법령상 다음과 같이 정의되는 용어는?

> 개발로 인하여 기반시설이 부족할 것으로 예상되나 기반시설을 설치하기 곤란한 지역을 대상으로 건폐율이나 용적률을 강화하여 적용하기 위해 지정하는 구역

① 시가화조정구역
② 개발밀도관리구역
③ 기반시설부담구역
④ 지구단위계획구역

**89** 다음 중 방화구조의 기준으로 틀린 것은?

① 시멘트모르타르 위에 타일을 붙인 것으로서 그 두께의 합계가 2.5cm 이상인 것
② 석고판 위에 시멘트모르타르를 바른 것으로서 그 두께의 합계가 2cm 이상인 것
③ 철망모르타르로서 그 바름두께가 1.5cm 이상인 것
④ 심벽에 흙으로 맞벽치기한 것

**90** 다음 중 부설주차장의 설치대상 시설물의 종류와 설치기준의 연결이 바른 것은?

① 판매시설 – 시설면적 100m²당 1대
② 위락시설 – 시설면적 150m²당 1대
③ 종교시설 – 시설면적 200m²당 1대
④ 숙박시설 – 시설면적 200m²당 1대

---

ANSWER  88.② 89.③ 90.④

**88** 제시된 구역은 개발밀도관리구역이다.

**89** 철망모르타르로서 그 바름두께가 2cm 이상이어야 방화구조로 판정한다.
※ 방화구조의 기준
 • 바름두께가 2cm 이상인 철망모르타르 바르기
 • 두께의 합계가 2.5cm 이상인 석고판 위에 시멘트모르타르 또는 회반죽을 바른 것
 • 두께의 합계가 2.5cm 이상인 시멘트모르타르 위에 타일을 붙인 것
 • 심벽에 흙으로 맞벽치기를 한 것
 • 한국산업규격(KS)이 정한 방화2급에 해당되는 것

**90** 부설주차장의 설치기준
 ① 판매시설 – 시설면적 150m²당 1대
 ② 위락시설 – 시설면적 100m²당 1대
 ③ 종교시설 – 시설면적 150m²당 1대

**91** 다음은 건축법령상 지하층의 정의 내용이다. ( )안에 알맞은 것은?

> "지하층"이란 건축물의 바닥이 지표면 아래에 있는 층으로서 바닥에서 지표면까지 평균높이가 해당 층 높이의 ( )이상인 것을 말한다.

① 2분의 1

② 3분의 1

③ 3분의 2

④ 4분의 3

**92** 오피스텔에 설치하는 복도의 유효너비는 최소 얼마 이상이어야 하는가? (단, 건축물의 연면적은 300m² 이며, 양옆에 거실이 있는 복도의 경우)

① 1.2m

② 1.8m

③ 2.4m

④ 2.7m

**93** 다음 중 광역도시계획에 관한 내용으로 바르지 않은 것은?

① 인접한 둘 이상의 특별시 · 광역시 · 특별자치시 · 특별자치도 · 시 또는 군의 관할구역 전부 또는 일부를 광역계획권으로 지정할 수 있다.

② 군수가 광역도시계획을 수립하는 경우 도지사의 승인을 생략한다.

③ 광역계획권의 공간구조와 기능분담에 관한 정책 방향이 포함되어야 한다.

④ 광역도시계획을 공동으로 수립하는 시 · 도지사는 그 내용에 관하여 서로 협의가 되지 아니하면 공동이나 단독으로 국토교통부장관에게 조정을 신청할 수 있다.

---

**ANSWER** 　91.① 　92.② 　93.②

**91** "지하층"이란 건축물의 바닥이 지표면 아래에 있는 층으로서 바닥에서 지표면까지 평균높이가 해당 층 높이의 1/2 이상 인 것을 말한다.

**92** 연면적 200m²을 초과하는 공동주택이나 오피스텔에 설치하는 복도의 유효너비는 다음과 같다.
　양측에 거실이 있는 복도 : 1.8m 이상
　그 밖의 복도 : 1.2m 이상

**93** 군수가 광역도시계획을 수립하는 경우 도지사의 승인을 받아야 한다.

**94** 다음 중 건축물의 용도 분류가 바르게 된 것은?

① 식물원 – 동물 및 식물관련시설

② 동물병원 – 의료시설

③ 유스호스텔 – 수련시설

④ 장례식장 – 묘지관련시설

---

ANSWER | 94.③

---

**94** ① 식물원 – 문화 및 집회시설
② 동물병원 – 2종 근린생활시설
④ 장례식장 – 장례식장 (묘지관련시설이 아님에 유의)

※ 주의해야 할 용도분류
- 유치원 : 교육연구시설
- 유스호스텔 : 수련시설
- 자동차학원 : 자동차 관련시설
- 무도학원 : 위락시설
- 독서실 : 2종 근린생활시설
- 치과의원 : 1종 근린생활시설
- 치과병원 : 의료시설 (병원은 입원환자 30인 이상 수용 할 수 있는 시설을 갖춘 곳이며 의원은 30인 이하의 환자를 수용할 수 있는 곳이다.)
- 동물병원 : 2종 근린생활시설
- 장례식장 : 장례식장 (묘지관련시설이 아님에 유의)
- 묘지관련시설 : 화장시설, 봉안당, 묘지 및 부속 건축물

| 단독주택 | 단독주택, 다중주택, 다가구주택, 공관 |
|---|---|
| 공동주택 | 아파트, 연립주택, 다세대주택, 기숙사 |
| 근린생활시설 | 제1종 근린생활시설, 제2종 근린생활시설 |
| 문화 및 집회시설 | 공연장, 집회장, 관람장, 전시장, 동식물원 |
| 종교시설 | 종교집회장, 봉안당 |
| 판매시설 | 도매시장, 소매시장, 상점 |
| 운수시설 | 여객자동차터미널, 철도시설, 공항 및 항만시설 |
| 의료시설 | 병원, 격리병원 |
| 교육연구시설 | 학교, 교육원, 직업훈련소, 학원, 연구소, 도서관 |
| 노유자시설 | 아동관련시설, 노인복지시설, 사회복지시설 |
| 수련시설 | 생활권 및 자연권 수련시설, 유스호스텔 |
| 운동시설 | 체육관, 운동장 |
| 업무시설 | 공공업무시설, 일반업무시설 |
| 숙박시설 | 일반숙박시설, 관광숙박시설, 고시원 |
| 위락시설 | • 단란주점으로서 제2종 근린생활이 아닌 것　• 유흥주점 및 이와 유사한 것<br>• 카지노 영업소　　　　　　　　　　　　• 무도장과 무도학원 |
| 공장 | 물품의 제조, 가공이 이루어지는 곳 중 근린생활시설이나 자동차관련시설, 위험물 및 분뇨 쓰레기 처리시설로 분리되지 않는 것 |
| 창고시설 | 창고, 하역장, 물류터미널, 집배송시설 |
| 위험물 시설 | 위험물을 저장 및 처리하는 시설을 갖춘 곳 |
| 자동차관련시설 | 주차장, 세차장, 폐차장, 매매장, 검사장, 정비공장, 운전학원 |
| 동식물관련시설 | 축사, 도축장, 도계장, 작물재배사, 온실 |
| 쓰레기처리시설 | 분뇨처리시설, 고물상, 폐기물처리시설 |
| 교정 및 군사시설 | 교정시설, 보호관찰소, 국방군사시설 |
| 방송통신시설 | 방송국, 전신전화국, 촬영소, 통신용시설 |
| 발전시설 | 발전소로 사용되는 건축물 중 제1종 근린생활시설로 분류되지 않은 것 |
| 묘지관련시설 | 화장시설, 봉안당, 묘지 및 부속 건축물 |
| 관광휴게시설 | 야외음악당, 야외극장, 어린이회관, 관망탑, 휴게소, 공원 및 유원지 및 관광지에 부수되는 시설 |
| 장례식장 | 장례식장 |

**95** 다음 중 국토의 계획 및 이용에 관한 법령 상 공공시설에 속하지 않는 것은?

① 광장

② 공동구

③ 유원지

④ 사방설비


**96** 다음 중 태양열을 주된 에너지원으로 이용하는 주택의 건축면적 산정시 이용하는 중심선의 기준으로 옳은 것은?

① 건축물 외벽의 경계선

② 건축물 기둥 사이의 중심선

③ 건축물의 외벽 중 내측 내력벽의 중심선

④ 건축물의 외벽 중 외측 내력벽의 중심선

**95** 유원지는 공공시설에 속하지 않는다.

「국토의 계획 및 이용에 관한 법률」에 의한 공공시설은 다음과 같다.

1. 기반시설 중 도로·공원·철도·수도

2. 다음의 공공용시설
   - 항만·공항·운하·광장·녹지·공공공지·공동구·하천·유수지·방화설비·방풍설비·방수설비·사방설비·방조설비·하수도·구거
   - 행정청이 설치하는 주차장·운동장·저수지·화장장·공동묘지·봉안시설 등

> ※ 기반시설의 분류
> • 교통시설: 도로·철도·항만·공항·주차장·자동차정류장·궤도·운하, 자동차 및 건설기계검사시설, 자동차 및 건설기계운전학원
> • 공간시설: 광장·공원·녹지·유원지·공공공지
> • 유통·공급시설: 유통업무설비, 수도·전기·가스·열공급설비, 방송·통신시설, 공동구·시장, 유류저장 및 송유설비
> • 공공·문화체육시설: 학교·운동장·공공청사·문화시설·체육시설·도서관·연구시설·사회복지시설·공공직업훈련시설·청소년수련시설
> • 방재시설: 하천·유수지·저수지·방화설비·방풍설비·방수설비·사방설비·방조설비
> • 보건위생시설: 화장시설·공동묘지·봉안시설·자연장지·장례식장·도축장·종합의료시설
> • 환경기초시설: 하수도·폐기물처리시설·수질오염방지시설·폐차장

**96** 건축면적 산정 시 이중벽인 경우에는 벽체두께의 합이 중심선이 되지만 태양열을 이용하는 주택의 경우 내측 내력벽의 중심선이 된다.

**97** 다음의 대지와 도로의 관계에 관한 기준 내용 중 ( )안에 들어갈 말로 알맞은 것은?

> 연면적의 합계가 2천 제곱미터(공장인 경우에는 3천 제곱미터)이상인 건축물(축사, 작물재배사, 그 밖에 이와 비슷한 건축물로서 건축조례로 정하는 규모의 건축물은 제외한다.)의 대지는 너비 ( ㉠ )이상의 도로에 ( ㉡ )이상 접해야 한다.

① ㉠ 4m , ㉡ 2m

② ㉠ 6m , ㉡ 4m

③ ㉠ 8m , ㉡ 6m

④ ㉠ 8m , ㉡ 4m

**98** 오피스텔의 난방설비를 개별난방방식으로 하는 경우에 관한 기준 내용으로 바르지 않은 것은?

① 보일러의 연도는 내화구조로서 공통연도로 설치할 것

② 보일러는 거실 외의 곳에 설치할 것

③ 보일러실 윗부분에는 그 면적이 최소 $0.5m^2$ 이상인 환기창을 설치할 것

④ 기름보일러를 설치하는 경우에는 기름저장소를 보일러실에 설치할 것

**97** 연면적의 합계가 2천 제곱미터(공장인 경우에는 3천 제곱미터)이상인 건축물(축사, 작물재배사, 그 밖에 이와 비슷한 건축물로서 건축조례로 정하는 규모의 건축물은 제외한다.)의 대지는 너비 6m이상의 도로에 4m 이상 접해야 한다.

**98** 기름보일러를 설치하는 경우에는 기름저장소를 보일러실 외의 다른 곳에 설치해야 한다.
  • 보일러는 거실 외의 곳에 설치하되, 보일러를 설치하는 곳과 거실사이의 경계벽은 출입구를 제외하고는 내화구조의 벽으로 구획할 것
  • 보일러실의 윗부분에는 그 면적이 최소 $0.5m^2$ 이상인 환기창을 설치하고, 보일러실의 윗부분과 아랫부분에는 각각 지름 10센티미터 이상의 공기흡입구 및 배기구를 항상 열려있는 상태로 바깥공기에 접하도록 설치할 것. 다만, 전기보일러의 경우에는 그러하지 아니하다.
  • 보일러실과 거실사이의 출입구는 그 출입구가 닫힌 경우에는 보일러가스가 거실에 들어갈 수 없는 구조로 할 것
  • 기름보일러를 설치하는 경우에는 기름저장소를 보일러실 외의 다른 곳에 설치할 것
  • 오피스텔의 경우에는 난방구획을 방화구획으로 구획할 것
  • 보일러의 연도는 내화구조로서 공동연도로 설치할 것

**99** 다음 방화구획의 설치에 관한 기준을 적용하지 아니하거나 그 사용에 지장이 없는 범위에서 완화하여 적용할 수 있는 건축물의 부분에 해당되지 않은 것은?

① 복층형 공동주택의 세대별 층간 바닥 부분

② 주요구조부가 내화구조 또는 불연재료로 된 주차장

③ 계단실부분·복도 또는 승강기의 승강로 부분으로서 그 건축물의 다른 부분과 방화구획으로 구획된 부분

④ 문화 및 집회시설 중 동물원의 용도로 사용되는 거실로서 시선 및 활동공간의 확보를 위하여 불가피한 부분

● ● ●
ANSWER | 99.④

**99** 문화 및 집회시설 중 동물원,식물원을 제외한 용도로 사용되는 거실로서 시선 및 활동공간의 확보를 위하여 불가피한 부분은 해당 규정을 완화하여 적용할 수 있다.

※ 방화구획의 설치
주요구조부가 내화구조 또는 불연재료로 된 건축물로서 연면적이 1천 제곱미터를 넘는 것은 내화구조로 된 바닥·벽 및 갑종방화문으로 구획해야 한다. 그러나 다음의 하나에 해당하는 건축물의 부분에는 이를 적용하지 아니하거나 그 사용에 지장이 없는 범위에서 완화하여 적용할 수 있다.

1. 문화 및 집회시설(동·식물원은 제외한다), 종교시설, 운동시설 또는 장례식장의 용도로 쓰는 거실로서 시선 및 활동공간의 확보를 위하여 불가피한 부분

2. 물품의 제조·가공·보관 및 운반 등에 필요한 고정식 대형기기 설비의 설치를 위하여 불가피한 부분. 다만, 지하층인 경우에는 지하층의 외벽 한쪽 면(지하층의 바닥면에서 지상층 바닥 아래면까지의 외벽 면적 중 4분의 1 이상이 되는 면을 말한다) 전체가 건물 밖으로 개방되어 보행과 자동차의 진입·출입이 가능한 경우에 한정한다.

3. 계단실부분·복도 또는 승강기의 승강로 부분(해당 승강기의 승강을 위한 승강로비 부분을 포함한다)으로서 그 건축물의 다른 부분과 방화구획으로 구획된 부분

4. 건축물의 최상층 또는 피난층으로서 대규모 회의장·강당·스카이라운지·로비 또는 피난안전구역 등의 용도로 쓰는 부분으로서 그 용도로 사용하기 위하여 불가피한 부분

5. 복층형 공동주택의 세대별 층간 바닥 부분

6. 주요구조부가 내화구조 또는 불연재료로 된 주차장

7. 단독주택, 동물 및 식물 관련 시설 또는 교정 및 군사시설 중 군사시설(집회, 체육, 창고 등의 용도로 사용되는 시설만 해당한다)로 쓰는 건축물

**100** 주요구조부가 내화구조 또는 불연재료로 된 층수가 16층 이상인 공동주택의 경우, 피난층 외의 층에서 피난층 또는 지상으로 통하는 직통계단을 거실의 각 부분으로부터 보행거리 최대 얼마이하가 되도록 설치해야 하는가? (단, 계단은 거실로부터 가장 가까운 거리에 있는 계단을 말한다.)

① 30m

② 40m

③ 50m

④ 75m

**100** 주요구조부가 내화구조 또는 불연재료로 된 층수가 16층 이상인 공동주택의 경우, 피난층 외의 층에서 피난층 또는 지상으로 통하는 직통계단을 거실의 각 부분으로부터 보행거리는 최대 40m이하가 되도록 해야 한다.

> **직통계단의 설치**(건축법 시행령 제34조)
> 가. 피난층
> ① 직접 지상으로 통하는 출입구가 있는 층을 말한다.
> ② 지면과 접하지 않아도 지상으로 쉽게 피난할 수 있는 경우에는 피난층으로 간주하는 것이 합리적이다(예 : 지상에 연결통로를 가진 층, 지상으로 연결된 넓은 저층부 옥상부분을 가진 층)
> 나. 직통계단
> ① 계단과 계단참(계단 중간에 있는 평평한 부분)이 연속되어 연결되는 계단을 말한다.(수평통로나 복도 등으로 연결되지 않음) 계단의 구조가 일방으로 상승 또는 하강하게 되어 연결통로를 거쳐야 하는 계단은 직통계단이라고 할 수 없다.
> – 직통계단은 계단의 구조가 간단하고 연속되어 동선이 짧아지므로 신속한 피난이 가능하다.
> – 상하층간에 계단실의 위치나 계단의 형식 · 구조 등이 달라져도 직통계단으로 되는 경우도 있다.
> 다. 보행거리
> ① 원칙 : 보행거리 30m 이하
> ② 완화규정
> – 주요구조부가 내화구조 또는 불연재료로 된 건축물 : 50m 이하
> – 주요구조부가 내화구조 또는 불연재료로 된 16층 이상인 공동주택 : 40m 이하
> 라. 직통계단의 개수 및 위치
> ① 특히 수용인원이 많거나 화재로 인한 위험이 많은 건축물은 직통계단의 개수와 그 설치위치가 중요하다. 계단을 한곳에 집중시키지 말고 분산배치하여 동선을 균배시키는 것이 보행거리를 단축시킬 수 있으며, 화재시 안전하고 피난에도 효과적이다.

**1과목** 건축계획

**1** 기업체가 자사제품의 홍보, 판매 촉진 등을 위해 제품 및 기업에 관한 자료를 소비자들에게 직접 호소하여 제품의 우위성을 인식시키는 전시공간은?

① 쇼룸
② 런드리
③ 프로시니엄
④ 인포메이션

**2** 사무소 건축의 실단위 계획 중 개실 시스템에 관한 설명으로 바르지 않은 것은?

① 공사비가 저렴하다.
② 독립성과 쾌적감이 높다.
③ 방길이에 변화를 줄 수 있다.
④ 방깊이에 변화를 줄 수 있다.

---

**ANSWER** 1.① 2.①

**1** 쇼룸(Show Room) … 각종 제품을 전시 공개하는 장소이다. 자사제품의 제조 공정 설명의 장이라든지 제품에의 상담, 클레임 처리 등의 장으로서 기업측에서의 PR을 하는 것이 주요 목적이며, 전시, 직매, 실연, 시작의 장이기도 하다. (참고로 런드리(laundry)는 세탁소를 의미한다.)

**2** ① 개실 시스템은 한 개의 층을 여러개의 벽면으로 구획을 하여 여러 개의 실을 만드는 것으로 공사비가 많이 소요된다.

**3** 주택단지계획에서 보차분리의 형태 중 평면분리에 해당하지 않는 것은?

① T자형

② 루프(Loop)

③ 쿨데삭(Cul-de-Sac)

④ 오버브리지(Overbridge)

**4** 도서관의 출납시스템 유형 중 이용자가 자유롭게 도서를 꺼낼 수는 있으나 열람석으로 가기 전에 관원의 검열을 받는 형식은?

① 폐가식

② 반개가식

③ 자유개가식

④ 안전개가식

**5** 단독주택에서 다음과 같은 실들을 각각 직상층 및 직하층에 배치할 경우 가장 바람직하지 않은 것은?

① 상층 : 침실, 하층 : 침실

② 상층 : 부엌, 하층 : 욕실

③ 상층 : 욕실, 하층 : 침실

④ 상층 : 욕실, 하층 : 부엌

**6** 다음 중 백화점 매장의 기둥간격 결정 요소와 가장 거리가 먼 것은?

① 엘리베이터의 배치방법

② 진열창의 치수와 배치방법

③ 지하주차장 주차방식과 주차 폭

④ 층별 매장 구성과 예상 이용 인원

---

**3** 오버브리지(Overbridge) … 구름다리, 고가교를 의미하며 이는 평면분리가 아닌 입체분리방식이다.

**4** 안전개가식 … 도서관의 출납시스템 유형 중 이용자가 자유롭게 도서를 꺼낼 수는 있으나 열람석으로 가기 전에 관원의 검열을 받는 형식

**5** ③ 상층에 욕실, 하층에 침실을 두면 상층부의 욕실에서 발생하는 소음이나 누수가 그대로 하층으로 전달되는 문제가 발생할 우려가 있다.

**6** 논란이 있을 수 있는 문제이다. 층별 매장 구성과 예상 이용 인원에 따라 하중의 분포가 다양하게 바뀔 수 있으며 이 역시 기둥간격의 결정요소가 되기 때문이다. 주어진 보기 중 가장 거리가 먼 보기로 층별 매장 구성과 예상 이용 인원으로 볼 수 있으나 이것이 관련이 없다고는 볼 수 없다.

**7** 학교 운영방식에 관한 설명으로 옳지 않은 것은?

① 종합교실형은 초등학교 저학년에 권장되는 방식이다.

② 교과교실형은 교실의 이용률은 높으나 순수율은 낮다.

③ 달톤형은 학급과 학년을 없애고 각자의 능력에 따라 교과를 선택하는 방식이다.

④ 플라툰형은 전 학급을 2분단으로 나누어 한 쪽이 일반교실을 사용할 때, 다른 쪽은 특별교실을 사용한다.


**8** 종합병원에서 클로즈드 시스템(Closed System)의 외래진료부에 관한 설명으로 옳지 않은 것은?

① 내과는 소규모 진료실을 다수 설치하도록 한다.

② 환자의 이용이 편리하도록 1층 또는 2층 이하에 둔다.

③ 중앙주사실, 회계, 약국 등은 정면출입구 근처에 설치한다.

④ 전체병원에 대한 외래진료부의 면적비율은 40~45%정도로 한다.


**9** 공장건축의 레이아웃(Layout)에 관한 설명으로 옳지 않은 것은?

① 제품중심의 레이아웃은 대량생산에 유리하며 생산성이 높다.

② 레이아웃은 장래 공장규모의 변화에 대응한 융통성이 있어야 한다.

③ 공정중심의 레이아웃은 다품종 소량생산이나 주문생산에 적합한 형식이다.

④ 고정식 레이아웃은 기능이 동일하거나 유사한 공정, 기계를 접합하여 배치하는 방식이다.


---

**ANSWER** 7.② 8.④ 9.④

**7** ② 교과교실형은 각 교실이 특정한 교과를 위해 만들어지는 형식으로서 교실의 이용률은 낮으나 순수율은 높은 형식이다.

**8** ④ 전체병원에 대한 외래진료부의 면적비율은 10~14%정도로 한다.

　※ **병원의 면적 구성비율**
- 병동부 : 30~40%
- 중앙진료부 : 15~17%
- 외래진료부 : 10~14%
- 관리부 : 8~10%
- 서비스부 : 20~25%

**9** ④ 기능이 동일하거나 유사한 공정, 기계를 접합하여 배치하는 방식은 공정중심 레이아웃이다.

**10** 극장건축의 관련 제실에 관한 설명으로 옳지 않은 것은?

① 앤티룸(Anti Room)은 출연자들이 출연 바로 직전에 기다리는 공간이다.

② 그린룸(Green Room)은 출연자 대기실을 말하며 주로 무대 가까운 곳에 배치한다.

③ 배경제작실의 위치는 무대에 가까울수록 편리하며 제작 중의 소음을 고려하여 차음 설비가 요구된다.

④ 의상실은 실의 크기가 1인당 최소 $8m^2$이 필요하며 그린 룸이 있는 경우 무대와 동일한 층에 배치해야 한다.

**11** 상점의 동선계획에 관한 설명으로 바르지 않은 것은?

① 고객동선은 가능한 길게 한다.

② 직원동선은 가능한 짧게 한다.

③ 상품동선과 직원동선은 동일하게 처리한다.

④ 고객출입구와 상품 반출입구는 분리하는 것이 좋다.

**12** 건축공간의 치수계획에서 "압박감을 느끼지 않을 만큼의 천장 높이 결정"은 다음 중 어디에 해당되는가?

① 물리적 스케일

② 생리적 스케일

③ 심리적 스케일

④ 입면적 스케일

---

**ANSWER**　10.④　11.③　12.③

**10** ④ 의상실은 실의 크기가 1인당 최소 $4{\sim}5m^2$이 필요하며 그린 룸이 있다고 해도 무대와 동일한 층에 배치해야 할 특별한 이유는 없다.

**11** ③ 상품동선과 직원동선은 엄연히 분리하여 다르게 처리해야 한다.

**12** 건축공간의 치수(Scale)

　㉠ 물리적 스케일 : 출입구의 크기가 인간이나 물체의 물리적 크기에 의해 결정되는 치수

　㉡ 생리적 스케일 : 실내의 창문 크기가 필요 환기량으로 결정되는 경우와 같은 치수

　㉢ 심리적 스케일 : 압박감을 느끼지 않을 정도에서 천장의 높이가 결정되는 경우와 같은 치수

**13** 고대로마 건축물 중 판테온(Pantheon)에 관한 설명으로 바르지 않은 것은?

① 로툰다 내부는 드럼과 돔 두 부분으로 구성된다.

② 직사각형의 입구공간은 외부와 내부 사이의 전이공간으로 사용된다.

③ 드럼 하부는 깊은 니치와 독립된 도리아식 기둥들로 동적인 공간을 구현한다.

④ 거대한 돔을 얹은 로툰다와 대형 열주 현관이라는 2가지 주된 구성요소로 이루어진다.

**14** 극장의 평면형식 중 오픈스테이지(Open Stage)형의 관한 설명으로 바른 것은?

① 연기자가 남측 방향으로만 관객을 대하게 된다.

② 강연, 음악회, 독주, 연극 공연에 가장 적합한 형식이다.

③ 가장 일반적인 극장의 형식으로 어떠한 배경이라도 창출이 가능하다.

④ 무대와 객석이 동일공간에 있는 것으로 관객석이 무대의 대부분을 둘러싸고 있다.

**15** 다음 설명에 알맞은 사무소 건축의 코어유형은?

> • 코어와 일체로 한 내진구조가 가능한 유형이다.
> • 유효율이 높으며 임대사무소로서 경제적인 계획이 가능하다.

① 편심형

② 독립형

③ 분리형

④ 중심형

**13** 반구형의 돔하부의 드럼부분은 상부의 깊은 벽감과 하부의 코린티안 양식의 열주들에 의해 조형이 분절되어 있어 단순한 기하학적 공간에도 불구하고 매우 역동적인 모습을 나타내고 있다.

**14** ① 오픈스테이지형은 남측 외에 여러 방향으로 관객을 대할 수 있도록 계획할 수 있다.
  ② 연기자가 일정한 방향으로만 관객을 대하므로 강연, 콘서트, 독주, 연극 공연에 가장 좋은 형식은 프로시니엄 아치형식에 관한 형식이다.
  ③ 가장 일반적인 극장의 형식은 프로시니엄형식으로 볼 수 있다.
  ※ **오픈스테이지형식** … 무대를 중심으로 객석이 동일 공간에 있다. 배우는 관객석 사이나 스테이지 아래로부터 출입한다. 연기자와 관객 사이의 친밀감을 한층 더 높일 수 있다.

**15** 보기는 중심형(코어형)의 특징이다.

**16** 조선시대에 田자형 주택으로 대별되는 서민주택의 지방유형은?

① 서울지방형

② 남부지방형

③ 중부지방형

④ 함경도지방형

**17** 메조넷형(Maisonette Type) 아파트에 관한 설명으로 바르지 않은 것은?

① 설비, 구조적인 해결이 유리하며 경제적이다.

② 통로가 없는 층의 평면은 프라이버시 확보에 유리하다.

③ 통로가 없는 층의 평면은 화재 발생 시 대피상 문제점이 발생할 수 있다.

④ 엘리베이터 정지층 및 통로면적의 감소로 전용면적의 극대화를 도모할 수 있다.

**18** 고딕성당에 관한 설명으로 옳지 않은 것은?

① 중앙집중식 배치를 지배적으로 사용하였다.

② 건축 형태에서 수직성을 강하게 강조하였다.

③ 고딕성당으로는 랭스성당, 아미앵 성당 등이 있다.

④ 수평방향으로 통일되고 연속적인 공간을 만들었다.

---

**16** 田자형은 폐쇄적인 구조로서 열손실을 최소화해야 하는 북부지방에 적합한 형식이다. 주어진 보기 중에서는 함경도지방형이 이에 해당된다.

**17** 메조넷형은 설비구조적 측면에서 계획이 어렵고 경제성이 떨어진다.

**18** ① 고딕성당은 장방형 평면의 긴 직선적 배치가 주를 이루었다.

**19** 단독주택의 평면계획에 관한 설명으로 바르지 않은 것은?

① 거실은 평면계획상 통로나 홀로 사용하지 않는 것이 좋다.

② 현관의 위치는 대지의 형태, 도로와의 관계 등에 의해 결정된다.

③ 부엌은 주택의 서측이나 동측이 좋으며 남향은 피하는 것이 좋다.

④ 노인침실은 일조가 충분하고 전망이 좋은 조용한 곳에 면하게 하고 식당, 욕실 등에 근접시킨다.

**20** 다음 중 호텔의 성격상 연면적에 대한 숙박면적의 비가 가장 큰 것은?

① 리조트 호텔

② 커머셜 호텔

③ 클럽 하우스

④ 레지덴셜 호텔

---

ANSWER  19.③  20.②

**19** ③ 부엌은 주택의 동측이나 남측이 좋으며 서향은 피하는 것이 좋다.

**20** 호텔의 성격상 커머셜호텔은 연면적에 대한 숙박면적의 비가 가장 크다.

**21** 벽두께 1.0B, 벽면적 30m² 쌓기에 소요되는 벽돌의 정미량은? (단, 벽돌은 표준형을 사용한다.)

① 3,900매　　　　　　　　　　　② 4,095매

③ 4,470매　　　　　　　　　　　④ 4,604매

**22** 석재의 일반적 성질에 관한 설명으로 바르지 않은 것은?

① 석재의 비중은 조암광물의 성질·비율·공극의 정도 등에 따라 달라진다.

② 석재의 강도에서 인장강도는 압축강도에 비해 매우 작다.

③ 석재의 공극률이 클수록 흡수율이 크고 동결융해저항성은 떨어진다.

④ 석재의 강도는 조성결정형이 클수록 크다.

**23** Power Shovel의 1시간당 추정 굴착 작업량을 다음 조건에 따라 구하면?

| q=1.2m³, f=1.28, E=0.9, K=0.9, Cm=60초 |
| --- |

① 67.2[m³/h]　　　　　　　　　② 74.7[m³/h]

③ 82.2[m³/h]　　　　　　　　　④ 89.6[m³/h]

---

**ANSWER** 　21.③　22.④　23.②

**21** 표준형 벽돌 1.0B쌓기에는 1m²당 149매가 소요되므로 30m²인 경우 4,470매가 소요된다. (정미량이므로 할증률을 적용하지 않는다.)

**22** ④ 석재의 강도와 내화성은 대체로 조성결정형이 클수록 크다.

**23** 문제 보기에서 주어진 단위가 h임에 유의해야 한다.

$$Q = 1\frac{3600 \cdot q_s \cdot K \cdot f \cdot E}{Cn} = \frac{3600 \cdot 1.2 \cdot 0.9 \cdot 1.28 \cdot 0.9}{60} = 74.7[m^3/h]$$

q는 버킷용량, f는 토량환산계수, K는 버킷계수이다.

**24** 도장 작업 시 주의사항으로 바르지 않은 것은?

① 도료의 적부를 검토하여 양질의 도료를 선택한다.

② 도료량을 표준량보다 두껍게 바르는 것이 좋다.

③ 저온 다습 시에는 작업을 피한다.

④ 피막은 각층마다 충분히 건조 경화한 후 다음 층을 바른다.


**25** 콘크리트의 내화, 내열성에 관한 설명으로 바르지 않은 것은?

① 콘크리트 내화, 내열성은 사용한 골재의 품질에 크게 영향을 받는다.

② 콘크리트는 내화성이 우수해서 600℃ 정도의 화열을 장시간 받아도 압축강도는 거의 저하되지 않는다.

③ 철근콘크리트 부재의 내화성을 높이기 위해서는 철근의 피복두께를 충분히 하면 좋다.

④ 화재를 입은 콘크리트의 탄산화 속도는 그렇지 않은 것에 비해 크다.


**26** 아스팔트 방수공사에서 아스팔트 프라이머를 사용하는 가장 중요한 이유는?

① 콘크리트 면의 습기 제거

② 방수층의 습기 침입 방지

③ 콘크리트면과 아스팔트 방수층의 접착

④ 콘크리트 밑바닥의 균열방지


**27** 콘크리트 배합에 직접적으로 영향을 주는 요소가 아닌 것은?

① 단위수량                          ② 물-결합재 비

③ 철근의 품질                       ④ 골재의 입도


ANSWER  24.②  25.②  26.③  27.③

**24** ② 도료량을 되도록 표준량에 맞추어 바르는 것이 좋으며 필요 이상으로 두껍게 바를 경우 박락 등의 문제가 발생하게 된다.

**25** ② 콘크리트는 내화성이 우수하나 600℃ 정도의 고온상태로 장시간이 흐르면 강도가 눈에 띄게 저하된다.

**26** ③ 프라이머는 콘크리트면과 아스팔트 방수의 접착을 위해 사용하는 재료이다.

**27** ③ 철근의 품질은 콘크리트의 배합과 전혀 관련이 없으며 영향을 주지 않는다.

**28** 철근, 볼트 등 건축용 강재의 재료시험 항목에서 일반적으로 제외되는 항목은?

① 압축강도시험         ② 인장강도시험

③ 굽힘시험         ④ 연신율시험

**29** 발주자에 의한 현장관리로 볼 수 없는 것은?

① 착공신고         ② 하도급계약

③ 현장회의 운영         ④ 클레임관리

**30** 어스앵커 공법에 관한 설명으로 바르지 않은 것은?

① 버팀대가 없어 굴착공간을 넓게 활용할 수 있다.

② 인접한 구조물의 기초나 매설물이 있는 경우 효과가 크다.

③ 대형기계의 반입이 용이하다.

④ 시공 후 검사가 어렵다.

**31** 단순조적 블록쌓기에 관한 설명으로 바르지 않은 것은?

① 살두께가 큰 편을 아래로 하여 쌓는다.

② 특별한 지정이 없으면 줄눈은 10mm가 되도록 한다.

③ 하루의 쌓기 높이는 1.5m 이내를 표준으로 한다.

④ 줄눈모르타르는 쌓은 후 줄눈누르기 및 줄눈파기를 한다.

---

**ANSWER**    28.①    29.②    30.②    31.①

**28** 건축용 강재는 주로 인장력을 부담하기 위해 설계되므로 강재의 재료시험항목에서 압축강도는 일반적으로 제외가 된다.

**29** 하도급계약은 발주자가 아닌 공사업체에 의해 이루어진다.

**30** ② 어스앵커 공법은 지반을 구성하는 토양과 앵커의 마찰에 의해 긴장력을 확보하는 공법이므로 인접한 구조물의 기초나 매설물이 지반에 있는 경우 부적합한 공법이다.

**31** ① 조적 블록쌓기 시 살두께가 작은 편을 아래로 하여 쌓아야 한다.

**32** 다음 중 QC활동의 도구가 아닌 것은?

① 특성요인도

② 파레토그램

③ 층별

④ 기능계통도

**33** 철근의 가스압접에 관한 설명으로 바르지 않은 것은?

① 이음공법 중 접합강도가 극히 크고 성분원소의 조직변화가 적다.

② 압접공은 작업 대상과 압접장치에 관하여 충분한 경험과 지식을 가진 자로 책임기술자 승인을 받아야 한다.

③ 가스압접할 부분은 직각으로 자르고 절단면을 깨끗하게 한다.

④ 접합되는 철근의 항복점 또는 강도가 다른 경우에 주로 사용한다.

**34** 용제형(Solvent) 고무계 도막방수 공법에 관한 설명으로 바르지 않은 것은?

① 용제는 인화성이 강하므로 부근의 화기는 엄금한다.

② 한층의 시공이 완료되면 1.5~2시간 경과 후 다음 층의 작업을 시작해야 한다.

③ 완성된 도막은 외상(外傷)에 매우 강하다.

④ 합성고무를 휘발성 용제에 녹인 일종의 고무도료를 칠하여 두께를 0.5~0.8mm의 방수피막을 형성하는 것이다.

---

**ANSWER** 32.④ 33.④ 34.③

**33** QC 7가지 도구 … 히스토그램, 파레토도, 특성요인도, 체크시트, 관리도, 산점도, 층별

**33** ④ 철근의 가스압접은 철근의 항복점이나 강도의 차이가 동일한 경우 주로 적용한다. (항복점과 강도의 차이가 많이 나게 되면 응력분배의 불균형 등에 의해 압접부에서 균열이 발생하기 쉽다.)

**34** ③ 용제형 도막방수는 시공이 간단하고 착색이 용이하나 충격에 약함으로 보호층이 필요하다.

  ㉠ 용제형(Solvent) 도막방수

   • 합성고무를 Solvent에 녹여 0.5mm~0.8mm의 방수피막을 형성한다.

   • Sheet와 같은 피막을 형성하며 고가품이로 최상층 마무리에 사용된다.

   • 시공이 간단하고 착색이 용이하나 충격에 약함으로 보호층이 필요하다.

  ㉡ 유제형(Emulsion) 도막방수

   • 수지, 유지를 여러번 발라서 0.5~1mm의 피막을 형성한다.

   • 바탕 1/50의 물흘림경사, 구석, 모서리 5cm이상 면을 접는다.

   • 다소 습기가 있어도 시공이 가능하며 보호층을 둔다.

   • 우천 시 동기시공(2도 이하)는 피해야 한다.

**35** 공사계약제도 중 공사관리방식(CM)의 단계별 업무내용 중 비용의 분석 및 VE기법의 도입 시 가장 효과적인 단계는?

① Pre-Design단계

② Design단계

③ Pre-Construction단계

④ Construction단계

**36** 커튼월(Curtain Wall)의 외관형태별 분류에 해당되지 않는 것은?

① Unit 방식

② Mullion 방식

③ Spandrel 방식

④ Sheath 방식

**37** 고층건축물 공사의 반복작업에서 각 작업조의 생산성을 기울기로 하는 직선으로 각 반복작업의 진행을 표시하여 전체공사를 도식화하는 기법은?

① CPM

② PERT

③ PDM

④ LOB

<hr>

**ANSWER**   35.②   36.①   37.④

**35** 설계단계에서는 공사목적물의 실체가 드러나는 과정이며 이 과정에서 구체적인 문제점을 가장 확실하게 많이 찾아낼 수 있다. 이 단계에서 원가를 절감시키기 위한 여러 가지 대안들이 도출되어야 한다. (공구리 굳고 나서 후회하면 이미 늦었다.)

**36** Unit방식은 커튼월 시공방식의 분류에 속한다.

**37** LOB(Line of Balance) : 고층건축물 공사의 반복작업에서 각 작업조의 생산성을 기울기로 하는 직선으로 각 반복작업의 진행을 표시하여 전체공사를 도식화하는 기법

**38** 다음 중 수밀콘크리트의 시공에 관한 설명으로 바르지 않은 것은?

① 수밀콘크리트는 누수원인이 되는 건조수축 균열의 발생이 없도록 시공해야 하며, 0.1[mm] 이상의 균열 발생이 예상되는 경우 누수를 방지하기 위한 방수를 검토해야 한다.

② 거푸집의 긴결재로 사용한 볼트, 강봉, 세퍼레이터 등의 아래쪽에는 블리딩 수가 고여서 콘크리트가 경화한 후 물의 통로를 만들어 누수를 일으킬 수 있으므로 누수에 대하여 나쁜 영향이 없는 재질의 것을 사용하여야 한다.

③ 소요 품질을 갖는 수밀콘크리트를 얻기 위해서는 전체 구조부가 시공이음없이 설계되어야 한다.

④ 수밀성의 향상을 위한 방수제를 사용하고자 할 때에는 방수재의 사용 방법에 따라 배치플랜트에 충분히 혼합하여 현장으로 반입시키는 것을 원칙으로 한다.

**39** 철골공사 접합 중 용접에 관한 주의사항으로 바르지 않은 것은?

① 현장용접을 하는 부재는 그 용접부위에 얇은 에나멜 페인트를 칠하되 이 밖에는 다른 칠을 해서는 안 된다.

② 용접봉의 교환 또는 다층용접일 때는 먼저 슬래그를 제거하고 청소한 후 용접한다.

③ 용접할 소재는 용접에 의한 수축변형이 생기고, 또 마무리 작업도 고려해야 하므로 치수에 여분을 두어야 한다.

④ 용접이 완료되면 슬래그 및 스패터를 제거하고 청소한다.

**40** 기성 말뚝 세우기 공사 시 말뚝의 연직도나 경사도는 얼마 이내로 해야 하는가?

① 1/50  ② 1/75
③ 1/80  ④ 1/100

---

**38** 시공이음은 건조수축 등의 균열을 최소화하기 위하여 설치가 되는 것이다. 따라서 수밀콘크리트 공사 시에도 시공이음이 적용된다.

**39** 현장용접을 하는 부재는 용접부위에 절대로 칠을 해서는 안 된다. (용접성능에 치명적이며 용접에 의하여 페인트가 타버리게 된다.)

**40** 기성 말뚝 세우기 공사 시 말뚝의 연직도나 경사도는 1/100 이내로 해야 한다.

**41** 강도설계법에 따른 철근콘크리트 단근보에서 $f_{ck} = 27[MPa]$, $f_y = 400[MPa]$, 균형철근비가 0.0293일 때 최대철근비는?

① 0.0258

② 0.0220

③ 0.0209

④ 0.0188

**42** 온통기초에 대한 설명으로 바르지 않은 것은?

① 연약지반에 주로 사용된다.

② 독립기초에 비하여 구조해석 및 설계가 매우 단순하다.

③ 부동침하에 대해 유리하다.

④ 지하수가 높은 지반에서도 유효한 기초방식이다.

• • •

ANSWER  41.③  42.②

**41** $f_{ck} \leq 28MPa$ : $\beta_1 = 0.85$이다.

최대철근비 : 최소 허용인장변형률에 해당하는 철근비

$$\rho_{max} = \frac{0.003 + \varepsilon_y}{0.003 + \varepsilon_t} \cdot \rho_b$$

$f_y \leq 400MPa$이므로 $\varepsilon_t = 0.004$이며 E=200,000MPa이므로 $\varepsilon_y = 0.002$이다.

$$\rho_{max} = \frac{0.003 + 0.002}{0.003 + 0.004} \cdot 0.0293 = 0.0209$$

$f_{ck} \leq 28MPa$이므로 등가압축영역계수 $\beta_1 = 0.85$가 된다.

**42** 온통기초는 매우 넓은 면적의 연약지반을 대상으로 하며 여러 기둥부재들이 하나로 결속이 되는 부분이므로 독립기초에 비해 구조해석과 설계가 복잡하다.

**43** 다음 그림과 같은 구조물에서 C점에 발생되는 모멘트는?

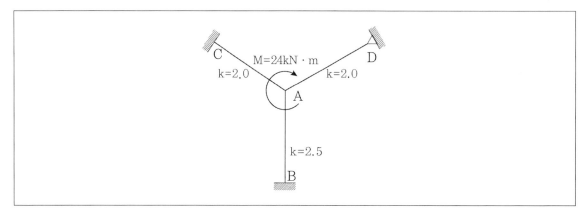

① 4.0[kN · m]

② 3.5[kN · m]

③ 3.0[kN · m]

④ 2.5[kN · m]

**44** 길이 8m의 단순보가 100[kN/m]의 등분포 활하중을 받을 때 위험단면에서 전단철근이 부담해야 하는 공칭전단력($V_s$)은? (단, 구조물 자중에 의한 $w_D = 6.72$[kN/m], $f_{ck} = 24$[MPa], $f_y = 300$[MPa], $\lambda = 1$, $b_w = 400$[mm], $d = 600$[mm], $h = 700$[mm])

① 424.43[kN]

② 530.53[kN]

③ 565.91[kN]

④ 571.40[kN]

**ANSWER** 43.① 44.④

**43** 부재 AC에 분배되는 모멘트는

$$M \times \frac{k_{AC}}{\sum k} = 24 \cdot \frac{2}{2+2.5+2 \cdot \frac{3}{4}} = 24 \cdot \frac{2}{2+2.5+1.5} = 24 \cdot \frac{2}{6} = 8[kN \cdot m]$$

C는 고정단이므로 전달모멘트는 $8 \times \frac{1}{2} = 4[kN \cdot m]$ 가 된다.

**44** 계수하중

$w_u = 1.2D + 1.6L = 1.2 \times 6.72 + 1.6 \times 100 = 168.064$[kN/m]

지점에서의 전단력

$$V_A = \frac{w_u l}{2} = \frac{168.064 \cdot 8}{2} = 672.256[\text{kN/m}]$$

위험단면에서의 전단력

$$V_{u,d} = V_A - w_u \cdot d = 672.256 - 168.064 \cdot 0.6 = 571.4[\text{kN}]$$

(단위가 [m]이므로 위의 수식에서 $d = 600$[mm]를 0.6[m]로 하여 대입하였다.)

**45** 1방향 철근콘크리트 슬래브에서 철근의 설계기준항복강도가 500MPa인 경우 콘크리트 전체 단면적에 대한 수축·온도 철근비는 최소 얼마 이상으로 해야 하는가? (단, KDS기준, 이형철근 사용)

① 0.0015
② 0.0016
③ 0.0018
④ 0.0020

**46** 단일압축재에서 세장비를 구할 때 필요하지 않은 것은?

① 유효좌굴길이
② 단면적
③ 탄성계수
④ 단면2차모멘트

ANSWER **45.② 46.③**

**45**
설계기준항복강도가 400 MPa를 초과하는 이형철근 또는 용접철망을 사용한 슬래브는 $0.0020 \times \dfrac{400}{f_y}$

따라서 $0.0020 \times \dfrac{400}{f_y} = 0.0020 \times \dfrac{400}{500} = 0.0016$

※ **1방향 철근콘크리트 슬래브**
  ㉠ 수축·온도철근으로 배치되는 이형철근 및 용접철망은 다음의 철근비 이상으로 하여야하나, 어떤 경우에도 0.0014 이상이어야 한다. 여기서 수축·온도철근비는 콘크리트 전체단면적에 대한 수축·온도철근 단면적의 비로 한다.
   • 설계기준항복강도가 400MPa 이하인 이형철근을 사용한 슬래브는 0.0020
   • 설계기준항복강도가 400MPa를 초과하는 이형철근 또는 용접철망을 사용한 슬래브는 $0.0020 \times \dfrac{400}{f_y}$
  ㉡ 다만, 수축·온도철근비에 전체 콘크리트 단면적을 곱하여 계산한 수축·온도철근 단면적을 단위 폭 m당 $1,800\text{mm}^2$ 보다 크게 취할 필요는 없다.
  ㉢ 수축·온도철근의 간격은 슬래브 두께의 5배 이하, 또한 450m 이하로 하여야 한다.
  ㉣ 수축·온도철근은 설계기준항복강도 $f_y$를 발휘할 수 있도록 정착되어야 한다.

**46** 세장비는 유효좌굴길이를 단면2차반경으로 나눈 값이다.
단면2차반경을 구하기 위해서는 단면2차모멘트와 단면적을 알아야 한다.
(세장비는 탄성계수를 고려하여 산정되는 값은 아니다.)

**47** 다음 그림과 같은 보에서 A점의 수직반력을 구하면?

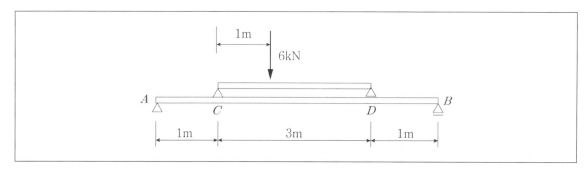

① 2.4[kN]

② 3.6[kN]

③ 4.8[kN]

④ 6.0[kN]

**48** 모살치수 8mm, 용접길이 500mm인 양면모살용접 전체의 유효단면적은 약 얼마인가?

① 2,100[mm$^2$]

② 3,221[mm$^2$]

③ 4,300[mm$^2$]

④ 5,421[mm$^2$]

**47** $\sum M_D = 0$ : $V_c(3) - (6)(2) = 0$ ∴ $V_c = 4kN(↑)$

$\sum V = 0$ : $V_c + V_D - 6 = 0$ ∴ $V_D = 2kN(↑)$

$V_B$와 $V_D$를 AE보 위에 하중으로 치환시켜 A점의 수직반력을 구한다.

$\sum M_B = 0$ : $V_A(5) - (4)(4) - (2)(1) = 0$

∴ $V_A = 3.6kN(↑)$

**48** 유효목두께 $a = 0.7S = 0.7 \times 8 = 5.6mm$

유효길이 $l_e = l - 2S = 400 - 2 \times 8 = 384mm$

유효단면적 $A_w = 5.6 \times 384 \times 2 = 4,300mm^2$

**49** 압축이형철근(D19)의 기본정착길이를 구하면? (단, 보통콘크리트를 사용하며 D19의 단면적은 287mm², $f_{ck} = 21[\text{MPa}]$, $f_y = 400[\text{MPa}]$)

① 674[mm]

② 570[mm]

③ 482[mm]

④ 415[mm]

**50** 기초설계 시 인접대지를 고려하여 편심기초를 만들고자 한다. 이 때 편심기초의 지내력이 균등해지도록 하기 위한 가장 타당한 방법은?

① 지중보를 설치한다.

② 기초면적을 넓힌다.

③ 기둥의 단면적을 크게 한다.

④ 기초 두께를 두껍게 한다.

**51** 바람의 난류로 인해 발생되는 구조물의 동적거동성분을 나타내는 것으로 평균변위에 대한 최대변위의 비를 통계적인 값으로 나타낸 계수는?

① 활하중저감계수

② 중요도계수

③ 가스트영향계수

④ 지역계수

---

**ANSWER** 49.④ 50.① 51.③

......................................................................................................................

**49** $l_{db} = \dfrac{0.25 d_b f_y}{\lambda \sqrt{f_{ck}}} \geq 0.04 d_b f_y$ 이며 다음 중 큰 값을 적용해야 한다. (특별한 조건이 주어지지 않았으므로 $\lambda$는 1.0이 된다.)

$l_{db} = \dfrac{0.25 d_b f_y}{1.0 \sqrt{f_{ck}}} = \dfrac{0.25 \times 19 \times 400}{\sqrt{21}} = 415 mm$

$l_{db} = 0.043 d_b f_y = 0.043 \times 19 \times 400 = 326.8 mm$

**50** 지중보 … "땅 속에 있는 보"라는 뜻이며 지반 속에 설치되어 기둥과 기둥을 연결하여 일체화시키는 역할을 하는 보이다. 기초 설계 시 인접대지를 고려하여 편심기초를 만들고자 할 때 편심기초의 지내력을 가능한 균등하게 하기 위해서 주로 지중보를 설치한다.

**51** 가스트영향계수 … 바람의 난류로 인해 발생되는 구조물의 동적거동성분을 나타내는 것으로 평균변위에 대한 최대변위의 비를 통계적인 값으로 나타낸 계수

**52** 독립기초에 N=20[kN], M=10[kNm]이 작용할 때 접지압이 압축력만 발생하도록 하기 위한 기초저면의 최소길이는?

① 2m

② 3m

③ 4m

④ 5m

**53** 다음 그림과 같은 내민보에서 휨모멘트가 0이 되는 두 개의 반곡점 위치를 구하면? (단, 반곡점 위치는 A점으로부터의 거리이다.)

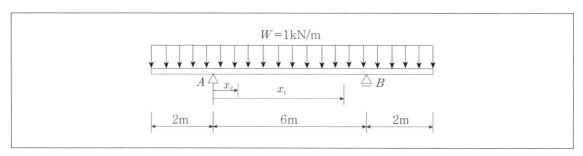

① $x_1 = 0.765[m]$, $x_2 = 5.235[m]$

② $x_1 = 0.785[m]$, $x_2 = 5.215[m]$

③ $x_1 = 0.805[m]$, $x_2 = 5.195[m]$

④ $x_1 = 0.825[m]$, $x_2 = 5.175[m]$

**52** 편심하중이 발생할 수 있다는 것을 전제로 하고 이 편심거리를 e라고 한다면 기초저면에 발생하는 최소응력과 최대응력은 다음과 같이 산정된다.

$q = \dfrac{P}{A}\left(1 \pm \dfrac{6e}{b}\right) = \dfrac{P}{A}\left(1 \pm \dfrac{6M}{Pb}\right) = \dfrac{20}{B^2}\left(1 \pm \dfrac{60}{20B}\right)$ 이며 압축응력만 발생한다고 했을 때 최소응력값은 0이 되어야 하므로

$q_{\min} = \dfrac{20}{B^2}\left(1 - \dfrac{60}{20B}\right) = 0$을 만족하는 B의 값은 3[m]이다.

**53** 하중과 경간이 서로 좌우 대칭인 구조이므로

$V_A = \dfrac{1 \times (2 + 6 + 2)}{2} = 5kN(\uparrow)$

A점으로부터 $x$ 위치의 휨모멘트의 크기는

$M_x = +(5)(x) - (1 \times (2 + x))(\dfrac{2 + x}{2}) = -0.5x^2 + 3x - 2$

반곡점은 휨모멘트가 0인 점이므로 위의 식을 0으로 하면 2개의 $x$값($x_1$, $x_2$)을 구할 수 있게 된다.

$M_x = -0.5x^2 + 3x - 2 = 0$

$x = \dfrac{(-3) \pm \sqrt{(3)^2 - 4(-0.5)(-2)}}{2(-0.5)}$ 이며

$x = x_1 = 0.765m$, $x = x_2 = 5.235m$

**54** 다음 그림과 같은 철근 콘크리트보의 균열모멘트($M_{cr}$)의 값은? (단, 보통중량콘크리트를 사용했으며 $f_{ck} = 24[MPa]$, $f_y = 400[MPa]$)

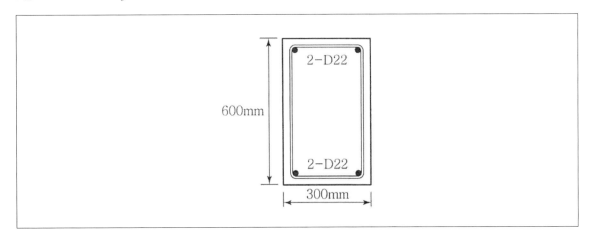

① 21.5[kNm]
③ 42.8[kNm]

② 33.6[kNm]
④ 55.6[kNm]

**55** 강구조에서 용접선 단부에 붙인 보조판으로 아크의 시작이나 종단부의 크레이터 등의 결함을 방지하기 위해 붙이는 판은?

① 엔드탭
② 스티프너
③ 윙플레이트
④ 커버플레이트

---

**ANSWER**    54.④   55.①

**54**
탄성단면계수 $S = \dfrac{bh^2}{6} = \dfrac{300 \times 600^2}{6} = 18,000,000\,mm^3$

휨파괴계수 $f_r \equiv 0.63\lambda\sqrt{f_{ck}} = 0.63\sqrt{24} = 3.09\,N/mm^2$

(보통중량콘크리트의 경우 $\lambda = 1.0$)

균열모멘트 $M_{cr} = 18,000,000 \times 3.09 \times 10^{-6} = 55.6\,kN \cdot m$

**55** 엔드탭 : 강구조에서 용접선 단부에 붙인 보조판으로 아크의 시작이나 종단부의 크레이터 등의 결함을 방지하기 위해 붙이는 판

**56** 강구조의 소성설계와 관련이 없는 것은?

① 소성힌지
② 안전율
③ 붕괴기구
④ 하중계수

**57** 다음 그림과 같은 구조물의 부정정차수는?

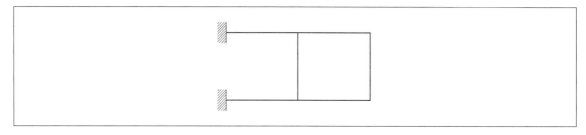

① 3차 부정정
② 4차 부정정
③ 5차 부정정
④ 6차 부정정

**58** 한계상태설계법에 따라 강구조물을 설계할 때 고려되는 강도한계상태가 아닌 것은?

① 기둥의 좌굴
② 접합부 파괴
③ 바닥재의 진동
④ 피로파괴

**• • •**
**ANSWER**   56.②   57.④   58.③

**56** 안전율은 탄성설계에서 적용할 수 있는 개념이다. 소성설계는 재료가 항복점 이후 응력-변형량 간에 선형비례관계가 성립하지 않으므로 안전율 산정이 불가능하기 때문이다.

**57** 고정단이 2개이므로 외적부정정차수는 (3+3)-3=3
라멘사이의 부재가 힌지가 아닌 용접으로 고정되어 있으므로 내적부정정차수는 3
총 부정정차수는 3+3=6차가 된다.

**58** ③ 바닥재의 진동은 사용성한계상태와 관련된 개념이다.

**59** 다음 캔틸레버보의 자유단의 처짐각은? (단, 탄성계수 E, 단면2차모멘트 I)

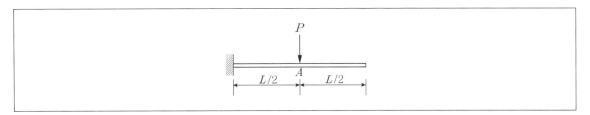

① $\dfrac{PL^2}{2EI}$

② $\dfrac{PL^2}{3EI}$

③ $\dfrac{PL^2}{6EI}$

④ $\dfrac{PL^2}{8EI}$

**59** 공액보법을 적용하여 풀어나간다.

$$V_B' = \frac{Pl}{2EI} \times \frac{l}{2} \times \frac{1}{2} = \frac{Pl^2}{8EI}$$

$$\theta_B = \frac{Pl^2}{8EI}$$

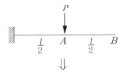

이런 문제는 공액보로 푸는 것보다는 다음의 식 자체를 암기할 것을 권한다.

| 하중조건 | 처짐각 | 처짐 |
|---|---|---|
| A ⎯⎯⎯⎯ B<br>L (P at B) | $\theta_B = \dfrac{PL^2}{2EI}$ | $\delta_B = \dfrac{PL^3}{3EI}$ |
| A ⎯⎯ C ⎯⎯ B<br>L/2 · L/2, L (P at C) | $\theta_B = \dfrac{PL^2}{8EI}$, $\theta_C = \dfrac{PL^2}{8EI}$ | $\delta_B = \dfrac{PL^3}{24EI}$, $\delta_C = \dfrac{5PL^3}{48EI}$ |
| A ⎯⎯ C ⎯ B<br>a · b, L (P at C) | $\theta_B = \dfrac{Pa^2}{2EI}$, $\theta_C = \dfrac{Pa^2}{2EI}$ | $\delta_B = \dfrac{Pa^3}{6EI}(3L-a)$, $\delta_C = \dfrac{Pa^3}{3EI}$ |

**60** 다음 그림은 각 구간에서 직선적으로 변화하는 단순보의 휨모멘트도이다. C점과 D점에 동일한 힘 $P_1$이 작용하고 보의 중앙점 E에 $P_2$가 작용할 때 $P_1$과 $P_2$의 절대값은?

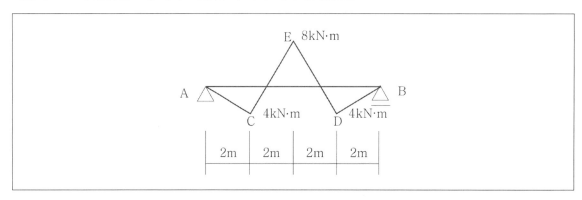

① $P_1=4kN$, $P_2=6kN$

② $P_1=4kN$, $P_2=8kN$

③ $P_1=8kN$, $P_2=12kN$

④ $P_1=8kN$, $P_2=12kN$

**ANSWER** 60.④

- - - - - - - - - - - - - - - - - - - - - - - - - - - - - - - - - - - - - - - - - - - - - - - - - - - - - - - - -

**60** 휨모멘트는 전단력을 적분한 값이다. 휨모멘트선도가 직선으로 이루어진 것을 통해 각 점마다 집중하중이 작용하고 있음을 알 수 있다. 또한 위에 제시된 모멘트선도를 전단력선도로 바꾸어 그리면 다음의 그림과 같다.

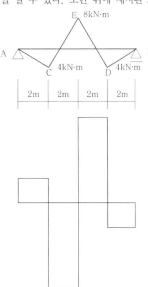

위의 전단력선도를 해석하면 A지점에서는 상향연직방향의 2kN의 반력이 발생하며 C점에는 하향의 8kN의 집중하중이 작용한다. 그리고 E점에는 상향의 12kN의 집중하중이 작용하며 D점에는 하향의 8kN의 집중하중이 작용하며 B지점에는 상향연직방향의 2kN의 반력이 발생한다.

**61** 다음 중 겨울철 실내 유리창 표면에 발생하기 쉬운 결로의 방지방법과 가장 거리가 먼 것은?

① 실내공기의 움직임을 억제한다.

② 실내에서 발생하는 수증기를 억제한다.

③ 이중유리로 하여 유리창의 단열성능을 높인다.

④ 난방기기를 이용하여 유리창 표면온도를 높인다.

**62** 엘리베이터의 안전장치 중에서 카가 최상층이나 최하층에서 정상운행위치를 벗어나 그 이상으로 운행하는 것을 방지하는 것은?

① 완충기(Buffer)

② 조속기(Governor)

③ 리미트스위치(Limit Switch)

④ 카운터웨이트(Counter Weight)

**63** 도시가스 설비에서 도시가스 압력을 사용처에 맞게 낮추는 감압기능을 갖는 기기는?

① 기화기                     ② 정압기

③ 압송기                   ④ 가스홀더

· · ·
**ANSWER**    61.①   62.③   63.②

**61** ① 실내공기의 움직임을 억제하면 대류현상이 발생되지 못하여 열순환이 이루어지지 않게 되고 유리창 표면이 저온상태로 되어 결로가 맺히게 된다.

**62** ③ 리미트스위치 : 엘리베이터의 안전장치 중에서 카가 최상층이나 최하층에서 정상운행위치를 벗어나 그 이상으로 운행하는 것을 방지하는 것

② 조속기 : 카의 속도를 감지하는 장치로서 규정된 속도범위를 초과하면 안전스위치를 작동시키는 장치이다. (케이지가 과속했을 때 작동한다.)

**63** 정압기 : 도시가스 설비에서 도시가스 압력을 사용처에 맞게 낮추는 감압기능을 갖는 기기

**64** 다음의 공기조화방식 중 전수방식에 속하는 것은?

① 단일덕트방식

② 2중덕트방식

③ 멀티존 유닛 방식

④ 팬코일 유닛 방식

**65** 몰드 변압기에 관한 설명으로 바르지 않은 것은?

① 내진성이 우수하다.

② 내습성이 우수하다.

③ 반입, 반출이 용이하다.

④ 옥외 설치 및 대용량 제작이 용이하다.

---

• • •
**ANSWER**   64.④   65.④

**64** 팬코일 유닛방식은 전수방식이다.

| 열의 분배방법에 의한 분류 | 중앙식 | 전공기방식, 공기-수방식 |
|---|---|---|
| | 개별식 | 전수방식, 냉매식 |
| 운반되는 열매체에 따른 분류 | 전공기방식 | 단일덕트방식(정풍량(CAV) 방식, 가변풍량(VAV)방식), 2중 덕트방식, 멀티존 유닛방식 |
| | 공기-수방식 | 각층 유닛 방식, 유인 유닛 방식, 팬코일 유닛덕트 병용식 |
| | 전수방식 | 팬코일 유닛 방식(F.C.U) |
| | 냉매방식 | 패키지 유닛 |

**65** • 몰드변압기는 절연물이 절연유가 아닌 에폭시 수지를 사용한 건식변압기이다.

• 소형, 경량, 점검 및 보수, 반출입이 용이하다.

• 내진, 내습성이 우수하며 단시간 과부하에 적합하다.

• 가격이 고가이며 내전압성능이 낮다.

• 옥외 설치 및 대용량제작이 어렵다.

• 자기발열에 의한 절연물 크랙의 요인이 있다.

**66** 간선의 배선방식 중 평행식에 대한 설명으로 바른 것은?

① 설비비가 가장 저렴하다.

② 배선자재의 소요가 가장 적다.

③ 사고의 영향을 최소화할 수 있다.

④ 전압이 안정되나 부하의 증가에 적응할 수 없다.


**67** 다음 설명에 맞는 유체역학의 기본원리는?

> 에너지 보존의 법칙을 유체의 흐름에 적용한 것으로 유체가 갖고 있는 운동에너지, 중력에 의한 위치
> 에너지 및 압력에너지의 총합은 흐름 내 어느 곳에서나 일정하다.

① 사이펀 작용            ② 파스칼의 원리

③ 뉴턴의 점성법칙         ④ 베르누이의 정리


**68** 전기설비용 시설공간(실)의 계획에 관한 설명으로 바르지 않은 것은?

① 변전실은 부하의 중심에 설치한다.

② 변전실은 외부로부터 전력의 수전이 용이해야 한다.

③ 중앙감시실은 일반적으로 방재센터와 겸하도록 한다.

④ 발전기실은 변전실에서 최소 10m 이상 떨어진 위치에 배치한다.

---

**66** 배선방식의 종류 및 특징
　㉠ **나뭇가지식** : 배전반에 나온 1개의 간선이 각 층의 분전반을 거치며 부하가 감소됨에 따라 점차로 간선 도체 굵기도 감
　　소되므로 소규모 건물에 적당한 방식이다.
　㉡ **평행식** : 용량이 큰 부하, 또는 분산되어 있는 부하에 대하여 단독의 간선으로 배선되는 방식으로 배전반으로부터 각
　　층의 분전반까지 단독으로 배선되므로 전압 강하가 평균화되고 사고 발생시 파급되는 범위가 좁지만 배선의 혼잡과
　　동시에 설비비가 많이 든다. 전압이 안정되나 부하의 증가에 적응이 어려우므로 주로 대규모 건물에 적합하다.
　㉢ **나뭇가지 평행식** : 나뭇가지식과 평행식을 혼합한 배선방식이다.

**67** 보기의 내용은 베르누이의 정리에 관한 설명이다.

**68** 발전기실은 변전실과 가능한 인접하도록 배치해야 한다.

**69** 급수 및 급탕설비에 사용되는 슬리브(Sleeve)에 관한 설명으로 바른 것은?

① 사이폰 작용에 의한 트랩의 봉수파괴방지를 위해 사용한다.

② 스케일 부착 및 이물질투입에 의한 관 폐쇄를 방지하기 위해 사용한다.

③ 가열장치 내의 압력이 설정압력을 넘을 경우에 압력을 도피시키기 위해 사용한다.

④ 배관 시 차후의 교체, 수리를 편리하게 하고 관의 신축에 무리가 생기지 않도록 하기 위해 사용한다.

**70** 아파트의 각 세대에 스프링클러헤드를 30개 설치한 경우 스프링클러설비의 수원의 저수량은 최소 얼마 이상이 되도록 해야 하는가? (단, 폐쇄형 스프링클러헤드를 사용한 경우)

① $12m^3$

② $24m^3$

③ $36m^3$

④ $48m^3$

---

**69** 슬리브(Sleeve)는 배관 등이 구조체 사이를 관통해야 할 경우 만들게 되는 구멍으로서 배관 시 차후의 교체, 수리를 편리하게 하고 관의 신축에 무리가 생기지 않도록 하기 위해 사용한다.

**70** 해당 문제는 다음과 같은 이유로 문제 자체가 성립되지 않으며 주어진 보기 중 정답이 없어 전항 정답처리가 되었다. (또한 상식적으로 1세대가 30개 정도의 스프링클러가 설치되는 것은 매우 특수한 경우이다)

㉠ 폐쇄형 스프링클러헤드를 사용하는 경우에는 다음 표의 스프링클러설비 설치장소별 스프링클러헤드의 기준개수[스프링클러헤드의 설치개수가 가장 많은 층(아파트의 경우에는 설치개수가 가장 많은 세대)에 설치된 스프링클러헤드의 개수가 기준개수보다 작은 경우에는 그 설치개수를 말한다. 이하 같다]에 $1.6m^3$를 곱한 양 이상이 되도록 할 것

| 스프링클러 설치장소 | | | 기준개수 |
|---|---|---|---|
| 지하층을 제외한 층수가 10층 이하인 소방대상물 | 공장 또는 창고 (랙크식창고 포함) | 특수가연물을 저장취급하는 것 | 30 |
| | | 그 밖의 것 | 20 |
| | 근린생활시설, 판매시설, 운수시설 또는 복합건축물 | 판매시설 또는 복합건축물(판매시설이 설치되는 복합건축물을 말한다.) | 30 |
| | | 그 밖의 것 | 20 |
| | 그 밖의 것 | 헤드의 부착높이가 8m 이상인 것 | 20 |
| | | 헤드의 부착높이가 8m 미만인 것 | 10 |
| 아파트 | | | 10 |
| 지하층을 제외한 층수가 11층 이상인 소방대상물(아파트를 제외한다.), 지하가 또는 지하역사 | | | 30 |

비고 : 하나의 소방대상물이 2이상의 "스프링클러헤드의 기준개수"란에 해당하는 때에는 기준개수가 많은 난을 기준으로 한다. 다만, 각 기준개수에 해당하는 수원을 별도로 설치하는 경우에는 그러하지 아니하다.

㉡ 개방형 스프링클러헤드를 사용하는 스프링클러설비의 수원은 최대 방수구역에 설치된 스프링클러헤드의 개수가 30개 이하일 경우에는 설치헤드수에 $1.6m^3$를 곱한 양 이상으로 하고, 30개를 초과하는 경우에는 가압송수장치의 1분당 송수량에 20을 곱한 양 이상이 되도록 할 것

**71** 평균BOD 150ppm인 가정오수 100m³/d가 유입되는 오수정화조의 1일 유입 BOD량은?

① 150kg/d
② 300kg/d
③ 45000kg/d
④ 150000kg/d

**72** 습공기를 가열할 경우 감소하는 상대값은?

① 엔탈피
② 비체적
③ 상대습도
④ 건구온도

**73** 냉각탑에 관한 설명으로 옳은 것은?

① 고압의 액체냉매를 증발시켜 냉동효과를 얻게 하는 설비이다.
② 증발기에서 나온 수증기를 냉각시켜 물이 되도록 하는 설비이다.
③ 대기중에서 기체냉매를 냉각시켜 물이 되도록 하는 설비이다.
④ 냉매를 응축시키는데 사용된 냉각수를 재사용하기 위하여 냉각시키는 설비이다.

---

**ANSWER** **71.①  72.③  73.④**

**71** 단순한 계산문제이다. 평균BOD값에 부피를 곱한 값이므로 주어진 조건에서는 150kg/d이 산정된다.

**72** 습공기를 가열하여 온도가 상승하면 수증기량은 그대로이므로 상대습도는 감소하게 된다.

**73** 냉각탑은 냉매를 응축시키는데 사용된 냉각수를 재사용하기 위하여 냉각시키는 설비이다.
압축기 : 냉매가스를 압축하여 고압이 된다.
응축기 : 냉매가스를 냉각하고 액화하며 응축열을 냉각탑이나 실외기를 통하여 외부로 방출시킨다.
팽창밸브 : 냉매를 팽창하여 저압이 되도록 한다.

**74** 온수난방의 일반적인 특징에 관한 설명으로 바르지 않은 것은?

① 한랭지에서는 운전정지 중에 동결의 위험이 있다.

② 난방을 정지하여도 난방효과가 어느 정도 지속된다.

③ 증기난방에 비하여 난방부하 변동에 따른 온도조절이 용이하다.

④ 증기난방에 비해 소요방열면적과 배관경이 작게 되므로 설비비가 적게 든다.

**74** ④ 온수난방은 증기난방에 비해 소요방열면적과 배관경이 크다.

| 구 분 | 증기난방 | 온수난방 |
|---|---|---|
| 표준방열량 | $650kcal/m^2h$ | $450kcal/m^2h$ |
| 방열기면적 | 작다 | 크다 |
| 이용열 | 잠열 | 현열 |
| 열용량 | 작다 | 크다 |
| 열운반능력 | 크다 | 작다 |
| 소음 | 크다 | 작다 |
| 예열시간 | 짧다 | 길다 |
| 관경 | 작다 | 크다 |
| 설치유지비 | 싸다 | 비싸다 |
| 쾌감도 | 나쁘다 | 좋다 |
| 온도조절(방열량조절) | 어렵다 | 쉽다 |
| 열매온도 | 102℃ 증기 | 85~90℃<br>100~150℃ |
| 고유설비 | 방열기트랩(증기트랩, 열동트랩) | 팽창탱크<br>개방식 : 보통온수<br>밀폐식 : 고온수 |
| 공동설비 | 공기빼기 밸브, 방열기 밸브 | |

**75** 다음 중 냉방부하 계산 시 현열과 잠열 모두 고려해야 하는 요소는?

① 덕트로부터의 취득열량

② 유리로부터의 취득열량

③ 벽체로부터의 취득열량

④ 극간풍에 의한 취득열량

**76** 면적이 100m²인 어느 강당의 야간 소요 평균조도가 300lx이다. 1개당 광속이 2000[lm]인 형광등을 사용할 경우 소요 형광등의 수는? (단, 조명률은 60%이고 감광보상률은 1.5이다.)

① 25개                        ② 29개

③ 24개                        ④ 38개

**77** 다음 중 방송공동수신 설비의 구성기기에 속하지 않는 것은?

① 혼합기                      ② 모시계

③ 컨버터                      ④ 증폭기

---

**ANSWER**   75.④   76.④   77.②

**75** 현열부하만을 계산하는 부하 : 실내기기부하, 조명부하, 벽이나 창을 통한 열관류부하, 창을 통한 일사열부하
현열부하와 잠열부하를 모두 고려해야 하는 부하 : 인체부하, 틈새바람에 의한 부하, 환기를 위한 외기도입시의 부하

**76** 광속법에 의한 조명설계식 : $F \cdot N \cdot U = E \cdot A \cdot D$

광원의 개수 $N = \dfrac{E \cdot A \cdot D}{F \cdot U} = \dfrac{300 \times 100 \times 1.5}{2,000 \times 0.6} = 37.5$

$F$ : 사용광원 1개의 광속(lm)

$D$ : 감광보상률

$E$ : 작업면의 평균조도(lx)

$A$ : 방의 면적(m²)

$N$ : 광원의 개수

$U$ : 조명률

**77** 모시계 : 큰 건물이나 공장 등에서 여러 곳에 설치된 자시계를 1개의 모시계로 작동시키는 장치이다.

**78** 급수방식 중 고가수조에 관한 설명으로 바른 것은?

① 대규모의 급수 수요에 쉽게 대응할 수 있다.

② 저수조가 없으므로 단수 시 급수할 수 없다.

③ 수도본관의 영향을 그대로 받아 수변화가 바람직하다.

④ 위생 및 유지, 관리측면에서 가장 바람직한 방식이다.

**79** 습공기의 건구온도와 습구온도를 알 때 습공기선도에서 구할 수 있는 상태값이 아닌 것은?

① 엔탈피                        ② 비체적

③ 기류속도                      ④ 절대습도

**80** 변풍량 단일덕트방식에서 송풍량 조절의 기준이 되는 것은?

① 실내 청정도

② 실내 기류속도

③ 실내 현열부하

④ 실내 잠열부하

ANSWER    78.①   79.③   80.③

**78** ② 고가수조는 옥상에 설치되는 저수조이다.
　　③ 고가수조방식은 수압의 변화가 작다.
　　④ 고가수조방식은 위생 및 유지, 관리측면에서는 좋지 않은 방식이다.

**79** 습공기 선도를 통해서 알 수 있는 요소는 건구온도, 습구온도, 노점온도, 절대습도, 상대습도, 포화도, 수증기압, 엔탈피, 현열비, 비체적 등이다.

**80** 변풍량 단일덕트방식에서 송풍량 조절의 기준은 실내 현열부하이다.

**81** 건축물의 대지 및 도로에 관한 설명으로 바르지 않은 것은?

① 손궤의 우려가 있는 토지에 대지를 조성하고자 할 때 옹벽의 높이가 2m 이상인 경우에는 이를 콘크리트구조로 해야 한다.

② 면적이 100m² 이상인 대지에 건축을 하는 건축주는 대지에 조경이나 그 밖에 필요한 조치를 취해야 한다.

③ 연면적 합계가 2,000m²(공장인 경우 3,000m²) 이상인 건축물(축사, 작물재배사, 그 밖에 이와 비슷한 건축물로서 건축조례로 정하는 규모의 건축물은 제외)의 대지는 너비 6m 이상의 도로에 4m이상 접하여야 한다.

④ 도로면으로부터 높이 4.5m 이하에 있는 창문은 열고 닫을 때 건축선의 수직면을 넘지 아니하는 구조로 해야 한다.

**82** 건축허가신청에 필요한 설계도서에 해당하지 않는 것은?

① 배치도　　　　　　　　　　② 투시도

③ 건축계획서　　　　　　　　④ 실내마감도

---

**81** 면적이 200제곱미터 이상인 대지에 건축을 하는 건축주는 용도지역 및 건축물의 규모에 따라 해당 지방자치단체의 조례로 정하는 기준에 따라 대지에 조경이나 그 밖에 필요한 조치를 하여야 한다.

**82** 건축허가신청 시 투시도는 법적으로 반드시 제출해야 하는 대상은 아니다. (그러나 경험상 건축허가 신청 시 여러모로 필요한 자료이다.)

**83** 직통계단의 설치에 관한 기준 내용 중 밑줄 친 "다음 각 호의 어느 하나에 해당하는 용도 및 규모의 건축물"의 기준 내용으로 틀린 것은?

> 법 제49조제1항에 따라 피난층 외의 층이 다음 각 호의 <u>어느 하나에 해당하는 용도 및 규모의 건축물인 경우</u> 국토교통부령으로 정하는 기준에 따라 피난층 또는 지상으로 통하는 직통계단을 2개소 이상 설치해야 한다.

① 지하층으로서 그 층 거실의 바닥면적의 합계가 200m² 이상인 것

② 종교시설의 용도로 쓰는 층으로서 그 층에서 해당 용도로 쓰는 바닥면적의 합계가 200m² 이상인 것

③ 숙박시설의 용도로 쓰는 3층 이상의 층으로서 그 층의 해당용도로 쓰는 거실의 바닥면적의 합계가 200m² 이상인 것

④ 업무시설 중 오피스텔의 용도로 쓰는 층으로서 그 층의 해당용도로 쓰는 거실의 바닥면적의 합계가 200m² 이상인 것


**84** 거실의 채광 및 환기에 관한 규정으로 옳은 것은?

① 교육연구시설 중 학교의 교실에는 채광 및 환기를 위한 창문 등이나 설비를 설치해야 한다.

② 채광을 위하여 거실에 설치하는 창문 등의 면적은 그 거실의 바닥면적의 20분의 1이상이어야 한다.

③ 환기를 위하여 거실에 설치하는 창문 등의 면적은 그 거실의 바닥면적의 10분의 1이상이어야 한다.

④ 채광 및 환기를 위한 창문 등의 면적에 관한 규정을 적용함에 있어서 수시로 개방할 수 있는 미닫이로 구획된 2개의 거실은 이를 2개의 거실로 본다.

---

**ANSWER**　83.④　84.①

**83** 공동주택(층당 4세대 이하인 것은 제외한다) 또는 업무시설 중 오피스텔의 용도로 쓰는 층으로서 그 층의 해당 용도로 쓰는 거실의 바닥면적의 합계가 300m² 이상인 것이 해당된다.

**84** ② 채광을 위하여 거실에 설치하는 창문 등의 면적은 그 거실의 바닥면적의 10분의 1이상이어야 한다.
　　③ 환기를 위하여 거실에 설치하는 창문 등의 면적은 그 거실의 바닥면적의 20분의 1이상이어야 한다.
　　④ 채광 및 환기를 위한 창문 등의 면적에 관한 규정을 적용함에 있어서 수시로 개방할 수 있는 미닫이로 구획된 2개의 거실은 이를 1개의 거실로 본다.

**85** 다음 중 건축면적에 산입하지 않는 대상기준으로 바르지 않은 것은?

① 지하주차장의 경사로

② 지표면으로부터 1.8m 이하에 있는 부분

③ 건축물 지상층에 일반인이 통행할 수 있도록 설치한 보행통로

④ 건축물 지상층에 차량이 통행할 수 있도록 설치한 차량통로

**86** 시가화조정구역의 지정과 관련된 기준 내용 중 밑줄 친 "대통령령으로 정하는 기간"으로 옳은 것은?

> 시 · 도지사는 직접 또는 관계행정기관의 장의 요청을 받아 도시지역과 그 주변 지역의 무질서한 시가화를 방지하고 계획적이며 단계적인 개발을 도모하기 위해 대통령령으로 정하는 기간동안 시가화를 유보할 필요가 있다고 인정되면 시가화 조정구역의 지정 또는 변경을 도시군관리계획으로 결정할 수 있다.

① 5년 이상 10년 이내의 기간

② 5년 이상 20년 이내의 기간

③ 7년 이상 10년 이내의 기간

④ 7년 이상 20년 이내의 기간

---

ANSWER   85.②   86.②

**85** 건축면적에 산입하지 않는 경우
- 지표면으로부터 1m 이하에 있는 부분(차량접안부의 경우는 1.5m 이하)
- 지상층의 보행통로나 차량통로
- 지하주차장의 경사로
- 지하층의 출입구 상부
- 생활폐기물 보관함

**86** 시 · 도지사는 직접 또는 관계행정기관의 장의 요청을 받아 도시지역과 그 주변 지역의 무질서한 시가화를 방지하고 계획적이며 단계적인 개발을 도모하기 위해 5년 이상 20년 이내의 기간동안 시가화를 유보할 필요가 있다고 인정되면 시가화 조정구역의 지정 또는 변경을 도시군관리계획으로 결정할 수 있다.

**87** 지방건축위원회가 심의 등을 하는 사항에 속하지 않는 것은?

① 건축선의 지정에 관한 사항

② 다중이용 건축물의 구조안전에 관한 사항

③ 특수구조 건축물의 구조안전에 관한 사항

④ 경관지구 내의 건축물의 건축에 관한 사항


**88** 공동주택과 오피스텔의 난방설비를 개별난방 방식으로 하는 경우에 관한 기준 내용으로 틀린 것은?

① 보일러는 거실 외의 곳에 설치할 것

② 보일러실의 윗부분에는 그 면적이 $0.5m^2$이상인 환기창을 설치할 것

③ 보일러실과 거실사이의 출입구는 그 출입구가 닫힌 경우에는 보일러가스가 거실에 들어갈 수 없는 구조로 할 것

④ 보일러의 연도는 내화구조로서 개별연도로 설치할 것


**89** 다음 중 국토의 계획 및 이용에 관한 법령상 공공시설에 속하지 않는 것은?

① 공동구

② 방풍설비

③ 사방설비

④ 쓰레기처리장

• • •
**ANSWER**　87.④　88.④　89.④

**87** • 지방건축위원회의 심의사항
  • 건축조례의 제정·개정에 관한 사항
  • 건축선의 지정에 관한 사항
  • 다중이용건축물의 건축에 관한 사항
  • 특수구조 건축물의 구조안전에 관한 사항
  • 미관지구에서 건축조례로 정하는 건축물의 건축에 관한 사항
  • 분양을 목적으로 하는 건축물로서 건축조례로 정하는 용도 및 규모에 해당하는 건축물의 건축에 관한 사항

**88** ④ 보일러의 연도는 내화구조로서 공동연도로 설치해야 한다.

**89** 폐기물처리 및 재활용시설은 공공시설이지만 쓰레기처리장은 공공시설에 속하지 않는다. (구분에 유의해야 한다.)

**90** 위락시설의 시설면적이 1,000m²일 때 주차장법령에 따라 설치해야 하는 부설주차장의 설치 기준은?

① 10대　　　　　　　　　　　　② 13대

③ 15대　　　　　　　　　　　　④ 20대

**ANSWER** ● ● ●　90.①

**90** 위락시설의 경우 100m²당 1대가 기준이므로 1,000m²인 경우 최소 10대이상 설치되어야 한다.
부설주차장 : 건축물, 골프연습장, 기타 주차수요를 유발하는 시설에 부대하여 설치된 주차장
※ 부설주차장 설치기준

| 주요시설 | 설치기준 |
|---|---|
| 위락시설 | 100m²당 1대 |
| 문화 및 집회시설(관람장 제외)<br>종교시설<br>판매시설<br>운수시설<br>의료시설(정신병원, 요양병원 및 격리병원 제외)<br>운동시설(골프장, 골프연습장, 옥외수영장 제외)<br>업무시설(외국공관 및 오피스텔은 제외)<br>방송통신시설 중 방송국<br>장례식장 | 150m²당 1대 |
| 숙박시설, 근린생활시설(제1종, 제2종) | 200m²당 1대 |
| 단독주택 | 시설면적 50m² 초과 150m² 이하: 1대<br>시설면적 150m²초과 시:<br>$1+\dfrac{(시설면적-150m^2)}{100m^2}$ |
| 다가구주택, 공동주택(기숙사 제외), 오피스텔 | 주택건설기준 등에 관한 규정 |
| 골프장<br>골프연습장<br>옥외수영장<br>관람장 | 1홀당 10대<br>1타석당 1대<br>15인당 1대<br>100인당 1대 |
| 수련시설, 발전시설, 공장(아파트형 제외) | 350m²당 1대 |
| 창고시설 | 400m²당 1대 |
| 학생용 기숙사 | 400m²당 1대 |
| 그 밖의 건축물 | 300m²당 1대 |

**91** 6층 이상의 거실면적의 합계가 5,000m²인 경우, 다음 중 승용승강기를 가장 많이 설치해야 하는 것은? (단, 8인승 승용승강기를 설치하는 경우)

① 위락시설                          ② 숙박시설

③ 판매시설                          ④ 업무시설

**92** 지하식 또는 건축물식 노외주차장의 차로에 관한 기준으로 바르지 않은 것은?

① 경사로의 노면은 거친 면으로 하여야 한다.

② 높이는 주차바닥면으로부터 2.3미터 이상으로 하여야 한다.

③ 경사로의 종단경사도는 직선부분에서는 14퍼센트를 초과해서는 안 된다.

④ 주차대수 규모가 50대 이상인 경우의 경사로는 너비 6미터 이상인 2차로를 확보하거나 진입차로와 진출차로를 분리하여야 한다.

**93** 다음은 건축물의 사용승인에 관한 기준 내용이다. (   )안에 알맞은 것은?

건축주가 허가를 받았거나 신고를 한 건축물의 건축공사를 완료한 후 그 건축물을 사용하려면 공사감리자가 작성한 ( ㉠ )와 국토교통부령으로 정하는 ( ㉡ )를 첨부하여 허가권자에게 사용승인을 신청해야 한다.

① ㉠ 설계도서, ㉡ 시방서

② ㉠ 시방서, ㉡ 설계도서

③ ㉠ 감리완료보고서, ㉡ 공사완료도서

④ ㉠ 공사완료도서, ㉡ 감리완료보고서

---

**ANSWER**   91.③   92.③   93.③

**91** 6층 이상의 거실면적의 합계가 5000m²인 경우의 승용승강기 설치기준은 다음과 같다.

판매시설의 경우 : $2대 + \dfrac{A - 3,000m^2}{2,000m^2} 대$

숙박시설, 위락시설, 업무시설 : $1대 + \dfrac{A - 3,000m^2}{2,000m^2} 대$

**92** 경사로의 종단경사도는 직선부분에서는 17퍼센트를 곡선부분에서는 14퍼센트를 초과하여서는 아니된다.

**93** 축주가 허가를 받았거나 신고를 한 건축물의 건축공사를 완료한 후 그 건축물을 사용하려면 공사감리자가 작성한 감리완료보고서와 국토교통부령으로 정하는 공사완료도서를 첨부하여 허가권자에게 사용승인을 신청해야 한다.

**94** 공사감리자의 업무에 속하지 않는 것은?

① 시공계획 및 공사관리의 적정여부의 확인

② 상세 시공도면의 검토 및 확인

③ 설계변경의 적정여부의 검토 및 확인

④ 공정표 및 현장설계도면 작성


**95** 제2종 일반주거지역 안에서 건축할 수 있는 건축물에 속하지 않는 것은?

① 아파트      ② 노유자시설

③ 종교시설      ④ 문화 및 집회시설 중 관람장


**96** 주거기능을 위주로 이를 지원하는 일부 상업기능 및 업무기능을 보완하기 위하여 지정하는 주거지역의 세분은?

① 준주거지역      ② 제1종 전용주거지역

③ 제1종 일반주거지역      ④ 제2종 일반주거지역


---

**• • •**
**ANSWER**   94.④   95.④   96.①

   **94** 공정표 및 현장설계도면 작성은 시공자의 업무에 속한다.

   **95** 제2종 일반주거지역: 제1종과 제3종 일반주거지역의 중간단계로 15층 이하의 중층건축물이 입지할 수 있는 지역이다. 단독 및 공동주택은 물론이고 제1종 근린생활시설, 종교시설, 초등학교 및 중학교, 고등학교, 노유자시설을 건축할 수 있다. (도시계획조례가 정할 경우에는 판매시설, 의료시설, 공장, 창고시설, 교정 및 군사시설, 방송통신시설 등을 건축할 수 있다.)

   **96** ㉠ 준주거지역 : 주거기능을 위주로 이를 지원하는 일부 상업기능 및 업무기능을 보완하기 위하여 지정하는 주거지역

      ㉡ 전용주거지역 : 양호한 주거환경을 보호

       • 제1종전용주거지역 : 단독주택 중심의 양호한 주거환경을 보호하기 위하여 필요한 지역

       • 제2종전용주거지역 : 공동주택 중심의 양호한 주거환경을 보호하기 위하여 필요한 지역

      ㉢ 일반주거지역 : 편리한 주거환경을 보호

       • 제1종일반주거지역 : 저층주택을 중심으로 편리한 주거환경을 조성하기 위하여 필요한 지역

       • 제2종일반주거지역 : 중층주택을 중심으로 편리한 주거환경을 조성하기 위하여 필요한 지역

       • 제3종일반주거지역 : 중고층주택을 중심으로 편리한 주거환경을 조성하기 위하여 필요한 지역

      ㉣ 준주거지역 : 주거기능을 위주로 이를 지원하는 일부 상업기능 및 업무기능을 보완하기 위하여 필요한 지역

**97** 다음 중 피난층이 아닌 거실에 배연설비를 설치해야 하는 대상 건축물에 속하지 않는 것은? (단, 6층 이상인 건축물의 경우)

① 판매시설

② 종교시설

③ 교육연구시설 중 학교

④ 운수시설

**98** 다음 거실의 반자높이와 관련된 기준 내용 중 ( )안에 해당되지 않는 건축물의 용도는?

> ( )의 용도에 사용되는 건축물의 관람실 또는 집회실로서 그 바닥면적이 200m² 이상인 것의 반자 높이는 4m(노대의 아랫부분의 높이는 2.7m)이상이어야 한다. 다만, 기계환기장치를 설치하는 경우에 는 그렇지 않다.

① 문화 및 집회시설 중 동·식물원

② 장례식장

③ 위락시설 중 유흥주점

④ 종교시설

**97** 배연설비를 설치해야 하는 대상시설물 … 6층 이상인 문화 및 집회시설, 종교시설, 판매시설, 운수시설, 의료시설, 교육시설 중 연구소, 아동관련시설 및 노인복지시설, 유스호스텔, 운동시설, 업무시설, 숙박시설, 위락시설, 관광휴게시설, 고시원 및 장례식장은 의무적으로 배연설비를 설치해야 한다. (도서관은 배연설비를 하지 않아도 된다.)

※ 배연설비의 설치

| 건축물의 용도 | 규모 | 설치장소 |
|---|---|---|
| 6층 이상인 문화 및 집회시설, 종교시설, 판매시설, 운수시설, 의료시설, 교육시설 중 연구소, 아동관련시설 및 노인복지시설, 유스호스텔, 업무시설, 숙박시설, 위락시설, 관광휴게시설, 고시원 및 장례식장 | 6층 이상인 건축물 | 거실 |

**98** 문화 및 집회시설(전시장 및 동·식물원 제외), 장례식장 또는 주점영업의 용도에 쓰이는 관람석 또는 집회실로서 그 바닥면적이 200m²이상인 것의 반자높이는 4m(노대의 아랫부분의 높이는 2.7m 이상이어야 한다. 다만, 기계환기장치를 설치하는 경우에는 그러하지 아니하다.

**99** 대통령령으로 정하는 용도와 규모의 건축물이 소규모 휴식시설 등의 공개공지 또는 공개공간을 설치해야 하는 대상 지역에 해당되지 않는 곳은?

① 준공업지역

② 일반공업지역

③ 일반주거지역

④ 준주거지역

**100** 주요구조부가 내화구조 또는 불연재료로 된 건축물로서 국토교통부령으로 정하는 기준에 따라 내화구조로 된 바닥·벽 및 갑종방화문으로 구획하여야 하는 연면적 기준은?

① 400m² 초과

② 500m² 초과

③ 1,000m² 초과

④ 1,500m² 초과

---

**ANSWER**  **99.**② **100.**③

**99** 공개공지 확보의 대상지역
- 일반주거지역·준주거지역
- 상업지역·준공업지역
- 특별자치시장·특별자치도지사·시장·군수·구청장이 도시화 가능성이 크다고 인정하여 지정·공고하는 지역

**100** 법 제49조제2항에 따라 주요구조부가 내화구조 또는 불연재료로 된 건축물로서 연면적이 1천 제곱미터를 넘는 것은 국토교통부령으로 정하는 기준에 따라 내화구조로 된 바닥·벽 및 제64조에 따른 갑종 방화문(국토교통부장관이 정하는 기준에 적합한 자동방화셔터를 포함한다. 이하 이 조에서 같다)으로 구획(이하 "방화구획"이라 한다)하여야 한다. 다만, 「원자력안전법」 제2조에 따른 원자로 및 관계시설은 「원자력안전법」에서 정하는 바에 따른다.

**1** 쇼핑센터의 몰(Mall)의 계획에 관한 설명으로 바르지 않은 것은?

① 전문점들과 중심상점의 주출입구는 몰에 면하도록 한다.

② 몰에는 자연광을 끌어들여 외부공간과 같은 성격을 갖게 하는 것이 좋다.

③ 다층으로 계획할 경우, 시야의 개방감을 적극적으로 고려하는 것이 좋다.

④ 중심상점들 사이의 몰의 길이는 100m를 초과하지 않아야 하며 길이 40~50m마다 변화를 주는 것이 바람직하다.

**2** 연속적인 주제를 선(線)적으로 관계성 깊게 표현하기 위해 전경(全景)으로 펼쳐지도록 연출하는 것으로 맥락이 중요시 될 때 사용되는 특수전시기법은?

① 아일랜드 전시

② 파노라마 전시

③ 하모니카 전시

④ 디오라마 전시

---

**ANSWER** 1.④ 2.②

**1** 몰의 길이는 240m를 초과하지 않는 것이 바람직하며 20~30m마다 변화를 주어 단조로운 느낌을 주지 않아야 한다.

**2** 파노라마 전시 … 연속적인 주제를 선(線)적으로 관계성 깊게 표현하기 위해 전경(全景)으로 펼쳐지도록 연출하는 것으로 맥락이 중요시 될 때 사용되는 특수전시기법

**3** 다음 설명에 알맞은 극장 건축의 평면형식은?

> • 가까운 거리에서 관람하면서 가장 많은 관객을 수용할 수 있다.
> • 객석과 무대가 하나의 공간에 있으므로 양자의 일체감이 높다.
> • 무대의 배경을 만들지 않으므로 경제성이 있다.

① 애리너(Arena)형
② 가변(Adaptable Stage)형
③ 프로시니엄(Proscenium)형
④ 오픈스테이지(Open Stage)형

**4** 아파트 형식에 관한 설명으로 바르지 않은 것은?

① 계단실형은 거주의 프라이버시가 높다.
② 편복도형은 복도에서 각 세대로 진입하는 형식이다.
③ 메조넷형은 평면구성의 제약이 적어 소규모 주택에 주로 이용된다.
④ 플랫형은 각 세대의 주거단위가 동일한 층에 배치구성된 형식이다.

**5** 학교운영방식에 관한 설명으로 바르지 않은 것은?

① 종합교실형은 각 학급마다 가정적인 분위기를 만들 수 있다.
② 교과교실형은 초등학교 저학년에 대해 가장 권장되는 방식이다.
③ 플래툰형은 미국의 초등학교에서 과밀을 해소하기 위해 실시한 것이다.
④ 달톤형은 학급, 학년 구분을 없애고 학생들은 각자의 능력에 따라 교과를 선택하고 일정한 교과를 끝내면 졸업하는 방식이다.

---

**ANSWER**  3.① 4.③ 5.②

**3** 제시된 보기의 사항은 애리너(Arena)형에 대한 것이다.

**4** 메조넷형은 설비구조적 측면에서 계획이 어렵고 경제성이 떨어지므로 소규모 주택에는 적합하지 않다.

**5** 교과교실형은 초등학교 고학년에 대해 가장 권장되는 방식이다.

**6** 다음 중 단독주택의 현관 위치 결정에 가장 주된 영향을 끼치는 것은?

① 방위

② 주택의 층수

③ 거실의 위치

④ 도로와의 관계


**7** 도서관의 열람실 및 서고계획에 관한 설명으로 바르지 않은 것은?

① 서고 안에 캐럴(Carrel)을 둘 수도 있다.

② 서고면적 $1m^2$당 150~250권의 수장능력으로 계획한다.

③ 열람실은 성인 1인당 3.0~3.5$m^2$의 면적으로 계획한다.

④ 서고실은 모듈러 플래닝이 가능하다.


**8** 다음 중 건축계획에서 말하는 미의 특성 중 변화 또는 다양성을 얻는 방식과 가장 거리가 먼 것은?

① 억양(Account)

② 대비(Contrast)

③ 균제(Proportion)

④ 대칭(Symmetry)

**6** 현관의 위치는 대지의 형태, 도로와의 관계 등에 의해 결정된다.

**7** 일반 열람실
• 크기는 성인 1인당 1.5~2.0$m^2$, 아동 1인당 1.1$m^2$ 정도가 필요하다.(1석당 평균 면적은 1.8$m^2$ 전후)
• 일반적인 학생들의 이용률은 7:3 정도이고 일반인과 학생용 열람실을 분리한다.
• 실 전체로는 1석 평균 2.0~2.5$m^2$의 바닥 면적이 필요하다.

**8** 대칭(Symmetry)은 변화나 다양성과는 거리가 먼 요소이며 정적인 요소이다.

**9** 다음 중 공장건축의 레이아웃(Layout)에 관한 설명으로 바르지 않은 것은?

① 제품중심의 레이아웃은 대량생산에 유리하며 생산성이 높다.

② 레이아웃이란 생산품의 특성에 따른 공장의 건축면적 결정방식을 말한다.

③ 공정중심의 레이아웃은 다종 소량생산으로 표준화가 행해지기 어려운 경우에 적합하다.

④ 고정식 레이아웃은 조선소와 같이 조립부품이 고정된 장소에 있고 사람과 기계를 이동시키며 작업을 행하는 방식이다.

**10** 다음 중 주택단지 도로의 유형 중 쿨데삭(Cul-de-sac)형에 관한 설명으로 바른 것은?

① 단지 내 통과교통의 배제가 불가능하다.

② 교차로가 +자형이므로 자동차의 교통처리에 유리하다.

③ 우회도로가 없기 때문에 방재상 불리하다는 단점이 있다.

④ 주행속도 감소를 위해 도로의 교차방식을 주로 T자 교차로 한 형태이다.

**11** 미술관 전시실의 순회형식 중 연속순회형식에 관한 설명으로 바른 것은?

① 각 전시실에 바로 들어갈 수 있다는 장점이 있다.

② 연속된 전시실의 한 쪽 복도에 의해서 각 실을 배치한 형식이다.

③ 중심부에 하나의 큰 홀을 두고 그 주위에 각 전시실을 배치한 형식이다.

④ 전시실을 순서별로 통해야 하고 한 실을 폐쇄하면 전체 동선이 막히게 된다.

---

**ANSWER**   9.②   10.③   11.④

**9** 레이아웃이란 공장건축의 평면요소 간의 위치관계를 결정하는 것을 말한다.

**10** Cul-de-Sac형
- 통과교통이 없으며 주거환경의 쾌적성 및 안전성 확보가 용이하다.
- 각 기구와 관계없는 차량의 진입이 배제된다.
- 우회도로가 없어 방재나 방범상 불리하며 주택 배면에 보행자 전용도로가 함께 설치되어야 효과적이다.
- Cul-de-Sac의 최대길이는 150m이하로 계획한다.

**11** ① 각 전시실에 바로 들어갈 수 있다는 장점이 있는 것은 갤러리 및 코리도(복도) 형식이다. 연속순회형식은 각 실에 직접들어갈 수 없고 정해진 경로를 따라서 순차적으로 들어가야 한다.
② 연속된 전시실의 한 쪽 복도에 의해서 각 실을 배치한 형식은 갤러리 및 코리도(복도) 형식이다.
③ 중심부에 하나의 큰 홀을 두고 그 주위에 각 전시실을 배치한 형식은 중앙홀형식이다.

**12** 사무소 건축의 실단위 계획에 관한 설명으로 바르지 않은 것은?

① 개실시스템은 독립성과 쾌적감의 이점이 있다.

② 개방식배치는 전면적을 유용하게 이용할 수 있다.

③ 개방식배치는 개실 시스템보다 공사비가 저렴하다.

④ 개실시스템은 연속된 긴 복도로 인해 방의 깊이에 변화를 주기 용이하다.

**13** 다음 중 사무소 건축의 코어유형에 관한 설명으로 바르지 않은 것은?

① 편심코어형은 기준층 바닥면적이 작은 경우에 적합하다.

② 독립코어형은 코어를 업무공간에서 별도로 분리시킨 형식이다.

③ 중심코어형은 코어가 중앙에 위치한 유형으로 유효율이 높은 계획이 가능하다.

④ 양단코어형은 수직동선이 양측면에 위치한 관계로 피난 시 불리하다는 단점이 있다.

---

**ANSWER**   12.④   13.④

---

**12** ㉠ **개실시스템**: 복도에 의해 각층의 여러부분으로 들어가는 방식
  • 독립성과 쾌적성 및 자연채광조건이 좋다.
  • 불경기일 때 임대하기가 용이하다.
  • 공사비가 비교적 높다.
  • 방 길이에는 변화를 줄 수 있지만 연속된 복도 때문에 방 깊이에는 변화를 줄 수 없다.
  ㉡ **개방식배치**: 개방된 큰 방으로 설계하고 중역들을 위해 분리된 작은 방을 두는 방식
  • 전면적을 유효하게 이용할 수 있어 공간절약상 유리하다.
  • 칸막이벽이 없어서 공사비가 개실시스템보다 저렴하다.
  • 방의 길이나 깊이에 변화를 줄 수 있다.
  • 소음이 크고 독립성이 떨어진다.
  • 자연채광에 인공조명이 필요하다.
  ㉢ **오피스랜드스케이핑**: 계급, 서열에 의한 획일적 배치에 대한 반성으로 사무의 흐름이나 작업의 성격을 중시하여 능률적으로 배치한 방식
  • 배치를 의사전달과 작업흐름의 실제적 패턴에 기초를 둔다.
  • 일정한 기하학적 패턴에서 탈피한다. 즉, 작업장의 집단을 자유롭게 그루핑하여 불규칙한 평면을 유도한다.
  • 실내에 고정, 또는 반고정된 칸막이를 하지 않는다.
  • 칸막이를 제거하여 청각적인 문제에 각별한 주의가 요구된다.
  • 커뮤니케이션의 융통성이 있고 장애요인이 거의 없다.
  • 변화하는 작업의 패턴에 따라 조절이 가능하며 신속하고 경제적으로 대처할 수 있다.
  • 공간을 절약할 수 있다.
  • 오피스내의 상쾌한 인간관계로 작업의 능률향상에 도움을 준다.
  • 칸막이의 철거로 인한 소음발생 때문에 프라이버시가 결여되기 쉽다.
  • 대형가구 등 소리를 반향시키는 기재의 사용이 어렵다.

**13** 양단코어는 피난 시 동선의 집중을 막고 분산시켜 신속히 대피가 가능하도록 하는 유리한 점이 있다.

---

**14** 비잔틴 건축에 관한 설명으로 바르지 않은 것은?

① 사라센 문화의 영향을 받았다.

② 도저렛(Dosseret)이 사용되었다.

③ 펜던티브 돔(Pendentive Dome)이 사용되었다.

④ 평면은 주로 장축형 평면(라틴십자가)이 사용되었다.

**15** 클로즈드 시스템(Closed System)의 종합병원에서 외래진료부 계획에 관한 설명으로 바르지 않은 것은?

① 환자의 이용이 편리하도록 2층 이하에 두도록 한다.

② 부속 진료시설을 인접하게 하여 이용이 편리하게 한다.

③ 중앙주사실, 약국은 정면출입구에서 멀리 떨어진 곳에 둔다.

④ 외과 계통 각 과는 1실에서 여러 환자를 볼수 있도록 대실로 한다.

---

ANSWER   14.④   15.③

**14** 비잔틴 건축은 그릭 크로스의 평면구성과 펜던티브 돔의 구조기술로 요약할 수 있으며, 아울러 이 두 가지를 실제 건물에 혼합, 응용해서 이전에 서방의 초기기독교 건축에서는 보지 못했던 다양하고 새로운 교회 공간과 구조공법을 창출해 냈다.

**15** 약국, 중앙주사실은 정면 출입구 근처에 두도록 한다.

**16** 다음과 같은 특징을 갖는 에스컬레이터 배치유형은?

---

- 점유면적이 다른 유형에 비해 작다.
- 연속적으로 승강이 가능하다.
- 승객의 시야가 좋지 않다.

---

① 교차식 배치

② 직렬식 배치

③ 병렬단속식 배치

④ 병렬연속식 배치

**16** 주어진 보기의 설명은 교차식 배치에 관한 것이다.

※ 에스컬레이터 배치형식

　㉠ 직렬형

　　• 승객의 시야가 가장 넓다.

　　• 점유면적이 넓다.

　㉡ 단열중복형(병렬단속형)

　　• 에스컬레이터의 존재를 잘 알 수 있다.

　　• 시야를 막지 않는다.

　　• 교통이 불연속으로 되고, 서비스가 나쁘다.

　　• 승객이 한 방향으로만 바라본다.

　　• 승강객이 혼잡하다.

　㉢ 병렬연속형(평행승계형)

　　• 교통이 연속되고 있다.

　　• 타고 내리는 교통이 명백히 분할될 수 있다.

　　• 승객의 시야가 넓어진다.

　　• 에스컬레이터의 존재를 잘 알 수 있다.

　　• 점유면적이 넓다.

　　• 시선이 마주친다.

　㉣ 교차형(복렬형)

　　• 교통이 연속하고 있다.

　　• 승강객의 구분이 명확하므로 혼잡이 적다.

　　• 점유면적이 좁다.

　　• 승객의 시야가 좁다.

　　• 에스컬레이터의 위치를 표시하기 힘들다.

**17** 다음 중 다포식 건축으로 가장 오래된 것은?

① 창경궁 명정전

② 전등사 대웅전

③ 불국사 극락전

④ 심원사 보광전

**18** 다음 중 시티호텔에 속하지 않는 것은?

① 비치호텔

② 터미널호텔

③ 커머셜호텔

④ 아파트먼트호텔

**17** 심원사 보광전은 다포식 건축물로서 가장 오래된 건축물이다.

| | | 주심포식 | 다포식 | 익공식 |
|---|---|---|---|---|
| 고려 | | 안동 봉정사 극락전<br>영주 부석사 무량수전<br>예산 수덕사 대웅전<br>강릉 객사문<br>평양 숭인전 | 경천사지 10층 석탑<br>연탄 심원사 보광전<br>석왕사 응진전<br>황해봉산 성불사 응진전 | |
| 조선 | 초기 | 강화 정수사 법당<br>송광사 극락전<br>무위사 극락전 | 개성 남대문<br>서울 남대문<br>안동 봉정사 대웅전<br>청양 장곡사 대웅전 | 합천해인사 장경판고<br>강릉오죽헌 |
| | 중기 | 안동 봉정사 화엄강당 | 화엄사 각황전<br>범어사 대웅전<br>강화 전등사 대웅전<br>개성 창경궁 명정전<br>서울 창덕궁 돈화문<br>완주 위봉사 보광명전 | 충무 세병관<br>서울동묘<br>서울문묘 명륜당<br>남원 광한루 |
| | 후기 | 전주 풍남문 | 경주 불국사 극락전<br>경주 불국사 대웅전<br>경복궁 근정전<br>창덕궁 인정전<br>수원 팔달문<br>서울 동대문 | 수원 화서문<br>제주 관덕정 |

**18** 비치호텔은 휴양을 위한 리조트호텔에 속한다.

**19** 고대 그리스의 기둥양식에 속하지 않는 것은?

① 도리아식

② 코린트식

③ 컴포지트식

④ 이오니아식


**20** 주택의 동선계획에 관한 설명으로 바르지 않은 것은?

① 동선은 가능한 굵고 짧게 계획하는 것이 바람직하다.

② 동선의 3요소 중 속도는 동선의 공간적 두께를 의미한다.

③ 개인, 사회, 가사노동권의 3개 동선은 상호간 분리하는 것이 좋다.

④ 화장실, 현관 등과 같이 사용빈도가 높은 공간은 동선을 짧게 처리하는 것이 중요하다.

---

ANSWER    19.③   20.②

**19** 컴포지트식 기둥양식은 로마시대에 이루어진 것이다.

**20** 동선의 3요소 중 속도는 얼마나 빠른가를 의미한다.

**21** 수직굴삭, 수중굴삭 등에 사용되는 깊은 흙파기용 기계이며 연약지반에 사용하기에 적당한 기계는?

① 드래그 쇼벨  ② 크램쉘

③ 모터그레이더  ④ 파워쇼벨

**22** 철근의 가공 및 조립에 관한 설명으로 바르지 않은 것은?

① 철근의 가공은 철근상세도에 표시된 형상과 치수가 일치하고 재질을 해치지 않은 방법으로 이루어져야 한다.

② 철근상세도에 철근의 구부리는 내면반지름이 표시되어 있지 않은 때에는 KDS에 규정된 구부림의 최소 내면반지름 이상으로 철근을 구부려야 한다.

③ 경미한 녹이 발생한 철근이라 하더라도 일반적으로 콘크리트와의 부착성능을 매우 저하시키므로 사용이 불가하다.

④ 철근은 상온에서 가공하는 것을 원칙으로 한다.

---

**ANSWER** 21.② 22.③

**21** 크램쉘 ··· 수직굴삭, 수중굴삭 등에 사용되는 깊은 흙파기용 기계이며 연약지반에 사용하기에 적당한 기계이다.

| 구분 | 종류 | 특성 |
|---|---|---|
| 굴착용 | 파워쇼벨 | 지반면보다 높은 곳의 땅파기에 적합하며 굴착력이 크다. |
| | 드래그쇼벨 | 지반보다 낮은 곳에 적당하며 굴착력이 크고 범위가 좁다. |
| | 드래그라인 | 기계를 설치한 지반보다 낮은 곳 또는 수중 굴착시에 적당하다. |
| | 클램쉘 | 좁은 곳의 수직굴착, 자갈 적재에도 적합하다. |
| | 트렌처 | 도랑파기, 줄기초파기에 사용된다. |
| 정지용 | 불도저 | 운반거리 50~60m(최대 100m)의 배토, 정지작업에 사용된다. |
| | 앵글도저 | 배토판을 좌우로 30도 회전하며 산허리를 깎는데 유리하다. |
| | 스크레이퍼 | 흙을 긁어모아 적재하여 운반하며 100~150m의 중거리 정지공사에 적합하다. |
| | 그레이더 | 땅고르기 기계로 정지공사 마감이나 도로 노면정리에 사용된다. |
| 다짐용 | 전압식 | 롤러 자중으로 지반을 다진다. (로드롤러, 탬핑롤러, 머케덤롤러, 타이어롤러) |
| | 진동식 | 기계에 진동을 발생시켜 지반을 다진다. (진동롤러, 컴팩터) |
| | 충격식 | 기계가 충격력을 발생시켜 지반을 다진다. (램머, 탬퍼) |
| 싣기용 | 크롤러로더 | 굴착력이 강하며, 불도저 대용용으로도 쓸 수 있다. |
| | 포크리프트 | 창고하역이나 목재싣기에 사용된다. |
| 운반용 | 컨베이어 | 밸트식과 버킷식이 있고 이동식이 많이 사용된다. |

**22** 철근은 경미한 녹이 있으면 부착성능이 다소 향상된다.

**23** 건축주 자신이 특정의 단일생다를 선정하여 발주하는 방식으로서 특수공사나 기밀보장이 필요한 경우, 또는 긴급을 요하는 공사에서 주로 채택되는 것은?

① 공개경쟁입찰　　　　　　　　　　　② 제한경쟁입찰

③ 지명경쟁입찰　　　　　　　　　　　④ 특명입찰

**24** 문 윗틀과 문짝에 설치하여 문이 자동적으로 닫혀지게 하며 개폐압력을 조절할 수 있는 장치는?

① 도어체크　　　　　　　　　　　　　② 도어홀더

③ 피봇힌지　　　　　　　　　　　　　④ 도어체인

- - -
ANSWER | 23.④　24.①

**23** 특명입찰 … 건축주 자신이 특정의 단일생다를 선정하여 발주하는 방식으로서 특수공사나 기밀보장이 필요한 경우, 또는 긴급을 요하는 공사에서 주로 채택되는 입찰방식

**24** 도어체크에 관한 설명이다.

※ 주요 창호개폐 자재

| 부품 | 용도 |
|---|---|
| 자유 정첩 | 안밖으로 개폐할 수 있는 정첩, 자재문에 사용 |
| 플로어 힌지(Floor hinge) | 정첩으로 지탱할 수 없는 무거운 자재 여닫이문에 사용 |
| 피보트 힌지(Pivot hinge) | 용수철을 쓰지 않고 문장부식으로 된 정첩, 가장 중량문에 사용 |
| 도어체크(Door check) | 문 윗틀과 문짝에 설치하여 자동으로 문을 닫는 장치(=Door closer) |
| 레버터리 힌지(Labatory hinge) | 공중전화 출입문, 공중변소에 사용, 15cm 정도 열려진 것 |
| 함 자물쇠(Rimlock) | Latch bolt(손잡이를 돌리면 열리는 자물통)와 Dead bolt (열쇠로 회전시켜 잠그는 자물쇠)가 함께 있다. |
| 실린더 자물쇠 | Pin tumbler lock, Mono lock 자물통이 실린더로 된 것으로, 텀블러 대신 핀을 넣은 실린더록으로 고정 |
| 나이트 래치(Night latch) | 바깥에서는 열쇠, 안에서는 손잡이로 여는 실린더 장치 |
| 창개폐 조절기 | 여닫이창, 젖힘창의 개폐조절 (=창 순위조절기) |
| 도어홀더, 도어스톱 | 도어 홀더(문열림 방지), 도어 스톱(벽, 문짝 보호) |
| 오르내리 꽂이쇠 | 쌍여닫이문(주로 현관문)에 상하 고정용으로 달아서 개폐방지 |
| 크레센트(Crescent) | 오르내리창이나 미서기창의 잠금장치(자물쇠) |
| 멀리온(Mullion) | 창면적이 클 때 기존 창 Frame을 보강하는 중간 선대 |

**25** 건축 석공사에 관한 설명으로 바르지 않은 것은?

① 건식쌓기 공법의 경우 시공이 불량하면 백화현상 등의 원인이 된다.

② 석재 물갈기 마감 공정의 종류는 거친갈기, 물갈기, 본갈기, 정갈기가 있다.

③ 시공 전에 설계도에 따라 돌나누기 상세도, 원척도를 만들고 석재의 치수, 형상, 마감방법 및 철물 등에 의한 고정방법을 정한다.

④ 마감면에 오염의 우려가 있는 경우에는 폴리에틸렌 시트 등으로 보양한다.


**26** 벤치마크(Bench Mark)에 관한 설명으로 바르지 않은 것은?

① 적어도 2개소 이상 설치하도록 한다.

② 이동 또는 소멸 우려가 없는 곳에 설치한다.

③ 건축물 기초의 너비 또는 길이 등을 표시하기 위한 것이다.

④ 공사 완료시까지 존치시켜야 한다.


**27** 방부력이 약하고 도포용으로만 사용되며 상온에서 침투가 잘 되지 않고 흑색이므로 사용장소가 제한되는 유성방부제는?

① 캐로신

② PCP

③ 염화아연 4% 용액

④ 콜타르


---

ANSWER | 25.① 26.③ 27.④

**25** 백화현상은 모르타르와 같은 재료를 사용하는 습식쌓기에서 발생하는 현상이다.

**26** 벤치마크(Bench Mark)는 공사현장의 기준점을 의미한다. 따라서 건축물 기초의 너비 또는 길이 등을 표시하기 위한 것으로 보기에는 무리가 있다.

**27** 콜타르 ⋯ 방부력이 약하고 도포용으로만 사용되며 상온에서 침투가 잘 되지 않고 흑색이므로 사용장소가 제한되는 유성방부제

10. 건축기사 2021년 1회 **435**

**28** 시멘트 600포대를 저장할 수 있는 시멘트 창고의 최소필요면적으로 바른 것은? (단, 시멘트 600포대 전량을 저장할 수 있는 면적으로 산정한다.)

① 18.46m²                      ② 21.64m²

③ 23.25m²                      ④ 25.84m²

**29** 시멘트, 모래, 잔자갈, 안료 등을 섞어 이긴 것을 바탕마름이 마르기 전에 뿌려 붙이거나 또는 바르는 것으로 일종의 인조석 바름으로 볼 수 있는 것은?

① 회반죽                          ② 경석고 플라스터

③ 혼합석고 플라스터            ④ 라프 코트

**30** 용접작업 시 용착금속 단면에 생기는 작은 은색의 점을 무엇이라 하는가?

① 피시아이(Fish Eye)           ② 블로 홀(Blow Hole)

③ 슬래그 함입(Slag Inclusion)    ④ 크레이터(Crater)

---

**ANSWER**    28.①   29.④   30.①

**28** 시멘트 창고의 최소 필요면적 : $A = 0.4 \times \dfrac{N}{n}$

($N$ : 시멘트 포대수, $n$ : 쌓기 단수이며 13이하)

시멘트 포대수는 600포 이상 1,800포 이하일 경우 $N=600$을 적용한다.

그러므로 $A = 0.4 \times \dfrac{N}{n} = 0.4 \times \dfrac{600}{13} = 18.46m^2$

**29** 라프 코트 … 시멘트, 모래, 잔자갈, 안료 등을 섞어 이긴 것을 바탕마름이 마르기 전에 뿌려 붙이거나 또는 바르는 것으로 일종의 인조석 바름이다.

**30** 용접작업 시 용착금속 단면에 생기는 작은 은색의 점을 피시아이(Fish Eye)라고 부른다.

※ 용접결함
- **블로홀** : 용융금속이 응고할 때 방출되어야 할 가스가 남아서 생긴 빈자리
- **슬래그섞임(감싸들기)** : 슬래그의 일부분이 용착금속 내에 혼입된 것
- **크레이터** : 용즙 끝단에 항아리 모양으로 오목하게 파인 것
- **피시아이** : 용접작업시 용착금속 단면에 생기는 작은 은색의 점
- **피트** : 작은 구멍이 용접부 표면에 생긴 것
- **크랙** : 용접 후 급냉되는 경우 생기는 균열
- **언더컷** : 모재가 녹아 용착금속이 채워지지 않고 홈으로 남는 부분
- **오버랩** : 용착금속과 모재가 융합되지 않고 단순히 겹쳐지는 것
- **오버형** : 상향 용접시 용착금속이 아래로 흘러내리는 현상
- **용입불량** : 용입깊이가 불량하거나 모재와의 융합이 불량한 것

**31** 달성가치(Earned Value)를 기준으로 원가관리를 시행할 때 실제투입원가와 계획된 일정에 근거한 진행 성과의 차이를 의미하는 용어는?

① CV(Cost Variance)

② SV(Schedule Variance)

③ CPI(Cost Performance Index)

④ SPI(Schedule Performance Index)

**ANSWER** 31.①

**31** 공사비편차(Cost Variance) … 달성가치(Earned Value)를 기준으로 원가관리를 시행할 때 실제투입원가와 계획된 일정에 근거한 진행성과의 차이를 의미하는 용어

|  | 영문용어 | 국문용어 | 약어 | 내 용 |
|---|---|---|---|---|
| 계획<br>요소 | Work Breakdown Structure | 작업분류체계 | WBS | 프로젝트의 모든 작업내용을 계층적으로 분류한 것 |
|  | Control Acoount | 관리계정 | CA | 공정·공사비 통합, 성과측정, 분석의 기본단위 |
|  | Performance Measurement Baseline | 관리기준선 | PMB | 관리계정을 구성하는 항목별로 비용을 일정에 따라 배분하여 표기한 누계곡선 |
| 측정<br>요소 | Budgeted Cost for Work Scheduled(Planned Value) | 계획공사비 | BCWS<br>(PV) | 성과측정시점까지 투입예정된 공사비 |
|  | Budgeted Cost for Work Performance(Earned Value) | 달성공사비 | BCWP<br>(EV) | 성과측정시점까지 지불된 기성금액(수행 작업량에 따른 기성금액) |
|  | Actual Cost for Work Performance | 실투입비 | ACWP<br>(AC) | 성과측정시점까지 실재 투입된 금액 |
| 분석<br>요소 | Schedule Variance | 공정편차 | SV | BCWP-BCWS |
|  | Cost Variance | 공사비편차 | CV | BCWP-ACWP |
|  | Estimate To Complete | 잔여공사비 추정액 | ETC | 성과측정기준일 이후부터 추정준공일 까지의 실투입비에 대한 추정지 |
|  | Estimate At Complete | 최종공사비 추정액 | EAC | 공사착수일로부터 추정준공일까지의 실 투입비에 대한 추정치 |
|  | Variance At Complete | 최종공사비 편차추정액 | VAC | 계획공사비와 최종공사비 추억액의 차액 |
|  | Schedule Performance Index | 공정수행지수(공정지수) | SPI | BCWP/BCWS |
|  | Cost Performance Index | 공사비지출지수(원가지수) | CPI | BCWP/ACWP |

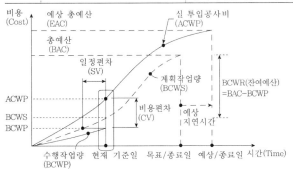

**32** 시멘트 200포를 사용하여 배합비가 1:3:6의 콘크리트를 비벼냈을 때의 전체콘크리트량은? (단, 물-시멘트비는 60%이고 시멘트 1포대는 40kg이다.)

① $25.25m^3$

② $36.36m^3$

③ $39.39m^3$

④ $44.44m^3$

**33** 타일공사에서 시공 후 타일접착력 시험에 관한 설명으로 바르지 않은 것은?

① 타일의 접착력시험은 $600m^2$당 한 장씩 시험한다.

② 시험할 타일은 먼저 줄눈 부분을 콘크리트 면까지 절단하여 주위의 타일과 분리시킨다.

③ 시험은 타일 시공 후 4주 이상일 때 행한다.

④ 시험결과의 판정은 타일 인장부착강도가 10MPa이상이어야 한다.

**34** 창면적이 클 때에는 스틸바(Steel Bar)만으로는 부족하고 또한 여닫을 때의 진동으로 유리가 파손될 우려가 있으므로 이것을 보강하고 외관을 꾸미기 위해 강판을 중공형으로 접어 가로 또는 세로로 대는 것을 무엇이라 하는가?

① Mullion

② Ventilator

③ Gallery

④ Pivot

**35** 벽돌조 건물에서 벽량이란 해당 층의 바닥면적에 대한 무엇의 비를 말하는가?

① 벽면적의 총 합계

② 내력벽 길이의 총 합계

③ 높이

④ 벽두께

---

**ANSWER** 32.② 33.④ 34.① 35.②

**32** 용접배합비 1:3:6에 따르면 콘크리트$1m^3$당 시멘트 220kg, 모래 $0.47m^3$, 자갈 $0.94m^3$이 사용된다.
따라서 200kg×40kg=8,000kg이며 8,000kg/220kg=$36.36m^3$이 된다.

**33** 시험결과의 판정은 타일 인장 부착강도가 0.39MPa 이상이어야 한다.

**34** Mullion(멀리언) ··· 창면적이 클 때에는 스틸바(Steel Bar)만으로는 부족하고 또한 여닫을 때의 진동으로 유리가 파손될 우려가 있으므로 이것을 보강하고 외관을 꾸미기 위해 강판을 중공형으로 접어 가로 또는 세로로 대는 것

**35** 벽돌조 건물에서 벽량이란 해당 층의 바닥면적에 대한 내력벽 길이의 총 합계의 비이다.

**36** PMIS(프로젝트 관리정보시스템)의 특징에 관한 설명으로 바르지 않은 것은?

① 합리적인 의사결정을 위한 프로젝트용 정보관리시스템이다.

② 협업관리체계를 지원하며 정보의 공유와 축적을 지원한다.

③ 공정 진척도는 구체적으로 측정할 수 없으므로 별도 관리한다.

④ 조직 및 월간업무 현황 등을 등록하고 관리한다.

**37** 콘크리트 거푸집용 박리제 사용 시 주의사항으로 바르지 않은 것은?

① 거푸집종류에 상응하는 박리제를 선택,사용한다.

② 박리제 도포 전에 거푸집면의 청소를 철저히 한다.

③ 거푸집 뿐만 아니라 철근에도 도포하도록 한다.

④ 콘크리트 색조에 영향이 없는지를 시험한다.

**38** 다음 중 도장공사를 위한 목부 바탕만들기 공정으로 바르지 않은 것은?

① 오염, 부착물의 제거

② 송진의 처리

③ 옹이땜

④ 바니쉬칠

---

**ANSWER** 36.③ 37.③ 38.④

**36** 공정 진척도는 구체적으로 측정할 수 있으며 통합적으로 관리해야 한다.

**37** 철근에는 박리제를 도포해서는 안 된다. (철근에 박리제를 도포하면 콘크리트와의 부착력이 급격히 저하되므로 절대 피해야 한다.)

**38** 바니쉬칠은 도장의 바탕만들기가 아니라 바니쉬라는 도장재료 자체를 바르는 것을 말한다.

**39** 건축용 목재의 일반적 성질에 관한 설명으로 바르지 않은 것은?

① 섬유포화점 이하에서는 목재의 함수율이 증가함에 따라 강도는 감소한다.

② 기건상태의 목재의 함수율은 15%정도이다.

③ 목재의 심재는 변재보다 건조에 의한 수축이 적다.

④ 섬유포화점 이상에서는 목재의 함수율이 증가함에 따라 강도는 증가한다.

**40** 건축공사에서 VE(Value Engineering)의 사고방식으로 옳지 않은 것은?

① 기능분석

② 제품위주의 사고

③ 비용절감

④ 조직적 노력

**39** 섬유포화점 이상에서는 목재의 함수율에 관계없이 강도가 일정하게 된다.

**40** 제품위주가 아닌 기능중심의 사고가 요구된다.
- VE(Value Engineering)의 사고방식
- 비용절감
- 발주자, 사용자 중심의 사고
- 기능분석 및 기능중심의 사고

**41** 다음 그림과 같이 D16철근이 90° 표준갈고리로 정착되었다면 이 갈고리의 소요정착길이($l_{hb}$)는 약 얼마인가?

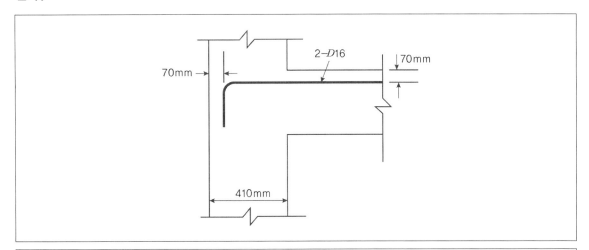

$$l_{hb} = \frac{0.24\beta d_b f_y}{\lambda \sqrt{f_{ck}}}$$

• 철근도막계수 1.0
• 경량콘크리트 계수는 1.0
• D16의 공칭지름은 15.9mm
• $f_{ck} = 21 MPa$,  $f_y = 400 MPa$

① 233mm
② 243mm
③ 253mm
④ 263mm

**41** 콘크리트 피복두께에 대한 보정계수는 0.7을 적용한다.

$$l_{dh} = l_{hb} \times 보정계수 = \frac{0.24\beta \cdot d_b \cdot f_y}{\lambda \sqrt{f_{ck}}} \cdot (0.7) = 233.16mm$$

**42** 연약한 지반에서 기초의 부등침하를 감소시키기 위한 상부구조에 대한 대책으로 바르지 않은 것은?

① 건물을 경량화할 것

② 강성을 크게할 것

③ 이웃 건물과의 거리를 멀게 할 것

④ 폭이 일정한 경우 건물의 길이를 길게 할 것

**43** 다음 그림과 같은 라멘 구조물의 판별은?

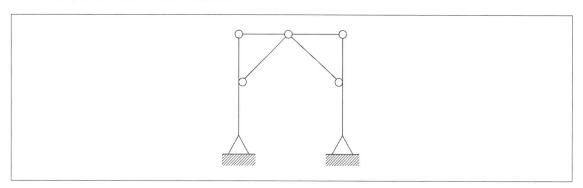

① 불안정 구조물

② 안정이며, 정정구조물

③ 안정이며, 1차 부정정구조물

④ 안정이며, 2차 부정정구조물

---

**42** 부동침하를 최소화하기 위해서는 폭이 일정할 경우 건물의 길이를 짧게 해야 한다.

**43** 외적부정정차수 $N_e = r - 3 = (3+3) - 3 = 3$

내적부정정차수 $N_i = (-1) \times 5$개 $+ (+1) \times 2$개 $= -3$

총 부정정차수 $N = N_e + N_i = 3 + (-3) = 0$

**44** 그림과 같이 양단이 회전단인 부재의 좌굴축에 대한 세장비는?

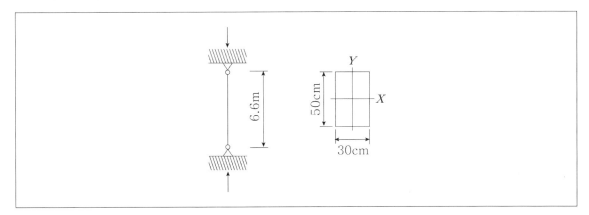

① 76.21
② 84.28
③ 94.64
④ 103.77

**45** 강구조 용접에서 용접 개시점과 종료점에 용착금속에 결함이 없도록 임시로 부착하는 것은?

① 엔드탭(End Tap)
② 오버랩(Overlap)
③ 뒷댐재(Backing Strip)
④ 언더컷(Under Cut)

**44** 좌굴축에 대한 세장비를 구할 시에는 단면2차모멘트가 최소인 단면을 기준으로 해야 한다.

$$\lambda = \frac{l_k}{r_{\min}} = \frac{l_k}{\sqrt{\dfrac{I_{\min}}{A}}} = \frac{6.6[m]}{\sqrt{\dfrac{\dfrac{50 \cdot 30^3}{12}[cm^4]}{30 \cdot 50[cm^2]}}} = 76.21$$

(양단힌지이므로 $l_k = 1l$)

**45** 엔드탭(End Tap) … 용접결함의 발생을 방지하기 위하여 용접의 시단부와 종단부에 임시로 붙이는 보조강판이다.

**46** 다음 중 각 구조시스템에 관한 정의로 바르지 않은 것은?

① 모멘트골조방식 : 수직하중과 횡력을 보와 기둥으로 구성된 라멘골조가 저항하는 구조방식

② 연성모멘트골조방식 : 횡력에 대한 저항능력을 증가시키기 위해 부재와 접합부의 연성을 증가시킨 모멘트골조방식

③ 이중골조방식 : 횡력의 25%이상을 부담하는 전단벽이 연성모멘트 골조와 조합되어있는 구조방식

④ 건물골조방식 : 수직하중은 입체골조가 저항하고 지진하중은 전단벽이나 가새골조가 저항하는 구조방식

**47** 다음 그림과 같은 슬래브에서 합성보 A의 슬래브 유효폭을 구하면?

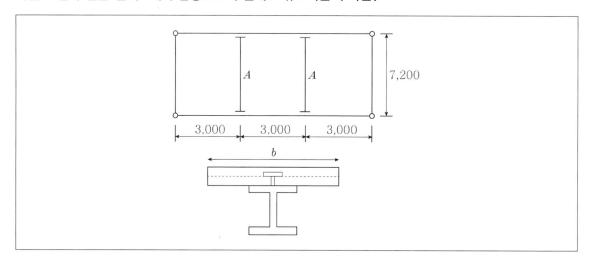

① 1,500mm

② 1,800mm

③ 2,000mm

④ 2,500mm

● ● ●
ANSWER  46.③  47.②

**46** 이중골조방식 … 횡력의 25%이상을 부담하는 연성모멘트 골조가 전단벽이나 가새골조와 조합되어있는 구조방식

**47** 양쪽 슬래브의 중심거리 $\left(\dfrac{3,000}{2}+\dfrac{3,000}{2}\right)=3,000mm$

$\dfrac{보의\ 스팬}{4}=\dfrac{7,200}{4}=1,800mm$

이 중 작은 값을 적용한다.

**48** 다음 그림과 같은 등변분포하중이 작용하는 단순보의 최대휨모멘트 $M_{max}$는?

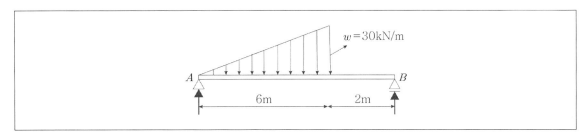

① $25\sqrt{3}\,kN\cdot m$

② $25\sqrt{2}\,kN\cdot m$

③ $90\sqrt{3}\,kN\cdot m$

④ $90\sqrt{2}\,kN\cdot m$

**49** 다음 보의 재질과 단면의 크기가 같을 때 (A)보의 최대처짐은 (B)보의 몇 배인가?

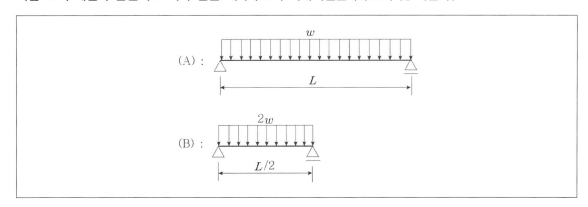

① 2배

② 4배

③ 8배

④ 16배

---

**48**  $\sum M_B = 0 : V_A \times \dfrac{1}{8} - \dfrac{1}{2} \times 30 \times 6 \times 4 = 0$

$V_A = 45kN(\uparrow)$

$V_x = V_A - \dfrac{wx}{2} = 45 - \dfrac{wx}{6} \cdot \dfrac{x}{2} = 0, \ x = 3\sqrt{2}\,m$

$M_{max} = 45 \times 3\sqrt{2} - 45 \times \dfrac{3\sqrt{2}}{3} = 90\sqrt{2}\,kN\cdot m$

**49**  보의 처짐은 보의 길이의 세제곱에 비례하므로 보의 길이가 2배가 되면 처짐은 $2^3$배가 된다.

**50** 다음 그림과 같은 원통단면의 핵반경은?

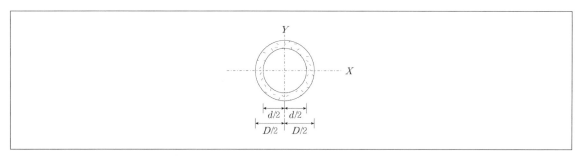

① $\dfrac{D+d}{6}$

② $\dfrac{D}{8}$

③ $\dfrac{D+d}{8}$

④ $\dfrac{D^2+d^2}{8D}$

**51** 다음 그림과 같이 독립기초에 수직하중과 모멘트하중이 작용할 때 기초저면부에서 발생하는 최대 지반 반력의 크기는?

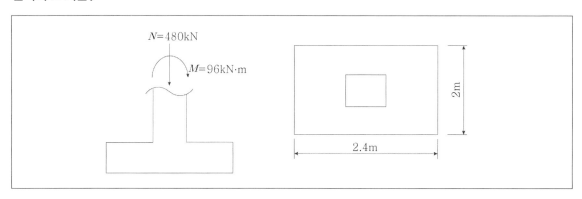

① $15[\text{kN/m}^2]$

② $150[\text{kN/m}^2]$

③ $20[\text{kN/m}^2]$

④ $200[\text{kN/m}^2]$

**50** 그림에 제시된 중공형 단면의 핵반경은 $e = \dfrac{D^2+d^2}{8D}$

**51** 지반에 작용하는 최대지반반력은

$$q_{\max} = \frac{P}{A} + \frac{M}{Z} = \frac{480}{2.4 \cdot 2} + \frac{96}{\dfrac{2 \cdot 2.4^2}{6}} = 150[kN/m^2]$$

**52** 다음 그림에서 파단선 A–B–F–C–D의 인장재 순단면적은? (단, 볼트구멍지름 d=22mm, 인장재의 두께는 6mm)

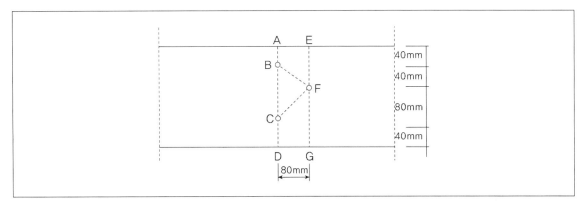

① $1,164\text{mm}^2$

② $1,364\text{mm}^2$

③ $1,564\text{mm}^2$

④ $1,764\text{mm}^2$

**52**
$$w_1 = d - \frac{p_2^2}{4g} = 22 - \frac{80^2}{4 \cdot 40} = -18$$

$$w_2 = d - \frac{p_2^2}{4g} = 22 - \frac{80^2}{4 \cdot 80} = 2$$

ABFCD단면:
$$b_n = b_g - d - (w_1 + w_2) = 200 - 22 - (-18 + 2) = 194$$
ABFCD단면의 인장재의 순단면적은 $194 \times 6 = 1,164$

**53** 다음과 같은 트러스에서 a부재의 부재력은 얼마인가?

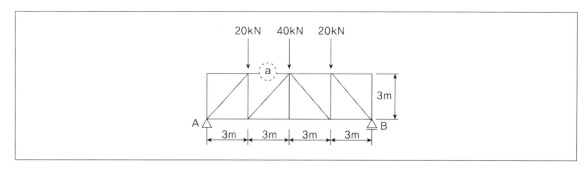

① 20kN(인장)

② 30kN(압축)

③ 40kN(인장)

④ 60kN(압축)

**53** 그림과 같이 트러스를 가상적으로 절단하며 좌측의 구조물에 대하여 모멘트법을 적용한다.

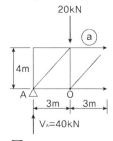

$$\sum M_o = 0 : 40 \times 3 + a \times 4 = 0$$

$$a = -\frac{120}{4} = -30kN(압축)$$

**54** 다음 그림과 같은 단면에 전단력 40[kN]이 작용할 때 A점에서의 전단응력은?

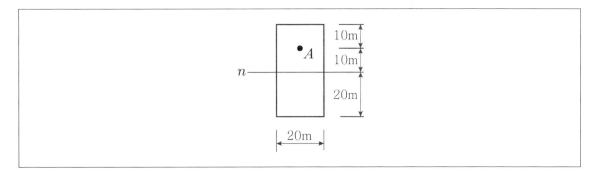

① 0.28[MPa]

② 0.56[MPa]

③ 0.84[MPa]

④ 1.12[MPa]

**54**  전단응력의 산정식 : $v = \dfrac{S \cdot G}{I \cdot b}$

여기에 문제에서 주어진 조건을 대입하면

$$v = \frac{S \cdot G}{I \cdot b} = \frac{40[kN] \cdot (200 \cdot 100) \cdot 150[mm^3]}{\dfrac{200 \cdot 400^3}{12} \cdot 12[mm^4]} = 0.5628[MPa]$$

**55** 다음 그림과 같이 0점에 모멘트가 작용할 때 OB부재와 OC부재에 분배되는 모멘트가 같게 하려면 OC 부재의 길이를 얼마로 해야 하는가?

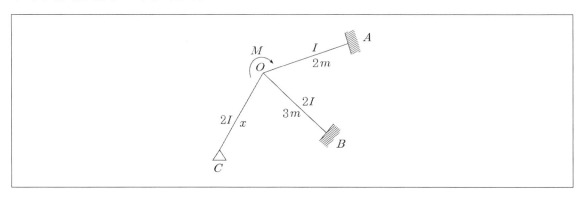

① 2/3m

② 3/2m

③ 9/4m

④ 3m

**56** 철근콘크리트 보에서 강도설계법에 의한 콘크리트의 공칭전단강도(VC)가 40kN이고, 전단보강근의 공칭 전단강도(VS)가 20kN일 때 설계전단강도($\phi V_n$)의 크기는? (단, 전단에 대한 강도감소계수는 0.75임)

① 60kN

② 58kN

③ 52kN

④ 45kN

**55** C지점은 회전단이므로 수정강도계수 0.75를 적용한다.

$$K_{OA} = \frac{I}{2} = 6x, \quad K_{OB} = \frac{2}{3}I, \quad K_{OC} = \frac{3}{4}\left(\frac{2I}{x}\right) = \frac{6I}{4x} = 18x$$

OB부재와 OC부재의 분배모멘트가 같으려면 분배율이 서로 동일해야 한다. 그러므로 $DF_{OB} = DF_{OC}$가 되어야 하며

$$\frac{8x}{6x+8x+18} = \frac{18}{6x+8x+18} \text{에서 } x = \frac{9}{4}m$$

**56** $V_u = \phi V_n = \phi(V_c + V_s) = (0.75)(40 + 20) = 45[kN]$

**57** 다음 모살용접부의 유효 용접 면적은?

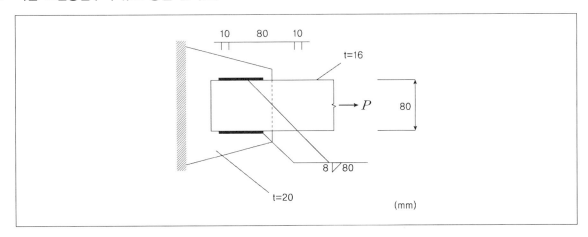

① 614.4mm$^2$

② 691.2mm$^2$

③ 716.8mm$^2$

④ 806.4mm$^2$

**58** 지진계에 기록된 진폭을 진원의 깊이와 진앙까지의 거리 등을 고려하여 지수로 나타낸 것으로 장소에 관계없는 절대적 개념의 지진크기를 말하는 것은?

① 규모

② 진도

③ 진원시

④ 지진동

**ANSWER**　57.③　58.①

**57** 양면모살용접이며, 모살용접의 다리길이는 8mm이므로 유효두께는 0.7배인 5.6mm가 된다. 이 값에 유효길이를 곱하고 양면이므로 2를 곱하면 716.8mm$^2$이 산출된다.

$$2 \cdot (0.7 \cdot 8)(80 - 2 \cdot 8) = 2 \cdot 5.6 \cdot 64 = 716.8mm^2$$

**58** 규모 : 지진계에 기록된 진폭을 진원의 깊이와 진앙까지의 거리 등을 고려하여 지수로 나타낸 것으로 장소에 관계없는 절대적 개념의 지진크기

**59** 철근콘크리트 단순보에 순간탄성처짐이 0.9mm이었다면 1년 뒤 이 부재의 총처짐량을 구하면? (단, 시간경과계수 $\xi = 1.4$, 압축철근비 $\rho' = 0.01071$)

① 1.52mm

② 1.72mm

③ 1.92mm

④ 2.12mm

**60** 철근콘크리트 압축부재의 철근량 제한조건에 따라 사각형이나 원형 띠철근으로 둘러싸인 경우 압축부재의 축방향 주철근의 최소개수는?

① 2개

② 3개

③ 4개

④ 6개

**59** $\lambda_\triangle = \dfrac{\xi}{1+50\rho'} \fallingdotseq 0.9$, 장기처짐 = 탄성처짐 $\times \lambda_\triangle \fallingdotseq 0.82mm$

총 처짐은 탄성처짐과 장기처짐의 합이므로 1.72mm이다.

**60** 철근콘크리트 압축부재의 철근량 제한조건에 따라 사각형이나 원형 띠철근으로 둘러싸인 경우 압축부재의 축방향 주철근의 최소개수는 4개이다.

**61** 다음과 같은 조건에서 2,000명을 수용하는 극장의 실온을 20℃로 유지하기 위한 필요환기량은?

> • 외기온도 : 10℃
> • 1인당 발열량(현열) : 60W
> • 공기의 정압비열 : 1.01kJ/kg · K
> • 공기의 밀도 : 1.2kg/m³
> • 전등 및 기타 부하는 무시한다.

① 11,110[m³/h]　　　　② 21,222[m³/h]
③ 30,444[m³/h]　　　　④ 35,644[m³/h]

**62** 화재안전기준에 따라 소화기구를 설치해야 하는 특정소방대상물의 연면적 기준은?

① 10m² 이상　　　　② 25m² 이상
③ 33m² 이상　　　　④ 50m² 이상

**ANSWER** 61.④ 62.③

**61** 1[W]는 1[J]×1[sec]이므로 2,000명의 1시간당 발열량은
2,000×60[J/sec/1명]×3600[sec/h]=432,000,000[J/K]
필요환기량 산정식에 의하면
$$Q = \frac{1시간당 발열량}{공기의 정압비열 \times 공기의 밀도 \times 온도차}$$
$$= \frac{432,000,000}{1.01 \times 1,000 J/kg \cdot K \times 1.2 kg/m^3 \times (20-10)K} = 35,643.6[m^3/h]$$

**62** 화재안전기준에 따라 소화기구를 설치해야 하는 특정소방대상물의 연면적 기준은 33m² 이상이다.
※ 화재안전기준에 따라 소화기구를 설치하여야 하는 특정소방대상물은 다음의 어느 하나와 같다.
1) 연면적 33m² 이상인 것. 다만, 노유자시설의 경우에는 투척용 소화용구 등을 화재안전기준에 따라 산정된 소화기 수량의 2분의 1 이상으로 설치할 수 있다.
2) 1)에 해당하지 않는 시설로서 지정문화재 및 가스시설
3) 터널

**63** 광원으로부터 일정거리가 떨어진 수조면의 조도에 관한 설명으로 바르지 않은 것은?

① 광원의 광도에 비례한다.  ② $\cos\theta$ (입사각)에 비례한다.

③ 거리의 제곱에 반비례한다.  ④ 측정점의 반사율에 반비례한다.

**64** 다음과 같은 공식을 통해 산출되는 값으로 전기설비가 어느 정도 유효하게 사용되는가를 나타내는 것은?

$$\frac{\text{부하 평균 전력}}{\text{최대 수용 전력}}\times 100[\%]$$

① 부하율  ② 보상률

③ 부등률  ④ 수용률

**63** 조도는 단위면적당 입사광속을 말하는 개념으로서 측정점의 반사율과는 직접적인 관련이 없다.
- 조도 : 단위면적당 입사광속
- 광도 : 점광원으로부터의 단위입체각당 발산광속
- 휘도 : 빛을 발산하는 면의 단위면적당 광도
- 광속발산도 : 어느 면에서 빛의 발산정도

---

**거리의 역자승 법칙**

빛은 직진하므로 점광원에서 2배 떨어진 곳에서는 동일광속의 4배 면적($d^2$)으로 퍼지며, 조도는 1/4배 감소하게 된다.(예 : 3배 멀어지면 1/9배로 감소, 4배 멀어지면 1/16배로 감소)

광도가 m배로 증가하면 광속도 m배로 증가한다.

광원의 강도를 $I$(cd), 광원과 수조면까지의 거리(m)를 $d$라고 하면 $E$ (표면조도)$=\dfrac{I}{d^2}$

조도는 광도에 비례하고, 거리의 제곱에 반비례한다.(거리의 역자승 법칙)

**코사인 법칙**

빛이 경사각을 가진 표면에 입사될 경우 표면의 조도는 직각면의 조도와는 다르다.

$E$ (표면조도)$=\dfrac{I}{d^2}\cdot\cos\theta(\cos\theta$는 입사각)

광속이 일정하고 수조면이 광원과 이루는 각 $\theta$가 증가하면 수조면의 조도는 감소한다.
조도는 기울어진 경사각의 $\cos\theta$ 값에 비례한다.(Lambert의 코사인 법칙)

---

**64** 부하율 : 최대수용전력에 대한 부하의 평균전력의 비(평균부하전력/최대부하전력)

**부등률** : 기기계통에 발생된 합성최대전력에 대한 최대전력의 합계의 비 (개별 부하집합 최대전력의 합/부하군의 최대전력)

**수용률** : 총 부하설비용량에 대한 최대수요전력의 비 (부하집합의 최대전력/개별 부하설비용량의 합)

**65** 음의 세기가 $10^{-9}$W/m$^2$일 때 음의 세기 레벨은? (단, 기준음의 세기 I0=10−12W/m2)

① 3dB

② 30dB

③ 0.3dB

④ 0.03dB

**66** 급탕설비 중 개별식 급탕방식에 관한 설명으로 옳지 않은 것은?

① 배관길이가 길어 배관 중의 열손실이 크다.

② 건물 완공 후에도 급탕 개소의 증설이 비교적 쉽다.

③ 급탕개소마다 가열기의 설치 스페이스가 필요하다.

④ 용도에 따라 필요한 개소에서 필요한 온도의 탕을 비교적 간단하게 얻을 수 있다.

---

**• • •**

**ANSWER** 65.② 66.①

. . . . . . . . . . . . . . . . . . . . . . . . . . . . . . . . . . . . . . . . . . . . . . . . . . . . . . . . . . . . . . .

**65**
음의 세기레벨은 $IL = 10\log\dfrac{I}{I_o}(dB) = 10\log\dfrac{10^{-9}}{10^{-12}}(dB) = 10 \cdot \log 10^3\,(dB) = 30\,(dB)$

※ 음압레벨, 음의 세기레벨, 음의 크기레벨

• 음압 : 음파에 의해 공기진동으로 생기는 대기중의 변동으로서 단위면적에 작용하는 힘

• 음의 세기 : 음파의 방향에 직각되는 단위면적을 통하여 1초간에 전파되는 음에너지량

• 음의 크기 : 청각의 감각량으로서 음의 감각적 크기를 보다 직접적으로 표시한 것

• 음압레벨 : $2 \times 10-5$N/m$^2$를 기준값으로 하여 어떤 음의 음압이 기준음압의 몇 배인가를 대수로서 표시한 것이다.

$(SPL = 20\log\dfrac{P}{P_o}(dB)\,)$

• 음의 세기레벨 : $10-12$W/m$^2$을 기준값으로 하여 어떤 음의 세기가 기준음의 몇 배인가를 나타낸 것이다.

$(IL = 10\log\dfrac{I}{I_o}(dB)\,)$

• 음의 크기레벨 : 1손(sone)은 40폰(phone)에 해당하며 손(sone)값을 2배로 하면 10phone씩 증가하게 된다. (1손은 40폰이며 2손은 50폰이 되고 4손은 60폰이 된다.)

**66** 개별식 급탕방식은 배관길이가 짧아 열손실이 적다.

**67** 플러시 밸브식 대변기에 관한 설명으로 바른 것은?

① 대변기의 연속사용이 가능하다.

② 급수관경과 급수압력에 제한이 없다.

③ 우리나라에서는 일반 주택을 중심으로 널리 채용되고 있다.

④ 탱크에 저장된 물의 낙차에 의한 수압으로 대변기를 세척하는 방식이다.


**68** 공기조화방식 중 2중덕트방식에 관한 설명으로 옳지 않은 것은?

① 전공기방식에 속한다.

② 냉온풍의 혼합으로 인한 혼합손실이 있어 에너지 소비량이 많다.

③ 단일덕트방식에 비해 덕트 샤프트 및 덕트스페이스를 크게 차지한다.

④ 부하특성이 다른 여러 개의 실이나 존이 있는 건물에는 적용할 수 없다.


**69** 다음과 같은 특징을 갖는 간선배선 방식은?

> • 사고 발생 때 타부하에 파급효과를 최소한으로 억제할 수 있어 다른 부하에 영향을 미치지 않는다.
> • 경제적이지 못하다.

① 평행식  ② 나뭇가지식

③ 네트워크식  ④ 나뭇가지 평행 병용식

---

**ANSWER**　67.①　68.④　69.①

**67** 플러시 밸브식 대변기는 세정밸브식이라고도 불리며 다음과 같은 특성이 있다.
- 대변기의 연속사용이 가능하다.
- 소음이 크고 단시간에 다량의 물이 필요하다.
- 일반 가정용으로는 사용이 곤란하며 주로 공공시설을 중심으로 채용된다.
- 급수관경과 급수압력에 제한이 있다.

**68** 2중덕트방식은 부하특성이 다른 여러 개의 실이나 존이 있는 건물에 적용이 가능하다.

**69** 보기의 내용은 평행식 배선에 관한 설명이다.
※ 배선방식의 종류 및 특징
- 나뭇가지식 : 배전반에 나온 1개의 간선이 각 층의 분전반을 거치며 부하가 감소됨에 따라 점차로 간선 도체 굵기도 감소되므로 소규모 건물에 적당한 방식
- 평행식 : 용량이 큰 부하, 또는 분산되어 있는 부하에 대하여 단독의 간선으로 배선되는 방식으로 배전반으로부터 각 층의 분전반까지 단독으로 배선되므로 전압 강하가 평균화되고 사고 발생시 파급되는 범위가 좁지만 배선의 혼잡과 동시에 설비비가 많이 든다. 대규모 건물에 적합하다.
- 나뭇가지 평행식 : 나뭇가지식과 평행식을 혼합한 배선방식

**70** 압축식 냉동기의 냉동사이클로 바른 것은?

① 압축 → 응축 → 팽창 → 증발

② 압축 → 팽창 → 응축 → 증발

③ 응축 → 증발 → 팽창 → 압축

④ 팽창 → 증발 → 응축 → 압축

**71** 온수난방과 비교한 증기난방의 설명으로 바른 것은?

① 예열시간이 길다.

② 한랭지에서 동결의 우려가 있다.

③ 부하변동에 따른 방열량 제어가 용이하다.

④ 열매온도가 높으므로 방열기의 방열면적이 작아진다.

• • •
ANSWER   70.①   71.④

**70** 압축식냉동기의 냉동사이클 … 압축 → 응축 → 팽창 → 증발

**71** 방열면적은 온수난방이 증기난방보다 크다.

| 구분 | 증기난방 | 온수난방 |
|---|---|---|
| 표준방열량 | 650kcal/m$^2$h | 450kcal/m$^2$h |
| 방열기면적 | 작다 | 크다 |
| 이용열 | 잠열 | 현열 |
| 열용량 | 작다 | 크다 |
| 열운반능력 | 크다 | 작다 |
| 소음 | 크다 | 작다 |
| 예열시간 | 짧다 | 길다 |
| 관경 | 작다 | 크다 |
| 설치유지비 | 싸다 | 비싸다 |
| 쾌감도 | 나쁘다 | 좋다 |
| 온도조절(방열량조절) | 어렵다 | 쉽다 |
| 열매온도 | 102℃ 증기 | 85~90℃<br>100~150℃ |
| 고유설비 | 방열기트랩(증기트랩, 열동트랩) | 팽창탱크<br>개방식 : 보통온수<br>밀폐식 : 고온수 |
| 공동설비 | 공기빼기 밸브<br>방열기 밸브 | |

**72** 바닥면적이 50m²인 사무실이 있다. 32W 형광등 20개를 균등하게 배치할 때 사무실의 평균조도는? (단, 형광등 1개의 광속은 3,300[lm], 조명율은 0.5, 보수율은 0.76이다.)

① 약 350[lx]
② 약 400[lx]
③ 약 450[lx]
④ 약 500[lx]

**73** 배수트랩에서 봉수깊이에 관한 설명으로 바르지 않은 것은?

① 봉수깊이는 50~100mm로 하는 것이 보통이다.
② 봉수깊이가 너무 낮으면 봉수를 손실하기 쉽다.
③ 봉수깊이를 너무 깊게 하면 통수능력이 감소된다.
④ 봉수깊이를 너무 깊게 하면 유수의 저항이 감소된다.

**74** 카(Car)가 최상층이나 최하층에서 정상운행 위치를 벗어나 그 이상으로 운행하는 것을 방지하는 엘리베이터 안전장치는?

① 완충기
② 가이드레일
③ 리미트 스위치
④ 카운터 웨이트

---

**ANSWER** 72.④ 73.④ 74.③

**72** 사무실평균조도 : $E = \dfrac{F \cdot U \cdot M}{A} = \dfrac{(3,300 \cdot 20) \cdot 0.5 \cdot 0.76}{50} = 501.6 \fallingdotseq 500$

$E$ : 작업면의 평균조도(lx)
$F$ : 사용광원의 전광속(lm)
$U$ : 조명률
$M$ : 보상률
$A$ : 방의 면적(m²)
$U$ : 조명률

**73** 봉수깊이를 너무 깊게 하면 유수의 저항이 증가하게 된다.

**74** 리미트 스위치 … 카(Car)가 최상층이나 최하층에서 정상운행 위치를 벗어나 그 이상으로 운행하는 것을 방지하는 엘리베이터 안전장치

**75** 전기설비에서 경질비닐관 공사에 관한 설명으로 바른 것은?

① 절연성과 내식성이 강하다.

② 자성체이며 금속관보다 시공이 어렵다.

③ 온도변화에 따라 기계적 강도가 변하지 않는다.

④ 부식성 가스가 발생하는 곳에는 사용할 수 없다.


**76** 변전실에 관한 설명으로 바르지 않은 것은?

① 부하의 중심에 설치한다.

② 외부로부터 전력의 수전이 용이해야 한다.

③ 발전기실과 가능한 한 거리를 두고 설치한다.

④ 간선의 배선과 점검과 유지보수가 용이한 장소에 설치한다.


**77** 환기에 관한 설명으로 바르지 않은 것은?

① 화장실은 송풍기(급기팬)와 배풍기(배기팬)를 설치하는 것이 일반적이다.

② 기밀성이 높은 주택의 경우 잦은 기계환기를 통해 실내공기의 오염을 낮추는 것이 바람직하다.

③ 병원의 수술실은 오염공기가 실내로 들어오는 것을 방지하기 위해 실내압력을 주변공간보다 높게 설정한다.

④ 공기의 오염농도가 높은 도로에 면해 있는 건물의 경우, 공기조화설비 계통의 외기도입구를 가급적 높은 위치에 설치한다.


**ANSWER** 75.① 76.③ 77.①

**75** 경질비닐관은 절연성과 내식성이 약하다.

**76** 발전기실은 변전실과 가능한 인접하도록 배치해야 한다.

**77** 화장실은 배풍기(배기팬)만을 설치하는 것이 일반적이다.

| 명칭 | 급기 | 배기 | 실내압 | 적용대상 |
|------|------|------|--------|----------|
| 제1종 환기 | 기계 | 기계 | 임의 | 병원 수술실 |
| 제2종 환기 | 기계 | 자연 | 정압 | 무균실, 반도체공장 |
| 제3종 환기 | 자연 | 기계 | 부압 | 화장실, 주방 |

**78** 다음 중 액화천연가스(LNG)에 관한 설명으로 바르지 않은 것은?

① 메탄이 주성분이다.

② 무공해, 무독성이다.

③ 비중이 공기보다 크다.

④ 일반적으로 배관을 통해 공급한다.

**79** 다음 중 지역난방에 적용하기에 가장 적합한 보일러는?

① 수관보일러

② 관류보일러

③ 입형보일러

④ 주철제보일러

**80** 다음 중 급탕설비에서 온수순환펌프로 주로 이용되는 것은?

① 사류펌프

② 원심식펌프

③ 왕복식펌프

④ 회전식펌프

---

ANSWER   78.③  79.①  80.②

- - - - - - - - - - - - - - - - - - - - - - - - - - - - - - - - - - - - - - - - - - -

**78** 액화천연가스(LNG)는 비중이 공기보다 가벼우며 액화석유가스(LPG)는 비중이 공기보다 무겁다.

**79** 지역난방에 적용하기에 가장 적합한 보일러는 수관보일러이다.

| 주철제 보일러 | • 조립식이므로 용량을 쉽게 증가시킬 수 있다.<br>• 내식-내열성이 우수하다.<br>• 인장과 충격에 약하고 균열이 쉽게 발생한다. | • 파열 사고시 피해가 적다.<br>• 반입이 자유롭고 수명이 길다.<br>• 고압-대용량에 부적합하다. |
|---|---|---|
| 노통연관 보일러 | • 부하의 변동에 대해 안정성이 있다.<br>• 수면이 넓어 급수조절이 쉽다. | |
| 수관 보일러 | • 기동시간이 짧고 효율이 좋다.<br>• 다량의 증기를 필요로 한다.<br>• 고압의 증기를 필요로 하는 병원, 호텔 등에 적합하다. | • 고가이며 수처리가 복잡하다.<br>• 지역난방에 적용하기에 유리하다. |
| 관류 보일러 | • 증기 발생기라고 한다.<br>• 하나의 관내를 흐르는 동안에 예열, 가열, 증발, 과열이 행해진다.<br>• 보유수량이 적기 때문에 시동시간이 짧다.<br>• 수처리가 복잡하고 소음이 높다. | |
| 입형 보일러 | • 설치면적이 작고 취급이 간단하다.<br>• 효율은 다른 보일러에 비해 떨어진다. | • 소용량의 사무소, 점포, 주택 등에 쓰인다.<br>• 구조가 간단하고 가격이 싸다. |
| 전기 보일러 | • 심야전력을 이용하여 가정 급탕용에 사용한다.<br>• 태양열이용 난방시스템의 보조열원에 이용된다. | |

**80** 급탕설비에서 온수순환펌프로 주로 이용되는 것은 원심식펌프이다.

**81** 건축물의 관람실 또는 집회실로부터 바깥쪽으로의 출구로 쓰이는 문을 안여닫이로 해서는 안되는 건축물은?

① 위락시설
② 수련시설
③ 문화 및 집회시설 중 전시장
④ 문화 및 집회시설 중 동,식물원

**82** 다음은 대지의 조경에 관한 기준내용이다. ( )안에 들어갈 수치로 알맞은 것은?

> 면적이 ( )이상인 대지에 건축을 하는 건축주는 용도지역 및 건축물의 규모에 따라 해당지방 자치단체의 조례로 정하는 기준에 따라 대지에 조경이나 그 밖에 필요한 조치를 취해야 한다.

① 100m$^2$
② 200m$^2$
③ 300m$^2$
④ 500m$^2$

**83** 노외주차장에 설치하는 부대시설의 총 면적은 주차장 총 시설면적의 최대 얼마를 초과해서는 안 되는가?

① 5%
② 10%
③ 20%
④ 30%

---

**ANSWER** 81.① 82.② 83.③

**81** 문을 안여닫이로 설치해서는 안 되는 건축물 … 문화 및 집회시설(전시장 및 동·식물원 제외), 장례식장, 위락시설, 종교시설

**82** 면적이 200m$^2$ 이상인 대지에 건축을 하는 건축주는 용도지역 및 건축물의 규모에 따라 해당지방 자치단체의 조례로 정하는 기준에 따라 대지에 조경이나 그 밖에 필요한 조치를 취해야 한다.

**83** 〈주차장법 시행규칙 제6조 제6항〉
노외주차장에 설치하는 부대시설의 총 면적은 주차장 총 시설면적의 최대 20%를 초과해서는 안 된다.

**84** 노외주차장에 설치해야 하는 차로의 최소너비가 가장 작은 주차형식은? (단, 출입구가 2개 이상이며 이륜자동차 전용 외의 노외주차장의 경우)

① 평행주차
② 교차주차
③ 직각주차
④ 45도 대향주차

**85** 국토교통부령으로 정하는 바에 의해 방화구조로 하거나 불연재료로 해야 하는 목조건축물의 최소 연면적 기준은?

① 500m² 이상
② 1,000m² 이상
③ 1,500m² 이상
④ 2,000m² 이상

**86** 거실의 반자설치와 관련된 기준 내용 중 ( )안에 들어갈 수 있는 건축물의 용도는?

( )의 용도에 쓰이는 건축물의 관람실 또는 집회실로서 그 바닥면적이 200제곱미터 이상인 것의 반자의 높이는 4미터(노대의 아랫부분의 높이는 2.7미터) 이상이어야 한다. 다만 기계환기장치를 설치하는 경우에는 그렇지 않다.

① 장례식장
② 교육 및 연구시설
③ 문화 및 집회시설 중 동물원
④ 문화 및 집회시설 중 전시장

● ● ●
**ANSWER** 84.① 85.② 86.①

**84** 주차장법 시행규칙 제6조 제1항의 3호
• 이륜자동차 전용 외의 노외주차장

| 주차형식 | 차로의 너비 | |
| --- | --- | --- |
| | 출입구가 2개 이상인 경우 | 출입구가 1개인 경우 |
| 평행주차 | 3.3m | 5.0m |
| 직각주차 | 6.0m | 6.0m |
| 60° 대향주차 | 4.5m | 5.5m |
| 45° 대향주차 | 3.5m | 5.0m |
| 교차주차 | | |

**85** 국토교통부령으로 정하는 바에 의해 방화구조로 하거나 불연재료로 해야 하는 목조건축물의 최소 연면적 기준은 1,000m² 이상이다.

**86** 문화 및 집회시설(전시장 및 동·식물원 제외), 장례식장 또는 주점영업의 용도에 쓰이는 관람석 또는 집회실로서 그 바닥면적이 200m² 이상인 것의 반자높이는 4m(노대의 아랫부분의 높이는 2.7m 이상이어야 한다. 다만, 기계환기장치를 설치하는 경우에는 그러하지 아니하다.

**87** 건축물의 건축 시 허가 대상 건축물이라 하더라도 미리 특별자치시장·특별자치도지사 또는 시장·군수·구청장에게 국토교통부령으로 정하는 바에 따라 신고를 하면 건축허가를 받은 것으로 보는 소규모 건축물의 연면적 기준은?

① 연면적의 합계가 100m$^2$ 이하인 건축물

② 연면적의 합계가 150m$^2$ 이하인 건축물

③ 연면적의 합계가 200m$^2$ 이하인 건축물

④ 연면적의 합계가 300m$^2$ 이하인 건축물

**88** 광역도시계획의 수립권자 기준에 대한 내용으로 틀린 것은?

① 광역계획권이 같은 도의 관할 구역에 속하여 있는 경우, 관할 시장 또는 군수가 공동으로 수립한다.

② 국가계획과 관련된 광역도시계획의 수립이 필요한 경우 국토교통부장관이 수립한다.

③ 광역계획권을 지정한 날로부터 2년이 지날 때까지 관할 시장 또는 군수로부터 광역도시계획의 승인 신청이 없는 경우 국토교통부장관이 수립한다.

④ 광역계획권이 둘 이상의 시·도의 관할구역에 걸쳐 있는 경우, 관할 시·도지사가 공동으로 수립한다.

**89** 지구단위계획 중 관계 행정기관의 장과의 협의, 국토교통부장관과의 협의 및 중앙도시계획위원회·지방도시계획위원회 또는 공동위원회의 심의를 거치지 않고 변경할 수 있는 사항에 관한 기준내용으로 바른 것은?

① 건축선의 2m 이내의 변경인 경우

② 획지면적의 30% 이내의 변경인 경우

③ 가구면적의 20% 이내의 변경인 경우

④ 건축물 높이의 30% 이내의 변경인 경우

---

**ANSWER**  87.①  88.③  89.②

**87** 건축물의 건축 시 허가 대상 건축물이라 하더라도 미리 특별자치시장·특별자치도지사 또는 시장·군수·구청장에게 국토교통부령으로 정하는 바에 따라 신고를 하면 건축허가를 받는 것으로 보는 소규모 건축물의 연면적 기준은 연면적의 합계가 100m$^2$이하인 건축물이다.

**88** 광역계획권을 지정한 날로부터 3년이 지날 때까지 관할 시·도지사로부터 광역도시계획의 승인 신청이 없는 경우 국토교통부장관이 수립한다.

**89** ① 건축선의 1m 이내의 변경인 경우
③ 가구면적의 10% 이내의 변경인 경우
④ 건축물 높이의 20% 이내의 변경인 경우

**90** 공동주택과 오피스텔의 난방설비를 개별난방방식으로 하는 경우에 관한 기준내용으로 바르지 않은 것은?

① 보일러의 연도는 내화구조로서 공통연도로 설치할 것

② 보일러실의 윗부분에는 그 면적이 $0.5m^2$ 이상인 환기창을 설치할 것

③ 오피스텔의 경우에는 난방구획을 방화구획으로 구획할 것

④ 보일러는 거실 외의 곳에 설치하되, 보일러를 설치하는 곳과 거실 사이의 경계벽은 출입구를 제외하고는 방화구조의 벽으로 구획할 것


**91** 대형건축물의 건축허가 사전승인신청 시 제출도서의 종류 중 설계설명서에 표시해야 할 사항이 아닌 것은?

① 공사금액                    ② 개략공정계획

③ 교통처리계획                 ④ 각부 구조계획


**92** 주거에 쓰이는 바닥면적의 합계가 200제곱미터인 주거용 건축물에 설치하는 음용수용 급수관의 최소지름기준은?

① 25mm                     ② 32mm

③ 40mm                     ④ 50mm

- - - - - - - - - - - - - - - - - - - - - - - - - - - - - - - - - - - - - - - - - - - - - - - - - - - - - -

**90** 보일러는 거실 외의 곳에 설치하되 보일러를 설치하는 곳과 거실사이의 경계벽은 출입구를 제외하고는 내화구조의 벽으로 구획할 것

**91** 각부의 구체적인 구조계획은 건축허가 사전승인신청 시 제출하는 설계설명서에 필히 표시되어야 하는 사항은 아니다.

**92** 주거용 건축물 급수관의 관경

| 가구 또는 세대수 | 1 | 2~3 | 4~5 | 6~8 | 9~16 | 17 이상 |
|---|---|---|---|---|---|---|
| 가구 또는 세대수가 불분명한 경우 바닥면적의 합($m^2$) | 85 이하 | 85~150 | 150~300 | 300~500 | | 500초과 |
| 급수관지름의 최소기준(mm) | 15 | 20 | 25 | 32 | 40 | 50 |

**93** 건축법령상 건축물의 대지에 공개공지 또는 공개공간을 확보해야 하는 대상 건축물에 해당하지 않는 것은? (단, 해당용도로 사용되는 바닥면적의 합계가 5,000m²인 건축물의 경우로 건축조례로 정하는 다중이 이용하는 시설의 경우는 고려하지 않는다.)

① 종교시설
② 업무시설
③ 숙박시설
④ 교육연구시설

**94** 국토의 계획 및 이용에 관한 법령상 건폐율의 최대한도가 가장 높은 용도지역은?

① 준주거지역
② 생산관리지역
③ 중심상업지역
④ 전용공업지역

**95** 중고층주택을 중심으로 편리한 주거환경을 조성하기 위하여 지정하는 용도지역은?

① 제1종 일반주거지역
② 제2종 일반주거지역
③ 제3종 일반주거지역
④ 제4종 일반주거지역

• • •
ANSWER    93.④   94.③   95.③

**93** 교육연구시설은 공개공지 확보대상에 포함되지 않는다.
※ 공개공지 확보대상
다음의 용도 및 규모의 건축물은 일반이 사용할 수 있도록 소규모 휴식시설 등의 공개공지를 설치해야 한다.

| 대상지역 | 용도 | 규모 |
|---|---|---|
| • 일반주거지역<br>• 준주거지역<br>• 상업지역<br>• 준공업지역<br>• 특별자치시장, 특별자치도지사, 시장, 군수, 구청장이 도시화의 가능성이 크다고 인정하여 지정, 공고하는 지역 | • 문화 및 집회시설<br>• 판매시설(농수산물 유통시설은 제외)<br>• 업무시설<br>• 숙박시설<br>• 종교시설<br>• 운수시설(여객용시설만 해당) | 연면적의 합계 5000m²이상 |
|  | • 다중이 이용하는 시설로서 건축조례가 정하는 건축물 |  |

**94** 국토의 계획 및 이용에 관한 법령상 건폐율의 최대한도가 가장 높은 용도지역은 중심상업지역이다.

**95** 일반주거지역 : 편리한 주거환경을 보호
제1종일반주거지역 : 저층주택을 중심으로 편리한 주거환경을 조성하기 위하여 필요한 지역
제2종일반주거지역 : 중층주택을 중심으로 편리한 주거환경을 조성하기 위하여 필요한 지역
제3종일반주거지역 : 중고층주택을 중심으로 편리한 주거환경을 조성하기 위하여 필요한 지역

**96** 대지의 분할 제한과 관련된 아래 내용에서 밑줄 친 부분에 해당하는 규모 기준이 틀린 것은?

> 건축물이 있는 대지는 <u>대통령령으로 정하는 범위</u>에서 해당 지방자치단체의 조례로 정하는 면적에 못 미치게 분할 할 수 없다.

① 주거지역 : 60m$^2$ 이상      ② 상업지역 : 100m$^2$ 이상

③ 공업지역 : 150m$^2$ 이상      ④ 녹지지역 : 200m$^2$ 이상

**97** 일조 등의 확보를 위한 건축물의 높이 제한 기준 중 ㉠과 ㉡에 해당하는 내용으로 바른 것은?

> 전용주거지역이나 일반주거지역에서 건축물을 건축하는 경우에는 건축물의 각 부분을 정북(正北)방향으로의 인접 대지경계선으로부터 다음 각 호의 범위에서 건축조례로 정하는 거리 이상을 띄어 건축하여야 한다.
> 1. 높이 9미터 이하인 부분 : 인접 대지경계선으로부터 ( ㉠ ) 이상
> 2. 높이 9미터를 초과하는 부분 : 인접 대지경계선으로부터 해당 건축물 각 부분높이의 ( ㉡ ) 이상

① ㉠ 1m      ② ㉠ 1.5m

③ ㉡ 3분의 1      ④ ㉡ 3분의 2

---

**ANSWER**    96.②   97.②

**96** 건축물이 있는 대지의 분할제한
다음 각 호의 어느 하나에 해당하는 규모 이상을 말한다.
1. 주거지역 : 60제곱미터
2. 상업지역 : 150제곱미터
3. 공업지역 : 150제곱미터
4. 녹지지역 : 200제곱미터
5. 제1호부터 제4호까지의 규정에 해당하지 아니하는 지역 : 60제곱미터

**97** 전용주거지역이나 일반주거지역에서 건축물을 건축하는 경우에는 건축물의 각 부분을 정북(正北)방향으로의 인접 대지경계선으로부터 다음 각 호의 범위에서 건축조례로 정하는 거리 이상을 띄어 건축하여야 한다.
1. 높이 9미터 이하인 부분 : 인접 대지경계선으로부터 최소 1.5m 이상
2. 높이 9미터를 초과하는 부분 : 인접 대지경계선으로부터 해당 건축물 각 부분높이의 1/2이상

**98** 건축물 관련 건축기준의 허용오차 범위 기준이 2% 이내가 아닌 것은?

① 출구너비　　　　　　　　　　　② 반자높이

③ 평면길이　　　　　　　　　　　④ 벽체두께


**99** 다음 중 승용승강기를 가장 많이 설치해야 하는 건축물의 용도는? (단, 6층 이상의 거실면적의 합계가 10,000m²이며 8인승 승강기를 설치하는 경우)

① 의료시설　　　　　　　　　　　② 위락시설

③ 숙박시설　　　　　　　　　　　④ 공동주택


**100** 비상용승강기 승강장의 바닥면적은 비상용 승강기 1대에 대하여 최소 얼마 이상으로 하여야 하는가? (단, 옥내승강장인 경우)

① 3m²　　　　　　　　　　　　　② 4m²

③ 5m²　　　　　　　　　　　　　④ 6m²

---

**ANSWER** 98.④ 99.① 100.④

**98** 건축기준 허용오차

| 항목 | | 허용오차범위 |
| --- | --- | --- |
| 건축물의 높이 | | 1m를 초과할 수 없다. |
| 반자 높이 | 2%이내 | – |
| 출구의 폭 | | – |
| 평면길이 | | • 건축물 전체길이는 1m를 초과할 수 없다.<br>• 벽으로 구획된 각 실은 10cm를 초과할 수 없다. |
| 벽체 두께 | | 3% 이내 |
| 바닥판 두께 | | |

**99**

| 용도 | 6층 이상의 거실면적의 합계 | |
| --- | --- | --- |
| | 3,000m² 이하 | 3,000m² 초과 |
| 공연, 집회, 관람장, 소·도매시장, 상점, 병원시설 | 2대 | $2대 + \dfrac{A - 3,000m^2}{2,000m^2}대$ |
| 전시장 및 동·식물원, 위락, 숙박, 업무시설 | 1대 | $1대 + \dfrac{A - 3,000m^2}{2,000m^2}대$ |
| 공동주택, 교육연구시설, 기타 시설 | 1대 | $1대 + \dfrac{A - 3,000m^2}{3,000m^2}대$ |

**100** 승강장의 바닥면적은 비상용승강기 1대에 대해서 6m² 이상을 설치해야 하나 옥외에 승강장을 설치하는 경우는 예외로 한다.

**1** 주택의 부엌작업대 배치유형 중 ㄷ자형에 관한 설명으로 옳은 것은?

① 두 벽면을 따라 작업이 전개되는 전통적인 형태이다.

② 평면계획상 외부로 통하는 출입구의 설치가 곤란하다.

③ 작업동선이 길고 조리면적은 좁지만 다수의 인원이 함께 작업할 수 있다.

④ 가장 간결하고 기본적인 설계형태로 길이가 4.5m 이상이 되면 동선이 비효율적이다.

---

**ANSWER** 1.②

**1** 부엌의 유형별 특징
　㉠ **직선형** : 좁은 부엌에 알맞고 동선의 혼란이 없는 반면 움직임이 많아 동선이 길어지는 경향이 있다.
　㉡ **L자형** : 정방형 부엌에 알맞고 비교적 넓은 부엌에서 능률이 좋으나 모서리 부분은 이용도가 낮다.
　㉢ **U자형** : ㄷ자형이라고도 한다. 양측 벽면이 이용될 수 있으므로 수납공간을 넓게 잡을 수 있으며 이용하기에도 아주 편리하다. 그러나 평면계획상 외부로 통하는 출입구의 설치가 곤란하며 요리하는 사람이 한 명 이상인 경우 동시에 작업하기에 불편할 수 있고 작업대 배열 상 생기는 두 곳의 코너부분에서 공간의 낭비가 발생할 수 있다.
　㉣ **병렬형** : 직선형에 비해 작업동선이 줄어들지만 작업 시 몸을 앞뒤로 바꿔야 하므로 불편하다. 식당과 부엌이 개방되지 않고 외부로 통하는 출입구가 필요한 경우에 많이 쓰인다.
　• 인접한 세 벽면에 작업대를 붙여 배치한 형태로서 평면계획상 외부로 통하는 출입구의 설치가 곤란하다. 가장 효율적이고 짜임새 있는 배치로서 작업자의 효율이 최대가 되는 배치이며 불필요한 통행이 없으므로 동선이 절약되지만 넓은 공간을 필요로 하므로 좁은 주방에는 적합하지 않다.
　• 병렬형주방 : 작업대를 두 벽면 사이에 마주보게 배치한 형태로서 가열대와 개수대를 같은 쪽에 배치하고 냉장고를 반대편에 배치하는 것이 효율적이며 작업대간 거리는 1m 정도가 적합하다. 복도형주방이라고도 불리며 양끝으로 연결되는 곳을 고려하여 동선을 생각하고 배치해야 한다.

**2** 호텔에 관한 설명으로 바르지 않은 것은?

① 커머셜 호텔은 일반적으로 고밀도의 고층형이다.

② 터미널 호텔에는 공항호텔, 부두호텔, 철도역 호텔 등이 있다.

③ 리조트 호텔의 건축형식은 주변조건에 따라 자유롭게 이루어진다.

④ 레지덴셜 호텔은 여행자의 장기간 체재에 적합한 호텔로서 각 객실에는 주방 설비를 갖추고 있다

**3** 다음 설명에 알맞은 공장건축의 레이아웃(layout) 형식은?

> • 생산에 필요한 모든 공정, 기계기구를 제품의 흐름에 따라 배치한다.
> • 대량생산에 유리하며 생산성이 높다.

① 혼성식 레이아웃      ② 고정식 레이아웃

③ 제품중심의 레이아웃      ④ 공정중심의 레이아웃

---

ANSWER   2.④   3.③

**2** 레지덴셜 호텔은 여행자나 관광객 등이 단기체류하는 여행자용 호텔로서 일반적으로 주방설비가 없다. (장기간 체재하는 데 적합하며 주방설비를 갖춘 호텔은 아파트먼트호텔이다.)

**3** ③ 제품 중심의 레이아웃(연속 작업식)
- 생산에 필요한 모든 공정, 기계 기구를 제품의 흐름에 따라 배치하는 방식이다.
- 대량생산 가능, 생산성이 높음, 공정시간의 시간적, 수량적 밸런스가 좋고 상품의 연속성이 가능하게 흐를 경우 성립한다.

② 고정식 레이아웃
- 주가 되는 재료나 조립부품이 고정된 장소에, 사람이나 기계는 그 장소로 이동해 작업이 행해지는 방식이다.
- 제품이 크고 수가 극히 적을 경우(선박, 건축)

④ 공정중심의 레이아웃(기계설비 중심)
- 동일 종류의 공정이며 기계로 그 기능이 동일한 것, 혹은 유사한 것을 하나의 그룹으로 집합시키는 방식으로 일명 기능식 레이아웃이다.
- 다종 소량생산으로 예상생산이 불가능한 경우, 표준화가 행해지기 어려운 경우에 채용한다.

**4** 주심포 형식에 관한 설명으로 바르지 않은 것은?

① 공포를 기둥 위에만 배열한 형식이다.

② 장혀는 긴 것을 사용하고 평방이 사용된다.

③ 봉정사 극락전, 수덕사 대웅전 등에서 볼 수 있다.

④ 맞배지붕이 대부분이며 천장을 특별히 가설하지 않아 서까래가 노출되어 보인다.


**5** 다음 설명에 알맞은 사무소 건축의 코어유형은?

---
• 코어를 업무공간에서 분리시킨 관계로 업무공간의 융통성이 높은 유형이다.
• 설비덕트나 배관을 코어로부터 업무공간으로 연결하는데 제약이 많다.

---

① 외코어형

② 판단코어형

③ 양단코어형

④ 중앙코어형


**6** 건축계획단계에서의 조사방법에 관한 설명으로 바르지 않은 것은?

① 설문조사를 통하여 생활과 공간간의 대응관계를 규명하는 것은 생활행동 행위의 관찰에 해당된다.

② 이용상황이 명확하게 기록되어 있는 시설의 자료 등을 활용하는 것은 기존자료를 통한 조사에 해당된다.

③ 건물의 이용자를 대상으로 설문을 작성하여 조사하는 방식은 생활과 공간의 대응관계 분석에 유효하다.

④ 주거단지에서 어린이들의 행동특성을 조사하기 위해서는 생활행동 행위 관찰방식이 일반적으로 적절하다.


**● ● ●**
**ANSWER** 4.② 5.① 6.①

**4** 주심포 형식에는 평방이 사용되지 않았다. (평방은 다포형식에서 사용되었다.)

**5** 주어진 설명은 외코어형(독립코어형)에 관한 사항들이다.

**6** 설문조사를 통하여 생활과 공간간의 대응관계를 규명하는 것은 생활행동 행위의 관찰(관찰법)이 아니라 설문조사법이다.

**7** 학교운용방식에 관한 설명으로 바르지 않은 것은?

① 종합교실형은 교실의 이용률이 높지만 순수율은 낮다.

② 일반교실 및 특별교실형은 우리나라 중학교에서 주로 사용되는 방식이다.

③ 교과교실형에서는 모든 교실이 특정교과를 위해 만들어지고 일반교실이 없다.

④ 플라톤형은 학년과 학급을 없애고 학생들은 각자의 능력에 따라 교과를 선택하고 일정한 교과가 끝나면 졸업을 한다.


**8** 페리(C.A.Perry)의 근린주구에 관한 설명으로 바르지 않은 것은?

① 경계 : 4면의 간선도로에 의해 구획

② 공공시설용지 : 지구 전체에 분산하여 배치

③ 오픈스페이스 : 주민의 일상생활 요구를 충족시키기 위한 소공원과 위락공간체계

④ 지구 내 가로체계 : 내부 가로망은 단지 내의 교통량을 원활히 처리하고 통과교통을 방지


**9** 다음 중 백화점의 기둥간격 결정 요소와 가장 거리가 먼 것은?

① 매장의 연면적

② 진열장의 배치방법

③ 지하주차장의 주차방식

④ 에스컬레이터의 배치방법


---

**ANSWER**   7.④   8.①   9.①

**7**   달톤형은 학년과 학급을 없애고 학생들은 각자의 능력에 따라 교과를 선택하고 일정한 교과가 끝나면 졸업을 한다.
플라톤형은 전 학급을 두 개로 나누어 한쪽이 일반교실을 사용할 때 다른 쪽은 특별교실을 사용하는 방식을 말한다.

**8**   페리는 학교와 공공시설은 근린주구 중심부에 적절히 통합 배치하도록 하였다.

**9**   매장의 연면적은 기둥간격을 구체적으로 결정짓는 요소로 보기에는 무리가 있다. 동일 연면적의 매장이라고 해도 내부공간을 어떻게 구성하느냐에 따라 기둥의 배치형식이 다양하게 바뀔 수 있다.

**10** 고딕양식의 건축물에 속하지 않는 것은?

① 아미앵 성당

② 노트르담 성당

③ 샤르트르 성당

④ 성베드로 성당

**11** 도서관 건축계획에서 장래에 증축을 반드시 고려해야 할 부분은?

① 서고

② 대출실

③ 사무실

④ 휴게실

**12** 병원건축형식 중 분관식(Pavillion Type)에 관한 설명으로 옳은 것은?

① 대지가 협소할 경우 주로 적용된다.

② 보행길이가 짧아져 관리가 용이하다.

③ 각 병실의 일조, 통풍 환경을 균일하게 할 수 있다.

④ 급수, 난방 등의 배관 길이가 짧아져 설비비가 적게 든다.

---

**ANSWER** 10.④ 11.① 12.③

**10** 로마의 성베드로성당은 르네상스양식의 건축물이다.

**11** 도서관 건축계획에서 장래에 증축될 가능성이 가장 높은 공간은 서고이다. 시간이 지날수록 보유서적량이 증가하게 되면 그에 필요한 공간이 추가로 확보되어야 한다.

**12**

| 비교내용 | 분관식 | 집중식 |
|---|---|---|
| 배치형식 | 저층평면 분산식 | 고층집약식 |
| 환경조건 | 양호(균등) | 불량(불균등) |
| 부지의 이용도 | 비경제적(넓은부지) | 경제적(좁은부지) |
| 설비시설 | 분산적 | 집중적 |
| 관리상 | 불편함 | 편리함 |
| 보행거리 | 길다 | 짧다 |
| 적용대상 | 특수병원 | 도심대규모 병원 |

**13** 단독주택의 리빙 다이닝 키친에 관한 설명으로 바르지 않은 것은?

① 공간의 이용률이 높다.

② 소규모 주택에 주로 사용된다.

③ 주부의 동선이 짧아 노동력이 절감된다.

④ 거실과 식당이 분리되어 각 실의 분위기 조성이 용이하다.

**14** 사무소 건축의 실단위 계획에 있어서 개방식 배치에 관한 설명으로 바르지 않은 것은?

① 독립성과 쾌적감 확보에 유리하다.

② 공사비가 개실시스템보다 저렴하다.

③ 방의 길이나 깊이에 변화를 줄 수 있다.

④ 전면적을 유효하게 이용할 수 있어 공간절약상 유리하다.

---

**• • •**
**ANSWER** 13.④  14.①

**13** 리빙다이닝키친(Living Dining)은 거실의 일부에 칸막이로 구획된 식당으로서 주부의 동선이 단축되고 공간의 이용률이 극대화되며 조리, 식사, 정리작업이 능률화되지만 실의 분위기 조성이 어렵다.
   • 리빙키친 : 거실, 식당, 부엌을 개방된 하나의 공간에 배치한 형태
   • 다이닝키친 : 별도의 거실을 두고 주방의 일부에 식당을 설치한 형태
   • 리빙다이닝키친 : 거실의 일부에 칸막이로 구획된 식당으로서 실의 분위기 조성이 어렵다.
   • 다이닝앨코브 : 별도의 부엌을 두고 거실과 식당을 겸용하는 형태로서 거실의 일부에 간단히 식탁을 꾸민 형태
   • 다이닝포치, 다이닝테라스 : 식사실을 포치나 테라스에 배치한 형태
   ※ 식당의 종류
    • 분리형식당 : 거실이나 부엌과 완전 독립된 식당
    • 오픈 스타일 키친 : 거실 내에 두고 커튼이나 스크린으로 칸막이를 두른 식당
    • 다이닝 알코브 : 거실의 일부에 식탁을 꾸미는 것으로 보통 6~9㎡ 정도의 크기로 한다.
    • 리빙 키친 : 거실 식당 부엌을 겸용한 것
    • 다이닝 키친 : 부엌의 일부에 식탁을 꾸민 것
    • 다이닝 테라스(다이닝 포치) : 여름철 좋은 날씨에 테라스나 포치에서 식사하는 것

**14** 개방식배치는 독립성과 프라이버시 확보가 어려운 문제가 있다.

**15** 아파트의 평면형식 중 계단실형에 관한 설명으로 옳은 것은?

① 대지에 대한 이용률이 가장 높은 유형이다.

② 통행을 위한 공용면적이 크므로 건물의 이용도가 낮다.

③ 각 세대가 양쪽으로 개구부를 계획할 수 있는 관계로 통풍이 양호하다.

④ 엘리베이터를 공용으로 사용하는 세대수가 많으므로 엘리베이터의 효율이 높다.

**15** ① 대지에 대한 이용률이 가장 높은 유형은 집중형이다.
② 통행을 위한 공용면적이 크므로 건물의 이용도가 낮은 것은 편복도형이다.
④ 엘리베이터를 공용으로 사용하는 세대수가 많으므로 엘리베이터의 효율이 높은 형식은 중복도형이다.
※ 아파트의 평면형식
　㉠ 계단실형(홀형)
　　• 계단 또는 엘리베이터 홀로부터 직접 주거단위로 들어가는 형식이다.
　　• 각 세대 간 독립성이 높다.
　　• 고층아파트일 경우 엘리베이터 비용이 증가한다.
　　• 단위주호의 독립성이 좋다.
　　• 채광, 통풍조건이 양호하다.
　　• 복도형보다 소음처리가 용이하다.
　　• 통행부의 면적이 작으므로 건물의 이용도가 높다.
　㉡ 편복도형
　　• 남면일조를 위해 동서를 축으로 한쪽 복도를 통해 각 주호로 들어가는 형식이다.
　　• 거주자의 자연적 환경을 동일하게 만들고자 할 때 일반적으로 채용한다.
　　• 통풍 및 채광은 양호한 편이지만 복도 폐쇄 시 통풍이 불리하다.
　㉢ 중복도형
　　• 부지의 이용률이 높다.
　　• 고층고밀화에 유리하여 주로 독신자아파트에 적용된다.
　　• 통풍 및 채광이 불리하다.
　　• 프라이버시가 좋지 않다.
　㉣ 집중형(코어형)
　　• 채광 및 통풍조건이 좋지 않으므로 기후조건에 따라 기계적 환경조절이 필요하다.
　　• 부지이용률이 극대화된다.
　　• 프라이버시가 좋지 않다.

**16** 르네상스 건축에 대한 설명으로 바른 것은?

① 건축 비례와 미적 대칭을 중시하였다.

② 첨탑과 플라잉버트레스가 처음 도입되었다.

③ 펜던티브 돔이 창안되어 실내공간의 자유도가 높아졌다.

④ 강렬한 극적효과를 추구하며 관찰자의 주관적 감흥을 중시하였다.

**17** 미술관 전시실의 전시기법에 관한 설명으로 바르지 않은 것은?

① 하모니카 전시는 동일 종류의 전시물을 반복하여 전시할 경우에 유리하다.

② 아일랜드 전시는 실물을 직접 전시할 수 없는 경우 영상매체를 사용하여 전시하는 방법이다.

③ 파노라마 전시는 연속적인 주제를 연관성있게 표현하기 위해 선형의 파노라마로 연출하는 전시기법이다.

④ 디오라마 전시는 하나의 사실 또는 주제의 시간 상황을 고정시켜 연출하는 것으로 현장에 임한 느낌을 주는 기법이다.

---

• • •
ANSWER   16.①   17.②

**16** ② 첨탑과 플라잉버트레스가 처음 도입된 형식은 고딕건축형식이다.
③ 펜던티브 돔이 창안되어 실내공간의 자유도가 높아진 것은 비잔틴건축형식이다.
④ 강렬한 극적효과를 추구하며 관찰자의 주관적 감흥을 중시한 것은 바로크시대와 로코코시대의 건축형식이다.

> **바로크-로코코 건축양식**
> • 르네상스의 고전주의, 합리주의적 경향에 반대하여 17세기초 이탈리아에서 발생되어 17, 18세기에 걸쳐 로마를 중심으로 이탈리아, 프랑스, 독일, 영국 등의 유럽국가에서 전개된 건축양식으로 건축에 있어서 감각적, 역동적, 장식적 효과를 추구하였다.
> • 르네상스 건축에서 추구되었던 엄격한 고전적 법칙을 무시하고 건축이 일정한 규칙, 형식에 의해 구성되는 고전주의 양식을 거부하였다.
> • 관찰자의 강렬한 인상과 감동을 위한 극적 효과를 추구하였고 비대칭, 대비, 과장 등의 역동성을 강조하였다.
> • 음영의 대비, 투시화법의 3차원적 효과, 척도의 변조, 화려한 장식 등의 수법을 이용하였다.
> • 조각, 공예 등을 화려한 장식적으로서 건축에 사용하였다.
> • 일련의 곡선과 곡면에 의한 장식을 통해 감각적이고 역동적인 형태와 공간을 창조하였으며 주범의 변형, 곡선형 코니스, 파동벽면 등을 이용하여 화려하게 장식하였다.

**17** 아일랜드 전시기법은 사방에서 감상해야 할 필요가 있는 조각물이나 모형을 전시하기 위하여 벽면에서 띄어놓아 전시하는 특수전시기법이다. 실물을 직접 전시할 수 없거나 오브제 전시만의 한계를 극복하기 위해 영상매체를 사용하여 전시하는 기법은 영상전시기법이다.

**18** 미술관의 전시실 순회형식에 관한 설명으로 바르지 않은 것은?

① 갤러리 및 코리더 형식에서는 복도 자체도 전시공간으로 이용이 가능하다.

② 중앙홀 형식에서 중앙홀이 크면 동선의 혼란은 많으나 장래의 확장에는 유리하다.

③ 연속순회형식은 전시 중에 하나의 실을 폐쇄하면 동선이 단절된다는 단점이 있다.

④ 갤러리 및 코리더 형식은 복도에서 각 전시실에 직접 출입할 수 있으며 필요시에 자유로이 독립적으로 폐쇄할 수가 있다.

**19** 쇼핑센터의 몰(Mall)에 관한 설명으로 바른 것은?

① 전문점과 핵상점의 주출입구는 몰에 면하도록 한다.

② 쇼핑체류시간을 늘릴 수 있도록 방향성을 복잡하게 계획한다.

③ 몰은 고객의 통과동선으로서 부속시설과 서비스기능의 출입이 이루어지는 곳이다.

④ 일반적으로 공기조화에 의해 쾌적한 실내기후를 유지할 수 있는 오픈 몰(Open Mall)이 선호된다.

---

**ANSWER** 18.② 19.①

**18** 중앙홀 형식
- 중심부에 하나의 큰 홀을 두고 그 주위에 각 전시실을 배치하여 자유로이 출입하는 형식이다.
- 부지의 이용률이 높은 지점에 건립할 수 있다.
- 중앙홀이 크면 동선의 혼란이 없으나 장래의 확장에 많은 무리가 따른다.

**19** ② 몰은 고객의 주 보행동선을 통해 핵상점과 각 전문점으로 연결되므로 고객이 확실한 방향성과 식별성을 갖도록 계획되어야 한다.
  ③ 몰은 쇼핑센터 내의 주요 동선으로 고객을 각 점포에 균등하게 유도하는 보도인 동시에 고객의 휴식공간이기도 하며 각종 회합이나 연회를 베푸는 연출장으로서의 기능을 가지고 있다.
  ④ 일반적으로 공기조화에 의해 쾌적한 실내기후를 유지할 수 있는 클로즈드 몰(Closed Mall)이 선호된다.

**20** 극장건축에서 무대의 제일 뒤에 설치되는 무대 배경용 벽을 나타내는 용어는?

① 프로시니엄

② 사이클로라마

③ 플라이로프트

④ 그리드아이언

**20** • **사이클로라마**(Cyclorama) : 극장건축에서 무대의 제일 뒤에 설치하는 무대 배경용 벽
   • **플라이갤러리**(Fly Gallery) : 극장 무대 주위의 벽에 6~9m 높이로 설치되는 좁은 통로로서, 그리드 아이언에 올라가는 계단과 연결되는 것
   • **그리드아이언**(Grid Iron) : 격자 발판으로 무대 천장에 설치되어 무대의 배경이나 조명기구 또는 음향반사판 등을 매달 수 있는 장치
   • **플라이로프트** : 무대상부공간 (프로시니엄 높이의 4배)

**21** 백화현상에 관한 설명으로 바르지 않은 것은?

① 시멘트는 수산화칼슘의 주성분인 생석회($CaO$)의 다량공급원으로서 백화의 주요원이다.

② 백화현상은 미장표면 분 아니라 벽돌벽체, 타일 및 착색시멘트 제품 등의 표면에도 발생한다.

③ 겨울철보다 여름철의 높은 온도에서 백화 발생빈도가 높다.

④ 배합수 중에 용해되는 가용성분이 시멘트 경화체의 표면건조 후 나타나는 현상이다.


**22** 계측관리 항목 및 기기에 관한 설명으로 바르지 않은 것은?

① 흙막이 벽의 횡력은 변형계를 이용한다.

② 주변건물의 경사는 건물경사계를 이용한다.

③ 지하수의 간극수압은 지하수위계를 이용한다.

④ 버팀보, 앵커 등을 축하중 변화 상태의 측정은 하중계를 이용한다.

---

ANSWER  21.③  22.③

**21** 겨울철이 여름철보다 백화발생빈도가 높다.
※ 백화현상의 정의와 반응식
  • 백화현상 : 백태라고도 하며 벽에 침투하는 빗물에 의해서 모르타르 중의 석회분이 공기중의 탄산가스와 결합하여 벽돌이나 조적벽면에 흰가루가 돋는 현상
  • 백화현상의 반응식 : $Ca(OH)_2 + H_2O \rightarrow CaCO_3 + CO_2$

**22** 지하수의 간극수압의 계측은 Piezometer를 사용한다.
※ 흙막이 벽의 계측관리 항목과 측정기기
  • 인접구조물의 기울기측정 : tilt meter, transit
  • 인접구조물의 균열측정 : crack gauge
  • 지중수평변위의 계측 : inclinometer
  • 지중수직변위의 계측 : extension meter
  • 지하수위의 계측 : water level meter
  • 간극수압의 계측 : piezometer
  • Strut 부재응력측정 : load cell
  • 토압측정 : soil pressure gauge
  • 지표면 침하측정 : level & staff
  • 소음측정 : sound level meter
  • 진동측정 : vibrometer

**23** 녹막이칠에 사용되는 도료와 가장 거리가 먼 것은?

① 광명단

② 크레오소트유

③ 아연분말도료

④ 역청질 도료


**24** 사질토의 상대밀도를 측정하는 방법으로 가장 적합한 것은?

① 표준관입시험

② 베인테스트

③ 깊은 우물공법

④ 아일랜드 공법


**25** 철골부재의 용접 시 이음 및 접합부위의 용접선의 교차로 재 용접된 부위가 열영향을 받아 취약해짐을 방지하기 위하여 모재에 부채꼴 모양으로 모따기를 한 것은?

① 블로우 홀(Blow Hole)

② 스캘럽(Scallop)

③ 엔드탭(End Tap)

④ 크레이터(Crater)

**23** 크레오소트유는 목재의 방부용으로 사용되는 칠재료이다. 방부력이 우수하고 내습성도 있으며, 값이 싸다. 냄새가 좋지 않아서 실내에 사용할 수가 없고, 흑갈색 용액이므로 미관을 고려하지 않는 외부에 사용된다.

**24** • 표준관입시험 : 원위치에서의 지반 조사의 보편적인 방법. 로드 끝에 외경 5.1cm, 내경 3.5cm, 길이 81cm의 스플릿 스푼 샘플러를 부착하고, 보링 구멍 내에서 무게 63.5kg의 해머를 높이 75cm에서 낙하시켜 30cm 관입시키는 데 요하는 타격 횟수(N값)를 측정하는 시험으로서 사질토의 상대밀도 측정에 주로 사용된다. 사질토뿐만 아니라 점성토의 특성파악에 도 사용된다.
• 베인테스트 : 연약점성토에 Vane Tester를 회전시켜 점착력을 구하여 전단강도를 산출하는 시험이다.
• 깊은우물공법 : Deep Well공법이라고도 한다. 깊은 우물을 파고 케이싱 스트레이너를 삽입한 후 수중펌프로 양수하는 배수방식이다.

**25** • 스캘럽(Scallop) : 철골부재의 용접 시 이음 및 접합부위의 용접선의 교차로 재 용접된 부위가 열영향을 받아 취약해짐을 방지하기 위하여 모재에 부채꼴 모양으로 모따기를 한 것
• 엔드탭(End Tap) : 강구조에서 용접선 단부에 붙인 보조판으로 아크의 시작이나 종단부의 크레이터 등의 결함을 방지하기 위해 붙이는 판
• 블로우홀, 크레이터 등은 용접결함의 일종이다.

**26** 공동도급방식(Joint Venture)에 관한 설명으로 바른 것은?

① 2명 이상의 수급자가 어느 특정공사에 대해 협동으로 공사계약을 체결하는 것이다.

② 발주자, 설계자, 공사관리자의 세 전문집단에 의해 공사를 수행하는 방식이다.

③ 발주자와 수급자가 상호신뢰를 바탕으로 팀을 구성하여 공동으로 공사를 수행할 수 있다.

④ 공사의 수행방식에 따라 설계/시공(D/B)방식과 설계/관리(D/M)방식으로 구분한다.


**27** 칠공사에 관한 설명으로 바르지 않은 것은?

① 한랭시나 습기를 가진 면은 작업을 하지 않는다.

② 초벌부터 정벌까지 같은 색으로 도장해야 한다.

③ 강한 바람이 불 때는 먼지가 묻게 되므로 외부 공사를 하지 않는다.

④ 야간은 색을 잘못 칠할 염려가 있으므로 작업을 하지 않는 것이 좋다.


**28** 석재에 관한 설명으로 바른 것은?

① 인장강도는 압축강도에 비해 10배 정도 크다.

② 석재는 불연성이기는 하지만 화열에 닿으면 화강암과 같이 균열이 생기거나 파괴되는 경우도 있다.

③ 장대재를 얻기에 용이하다.

④ 조직이 치밀하여 가공성이 매우 뛰어나다.


---

**ANSWER**   26.①   27.②   28.②

**26** 공동도급 : 2명 이상의 수급자가 어느 특정공사에 대해 협동으로 공사계약을 체결하는 것이다.

**27** 초벌, 재벌, 정벌은 각 단계를 구분하기 위해 칠마다 조금씩 색상차이를 두어 도장해야 한다.

**28** ① 석재의 인장강도는 압축강도에 비해 현저하게 약하다.
③ 석재는 장대재를 얻기가 어렵다.
④ 석재는 그 종류가 매우 다양하며 조직의 구성도 다양하고 가공성도 석재마다 차이가 크게 난다.

**29** 목재의 접착제로 활용되는 수지와 가장 거리가 먼 것은?

① 요소수지

② 멜라민수지

③ 폴리스티렌수지

④ 페놀수지

**30** 보강블록공사에 관한 설명으로 바르지 않은 것은?

① 벽의 세로근은 구부리지 않고 설치한다.

② 벽의 세로근은 밑창 콘크리트 윗면에 철근을 배근하기 위한 먹메김을 하여 기초판 철근 위의 정확한 위치에 고정시켜 배근한다.

③ 벽 가로근 배근 시 창 및 출입구 등의 모서리 부분에 가로근의 단부를 수평방향으로 정착할 여유가 없을 때에는 갈구리로 하여 단부 세로근을 걸고 결속선으로 결속한다.

④ 보강블록조와 라멘구조가 접하는 부분은 라멘구조를 먼저 시공하고 보강블록조를 나중에 쌓는 것이 원칙이다.

**31** 다음 설명에서 의미하는 공법은?

구조물 하중보다 더 큰 하중을 연약지반(점성토) 표면에 프리로딩하여 압밀침하를 촉진시킨 뒤 하중을 제거하여 지반의 전단강도를 증대시키는 방법

① 고결안정공법

② 치환공법

③ 재하공법

④ 탈수공법

---

**ANSWER** 29.③  30.④  31.③

**29** 폴리스티렌수지는 목재의 접착제에 사용되지는 않으며 재료의 특성상 목재의 접합에 부적합하다. 목재의 접착제로는 에폭시, 실리콘, 요소, 멜라민, 페놀, 아교 등이 사용된다.

**30** 보강 블록조와 라멘구조가 접하는 부분은 보강 블록조를 먼저 쌓고 라멘구조를 나중에 시공한다.

**31** 재하공법 : 구조물 하중보다 더 큰 하중을 연약지반(점성토) 표면에 프리로딩(사전압밀)하여 압밀침하를 촉진시킨 뒤 하중을 제거하여 지반의 전단강도를 증대시키는 방법

**32** 재료별 할증률을 표기한 것으로 바른 것은?

① 시멘트벽돌 3%

② 강관 7%

③ 단열재 7%

④ 봉강 5%

**32** ① 시멘트벽돌 5%
② 강관 5%
③ 단열재 10%
※ 건축재료의 기본할증률

| 종류 | | 할증률(%) | 종류 | | 할증률(%) |
|---|---|---|---|---|---|
| 목재 | 각재 | 5 | 레디믹스트 콘크리트 | 무근구조물 | 2 |
| | 판재 | 10 | | 철근구조물 | 1 |
| | 졸대 | 20 | | 철골구조물 | 1 |
| 합판 | 일반용 | 3 | 혼합콘크리트 (인력 및 믹서) | 무근구조물 | 3 |
| | 수장용 | 5 | | 철근구조물 | 2 |
| 벽돌 | 붉은벽돌 | 3 | | 소형구조물 | 5 |
| | 내화벽돌 | 3 | 아스팔트 콘크리트 | | 2 |
| | 시멘트벽돌 | 5 | 콘크리트 포장 혼합물의 포설 | | 4 |
| | 경계블록 | 3 | 기와 | | 5 |
| | 호안블록 | 5 | 슬레이트 | | 3 |
| 블록 | | 4 | 원석(마름돌용) | | 30 |
| 도료 | | 2 | 석재판붙임용재 | 정형물 | 10 |
| 유리 | | 1 | 석재판붙임용재 | 부정형물 | 30 |
| 타일 | 모자이크, 도기, 자기, 크링커 | 3 | 시스판 | | 8 |
| | | | 원심력 콘크리트판 | | 3 |
| 타일 (수정용) | 아스팔트, 리놀륨, 비닐 | 5 | 조립식 구조물 | | 3 |
| | | | 덕트용 금속판 | | 28 |
| 텍스, 콜크판 | | 5 | 위생기구(도기, 자기류) | | 2 |
| 석고판(본드붙임용) | | 8 | 조경용수목, 잔디 | | 10 |
| 석고보드(못붙임용) | | 5 | 단열재 | | 10 |
| 원형철근 | | 5 | 강판, 동판 | | 10 |
| 이형철근 | | 3 | 대형형강 | | 7 |
| 일반볼트 | | 5 | 소형형강, 봉강, 강관, 각관, 리벳, 경량형강, 동관, 평강 | | 5 |
| 고장력볼트 | | 3 | | | |

**33** 철근의 정착위치에 관한 설명으로 바르지 않은 것은?

① 지중보의 주근은 기초 또는 기둥에 정착한다.

② 기둥철근은 큰 보 혹은 작은 보에 정착한다.

③ 큰 보의 주근은 기둥에 정착한다.

④ 작은 보의 주근은 큰 보에 정착한다.

**34** 돌로마이트 플라스터 바름에 관한 설명으로 바르지 않은 것은?

① 정벌바름용 반죽은 물과 혼합한 후 12시간 정도 지난 다음 사용하는 것이 바람직하다.

② 바름두께가 균일하지 못하면 균열이 발생하기 쉽다.

③ 돌로마이트 플라스터는 수경성이므로 해초풀을 적당한 비율로 배합하여 사용해야 한다.

④ 시멘트와 혼합하여 2시간 이상 경과한 것은 사용할 수 없다.

**35** 다음 중 석고 플라스터 바름에 대한 설명으로 옳지 않은 것은?

① 보드용 플라스터는 초벌바름, 재벌바름의 경우 물을 가한 후 2시간 이상 경과한 것으로 사용할 수 없다.

② 실내온도가 10℃ 이하일 때는 공사를 중단한다.

③ 바름작업 중에는 될 수 있는 한 통풍을 방지한다.

④ 바름작업이 끝난 후 실내를 밀폐하지 않고 가열과 동시에 환기하여 바름면이 서서히 건조되도록 한다.

---

**ANSWER** 33.② 34.③ 35.②

**33** 기둥철근은 기초에 정착한다.

**34** 돌로마이트 플라스터는 기경성 미장재료이며 해초풀을 사용하지 않는다.

**35** 실내온도가 2℃ 이하일 때 공사를 중단하거나 5℃ 이상으로 유지한다.

**36** 기술제안입찰제도의 특징에 관한 설명으로 바르지 않은 것은?

① 공사비 절감방안의 제안은 불가하다.

② 기술제안서 작성에 추가비용이 발생한다.

③ 제안된 기술의 지적재산권 인정이 미흡하다.

④ 원안설계에 대한 공법, 품질확보 등이 핵심제안요소이다.


**37** 다음 중 토공사에 적용되는 체적환산계수 L의 정의로 바른 것은?

① 흐트러진 상태의 체적($m^3$)/자연상태의 체적($m^3$)

② 자연 상태의 체적($m^3$)/흐트러진 상태의 체적($m^3$)

③ 다져진 상태의 체적($m^3$)/자연상태의 체적($m^3$)

④ 자연 상태의 체적($m^3$)/다져진 상태의 체적($m^3$)


**38** 멤브레인 방수에 속하지 않는 공법은?

① 시멘트액체방수

② 합성고분자 시트방수

③ 도막방수

④ 아스팔트방수


---

ANSWER  36.① 37.① 38.①

**36** 기술제안입찰제도는 공사비 절감방안의 제안이 가능하다.

**37** 토량환산계수에서 L은 흐트러진 상태의 체적($m^3$)/자연상태의 체적($m^3$)을 의미한다.

**38** 멤브레인방수 : 아스팔트 방수층, 개량아스팔트 시트방수층, 합성고분자계 시트방수층 및 도막방수층 등 불투수성 피막을 형성하여 방수하는 공사를 총칭하는 용어 (멤브레인은 얇은 막을 의미한다.)

**39** 아파트 온돌바닥미장용 콘크리트로서 고층적용 실적이 많고 배합을 조닝별로 다르게 하여 타설바탕면에 따라 배합비 조정이 필요한 것은?

① 경량기포콘크리트

② 중량콘크리트

③ 수밀콘크리트

④ 유동화콘크리트

**40** 공급망관리(Supply Chain Management)의 필요성이 상대적으로 가장 적은 공종은?

① PC(Precast Concrete)공사

② 콘크리트공사

③ 커튼월공사

④ 방수공사

---

**39** 경량기포콘크리트 : 아파트 온돌바닥미장용 콘크리트로서 고층적용 실적이 많고 배합을 조닝별로 다르게 하여 타설 바탕면에 따라 배합비 조정이 필요하다.

※ 경량기포 콘크리트의 특징
- 기건 비중은 보통 콘크리트의 약 1/4 정도로 경량이다.
- 열전도율은 보통 콘크리트의 약 1/10 정도로서 단열성이 우수하다.
- 무기질 소재를 주원료로 사용하며 내화성능이 매우 우수하다.
- 흡음성과 차음성, 단열성이 우수하다.

**40** 공급망관리를 해야하는 공종은 공사비가 차지하는 비중이 크거나 자재의 대량구매가 필요한 공종들이다. 제시된 공종 중에서 방수공사는 가장 공사비가 적게 들고 자재의 물량도 적게 든다.

※ 공급망 관리
- 제품의 생산과 유통 과정을 하나의 통합망으로 관리하는 경영전략시스템이다.
- 부품 제공업자로부터 생산자, 배포자, 고객에 이르는 물류의 흐름을 하나의 가치사슬 관점에서 파악하고 정보가 원활히 흐르도록 지원하는 시스템이다.
- 기업 내에 부문별 최적화나 개별 기업단위의 최적화에서 탈피하여 공급망의 구성요소들 간에 이루어지는 전체 프로세스 최적화를 달성하고자 하는 경영혁신기법이다.

**41** 합성보에서 강재보와 철근콘크리트 또는 합성슬래브 사이의 미끄러짐을 방지하기 위하여 설치하는 것은?

① 스터드볼트

② 퍼린

③ 윈드칼럼

④ 턴버클

**42** 다음 중 내진 $I$ 등급 구조물의 허용층간변위로 옳은 것은? (단, KDS기준, $h_{sx}$는 $x$층의 층고)

① $0.005h_{sx}$

② $0.010h_{sx}$

③ $0.015h_{sx}$

④ $0.020h_{sx}$

---

**ANSWER** 41.① 42.③

.....................................................................................................................................................

**41** ① 스터드볼트 : 합성보에서 강재보와 철근콘크리트 또는 합성슬래브 사이의 미끄러짐을 방지하기 위하여 설치하는 것
② 퍼린(purlin) : 중도리
거스(girth) : 층도리
③ 윈드칼럼(Wind Column) : 건물 외부 마감재를 지지하는 가로부재인 Girth를 지탱하는 수직재
④ 턴버클(Turn buckle) : 지지막대나 지지 와이어 로프 등의 길이를 조절하기 위한 기구. 철골 구조나 목조의 현장 조립 등에서 다시 세우기나 철근 가새 등에 사용한다.

**42** ※ 허용층간변위 (단, $h_{sx}$는 $x$층 층고)
특등급 : $0.010h_{sx}$
1등급 : $0.015h_{sx}$
2등급 : $0.020h_{sx}$

**43** 다음 그림과 같은 단순보에서 반력 $R_A$의 값은?

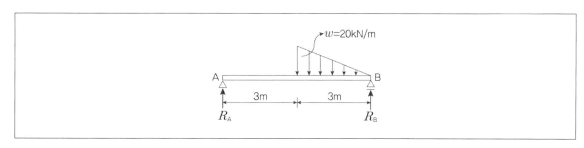

① 5kN

② 10kN

③ 15kN

④ 20kN

**44** 등분포하중을 받는 4변 고정 2방향 슬래브에서 모멘트량이 일반적으로 가장 크게 나타나는 곳은?

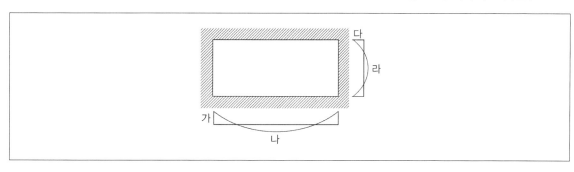

① 가

② 나

③ 다

④ 라

**43** 등변분포하중은 집중하중으로 치환하면 합력은

$$P = \frac{1}{2} \times 3 \times 20 = 30\text{kN}$$

$$\sum M_A = P \cdot 4 - R_B \cdot 6 = 0$$ 이므로

$$R_B = 20\text{kN}, \ R_A = 10\text{kN}$$

**44** 등분포하중을 받는 슬래브의 경우 단변이 장변보다 더 많은 하중을 분담한다. 또한 양단고정인 보나 판재는 양쪽 끝단 (고정단)에는 중앙부의 휨모멘트보다 큰 값을 갖게 된다. 따라서 그림에서는 ㈐의 값이 가장 크게 된다.

**45** 강도설계법에서 양단 연속 1방향 슬래브의 스팬이 3000mm일 때 처짐을 계산하지 않는 경우 슬래브의 최소두께를 계산한 값으로 옳은 것은? (단, 단위중량 2,300kg/m³의 보통콘크리트 및 $f_y = 400MPa$ 철근을 사용)

① 107.1mm

② 124.3mm

③ 132.1mm

④ 145.5mm

**46** 다음 구조용 강재의 명칭에 관한 내용으로 바르지 않은 것은?

① SM – 용접구조용 압연강재(KS D 3515)

② SS – 일반구조용 압연강재(KS D 3503)

③ SN – 내진건축구조용 냉간성형 각형강관(KS D 3864)

④ STK – 일반구조용 탄소강관(KS D 3566)

**ANSWER** 45.① 46.③

**45** 처짐을 계산하지 않는 경우의 양단연속인 1방향 슬래브의 최소두께는 3000/28=107.1(mm)가 된다. (단, 단위중량 2,300kg/m³의 보통콘크리트 및 $f_y = 400MPa$ 철근을 사용한 경우)

※ 처짐의 제한

부재의 처짐과 최소두께 : 처짐을 계산하지 않는 경우의 보 또는 1방향 슬래브의 최소두께는 다음과 같다. (L은 경간의 길이)

| 부재 | 최소 두께 또는 높이 | | | |
|---|---|---|---|---|
| | 단순지지 | 일단연속 | 양단연속 | 캔틸레버 |
| 1방향 슬래브 | L/20 | L/24 | L/28 | L/10 |
| 보 | L/16 | L/18.5 | L/21 | L/8 |

• 위의 표의 값은 보통콘크리트($m_c = 2,300$kg/m³)와 설계기준항복강도 400MPa철근을 사용한 부재에 대한 값이며 다른 조건에 대해서는 그 값을 다음과 같이 수정해야 한다.

• 1500~2000kg/m³ 범위의 단위질량을 갖는 구조용 경량콘크리트에 대해서는 계산된 $h_{min}$ 값에 $(1.65-0.00031 \cdot m_c)$를 곱해야 하나 1.09보다 작지 않아야 한다.

• $f_y$가 400MPa 이외인 경우에는 계산된 $h_{min}$ 값에 $(0.43 + \dfrac{f_y}{700})$를 곱해야 한다.

**46** SN은 건축구조용 압연강재이다. 내진건축구조용 냉간성형 각형강관은 SPAR, SPAP로 나타낸다.

**47** 다음 그림과 같은 단순 인장접합부의 강도한계상태에 따른 고력볼트의 설계전단강도를 구하면? (단, 강재의 재질은 SS275이며 고력볼트는 M22(F10T), 공칭전단강도는 $F_{nv} = 500\text{N}/\text{mm}^2$ 이다.)

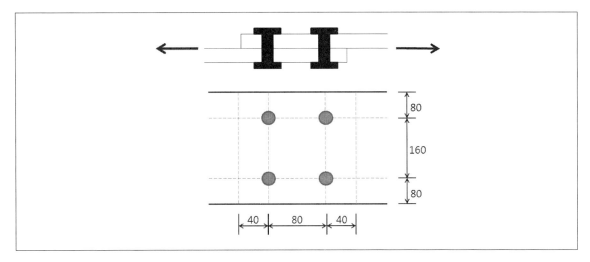

① 540kN

② 550kN

③ 560kN

④ 570kN

**47**
$$\phi R_n = \phi \cdot n_b \cdot F_{nv} \cdot A_b = (0.75)(4)(500)(\frac{\pi(22)^2}{4}) \fallingdotseq 570\text{kN}$$

**48** 다음 그림과 같이 스팬이 8,000mm이며, 보 중심간격이 3,000mm인 합성보 H−588×300×12×20의 강재에 콘크리트 두께 150mm로 합성보를 설계하고자 한다. 합성보 B의 슬래브 유효폭을 구하면? (단, 스터드 전단연결재가 설치됨)

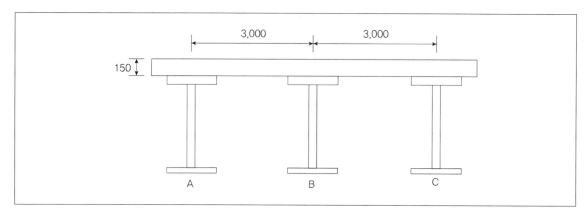

① 1500mm

② 2000mm

③ 3000mm

④ 4000mm

**49** 철근콘크리트 보 설계 시 적용되는 경량콘크리트 계수 중 모래경량콘크리트의 경우에 적용되는 계수의 값은?

① 0.65

② 0.75

③ 0.85

④ 1.0

**48** 양쪽 슬래브의 중심거리 $\left(\dfrac{3,000}{2}+\dfrac{3,000}{2}\right)=3,000\text{mm}$

$\dfrac{\text{보의 스팬}}{4}=\dfrac{8,000}{4}=2,000\text{mm}$

이 중 작은 값을 적용해야 하므로 2,000mm가 된다.

**49** $\lambda$ : 경량콘크리트계수

㉠ $f_{sp}$(쪼갬인장강도)값이 규정되어 있지 않은 경우 : 전경량콘크리트는 0.75, 모래경량콘크리트는 0.85가 된다. (단, 0.75 에서 0.85사이의 값은 모래경량콘크리트의 잔골재를 경량잔골재로 치환하는 체적비에 따라 직선보간한다. 0.85에서 1.0 사이의 값은 보통중량콘크리트의 굵은골재를 경량골재로 치환하는 체적비에 따라 직선보간한다.)

㉡ $f_{sp}$(쪼갬인장강도)값이 주어진 경우 : $\lambda=f_{sp}/(0.56\sqrt{f_{ck}})\leq 1.0$이 된다.

**50** 도심축에 대한 빗줄(사선)친 부분의 단면계수값은?

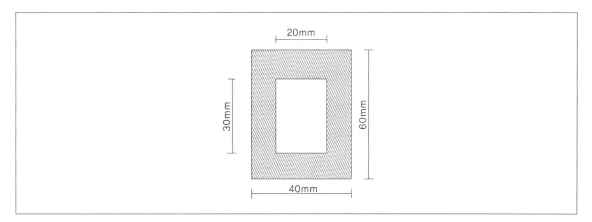

① $19,000\text{mm}^3$       ② $20,500\text{mm}^3$

③ $21,000\text{mm}^3$       ④ $22,500\text{mm}^3$

• • •
**ANSWER**   50.④

**50**
단면계수 $Z = \dfrac{I_x}{y_b}$ ($y_b$는 중립축으로부터 끝단까지의 거리)

$$I_x = \frac{40 \cdot 60^3 - 20 \cdot 30^3}{12} = 675,000\text{mm}^4, \ \ y_t = 30\text{mm}$$

단면계수 $Z = \dfrac{I_x}{y_b} = \dfrac{675,000}{30} = 22,500(\text{mm}^3)$

**51** 다음 그림과 같은 단순보에서 부재길이가 2배로 증가하게 될 경우 보의 중앙점 최대처짐은 몇 배로 증가하게 되는가?

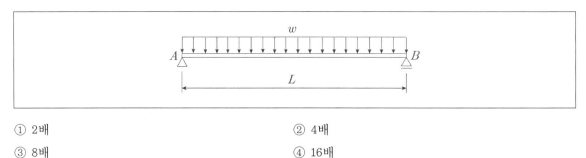

① 2배

② 4배

③ 8배

④ 16배

**52** 다음과 같은 구조물의 판별로 옳은 것은? (단, 그림의 하부지점은 고정단임)

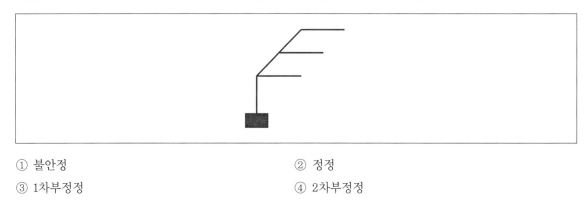

① 불안정

② 정정

③ 1차부정정

④ 2차부정정

---

**ANSWER** 51.④ 52.②

**51** 작용하는 하중이 동일한 경우 부재의 길이가 2배로 증가하게 되면 처짐은 $2^3 = 8$배가 증가하게 된다.

**52** 부정정차수를 구하면,

$N = m + r + s - 2k = 6 + 3 + 5 - 2 \cdot 7 = 0$이므로 정정구조물이 된다.

$m$ : 부재의 수, $r$ : 반력의 수, $s$ : 강절점의 수, $k$ : 지점 또는 절점의 수(자유단 포함)

**53** 활하중의 영향면적 산정기준으로 바른 것은? (단, KDS 기준)

① 부하면적 중 캔틸레버 부분은 영향면적에 단순합산

② 기둥 및 기초에서는 부하면적의 6배

③ 보에서는 부하면적의 5배

④ 슬래브에서는 부하면적의 2배

**54** 인장력을 받는 원형단면 강봉의 지름을 4배로 하면 수직응력도는 기존 응력도의 얼마로 줄어드는가?

① 1/2

② 1/4

③ 1/8

④ 1/16

• • •
ANSWER   53.①   54.④

**53** ② 기둥 및 기초에서는 부하면적의 4배를 적용한다.
③ 보에서는 부하면적의 2배를 적용한다.
④ 슬래브에서는 부하면적의 1배를 적용한다.

**54** 응력은 단면적에 반비례한다. 따라서 원형단면 강봉의 지름을 4배로 하게 되면 단면적은 $4^2=16$배가 되므로 기존의 응력은 1/16로 줄어들게 된다.

**55** 보통중량콘크리트를 사용한 그림과 같은 보의 단면에서 외력에 의해 휨균열을 일으키는 균열모멘트의 값으로 옳은 것은? (단, $f_{ck} = 27\text{MPa}$, $f_y = 400\text{MPa}$, 철근은 개략적으로 도시되었음)

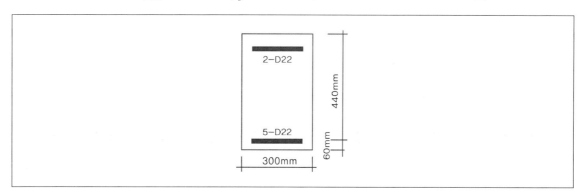

① $29.5\text{kN} \cdot \text{m}$

② $34.7\text{kN} \cdot \text{m}$

③ $40.9\text{kN} \cdot \text{m}$

④ $52.4\text{kN} \cdot \text{m}$

**55**   $M_{cr} = 0.63\lambda \sqrt{f_{ck}} \cdot \dfrac{bh^3/12}{h/2} = 0.63(1.0)\sqrt{27} \cdot \dfrac{(300)(500)^2}{6} \fallingdotseq 40.9\text{kN} \cdot \text{m}$

**56** 다음 그림과 같은 부정정 라멘에서 A점의 $M_{AB}$는?

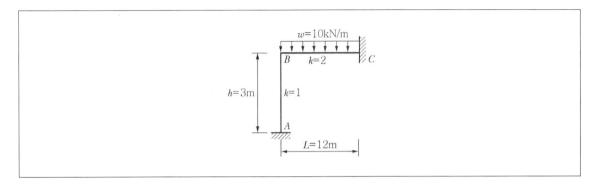

① 0

② 20kN · m

③ 40kN · m

④ 60kN · m

.....................................................................................................

**56**

B점의 모멘트 $\dfrac{wl^2}{12} = \dfrac{10 \times 12^2}{12} = 120\text{kN} \cdot \text{m}$

분배율 $\mu_{BA} = \dfrac{k}{\sum k} = \dfrac{1}{3}$

분배모멘트 $M_{BA} = \mu_{BA} \cdot M = \dfrac{1}{3} \times 120 = 40\text{kN} \cdot \text{m}$

도달모멘트 $M_{AB} = \dfrac{1}{2} M_{BA} = \dfrac{1}{2} \times 40 = 20\text{kN} \cdot \text{m}$

**57** 다음 그림과 같은 부정정라멘의 B.M.D에서 P의 값을 구하면?

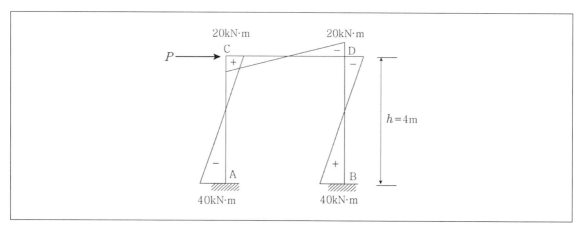

① 20kN

② 30kN

③ 50kN

④ 60kN

**58** KDS에서 철근콘크리트 구조의 최소피복두께를 규정하는 이유로 보기 어려운 것은?

① 철근이 부식되지 않도록 보호

② 철근의 화재로 인한 재해 방지

③ 철근의 부착력 확보

④ 콘크리트의 동결융해방지

**57**   $P = \dfrac{\text{재단모멘트의 합}}{\text{층고}} = \dfrac{20+40+20+40}{4} = 30\text{kN}$

**58**   콘크리트의 동결융해방지를 KDS에서 철근콘크리트구조의 최소피복두께를 규정하는 이유로 보기는 어렵다.

**59** 인장이형철근 및 압축이형철근의 정착길이($l_d$)에 관한 기준으로 옳지 않은 것은? (단, KDS 기준)

① 계산에 의하여 산정한 인장이형철근의 정착길이는 항상 200mm이상이어야 한다.

② 계산에 의하여 산정한 압축이형철근의 정착길이는 항상 200mm이상이어야 한다.

③ 인장 또는 압축을 받는 하나의 다발철근 내에 있는 개개 철근의 정착길이 $l_d$는 다발철근이 아닌 경우의 각 철근의 정착길이보다 3개의 철근으로 구성된 다발철근에 대해서 20%를 증가시켜야 한다.

④ 단부에 표준갈고리가 있는 인장이형철근의 정착길이는 항상 $8d_b$이상 또한 150mm이상이어야 한다.

**60** 다음 그림과 같은 구조물에 힘 P가 작용할 경우 휨모멘트가 0이 되는 곳은 모두 몇 개인가?

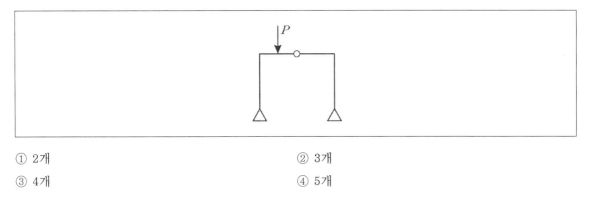

① 2개            ② 3개

③ 4개            ④ 5개

---

**ANSWER**    **59.**①   **60.**②

**59** 계산에 의하여 산정한 인장이형철근의 정착길이는 항상 300mm이상이어야 한다.

**60** 좌우지점이 모두 회전지점이므로 각 지점에서 휨모멘트가 0이 되며, 부재 한가운데에 힌지절점이 있고 이곳에서도 휨모멘트가 0이 되므로 휨모멘트가 0이 되는 곳은 모두 3곳이다.

**61** 다음 설명에 알맞은 통기방식은?

> • 회로통기방식이라고도 한다.
> • 2개 이상의 기구트랩에 공통으로 하나의 통기관을 설치하는 방식이다.

① 공용통기방식      ② 루프통기방식

③ 신정통기방식      ④ 결합통기방식

**62** 어떤 실의 취득열량이 현열 35,000W, 잠열 15,000W이었을 때 현열비는?

① 0.3      ② 0.4

③ 0.7      ④ 2.3

**63** 다음과 같은 조건에 있는 실의 틈새바람에 의한 현열부하는?

> 실의 체적: 400m³
> 환기횟수: 0.5회/h
> 실내온도: 20℃, 외기온도: 0℃
> 공기의 밀도: 1.2kg/m³, 비열: 1.01kJ/kg · K

① 약 654W      ② 약 972W

③ 약 1,347W      ④ 약 1,654W

---

**ANSWER**    **61.**①    **62.**③    **63.**③

**61** 루프통기방식은 회로통기방식이라고도 하며 2개 이상의 기구트랩에 공통으로 하나의 통기관을 설치하는 방식이다.

**62** 현열비 $= \dfrac{\text{현열}}{\text{현열} + \text{잠열}} = \dfrac{35,000}{35,000 + 15,000} = 0.7$

**63** 환기량 : $Q = nV = 0.5 \times 400 = 20m^3/h$

현열량 : $Q_H = 0.337\,Q(t_o - t_i) = 0.337(200)(20 - 0) = 1,347\,W$

**64** 다음 중 건축물 실내공간의 잔향시간에 가장 큰 영향을 주는 것은?

① 실의 용적
② 음원의 위치
③ 벽체의 두께
④ 음원의 음압

**65** 자연환기에 관한 설명으로 바르지 않은 것은?

① 풍력환기량은 풍속이 높을수록 증가한다.
② 중력환기량은 개구부 면적이 클수록 증가한다.
③ 중력환기량은 실내외 온도차가 클수록 감소한다.
④ 중력환기는 실내외의 온도차에 의한 공기의 밀도차가 원동력이 된다.

**66** 단일덕트 변풍량 방식에 대한 설명으로 바르지 않은 것은?

① 전공기방식의 특성이 있다.
② 각 실이나 존의 온도를 개별 제어할 수 있다.
③ 일사량 변화가 심한 페리미터 존에 적합하다.
④ 정풍량 방식에 비해 설비비는 낮아지나 운전비가 증가한다.

**67** 다음 중 조명률에 영향을 끼치는 요소와 가장 거리가 먼 것은?

① 광원의 높이
② 마감재의 반사율
③ 조명기구의 배광방식
④ 글레어(Glare)의 크기

⋯
**ANSWER** 64.① 65.③ 66.④ 67.④

**64** 건축물 실내공간의 잔향시간은 실의 용적에 비례한다.

Sabine의 잔향식은 $RT = K \cdot \dfrac{V}{A}$이며 $V$는 실의 용적, $A$는 흡음력이다.

**65** 중력환기량은 실내외 온도차가 클수록 증가한다.

**66** 변풍량 유닛으로 인하여 정풍량 방식보다 설비비가 증가하게 된다.

**67** 조명률은 광원에서 방사되는 전광속에 대한 작업면에 입사하는 광속의 비율을 말한다. 조명률은 실의 크기, 마감재의 반사율, 실내면의 마감, 광원의 배경 등에 의해서 결정된다. 글레어(현휘)는 조명률에 직접 영향을 끼치는 요소가 아니다.

**68** 간접가열식 급탕방식에 관한 설명으로 바르지 않은 것은?

① 저압보일러를 써도 되는 경우가 많다.

② 직접가열식에 비해 소규모 급탕설비에 적합하다.

③ 급탕용 보일러는 난방용 보일러와 겸용할 수 있다.

④ 직접가열식에 비해 보일러 내면에 스케일이 발생할 염려가 적다.

**69** 자동화재탐지설비의 열감지기 중 주위온도가 일정온도 이상일 때 작동하는 것은?

① 차동식

② 정온식

③ 광전식

④ 이온화식

**70** 온열감각에 영향을 미치는 물리적 온열 4요소에 속하지 않는 것은?

① 기온

② 습도

③ 일사량

④ 복사열

---

**ANSWER**　68.②　69.②　70.③

**68** 간접가열식은 대규모 급탕설비에 적합하다.

| 구분 | 직접 가열식 | 간접 가열식 |
|---|---|---|
| 가열장소 | 온수보일러 | 저탕조 |
| 보일러 | 급탕용 보일러, 난방용 보일러 각각 설치 | 난방용 보일러로 급탕까지 가능 |
| 보일러내의 스케일 | 많이 낌 | 거의 끼지 않음 |
| 보일러내의 압력 | 고압 | 저압 |
| 규모 | 중소규모건물 | 대규모건물 |
| 저탕조내의 가열코일 | 불필요 | 필요 |
| 열효율 | 유리 | 불리 |

**69** 정온식 열감지기에 관한 설명이다.

**70** 온열감각에 영향을 미치는 물리적 온열 4요소는 기온, 습도, 기류, 평균복사온도이다.

**71** 다음 중 옥내소화전설비에 관한 설명으로 옳지 않은 것은?

① 옥내소화전방수구는 바닥면에서 높이가 1.5m 이하가 되도록 설치한다.

② 옥내소화전설비의 송수구는 소방차가 쉽게 접근할 수 있는 노출된 장소에 설치한다.

③ 전동기에 따른 펌프를 이용하는 가압송수장치를 설치하는 경우, 펌프는 전용으로 하는 것이 원칙이다.

④ 당해 층의 옥내소화전을 동시에 사용할 경우 각 소화전의 노즐선단에서의 방수압력은 최소 0.7MPa 이상이 되어야 한다.

**72** 다음 설명에 알맞은 접지의 종류는?

기능상 목적이 서로 다르거나 동일한 목적의 개별접지들을 전기적으로 서로 연결하여 구현한 접지

① 단독접지

② 공통접지

③ 통합접지

④ 종별접지

---

**ANSWER** 71.④ 72.③

**71** 당해 층의 옥내소화전을 동시에 사용할 경우 각 소화전의 노즐선단에서의 방수압력은 최소 0.17MPa 이상이 되어야 한다.

**72** ③ **통합접지** : 빌딩이나 공장, 기타 건물에는 보안용 접지, 정보통신 기기들을 위한 기능용 접지 또는 낙뢰로부터 보호하기 위한 접지 등 목적이 다른 접지가 이루어지는데, 하나의 공용 접지시스템으로 신뢰와 편리성, 그리고 경제적인 시공을 하는 것을 목적으로 한 접지방식이다. 즉, 기능상 목적이 서로 다르거나 동일한 목적의 개별접지들을 전기적으로 서로 연결하여 구현한 접지시스템이다.

① **단독접지** : 접지를 필요로 하는 설비들을 각각 독립적으로 접지하는 방식으로 접지전극 상호간 전위상승이라든지 영향을 주어서는 안 된다.

② **공통접지** : 제1종, 제2종, 제3종 접지를 공통으로 하여 사용하는 접지방식이다.

④ **종별접지** : 각 종마다 구분하여 접지를 하는 것

**73** 온수난방방식에 대한 설명으로 바르지 않은 것은?

① 예열시간이 짧아 간헐운전에 주로 이용된다.

② 한랭지에서 운전 정지 중에 동결의 위험이 있다.

③ 증기난방방식에 비해 난방부하 변동에 따른 온도조절이 용이하다.

④ 보일러 정지 후에도 여열이 남아 있어 실내난방이 어느 정도 지속된다.

**74** 흡수식 냉동기의 주요 구성부분에 속하지 않는 것은?

① 응축기          ② 압축기

③ 증발기          ④ 재생기

**73** 온수난방방식은 예열시간이 길다.

| 구분 | 증기난방 | 온수난방 |
|---|---|---|
| 표준방열량 | $650kcal/m^2h$ | $450kcal/m^2h$ |
| 방열기면적 | 작다 | 크다 |
| 이용열 | 잠열 | 현열 |
| 열용량 | 작다 | 크다 |
| 열운반능력 | 크다 | 작다 |
| 소음 | 크다 | 작다 |
| 예열시간 | 짧다 | 길다 |
| 관경 | 작다 | 크다 |
| 설치유지비 | 싸다 | 비싸다 |
| 쾌감도 | 나쁘다 | 좋다 |
| 온도조절 (방열량조절) | 어렵다 | 쉽다 |
| 열매온도 | 102℃ 증기 | 85~90℃ <br> 100~150℃ |
| 고유설비 | 방열기트랩 (증기트랩, 열동트랩) | 팽창탱크 <br> 개방식 : 보통온수 <br> 밀폐식 : 고온수 |
| 공동설비 | 공기빼기 밸브 <br> 방열기 밸브 | – |

**74** 흡수식 냉동기는 증발기, 흡수기, 재생기, 응축기로 구성되며 증발→흡수→재생→응축의 사이클을 가진다.

**75** 다음 설명에 알맞은 급수방식은?

> • 위생성 측면에서 가장 바람직한 방식이다.
> • 정전으로 인한 담수의 염려가 없다.

① 수도직결방식
② 고가수조방식
③ 압력수조방식
④ 펌프직송방식


**76** 다음 중 가스설비에 사용되는 거버너(Governor)에 관한 설명으로 옳은 것은?

① 실내에서 발생되는 배기가스를 외부로 배출시키는 장치
② 연소가 원활히 이루어지도록 외부로부터 공기를 받아들이는 장치
③ 가스가 누설되거나 지진이 발생했을 때 가스 공급을 긴급히 차단하는 장치
④ 가스공급회사로부터 공급받은 가스를 건물에서 사용하기에 적합한 압력으로 조정하는 장치


**77** 엘리베이터의 안전장치에 속하지 않는 것은?

① 균형추
② 완충기
③ 조속기
④ 전자브레이크


● ● ●
**ANSWER**  75.①  76.④  77.①

---

**75** 제시된 내용은 수도직결방식의 특성이다.

**76** 거버너는 가스공급회사로부터 공급받은 가스를 건물에서 사용하기에 적합한 압력으로 조정하는 장치이다.

**77** 균형추는 안전장치가 아니라 카(Car)의 정상적인 운행을 위해 카(Car)와 무게의 균형을 맞추는데 필요한 장치이다.

**78** 어느 점광원에서 1m 떨어진 곳의 직각면 조도가 200lx일 때, 이 광원에서 2m 떨어진 곳의 직각면 조도는?

① 25lx

② 50lx

③ 100lx

④ 200lx

**79** 다음 중 전기설비의 배선공사에 관한 설명으로 옳지 않은 것은?

① 금속관 공사는 외부적 응력에 대해 전선보호의 신뢰성이 높다.

② 합성수지관 공사는 열적 영향이나 기계적 외상을 받기 쉬운 곳에서는 사용이 곤란하다.

③ 금속덕트공사는 다수회선의 절연전선이 동일경로에 부설되는 간선부분에 사용된다.

④ 플로어덕트공사는 옥내의 건조한 콘크리트 바닥면에 매입 사용되나 강·약전을 동시에 배선할 수 없다.

**80** 급수설비에서 역류를 방지하여 오염으로부터 상수계통을 보호하기 위한 방법으로 바르지 않은 것은?

① 토수구 공간을 둔다.

② 각개통기관을 설치한다.

③ 역류방지밸브를 설치한다.

④ 가압식 진공브레이커를 설치한다.

---

ANSWER  78.②  79.④  80.②

**78** 점광원으로부터의 조도는 거리의 제곱에 반비례한다.

**79** 플로어덕트공사는 강전류 전선과 약전류 전선을 동시에 매입시킬 수 있다.

**80** 플랙시블 조인트를 설치하거나 스위블 이음으로 배관하는 것은 역류방지에 직접적인 도움을 주지는 못한다.
　　※ 배수의 급수설비로의 역류방지
　　　• 배수의 역류는 단수 시 급수관 내의 일시적 부압이 형성되거나 변기의 세정밸브에 진공방지기가 달려 있지 않은 경우 일어나는 현상이다.
　　　• 역사이펀 작용이 일어나지 않게 진공방지기를 설치하기도 하고 토수구 공간을 두기도 한다.
　　　• 크로스 커넥션도 배수의 급수설비로의 역류원인이 되므로 방지하기 위해 토수구를 둔다.

**81** 계단 및 복도의 설치기준에 관한 설명으로 바르지 않은 것은?

① 높이가 3m를 넘은 계단에는 높이 3m 이내마다 유효너비 120cm 이상의 계단참을 설치할 것

② 거실 바닥면적의 합계가 100㎡ 이상인 지하층에 설치하려는 계단인 경우 계단 및 계단참의 유효너비는 120cm 이상으로 할 것

③ 계단을 대체하여 설치하는 경사로의 경사도는 1:6을 넘지 아니할 것

④ 문화 및 집회시설 중 공연장의 개별 관람실(바닥면적이 300㎡ 이상인 경우)의 바깥쪽에는 그 양쪽 및 뒤쪽에 각각 복도를 설치할 것

**82** 면적 등의 산정방법과 관련한 용어의 설명 중 바르지 않은 것은?

① 대지면적은 대지의 수평투영면적으로 한다.

② 건축면적은 건축물의 외벽의 중심선으로 둘러싸인 부분의 수평투영면적으로 한다.

③ 용적률을 산정할 때에는 지하층의 면적을 포함하여 연면적을 계산한다.

④ 건축물의 높이는 지표면으로부터 그 건축물의 상단까지의 높이로 한다.

---

**ANSWER**  81.③  82.③

**81** 계단을 대체하여 설치하는 경사로의 경사도는 1:8을 넘지 아니할 것

**82** 용적률을 산정할 때 지하층의 면적은 고려하지 않는다.

**83** 세대의 구분이 불분명한 건축물을 주거에 사용되는 바닥면적의 합계가 300㎡인 주거용 건축물의 음용수용 급수관의 지름 최소기준은?

① 20mm

② 25mm

③ 32mm

④ 40mm

**84** 다음 중 내화구조에 해당하지 않는 것은?

① 벽의 경우 철재로 보강된 콘크리트블록조, 벽돌조, 또는 석조로서 철재에 덮은 콘크리트블록 등의 두께가 3cm 이상인 것

② 기둥의 경우 철근콘크리트조로서 그 작은 지름이 25cm 이상인 것

③ 바닥의 경우 철근콘크리트조로서 두께가 10cm 이상인 것

④ 철근콘크리트조로 된 보

---

**83**

| 가구 또는 세대수 | 1 | 2~3 | 4~5 | 6~8 | 9~16 | 17 이상 |
|---|---|---|---|---|---|---|
| 급수관 지름의 최소기준(mm) | 15 | 20 | 25 | 32 | 40 | 50 |

※ 비고

㉠ 가구 또는 세대의 구분이 불분명한 건축물에 있어서는 주거에 쓰이는 바닥면적의 합계에 따라 다음과 같이 가구 수를 산정한다.

　　가. 바닥면적 85㎡ 이하 : 1가구

　　나. 바닥면적 85㎡ 초과 150㎡ 이하 : 3가구

　　다. 바닥면적 150㎡ 초과 300㎡ 이하 : 5가구

　　라. 바닥면적 300㎡ 초과 500㎡ 이하 : 16가구

　　마. 바닥면적 500㎡ 초과 : 17가구

㉡ 가압설비등을 설치하여 급수되는 각 기구에서의 압력이 1cm당 0.7kg 이상인 경우에는 위 표의 기준을 적용하지 아니할 수 있다.

**84** 벽의 경우 철재로 보강된 콘크리트블록조, 벽돌조, 또는 석조로서 철재에 덮은 콘크리트블록 등의 두께가 5cm 이상인 것을 내화구조로 본다.

**85** 국토의 계획 및 이용에 관한 법령상 아래와 같이 정의되는 것은?

> 도시·군계획 수립대상지역의 일부에 대하여 토지이용을 합리화하고 그 기능을 증진시키며 미관을 개선하고 양호한 환경을 확보하며 그 지역을 체계적, 계획적으로 관리하기 위하여 수립하는 도시·군 관리계획

① 광역도시계획
② 지구단위계획
③ 도시군기본계획
④ 입지규제최소구역계획

**86** 다음 중 건축법상 건축물의 용도구분에 속하지 않는 것은? (단, 대통령령으로 정하는 세부용도는 제외)

① 공장
② 교육시설
③ 묘지관련시설
④ 자원순환 관련 시설

---

ANSWER  85.②  86.②

**85** 지구단위계획 : 도시·군 계획 수립대상지역의 일부에 대하여 토지이용을 합리화하고 그 기능을 증진시키며 미관을 개선하고 양호한 환경을 확보하며 그 지역을 체계적, 계획적으로 관리하기 위하여 수립하는 도시·군 관리계획
광역도시계획 : 광역계획권을 대상으로 20년을 단위로 하는 장기적인 전략계획이며 도시계획체계에서 가장 높은 위치에 있는 계획

**86** 출제오류로 볼 수 있다. 교육연구시설 역시 교육시설과 연구시설을 합한 개념이다.

| | | |
|---|---|---|
| ① 단독주택 | ⑪ 노유자시설 | ㉑ 동물 및 식물관련시설 |
| ② 공동주택 | ⑫ 수련시설 | ㉒ 자원순환관련시설 |
| ③ 제1종 근린생활시설 | ⑬ 운동시설 | ㉓ 교정 및 국방, 군사시설 |
| ④ 제2종 근린생활시설 | ⑭ 업무시설 | ㉔ 방송통신시설 |
| ⑤ 문화 및 집회시설 | ⑮ 숙박시설 | ㉕ 발전시설 |
| ⑥ 종교시설 | ⑯ 위락시설 | ㉖ 묘지관련시설 |
| ⑦ 판매시설 | ⑰ 공장 | ㉗ 관광휴게시설 |
| ⑧ 운수시설 | ⑱ 창고시설 | ㉘ 장례식장 |
| ⑨ 의료시설 | ⑲ 위험물저장 및 처리시설 | ㉙ 야영장시설 |
| ⑩ 교육연구시설 | ⑳ 자동차관련시설 | |

**87** 주차장법령의 기계식주차장치의 안전기준과 관련하여 중형 기계식주차장의 주차장치 출입구 크기 기준으로 옳은 것은? (단, 사람이 통행하지 않는 기계식주차장치인 경우)

① 너비 2.3m 이상, 높이 1.6m 이상

② 너비 2.3m 이상, 높이 1.8m 이상

③ 너비 2.4m 이상, 높이 1.6m 이상

④ 너비 2.4m 이상, 높이 1.9m 이상


**88** 주차장법령상 노외주차장의 구조 및 설비기준에 관한 아래 설명에서 ⓐ~ⓒ에 들어갈 내용을 순서대로 바르게 나열한 것은?

> 노외주차장의 출구 부근의 구조는 해당출구로부터 (ⓐ)m(이륜자동차전용 출구의 경우에는 1.3m)를 후퇴한 노외주차장의 차로의 중심선상 (ⓑ)m의 높이에서 도로의 중심선에 직각으로 향한 왼쪽과 오른쪽 각각 (ⓒ)°의 범위에서 해당 도로를 통행하는지를 확인할 수 있어야 한다.

① ⓐ 1, ⓑ 1.2, ⓒ 45

② ⓐ 2, ⓑ 1.4, ⓒ 60

③ ⓐ 3, ⓑ 1.6, ⓒ 60

④ ⓐ 2, ⓑ 1.2, ⓒ 45

**87** 기계식주차장치 출입구의 크기는 중형 기계식주차장의 경우에는 너비 2.3m 이상, 높이 1.6m 이상으로 해야 하고, 대형 기계식주차장의 경우에는 너비 2.4m 이상, 높이 1.9m 이상으로 해야 한다. (단, 사람이 통행하는 기계식주차장치 출입구의 높이는 1.8m 이상으로 한다.)

**88** 노외주차장의 출구 부근의 구조는 해당출구로부터 2m(이륜자동차전용 출구의 경우에는 1.3m)를 후퇴한 노외주차장의 차로의 중심선상 1.4m의 높이에서 도로의 중심선에 직각으로 향한 왼쪽과 오른쪽 각각 60°의 범위에서 해당 도로를 통행하는지를 확인할 수 있어야 한다.

**89** 건축물의 거실에 국토교통부령으로 정하는 기준에 따라 배연설비를 하여야 하는 대상건축물에 속하지 않는 것은? (단, 피난층의 거실은 제외하며 6층 이상인 건축물의 경우)

① 종교시설

② 판매시설

③ 위락시설

④ 방송통신시설

**90** 피난용도로 쓸 수 있는 광장을 옥상에 설치하여야 하는 대상기준으로 바르지 않은 것은?

① 5층 이상인 층이 종교시설의 용도로 사용되는 경우

② 5층 이상인 층이 업무시설의 용도로 사용되는 경우

③ 5층 이상인 층이 판매시설의 용도로 사용되는 경우

④ 5층 이상인 층이 장례식장의 용도로 사용되는 경우

**91** 건축물의 대지는 원칙적으로 최소 얼마 이상이 도로에 접해야 하는가? (단, 자동차만의 통행에 사용되는 도로는 제외)

① 1.5m

② 2m

③ 3m

④ 4m

---

**ANSWER**　89.④　90.②　91.②

**89** 6층 이상의 건축물로서 문화 및 집회시설, 판매시설, 운수시설, 의료시설, 연구소, 아동관련시설, 노인복지시설 및 유스호스텔, 운동시설, 업무시설, 숙박시설, 위락시설 및 관광휴게시설의 거실에는 국토교통부령으로 정하는 기준에 따라 배연설비를 하여야 한다. (다만 피난층인 경우에는 그러하지 아니하다.)

**90** 피난용 옥상광장의 설치대상 : 5층 이상의 층이 문화 및 집회시설(전시장, 동·식물원 제외), 300㎡ 이상인 공연장 및 종교집회장, 판매시설, 유흥주점, 장례식장의 용도로 쓰이는 경우 피난용도로 쓸 수 있는 광장을 옥상에 설치해야 한다.

**91** (자동차만의 통행에 사용되는 도로를 제외하고) 건축물의 대지는 원칙적으로 최소 2m 이상 도로에 접하여야 한다.

**92** 다음 설명에 알맞은 용도지구의 세분은?

| 건축물 · 인구가 밀집되어 있는 지역으로서 시설개선 등을 통하여 재해예방이 필요한 지구 |
| --- |

① 일반방재지구

② 시가지방재지구

③ 중요시설물보호지구

④ 역사문화환경보호지구


**93** 건축지도원에 관한 설명으로 바르지 않은 것은?

① 허가를 받지 아니하고 건축하거나 용도변경한 건축물의 단속업무를 수행한다.

② 건축지도원은 시장, 군수, 구청장이 지정할 수 있다.

③ 건축지도원의 자격과 업무범위는 국토교통부령으로 정한다.

④ 건축신고를 하고 건축 중에 있는 건축물의 시공지도와 위법시공여부의 확인, 지도, 단속업무를 수행한다.


**94** 하나 이상의 필지의 일부를 하나의 대지로 할 수 있는 토지기준에 해당하지 않는 것은?

① 도시 · 군계획시설이 결정 · 고시된 경우, 그 결정 · 고시된 부분의 토지

② 농지법에 따른 농지전용허가를 받은 경우, 그 허가받은 부분의 토지

③ 국토의 계획 및 이용에 관한 법률에 따른 지목변경허가를 받은 경우, 그 허가받은 부분의 토지

④ 산지관리법에 따른 산지전용허가를 받은 경우, 그 허가받은 부분의 토지

**92** 시가지방재지구 : 건축물 · 인구가 밀집되어 있는 지역으로서 시설개선 등을 통하여 재해예방이 필요한 지구

**93** 건축지도원의 자격과 업무 범위 등은 대통령령으로 정한다.

**94** 하나 이상의 필지의 일부를 하나의 대지로 할 수 있는 토지
- 하나 이상의 필지의 일부에 대하여 도시 · 군계획시설이 결정 · 고시된 경우 : 결정 · 고시된 부분의 토지
- 하나 이상의 필지의 일부에 대하여 농지전용허가를 받은 경우 : 그 허가받은 부분의 토지
- 하나 이상의 필지의 일부에 대하여 산지전용허가를 받은 경우 : 그 허가받은 부분의 토지
- 하나 이상의 필지의 일부에 대하여 개발행위허가를 받은 경우 : 그 허가받은 부분의 토지
- 사용승인을 신청할 때 필지를 나눌 것을 조건으로 건축허가를 하는 경우 : 그 필지가 나누어지는 토지

**95** 다음은 지하층과 피난층 사이의 개방공간 설치와 관련된 기준내용이다. (  )안에 알맞은 것은?

> 바닥면적의 합계가 (  ) 이상인 공연장·집회장·관람장 또는 전시장을 지하층에 설치하는 경우에는 각 실에 있는 자가 지하층 각 층에서 건축물 밖으로 피난하여 옥외계단 또는 경사로 등을 이용하여 피난층으로 대피할 수 있도록 천장이 개방된 외부 공간을 설치하여야 한다.

① 500m$^2$
② 1000m$^2$
③ 2000m$^2$
④ 3000m$^2$

**96** 다음 중 국토의 계획 및 이용에 관한 법령에 따른 용도지역안에서의 건폐율 최대한도가 가장 높은 것은?

① 준주거지역
② 중심상업지역
③ 일반상업지역
④ 유통상업지역

ANSWER  **95.**④  **96.**②

**95** 지하층에 설치한 공연장, 집회장, 관람장, 전시장의 바닥면적의 합계가 3,000m$^2$ 이상이면 지하층과 피난층 사이에 개방 공간을 설치해야 한다.

**96**

| 용도 | 용도지역 | 세분 용도지역 | 용도지역 재세분 | 건폐율(%) | 용적율(%) |
|---|---|---|---|---|---|
| 도시 지역 | 주거지역 | 전용주거지역 | 제1종 전용주거지역 | 50 | 50~100 |
| | | | 제2종 전용주거지역 | 50 | 50~150 |
| | | 일반주거지역 | 제1종 일반주거지역 | 60 | 100~200 |
| | | | 제2종 일반주거지역 | 60 | 100~250 |
| | | | 제3종 일반주거지역 | 50 | 100~300 |
| | | 준 주거지역 | 주거+상업기능 | 70 | 200~500 |
| | 상업지역 | 근린상업지역 | | 70 | 200~900 |
| | | 유통상업지역 | | 80 | 200~1100 |
| | | 일반상업지역 | | 80 | 200~1300 |
| | | 중심상업지역 | | 90 | 200~1500 |
| | 공업지역 | 전용공업지역 | | 70 | 150~300 |
| | | 일반공업지역 | | 70 | 150~350 |
| | | 준 공업지역 | | 70 | 150~400 |
| | 녹지지역 | 보전녹지지역 | | 20 | 50~80 |
| | | 생산녹지지역 | | 20 | 50~100 |
| | | 자연녹지지역 | | 20 | 50~100 |
| 관리 지역 | 보전관리지역 | | | 20 | 50~80 |
| | 생산관리지역 | | | 20 | 50~80 |
| | 계획관리지역 | | | 40 | 50~100 |
| 농림지역 | | | | 20 | 50~80 |
| 자연환경보전지역 | | | | 20 | 50~80 |

**97** 건축물의 피난층 외의 층에서 피난층 또는 지상으로 통하는 직통계단을 거실의 각 부분으로부터 계단에 이르는 보행거리가 최대 얼마 이내가 되도록 설치해야 하는가? (단, 건축물의 주요구조부는 내화구조이고 층수는 15층으로 공동주택이 아닌 경우)

① 30m

② 40m

③ 50m

④ 60m

**98** 공동주택과 오피스텔의 난방설비를 개별난방방식으로 하는 경우에 관한 기준 내용으로 바르지 않은 것은?

① 보일러실 윗부분에는 그 면적이 최소 $0.5m^2$이상인 환기창을 설치할 것

② 보일러를 설치하는 곳과 거실사이의 경계벽은 출입구를 제외하고는 방화구조의 벽으로 구획할 것

③ 보일러의 연도는 내화구조로서 공통연도로 설치할 것

④ 기름보일러를 설치하는 경우에는 기름저장소를 보일러실 외의 다른 곳에 설치할 것

* * *

**ANSWER** 97.③ 98.②

**97** 건축물의 주요구조부가 내화구조이고 층수가 15층 이하인 건축물의 피난층 외의 층에서 피난층 또는 지상으로 통하는 직통계단을 거실의 각 부분으로부터 계단에 이르는 보행거리가 최대 50m 이내가 되도록 설치해야 한다.

> **직통계단의 설치(건축법시행령 제34조)**
> **가. 피난층**
> ① 직접 지상으로 통하는 출입구가 있는 층을 말한다.
> ② 지면과 접하지 않아도 지상으로 쉽게 피난할 수 있는 경우에는 피난층으로 간주하는 것이 합리적이다.(예 : 지상에 연결통로를 가진 층, 지상으로 연결된 넓은 저층부 옥상부분을 가진 층)
> **나. 직통계단**
> ① 계단과 계단참(계단 중간에 있는 평평한 부분)이 연속되어 연결되는 계단을 말한다.(수평통로나 복도 등으로 연결되지 않음) 계단의 구조가 일방으로 상승 또는 하강하게 되어 연결통로를 거쳐야 하는 계단은 직통계단이라고 할 수 없다.
>   – 직통계단은 계단의 구조가 간단하고 연속되어 동선이 짧아지므로 신속한 피난이 가능하다.
>   – 상하층간에 계단실의 위치나 계단의 형식·구조 등이 달라져도 직통계단으로 되는 경우도 있다.
> **다. 보행거리**
> ① 원칙 : 보행거리 30m 이하
> ② 완화규정
>   – 주요구조부가 내화구조 또는 불연재료로 된 건축물 : 50m 이하
>   – 주요구조부가 내화구조 또는 불연재료로 된 16층 이상인 공동주택 : 40m 이하
> **라. 직통계단의 개수 및 위치**
> ① 특히 수용인원이 많거나 화재로 인한 위험이 많은 건축물은 직통계단의 개수와 그 설치 위치가 중요하다. 계단을 한 곳에 집중시키지 말고 분산배치하여 동선을 균배시키는 것이 보행거리를 단축시킬 수 있으며, 화재 시 안전하고 피난에도 효과적이다.

**98** 보일러를 설치하는 곳과 거실사이의 경계벽은 출입구를 제외하고는 내화구조의 벽으로 구획할 것

**99** 국토의 계획 및 이용에 관한 법령상 지구단위계획의 내용에 포함되지 않는 것은?

① 건축물의 배치 · 형태 · 색채에 관한 계획

② 건축물의 안전 및 방재에 대한 계획

③ 기반시설의 배치와 규모

④ 교통처리계획

**100** 다음 중 건축물의 용도변경 시 허가를 받아야 하는 경우에 해당되지 않는 것은?

① 주거업무시설군에 속하는 건축물의 용도를 근린생활시설군에 해당하는 용도로 변경하는 경우

② 문화 및 집회시설군에 속하는 건축물의 용도를 영업시설군에 해당하는 용도로 변경하는 경우

③ 전기통신시설군에 속하는 건축물의 용도를 산업 등의 시설군에 해당하는 용도로 변경하는 경우

④ 교육 및 복지시설군에 속하는 건축물의 용도를 문화 및 집회시설군에 해당하는 용도로 변경하는 경우

· · ·
ANSWER    99.②    100.②

**99** 지구단위계획의 내용
- 용도지역 또는 용도지구를 세분하거나 변경하는 사항
- 기반시설의 배치와 규모
- 도로로 둘러싸인 일단의 지역 또는 계획적인 개발, 정비를 위해 구획된 일단의 토지의 규모와 조성계획
- 건축물의 용도제한, 건축물의 건폐율 또는 용적률, 건축물 높이의 최고한도 또는 최저한도
- 건축물의 배치, 형태, 색채 또는 건축선에 관한 계획
- 환경관리계획 또는 경관계획
- 교통처리계획

**100**

| 용도변경 분류 | 행정절차 |
|---|---|
| 자동차 관련 시설군 | |
| 산업 등 시설군 | |
| 전기통신 시설군 | |
| 문화집회 시설군 | |
| 영업 시설군 | 오름차순 변경(↑) : 허가 |
| 교육 및 복지 시설군 | 내림차순 변경(↓) : 신고 |
| 근린생활 시설군 | |
| 주거업무 시설군 | |
| 기타 시설군 | |

1과목 **건축계획**

**1** 상점건축의 진열장 배치에 관한 설명으로 바른 것은?

① 손님 쪽에서 상품이 효과적으로 보이도록 계획한다.

② 들어오는 손님과 종업원의 시선이 정면으로 마주치도록 계획한다.

③ 도난을 방지하기 위하여 손님에게 감시한다는 인상을 주도록 계획한다.

④ 동선이 원활하여 다수의 손님을 수용하고 가능한 다수의 종업원으로 관리하게 한다.

**2** 다음 중 도서관에 있어 모듈계획(Module Plan)을 고려한 서고 계획 시 결정 및 선행되어야 할 요소와 가장 거리가 먼 것은?

① 엘리베이터의 위치

② 서가선반의 배열 깊이

③ 서고 내의 주요통로 및 교차통로의 폭

④ 기둥의 크기와 방향에 따른 서가의 규모 및 배열의 길이

---

ANSWER   1.①   2.①

**1** ② 들어오는 손님과 종업원의 시선이 정면으로 마주치지 않도록 계획한다.
③ 고객의 감시가 용이하되 고객이 감시받는다는 느낌을 주지 않도록 해야 한다.
④ 다수의 손님을 수용할 수 있으면서도 소수의 종업원으로 관리할 수 있도록 해야 한다.

**2** 엘리베이터의 위치는 모듈계획을 고려하여 서고 계획 시 결정 및 선행되어야 할 요소로 보기는 어렵다. (허나 도서관의 서고가 상당한 양과 크기, 무거운 자료들을 보관해야 하는 경우는 엘리베이터의 위치도 고려해야 한다고 본다.)

**3** 호텔의 퍼블릭스페이스(Public Space) 계획에 관한 설명으로 바르지 않은 것은?

① 로비는 개방성과 다른 공간과의 연계성이 중요하다.

② 프런트 데스크 후방에 프런트 오피스를 연속시킨다.

③ 주식당은 외래객이 편리하게 이용할 수 있도록 출입구를 별도로 설치한다.

④ 프런트 오피스는 기계화된 설비보다는 많은 사람을 고용함으로서 고객의 편의와 능률을 높여야 한다.

**4** 아파트에서 친교공간 형성을 위한 계획방법으로 바르지 않은 것은?

① 아파트에서의 통행을 공동출입구로 집중시킨다.

② 별도의 계단실과 입구주위에 집합단위를 만든다.

③ 큰 건물로 설계하고 작은 단지는 통합하여 큰 단지로 만든다.

④ 공동으로 이용되는 서비스시설을 현관에 인접하여 통행의 주된 흐름에 약간 벗어난 곳에 위치시킨다.

**5** 다음과 같은 특징을 갖는 건축양식은?

---

• 사라센 문화의 영향을 받았다.
• 도서렛(Dosseret)과 팬던티브돔(Pendentive Dome)이 사용되었다.

---

① 로마 건축

② 이집트 건축

③ 비잔틴 건축

④ 로마네스크 건축

---

ANSWER   3.④   4.③   5.③

**3** 호텔의 퍼블릭 스페이스는 공용 또는 공중성을 위주로 1층 또는 지하층에 두는 것이 보통이며, 이 공간은 많은 사람을 고용하는 것보다 기계화된 설비를 설치함으로써 고객의 편의와 능률을 높일 수 있도록 한다.

**4** 아파트에서 외부공간을 구성할 때 개방된 형태로 구성하게 되면 영역성이 없어져 외부인들의 접근이 용이하게 되어 주민들이 안정감을 갖기 어려워진다. 그래서 아파트에서 외부공간을 구성할 때 중정과 같은 형태로 만들어 폐쇄적인 성격을 부여하면 심리적으로 안정감을 갖게 되고 외부인이 쉽게 접근하지 못하는 영역성이 형성된다.

**5** 제시된 보기는 비잔틴 건축에 대한 사항들이다.

**6** 오토바그너(Otto Wagner)가 주장한 근대건축의 설계지침 내용으로 바르지 않은 것은?

① 경제적인 구조

② 그리스 건축양식의 복원

③ 시공재료의 적당한 선택

④ 목적을 정확히 파악하고 완전히 충족시킬 것


**7** 공동주택의 단면형식에 관한 설명으로 바르지 않은 것은?

① 트리플렉스형은 듀플렉스형보다 공용면적이 크게 된다.

② 메조넷형에서 통로가 없는 층은 채광 및 통풍확보가 양호하다.

③ 플랫형은 평면구성의 제약이 적으며 소규모의 평면계획도 가능하다.

④ 스킵플로어형은 동일한 주거동에서 각기 다른 모양의 세대배치가 가능하다.


**8** 공연장의 객석계획에서 잘 보이는 동시에 실제적으로 관객을 수용해야 하는 공연장에서 큰 무리가 없는 거리인 제1차 허용거리의 한도는?

① 15m

② 22m

③ 38m

④ 52m

**6** 오토바그너의 근대건축설계지침 내용요약
 • 시공재료의 적당한 선택
 • 간결하고 경제적인 구조
 • 명확한 목적의 파악 및 완벽한 요구조건 충족

**7** 트리플렉스형은 하나의 주거단위가 3개의 층으로 구성된 형식이며 듀플렉스형은 하나의 주거단위가 2개의 층으로 구성된 형식이다. 트리플렉스형은 동일건축면적 대비 복도의 면적이 듀플렉스형에 비해 상대적으로 적으므로 프라이버시의 확보율이 더 높게 된다.

**8** 공연장의 객석 계획에서 잘 보이는 동시에 실제적으로 관객을 수용해야 하는 공연장에서 큰 무리가 없는 거리인 제1차 허용거리의 한도는 22m이다.

**9** 우리나라의 현존하는 목조건축물 중 가장 오래된 것은?

① 부석사 무량수전

② 부석사 조사당

③ 봉정사 극락전

④ 수덕사 대웅전

**10** 열람자가 서가에서 책을 자유롭게 선택하나 관원의 검열을 받고 열람하는 출납시스템은?

① 폐가식                       ② 반개가식

③ 안전개가식                ④ 자유개가식

**11** 테라스하우스에 관한 설명으로 바르지 않은 것은?

① 각 호마다 전용의 뜰(정원)을 갖는다.

② 각 세대의 깊이는 7.5m 이상으로 해야 한다.

③ 진입방식에 따라 하향식과 상향식으로 나눌 수 있다.

④ 시각적인 인공테라스형은 위층으로 갈수록 건물의 내부면적이 작아지는 형태이다.

---

● ● ●
**ANSWER**    **9.**③   **10.**③   **11.**②

**9**   우리나라의 현존하는 목조건축물 중 가장 오래된 건축물은 봉정사 극락전이다.

**10**   안전 개가식(safe-guarded open access) : 자유 개가식과 반개가식의 장점을 취한 형식으로서, 열람자가 책을 직접 서가에서 뽑지만 관원의 검열을 받고 대출의 기록을 남긴 후 열람하는 형식이다. 보통 15,000권 이하의 서적 보관과 열람에 적당하다.
- 출납 시스템이 필요 없어 혼잡하지 않다.
- 도서 열람의 체크 시설이 필요하다.
- 도서 열람이 가능하여 책을 보고 직접 뽑을 수 있다.
- 감시가 필요하지 않다.

**11**   테라스하우스
- 경사진 대지를 계획하여 배치하는 형태로 아래 세대의 옥상을 정원이나 기타의 용도로 사용할 수 있는 테라스를 갖는다.
- 후면에 창호가 없으므로 각 세대의 깊이가 7.5m 이상일 경우 세대의 일조에 불리하다.
- 대지의 경사도가 30°가 되면 윗집과 아랫집이 절반정도 겹치게 되어 평지보다 2배의 밀도로 건축이 가능하다.
- 하향식의 경우 각 세대의 규모를 동일하게 할 수 있다.
- 테라스 하우스(terrace house)는 상향식이든 하향식이든 경사지에서는 스플릿 레벨(split level) 구성이 가능하다.

**12** 학교교사의 배치형식에 관한 설명으로 바르지 않은 것은?

① 분산병렬형은 넓은 부지를 필요로 한다.

② 폐쇄형은 일조, 통풍 등 환경조건이 불균등하다.

③ 집합형은 이동 동선이 길어지고 물리적 환경이 나쁘다.

④ 분산병렬형은 구조계획이 간단하고 생활환경이 좋아진다.


**13** 사무소 건물의 엘리베이터 배치 시 고려사항으로 옳지 않은 것은?

① 교통동선의 중심에 설치하여 보행거리가 짧도록 배치한다.

② 대면배치에서 대면거리는 동일 군 관리의 경우 3.5m~4.5m로 한다.

③ 여러 대의 엘리베이터를 설치하는 경우, 그룹별 배치와 군 관리 운전방식으로 한다.

④ 일렬 배치는 6대를 한도로 하고, 엘리베이터 중심 간 거리는 10m 이하가 되도록 한다.


**14** 사무소건축의 코어형식 중 편심형 코어에 관한 설명으로 바르지 않은 것은?

① 고층인 경우 구조상 불리할 수 있다.

② 각 층 바닥면적이 소규모인 경우에 사용된다.

③ 바닥면적이 커지면 코어 이외에 피난시설 등이 필요해진다.

④ 내진구조상 유리하며 구조적 코어로서 가장 바람직한 형식이다.

**12** 집합형은 이동동선이 짧아지는 장점이 있다.

| 비교항목 | 폐쇄형 | 분산병렬형 |
|---|---|---|
| 부지 | 효율적인 이용 | 넓은 부지 필요 |
| 교사 주변 공지 | 비활용 | 놀이터와 정원 |
| 교실 환경 조건 | 불균등 | 균등 |
| 구조계획 | 복잡(유기적구성) | 단순(규격화) |
| 동선 | 짧다. | 길어진다. |
| 운동장에서의 소음 | 크다. | 작다. |
| 비상시 피난 | 불리하다. | 유리하다. |

**13** 엘리베이터가 4대 이하일 경우 일렬배치로 한다.

**14** 편심형 코어는 외부하중에 의해 편심이 발생하게 되고 이로 인해 모멘트가 발생하므로 내진구조상 매우 취약한 방식이다.

**15** 공장건축의 레이아웃에 관한 설명으로 바르지 않은 것은?

① 장래 공장 규모의 변화에 대응한 융통성이 있어야 한다.

② 제품중심의 레이아웃은 생산에 필요한 모든 공정, 기계, 기구를 제품의 흐름에 따라 배치해야 한다.

③ 이동식 레이아웃은 사람이나 기계가 이동하여 작업하는 방식으로 제품이 크고 수량이 적을 때 사용된다.

④ 레이아웃은 공장 생산성에 미치는 영향이 크므로 공장의 배치계획, 평면계획은 이것에 부합되는 건축계획이 되어야 한다.


**16** 병원건축에 있어서 파빌리온 타입(Pavillion Type)에 관한 설명으로 바른 것은?

① 대지 이용의 효율성이 높다.

② 고층 집약식 배치형식을 갖는다.

③ 각 실의 채광을 균등히 할 수 있다.

④ 도심지에서 주로 적용되는 형식이다.

● ● ●
ANSWER   15.③   16.③

**15** 이동식 레이아웃 방식은 제작하는 제품이 클 경우 적합하지 않다. 사람이나 기계가 이동하여 작업하는 방식으로 제품이 크고, 수량이 적을 때 사용하는 것은 고정식 레이아웃이다.

**16** ①②④는 집중식의 특징이다.

| 비교내용 | 분관식 | 집중식 |
|---|---|---|
| 배치형식 | 저층평면 분산식 | 고층집약식 |
| 환경조건 | 양호(균등) | 불량(불균등) |
| 부지의 이용도 | 비경제적(넓은부지) | 경제적(좁은부지) |
| 설비시설 | 분산적 | 집중적 |
| 관리상 | 불편함 | 편리함 |
| 보행거리 | 길다 | 짧다 |
| 적용대상 | 특수병원 | 도심대규모 병원 |

**17** 전시공간의 특수전시기법 중 하나의 사실이나 주제의 시간상황을 고정시켜 연출함으로써 현장에 임한 듯한 느낌을 가지고 관찰할 수 있는 기법은?

① 알코브 전시
② 아일랜드 전시
③ 디오라마 전시
④ 하모니카 전시

**18** 백화점 매장의 배치유형에 관한 설명으로 바르지 않은 것은?

① 직각배치는 매장 면적의 이용률을 최대로 확보할 수 있다.
② 직각배치는 고객의 통행량에 따라 통로폭을 조절하기 용이하다.
③ 사행배치는 많은 고객이 매장공간의 코너까지 접근하기 용이한 유형이다.
④ 사행배치는 메인통로를 직각배치하며, 서브통로를 45°정도 경사지게 배치하는 유형이다.

---

ANSWER | 17.③  18.②

**17** 특수전시기법
- 디오라마 전시 : 현장감을 가장 실감나게 표현하는 방법으로 하나의 사실 또는 주제의 시간상황을 고정시켜 연출하는 기법
- 파노라마전시 : 전시물들의 나열 자체가 하나의 큰 그림이나 풍경처럼 보이도록 하여 전체적인 맥락이 이해될 수 있도록 하는 전시기법
- 아일랜드 전시 : 바다에 떠 있는 섬처럼 전시물을 천장에 매달아서 전시물들이 동선을 만들어 관람하게 하는 기법
- 하모니카 전시 : 동일한 형태의 연속적 배치로 동일 종류의 전시물을 반복전시할 경우 유리한 기법
- 알코브 전시 : 알코브란 벽에서 안쪽으로 오목하게 들어간 부분을 말하며 이 곳에 전시물을 올려놓아 주의를 끌 수 있도록 한 전시방법이다.

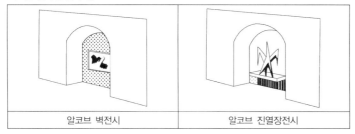

| 알코브 벽전시 | 알코브 진열장전시 |

**18** 진열장 배치유형
- 직각배치 : 진열장을 직각으로 배치하여 매장면적을 최대한 이용할 수 있으나, 구성이 단순하여 단조로우며 고객의 통행량에 따라 통로폭을 조절할 수 없으므로 혼선을 야기할 수 있다.
- 사행배치 : 주통로 이외의 제2통로를 상하교통계를 향해서 45°사선으로 배치한 형태로 많은 고객이 판매장 구석까지 가기 쉬운 이점이 있으나, 이형의 진열장이 필요하다.
- 방사배치 : 통로를 방사형으로 배치하여 고객의 시선 유도와 점원의 관리가 어려워 적용하기 어려운 기법이다.
- 자유유선배치 : 자유롭게 진열장을 배치하는 형식으로 각 매장의 특징을 살려 고객에게 보여줄 수 있지만 매장의 변경 및 이동이 어려우므로 계획이 복잡하고 시설비가 많이 든다.

**19** 표지속가능한 공동주택의 설계개념으로 적절하지 않은 것은?

① 환경친화적 설계

② 지형순응형 배치

③ 가변적 구조체의 확대 적용

④ 규격화, 동일화된 단위평면

**20** 래드번(Radburn) 계획의 5가지 기본원리로 바르지 않은 것은?

① 기능에 따른 4가지 종류의 도로구분

② 보도망 형성 및 보도와 차도의 평면적 분리

③ 자동차 통과도로 배제를 위한 슈퍼블록 구성

④ 주택단지 어디로나 통할 수 있는 공동 오픈스페이스 조성

---

ANSWER    19.④   20.②

**19** 규격화, 동일화된 단위평면은 지속가능한 공동주택의 설계개념과 거리가 멀다.

**20** 보도와 차도의 입체적 분리를 기본원리로 한다.
  ※ 래드번 계획(H. Wright, C. Stein)
  • 자동차 통과교통의 배제를 위한 슈퍼블록의 구성
  • 보도와 차도의 입체적 분리
  • Cul-de-sac형의 세가로망 구성
  • 주택단지 어느 곳으로나 통하는 공동의 오픈스페이스 조성
  • 도로는 기능과 목적에 따라 4종류의 도로로 설치
  • 단지 중앙에는 대공원 설치
  • 초등학교 800m, 중학교 1,600m 반경권

**21** 표준시방서에 따른 시스템비계에 관한 기준으로 바르지 않은 것은?

① 수직재와 수직재의 연결은 전용의 연결조인트를 사용하여 견고하게 연결하고, 연결부위가 탈락 또는 꺾어지지 않도록 해야 한다.

② 수평재는 수직재에 연결핀 등의 결합 방법에 의해 견고하게 결합되어 흔들리거나 이탈되지 않도록 해야 한다.

③ 대각으로 설치하는 가새는 비계의 외면으로 수평면에 대해 40~60도 방향으로 설치하며 수평재 및 수직재에 결속한다.

④ 시스템 비계의 최하부에 설치하는 수직재는 받침철물의 조절너트와 밀착되도록 설치해야 하며 수직과 수평을 유지해야 한다. 이 때, 수직재와 받침철물의 겹침길이는 받침 철물 전체길이의 5분의 1 이상이 되도록 해야 한다.

**22** 공정관리에서 공기단축을 시행할 경우에 관한 설명으로 바르지 않은 것은?

① 특별한 경우가 아니면 공기단축 시행 시 간접비는 상승한다.

② 비용구배가 최소인 작업을 우선 단축한다.

③ 주공정선상의 작업을 먼저 대상으로 한다.

④ MCX(Minimum Cost Expediting)법은 대표적인 공기단축법이다.

---

**ANSWER** 21.④ 22.①

**21** 시스템 비계의 최하부에 설치하는 수직재는 받침철물의 조절너트와 밀착되도록 설치해야 하며 수직과 수평을 유지해야 한다. 이 때, 수직재와 받침철물의 겹침길이는 받침 철물 전체길이의 3분의 1 이상이 되도록 해야 한다.

**22** 공기단축 시행 시 간접비는 감소하게 된다.

**23** 콘크리트의 건조수축 영향인자에 관한 설명으로 바르지 않은 것은?

① 시멘트의 화학성분이나 분말도에 따라 건조수축량이 변화한다.

② 골재 중에 포함된 미립분이나 점토, 실트는 일반적으로 건조수축을 증대시킨다.

③ 바다모래에 포함된 염분은 그 양이 많으면 건조수축을 증대시킨다.

④ 단위수량이 증가할수록 건조수축량은 작아진다.

**24** 지내력을 갖춘 지반으로 만들기 위한 배수공법 또는 탈수공법이 아닌 것은?

① 샌드 드레인 공법

② 웰 포인트 공법

③ 페이퍼드레인 공법

④ 베노토 공법

**25** 페인트칠을 할 때, 초벌과 재벌 등 도장할 때마다 색을 약간씩 다르게 하는 주된 이유는?

① 희망하는 색을 얻기 위해서

② 색이 진하게 되는 것을 방지하기 위하여

③ 착색안료를 낭비하지 않고 경제적으로 사용하기 위하여

④ 초벌, 재벌 등 페인트칠 횟수를 구별하기 위하여

---

ANSWER ┃ 23.④   24.④   25.④

**23** 단위수량이 증가할수록 건조수축량은 증가하게 된다.

**24** 베노토공법은 대구경말뚝을 형성시키기 위한 공법이다.

**25** 페인트칠을 할 때, 초벌과 재벌 등 도장할 때마다 색을 약간씩 다르게 하는 주된 이유는 페인트칠 횟수를 구별하기 위해서이다.

**26** 개념설계에서 유지관리단계에까지 건물의 전 수명주기동안 다양한 분야에서 적용되는 모든 정보를 생산하고 관리하는 기술을 의미하는 용어는?

① ERP(Enterprise Resource Planning)
② SOA(Service Oriented Architecture)
③ BIM(Building Information Modeling)
④ CIC(Computer Integrated Construction)

**27** 벽돌벽의 균열원인과 가장 거리가 먼 것은?

① 문꼴의 불균형배치
② 벽돌벽의 공간쌓기
③ 기초의 부등침하
④ 하중의 불균등분포

**28** 쇄석콘크리트에 관한 설명으로 바르지 않은 것은?

① 모래의 사용량은 보통 콘크리트에 비해서 많아진다.
② 쇄석은 각이 둔각인 것을 사용한다.
③ 보통콘크리트에 비해 시멘트 페이스트의 부착력이 떨어진다.
④ 깬자갈 콘크리트라고 한다.

---

**• • •**
**ANSWER** 26.③ 27.② 28.③

- - - - - - - - - - - - - - - - - - - - - - - - - - - - - - - - - - - - - - - - - - - - - - - - - - - - - - - - - - - - - - - - - - - - - - - - - - - - - -

**26** • BIM(Building Information Modeling) : 3차원 정보모델을 기반으로 시설물의 생애주기에 걸쳐 발생하는 모든 정보를 통합하여 활용이 가능하도록 시설물의 형상, 속성 등을 정보로 표현하는 것이다.
- CIC(Computer Integrated Construction) : 건설프로세스의 효율적인 운영을 위해 형성된 개념으로, 건설생산에 초점을 맞추고 이에 관련된 계획, 관리, 엔지니어링, 설계, 구매, 계약, 시공, 유지 및 보수 등의 요소들을 주요 대상으로 하는 것이다.
- ERP(Enterprise resource planning) : 경영 정보 시스템(MIS)의 한 종류로서 전사적 자원 관리는 회사의 모든 정보 뿐만 아니라, 공급 사슬관리, 고객의 주문정보까지 포함하여 통합적으로 관리하는 시스템이다.
- SOA(Service Oriented Architecture) : 대규모 컴퓨터 시스템을 구축할 때의 개념으로, 업무상의 일 처리에 해당하는 소프트웨어 기능을 서비스로 판단하여 그 서비스를 네트워크상에 연동하여 시스템 전체를 구축해 나가는 방법론이다.

**27** 벽돌벽의 공간쌓기방식이 균열과 직접적인 원인이 있다고 보기는 어렵다.

**28** 쇄석콘크리트는 보통 콘크리트에 비해 시멘트 페이스트의 부착력이 10% 이상 높다.
※ **쇄석(부순 돌, 깬자갈) 콘크리트의 특징**
- 보통 콘크리트에 비해 시멘트 페이스트의 부착력이 10% 이상 높다.
- 모래의 사용량은 보통 콘크리트에 비해서 적게 든다.
- 쇄석의 각이 둔각인 것을 사용하는 것이 좋다.
- 일반 강자갈을 사용하는 경우에 비해 동일한 슬럼프 값을 얻기 위한 단위수량이 증가한다.
- AE제 계통의 감수제나 고성능 감수제를 사용하는 것이 좋다.

**29** 실비정산보수가산계약제도의 특징이 아닌 것은?

① 설계와 시공의 중첩이 가능한 단계별 시공이 가능하다.

② 복잡한 변경이 예상되거나 긴급을 요하는 공사에 적합하다.

③ 계약 체결 시 공사비용의 최댓값을 정하는 최대보증한도 실비정산보수가산계약이 일반적으로 사용된다.

④ 공사금액을 구성하는 물량 또는 단위공사 부분에 대한 단가만을 확정하고 공사완료 시 실시수량의 확정에 따라 정산하는 방식이다.

**30** 합성수지 중 건축물의 천장재, 블라인드 등을 만드는 열가소성 수지는?

① 알키드 수지

② 요소수지

③ 폴리스티렌 수지

④ 실리콘 수지

**31** 프리패브 콘크리트에 관한 설명으로 바르지 않은 것은?

① 제품의 품질을 균일화 및 고품질화 할 수 있다.

② 작업의 기계화로 노무 절약을 기대할 수 있다.

③ 공장생산으로 부재의 규격을 다양하고 쉽게 변경할 수 있다.

④ 자재를 규격화하여 표준화 및 대량생산을 할 수 있다.

---

● ● ●
**ANSWER** 29.④ 30.③ 31.③

**29** 공사금액을 구성하는 물량 또는 단위공사 부분에 대한 단가만을 확정하고 공사완료 시 실시수량의 확정에 따라 정산하는 방식은 단가도급계약방식이다.

**30** 폴리에틸렌 수지
• 무색의 투명한 열가소성 수지로서 끓는점은 145℃이다.
• 스티롤 수지라고도 하며 에틸렌과 벤젠을 반응시켜 생긴 액체 스티렌 단위체의 중합체인 폴리스티렌으로 이루어진다.
• 약품에 잘 침식되지 않으며 플라스틱 중에서 가장 가공하기 쉽고 높은 굴절률을 가진다.
• 투명하고 빛깔이 아름다울 뿐만 아니라 단단한 성형품이 되고 전기절연 재료로도 우수하여 건축물의 천장재나 블라인드재료로 사용된다.
※ 합성수지의 종류
• 열경화성 수지 : 페놀, 멜라민, 에폭시, 요소, 실리콘, 우레탄, 폴리에스테르, 푸란, 알키드 수지
• 열가소성 수지 : 염화비닐, 초산비닐, 아크릴, 폴리스틸렌, 폴리에틸렌, 폴리아미드(나일론)

**31** 프리패브 콘크리트는 부재의 규격을 쉽게 변경할 수 없다.

**32** 철근콘크리트 공사에 사용되는 거푸집 중 갱폼(Gang Form)의 특징으로 바르지 않은 것은?

① 기능공의 기능도에 따라 시공정밀도가 크게 좌우된다.

② 대형장비가 필요하다.

③ 초기투자비가 높은 편이다.

④ 거푸집의 대형화로 이음부위가 감소한다.


**33** 건축물 외벽공사 중 커튼월 공사의 특징으로 바르지 않은 것은?

① 외벽의 경량화

② 공업화 제품에 따른 품질 제고

③ 가설비계의 증가

④ 공기단축


**34** 철근콘크리트 PC기둥을 8t 트럭으로 운반하고자 한다. 차량 1대에 최대로 적재가능한 PC기둥의 수는? (단, PC기둥의 단면크기는 30cm×60cm, 길이는 3m이다)

① 1개

② 2개

③ 4개

④ 6개

**32** 갱폼은 기계화된 거푸집 공법으로서, 기능공의 기능도에 따라 시공정밀도가 크게 좌우되는 것은 아니다.

**33** 커튼월 공사에서는 원칙적으로 가설비계를 사용하지 않는다.

**34** ㉠ 트럭의 규격은 트럭의 적재중량을 말하는 것으로서, 8t 트럭의 적재중량은 $8t$ 이 된다.

㉡ PC 기둥의 단위중량은 $2.4t/m^3$(철근 콘크리트의 단위중량임)

㉢ PC 기둥의 체적은 $V = 0.3 \times 0.6 \times 3.0 = 0.54m^3$

㉣ 중량을 계산하면, $0.54m^3 \times 2.4t/m^3 = 1.296t$

㉤ 따라서 차량 1대에 최대로 적재가능한 PC기둥의 수는 8/(1.296)=6.173, 6개가 된다.

**35** 콘크리트를 타설하면서 거푸집을 수직방향으로 이동시켜 연속작업을 할 수 있도록 한 것으로 사일로 등의 건설공사에 적합한 것은?

① Euro Form

② Sliding Form

③ Air tube Form

④ Traveling Form

• • • •
ANSWER    35.②

**35** 거푸집의 종류

　㉠ 벽체전용거푸집

• 갱폼 : 사용할 때마다 작은 부재의 조립, 분해를 반복하지 않고 대형화, 단순화하여 한 번에 설치하고 해체하는 거푸집 시스템으로, 주로 외벽의 두꺼운 벽체나 옹벽, 피어기초 등에 이용된다.

• 클라이밍폼 : 벽체용 거푸집을 거푸집과 벽체마감공사를 위한 비계틀을 일체로 조립하여 한꺼번에 인양시켜 설치하는 공법으로, Gang Form에 거푸집 설치용 비계틀과 기타설된 콘크리트의 마감용 비계를 일체로 한 것이다.

• 슬라이딩폼 : 수평적 또는 수직적으로 반복된 구조물을 시공이음없이 균일한 형상으로 시공하기 위하여 거푸집을 연속적으로 이동시키면서 콘크리트를 타설하여 구조물을 시공하는 거푸집공법으로, 주로 사일로, 교각, 건물의 코어부분 등 단면형상의 변화가 없는 수직으로 연속된 콘크리트 구조물에 사용된다. Yoke와 Oil Jack, 체인블록 등으로 상승되며 작업대와 비계틀이 동시에 상승되어 안전성이 높다.

• 슬립폼 : 전망탑, 급수탑 등 단면형상에 변화가 있는 수직으로 연속된 콘크리트 구조물에 사용되는 연속화, 일체화 공법으로 상승작업은 주간에만 하도록 한다.

　㉡ 바닥판 전용거푸집

• 플라잉폼(테이블폼) : 바닥에 콘크리트를 타설하기 위한 거푸집으로서 장선, 멍에, 서포트 등을 일체로 제작하여 부재화한 거푸집 공법으로, 갱폼과 조합사용이 가능하며 시공정밀도, 전용성이 우수하고 처짐, 외력에 대한 안전성이 우수하다.

• 와플폼 : 무량판구조, 평판구조에서 특수상자모양의 기성재 거푸집으로 2방향 장선바닥판 구조가 가능하며 격자 천정 형식을 만들 때 사용하는 거푸집이다.

• 데크플레이트 폼 : 철골조 보에 걸어 지주없이 쓰이는 바닥골철판으로 초고층 슬래브용 거푸집으로 많이 사용한다. 철근이 선조립된 페로덱 철판도 있다.

• 옴니어 슬래브공법(Half Slab공법) : 공장제작된 Half slab PC콘크리트판과 현장타설 Topping concrete로 된 복합구조로 지주수량이 감소되며 합성 슬래브공법으로 이용이 가능하다.

　㉢ 바닥+벽체용거푸집

• 터널폼 : 대형 형틀로서 슬래브와 벽체의 콘크리트타설을 일체화하기 위한 것으로 한 구획전체의 벽판과 바닥판을 ㄱ 자형 또는 ㄷ자형으로 짜는 거푸집

• 트래블링폼 : 장선, 멍에, 동바리 등을 일체로 유닛화한 대형, 수평이동 거푸집이다. 벽체와 바닥을 동시에 타설하여 옹벽, 지하철, 터널, 교량 등 주로 토목구조물에 적용된다.

**36** 신축할 건축물의 높이의 기준이 되는 주요가설물로 이동의 위험이 없는 인근 건물의 벽 또는 담장에 설치하는 것은?

① 줄띄우기
② 벤치마크
③ 규준틀
④ 수평보기

**37** 수경성 마무리 재료로 가장 적합하지 않은 것은?

① 돌로마이트 플라스터
② 혼합 석고 플라스터
③ 시멘트 모르타르
④ 경석고 플라스터

**38** 보통 창유리의 특성 중 투과에 관한 설명으로 바르지 않은 것은?

① 투사각 0° 일 때 투명하고 청결한 창유리는 약 90%의 광선을 투과한다.
② 보통의 창유리는 많은 양의 자외선을 투과시키는 편이다.
③ 보통 창유리도 먼지가 부착되거나 오염되면 투과율이 현저하게 감소한다.
④ 광선의 파장이 길고 짧음에 따라 투과율이 다르게 된다.

---

**36** 벤치마크(기준점) : 신축할 건축물의 높이의 기준이 되는 주요가설물로, 이동의 위험이 없는 인근 건물의 벽 또는 담장에 설치하는 것

**37** 기경성재료 : 진흙질, 회반죽, 돌로마이트 플라스터, 마그네시아시멘트, 아스팔트모르타르
　　　수경성재료 : 순석고 플라스터, 경석고 플라스터, 혼합석고 플라스터, 시멘트 모르타르

**38** 보통의 창유리는 자외선을 적게 투과시키는 편이다. (자외선을 비추거나 받아들여야 하는 기구에는 석영유리라는 특수 유리가 쓰인다.)

**39** 가치공학 수행계획의 4단계로 바른 것은?

① 정보(Informative) − 제안(Proposal) − 고안(Speculative) − 분석(Analytical)

② 정보(Informative) − 고안(Speculative) − 분석(Analytical) − 제안(Proposal)

③ 분석(Analytical) − 정보(Informative) − 제안(Proposal) − 고안(Speculative)

④ 제안(Proposal) − 정보(Informative) − 고안(Speculative) − 분석(Analytical)

**40** 시멘트 광물질의 조성중에서 발열량이 높고 응결시간이 가장 빠른 것은?

① 알루민산 삼석회

② 규산 삼석회

③ 규산 이석회

④ 알루민산철 사석회

---

ANSWER    **39.**② **40.**①

**39** 가치공학 수행계획의 4단계 ⋯ 정보(Informative) − 고안(Speculative) − 분석(Analytical) − 제안(Proposal)

**40** 알루민산 삼석회는 시멘트 광물질의 조성 중에서 발열량이 높고 응결시간이 매우 빠르다.

**3과목** 건축구조

**41** 강도설계법에서 처짐을 계산하지 않는 경우 스팬이 8.0m인 단순지지된 보의 최소두께로 바른 것은? (단, 보통중량콘크리트와 $f_y = 400[\mathrm{MPa}]$인 철근을 사용한 경우)

① 380mm

② 430mm

③ 500mm

④ 600mm

**42** 다음 그림과 같이 캔틸레버보가 상수 k을 가지는 스프링에 의해 지지되어 있으며 집중하중 P가 작용하고 있다. 이 때 스프링에 걸리는 힘은?

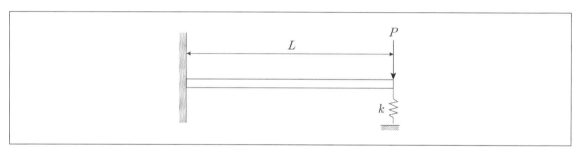

① $PL^3 k / (2EI + kL^3)$

② $PL^3 k / (3EI + kL^3)$

③ $PL^3 k / (6EI + kL^3)$

④ $PL^3 k / (8EI + kL^3)$

**ANSWER** 41.③ 42.②

**41** 단순지지된 보의 최소두께는 보 스팬의 1/16이므로 8m/16=0.5m=500mm가 된다.
※ 처짐을 계산하지 않는 경우 보의 최소두께(단, 보통콘크리트 $w_o = 2,300\mathrm{kg/m^3}$와 설계기준 항복강도 400MPa철근을 이용한 부재)
• 단순지지의 경우 : L/16
• 1단연속 : L/18.5
• 양단연속의 경우 : L/21
• 캔틸레버의 경우 : L/8

**42** 스프링이 받는 힘 : $P_s$

스프링의 변위 : $\delta_s = \dfrac{P_s}{k}$

보의 변위 : $\delta_b = \dfrac{Pl^3}{3EI} - \dfrac{P_s l^3}{3EI}$

$\delta_b = \delta_s$이므로 $\dfrac{P_s}{k} = \dfrac{Pl^3}{3EI} - \dfrac{P_s l^3}{3EI}$, $P_s = \dfrac{Pl^3 k}{(3EI + kl^3)}$

**43** 전단과 휨만을 받는 철근콘크리트보에서 콘크리트만으로 지지할 수 있는 전단강도는? (단, 보통중량콘크리트를 사용하였으며 $f_{ck} = 28\text{MPa}$, $b_w = 100\text{mm}$, $d = 300\text{mm}$ 이다.)

① 26.5kN

② 53.0kN

③ 79.3kN

④ 158.7kN

**44** 보의 유효깊이 d=550mm, 보의 폭은 300mm인 보에서 스터럽이 부담할 전단력이 200kN일 경우 적용 가능한 수직스터럽의 간격으로 바른 것은? (단, $A_v = 142\text{mm}^2$, $f_{yt} = 400\text{MPa}$, $f_{ck} = 24\text{MPa}$)

① 150mm

② 180mm

③ 200mm

④ 250mm

**45** 고력볼트 F10T-M24의 현장시공을 위한 본조임의 조임력(T)은 얼마인가? (단, 토크계수는 0.13, F10T-M24볼트의 설계볼트장력은 200kN이며 표준볼트장력은 설계볼트장력에 10%를 할증한다.)

① 568,573N · mm

② 686,400N · mm

③ 799,656N · mm

④ 892,638N · mm

---

**ANSWER** · · ·    **43.**①   **44.**①   **45.**②

**43**   $V_c = \dfrac{1}{6}\sqrt{f_{ck}}\, b_w \cdot d = \dfrac{1}{6}\sqrt{28} \cdot 100 \cdot 300 = 26457(N) = 26.457(kN)$

**44**   $s = \dfrac{A_v f_{yt} d}{V_s} = \dfrac{142\text{mm}^2 \cdot 400(\text{MPa}) \cdot 550(\text{mm})}{200(\text{kN})} = 156.2(\text{mm})$이며 이 값보다 작아야 하므로 주어진 보기 중에는 150(mm)가 적합하다.

**45**   $T = kd_1 N = 0.13 \times 24 \times 220 \times 1{,}000 = 686{,}400\text{N} \cdot \text{mm}$
     $(N = 200 \times 1.1 = 220\text{kN})$

**46** 강구조 고장력볼트 마찰접합의 특징에 관한 설명으로 바르지 않은 것은?

① 시공이 용이하여 공기가 절약된다.

③ 품질관리가 용이하다.

② 접합부의 강성과 강도가 크다.

④ 국부적인 응력집중이 발생한다.

**47** 다음 그림과 같은 단면의 단순보에서 보의 중앙점 C단면에 생기는 휨응력과 전단응력의 값은?

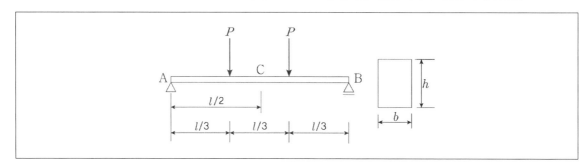

① $\dfrac{Pl}{bh^2}$, $\dfrac{3Pl}{2bh}$

② $\dfrac{2Pl}{bh^2}$, 0

③ $\dfrac{2Pl}{bh^2}$, $\dfrac{3Pl}{2bh}$

④ $\dfrac{Pl}{bh^2}$, 0

---

**46** 국부적인 응력집중이 문제가 되는 것은 용접접합이다.

**47** A, B지점에서의 전단력은 $P$이며 상향력이다.

C점에서의 전단력이 0이므로 C단면의 전단응력은 0이 된다.

따라서 휨응력은 $\dfrac{2Pl}{bh^2}$ 이 되며 전단응력은 0이 된다.

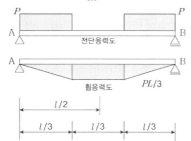

**48** 다음과 같은 조건에서의 필릿용접의 최소치수(mm)는 얼마인가? (단, 하중저항계수설계법 기준)

접합부의 두꺼운 쪽 소재의 두께(t, mm)가 6mm 이상 13mm 미만인 경우

① 5mm

② 6mm

③ 7mm

④ 8mm

**49** 다음 그림과 같은 보에서 C점의 처짐은? (단, EI는 전 경간에 걸쳐 일정하다.)

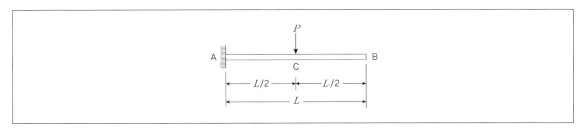

① $\dfrac{PL^3}{12EI}$

② $\dfrac{PL^3}{24EI}$

③ $\dfrac{PL^3}{48EI}$

④ $\dfrac{PL^3}{96EI}$

**48** 필릿용접의 최소사이즈(mm)

| 접합부의 두꺼운 쪽 소재두께 $t$ | 필릿용접의 최소 사이즈 |
|---|---|
| $t \leq 6$ | 3 |
| $6 < t \leq 13$ | 5 |
| $13 < t \leq 19$ | 6 |
| $19 < t$ | 8 |

**49**

| 하중조건 | 처짐각 | 처짐 |
|---|---|---|
| | $\theta_B = \dfrac{PL^2}{2EI}$ | $\delta_B = \dfrac{PL^3}{3EI}$ |
| | $\theta_B = \dfrac{PL^2}{8EI}$, $\theta_C = \dfrac{PL^2}{8EI}$ | $\delta_B = \dfrac{5PL^3}{48EI}$, $\delta_C = \dfrac{PL^3}{24EI}$ |
| | $\theta_B = \dfrac{Pa^2}{2EI}$, $\theta_C = \dfrac{Pa^2}{2EI}$ | $\delta_B = \dfrac{Pa^3}{6EI}(3L-a)$, $\delta_C = \dfrac{Pa^3}{48EI}$ |

**50** 다음 그림과 같이 단면적이 같은 4개의 단면을 보부재로 각각 사용할 경우 X축에 대한 처짐에 가장 유리한 단면은?

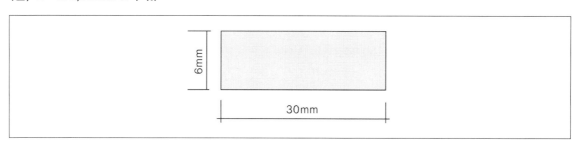

① ② ③ ④

**51** 다음 그림과 같은 단면을 가진 압축재에서 유효좌굴길이 KL = 250mm일 때 오일러의 좌굴하중값은? (단, E = 210,000MPa이다.)

6mm

30mm

① 17.9kN ② 43.0kN

③ 52.9kN ④ 64.7kN

**50** 중심축에서 먼 부분의 면적이 클수록 단면2차모멘트값이 커지게 된다. 따라서 세로로 긴 직사각형이 주어진 보기 중에서 가장 큰 단면2차모멘트값을 가지며 처짐에 유리하다.

**51** 주어진 단면의 단면2차모멘트값의 최소값은

$$I_{min} = \frac{30 \cdot 6^3}{12} = 540\text{mm}^4 \text{ 가 된다.}$$

$$P_{cr} = \frac{\pi^2 E I_{min}}{(KL)^2} = \frac{\pi^2 \cdot 210,000 \cdot 540}{(250)^2} \fallingdotseq 17.9(kN)$$

**52** 철골구조와 비교한 철근콘크리트구조의 특징으로 바르지 않은 것은?

① 진동이 적고 소음이 덜 난다.

② 시공 시 동절기 기후의 영향을 받을 수 있다.

③ 내화성이 크다.

④ 구조의 개조나 보강이 쉽다.

**53** 주철근으로 사용된 D22 철근 180도 표준갈고리의 구부림 최소 내면반지름으로 옳은 것은?

① $d_b$

② $2d_b$

③ $2.5d_b$

④ $3d_b$

**54** 다음 그림과 같은 구조물의 부정정차수는?

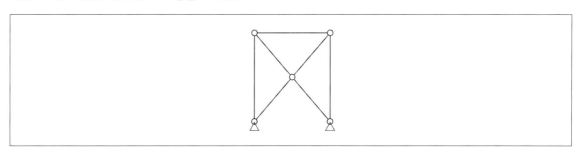

① 1차

② 2차

③ 3차

④ 4차

**52** 철근콘크리트구조는 일단 콘크리트가 경화되고 나면 구조의 개조나 보강이 매우 어렵다.

**53** • 철근의 직경이 D10~D25인 경우 구부림 내면반지름은 $3d_b$ 이상이어야 한다.
　　• 철근의 직경이 D29~D35인 경우 구부림 내면반지름은 $4d_b$ 이상이어야 한다.
　　• 철근의 직경이 D38 이상인 경우 구부림 내면반지름은 $5d_b$ 이상이어야 한다.

**54** 외적부정정차수 $N_e = r - 3 = (2 + 2) - 3 = 1$
　　내적부정정차수 $N_i = 0$
　　총 부정정차수 $N = N_e + N_i = 1 + 0 = 1$
　　($r$ 은 지점에서 발생하는 반력의 수)

**55** 각 지반의 허용지내력의 크기가 큰 것부터 순서대로 올바르게 나열한 것은?

① 모래 > 자갈 > 연암반 > 경암반

② 자갈 > 모래 > 연암반 > 경암반

③ 경암반 > 연암반 > 자갈 > 모래

④ 경암반 > 연암반 > 모래 > 자갈

**56** 다음 그림과 같은 정정라멘에서 BD부재의 축방향력으로 바른 것은?

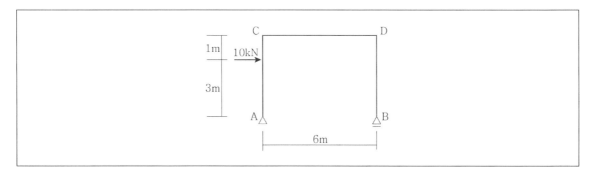

① 5kN

② −5kN

③ 10kN

④ −10kN

**55** 지반의 허용지내력 … 경암반 > 연암반 > 자갈 > 모래

**56** $\sum H = 0 : H_A + 10 = 0$ 이므로 $H_A = -10 kN(\leftarrow)$

$\sum M_B = 0 : V_A \cdot 6 + 10 \cdot 3 = 0$ 이므로 $V_A = -5 kN(\downarrow)$

$\sum V = 0 : V_A + V_B = 0$ 이므로 $V_B = 5kN(\uparrow)$

$F_{BD} = -5kN(압축)$

**57** 강구조의 볼트접합 구성에 관한 일반적인 설명으로 바르지 않은 것은?

① 볼트의 중심사이의 간격을 게이지라인이라고 한다.

② 볼트는 가공정밀도에 따라 상볼트, 중볼트, 흑볼트로 나뉜다.

③ 게이지라인과 게이지라인과의 거리를 게이지라고 한다.

④ 배치방식은 정렬배치와 엇모배치가 있다.

**58** 압축철근의 면적은 $A_s' = 2,400mm^2$로 배근된 복철근 보의 탄성처짐이 15mm라 할 때 지속하중에 의해 발생되는 5년 후 장기처짐은? (단, b=300mm, d=400mm, 5년 후 지속하중재하에 따른 계수 $\xi = 2.0$)

① 9mm

② 12mm

③ 15mm

④ 30mm

**57** 볼트중심 사이의 간격은 피치이다.
  • 게이지라인 : 볼트의 중심선을 연결하는 선이다.
  • 게이지 : 게이지라인과 게이지라인 사이의 거리이다.
  • 피치 : 볼트 중심간의 거리이다.
  • 그립 : 볼트로 접합하는 판의 총두께이다.
  • 클리어런스 : 작업공간 확보를 위해서 볼트의 중심부터 리베팅하는데 장애가 되는 부분까지의 거리를 말한다.
  • 연단거리 : 최외단에 설치한 볼트중심에서 부재 끝까지의 거리를 말한다.

**58** 장기처짐계수 $\lambda = \dfrac{\zeta}{1+50\rho'}$에서 지속하중에 의한 시간경과계수 $\zeta$는 2이며

압축철근비는 $\sigma' = \dfrac{A_s'}{bd} = \dfrac{2,400}{300 \cdot 400} = 0.020$이다.

따라서 장기처짐계수는 $\lambda = \dfrac{\zeta}{1+50\rho'} = \dfrac{2}{1+50 \cdot 0.020} = 1.0$이고,

장기처짐은 탄성처짐(단기처짐)에 장기처짐계수를 곱한 값이므로 15mm가 된다.

**59** 연약지반에 대한 안전확보 대책으로 옳지 않은 것은?

① 지반개량공법을 실시한다.　　　　② 말뚝기초를 적용한다.

③ 독립기초를 적용한다.　　　　　　④ 건물을 경량화한다.

**60** 다음 그림과 같은 수평하중 30kN이 작용하는 라멘구조에서 E점에서의 휨모멘트값(절댓값)은?

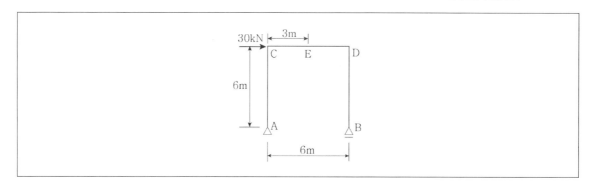

① 40kNm

② 45kNm

③ 60kNm

④ 90kNm

---

**59.③  60.④**

**59** 연약지반일수록 매트기초(온통기초)를 적용해야 한다. 독립기초를 적용하면 집중하중이 발생하게 되어 지반의 침하와 응력의 불균등현상이 발생하게 된다.

**60** $\sum M_A = 0 : 30 \cdot 6 - R_B \cdot 6 = 0$이므로 $R_B = 6kN(\uparrow)$

$\sum V = 0 : R_A + R_B = 0$이므로 $R_A = 30kN(\downarrow)$

CD부재를 하나의 보로 보고 해석하면 C점에 30kN의 연직방향 힘이 가해지고 있으므로 E점에서의 휨모멘트는 $90kN \cdot m$이 된다.

**61** 유압식 엘리베이터에 관한 설명으로 바르지 않은 것은?

① 오버헤드가 작다.

② 기계실의 위치가 자유롭다.

③ 큰 적재량으로 승강행정이 짧은 경우에는 적용할 수 없다.

④ 지하주차장 엘리베이터와 같이 지하층에만 운전하는 경우 적용할 수 있다.

ANSWER | 61.③

**61** 유압식 엘리베이터는 큰 적재량으로 승강행정이 짧은 경우에 적합하다.

  ㉠ 유압식 엘리베이터

  • 오버헤드가 작다.

  • 기계실의 위치가 자유롭다

  • 큰 적재량으로 승강행정이 짧은 경우에 적합하다.

  • 승강로 상부에 기계실을 설치하지 않아도 되며, 상부 여유 거리가 작아도 된다

  • 기계실을 건물 상부에 설치할 수 없거나 지하주차장 엘리베이터와 같이 지하층에만 운전하는 경우에도 적용할 수 있다.

  • 엘리베이터의 하중을 건물 상부에 적용시킬 수 없을 때 적용된다.

  • 건물의 미관상 로프식 엘리베이터보다 좋다.

  • 건물의 층수나 속도에 한계가 있다.

  • 모터용량이 크다.

  • 저층용에 적합하며, 속도는 60m/min 미만에 적용된다.

  ㉡ 로프식 엘리베이터

  • 고속주행이 가능하다.

  • 높이에 제한이 없다.

  • 대기시간이 짧다.

  • 모터용량이 적다.

  • 기계실의 설치위치가 제한적이다.

  • 상부틈새 및 피트깊이가 유압식에 비해 크다.

**62** 온수난방에 관한 설명으로 바르지 않은 것은?

① 증기난방에 비해 예열시간이 길다.

② 온수의 잠열을 이용하여 난방하는 방식이다.

③ 한랭지에서 운전정지 중에 동결의 우려가 있다.

④ 증기난방에 비해 난방부하 변동에 따른 온도 조절이 비교적 용이하다.

**63** 중앙식 급탕방식에 관한 설명으로 바르지 않은 것은?

① 온수를 사용하는 개소마다 가열장치가 설치된다.

② 상향 또는 하향 순환식 배관에 의해 필요개소에 온수를 공급한다.

③ 국소식에 비해 기기가 집중되어 있으므로 설비의 유지관리가 용이하다.

④ 호텔이나 병원 등과 같이 급탕개소가 많고 사용량이 많은 건물 등에 채용된다.

**62** 온수난방은 온수의 현열을 이용하여 난방하는 방식이다.

| 구분 | 증기난방 | 온수난방 |
|---|---|---|
| 표준방열량 | $650kcal/m^2h$ | $450kcal/m^2h$ |
| 방열기면적 | 작다 | 크다 |
| 이용열 | 잠열 | 현열 |
| 열용량 | 작다 | 크다 |
| 열운반능력 | 크다 | 작다 |
| 소음 | 크다 | 작다 |
| 예열시간 | 짧다 | 길다 |
| 관경 | 작다 | 크다 |
| 설치유지비 | 싸다 | 비싸다 |
| 쾌감도 | 나쁘다 | 좋다 |
| 온도조절(방열량조절) | 어렵다 | 쉽다 |
| 열매온도 | 102℃ 증기 | 85~90℃<br>100~150℃ |
| 고유설비 | 방열기트랩<br>(증기트랩, 열동트랩) | 팽창탱크<br>개방식 : 보통온수<br>밀폐식 : 고온수 |
| 공동설비 | 공기빼기 밸브<br>방열기 밸브 | - |

**63** 온수를 사용하는 개소마다 가열장치가 설치되는 방식은 국소식 급탕방식(개별식 급탕방식)이다.

**64** 건구온도 30℃, 상대습도 60%인 공기를 냉수코일에 통과시켰을 때 공기의 상태변화로 옳은 것은? (단, 코일 입구수온 5℃, 코일 출구수온 10℃)

① 건구온도는 낮아지고 절대습도는 높아진다.

② 건구온도는 높아지고 절대습도는 낮아진다.

③ 건구온도는 높아지고 상대습도는 높아진다.

④ 건구온도는 낮아지고 상대습도는 높아진다.


**65** 터보식 냉동기에 관한 설명으로 바르지 않은 것은?

① 임펠러의 원심력에 의해 냉매가스를 압축한다.

② 대용량에서는 압축효율이 좋고 비례제어가 가능하다.

③ 대 · 중형 규모의 중앙식 공조에서 냉방용으로 사용된다.

④ 기계적 에너지가 아닌 열에너지에 의해 냉동효과를 얻는다.


**ANSWER**  64.④  65.④

**64** 절대습도는 변함이 없으나 온도는 저하가 되었으므로 건구온도는 낮아지고 상대습도는 높아지게 된다.

**65** 기계적 에너지가 아닌 열에너지에 의해 냉동효과를 얻는 것은 흡수식 냉동기이다.

   ※ 압축식 냉동기의 종류
   ㉠ 터보식 냉동기
   • 원심력으로 냉매가스를 압축하는 방식이다.
   • 대규모 공조 및 냉동에 적합하고, 소용량에는 부적합하다.
   • 효율이 좋고 가격이 저렴하다.
   • 냉매가 고압가스가 아니므로 취급이 용이하다.
   • 부하가 25% 이하일 경우 운전이 불가능하여 겨울에 주의해야 한다.
   ㉡ 스크류식 냉동기
   • 압축비가 클 때 효율이 우수하다.
   • 대형공기열원의 히트펌프용으로 사용된다.
   • 고가이며 냉방전용으로는 부적합하다.
   ㉢ 왕복동식 냉동기
   • 피스톤의 상하운동에 따라 냉매가스를 압축한다.
   • 회전수가 커 냉동능력에 비해 기계가 작고 가격이 저렴하다.
   • 실린더의 지름이 작으며 수가 많아 진동이 적게 발생한다.
   • 냉동용량의 조절이 가능하다.

**66** 연결송수관 설비의 방수구에 관한 설명으로 바르지 않은 것은?

① 방수구의 위치표시는 표시등 또는 축광식 표지로 한다.

② 호스접결구는 바닥으로부터 0.5m 이상 1m 이하의 위치에 설치한다.

③ 개폐기능을 가진 것으로 설치해야 하며, 평상 시 닫힌 상태를 유지해야 한다.

④ 연결송수관 설비의 전용방수구 또는 옥내 소화전방수구로서 구경 50mm의 것으로 설치한다.

**67** 엔탈피 변화량에 대한 현열 변화량의 비를 의미하는 것은?

① 현열비

② 잠열비

③ 유인비

④ 열수분비

**68** 의복의 단열성을 나타내는 단위로서, 그 값이 클수록 인체에서 발생되는 열이 주위 공기로 적게 발산되는 것을 의미하는 것은?

① clo

② dB

③ NC

④ MRT

---

**ANSWER**　66.④　67.①　68.①

**66** 연결송수관설비의 전용방수구 또는 옥내소화전 방수구로서 구경 65mm의 것으로 설치한다.

**67** • 현열비 : 엔탈피 변화량(현열변화량+잠열변화량)에 대한 현열 변화량의 비
　　• 유인비 : 공조설비관련 용어로서, 1차공기(신선한외기)유량에 대한 2차공기(실내공기)유량의 비이다.
　　• 열수분비 : 절대습도의 변화량에 대한 엔탈피의 변화량

**68** • clo : 의복의 단열성능을 나타내는 단위
　　• dB : 소음의 크기를 나타내는 단위
　　• NC : Noise Criteria Curve, 주파수 범위에 대한 소음의 허용값을 나타내는 꺾인 선
　　• MRT : Mean Radient Temperature, 평균복사온도

**69** 양수펌프의 회전수를 원래보다 20% 증가시켰을 경우 양수량의 변화로 옳은 것은?

① 20% 증가

② 44% 증가

③ 73% 증가

④ 100% 증가

**70** 다음과 같은 조건에서 사무실의 평균조도를 800lx로 설계하고자 할 경우, 광원의 필요 수량은?

- 광원 1개의 광속 : 2,000lm
- 실의 면적 : 10m²
- 감광보상률 : 1.5
- 조명률 : 0.6

① 3개

② 5개

③ 8개

④ 10개

---

**ANSWER**　　**69.①**　**70.④**

...................................................................................................................................

**69** 펌프의 양수량은 펌프의 회전수에 정비례하므로 회전수를 20% 증가시키면 양수량도 20%가 증가된다.

**70** 광속법을 사용하여 광원의 개수를 계산해야 한다.

$F \cdot N \cdot U = E \cdot A \cdot D$이므로,

광원의 개수 $N = \dfrac{E \cdot A \cdot D}{F \cdot U} = \dfrac{E \cdot A}{F \cdot U \cdot M}$

문제에서 주어진 조건을 위의 식에 대입하면,

$N = \dfrac{800 \cdot 10 \cdot 1.5}{2000 \cdot 0.6} = 10$

$F$ : 사용광원 1개의 광속(lm)

$D$ : 감광보상률

$E$ : 작업면의 평균조도(lux)

$A$ : 방의 면적(m²)

$N$ : 광원의 개수

$U$ : 조명률

$M$ : 유지율(보수율, 빛손실계수)

**71** 공조부하 중 현열과 잠열이 동시에 발생하는 것은?

① 인체의 발생열량

② 벽체로부터의 취득열량

③ 유리로부터의 취득열량

④ 덕트로부터의 취득열량

**72** 다음과 같이 정의되는 통기관의 종류는?

> 오배수 수직관 내의 압력변동을 방지하기 위해 오배수 수직관 상향으로 통기수직관에 연결하는 통기관

① 결합통기관　　　　　　　　　　　② 공용통기관

③ 각개통기관　　　　　　　　　　　④ 반송통기관

---

**71.①　72.①**

**71** • 현열부하만을 계산하는 부하 : 실내기기부하, 조명부하, 벽이나 창을 통한 열관류부하, 창을 통한 일사열부하
　　 • 현열부하와 잠열부하를 모두 고려해야 하는 부하 : 인체부하, 틈새바람에 의한 부하, 환기를 위한 외기도입시의 부하

**72** 보기의 내용은 결합통기관에 관한 사항이다.

| 종류 | 특징 | 관경 |
|---|---|---|
| 각개통기관 | 각 위생기구마다 통기관을 설치하는 것으로 가장 이상적인 통기 방식이다. | 접속하는 배수관경의 1/2 이상 또는 32mm이상 |
| 루프통기관 (회로통기관) | 2개 이상 8개 이내의 트랩을 통기보호하기 위하여 설치하는 통기관으로, 최상류에 있는 위생기구의 기구배수관이 배수수평지관과 연결된 직후 하류의 수평지관에 접속시켜 통기수직관 또는 신정통기관으로 연결하는 통기관이다. | - 접속하는 배수관경의 1/2 이상 또는 40mm 이상 <br> - 배수수평지관과 통기수직관 중 작은 쪽 관경의 1/2 이상 |
| 도피통기관 | 환상통기배관에서 통기능률을 향상시키기 위한 통기관으로서 최하류 기구배수관과 배수수직관 사이에 설치한다. | 접속하는 배수관경의 1/2 이상 또는 40mm 이상 |
| 결합통기관 | 고층건물의 경우 배수수직주관으로부터 입상하여 통기수직주관을 접속하는 도피통기관으로, 5개층마다 설치해서 배수수직주관의 통기를 촉진한다. | 50mm 이상 |
| 신정통기관 | 최상부의 배수수평관이 배수입상관에 접속한 지점보다도 더 상부 방향으로 그 배수입상관을 지붕 위까지 연장하여 이것을 통기관으로 사용하는 관이다. | |
| 습윤통기관 | 최상류 기구의 환상통기(루프통기)에 연결하여 통기와 배수의 역할을 겸하는 통기관이다. | |

**73** 공조방식 중 팬코일 유닛방식에 관한 설명으로 바르지 않은 것은?

① 유닛의 개별제어가 용이하다.

② 수배관이 없어 누수의 우려가 없다.

③ 덕트샤프트나 스페이스가 필요없다.

④ 덕트방식에 비해 유닛의 위치변경이 용이하다.

**74** 다음 설명에 알맞은 전기설비 관련 용어는?

> 최대수요전력을 구하기 위한 것으로 최대수요전력의 총부하설비용량에 대한 비율이다.

① 역률

② 부등률

③ 부하율

④ 수용률

**75** 다음 중 급수계통의 오염원인과 가장 거리가 먼 것은?

① 급수로의 배수 역류

② 저수탱크에 유해물질 침입

③ 수격작용

④ 크로스 커넥션

**73** 팬코일 유닛방식은 각 실에 수배관으로 인한 누수의 우려가 있다.

**74** 수용률은 최대수요전력을 구하기 위한 것으로 최대수요전력의 총부하용량에 대한 비율이다.
- 역률 : 실효전력과 피상전력의 비
- 부등률 : 최대전력의 합계와 기기계통에 발생된 합성최대전력의 비
- 부하율 : 부하의 평균전력과 최대수용전력의 비
- 수용률 : 최대사용(수요)전력과 설비용량(총부하용량)의 비

**75** 수격작용(Water Hammering)은 급수계통의 오염과 관련이 있다고 보기 어렵다.

**76** 220V, 200W 전열기를 110V에서 사용하였을 경우 소비전력은?

① 50W

② 100W

③ 200W

④ 400W

**77** 덕트의 분기부에 설치하여 풍량조절용으로 사용되는 댐퍼는?

① 스플릿 댐퍼

② 평행익형 댐퍼

③ 대향익형 댐퍼

④ 버터플라이 댐퍼

**78** 다음 중 변전실 면적에 영향을 주는 요소와 가장 거리가 먼 것은?

① 출입문의 높이

② 건축물의 구조적 여건

③ 수전전압 및 수전방식

④ 설치기기와 큐비클의 종류 및 시방

---

**ANSWER** 76.①  77.①  78.①

**76**
저항값은 고정값이므로 $\dfrac{V^2}{R} = P$에 따라 $\dfrac{220^2}{R} = 200(W)$

저항의 크기는 $20(ohm)$이 된다.

이를 $110(V)$에서 사용하게 되면 $P = \dfrac{V^2}{R} = \dfrac{110^2}{R} = 50(W)$

**77** 덕트분기부에서 풍량조절을 하는 장치는 스플릿 댐퍼이다.

**78** 변전실의 면적에 영향을 주는 요소
- 건축물의 구조적 조건
- 수전전압과 수전방식
- 설치기기 및 큐비클의 종류
- 기기의 배치방법 및 유지보수 필요면적
- 변전설비 강압방식, 변압기의 용량, 수량 및 형식

**79** 3상 동력과 단상 전등부하를 동시에 사용할 수 있는 방식으로 대형빌딩이나 공장 등에서 사용되는 것은?

① 단상 3선식 220/110V

② 3상 2선식 220V

③ 3상 3선식 220V

④ 3상 4선식 380/220V

**80** 개방형헤드를 사용하는 연결살수설비에 있어서 하나의 송수구역에 설치하는 살수헤드의 수는 최대 얼마 이하가 되도록 해야 하는가?

① 10개

② 20개

③ 30개

④ 40개

**79**  • 3상 4선식 380/220V : 대규모 건물에서 여러 종류의 전압이 필요할 경우 적용되며 전력, 전압, 배선거리가 동일할 때 배선비가 가장 적게 드는 방식이다.
   • 단상 3선식 220/110V : 110V, 220V 두 종류의 전압을 얻을 수 있기에 일반사무실이나 학교에 적합한 배선방식이다.

**80**  개방형헤드를 사용하는 연결살수설비에 있어서 하나의 송수구역에 설치하는 살수헤드의 수는 최대 10개 이하여야 한다.
   연결살수설비 : 소방대 전용소화전인 송수구를 통하여 소방차로 실내에 물을 공급하여 소화활동을 하는 것으로 주로 지하층 등의 화재진압을 위한 설비이다.
   ※ 연결살수설비의 배관

| 개방형헤드를 하나의 배관에 부착하는 살수헤드의 수 | | | | |
|---|---|---|---|---|
| 배관구경(mm) | 32 | 40 | 50 | 65 | 80 |
| 살수헤드의 수 | 1개 | 2개 | 3개 | 4~5개 | 6개 이상 10개 이하 |

| 폐쇄형헤드를 하나의 배관에 부착하는 살수헤드의 수 | | | | |
|---|---|---|---|---|
| 배관구경(mm) | 32 | 40 | 50 | 65 | 80 |
| 살수헤드의 수 | 2개 이하 | 3개 | 4~5개 | 6개 이상 10개 이하 | 10개 이상 20개 이하 |

**5과목** 건축법규

**81** 건축법령에 따른 리모델링이 쉬운 구조에 속하지 않는 것은?

① 구조체가 철골구조로 구성되어 있을 것

② 구조체에서 건축설비, 내부마감재료 및 외부마감재료를 분리할 수 있을 것

③ 개별세대 안에서 구획된 실의 크기, 개수 또는 위치 등을 변경할 수 있을 것

④ 각 세대는 인접한 세대와 수직 또는 수평방향으로 통합하거나 분할할 수 있을 것

**82** 국토교통부 장관이 정한 범죄예방 기준에 따라 건축하여야 하는 대상 건축물에 속하지 않는 것은? (단, 이륜자동차전용 노외주차장이 아닌 경우)

① 수련시설

② 교육연구시설 중 도서관

③ 업무시설 중 오피스텔

④ 숙박시설 중 다중생활시설

---

**ANSWER** 81.① 82.②

. . . . . . . . . . . . . . . . . . . . . . . . . . . . . . . . . . . . . . . . . . . . . . . . . . . . . . . . . . . . . . . . . . . . . . . . . . . . . . . . . . . . . . . . . . . . . . . . . . . . . . . . . . . . . . . . . . . . . . .

**81** 리모델링이 쉬운 공동주택의 구조
- 각 세대는 인접한 세대와 수직 또는 수평방향으로 통합하거나 분할할 수 있을 것
- 구조체에서 건축설비, 내부마감재료 및 외부마감재료를 분리할 수 있을 것
- 개별 세대안에서 구획된 실의 크기, 개수 또는 위치 등을 변경할 수 있을 것

**82** 범죄예방기준에 따라야 하는 건축물
- 세대수가 500세대 이상인 주택단지의 공동주택
- 제1종 근린생활시설(일용품판매점)
- 제2종 근린생활시설(다중생활시설)
- 문화 및 집회시설(동·식물원은 제외)
- 교육연구시설(연구소 및 도서관 제외)
- 노유자시설
- 수련시설
- 업무시설 중 오피스텔
- 숙박시설 중 다중생활시설
참고) 단독주택, 공동주택(다세대주택, 연립주택 및 500세대 미만인 아파트)은 범죄예방 권장대상 건축물이다.

**83** 지하식 또는 건축물식 노외주차장의 차로에 관한 기준 내용으로 바르지 않은 것은? (단, 이륜자동차 전용 노외주차장이 아닌 경우)

① 높이는 주차바닥면으로부터 2.3m 이상이어야 한다.

② 경사로의 종단경사도는 직선부분에서는 17%를 초과해서는 안 된다.

③ 곡선 부분은 자동차가 4m 이상의 내변반경으로 회전할 수 있도록 해야 한다.

④ 주차대수 규모가 50대 이상인 경우의 경사로는 너비 6m 이상인 2차로를 확보하거나 진입차로와 진출차로를 분리해야 한다.

**84** 피난용 승강기의 설치에 관한 기준 내용으로 바르지 않은 것은?

① 예비전원으로 작동하는 조명설비를 설치할 것

② 승강장의 바닥면적은 승강기 1대당 5㎡ 이상으로 할 것

③ 각 층으로부터 피난층까지 이르는 승강로를 단일구조로 연결하여 설치할 것

④ 승강장 출입구 부근의 잘 보이는 곳에 해당 승강기가 피난용승강기임을 알리는 표지를 설치할 것

**85** 대지의 조경에 있어 조경 등의 조치를 하지 아니할 수 있는 건축물 기준으로 바르지 않은 것은?

① 면적 5㎡ 미만인 대지에 건축하는 공장

② 연면적의 합계가 1천5백㎡ 미만인 공장

③ 연면적의 합계가 2㎡ 미만인 물류시설

④ 녹지지역에 건축하는 건축물

---

**ANSWER**    83.③   84.②   85.③

**83** 곡선 부분은 자동차가 6m 이상의 내변 반경으로 회전할 수 있도록 하여야 한다. (단, 같은 경사로를 이용하는 총 주차대수가 50대 이하인 경우 5m 이상이어야 한다.)

**84** 옥내 승강장의 바닥면적은 비상용승강기 1대에 대하여 6㎡이상으로 할 것

**85** 물류시설의 경우 연면적 합계가 1,500㎡ 미만(주거지역 및 상업지역에 건축하는 것은 제외함)이면 조경 등의 조치를 하지 아니할 수 있다.
   ※ 대지 안의 조경대상 : 대지면적이 200㎡ 이상이면 조경의무대상이나 다음의 경우는 예외로 한다.
   • 자연녹지지역에 건축하는 건축물
   • 공장을 5,000㎡ 미만인 대지에 건축하는 경우
   • 공장의 연면적합계가 1,500㎡ 미만인 경우
   • 공장을 산업단지 안에 건축하는 경우
   • 축사, 가설건축물
   • 연면적 합계가 1,500㎡ 미만인 물류시설(주거지역 및 상업지역에 건축하는 것은 제외함)
   • 도시지역 및 지구단위계획구역 이외의 지역

**86** 건축허가신청에 필요한 설계도서 중 건축계획서에 표시해야 할 사항으로 바르지 않은 것은?

① 주차장 규모

② 토지형질변경계획

③ 건축물의 용도별 면적

④ 지역, 지구 및 도시계획사항

86.②

**86** 토지형질을 변경하는 것은 도시계획 및 토목과 관련이 있는 것이며 건축계획서에 표시되지 않는다.

※ 건축허가신청에 필요한 설계도서

| 도서의 종류 | 도서의 축척 | 표시하여야 할 사항 |
|---|---|---|
| 건축계획서 | 임의 | 1. 개요(위치·대지면적 등)<br>2. 지역·지구 및 도시계획사항<br>3. 건축물의 규모(건축면적·연면적·높이·층수 등)<br>4. 건축물의 용도별 면적<br>5. 주차장규모<br>6. 에너지절약계획서(해당건축물에 한한다)<br>7. 노인 및 장애인 등을 위한 편의시설 설치계획서(관계법령에 의하여 설치의무가 있는 경우에 한한다) |
| 배치도 | 임의 | 1. 축척 및 방위<br>2. 대지에 접한 도로의 길이 및 너비<br>3. 대지의 종·횡단면도<br>4. 건축선 및 대지경계선으로부터 건축물까지의 거리<br>5. 주차동선 및 옥외주차계획<br>6. 공개공지 및 조경계획 |
| 평면도 | 임의 | 1. 1층 및 기준층 평면도<br>2. 기둥·벽·창문 등의 위치<br>3. 방화구획 및 방화문의 위치<br>4. 복도 및 계단의 위치<br>5. 승강기의 위치 |
| 입면도 | 임의 | 1. 2면 이상의 입면계획<br>2. 외부마감재료<br>3. 간판 및 건물번호판의 설치계획(크기·위치) |
| 단면도 | 임의 | 1. 종·횡단면도<br>2. 건축물의 높이, 각층의 높이 및 반자높이 |
| 구조도<br>(구조안전 확인 또는<br>내진설계 대상 건축물) | 임의 | 1. 구조내력상 주요한 부분의 평면 및 단면<br>2. 주요부분의 상세도면<br>3. 구조안전확인서 |
| 구조계산서<br>(구조안전 확인 또는<br>내진설계 대상 건축물) | 임의 | 1. 구조내력상 주요한 부분의 응력 및 단면 산정 과정<br>2. 내진설계의 내용(지진에 대한 안전 여부 확인 대상 건축물) |
| 시방서 | 임의 | 1. 시방내용(국토교통부장관이 작성한 표준시방서에 없는 공법인 경우에 한한다)<br>2. 흙막이공법 및 도면 |
| 실내마감도 | 임의 | 벽 및 반자의 마감의 종류 |
| 소방설비도 | 임의 | 「소방시설설치유지 및 안전관리에 관한 법률」에 따라 소방관서의 장의 동의를 얻어야 하는 건축물의 해당소방 관련 설비 |
| 건축설비도 | 임의 | 냉·난방설비, 위생설비, 환경설비, 전기설비, 통신설비, 승강설비 등 건축설비 |
| 토지굴착 및<br>옹벽도 | 임의 | 1. 지하매설구조물 현황<br>2. 흙막이 구조(지하 2층 이상의 지하층을 설치하는 경우에 한한다)<br>3. 단면상세<br>4. 옹벽구조 |

**87** 국토의 계획 및 이용에 관한 법률상 용도지역에서의 용적률 최대한도기준으로 바르지 않은 것은? (단, 도시지역의 경우)

① 주거지역 : 500% 이하

② 녹지지역 : 100% 이하

③ 공업지역 : 400% 이하

④ 상업지역 : 1000% 이하

● ● ●
ANSWER    87.④

**87** 상업지역의 용적률 최대한도는 1500% 이하이다.

| 용도 | 용도지역 | 세분 용도지역 | 용도지역 재세분 | 건폐율(%) | 용적율(%) |
|---|---|---|---|---|---|
| 도시<br>지역 | 주거지역 | 전용주거지역 | 제1종 전용주거지역 | 50 | 50~100 |
| | | | 제2종 전용주거지역 | 50 | 50~150 |
| | | 일반주거지역 | 제1종 일반주거지역 | 60 | 100~200 |
| | | | 제2종 일반주거지역 | 60 | 100~250 |
| | | | 제3종 일반주거지역 | 50 | 100~300 |
| | | 준 주거지역 | 주거+상업기능 | 70 | 200~500 |
| | 상업지역 | | 근린상업지역 | 70 | 200~900 |
| | | | 유통상업지역 | 80 | 200~1100 |
| | | | 일반상업지역 | 80 | 200~1300 |
| | | | 중심상업지역 | 90 | 200~1500 |
| | 공업지역 | | 전용공업지역 | 70 | 150~300 |
| | | | 일반공업지역 | 70 | 150~350 |
| | | | 준 공업지역 | 70 | 150~400 |
| | 녹지지역 | | 보전녹지지역 | 20 | 50~80 |
| | | | 생산녹지지역 | 20 | 50~100 |
| | | | 자연녹지지역 | 20 | 50~100 |
| 관리<br>지역 | | | 보전관리지역 | 20 | 50~80 |
| | | | 생산관리지역 | 20 | 50~80 |
| | | | 계획관리지역 | 40 | 50~100 |
| 농림지역 | | | | 20 | 50~80 |
| 자연환경보전지역 | | | | 20 | 50~80 |

**88** 건축물이 있는 대지의 분할제한 최소기준으로 바른 것은? (단, 상업지역의 경우)

① 100㎡

② 150㎡

③ 200㎡

④ 250㎡

**89** 허가권자가 가로구역별로 건축물의 높이를 지정 및 공고할 때 고려하지 않아도 되는 사항은?

① 도시·군관리계획의 토지이용계획

② 해당 가로구역에 접하는 대지의 너비

③ 도시미관 및 경관계획

④ 해당 가로구역의 상수도 수용능력

**88**  상업지역의 경우 건축물이 있는 대지의 분할제한 최소기준은 150㎡이다.

　　※ 건축물이 있는 대지의 분할제한
　　　　다음 각 호의 어느 하나에 해당하는 규모 이상을 말한다.
　　　　1. 주거지역 : 60㎡
　　　　2. 상업지역 : 150㎡
　　　　3. 공업지역 : 150㎡
　　　　4. 녹지지역 : 200㎡
　　　　5. 제1호부터 제4호까지의 규정에 해당하지 아니하는 지역 : 60㎡

**89**  가로구역별로 건축물 최고높이의 지정·공고 시 기준
　　• 도시·군관리계획 등의 토지이용계획
　　• 당해 가로구역이 접하는 도로의 너비
　　• 당해 가로구역의 상·하수도 등의 시설 수용능력
　　• 당해 도시의 장래 발전계획, 도시미관 및 경관의 계획

**90** 다음 중 거실의 용도에 따른 조도기준이 가장 낮은 것은? (단, 바닥에서 85cm의 높이에 있는 수평면의 조도기준)

① 독서
② 회의
③ 판매
④ 일반사무

**91** 다음의 옥상광장 등의 설치에 관한 기준내용 중 ( )안에 알맞은 것은?

옥상광장 또는 2층 이상인 층에 있는 노대나 그 밖에 이와 비슷한 것의 주위에는 높이 ( ) 이상의 난간을 설치해야 한다. 다만, 그 노대 등에 출입할 수 없는 구조인 경우에는 그러하지 아니하다.

① 1.0m
② 1.2m
③ 1.5m
④ 1.8m

**92** 국토의 계획 및 이용에 관한 법령상 제1종 일반주거지역 안에서 건축할 수 있는 건축물에 속하지 않는 것은?

① 아파트
② 단독주택
③ 노유자시설
④ 교육연구시설 중 고등학교

---

**90** 거실의 용도에 따른 조도기준
　㉠ 독서 : 150lux
　㉡ 회의 : 300lux
　㉢ 판매 : 300lux
　㉣ 일반사무 : 300lux

**91** 옥상광장 또는 2층 이상인 층에 있는 노대나 그 밖에 이와 비슷한 것의 주위에는 높이 1.2m 이상의 난간을 설치해야 한다. 다만, 그 노대 등에 출입할 수 없는 구조인 경우에는 그러하지 아니하다.

**92** 제1종 일반주거지역은 저층주택을 중심으로 편리한 주거환경을 조성하기 위하여 필요한 지역으로서 아파트는 건축을 할 수 없다.

**93** 노외주차장 설치에 관한 계획기준 내용 중 (  )안에 들어갈 말로 알맞은 것은?

주차대수 400대를 초과하는 규모의 노외 주차장의 경우에는 노외주차장의 출구와 입구를 각각 따로 설치해야 한다. 다만, 출입구의 너비의 합이 (  )미터 이상으로서 출구와 입구가 차선 등으로 분리되는 경우에는 함께 설치할 수 있다.

① 4.5  
② 5.0  
③ 5.5  
④ 6.0

**94** 건축법령상 공동주택에 해당하지 않는 것은?

① 기숙사  
② 연립주택  
③ 다가구주택  
④ 다세대주택

**95** 다음은 건축선에 따른 건축제한에 관한 기준 내용이다. (  )안에 알맞은 것은?

도로면으로부터 높이 (  ) 이하에 있는 출입구, 창문, 그 밖에 이와 유사한 구조물은 열고 닫을 때 건축선의 수직면을 넘지 아니하는 구조로 하여야 한다.

① 1.5m  
② 2.5m  
③ 3.5m  
④ 4.5m

---

**93** 주차대수 400대를 초과하는 규모의 노외 주차장의 경우에는 노외주차장의 출구와 입구를 각각 따로 설치해야 한다. 다만, 출입구의 너비의 합이 5.5m 이상으로서 출구와 입구가 차선 등으로 분리되는 경우에는 함께 설치할 수 있다.

**94** 다가구주택은 단독주택에 속한다.

**95** 도로면으로부터 높이 4.5m 이하에 있는 출입구, 창문, 그 밖에 이와 유사한 구조물은 열고 닫을 때 건축선의 수직면을 넘지 아니하는 구조로 한다.

**96** 다음 중 옥내계단의 너비의 최소 설치기준으로 적합하지 않은 것은?

① 관람자의 용도에 사용되는 건축물의 계단의 너비 120cm 이상

② 중학교 용도에 사용되는 건축물의 계단의 너비 150cm 이상

③ 거실의 바닥면적의 합계가 100cm 이상인 지하층의 계단의 너비 120cm 이상

④ 바로 윗층의 거실의 바닥면적의 합계가 200cm 이상인 층의 계단의 너비 150cm 이상

**97** 국토의 계획 및 이용에 관한 법률상 주거지역의 세분에서 단독주택 중심의 양호한 주거환경을 보호하기 위해 필요한 지역에 대해 지정하는 용도지역은?

① 제1종 전용주거지역

② 제1종 특별주거지역

③ 제1종 일반주거지역

④ 제3종 일반주거지역

---

ANSWER    96.④  97.①

**96** 바로 윗층의 거실의 바닥면적의 합계가 200㎡ 이상인 층의 계단의 너비 120cm 이상으로 한다.

**97** • 전용주거지역 : 양호한 주거환경을 보호
　　－제1종 전용주거지역 : 단독주택 중심의 양호한 주거환경을 보호하기 위하여 필요한 지역
　　－제2종 전용주거지 : 공동주택 중심의 양호한 주거환경을 보호하기 위하여 필요한 지역
　• 일반주거지역 : 편리한 주거환경을 보호
　　－제1종 일반주거지역 : 저층주택을 중심으로 편리한 주거환경을 조성하기 위하여 필요한 지역
　　－제2종 일반주거지역 : 중층주택을 중심으로 편리한 주거환경을 조성하기 위하여 필요한 지역
　　－제3종 일반주거지역 : 중고층주택을 중심으로 편리한 주거환경을 조성하기 위하여 필요한 지역
　• 준주거지역 : 주거기능을 위주로 이를 지원하는 일부 상업기능 및 업무기능을 보완하기 위하여 필요한 지역

**98** 건축물의 출입구에 설치하는 회전문의 구조에 대한 설명으로 바르지 않은 것은?

① 계단이나 에스컬레이터로부터 2m 이상의 거리를 둘 것

② 틈 사이를 고무와 고무펠트의 조합체 등을 사용하여 신체나 물건 등에 손상이 없도록 할 것

③ 출입에 지장이 없도록 일정한 방향으로 회전하는 구조로 할 것

④ 회전문의 회전속도는 분당 회전수가 10회를 넘지 아니하도록 할 것

**99** 높이 31m를 넘는 각 층의 바닥면적 중 최대 바닥면적이 5000m²인 건축물에 원칙적으로 설치해야 하는 비상용 승강기의 최소대수는?

① 1대

② 2대

③ 3대

④ 4대

---

ANSWER | **98.④  99.③**

**98** 회전문의 회전속도는 분당 회전수가 8회를 넘지 아니하도록 할 것

**99** 비상용승강기의 설치기준

높이 31m를 넘는 각층의 바닥면적 중 최대바닥면적이 1,500m² 이하이면 1대 이상을 설치해야 하고, 1,500m²를 초과하면 1대+(Am²−1,500m²/3,000m²)를 설치한다. 그러므로 1대+((5,000m²−1,500m²)/3,000m²)=2.16대, 즉 3대를 설치한다.

**100** 국토의 계획 및 이용에 관한 법률상 용도지역의 구분이 모두 바른 것은?

① 도시지역, 관리지역, 농림지역, 자연환경보전지역

② 도시지역, 개발관리지역, 농림지역, 보전지역

③ 도시지역, 관리지역, 생산지역, 녹지지역

④ 도시지역, 개발제한지역, 생산지역, 보전지역

- - -

**ANSWER** 100.①

**100** 국토의 계획 및 이용에 관한 법률상 용도지역은 도시지역(주거, 상업, 공업, 녹지), 관리지역(보전, 생산, 계획), 농림지역, 자연환경보전지역으로 구분된다.

1과목 **건축계획**

**1** 다음 중 특수전시기법에 관한 설명으로 바르지 않은 것은?

① 하모니카 전시는 동일 종류의 전시물을 반복 전시하는 경우에 사용된다.

② 파노라마 전시는 연속적인 주제를 연관성 있게 표현하기 위해 선형의 파노라마로 연출하는 전시기법이다.

③ 디오라마 전시는 하나의 사실 또는 주제의 시간 상황을 고정시켜 연출하는 것으로 현장에 임한듯한 느낌을 주는 기법이다.

④ 아일랜드 전시는 실물을 직접 전시할 수 없거나 오브제 전시만의 한계를 극복하기 위해 영상매체를 사용하여 전시하는 기법이다.

---

**ANSWER** 1.④

**1** 특수전시기법
ⓐ 파노라마전시 : 전시물들의 나열 자체가 하나의 큰 그림이나 풍경처럼 보이도록 하여 전체적인 맥락이 이해될 수 있도록 한 전시기법
ⓑ 아일랜드 전시 : 바다에 떠 있는 섬처럼 전시물을 천장에 매달아서 전시물들이 동선을 만들어 관람하게 하는 기법
ⓒ 하모니카 전시 : 동일한 형태의 연속적 배치로 동일 종류의 전시물을 반복전시 할 경우 유리한 기법
ⓓ 디오라마 전시 : 현장감을 가장 실감나게 표현하는 방법으로 하나의 사실 또는 주제의 시간상황을 고정시켜 연출하는 기법

**2** 병원건축의 병동배치방법 중 분관식(pavilion type)에 관한 설명으로 옳은 것은?

① 각종 설비시설의 배관길이가 짧아진다.

② 대지의 크기와 관계없이 적용이 용이하다.

③ 각 병실을 남향으로 할 수 있어 일조와 통풍 조건이 좋다.

④ 병동부는 5층 이상의 고층으로 하며 환자는 엘리베이터로 운송된다.

**3** 다음 중 미술관의 전시실 순회형식에 관한 설명으로 바르지 않은 것은?

① 중앙홀 형식은 각 실에 직접 들어갈 수 없다는 단점이 있다.

② 연속순회형식은 많은 실을 순서별로 통해야 하는 불편함이 있다.

③ 갤러리 및 코리도 형식에서는 복도 자체도 전시공간으로 이용할 수 있다.

④ 갤러리 및 코리도 형식은 복도에서 각 전시실에 직접 출입할 수 있으며 필요시에 자유로이 독립적으로 폐쇄할 수가 있다.

---

**2**

| 비교내용 | 분관식 | 집중식 |
| --- | --- | --- |
| 배치형식 | 저층평면 분산식 | 고층집약식 |
| 환경조건 | 양호(균등) | 불량(불균등) |
| 부지의 이용도 | 비경제적(넓은 부지) | 경제적(좁은 부지) |
| 부지특성 | 제약조건이 적음 | 제약조건이 많음 |
| 설비시설 | 분산적 | 집중적 |
| 설비비 | 많이 든다 | 적게 든다 |
| 관리상 | 불편함 | 편리함 |
| 재난대피 | 용이하다 | 어렵다 |
| 보행거리(동선) | 길다 | 짧다 |
| 적용대상 | 특수병원 | 도심대규모 병원 |

**3** 중앙홀 형식은 각 실에 직접 들어갈 수 있다. 연속순회형식은 각 실에 직접 들어갈 수 없고 정해진 경로를 따라서 순차적으로 들어가야 한다.

※ 중앙홀 형식
- 중심부에 하나의 큰 홀을 두고 그 주위에 각 전시실을 배치하여 자유로이 출입하는 형식이다.
- 부지의 이용률이 높은 지점에 건립할 수 있다.
- 중앙홀이 크면 동선의 혼란이 없으나 장래에 많은 무리가 따른다.

**4** 공동주택의 단지계획에서 보차분리를 위한 방식 중 평면분리에 해당되는 방식은?

① 시간제 차량통행

② 쿨드삭(cul-de-sac)

③ 오버브리지(overbridge)

④ 보행자 안전참(pedestrian safecross)


**5** 다음 중 터미널 호텔의 종류에 속하지 않는 것은?

① 해변 호텔

② 부두 호텔

③ 공항 호텔

④ 철도역 호텔

**4**  ① 시간제 차량통행 : 일정시간대에 차량을 통행하게 하고 그 외의 시간은 보행자가 통행하도록 하는 것으로서 평면분리방식이 아닌 시간분리방식이다.
　　③ 오버브리지(구름다리) : 건물과 건물을 서로 연결한 통로로서 평면을 분리한 개념으로 보기에는 무리가 있다.
　　④ 보행자 안전참 : 도로상에 보행자들이 안전하게 머무를 수 있도록 설치한 참이다.
　　※ 주택단지의 보차분리형태
　　　• 평면분리 : 쿨드삭, 루프, T자형, 열쇠자형
　　　• 면적분리 : 보행자 안전참, 보행자공간, 몰플라자
　　　• 입체분리 : 오버브리지, 언더패스, 지상인공지반, 지하가 다층구조지반
　　　• 시간분리 : 시간제 차량통행, 차 없는날

**5**  터미널호텔은 터미널 인근에 위치한 호텔로서 주요 교통지에 주로 위치하며 공항호텔, 부두호텔, 철도역호텔 등이 있으며 해변호텔은 리조트호텔에 속한다.

**6** 레이트 모던(Late Modern) 건축양식에 관한 설명으로 바르지 않은 것은?

① 기호학적 분절을 추구하였다.

② 퐁피두 센터는 이 양식에 부합되는 건축물이다.

③ 공업기술을 바탕으로 기술적 이미지를 강조하였다.

④ 대표적 건축가로는 시저펠리, 노만포스터 등이 있다.

**7** 다음 중 백화점 건물의 기둥간격 결정요소와 가장 거리가 먼 것은?

① 진열장의 치수

② 고객동선의 길이

③ 에스컬레이터의 배치

④ 지하주차장의 주차방식

• • •

ANSWER    6.①   7.②

**6** 레이트 모더니즘 건축 … 근대건축의 구조, 기능, 기술 등의 합리적 기능주의와 이에 입각한 해결방식을 받아들여 현대의 기술과 함께 극도로 발전시킴으로써 새로운 미학을 창조하려는 건축 사조로, 그 특징은 다음과 같다.
　㉠ 기계미학을 추구하였다.
　　• 공업기술을 바탕으로 하며 기술적 이미지를 과장되게 표현하였다.
　　• 미래파, 풀러(B. Fuller), 아키그램(Archigram) 등의 영향을 받았다.
　　• 규격화, 표준화, 공업화되고 극단적으로 분절된 부재를 사용하였다.
　㉡ 구조의 왜곡과 표피를 강조하였다.
　　• 슬릭테크적인 미학; 투명성, 반사성, 평활성을 강조하였다.
　　• 유리, 반사 금속판 등으로 건물을 피복함으로써 기술적 이미지를 과장하였다.
　㉢ 미니멀리스트적인 표현을 추구하였다.
　　• 건물을 주변과 독립된 자립적인 대상으로 보았다.
　　• 도시 조직 속에서 나타나는 형태적, 문화적 요구를 수용치 못하였다.
　　• 생략, 축소, 왜곡, 확대, 기하학적, 단순성 등을 이용하였다.

**7** 고객동선의 길이는 백화점의 기둥간격을 결정짓는 요소로 보기에는 무리가 있다.

**8**  다음 중 주택의 부엌에서 작업순서에 맞는 작업대 배열로 알맞은 것은?

① 냉장고 – 개수대 – 조리대 – 가열대 – 배선대

② 계수대 – 조리대 – 가열대 – 냉장고 – 배선대

③ 냉장고 – 조리대 – 가열대 – 배선대 – 개수대

④ 개수대 – 냉장고 – 조리대 – 배선대 – 가열대

**8**  부엌의 작업순서는 냉장고 – 싱크대(개수대) – 조리대 – 가열대 – 배선대이다.

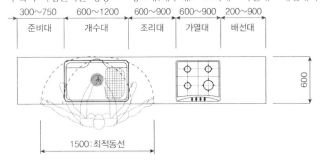

**9** 도서관 출납시스템에 관한 설명으로 바르지 않은 것은?

① 자유개가식은 책 내용의 파악 및 선택이 자유롭다.

② 자유개가식은 서가의 정리가 잘 안되면 혼란스럽게 된다.

③ 안전개가식은 서가열람이 가능하여 책을 직접 뽑을 수 있다.

④ 폐가식은 서가와 열람실에서 감시가 필요하나 대출절차가 간단하여 관원의 작업량이 적다.

**9** 폐가식은 대출절차가 복잡하고 관원의 작업량이 많다.

※ 도서관 출납시스템의 분류

ⓐ **폐가식(closed access)** : 열람자는 책의 목록에 의해 책을 선택하여 관원에게 대출 기록을 제출한 후 대출받는 형식이다. 서고와 열람실이 분리되어 있다.
- 도서의 유지관리가 양호하다.
- 감시할 필요가 없다.
- 희망한 내용이 아닐 수 있다.
- 대출 절차가 복잡하고 관원의 작업량이 많다.

ⓑ **안전 개가식(safe-guarded open access)** : 자유 개가식과 반개가식의 장점을 취한 형식으로서, 열람자가 책을 직접 서가에서 뽑지만 관원의 검열을 받고 대출의 기록을 남긴 후 열람하는 형식이다. 보통 15,000권 이하의 서적 보관과 열람에 적당하다.
- 출납 시스템이 필요 없어 혼잡하지 않다.
- 도서 열람의 체크 시설이 필요하다.
- 도서 열람이 가능하여 책을 보고 직접 뽑을 수 있다.
- 감시가 필요하지 않다.

ⓒ **반개가식(semi-open access)** : 열람자는 직접 서가에 면하여 책의 체재나 표시 정도는 볼 수 있으나 내용을 보려면 관원에게 요구하여 대출 기록을 남긴 후 열람하는 형식이다.
- 신간 서적 안내에 채용되며 대량의 도서에는 부적당하다.
- 출납 시설이 필요하다.
- 서가의 열람이나 감시가 불필요하다.

ⓓ **자유 개가식(free open access)** : 열람자 자신이 서가에서 책을 꺼내어 고르고 그대로 검열을 받지 않고 열람하는 형식으로 보통 1실형이고 10,000권 이하의 서적 보관과 열람에 적당하다.
- 책 내용 파악 및 선택이 자유롭고 용이하다.
- 책의 목록이 없어 간편하다.
- 책 선택시 대출, 기록의 제출이 없어 분위기가 좋다.
- 서가의 정리가 잘 안 되면 혼란스럽게 된다.
- 책이 마모, 망실된다.

**10** 르 꼬르뷔지에가 주장한 근대건축 5원칙에 속하지 않는 것은?

① 필로티
② 옥상정원
③ 유기적 공간
④ 자유로운 평면

**11** 다음 중 사무소 건축에서 기준층 평면형태의 결정요소와 가장 거리가 먼 것은?

① 동선상의 거리
② 구조상 스팬의 한도
③ 사무실 내의 책상 배치 방법
④ 덕트, 배선, 배관 등 설비시스템상의 한계

**10** 르 꼬르뷔지에의 근대건축 5원칙
- **필로티** : 철근콘크리트 기둥으로 된 필로티로 무게를 지탱하며 건추국조의 대부분을 땅에서 들어올려 지표면으로부터 건축물을 자유롭게 한다.
- **자유로운 입면** : 건축가가 원하는 대로 설계할 수 있는 구조 기능을 갖지 않는 벽체로 이루어진 '자유로운 입면'이다.
- **띠 유리창** : 채광효과가 우수하고 길고 낮은 평면의 유리창이다.
- **자유로운 평면** : 지지벽이 필요없이 바닥 공간이 여러 개의 방들로 자유롭게 배열된 평면이다.
- **옥상정원** : 건물이 서기 전에 있던 녹지를 대체할 수 있는 옥상에 설치된 정원이다.

**11** 사무실 내의 책상배치 방법은 기준층의 평면형태를 결정짓는 요소로 보기는 어렵다.
※ 사무소 건축에서 기준층 평면형태의 결정요인
- 구조적 스팬의 한계
- 동선상의 거리
- 설비시스템의 한계
- 방화구획상의 한계
- 자연채광의 조건(인공조명의 한계)
- 피난거리

**12** 다음 설명에 알맞은 학교운영방식은?

각 학급을 2분단으로 나누어 한 쪽이 일반교실을 사용할 때 다른 한 쪽은 특별교실을 사용한다.

① 달톤형　　　　　　　　　　　② 플래툰형
③ 개방학교　　　　　　　　　　④ 교과교실형

**13** 주택 부엌의 가구 배치 유형 중 병렬형에 관한 설명으로 바른 것은?

① 연속된 두 벽면을 이용하여 작업대를 배치한 형식이다.
② 폭이 길이에 비해 넓은 부엌의 형태에 적당한 유형이다.
③ 작업면이 가장 넓은 배치 유형으로 작업효율이 좋다.
④ 좁은 면적 이용에 효과적이므로 소규모 부엌에 주로 이용된다.

---

* * *
**ANSWER**　12.②　13.②

**12** 플래툰형(P형 – Platoon Type)
　• 전 학급을 두 분단으로 나눈 후 한 분단은 일반교실, 다른 한 분단은 특별교실 사용하는 형식이다.
　• 분단 교체는 점심시간을 이용하도록 하는 것이 유리하다.
　• 교사수가 부족하고 시간 배당이 어렵다
　• 미국 초등학교에서 과밀을 해소하기 위해 실시하고 있다.

**13**　① 연속된 두 벽면을 이용하여 작업대를 배치한 형식은 L자형 방식이다.
　　　③ 작업면이 가장 넓은 배치 유형으로 작업효율이 좋은 방식은 U자형 방식이다.
　　　④ 좁은 면적 이용에 효과적이므로 소규모 부엌에 주로 이용되는 방식은 직선형이다.
　　　※ 부엌의 유형
　　　　㉠ **직선형(일렬형)** : 좁은 부엌에 알맞고 동선의 혼란이 없는 반면 움직임이 많아 동선이 길어지는 경향이 있다.
　　　　㉡ **L자형(ㄱ자형)** : 정방형 부엌에 알맞고 비교적 넓은 부엌에서 능률이 좋으나 모서리 부분은 이용도가 낮다. 식사실
　　　　　과 함께 이용할 경우에만 적합한 유형이다.
　　　　㉢ **U자형(ㄷ자형)** : 병렬형과 ㄱ자형을 혼합한 유형이다. 작업동선이 짧고 부엌의 면적을 줄일 수 있는 이점이 있으며
　　　　　양측 벽면이 이용될 수 있으므로 수납공간을 넓게 잡을 수 있으며 이용하기에도 아주 편리하다.
　　　　㉣ **병렬형** : 직선형에 비해 작업동선이 줄어들지만 작업 시 몸을 앞뒤로 바꿔야 하므로 불편하다. 식당과 부엌이 개방
　　　　　되지 않고 외부로 통하는 출입구가 필요한 경우에 많이 쓰인다. 폭이 길이에 비해 넓은 부엌의 형태에 적당한 유
　　　　　형이다.

**14** 극장 무대 주위의 벽에 6~9m 높이로 설치되는 좁은 통로로, 그리드 아이언에 올라가는 계단과 연결되는 것은?

① 록 레일
② 사이클로라마
③ 플라이 갤러리
④ 슬라이딩 스테이지

**15** 다음 중 다포식 건물에 속하지 않는 것은?

① 서울 동대문
② 창덕궁 돈화문
③ 전등사 대웅전
④ 봉정사 극락전

**16** 이슬람(사라센) 건축양식에서 미나렛(Minaret)이 의미하는 것은?

① 이슬람교의 신학원 시설
② 모스크의 상징인 높은 탑
③ 메카방향으로 설치된 실내 제단
④ 열주나 아케이드로 둘러싸인 중정

**14** ① 록 레일(Lock Rail) : 와이어 로프(wire rope)를 한곳에 모아서 조정하는 장소, 벽에 가이드레일을 설치해야 되기 때문에 무대의 좌우 한쪽 벽에 위치
   ② 사이클로라마(Cyclorama) : 극장건축에서 무대의 제일 뒤에 설치하는 무대배경용의 벽
   ③ 플라이갤러리(Fly Gallery) : 극장 무대 주위의 벽에 6~9m 높이로 설치되는 좁은 통로로서, 그리드 아이언에 올라가는 계단과 연결되는 것
   ④ 슬라이딩 스테이지 : 무대와 똑같은 넓이의 공간을 무대 좌우에 만들어 한쪽에 다음 장면의 무대장치를 미리 만들어 놓았다가 필요할 때 정면으로 밀어내고 정면에 있던 무대장치는 다른 한쪽으로 밀어넣는 장치로, 연극의 무대전환기구, 이동무대라고도 함

**15** 봉정사 극락전은 조선초기의 주심포식 건축물이다.

**16** 이슬람(사라센) 건축양식에서 미나렛(Minaret)은 모스크의 상징인 높은 탑(첨탑)을 말한다. 아랍어로 '빛을 두는 곳, 등대'를 의미하는 '마나라(manāra)'에서 유래하였다

**17** 아파트의 단면 형식 중 메조넷 형식에 관한 설명으로 바르지 않은 것은?

① 하나의 주거단위가 복층 형식을 취한다.

② 양면 개구부에 의한 통풍 및 채광이 좋다.

③ 주택 내의 공간의 변화가 없으며 통로에 의해 유효면적이 감소한다.

④ 거주성, 특히 프라이버시는 높으나 소규모 주택에는 비경제적이다.

**18** 기계공장에서 지붕의 형식을 톱날지붕으로 하는 가장 주된 이유는?

① 소음을 작게 하기 위해서

② 빗물의 배수를 충분히 하기 위해서

③ 실내온도를 일정하게 유지하기 위해서

④ 실내의 주광조도를 일정하게 하기 위해서

**17** 복층형식으로서 주택 내의 공간의 변화가 발생하며 1주거단위가 복층으로 되어 있어 통로와 같은 공용면적이 감소되어 유효면적과 임대면적이 증가한다.

※ 메조넷형(maisonnette type) ··· 작은 저택의 뜻을 지니고 있는 유형이다. 하나의 주거단위가 복층형식을 취하는 경우로, 단위주거의 평면이 2개 층에 걸쳐 있을 때 듀플렉스형(duplex type), 3층에 있을 때 트리플렉스형(Triplex type)이라고 한다.

　㉠ 장점

　　• 통로면적이 감소하고 유효면적과 임대면적이 증가한다.

　　• 프라이버시가 좋다.

　㉡ 단점

　　• 주호 내에 계단을 두어야 하므로 소규모 주택에서는 비경제적이다.

　　• 공용복도가 없는 층은 화재 및 위험시 대피상 불리하다.

　　• 스킵플로어형 계획시 구조 및 설비상 복잡하고 설계가 어렵다.

　　• 공용복도가 중복도일 때 복도의 소음처리가 특별히 고려되어야 한다.

**18** 기계공장에서 지붕의 형식을 톱날지붕으로 하는 가장 주된 이유는 실내의 주광조도를 일정하게 하기 위해서이다.

**19** 상점 정면(facade)구성에 요구되는 5가지 광고요소(AIDMA 법칙)에 속하지 않는 것은?

① Attention(주의)

② Identity(개성)

③ Desire(욕구)

④ Memory(기억)

**20** 사무소 건축의 오피스 랜드스케이핑(Office Landscaping)에 관한 설명으로 옳지 않은 것은?

① 의사전달, 작업흐름의 연결이 용이하다.

② 일정한 기하학적 패턴에서 탈피한 형식이다.

③ 작업단위에 의한 그룹(Group)배치가 가능하다.

④ 개인적 공간으로의 분할로 독립성 확보가 용이하다.

**19** A : Attention(주의)
   I : Interest(흥미)
   D : Desire(욕망)
   M : Memory(기억)
   A : Action(행동)

**20** 오피스 랜드스케이핑은 프라이버시와 독립성을 확보하기가 매우 어려워 이에 대한 고려가 필요하다.

**21** 건축물에 사용되는 금속자재와 그 용도가 바르게 연결되지 않은 것은?

① 경량철골 M-BAR : 경량벽체 시공을 위한 구조용 지지틀

② 코너비드 : 벽, 기둥 등의 모서리에 대는 보호용 철물

③ 논슬립 : 계단에 사용되는 미끄럼 방지 철물

④ 조이너 : 천장, 벽 등의 이음새 감추기용 철물

**22** 네트워크 공정표에서 작업의 상호관계만을 도시하기 위하여 사용하는 화살선은?

① event

② dummy

③ activity

④ critical path

**23** 건축용 석재 사용 시 주의 사항으로 바르지 않은 것은?

① 석재를 구조재로 사용할 시 압축강도가 큰 것을 선택하여 사용할 것

② 석재를 다듬어 쓸 때는 석질이 균일한 것을 사용할 것

③ 동일 건축물에서는 다양한 종류 및 다양한 산지의 석재를 사용할 것

④ 석재를 마감재로 사용할 경우 석리와 색채가 우아한 것을 선택하여 사용할 것

---

**ANSWER**   21.① 22.② 23.③

**21** 경량철골 M-BAR는 경량천장재를 설치하기 위한 지지틀이다.

**22** ① Event : 작업의 결합점, 개시점 또는 종료점
③ Activity : 작업, 프로젝트를 구성하는 작업단위
④ Critical path : 소요일수가 가장 많은 작업경로, 여유시간을 갖지 않는 작업경로, 전체 공기를 지배하는 작업경로

**23** 동일 건축물에서는 되도록 동일한 종류 및 동일한 산지의 석재를 사용하는 것이 좋다.

**24** 린 건설(Lean Construction)에서의 관리방법으로 바르지 않은 것은?

① 변이관리

② 당김생산

③ 대량생산

④ 흐름생산


**25** 건축공사 시 직접공사비 구성항목으로 바르게 짝지어진 것은?

① 재료비, 노무비, 장비비, 간접공사비

② 재료비, 노무비, 외주비, 간접공사비

③ 재료비, 노무비, 일반관리비, 경비

④ 재료비, 노무비, 외주비, 경비

**24**

| 구분 | 기존생산방식 | 린 건설 |
|---|---|---|
| 생산방식 | 밀어내기식 제안 | 당김 생산 |
| 목표 | 효율성(계량적 생산성) | 효율성(질적 생산효율)제고 |
| 장점 | • 대량생산으로 할인가격 적용<br>• 공급체인 활용가능 | • 공사의 유연성 확보<br>• 필요한 순서로 작업 진행<br>• 자원의 대기시간 최소화 |
| 단점 | • 설계변경, 물량변경시 마찰 우려<br>• 작업자의 생산에 대한 소극적 자세<br>• 작업의 대기시간 발생 | • 소량구매로 할인율 적용 난해<br>• 정확한 시간 준수 |
| 관리 | 작업 관리 | 자재, 장비, 정보의 흐름을 관리 |

**25** 직접공사비 구성항목 : 재료비, 노무비, 외주비, 경비

| 총공사비<br>(견적가격) | 총원가 | 공사원가 | 순공사비 | 간접공사비<br>(공통경비) | |
|---|---|---|---|---|---|
| | 부가이윤 | | | | |
| | | 일반관리비<br>부담금 | | | |
| | | | 현장경비 | | |
| | | | | 직접공사비 | 재료비 |
| | | | | | 노무비 |
| | | | | | 외주비 |
| | | | | | 직접경비 |

**26** 벽돌쌓기 시 벽면적 1제곱미터 당 소요되는 벽돌(190×90×57mm)의 정미량(매)과 모르타르량(m³)으로 바른 것은? (단, 벽두께 1.0B, 모르타르의 재료량은 할증이 포함된 것이며 배합비는 1:3이다.)

① 벽돌매수 : 224매, 모르타르량 : 0.078m³

② 벽돌매수 : 224매, 모르타르량 : 0.049m³

③ 벽돌매수 : 149매, 모르타르량 : 0.078m³

④ 벽돌매수 : 149매, 모르타르량 : 0.049m³

**27** 금속커튼월의 성능시험 관련 항목과 가장 거리가 먼 것은?

① 내동해성 시험

② 구조시험

③ 기밀시험

④ 정압수밀시험

...

ANSWER  26.④  27.①

**26** 표준형 벽돌 1.0B 쌓기 시에는 149매/m³을 기준으로 하며 배합비가 1:3이며, 아래의 표에 의하면 1,000매당 0.33m³의 모르타르가 사용되므로 0.33m³/1,000매×149매 = 0.4917m³가 된다.

※ 벽돌쌓기 모르타르량(m³)

| 벽두께 | 0.5B | 1.0B | 1.5B | 2.0B | 2.5B |
|---|---|---|---|---|---|
| 정미량 1,000매당 | 0.25 | 0.33 | 0.35 | 0.36 | 0.37 |

**27** 금속커튼월의 실물대시험(Mock-up-test) : 외벽성능시험이라고도 하며 풍동시험을 근거로 설계한 3개의 실모형으로 현장에서 최악의 외기조건으로 시험한다. 예비시험, 기밀시험, 정압수밀시험. 동압수밀시험, 구조시험, 층간 변위시험을 실시한다(내동해성 시험은 금속커튼월의 성능시험에 포함되지 않는다).

13. 건축기사 2022년 1회 | **571**

**28** 석재 설치공법 중 오픈조인트 공법의 특징으로 바르지 않은 것은?

① 등압이론 방식을 적용한 수밀방식이다.

② 압력차에 의해서 빗물을 차단할 수 있다.

③ 실링재가 많이 소요된다.

④ 층간변위에도 유동적으로 변위를 흡수할 수 있으므로 파손 확률이 적어진다.

**29** 웰 포인트 공법에 관한 설명으로 바르지 않은 것은?

① 중력배수가 유효하지 않은 경우에 주로 사용된다.

② 지하수위를 저하시키는 공법이다.

③ 인접지반과 공동매설물 침하에 주의가 필요한 공법이다.

④ 점토질의 투수성이 나쁜 지질에 적합하다.

● ● ●
ANSWER   28.③   29.④

**28** 오픈조인트공법(Open Joint System)은 실링재를 사용하지 않으며 실링재를 사용한 방식은 클로즈드조인트 공법(Closed Joing System)이다.

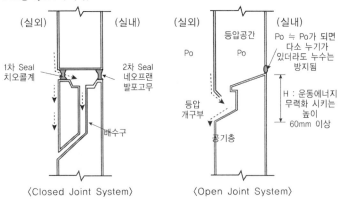

〈Closed Joint System〉   〈Open Joint System〉

**29** 웰 포인트 공법은 투수성이 좋은 사질지반에 적용되는 공법이다.

**30** 타일크기가 10cm×10cm이고 가로세로 줄눈을 6mm로 할 때 면적 1제곱미터에 필요한 타일의 정미수량은?

① 94매

② 92매

③ 89매

④ 85매

**31** 콘크리트의 압축강도를 시험하지 않을 경우 다음과 같은 조건에서의 거푸집널 해체시기로 바른 것은?

- 기초, 보, 기둥 및 벽의 측면의 경우
- 평균기온은 20도 이상
- 조강 포틀랜드 시멘트 사용

① 1일

② 2일

③ 3일

④ 4일

**30** 단순한 계산문제이다. 줄눈의 간격을 고려하면 타일 1개를 붙이기 위해 필요한 면적은 $(0.1+0.006)^2 [\mathrm{m}]$ 이므로

$1\mathrm{m}^2$에 필요한 타일의 정미수량은 $\dfrac{1\mathrm{m} \times 1\mathrm{m}}{(0.1+0.006)(0.1+0.006)} = 88.9$

※ 정미수량 : 공사에 필요한 순수 수량(할증이 붙지 않은 수량)

**31** 거푸집 해체시기

㉠ 기초, 보, 기둥, 벽 등의 측면 거푸집널 해체시기

| 구조물의 종류 | 콘크리트의 압축강도 |
|---|---|
| 일반 구조물 | 5MPa 이상인 경우 |
| 내구성 중요한 구조물 | 10MPa 이상인 경우 |

㉡ 슬래브 및 보의 밑면, 아치 내면의 거푸집(동바리) 해체시기

| 부재 | 콘크리트의 압축강도 |
|---|---|
| 단층구조인 경우 | • 설계기준 압축강도의 2/3 이상인 경우<br>• 최소 14MPa 이상인 경우 |
| 다층구조인 경우 | • 설계기준 압축강도 이상(필러 동바리 구조를 이용할 경우는 구조계산에 의해 기간을 단축할 수 있다)인 경우<br>• 최소 14MPa 이상인 경우 |

**32** 건축공사의 도급계약서 내용에 기재하지 않아도 되는 항목은?

① 공사의 착수시기

② 재료의 시험에 관한 내용

③ 계약에 관한 분쟁 해결방법

④ 천재 및 그 외의 불가항력에 의한 손해부담


**33** 지질조사를 통한 주상도에서 나타나는 정보가 아닌 것은?

① N치

② 투수계수

③ 토층별 두께

④ 토층의 구성


**34** 레디믹스트 콘크리트 발주 시 호칭규격인 25-24-150에서 알 수 없는 것은?

① 염화물 함유량

② 슬럼프

③ 호칭강도

④ 굵은 골재의 최대치수


---

**ANSWER** 32.② 33.② 34.①

**32** 재료의 시험에 관한 내용은 건축공사 도급계약서에 기재되는 사항이 아니라 시방서에 기재되어야 할 사항이다.

**33** 지질주상도에는 투수계수는 표기되지 않는다.
- **지질(토질)주상도** : 토질시험이나 표준관입시험 등을 통하여 지층경연, 지층서열상태, 지하수위 등을 조사하여 지층의 단면상태를 축적으로 표시한 예측도
- **지질주상도에서 나타나는 정보** : 조사지역, 작성자, 날짜, 보링의 종류, 지하수위위치, 지층두께와 구성상태, 심도에 따른 토질 및 색조, N치, 샘플링방법

**34** 레미콘의 호칭규격 표기순서 ··· 굵은 골재 최대치수 - 호칭강도 - 슬럼프

**35** Top-Down공법(역타공법)에 관한 설명으로 바르지 않은 것은?

① 지하와 지상작업을 동시에 한다.

② 주변지반에 대한 영향이 적다.

③ 수직부재 이음부 처리에 유리한 공법이다.

④ 1층 슬래브의 형성으로 작업공간이 확보된다.

**36** 도장공사 시 유의사항으로 바르지 않은 것은?

① 도장마감은 도막이 너무 두껍지 않도록 얇게 몇 회로 나누어 실시한다.

② 도장을 수회 반복할 때에는 칠의 색을 동일하게 하여 혼동을 방지해야 한다.

③ 칠하는 장소에서 저온다습하고 환기가 충분하지 못할 경우 도장작업을 금지해야 한다.

④ 도장 후 기름, 산, 수지, 알칼리 등의 유해물이 베어 나오거나 녹아 나올 때에는 재시공한다.

**37** 철골부재용접 시 겹침이음, T자이음 등에 사용되는 용접으로 목두께의 방향이 모재의 면과 45도 또는 거의 45도의 각을 이루는 것은?

① 필릿용접

② 완전용입 맞댐용접

③ 부분용입 맞댐용접

④ 다층용접

---

**ANSWER** 35.③ 36.② 37.①

**35** Top-Down공법(역타공법)은 수직부재 이음부 처리에 불리한 공법이다.

※ Top-Down공법(역타공법)…1층 바닥을 작업장으로 활용을 하면서 지상층공사와 지하층공사가 동시에 수행되는 공법

**36** 도장을 수회 반복할 때에는 칠의 색을 다르게 하여 혼동을 방지해야 한다.

**37** ② 완전용입 맞댐용접 : 맞대는 부재 두께 전체에 걸쳐 완전하게 용접

③ 부분용입 맞댐용접 : 맞대는 부재 두께 일부를 용접하는 것으로 전단력이나 인장력, 휨모멘트를 받는 곳에는 사용할 수 없다.

④ 다층용접 : 비드를 여러 층으로 겹쳐 쌓는 용접

**38** 타일붙임공법에 사용되는 용어 중 거푸집에 전용시트를 붙이고 콘크리트 표면에 요철을 부여하여 모르타르가 파고 들어가는 것에 의해 박리를 방지하는 공법은?

① 개량압착붙임공법　　　　　　　　　② MCR공법

③ 마스크 붙임 공법　　　　　　　　　　④ 밀착 붙임 공법

**39** 다음 설명은 어느 방식에 해당되는가?

> 도급자가 대상계획의 기업, 금융, 토지조달, 설계, 시공, 기계와 기구의 설치, 시운전 및 조업지도까지 주문자가 필요로 하는 모든 것을 조달하여 주문자에게 인도하는 방식으로 산업기술의 고도화, 전문화와 건물의 고층화, 대형화에 따라 계속 증가추세인 것

① 프로젝트관리방식　　　　　　　　　② 공사관리방식

③ 파트너링방식　　　　　　　　　　　④ 턴키방식

**40** 아스팔트 방수재료에 관한 설명으로 바르지 않은 것은?

① 아스팔트 컴파운드는 블로운 아스팔트에 동식물성 섬유를 혼합한 것이다.

② 아스팔트 프라이머는 아스팔트 싱글을 용제로 녹인 것이다.

③ 아스팔트 펠트는 섬유원지에 스트레이트 아스팔트를 가열용해하여 흡수시킨 것이다.

④ 아스팔트 루핑은 원지에 스트레이트 아스팔트를 침투시키고 양면에 컴파운드를 피복한 후 광물질 분말을 살포시킨 것이다.

---

ANSWER　38.②　39.④　40.②

**38** ① 개량압착붙임공법 : 평탄하게 마무리된 바탕 모르타르면에 붙임 모르타르를 바르고 타일 뒷면에도 붙임모르타르를 발라 나무망치 등으로 두들겨 붙이는 방법

③ 마스크 붙임공법 : 유닛(unit)화된 50 mm 각 이상의 타일 표면에 모르타르 도포용 마스크를 덧대어 붙임 모르타르를 바르고 마스크를 바깥에서부터 바탕면에 타일을 바닥면에 누름하여 붙이는 공법

④ 밀착붙임공법 : 바탕면에 붙임 모르타르를 발라 타일을 붙인 다음, 충격공구를 이용하여 타일에 진동을 주어 매입에 의해 벽타일을 붙이는 방법

**39** 턴키(Turn-key) 방식 : 발주자는 열쇠만 돌리면 쓸 수 있다는 뜻에서 유래된 말이며 포괄적인 도급계약의 개념으로 건설업자가 대상 프로젝트의 금융, 토지조달, 설계, 시공, 기계, 기구설치, 시운전 및 조업지도까지 모든 것을 조달하여 주문자에게 인도하는 도급계약의 방식이다.

**40** 아스팔트 프라이머는 아스팔트를 용제로 녹인 것이다. 아스팔트 싱글은 아스팔트로 만들어진 지붕재의 일종이다.

**41** 그림과 같은 단순보의 양단 수직반력을 구하면?

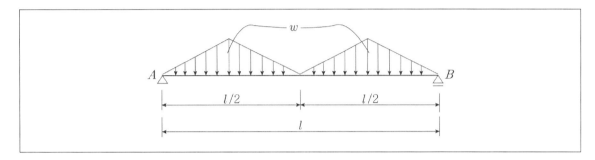

① $R_A = R_B = \dfrac{wl}{2}$　　　　　　② $R_A = R_B = \dfrac{wl}{4}$

③ $R_A = R_B = \dfrac{wl}{6}$　　　　　　④ $R_A = R_B = \dfrac{wl}{8}$

**42** 강도설계법으로 설계된 보에서 스터럽이 부담하는 전단력이 $V_s = 265\text{kN}$ 일 경우 수직스터럽의 적절한 간격은? (단, $A_v = 2 \times 127\text{mm}^2$ (U형 2–D13), $f_{yt} = 350\text{MPa}$, $b_w \times d = 300 \times 450\text{mm}$)

① 120mm　　　　　　② 150mm

③ 180mm　　　　　　④ 210mm

---

**ANSWER**　**41.**② **42.**②

**41** 직관적으로 바로 풀 수 있는 문제로서 $R_A = R_B = \dfrac{wl}{4}$ 이 답이 된다.

**42** 스터럽의 간격

$$s = \frac{A_v \cdot f_y \cdot d}{V_s} = \frac{2 \cdot 127[\text{mm}^2] \cdot 350[\text{MPa}] \cdot 450[\text{mm}]}{265[\text{kN}]} = 150.96\text{mm}$$

**43** 다음 중 건물의 부동침하의 원인과 가장 거리가 먼 것은?

① 건물이 경사지반에 근접되어 있는 경우

② 건물이 이질지반에 걸쳐있는 경우

③ 이질의 기초구조를 적용했을 경우

④ 건물의 강도가 불균등할 경우

**44** 바람의 난류로 인해서 발생되는 구조물의 동적 거동성분을 나타내는 것으로 평균변위에 대한 최대변위의 비를 통계적인 값으로 나타낸 계수는?

① 지형계수

② 가스트영향계수

③ 풍속고도분포계수

④ 풍력계수

- - -

ANSWER    43.④    44.②

**43** 건물의 부동침하는 지반에 결함이 있는 경우 발생하게 된다. 건물의 강도가 약하고 지반이 결함이 있으면 부동침하가 발생할 수 있으나 단지 건물의 강도가 불균등하다고 하여 부동침하가 발생한다고 볼 수는 없다.

**44** 가스트영향계수($G_f$)

- 바람의 난류로 인하여 발생되는 구조물의 동적 거동성분을 나타낸 값으로서 평균값에 대한 피크값의 비를 통계적으로 나타낸 계수이다.
- 설계풍압은 "설계풍압 = 가스트영향계수 × (임의높이 설계압 × 풍상벽 외압계수 − 지붕면설계도압 × 풍하벽외압계수)"으로 산정한다. 단, 부분개방형 건축물 및 지붕풍하중을 산정할 때에는 내압의 영향도 고려해야 한다.

**45** 다음 용접기호에 대한 설명으로 바른 것은?

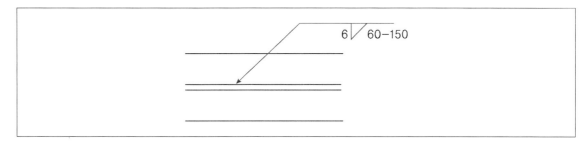

① 맞댐용접이다.

② 용접되는 부위는 화살의 반대쪽이다.

③ 유효목두께는 6mm이다.

④ 용접길이는 60mm이다.

**45** ① 필릿용접이다.
② 용접되는 부위는 화살의 반대쪽이다.
③ 다리길이는 6mm이며 유효목두께는 이 값의 0.7배인 4.2mm이다.

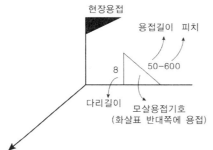

**46** 다음 그림과 같은 강접골조에 수평력 P=10kN이 작용하고 기둥의 강비 $k$는 ∞인 경우, 기둥의 모멘트가 최대가 되는 위치 $h_0$은? (단, 괄호안의 기호는 강비이다.)

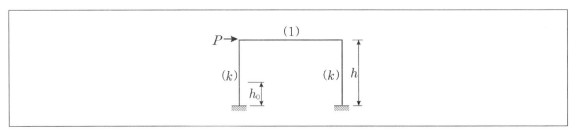

① 0

② 0.5h

③ (4/7)h

④ h

**47** 강구조에서 기초콘크리트에 매입되어 주각부의 이동을 방지하는 역할을 하는 것은?

① 앵커볼트

② 턴버클

③ 클립앵글

④ 사이드앵글

---

**46** 주어진 기둥의 모멘트가 최대가 되는 위치는 고정단지점이므로 $h_0$은 0이며 기둥의 모멘트가 0이 되는 위치는 고정단으로부터 $h$만큼 떨어진 곳이다.

**47**

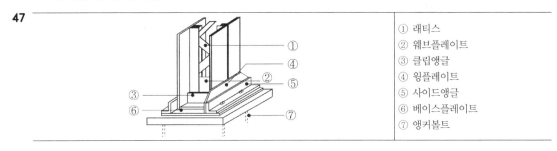

① 래티스
② 웨브플레이트
③ 클립앵글
④ 윙플레이트
⑤ 사이드앵글
⑥ 베이스플레이트
⑦ 앵커볼트

**48** 다음 그림에서 파단선 a-1-2-3-d의 인장재의 순단면적은? (단, 판두께는 10mm, 볼트구멍의 지름은 20mm이다.)

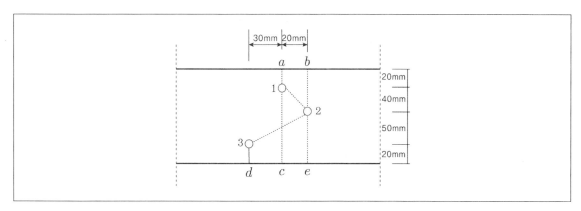

① 690mm$^2$

② 790mm$^2$

③ 890mm$^2$

④ 990mm$^2$

**49** 다음과 같은 조건의 단면을 가진 부재의 균열모멘트($M_{cr}$)를 구하면?

> • 단면의 중립축에서 인장연단까지의 거리 $y_t = 420$mm
>
> • 총 단면 2차모멘트 $I_g = 1.0 \times 10^{10}[\text{mm}^4]$
>
> • 보통 중량 콘크리트 설계기준압축강도 $f_{ck} = 21$MPa

① 50.6kNm

② 53.3kNm

③ 62.5kNm

④ 68.8kNm

**48** 파단선의 경로는 a-1-2-3-d가 된다.

이와 같은 엇모배치의 경우 다음의 식으로 순단면적을 산정하므로

$$A_n = A_g - n \cdot d \cdot t + \sum \frac{s^2}{4g} \cdot t$$

$$A_n = 130 \cdot 10 - 3 \cdot 22 \cdot 10 + \frac{20^2 \cdot 10}{4 \cdot 40} + \frac{50^2 \cdot 10}{4 \cdot 50} = 790\text{mm}^2$$

**49**
$$M_{cr} = \frac{I_g \cdot f_r}{y_t} = \frac{1.0 \times 10^{10}}{420} \times 2.89 \times 10^{-6} = 68.8\text{kN} \cdot \text{m}$$

$$f_r = 0.63\sqrt{21} = 2.89\text{N/mm}^2$$

**50** 강도설계법에서 직접설계법을 이용한 콘크리트 슬래브 설계 시 적용조건으로 바르지 않은 것은?

① 각 방향으로 3경간 이상 연속되어야 한다.

② 슬래브 판들은 단변 경간에 대한 장변 경간의 비가 2 이하인 직사각형이어야 한다.

③ 각 방향으로 연속한 받침부 중심간 경간 차이는 긴 경간의 1/3 이하이어야 한다.

④ 모든 하중은 슬래브판의 특정지점에 작용하는 집중하중이어야 하며 활하중은 고정하중의 3배 이하여야 한다.


**51** 인장을 받는 이형철근의 정착길이는 기본정착길이에 보정계수를 곱하여 산정한다. 다음 중 이러한 보정계수에 영향을 미치는 사항이 아닌 것은?

① 하중계수

② 경량콘크리트계수

③ 에폭시 도막계수

④ 철근배치 위치계수

---

**50** 모든 하중은 슬래브판의 특정지점에 작용하는 집중하중이어야 하며 활하중은 고정하중의 2배 이하여야 한다.

**51** 하중계수는 구조물에 작용하는 하중에 적용하는 계수이며 인장이형철근 정착길이에 적용되는 보정계수 산정을 위해 고려되는 값이 아니다.

ㄱ α : 철근배치 위치계수로서 상부철근(정착길이 또는 겹침이음부 아래 300 mm를 초과되게 굳지 않은 콘크리트를 친 수평철근)인 경우 1.3, 기타 철근인 경우 1.0

ㄴ β : 철근 도막계수
- 피복두께가 $3d_b$ 미만 또는 순간격이 $6d_b$ 미만인 에폭시도막철근 또는 철선인 경우 : 1.5
- 기타 에폭시 도막철근 또는 철선인 경우 : 1.2
- 아연도금 철근인 경우 : 1.0
- 도막되지 않은 철근인 경우 : 1.0

(에폭시 도막철근이 상부철근인 경우에 상부철근의 위치계수 α와 철근 도막계수 β의 곱, αβ가 1.7보다 클 필요는 없다.)

ㄷ λ : 경량콘크리트계수로서 $f_{sp}$(쪼갬인장강도)값이 규정되어 있지 않은 경우 전경량콘크리트는 0.75, 모래경량콘크리트는 0.85가 된다. (단, 0.75에서 0.85사이의 값은 모래경량콘크리트의 잔골재를 경량잔골재로 치환하는 체적비에 따라 직선보간한다. 0.85에서 1.0 사이의 값은 보통중량콘크리트의 굵은골재를 경량골재로 치환하는 체적비에 따라 직선보간한다.) 또한 $f_{sp}$(쪼갬인장강도)값이 주어진 경우 $\lambda = f_{sp}/(0.56\sqrt{f_{ck}}) \leq 1.0$이 된다.

**52** 직경(D) 30mm, 길이(L) 4m인 강봉에 90kN의 인장력이 작용할 때 인장응력($\sigma_t$)과 늘어난 길이($\triangle L$)는 약 얼마인가? (단, 강봉의 탄성계수 E=200,000MPa)

① $\sigma_t$ = 127.3MPa, $\triangle L$ = 1.43mm

② $\sigma_t$ = 127.3MPa, $\triangle L$ = 2.55mm

③ $\sigma_t$ = 132.5MPa, $\triangle L$ = 1.43mm

④ $\sigma_t$ = 132.5MPa, $\triangle L$ = 2.55mm

**53** 동일재료를 사용한 캔틸레버 보에서 작용하는 집중하중의 크기가 $P_1 = P_2$일 때 보의 단면이 그림과 같다면 최대처짐 $y_1 : y_2$의 비는?

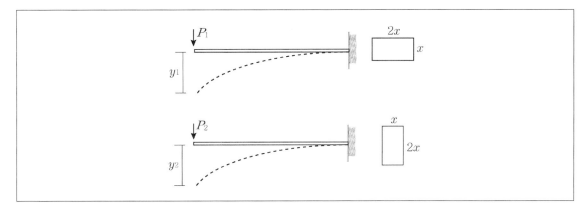

① 2 : 1

② 4 : 1

③ 8 : 1

④ 16 : 1

**52**
$$\sigma_t = \frac{P}{A} = \frac{(90 \times 10^3)}{\frac{\pi(30)^2}{4}} = 127.3\text{MPa}$$

$$\triangle L = \frac{PL}{EA} = \frac{(90 \times 10^3)(4 \times 10^3)}{(200,000)(\frac{\pi(30)^2}{4})} = 2.55\text{mm}$$

**53**
캔틸레버 보의 자유단에 집중하중 작용 시 최대처짐은 $\delta_{\max} = y_{\max} = \frac{PL^3}{3EI}(\downarrow)$

경간이 같으므로 최대처짐의 비율은 단면2차모멘트를 서로 비교하면 1:4가 되며, 최대처짐은 단면2차모멘트에 반비례하므로 $y_1 : y_2 = 4 : 1$이 됨을 알 수 있다.

**54** 인장시험을 통해 얻어진 탄소강의 응력–변형도 곡선에서 변형도 경화영역의 최대응력을 의미하는 것은?

① 인장강도

② 항복강도

③ 탄성한도

④ 비례한도

**55** 고층건물의 구조형식 중에서 건물의 중간층에 대형 수평부재를 설치하여 횡력을 외곽기둥이 분담할 수 있도록 한 형식은?

① 트러스 구조

② 골조 아웃리거 구조

③ 튜브 구조

④ 스페이스 프레임 구조

---

**ANSWER** 54.① 55.②

**54** ② 항복강도 : 인장시험 중 시험편이 항복하기 이전의 최대하중을 원단면적으로 나눈 값이다.
③ 탄성한도 : 응력과 변형도가 비례관계를 가질 수 있는 최대응력이다.
④ 비례한도 : 응력과 변형도가 비례하여 선형관계를 유지하는 한계의 응력이다.

**55** ① 트러스구조 : 여러 개의 직선 부재들을 한 개 또는 그 이상의 삼각형 형태로 배열하여 각 부재를 절점에서 연결해 구성한 뼈대 구조이다.
③ 튜브구조 : 건물의 외곽기둥을 일체화하여 지상에 솟은 빈 상자형의 캔틸레버와 같은 거동을 하게 하여 수평하중에 대한 건물 전체의 강성을 높이고, 내부의 기둥들은 수직하중만을 부담하도록 한 구조형식이다.
④ 스페이스프레임구조 : 트러스들을 결합시켜 만든 대형 3차원 입체구조체이다. 트러스가 공간적으로 확장되었다고 하여 입체트러스라고도 한다.

**56** 다음 그림과 같은 기둥단면이 300mm×300mm인 사각형 단주에서 기둥에 발생하는 최대압축응력은? (단, 부재의 재질은 균등한 것으로 본다.)

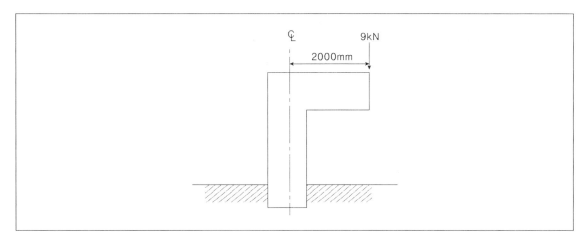

① −2.0MPa

② −2.6MPa

③ −3.1MPa

④ −4.1MPa

**56**
$$\sigma_{c,t} = -\frac{P}{A} \pm \frac{P \cdot e}{Z} = -\frac{P}{A}(1 \pm \frac{6e}{b}) = -\frac{9000N}{300^2}(1 \pm \frac{6 \times 2000}{300}) = -\frac{1}{10}(1 \pm 40)\text{MPa}$$

**57** 다음 그림과 같은 트러스의 반력 $R_A$와 $R_B$는?

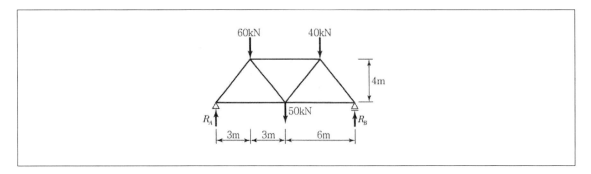

① $R_A = 60\text{kN}$, $R_B = 90\text{kN}$

② $R_A = 70\text{kN}$, $R_B = 80\text{kN}$

③ $R_A = 80\text{kN}$, $R_B = 70\text{kN}$

④ $R_A = 100\text{kN}$, $R_B = 50\text{kN}$

**58** 점 A에 작용하는 두 개의 힘 $P_1$과 $P_2$의 합력을 구하면?

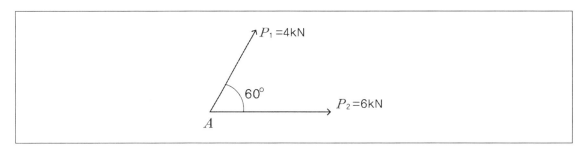

① $\sqrt{72}$ kN

② $\sqrt{74}$ kN

③ $\sqrt{76}$ kN

④ $\sqrt{78}$ kN

• • •
**ANSWER**  57.③  58.③

**57** $\sum V = 0 : R_A + R_B - 150\text{kN} = 0$

$\sum M_B = 0 : R_A \times 12 - 60 \times 9 - 50 \times 6 - 40 \times 3 = 0$

$R_A = 80\text{kN}$이며  $150\text{kN} = R_A + R_B$이므로  $R_B = 70\text{kN}$

**58** 제2코사인 법칙에 의해 $R^2 = P_1^2 + P_2^2 + 2P_1 P_2 \cos(180^o - \alpha)$이므로

$R = \sqrt{P_1^2 + P_2^2 + 2P_1 P_2 \cos\alpha} = \sqrt{4^2 + 6^2 + 2 \cdot 4 \cdot 6\cos 60^o} = \sqrt{52 + 48 \cdot 0.5} = \sqrt{76}$

**59** 표준갈고리를 갖는 인장 이형철근(D13)의 기본정착길이는? (단, D13의 공칭지름은 12.7mm, $f_{ck}=27$MPa, $f_y=400$MPa, $\beta=1.0$, $m_c=2,300$kg/m³)

① 190mm                          ② 205mm

③ 220mm                          ④ 235mm

**60** H형강이 사용된 압축재의 양단이 핀으로 지지되고 부재 중간에서 $x$축 방향으로만 이동할 수 없도록 지지되어 있다. 부재의 전 길이가 4m일 때 세장비는? (단, $r_x=8.62$cm, $r_y=5.02$cm임)

① 26.4                           ② 36.4

③ 46.4                           ④ 56.4

---

**ANSWER**    59.④    60.③

**59**
표준갈고리를 갖는 인장 이형철근의 기본정착길이 $l_{hb}=\dfrac{0.24\beta d_b f_y}{\lambda\sqrt{f_{ck}}}=\dfrac{0.24\cdot 1.0\cdot 12.7\cdot 400}{1.0\sqrt{27}}=234.6$mm

표준갈고리를 갖는 인장이형철근의 정착길이 : $l_{dh}=l_{hb}\times$보정계수 $\geq 150$mm

인장을 받는 표준갈고리의 정착길이($l_{dh}$)는 위험단면으로부터 갈고리 외부끝까지의 거리(좌측그림에서는 D로 나타내며 정착길이는 기본정착길이 $l_{hb}$에 적용가능한 모든 보정계수를 곱하여 구한다.

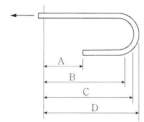

**60** ㉠ 유효좌굴길이

$KL_x=1.0\times 4,000=4,000$mm

$KL_x=1.0\times 2,000=2,000$mm

㉡ 세장비(다음 중 큰 값을 따른다.)

$x$축에 대한 세장비 $\dfrac{KL_x}{r_x}=\dfrac{4,000}{86.2}=46.4$

$y$축에 대한 세장비 $\dfrac{KL_y}{r_y}=\dfrac{2,000}{50.2}=39.8$

**61** 실내에 4500W를 발열하고 있는 기기가 있다. 이 기기의 발열로 인해 실내온도상승이 생기지 않도록 환기를 하려고 할 때 필요한 최소 환기량은? (단, 공기의 밀도는 1.2kg/m$^3$, 비열은 1.01kJ/kg · K, 실내온도는 20℃, 외기온도는 0℃이다.)

① 약 452m$^3$/h

② 약 668m$^3$/h

③ 약 856m$^3$/h

④ 약 928m$^3$/h

**62** 주위 온도가 일정 온도 이상으로 되면 동작하는 자동화재탐지설비의 감지기는?

① 이온화식 감지기

② 차동식 스폿형 감지기

③ 정온식 스폿형 감지기

④ 광전식 스폿형 감지기

---

**ANSWER** 61.② 62.③

. . . . . . . . . . . . . . . . . . . . . . . . . . . . . . . . . . . . . . . . . . . . . . . . . . . . . . . . . . . . . . . . . . . . . . . . . . . . . . . . . . . . . . . . . . . . . . . . .

**61** $Q = \dfrac{4,500}{0.337 \times (20-0)} = 667.656 \text{m}^3/\text{h}$

**62** ① 이온화식 감지기 : 연기에 의해서 이온전류가 변화하는 현상을 이용하여 감지하는 방식의 감지기

② 차동식 감지기 : 감지기 내의 장치가 주변의 온도상승으로 인한 열팽창률에 의해 팽창하여 파이프에 접속된 감압실의 접점을 동작시켜 작동되는 감지기

④ 광전식 감지기 : 감지기의 주위의 공기가 일정한 농도의 연기를 포함하게 되면 작동하는 것으로 연기에 의하여 광전소자의 수광량이 변화하는 것을 이용해서 작동하는 감지기

**63** 다음 중 습공기의 엔탈피에 대한 설명으로 옳은 것은?

① 건구온도가 높을수록 커진다.

② 절대습도가 높을수록 작아진다.

③ 수증기의 엔탈피에서 건공기의 엔탈피를 뺀 값이다.

④ 습공기를 냉각, 가습할 경우 엔탈피는 항상 감소한다.


**64** 조명기구의 배광에 따른 분류 중 직접조명형에 대한 설명으로 옳은 것은?

① 상향광속과 하향광속이 거의 동일하다.

② 천장을 주광원으로 이용하므로 천장의 색에 대한 고려가 필요하다.

③ 매우 넓은 면적이 광원으로서의 역할을 하기 때문에 직사 눈부심이 없다.

④ 작업면에 고조도를 얻을 수 있으나 심한 휘도의 차이 및 짙은 그림자가 생긴다.

**63** 엔탈피는 어떤 물체가 가지는 유동에너지, 즉 열량을 공급받는 동작 유체에 있어서 내부에너지와 유동 에너지의 합의 합이다.

② 엔탈피는 절대습도가 높아질수록 커진다. (1 → 4 : 가습)

③ 습공기 엔탈피는 $h_w = 0.24t + (597.3 + 0.44t)$ [kcal/kg]이며 앞의 0.24t는 건조공기에 대한 엔탈피이며 뒤에 나오는 (597.3+0.44t)는 수증기의 엔탈피이다.

④ 습공기를 냉각·가습할 경우 엔탈피는 증가할 수도 있고 작아질 수도 있다.

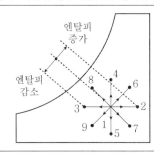

| | |
|---|---|
| 1 → 2 : 현열 가열 | |
| 1 → 3 : 현열 냉각 | |
| 1 → 4 : 가습 | |
| 1 → 5 : 감습 | |
| 1 → 6 : 가열 가습 | |
| 1 → 7 : 가열 감습 | |
| 1 → 8 : 냉각 가습 | |
| 1 → 9 : 냉각 감습 | |

**64** ① 상향광속과 하향광속의 차이가 크다.

② 천장을 주광원으로 이용하기도 하는 방식은 간접조명이다.

③ 매우 넓은 면적이 광원으로서 역할을 하기 때문에 직사 눈부심이 없는 것은 간접조명이다.

**65** 다음 중 건축물 실내공간의 잔향시간에 가장 큰 영향을 주는 것은?

① 실의 용적

② 음원의 위치

③ 벽체의 두께

④ 음원의 음압

**66** 다음 설명에 알맞은 통기관의 종류는?

> 기구가 반대방향(좌우분기) 또는 병렬로 설치된 기구배수관의 교점에 접속하여 입상하며, 그 양 기구의 트랩봉수를 보호하기 위한 1개의 통기관을 말한다.

① 공용통기관

② 결합통기관

③ 각개통기관

④ 신정통기관

• • •
ANSWER    65.①   66.①

**65** 건축물 실내공간의 잔향시간에 가장 큰 영향을 미치는 것은 실의 용적이다.

**66**

| 종류 | 특기사항 |
|---|---|
| 각개통기관 | 각 위생기구마다 통기관을 설치하는 것으로 가장 이상적인 통기방식이다. |
| 루프통기관 (회로통기관) | 2개 이상 8개 이내의 트랩을 통기보호하기 위하여 최상류에 있는 위생기구의 기구배수관이 배수수평지관과 연결되는 바로 하류의 수평지관에 접속시켜 통기수직관 또는 신정통기관으로 연결하는 통기관이다. |
| 도피통기관 | 환상통기배관에서 통기능률을 향상시키기 위한 통기관으로서 최하류 기구배수관과 배수수직관 사이에 설치한다. |
| 결합통기관 | 고층건물의 경우 배수수직주관으로부터 입상하여 통기수직주관을 접속하는 도피통기관으로, 5개층마다 설치해서 배수수직주관의 통기를 촉진한다. |
| 신정통기관 | 최상부의 배수수평관이 배수입상관에 접속한 지점보다도 더 상부 방향으로 그 배수입상관을 지붕 위까지 연장하여 이것을 통기관으로 사용하는 관이다. |
| 습윤통기관 | 최상류 기구의 환상통기(루프통기)에 연결하여 통기와 배수의 역할을 겸하는 통기관이다. |

**67** 습공기가 냉각되어 포함되어 있던 수증기가 응축되기 시작하는 온도를 의미하는 것은?

① 노점온도

② 습구온도

③ 건구온도

④ 절대온도

**68** 변전실에 관한 설명으로 바르지 않은 것은?

① 건축물의 최하층에 설치하는 것이 원칙이다.

② 용량의 증설에 대비한 면적을 확보할 수 있는 장소로 한다.

③ 사용부하의 중심에 가깝고, 간선의 배선이 용이한 곳으로 한다.

④ 변전실의 높이는 바닥의 케이블트렌치 및 무근 콘크리트 설치 여부 등을 고려한 유효높이로 한다.

**69** $10\Omega$의 저항 10개를 직렬로 접속할 때의 합성저항은 병렬로 접속할 때의 합성저항의 몇 배가 되는가?

① 5배

② 10배

③ 50배

④ 100배

---

**ANSWER**  **67.**① **68.**① **69.**④

**67** ② 습구온도 : 온도계의 감온부를 젖은 헝겊으로 둘러싼 후 3m/sec이상의 바람이 불 때 측정한 온도이다.
③ 건구온도 : 일반온도계로 측정한 온도이다.
④ 절대온도 : 물질의 특이성에 의존하지 않는 절대적인 온도로서 섭씨 -273도에 해당하는 온도이다.

**68** 변전실은 건축물의 최하층에 설치해야하는 것이 아니라 부하의 중심에 가깝고 배전에 편리하며 외부로부터 전원의 인입과 기기반출이 용이한 곳에 설치해야 한다.

**69** 직렬연결시 $R = R_1 + R_2 + \cdots = 10 \times 10 = 100 [\Omega]$

병렬연결시 $\dfrac{1}{R} = \dfrac{1}{R_1} + \dfrac{1}{R_2} + \cdots = \dfrac{1}{10} \times 10 = 1 [\Omega]$

**70** 다음 중 증기난방에 대한 설명으로 옳지 않은 것은?

① 응축수 환수관 내에 부식이 발생하기 쉽다.

② 동일 방열량인 경우 온수난방에 비해 방열기의 방열면적이 작아도 된다.

③ 방열기를 바닥에 설치하므로 복사난방에 비해 실내바닥의 유효면적이 줄어든다.

④ 온수난방에 비해 예열시간이 길어서 충분한 난방감을 느끼는데 시간이 걸린다.

**71** 건구온도가 26℃인 실내공기 8000m³/h와 건구온도 32℃인 외부공기 2000m³/h를 단열 혼합하였을 때 혼합공기의 건구온도는?

① 27.2℃

② 27.6℃

③ 28.0℃

④ 29.0℃

● ● ●
ANSWER | 70.④ 71.①

**70** 증기난방은 온수난방보다 예열시간이 짧다.

| 구분 | 증기난방 | 온수난방 |
|---|---|---|
| 표준방열량 | 650kcal/m²h | 450kcal/m²h |
| 방열기면적 | 작다 | 크다 |
| 이용열 | 잠열 | 현열 |
| 열용량 | 작다 | 크다 |
| 열운반능력 | 크다 | 작다 |
| 소음 | 크다 | 작다 |
| 예열시간 | 짧다 | 길다 |
| 관경 | 작다 | 크다 |
| 설치유지비 | 싸다 | 비싸다 |
| 쾌감도 | 나쁘다 | 좋다 |
| 온도조절(방열량조절) | 어렵다 | 쉽다 |
| 열매온도 | 102℃ 증기 | 85~90℃<br>100~150℃ |
| 고유설비 | 방열기트랩<br>(증기트랩, 열동트랩) | 팽창탱크<br>개방식 : 보통온수<br>밀폐식 : 고온수 |
| 공동설비 | 공기빼기 밸브<br>방열기 밸브 | |

**71** $26 \cdot 8000 + 32 \cdot 2000 = x \cdot 10000$

$x = 27.2$

**72** 다음의 스프링클러설비의 화재안전기준 내용 중 (     )안에 들어갈 말로 알맞은 것은?

> 전동기에 따른 펌프를 이용하는 가압송수장치의 송수량은 0.1MPa의 방수압력 기준으로 (     ) 이상의 방수성능을 가진 기준개수의 모든 헤드로부터의 방수량을 충족시킬 수 있는 양 이상으로 할 것

① 80L/min

③ 110L/min

② 90L/min

④ 130L/min

**73** 다음 설명에 알맞은 엘리베이터 조작방식은?

> 기동은 운전원의 버튼조작으로 하며, 정지는 목적층 단추를 누르는 것과 승강장의 호출신호로 층의 순서대로 자동 정지한다.

① 카 스위치 방식

③ 레코드 컨트롤 방식

② 전자동군관리방식

④ 시그널 컨트롤 방식

---

**ANSWER** | 72.① 73.④

**72** 전동기에 따른 펌프를 이용하는 가압송수장치의 송수량은 0.1MPa의 방수압력 기준으로 80L/min이상의 방수성능을 가진 기준개수의 모든 헤드로부터의 방수량을 충족시킬 수 있는 양 이상으로 할 것

**73** 보기의 내용은 시그널 컨트롤 방식에 관한 사항이다.

※ 엘리베이터 조작방식

- 카 스위치 방식 : 시동·정지는 운전원이 조작반의 스타트 버튼을 조작함으로써 이루어지며, 정지에는 운전원의 판단으로써 이루어지는 수동착상 방식과 정지층 앞에서 핸들을 조작하여 자동적으로 착상하는 자동착상 방식이 있다.
- 레코드 컨트롤 방식 : 운전원은 승객이 내리고자 하는 목적층과 승강장으로부터의 호출신호를 보고 조작반의 목적층 단추를 누르면 목적층 순서로 자동적으로 정지하는 방식이다. 시동은 운전원의 스타트용 버튼으로 하며, 반전은 최단층에서 자동적으로 이루어진다.
- 시그널 컨트롤 방식 : 시동은 운전원이 조작반의 버튼조작으로 하며, 정지는 조작반의 목적층 단추를 누르는 것과 승강장으로부터의 호출신호로부터 층의 순서로 자동적으로 정지한다. 반전은 어느 층에서도 할 수 있는 최고 호출 자동반전 장치가 붙어 있다. 또한, 여러 대의 엘리베이터를 1뱅크로 한 뱅크운전의 경우, 엘리베이터 상호간을 효율적으로 운전시키기 위한 운전간격 등이 자동적으로 조정된다.
- 군관리방식 : 이용 상황이 하루 중에도 크게 변화하는 고층 사무소 건물 등에서 여러 대의 엘리베이터가 설치되어 있는 경우, 그 이용 상황에 따라서 엘리베이터 상호간을 유기적으로 운전하는 군관리방식이 사용된다. 이 관리방식에는 시그널 군승합 전자동 방식, 출발신호 붙은 시그널 군승합 전자동 방식, 군승합 자동 방식 등이 있다. 더욱, 수송계획을 시간대에 맞추어서 자동적으로 행하는 전자동 군관리 방식도 있다.

**74** 가스설비에서 LPG에 관한 설명으로 바르지 않은 것은?

① 공기보다 무겁다.

② LNG에 비해 발열량이 적다.

③ 순수한 LPG는 무색, 무취이다.

④ 액화하면 체적이 1/250 정도가 된다.

**75** 각종 급수방식에 관한 설명으로 바르지 않은 것은?

① 수도직결방식은 정전으로 인한 단수의 염려가 없다.

② 압력수조방식은 단수 시에 일정량의 급수가 가능하다.

③ 수도직결방식은 위생 및 유지관리측면에서 가장 바람직한 방식이다.

④ 고가수조방식은 수도 본관의 영향에 따라 급수압력의 변화가 심하다.

**74** ㉠ LPG(액화석유가스)
　　• 석유정제과정에서 채취된 가스를 압축냉각해서 액화시킨 것이다.
　　• 액화하면 체적이 약 1/250가 된다.
　　• 주성분은 프로판, 프로필렌, 부탄, 부틸렌, 에탄, 에틸렌 등이다.
　　• 무색무취이지만 프로판에 부탄을 배합해서 냄새를 만든다.
　　㉡ LNG(액화천연가스)
　　• 메탄을 주성분으로 하는 천연가스를 냉각하여 액화시킨 것이다.
　　• 1기압하, -162℃에서 액화하며 이 때 체적이 1/580~1/600으로 감소한다.
　　• 공기보다 가볍기 때문에 누설이 된다고 해도 공기 중에 흡수되어 안정성이 높다.
　　• 작은 용기에 담아서 사용할 수가 없고 반드시 대규모 저장시설을 갖추어 배관을 통해서 공급해야 한다.

**75** 고가수조방식은 수압의 변화가 작다.

**76** 길이 20m, 지름 400mm인 덕트에 평균속도 12m/s로 공기가 흐를 때 발생하는 마찰저항은? (단, 덕트의 마찰저항계수는 0.02, 공기의 밀도는 1.2kg/m$^3$이다.)

① 7.3Pa

② 8.6Pa

③ 73.2Pa

④ 86.4Pa

**77** 압축식 냉동기의 냉동사이클로 바른 것은?

① 압축 → 응축 → 팽창 → 증발

② 압축 → 팽창 → 응축 → 증발

③ 응축 → 증발 → 팽창 → 압축

④ 팽창 → 증발 → 응축 → 압축

**78** 다음 중 급수배관계통에서 공기빼기밸브를 설치하는 가장 주된 이유는?

① 수격작용을 방지하기 위하여

② 배관 내면의 부식을 방지하기 위하여

③ 배관 내 유체의 흐름을 원활하게 하기 위하여

④ 배관 표면에 생기는 결로를 방지하기 위하여

---

**ANSWER** | 76.④ 77.① 78.③

**76** 관내마찰저항은 공기의 밀도와 관내마찰손실수두의 곱이다.

$$H_f = \rho \cdot f \cdot \frac{l}{d} \cdot \frac{v^2}{2g} = 1.2 \times 0.02 \times \frac{20}{0.4} \times \frac{12^2}{2} = 86.4 Pa$$

**77** 압축식 냉동기의 냉동사이클 : 압축 → 응축 → 팽창 → 증발

**78** 급수배관계통에서 공기빼기밸브를 설치하는 주 목적은 배관 내 유체의 흐름을 원활하게 하기 위해서이다.

**79** 배수트랩의 봉수파괴 원인 중 통기관을 설치하여 봉수파괴를 방지할 수 있는 것이 아닌 것은?

① 분출작용

② 모세관작용

③ 자기사이펀작용

④ 유도사이펀작용

**80** 다음 중 저압옥내 배선공사에서 직접 콘크리트에 매설할 수 있는 공사는?

① 금속관 공사

② 금속덕트 공사

③ 버스덕트 공사

④ 금속몰드 공사

**79** 모세관작용에 의한 봉수파괴는 통기관을 설치해서 방지할 수는 없으며 거름망 설치를 통해 방지한다.

| 봉수파괴의 종류 | 방지책 | 원인 |
|---|---|---|
| 자기사이펀 작용 | 통기관의 설치 | 만수된 물이 일시에 흐르게 되면 물이 배수관쪽으로 흡입되어 봉수가 파괴되는 현상이다. |
| 감압에 의한 흡인작용 (유도사이펀 작용) | 통기관의 설치 | 배수 수직주관 가까이 있는 트랩의 경우 다량의 물을 주관으로 배수될 때 진공상태가 되어 봉수가 흡입된다. |
| 역압에 의한 분출작용 | 통기관의 설치 | 배수수직주관 가까이에 있는 트랩의 경우 바닥 횡주관에 물이 정체되어 있고 수직관에 다량의 물이 배수될 때 중간에 압력이 발생하여 봉수가 실내쪽으로 분출하게 된다. |
| 모세관 현상 | 거름망 설치 | 트랩 출구에 머리카락, 천조각 등이 걸렸을 경우 모세관 현상에 의해 봉수가 파괴된다. |
| 증발 | 기름방울로 유막형성 | 사용빈도가 적거나 건물을 장기간 비울 시 봉수가 자연히 증발하는 현상이다. |
| 자기운동량에 의한 관성작용 | 유속의 감소 | 스스로의 운동량에 의해 트랩의 봉수가 빠져나가는 현상이다. |

**80** 저압옥내 배선공사 중 콘크리트 속에 직접 묻을 수 있는 공사는 금속관 공사이다.

**81** 판매시설 용도이며 지상 각 층의 거실면적이 2,000제곱미터인 15층의 건축물에 설치하여야 하는 승용 승강기의 최소 대수는? (단, 16인승 승강기이다.)

① 2대　　　　　　　　　　　　　　② 4대
③ 6대　　　　　　　　　　　　　　④ 8대

**82** 다음 중 건축물 관련 건축기준의 허용되는 오차의 범위(%)가 가장 큰 것은?

① 평면길이　　　　　　　　　　　　② 출구너비
③ 반자높이　　　　　　　　　　　　④ 바닥판두께

---

* * *
**ANSWER**　81.③　82.④

---

**81** 판매시설의 경우 6층 이상의 거실의 면적 중 3000제곱미터까지는 2대이며 3000제곱미터를 초과하는 매 2000제곱미터마다 1대를 추가 설치해야 하므로, 설치해야 할 승용승강기의 총 수는 11대이다. 그러나 16인승은 2대로 치기 때문에 최소 16인승을 6대 이상 설치해야 한다.

※ 승용승강기의 설치기준　　　　　　　　　　　　　　　　　　　　(A : 6층 이상의 거실의 면적의 합)

| 용도 | 6층 이상의 거실면적의 합계 | |
|---|---|---|
| | 3,000m² 이하 | 3,000m² 초과 |
| 공연, 집회, 관람장, 소·도매시장, 상점, 병원시설 | 2대 | $2대 + \dfrac{A - 3,000m^2}{2,000m^2}$ 대 |
| 전시장 및 동·식물원, 위락, 숙박, 업무시설 | 1대 | $1대 + \dfrac{A - 3,000m^2}{2,000m^2}$ 대 |
| 공동주택, 교육연구시설, 기타 시설 | 1대 | $1대 + \dfrac{A - 3,000m^2}{3,000m^2}$ 대 |

**82** 건축기준 허용오차

| 항목 | 허용오차범위 | |
|---|---|---|
| 건축물의 높이 | 2% 이내 | 1m를 초과할 수 없다. |
| 반자 높이 | | |
| 출구의 폭 | | − |
| 평면길이 | | − |
| 벽체 두께 | | 건축물 전체길이는 1m를 초과할 수 없다. 벽으로 구획된 각 실은 10cm를 초과할 수 없다. |
| 바닥판 두께 | | 3% 이내 |

**83** 다음 중 내화구조에 해당하지 않는 것은? (단, 외벽 중 비내력벽인 경우)

① 철근콘크리트조로서 두께가 7cm인 것

② 무근콘크리트조로서 두께가 7cm인 것

③ 골구를 철골조로 하고 그 양면을 두께 3cm의 철망모르타르로 덮은 것

④ 철재로 보강된 콘크리트블록조로서 철재에 덮은 콘크리트블록의 두께가 3cm인 것


**84** 다음의 중앙도시계획위원회에 관한 설명으로 옳지 않은 것은?

① 위원장, 부위원장 각 1명을 포함한 25명 이상 30명 이내의 위원으로 구성한다.

② 위원장은 국토교통부장관이 되고, 부위원장은 위원 중 국토교통부 장관이 임명한다.

③ 공무원이 아닌 위원의 수는 10명 이상으로 하고, 그 임기는 2년으로 한다.

④ 도시 · 군계획에 관한 조사, 연구 업무를 수행한다.


**85** 다음은 건축법령상 직통계단의 설치에 관한 기준 내용이다. (   )안에 알맞은 것은?

> 초고층 건축물에는 피난층 또는 지상으로 통하는 직통계단과 직접 연결되는 피난안전구역(건축물의 피난 · 안전을 위하여 건축물 중간층에 설치하는 대피공간)을 지상층으로부터 최대 (   ) 층마다 1개소 이상 설치해야 한다.

① 10개                          ② 20개

③ 30개                          ④ 40개

**83** 벽의 경우 철재로 보강된 콘크리트블록조, 벽돌조, 또는 석조로서 철재에 덮은 콘크리트블록 등의 두께가 5cm 이상인 것을 내화구조로 본다.

**84** 중앙도시계획위원회의 위원장 및 부위원장은 위원 중 국토교통부장관이 임명한다.

**85** 초고층 건축물에는 피난층 또는 지상으로 통하는 직통계단과 직접 연결되는 피난안전구역(건축물의 피난 · 안전을 위하여 건축물 중간층에 설치하는 대피공간)을 지상층으로부터 최대 30개 층마다 1개소 이상 설치해야 한다.

**86** 다음은 승용승강기의 설치에 관한 기준내용이다. 밑줄 친 "대통령령으로 정하는 건축물"에 대한 기준 내용으로 바른 것은?

> 건축주는 6층 이상으로서 연면적이 2000m² 이상인 건축물(대통령령으로 정하는 건축물은 제외한다.)을 건축하려면 승강기를 설치해야 한다.

① 층수가 6층인 건축물로서 각 층 거실의 바닥면적 300m² 이내마다 1개소 이상의 직통계단을 설치한 건축물

② 층수가 6층인 건축물로서 각 층 거실의 바닥면적 500m² 이내마다 1개소 이상의 직통계단을 설치한 건축물

③ 층수가 10층인 건축물로서 각 층 거실의 바닥면적 300m² 이내마다 1개소 이상의 직통계단을 설치한 건축물

④ 층수가 10층인 건축물로서 각 층 거실의 바닥면적 500m² 이내마다 1개소 이상의 직통계단을 설치한 건축물


**87** 주차장의 용도와 판매시설이 복합된 연면적 20,000제곱미터인 건축물이 주차전용건축물로 인정받기 위해서는 주차장으로 사용되는 부분의 면적이 최소 얼마 이상이어야 하는가?

① 6000제곱미터

② 10000제곱미터

③ 14000제곱미터

④ 19500제곱미터

**86** 층수가 6층인 건축물로서 각 층 거실의 바닥면적 300m² 이내마다 1개소 이상의 직통계단을 설치한 건축물의 경우 승강기를 설치하지 않아도 된다.

**87** 주차장 외의 용도로 사용되는 부분이 판매시설인 경우 주차전용건축물로 인정받기 위해서는 주차장으로 사용되는 부분의 면적이 연면적 중 70% 이상이어야 하므로 20,000×0.7=14,000(m²) 이상이어야 한다.
   ※ 주차전용건축물의 주차면적비율
   • 연면적 중 95% 이상 : 일반용도
   • 연면적 중 70% 이상 : 제1종 및 제2종 근린생활시설, 문화 및 집회시설, 판매시설, 운동시설, 업무시설, 자동차관련시설

**88** 건축법령상 건축을 하는 경우 조경 등의 조치를 하지 아니할 수 있는 건축물 기준으로 바르지 않은 것은? (단, 옥상조경 등 대통령령으로 따로 기준을 정하는 경우는 고려하지 않는다.)

① 축사
② 녹지지역에 건축하는 건축물
③ 연면적의 합계가 2000제곱미터 미만인 공장
④ 면적 5000제곱미터 미만인 대지에 건축하는 공장

**89** 시가화 조정구역에서 시가화 유보기간으로 정하는 기간 기준은?

① 1년 이상 5년 이내
② 3년 이상 10년 이내
③ 5년 이상 20년 이내
④ 10년 이상 30년 이내

**90** 공동주택과 오피스텔의 난방설비를 개별난방방식으로 하는 경우의 기준으로 바르지 않은 것은?

① 보일러실의 윗부분에는 그 면적이 0.5제곱미터 이상인 환기창을 설치할 것
② 보일러는 거실 외의 곳에 설치하되 보일러를 설치하는 곳과 거실사이의 경계벽은 출입구를 제외하고는 내화구조의 벽으로 구획할 것
③ 보일러의 연도는 방화구조로서 개별연도로 설치할 것
④ 기름보일러를 설치하는 경우 기름저장소를 보일러실 외의 다른 곳에 설치할 것

---

**ANSWER** 88.③ 89.③ 90.③

**88** 대지 안의 조경대상 : 대지면적이 200m$^2$ 이상이면 조경의무대상이나 다음의 경우는 예외로 한다.
• 자연녹지지역에 건축하는 건축물
• 공장을 5000m$^2$ 미만인 대지에 건축하는 경우
• 공장의 연면적합계가 1500m$^2$ 미만인 경우
• 공장을 산업단지 안에 건축하는 경우
• 축사, 가설건축물
• 연면적 합계가 1500m$^2$ 미만인 물류시설(주거지역 및 상업지역에 건축하는 것은 제외함)
• 도시지역 및 지구단위계획구역 이외의 지역

**89** 시가화 조정구역 지정 시 시가화 유보기간은 5년 이상 20년 이하의 기간으로 국토교통부장관이 도시·군관리 계획으로 정한다.

**90** 보일러의 연도는 내화구조로서 공통연도로 설치해야 한다.

**91** 건축물의 층수 산정에 관한 기준내용으로 바르지 않은 것은?

① 지하층은 건축물의 층수에 산입하지 아니한다.

② 층의 구분이 명확하지 아니한 건축물은 그 건축물의 높이 4m마다 하나의 층으로 보고 그 층수를 산정한다.

③ 건축물이 부분에 따라 그 층수가 다를 경우에는 바닥면적에 따라 가중평균한 층수를 그 건축물의 층수로 본다.

④ 계단탑으로서 그 수평투영면적의 합계가 해당 건축물 건축면적의 8분의 1이하인 것은 건축물의 층수에 산입하지 아니한다.

**92** 특별시장, 광역시장, 특별자치시장, 특별자치도지사, 시장 또는 군수가 관할구역의 도시·군기본계획에 대하여 타당성을 전반적으로 재검토하여 정비하여야 하는 기간의 기준은?

① 5년
② 10년
③ 15년
④ 20년

**93** 국토의 계획 및 이용에 관한 법령상 주거지역의 세분 중 중층주택을 중심으로 편리한 주거환경을 조성하기 위하여 지정하는 용도지역은?

① 제1종 일반주거지역
② 제2종 일반주거지역
③ 제1종 전용주거지역
④ 제2종 전용주거지역

---

ANSWER    91.③   92.①   93.②

**91** 건축물이 부분에 따라 그 층수가 다른 경우에는 그 중 가장 많은 층수를 그 건축물의 층수로 본다.

**92** 특별시장, 광역시장, 특별자치시장, 특별자치도지사, 시장 또는 군수는 관할구역의 도시·군기본계획에 대하여 5년마다 타당성을 전반적으로 재검토하여 정비하여야 한다.

**93** • 전용주거지역 : 양호한 주거환경을 보호
  −제1종전용주거지역 : 단독주택 중심의 양호한 주거환경을 보호하기 위하여 필요한 지역
  −제2종전용주거지역 : 공동주택 중심의 양호한 주거환경을 보호하기 위하여 필요한 지역
 • 일반주거지역 : 편리한 주거환경을 보호
  −제1종일반주거지역 : 저층주택을 중심으로 편리한 주거환경을 조성하기 위하여 필요한 지역
  −제2종일반주거지역 : 중층주택을 중심으로 편리한 주거환경을 조성하기 위하여 필요한 지역
  −제3종일반주거지역 : 중고층주택을 중심으로 편리한 주거환경을 조성하기 위하여 필요한 지역
 • 준주거지역 : 주거기능을 위주로 이를 지원하는 일부 상업기능 및 업무기능을 보완하기 위하여 필요한 지역

**94** 사용승인을 받은 즉시 건축물의 내진능력을 공개하여야 하는 대상 건축물의 층수기준은? (단, 목구조 건축물의 경우이며 기타의 경우는 고려하지 않는다.)

① 2층 이상

② 3층 이상

③ 6층 이상

④ 16층 이상

**95** 특별피난계단의 구조에 관한 기준 내용으로 바르지 않은 것은?

① 계단은 내화구조로 하되, 피난층 또는 지상까지 직접 연결되도록 한다.

② 계단실 및 부속실의 실내에 접하는 부분의 마감은 불연재료로 한다.

③ 출입구의 유효너비는 0.9m 이상으로 하고 피난의 방향으로 열 수 있도록 한다.

④ 건축물의 내부에서 노대 또는 부속실로 통하는 출입구에는 30분 방화문을 설치하고, 노대 또는 부속실로부터 계단실로 통하는 출입구에는 60분 방화문을 설치하도록 한다.

---

**ANSWER** | **94.②  95.④**

**94** 3층 이상의 건축물은 용승인을 받은 즉시 건축물의 내진능력을 공개하여야 한다.

**95** 특별피난계단의 구조
- 건축물의 내부와 계단실은 노대를 통하여 연결하거나 외부를 향하여 열 수 있는 면적 1제곱미터 이상인 창문(바닥으로부터 1미터 이상의 높이에 설치한 것에 한한다) 또는 「건축물의 설비기준 등에 관한 규칙」 제14조의 규정에 적합한 구조의 배연설비가 있는 면적 3제곱미터 이상인 부속실을 통하여 연결할 것
- 계단실·노대 및 부속실(「건축물의 설비기준 등에 관한 규칙」 제10조 제2호 가목의 규정에 의하여 비상용승강기의 승강장을 겸용하는 부속실을 포함한다)은 창문등을 제외하고는 내화구조의 벽으로 각각 구획할 것
- 계단실 및 부속실의 실내에 접하는 부분(바닥 및 반자 등 실내에 면한 모든 부분을 말한다)의 마감(마감을 위한 바탕을 포함한다)은 불연재료로 할 것
- 계단실에는 예비전원에 의한 조명설비를 할 것
- 계단실·노대 또는 부속실에 설치하는 건축물의 바깥쪽에 접하는 창문등(망이 들어 있는 유리의 붙박이창으로서 그 면적이 각각 1제곱미터 이하인 것을 제외한다)은 계단실 노대 또는 부속실외의 당해 건축물의 다른 부분에 설치하는 창문등으로부터 2미터 이상의 거리를 두고 설치할 것
- 계단실에는 노대 또는 부속실에 접하는 부분 외에는 건축물의 내부와 접하는 창문 등을 설치하지 아니할 것
- 계단실의 노대 또는 부속실에 접하는 창문등(출입구를 제외한다)은 망이 들어 있는 유리의 붙박이창으로서 그 면적을 각각 1제곱미터 이하로 할 것
- 노대 및 부속실에는 계단실 외의 건축물의 내부와 접하는 창문등(출입구를 제외한다)을 설치하지 아니할 것
- 건축물의 내부에서 노대 또는 부속실로 통하는 출입구에는 60+방화문 또는 60분방화문을 설치하고, 노대 또는 부속실로부터 계단실로 통하는 출입구에는 60+방화문, 60분방화문 또는 30분방화문을 설치할 것. 이 경우 방화문은 언제나 닫힌 상태를 유지하거나 화재로 인한 연기 또는 불꽃을 가장 신속하게 감지하여 자동적으로 닫히는 구조로 해야 하고, 연기 또는 불꽃dmf 감지하여 자동적으로 닫히는 구조로 할 수 없는 경우에는 온도을 감지하여 자동적으로 닫히는 구조로 할 수 있다.
- 계단은 내화구조로 하되, 피난층 또는 지상까지 직접 연결되도록 할 것
- 출입구의 유효너비는 0.9미터 이상으로 하고 피난의 방향으로 열 수 있을 것

**96** 다음 중 건축허가 대상 건축물이라 하더라도 건축신고를 하면 건축허가를 받은 것으로 보는 경우에 속하지 않는 것은? (단, 층수가 2층인 건축물의 경우)

① 바닥면적의 합계가 $75m^2$ 이내의 증축
② 바닥면적의 합계가 $75m^2$ 이내의 재축
③ 바닥면적의 합계가 $75m^2$ 이내의 개축
④ 연면적의 합계가 $250m^2$인 건축물의 대수선

**97** 건축지도원에 관한 설명으로 바르지 않은 것은?

① 건축지도원은 특별자치시·특별자치도 또는 시·군·구에 근무하는 건축직렬의 공무원과 건축에 관한 학식이 풍부한 자 중에서 지정한다.
② 건축지도원의 자격과 업무범위는 건축조례로 정한다.
③ 건축설비가 법령 등에 적합하게 유지·관리되고 있는지 확인·지도 및 단속한다.
④ 허가를 받지 아니하거나 신고를 하지 아니하고 건축하거나 용도변경한 건축물을 단속한다.

**98** 다음은 노외주차장의 구조·설비에 관한 기준 내용이다. (　)안에 알맞은 것은?

> 자동차용 승강기로 운반된 자동차가 주차구획까지 자주식으로 들어가는 노외주차장의 경우에는 주차대수 (　)대마다 1대의 자동차용 승강기를 설치하여야 한다.

① 10대 　　　　　　　　② 20대
③ 30대 　　　　　　　　④ 40대

---

ANSWER　**96.④　97.②　98.③**

**96** 건축허가 대상 건축물이라 하더라도 건축신고를 하면 건축허가를 받은 것으로 보는 경우
• 바닥 면적의 합계가 $85m^2$ 이내인 증축·개축·재축
• 연면적 $200m^2$ 미만이고 3층 미만인 건축물의 대수선
• 연면적 합계가 $100m^2$ 이하인 건축물
• 건축물의 높이를 3m 이하의 범위 안에서 증축하는 건축물

**97** 건축지도원의 자격과 업무범위는 국토교통부령으로 정한다.

**98** 자동차용 승강기로 운반된 자동차가 주차구획까지 자주식으로 들어가는 노외주차장의 경우에는 주차대수 30대마다 1대의 자동차용 승강기를 설치하여야 한다.

**99** 비상용승강기의 승강장에 설치되는 배연설비의 구조에 관한 기준 내용으로 바르지 않은 것은?

① 배연구 및 배연풍도는 불연재료로 할 것

② 배연구는 평상시에 열린 상태를 유지할 것

③ 배연구가 외기에 접하지 아니하는 경우에는 배연기를 설치할 것

④ 배연기는 배연구의 열림에 따라 자동적으로 작동하고, 충분한 공기배출 또는 가압능력이 있을 것

**100** 막다른 도로의 길이가 15m일 때, 이 도로가 건축법령상 도로이기 위한 최소의 폭은?

① 2m

② 3m

③ 4m

④ 6m

**99** 배연구는 평상시에는 닫힌 상태를 유지하고 있어야 한다.

**100** 막다른 도로의 너비

| 막다른 도로의 길이 | 도로의 너비 |
|---|---|
| 10m 미만 | 2m 이상 |
| 10m 이상 35m 미만 | 3m 이상 |
| 35m 이상 | 6m(도시지역이 아닌 읍·면지역은 4m) 이상 |

**1과목** 건축계획

**1** 장애인 · 노인 · 임산부 등의 편의증진 보장에 관한 법령에 따른 편의시설 중 매개시설에 속하지 않는 것은?

① 주출입구 접근로
② 유도 및 안내설비
③ 장애인전용 주차구역
④ 주출입구 높이차이 제거

**2** 다음 중 사무소 건축의 기둥간격 결정 요소와 가장 거리가 먼 것은?

① 책상배치의 단위
② 주차배치의 단위
③ 엘리베이터의 설치 대수
④ 채광상 층높이에 의한 깊이

---

**ANSWER** 1.② 2.③

**1** 유도 및 안내설비는 안내시설에 속한다.
※ 장애인 · 노인 · 임산부 등의 편의증진보장에 관한 법률 시행령

| | 매개시설 | 주출입구 접근로 / 장애인 전용 주차구역 / 주출입구 높이차이 제거 |
|---|---|---|
| | 내부시설 | 출입구(문) / 복도 / 계단 또는 승강기 |
| 편의시설 | 위생시설 | (화장실) 대변기, 소변기, 세면대 / 욕실 / 샤워실 · 탈의실 |
| | 안내시설 | 점자블록 / 유도 및 안내설비 / 경보 및 피난설비 |
| | 그 밖의 시설 | 객실 · 침실 / 관람석 · 열람석 / 접수대 · 작업대 / 매표소 · 판매기 · 음료대 / 임산부 등을 위한 휴게시설 |

**2** 엘리베이터의 설치 대수는 건축물의 기둥간격에 직접적으로 영향을 미치지는 않는다.
※ 사무소 건축에서 기둥간격(Span)의 결정요소
• 주차배치의 단위
• 책상배치의 단위
• 채광상 층고에 의한 안깊이

**3** 우리나라 전통 한식주택에서 문꼴부분(개구부)의 면적이 큰 이유로 가장 적합한 것은?

① 겨울의 방한을 위해서

② 하절기 고온다습을 견디기 위해서

③ 출입하는데 편리하게 하기 위해서

④ 상부의 하중을 효과적으로 지지하기 위해서

**4** 공장건축의 레이아웃(Lay out)에 관한 설명으로 옳지 않은 것은?

① 제품중심의 레이아웃은 대량생산에 유리하며 생산성이 높다.

② 레이아웃이란 공장건축의 평면요소 간의 위치관계를 결정하는 것을 말한다.

③ 고정식 레이아웃은 조선소와 같이 제품이 크고 수량이 적은 경우에 행해진다.

④ 중화학 공업, 시멘트 공업 등 장치공업 등은 시설의 융통성이 크기 때문에 신설시 장래성에 대한 고려가 필요 없다.

**5** 메조넷형 아파트에 관한 설명으로 옳지 않은 것은?

① 다양한 평면구성이 가능하다.

② 소규모 주택에서는 비경제적이다.

③ 통로면적이 감소되며 유효면적이 증대된다.

④ 복도와 엘리베이터홀은 각 층마다 계획된다.

**3** 전통한식주택에서 문꼴부분(개구부)의 면적이 큰 이유는 하절기 고온다습을 견디기 위함이다.

**4** 중화학 공업, 시멘트 공업 등 장치공업 등은 추후 용량의 확장을 염두에 두고 설계를 해야 한다.

**5** 메조넷형은 복도와 엘리베이터홀이 2층이나 3층 간격으로 계획된다.

**6** 고층밀집형 병원에 관한 설명으로 옳지 않은 것은?

① 병동에서 조망을 확보할 수 있다.

② 대지를 효과적으로 이용할 수 있다.

③ 각종 방재대책에 대한 비용이 높다.

④ 병원의 확장 등 성장변화에 대한 대응이 용이하다.

**7** 주당 평균 40시간을 수업하는 어느 학교에서 음악실에서의 수업이 총 20시간이며 이 중 15시간은 음악시간으로, 나머지 5시간은 학급토론시간으로 사용되었다면, 이 음악실의 이용률과 순수율은?

① 이용률 37.5%, 순수율 75%

② 이용률 50%, 순수율 75%

③ 이용률 75%, 순수율 37.5%

④ 이용률 75%, 순수율 50%

---

**ANSWER**   6.④   7.②

**6** 고층밀집형 병원은 확장이 매우 어려운 구조이다.

| 비교내용 | 분관식 | 집중식 |
|---|---|---|
| 배치형식 | 저층평면 분산식 | 고층집약식 |
| 환경조건 | 양호(균등) | 불량(불균등) |
| 부지의 이용도 | 비경제적(넓은부지) | 경제적(좁은부지) |
| 설비시설 | 분산적 | 집중적 |
| 관리상 | 불편함 | 편리함 |
| 보행거리 | 길다 | 짧다 |
| 적용대상 | 특수병원 | 도심대규모 병원 |

**7** 이용률 : $\dfrac{\text{교실이 사용되고 있는 시간}}{\text{1주간의 평균수업시간}} \times 100\%$

순수율 : $\dfrac{\text{일정한 교과를 위해 사용되는 시간}}{\text{교실이 사용되고 있는 시간}} \times 100\%$

**8** 극장건축에서 무대의 제일 뒤에 설치되는 무대배경용의 벽을 의미하는 것은?

① 사이클로라마

② 플라이 로프트

③ 플라이 갤러리

④ 그리드 아이언

**9** 도서관의 출납시스템 중 자유개가식에 관한 설명으로 옳은 것은?

① 도서의 유지 관리가 용이하다.

② 책의 내용 파악 및 선택이 자유롭다.

③ 대출절차가 복잡하고 관원의 작업량이 많다.

④ 열람자는 직접 서가에 면하여 책의 표지정도는 볼 수 있으나 내용은 볼 수 없다.

**10** 미술관 전시실의 순회형식 중 연속순로 형식에 관한 설명으로 옳은 것은?

① 각 실을 필요시에는 자유로이 독립적으로 폐쇄할 수 있다.

② 평면적인 형식으로 2~3개 층의 입체적인 방법은 불가능하다.

③ 많은 실을 순서별로 통하여야 하는 불편이 있으나 공간절약의 이점이 있다.

④ 중심부에 하나의 큰 홀을 두고 그 주위에 각 전시실을 배치하여 자유로이 출입하는 형식이다

---

**ANSWER**    8.①  9.②  10.③

- - -

**8**    ② 플라이로프트 : 무대상부공간 (프로세니움 높이의 4배)

③ 플라이갤러리(Fly Gallery) : 극장 무대 주위의 벽에 6~9m 높이로 설치되는 좁은 통로로서, 그리드 아이언에 올라가는 계단과 연결되는 것

④ 그리드아이언(Grid Iron) : 격자 발판으로, 무대 천장에 설치되어 무대의 배경이나 조명기구 또는 음향반사판 등을 매달 수 있게 장치된 것

**9**    자유개가식은 열람자 자신이 서가에서 책을 꺼내어 고르고 그대로 검열을 받지 않고 열람하는 형식으로, 보통 1실형이고 10,000권 이하 서적의 보관과 열람에 적당하다. 책 내용 파악 및 선택이 자유롭고 용이하며 책의 목록이 없어 간편하고, 책 선택 시 대출. 기록의 제출이 없어 분위기가 좋지만 서가의 정리가 잘 안 되면 혼란스럽게 되며 책의 마모, 망실이 쉽게 되는 단점이 있다.

**10**    ① 연속순로형식은 각 실을 필요시에는 자유로이 독립적으로 폐쇄할 수 없다.

② 연속순로형은 평면적인 형식으로 2, 3개 층의 입체적인 방법이 가능하다.

④ 중심부에 하나의 큰 홀을 두고 그 주위에 각 전시실을 배치하여 자유로이 출입하는 형식은 중앙홀형식이다.

**11** 서양 건축양식의 역사적인 순서가 옳게 배열된 것은?

① 로마 – 로마네스크 – 고딕 – 르네상스 – 바로크
② 로마 – 고딕—로마네스크 – 르네상스 – 바로크
③ 로마 – 로마네스크 – 고딕 – 바로크 – 르네상스
④ 로마 – 고딕 – 로마네스크 – 바로크 – 르네상스

**12** 르네상스 교회 건축양식의 일반적 특징으로 옳은 것은?

① 타원형 등 곡선평면을 사용하여 동적이고 극적인 공간연출을 하였다.
② 수평을 강조하며 정사각형, 원 등을 사용하여 유심적 공간구성을 하였다.
③ 직사각형의 평면구성으로 볼트구조의 지붕을 구성하며 종탑을 설치하였다.
④ 로마네스크 건축의 반원아치를 발전시킨 첨두형 아치를 주로 사용하였다.

**13** 아파트의 평면형식에 관한 설명으로 옳지 않은 것은?

① 홀형은 통행부 면적이 작아서 건물의 이용도가 높다.
② 중복도형은 대지 이용률이 높으나, 프라이버시가 좋지 않다.
③ 집중형은 채광·통풍 조건이 좋아 기계적 환경조절이 필요하지 않다.
④ 홀형은 계단실 또는 엘리베이터 홀로부터 직접 주거 단위로 들어가는 형식이다.

---

**ANSWER**    11.①   12.②   13.③

**11**   로마 – 로마네스크 – 고딕 – 르네상스 – 바로크 순으로 진행되었다.

**12**   ① 타원형 등 곡선평면을 사용하여 동적이고 극적인 공간연출을 한 양식은 바로크 건축 양식이다.
     ③ 직사각형의 평면구성으로 볼트구조의 지붕을 구성하며 종탑을 설치하기 시작한 양식은 로마네스크 양식이다.
     ④ 로마네스크 건축의 반원아치를 발전시킨 첨두형 아치를 주로 사용한 양식은 고딕 건축 양식이다.

**13**   집중형은 환기가 제대로 이루어지지 않아 기계적 환경조절이 요구된다.

**14** 페리의 근린주구이론의 내용으로 옳지 않은 것은?

① 주민에게 적절한 서비스를 제공하는 1~2개소 이상의 상점가를 주요도로의 결절점에 배치하여야 한다.

② 내부 가로망은 단지 내의 교통량을 원활히 처리하고 통과교통에 사용되지 않도록 계획되어야 한다.

③ 근린주구의 단위는 통과교통이 내부를 관통하지 않고 용이하게 우회할 수 있는 충분한 넓이의 간선도로에 의해 구획되어야 한다.

④ 근린주구는 하나의 중학교가 필요하게 되는 인구에 대응하는 규모를 가져야 하고 그 물리적 크기는 인구밀도에 의해 결정되어야 한다.


**15** 다음 설명에 알맞은 백화점 진열장 배치방법은?

> Main 통로를 직각 배치하며, Sub통로를 45도 정도 경사지게 배치하는 유형이다. 많은 고객이 매장공간의 코너까지 접근하기 용이하지만, 이형의 진열장이 많이 필요하다.

① 직각배치

② 방사배치

③ 사행배치

④ 자유유선배치


**16** 다음 중 주심포식 건물이 아닌 것은?

① 강릉 객사문

② 서울 남대문

③ 수덕사 대웅전

④ 무위사 극락전

---

ANSWER　14.④　15.③　16.②

**14** 근린주구는 하나의 초등학교가 필요하게 되는 인구에 대응하는 규모를 가져야한다.

**15** 보기의 내용은 사행배치에 관한 설명이다.

※ 진열장 배치유형
- 직각배치 : 진열장을 직각으로 배치하여 매장면적을 최대한 이용할 수 있으나 구성이 단순하여 단조로우며 고객의 통행량에 따라 통로폭을 조절할 수 없으므로 혼선을 야기할 수 있다.
- 사행배치 : 주통로 이외의 제2통로를 상하교통계를 향해서 45°사선으로 배치한 형태로 많은 고객이 판매장구석까지 가기 쉬운 이점이 있으나 이형의 진열장이 필요하다.
- 방사배치 : 통로를 방사형으로 배치하여 고객의 시선 유도와 점원의 관리가 어려워 적용하기 어려운 기법이다.
- 자유유선배치 : 자유롭게 진열장을 배치하는 형식으로 각 매장의 특징을 살려 고객에게 보여줄 수 있지만 매장의 변경 및 이동이 어려우므로 계획이 복잡하며 시설비가 많이 든다.

**16** 서울 남대문은 다포식 건축물이다.

**17** 극장건축의 음향계획에 관한 설명으로 옳지 않은 것은?

① 음향계획에 있어서 발코니의 계획은 될 수 있는 한 피하는 것이 좋다.

② 음의 반복 반사 현상을 피하기 위해 가급적 원형에 가까운 평면형으로 계획한다.

③ 무대에 가까운 벽은 반사체로 하고 멀어짐에 따라서 흡음재의 벽을 배치하는 것이 원칙이다.

④ 오디토리움 양쪽의 벽은 무대의 음을 반사에 의해 객석 뒷부분까지 이르도록 보강해 주는 역할을 한다.


**18** 쇼핑센터의 특징적인 요소인 페데스트리언 지대(pedestrian area)에 관한 설명으로 옳지 않은 것은?

① 고객에게 변화감과 다채로움, 자극과 흥미를 제공한다.

② 바닥면의 고저차를 많이 두어 지루함을 주지 않도록 한다.

③ 바닥면에 사용하는 재료는 주위 상황과 조화시켜 계획한다.

④ 사람들의 유동적 동선이 방해되지 않는 범위에서 나무나 관엽식물을 둔다.

**17** 원형평면은 음의 반복반사현상이 발생하기 쉬운 구조이므로 이러한 평면구조는 지양해야 한다.

**18** 바닥면의 고저차를 두면 넘어짐 사고 등이 발생할 수 있으므로 계획 시 신중히 고려를 해야 하며, 페데스트리언 지대는 보행동선이 집중되는 곳이므로 이를 지양해야 한다.

**19** 그리스 건축의 오더 중 도릭 오더의 구성에 속하지 않는 것은?

① 볼류트(volute)

② 프리즈(frieze)

③ 아바쿠스(abacus)

④ 에키누스(echinus)

**20** 오피스 랜드스케이프(office landscape)에 관한 설명으로 옳지 않은 것은?

① 외부조경면적이 확대된다.

② 작업의 폐쇄성이 저하된다.

③ 사무능률의 향상을 도모한다.

④ 공간의 효율적 이용이 가능하다.

**19** 볼류트는 이오니언 양식의 구성요소이다.

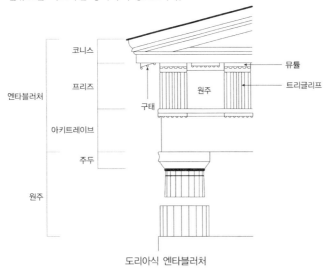

도리아식 엔타블러처

**20** 오피스 랜드스케이프는 사무실 공간을 개방적으로 구성하는 방법이다. 이는 외부조경과는 관련이 없다.

**21** 목공사에 사용되는 철물에 관한 설명으로 옳지 않은 것은?

① 감잡이쇠는 큰 보에 걸쳐 작은 보를 받게 하고, 안장쇠는 평보를 대공에 달아매는 경우 또는 평보와 ㅅ자보의 밑에 쓰인다.

② 못의 길이는 박아대는 재두께의 2.5배 이상이며, 마구리 등에 박는 것은 3.0배 이상으로 한다.

③ 볼트 구멍은 볼트지름보다 3mm 이상 커서는 안 된다.

④ 듀벨은 볼트와 같이 사용하여 듀벨에는 전단력, 볼트에는 인장력을 분담시킨다.

**22** 지명 경쟁 입찰을 택하는 이유 중 가장 중요한 것은?

① 공사비의 절감

② 양질의 시공 결과 기대

③ 준공기일의 단축

④ 공사 감리의 편리

• • •

**ANSWER** | 21.① 22.②

**21** 안장쇠는 큰 보에 걸쳐 작은 보를 연결하는 것이고, 볼트는 평보와 ㅅ자보를 연결하는 것이다.

**22** 지명경쟁입찰은 공사에 적격한 3~7개 업자를 선정하여 입찰에 참여시키는 방식으로서 일반적으로 5개 이상 지명하며 2개 이상 응찰 시 성립하게 된다. 부적격자가 제거되어 적정 공사를 기대할 수 있으나 공사비가 공개경쟁 입찰보다 상승되며 담합의 우려가 있다.

**23** 실의 크기 조절이 필요한 경우 칸막이 기능을 하기 위해 만든 병풍 모양의 문은?

① 여닫이문

② 자재문

③ 미서기문

④ 홀딩 도어

**· · ·**
ANSWER · 23.④

**23** 홀딩도어 : 실의 크기 조절이 필요한 경우 칸막이 기능을 하기 위해 만든 병풍 모양의 문

※ 문의 형태

- 여닫이문 : 한쪽의 세로틀 또는 거기에 부착된 경첩 등의 철물을 축으로 하여 회전하는 형식으로 개폐하는 문
- 자재문 : 안과 밖으로 자유롭게 여닫을 수 있는 문으로 건물 출입구에 주로 사용된다.
- 미서기문 : 문 또는 창을 옆으로 밀어서 열었을 때 한 문짝이 다른 한쪽의 문과 겹치게 되어 있는 창이나 문
- 미닫이문 : 한짝이나 두짝으로 만들어지고 문이 열리면 문이 벽 쪽으로 가서 겹치거나 벽 속으로 들어가 보이지 않게 되는 형식의 문

| 명칭 | 평면 | 명칭 | 평면 | 명칭 | 평면 |
|---|---|---|---|---|---|
| 출입구 입반 | | 창일문 | | 쌍여닫이문과 방화벽 | |
| 회전문 | | 망창 | | 쌍여닫이문과 방화벽 | |
| 쌍여닫이문 | | 회전창 또는 돌출창 | | 빈지문 | |
| 접는문 | | 미서기문 | | 쌍여닫이창 | |
| 여닫이문 | | 미닫이문 | | 망사창 | |
| 주름문 (재질 및 양식 기입) | | 셔터 | | 셔터창 | |
| 자재문 | | 번지문 | | | |

**24** 강제 배수 공법의 대표적인 공법으로 인접 건축물과 토류판 사이에 케이싱 파이프를 삽입하여 지하수를 펌프 배수하는 공법은?

① 집수정 공법                   ② 웰 포인트 공법

③ 리버스 서큘레이션 공법     ④ 전기 삼투 공법

**25** 기계가 위치한 곳보다 높은 곳의 굴착에 가장 적당한 건설기계는?

① Dragline                 ② Back hoe

③ Power Shovel          ④ Scraper

---

**ANSWER**     **24.**②   **25.**③

**24** ① 집수정 공법 : 집수정을 설치하고 지하수를 집수통에 고이도록 하여 수중펌프를 이용하여 외부로 배수하는 방식이다.

③ 리버스 서큘레이션 공법 : 리버스 서큘레이션 드릴로 대구경의 구멍을 파고 철근망을 삽입하고 콘크리트를 타설하여 말뚝을 만드는 공법이다. 지하수위보다 2m이상의 높은 수위가 유지될 수 있도록 안정액으로 공벽을 충진시켜 공벽붕괴를 방지한다. 드릴의 선단에서 굴착토사를 물과 함께 지상으로 끌어올려 말뚝을 굴착하는 공법이므로 역순환공법이라고 한다.

④ 전기 삼투 공법 : 전기침투공법이라고도 하며 초연약지반 배수공법으로서 지반에 전류를 흐르게 하면 흙 속에 물이 (+)에서 (–)로 흐르게 되는데 이렇게 모인 물을 배수하게 되는 방식이다.

**25** 건설기계의 종류

| 구분 | 종류 | 특성 |
|---|---|---|
| 굴착용 | 파워쇼벨 | 지반면보다 높은 곳의 땅파기에 적합하며 굴착력이 크다. |
| | 드래그쇼벨 | 지반보다 낮은 곳에 적당하며 굴착력이 크고 범위가 좁다. |
| | 드래그라인 | 기계를 설치한 지반보다 낮은 곳 또는 수중 굴착시에 적당하다. |
| | 클램쉘 | 좁은 곳의 수직굴착, 자갈 적재에도 적합하다. |
| | 트렌처 | 도랑파기, 줄기초파기에 사용된다. |
| 정지용 | 불도저 | 운반거리 50~60m(최대 100m)의 배토, 정지작업에 사용된다. |
| | 앵글도저 | 배토판을 좌우로 30도 회전하며 산허리를 깎는데 유리하다. |
| | 스크레이퍼 | 흙을 긁어모아 적재하여 운반하며 100~150m의 중거리 정지공사에 적합하다. |
| | 그레이더 | 땅고르기 기계로 정지공사 마감이나 도로 노면정리에 사용된다. |
| 다짐용 | 전압식 | 롤러 자중으로 지반을 다진다. (로드롤러, 탬핑롤러, 머케덤롤러, 타이어롤러) |
| | 진동식 | 기계에 진동을 발생시켜 지반을 다진다. (진동롤러, 컴팩터) |
| | 충격식 | 기계가 충격력을 발생시켜 지반을 다진다. (램머, 탬퍼) |
| 싣기용 | 크롤러로더 | 굴착력이 강하며, 불도저 대용으로도 쓸 수 있다. |
| | 포크리프트 | 창고하역이나 목재싣기에 사용된다. |
| 운반용 | 컨베이어 | 벨트식과 버킷식이 있고 이동식이 많이 사용된다. |

**26** 건축공사 스프레이 도장방법에 관한 설명으로 옳지 않은 것은?

① 도장거리는 스프레이 도장면에서 300mm를 표준으로 한다.

② 매회의 에어스프레이는 붓도장과 동등한 정도의 두께로 하고, 2회분의 도막 두께를 한 번에 도장하지 않는다.

③ 각 회의 스프레이 방향은 전회의 방향에 평행으로 진행한다.

④ 스프레이할 때는 항상 평행이동하면서 운행의 한 줄마다 스프레이 너비의 1/3정도를 겹쳐 뿜는다.

**27** 철근콘크리트공사 시 벽체 거푸집 또는 보 거푸집에서 거푸집판을 일정한 간격으로 유지시켜 주는 동시에 콘크리트의 측압을 최종적으로 지지하는 역할을 하는 부재는?

① 인서트

② 컬럼밴드

③ 폼타이

④ 턴버클

**28** 커튼월(curtain wall)에 관한 설명으로 옳지 않은 것은?

① 주로 내력벽에 사용된다.

② 공장생산이 가능하다.

③ 고층건물에 많이 사용된다.

④ 용접이나 볼트조임으로 구조물에 고정시킨다.

---

**ANSWER** 　26.③　27.③　28.①

**26** 각 회의 스프레이 방향은 전회의 방향에 직각으로 진행한다.

**27** ③ 폼타이 : 벽체 거푸집 또는 보 거푸집에서 거푸집판을 일정한 간격으로 유지시켜 주는 동시에 콘크리트의 측압을 최종적으로 지지하는 역할을 하는 부재
　① 인서트 : 천장에 부재를 매달기 위해 천장구조를 천공하고 매입하여 설치하는 철물이다.
　② 컬럼밴드 : 기둥에서 바깥쪽으로 감싸서 측압에 의해 거푸집이 벌어지는 것을 방지하기 위한 사각띠형상의 철물이다.
　④ 턴버클 : 주로 철골과 같은 중량구조물을 인장력을 사용하여 안정적으로 직립시키기 위해 사용되는 가설부재이다.

**28** 커튼월은 건물 외관에 설치되는 비내력벽을 말한다.

**29** TQC를 위한 7가지 도구 중 다음 설명에 해당하는 것은?

> 모집단에 대한 품질특성을 알기 위하여 모집단의 분포상태, 분포의 중심위치, 분포의 산포 등을 쉽게 파악할 수 있도록 막대 그래프 형식으로 작성한 도수분포도를 말한다.

① 히스토그램
② 특성요인도
③ 파레토도
④ 체크시트


**30** 건설현장에서 근무하는 공사감리자의 업무에 해당되지 않는 것은?

① 공사시공자가 사용하는 건축자재가 관계법령에 의한 기준에 적합한 건축자재인지 여부의 확인
② 상세시공도면의 작성
③ 공사현장에서의 안전관리지도
④ 품질시험의 실시여부 및 시험성과의 검토 · 확인


**31** 석고 플라스터에 관한 설명으로 옳지 않은 것은?

① 석고 플라스터는 경화지연제를 넣어서 경화시간을 너무 빠르지 않게 한다.
② 경화 · 건조 시 치수 안정성과 내화성이 뛰어나다.
③ 석고 플라스터는 공기 중의 탄산가스를 흡수하여 표면부터 서서히 경화한다.
④ 시공 중에는 될 수 있는 한 통풍을 피하고 경화 후에는 적당한 통풍을 시켜야 한다.

---

**ANSWER** 　29.①　30.②　31.③

**29** 보기의 내용은 히스토그램에 대한 설명이다.
※ 품질관리도구의 종류
- **파레토도** : 불량, 결점, 고장 등의 발생건수, 또는 손실금액을 항목별로 나누어 발생빈도의 순으로 나열하고 누적합도 표시한 그림이다.
- **히스토그램** : 치수, 무게, 강도 등 계량치의 Data들이 어떤 분포를 하고 있는지를 보여준다.
- **특성요인도** : 생선뼈 그림이라고도 하며 결과에 대해 원인이 어떻게 관계하는지를 알기 쉽게 작성하였다.
- **산포도** : 서로 대응되는 2개의 데이터의 상관관계를 용지 위에 점으로 나타낸 것
- **체크시트** : 계수치의 데이터가 분류항목의 어디에 집중되어 있는지 알아보기 쉽게 나타낸 그림이나 표를 말한다.
- **층별** : 집단을 구성하는 많은 Data를 어떤 특징에 따라 몇 개의 부분 집단으로 나누는 것을 말한다.

**30** 상세시공도면의 작성은 공사감리자의 업무가 아니라 시공실무자의 업무에 속한다.

**31** 석고플라스터는 수경성 재료로서 물을 흡수하면 경화가 된다. (공기에 의해 경화가 되지는 않는다.)

**32** 미장 공사에서 균열을 방지하기 위하여 고려해야 할 사항 중 옳지 않은 것은?

① 바름면은 바람 또는 직사광선 등에 의한 급속한 건조를 피한다.

② 1회의 바름 두께는 가급적 얇게 한다.

③ 쇠 흙손질을 충분히 한다.

④ 모르타르 바름의 정벌바름은 초벌바름보다 부배합으로 한다.

**33** 고강도 콘크리트에 관한 내용으로 옳지 않은 것은?

① 설계기준압축강도는 보통 또는 중량골재 콘크리트에서 40MPa 이상인 것으로 한다.

② 고성능 감수제의 단위량은 소요 강도 및 작업에 적합한 워커빌리티를 얻도록 시험에 의해서 결정하여야 한다.

③ 단위수량은 소요의 워커빌리티를 얻을 수 있는 범위 내에서 가능한 한 작게 하여야 한다.

④ 기상의 변화나 동결융해 발생 여부에 관계없이 공기연행제를 사용하는 것을 원칙으로 한다.

**34** 건축공사에서 활용되는 견적방법 중 가장 상세한 공사비의 산출이 가능한 견적방법은?

① 개산견적

② 명세견적

③ 입찰견적

④ 실행견적

**35** 벽돌에 생기는 백화를 방지하기 위한 방법으로 옳지 않은 것은?

① 10% 이하의 흡수율을 가진 양질의 벽돌을 사용한다.

② 벽돌면 상부에 빗물막이를 설치한다.

③ 파라핀 도료를 발라 염류가 나오는 것을 방지한다.

④ 줄눈 모르타르에 석회를 넣어 바른다.

**36** 주문받은 건설업자가 대상계획의 기업, 금융, 토지조달, 설계, 시공 기타 모든 요소를 포괄하여 발주하는 도급계약 방식은?

① 실비청산 보수가산 도급

② 정액도급

③ 공동도급

④ 턴키도급

**37** 서로 다른 종류의 금속재가 접촉하는 경우 부식이 일어나는 경우가 있는데 부식성이 큰 금속 순으로 옳게 나열된 것은?

① 알루미늄 > 철 > 주석 > 구리

② 주석 > 철 > 알루미늄 > 구리

③ 철 > 주석 > 구리 > 알루미늄

④ 구리 > 철 > 알루미늄 > 주석

---

**ANSWER**  35.④  36.④  37.①

**35** 줄눈 모르타르에 석회를 바르면 백화현상이 더 심해지는 문제가 있다.

**36** ① 실비청산 보수가산 도급 : 공사비의 실비를 건축주, 감독자, 시공자 3자 입회하에 확인 청산하고 건축주는 미리 정한 보수율에 따라 공사비를 지급하는 방식

② 정액도급 : 공사비 총액을 일정한 금액으로 정하여 계약을 체결하는 도급 방식

③ 공동도급 : 대규모 공사의 경우 2인 이상의 사업자가 공동으로 일을 도급 받아 공동 계산 하에 계약을 이행하는 특수한 도급형태(1개의 회사가 단독으로 도급을 맡기에는 공사규모가 큰 경우, 2개 이상의 회사가 임시로 결합 · 조직 · 공동출자하여 연대책임하에 공사를 수급하여 공사완성 후 해산하는 방식)

**37** 알루미늄 > 철 > 주석 > 구리 순으로 부식성이 크다.

**38** 프리스트레스트 콘크리트에 관한 설명으로 옳은 것은?

① 진공매트 또는 진공펌프 등을 이용하여 콘크리트로부터 수화에 필요한 수분과 공기를 제거한 것이다.

② 고정시설을 갖춘 공장에서 부재를 철재거푸집에 의하여 제작한 기성제품 콘크리트(PC)이다.

③ 포스트텐션 공법은 미리 강선을 압축하여 콘크리트에 인장력으로 작용시키는 방법이다.

④ 장스팬 구조물에 적용할 수 있으며, 단위부재를 작게 할 수 있어 자중이 경감되는 특징이 있다.

**39** 다음 그림과 같은 건물에서 $G_1$과 같은 보가 8개 있다고 할 때 보의 총 콘크리트량을 구하면? (단, 보의 단면상 슬래브와 겹치는 부분은 제외하며, 철근량은 고려하지 않는다.)

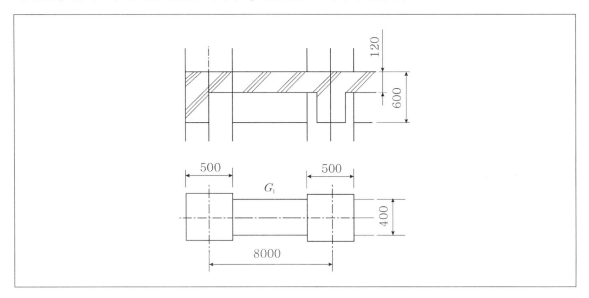

① 11.52m$^3$

② 12.23m$^3$

③ 13.44m$^3$

④ 15.36m$^3$

----

**38** ① 진공매트 또는 진공펌프 등을 이용하여 콘크리트로부터 수화에 필요한 최소한의 수분과 공기만을 제외하고 모두 제거한 것은 진공콘크리트 공법이다.

② 고정시설을 갖춘 공장에서 부재를 철재거푸집에 의하여 제작한 것은 프리캐스트 콘크리트이다.

③ 프리텐션 공법은 미리 강선을 압축하여 콘크리트에 인장력으로 작용시키는 방법이다.

**39** $V = 0.4 \times 0.48 \times (8 - 0.5) \times 8 = 11.52m^3$

**40** 포틀랜드시멘트 화학성분 중 1일 이내 수화를 지배하며 응결이 가장 빠른 것은?

① 알루민산3석회

② 알루민산철4석회

③ 규산3석회

④ 규산2석회

● ● ●
ANSWER　40.①

**40** 알루민산3석회는 수화작용이 가장 빠르며 공기 중 수축이 크고 수중팽창도 크다.

※ 수화작용에 관련있는 혼합물의 특성

| 화 합 물 | 특성 | 약기법 |
|---|---|---|
| 규산 3석회<br>$3CaO$, $SiO_2$ | 수화작용이 빠르며 공기 중 수축이 적으나 수중 팽창은 크다. (수경성이 크다.) | $C_3S$ |
| 규산 2석회<br>$2CaO$, $SiO_2$<br>Belite | 수화작용이 느리며 공기 중 수축이 조금 있으나 수중팽창은 작은 편이다. | $C_2S$ |
| 알루민산 3석회<br>$3CaO$, $Al_2O_3$<br>Celite | 수화작용이 가장 빠르며 공기 중 수축이 크고 수중 팽창도 크다. | $C_3A$ |
| 알루민산철 4석회<br>$4CaO$, $Al_2O_3$, $Fe_2O_3$<br>Felite | 수화작용이 느리며 공기 중 수축이 적고 수화열량도 적으며 내산성이 우수하다. | $C_4AF$ |

**41** 고장력볼트접합에 관한 설명으로 옳지 않은 것은?

① 유효단면적당 응력이 크며 피로강도가 작다.
② 강한 조임력으로 너트의 풀림이 생기지 않는다.
③ 응력방향이 바뀌더라도 혼란이 일어나지 않는다.
④ 접합방식에는 마찰접합, 지압접합, 인장접합이 있다.

**42** 지진에 대응하는 기술 중 하나인 제진(制震)에 관한 설명으로 옳지 않은 것은?

① 기존 건물의 구조형식에 좌우되지 않는다.
② 지반종류에 의한 제약을 받지 않는다.
③ 소형 건물에 일반적으로 많이 적용된다.
④ 댐퍼 등을 사용하여 흔들림을 효과적으로 제어한다.

---

ANSWER  41.①  42.③

**41** 고장력볼트접합은 유효단면적당 응력이 작으며 피로강도가 크다.
 ※ 고력볼트의 구조적 특성
  • 강한 조임력으로 너트의 풀림이 생기지 않는다.
  • 응력의 방향이 바뀌어도 혼란이 일어나지 않는다.
  • 응력집중이 적으므로 반복응력에 대해서 강하다.
  • 고력볼트의 전단응력이 생기지 않는다.
  • 유효단면적당 응력이 작으며 피로강도가 높다.

**42** 제진기술은 주로 중대형 건축물에 적용된다.

**43** 콘크리트구조의 내구성 설계기준에 따른 보수·보강 설계에 관한 설명으로 옳지 않은 것은?

① 손상된 콘크리트 구조물에서 안전성, 사용성, 내구성, 미관 등의 기능을 회복시키기 위한 보수는 타당한 보수설계에 근거하여야 한다.

② 보수·보강 설계를 할 때는 구조체를 조사하여 손상 원인, 손상 정도, 저항내력 정도를 파악한다.

③ 책임구조기술자는 보수·보강 공사에서 품질을 확보하기 위하여 공정별로 품질관리검사를 시행하여야 한다.

④ 보강설계를 할 때에는 사용성과 내구성 등의 성능은 고려하지 않고, 보강 후의 구조내력 증가만을 반영한다.

**44** 그림과 같은 직사각형 단면을 가지는 보에 최대 휨모멘트 M=20kN·m가 작용할 때 최대 휨응력은?

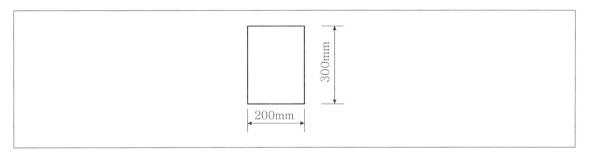

① 3.33MPa

③ 4.44MPa

② 5.56MPa

④ 6.67MPa

**43** 보강설계를 할 때에는 사용성과 내구성 등의 성능을 고려해야 한다.

**44**
$$\sigma_{\max} = \frac{M_{\max}}{Z} = \frac{M_{\max}}{\dfrac{bh^2}{6}} = \frac{20[kN]}{\dfrac{200 \cdot 300^2}{6}[mm^3]} = 6.67[MPa]$$

**45** 그림과 같은 복근보에서 전단보강철근이 부담하는 전단력 $V_s$를 구하면? (단, $f_{ck} = 24\text{MPa}$, $f_y = 400\text{MPa}$, $f_{yt} = 300\text{MPa}$, $A_v = 71\text{mm}^2$)

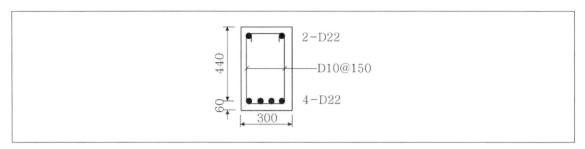

① 약 110kN

② 약 115kN

③ 약 120kN

④ 약 125kN

**46** 강도설계법에서 단근직사각형 보의 c(압축연단에서 중립축까지의 거리)값으로 옳은 것은? (단, $f_{ck} = 24\text{MPa}$, $f_y = 400\text{MPa}$이고 $b = 300\text{mm}$, $A_s = 1161\left[\text{mm}^2\right]$이며 포물선-직선 형상의 응력-변형률 관계 이용)

① 92.65mm

② 94.85mm

③ 96.65mm

④ 98.85mm

**45**
$$V_s = \frac{2A_v f_{yt} d}{s} = \frac{2 \cdot 71 \cdot 300 \cdot 440}{150[\text{mm}]} \fallingdotseq 125[\text{kN}]$$

**46**
$$c = \frac{a}{\beta} = \frac{\dfrac{A_s f_y}{0.85 f_{ck} b}}{0.8} = \frac{\dfrac{1161[\text{mm}^2] \cdot 400}{0.85 \cdot 24 \cdot 300[\text{mm}]}}{0.8} \fallingdotseq 94.85[\text{mm}]$$

**47** 그림의 용접기호와 관련된 내용으로 옳은 것은?

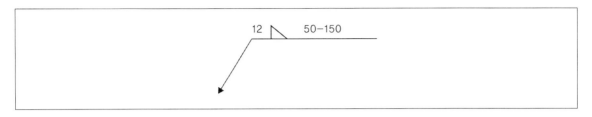

① 양면용접에 용접길이 50mm

② 용접간격 100mm

③ 용접치수 12mm

④ 맞댐(개선)용접

**48** 그림과 같은 3회전단 구조물의 반력은?

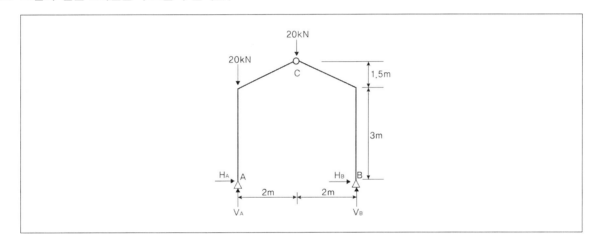

① $H_A = 4.44[\text{kN}]$, $V_A = 30[\text{kN}]$

$H_B = -4.44[\text{kN}]$, $V_B = 10[kN]$

② $H_A = 0[\text{kN}]$, $V_A = 30[\text{kN}]$

$H_B = 0[\text{kN}]$, $V_B = 10[\text{kN}]$

③ $H_A = -4.44[\text{kN}]$, $V_A = -30[\text{kN}]$

$H_B = 4.44[\text{kN}]$, $V_B = 10[\text{kN}]$

④ $H_A = 4.44[\text{kN}]$, $V_A = 50[\text{kN}]$

$H_B = -4.44[\text{kN}]$, $V_B = -10[\text{kN}]$

---

**ANSWER**  **47.③   48.①**

**47** 화살표 반대쪽의 모살치수는 12mm, 용접길이는 50mm, 용접간격은 150mm의 단속모살용접이며 일면용접이다.

**48** 연직반력을 구하면 $V_A = 30[kN]$, $V_B = 10[kN]$

힌지절점에 대하여 좌측부재의 모멘트의 합과 우측부재의 모멘트의 합이 0이 되어야 한다.

직관적으로 A점의 수평반력은 우측을 향하며 B점의 수평반력은 좌측을 향하게 되므로 이를 만족하는 값은 주어진 보기 중 $H_A = 4.44[kN]$, $H_B = -4.44[kN]$ 만 해당된다.

**49** 그림과 같은 양단 고정보에서 B단의 휨모멘트 값은?

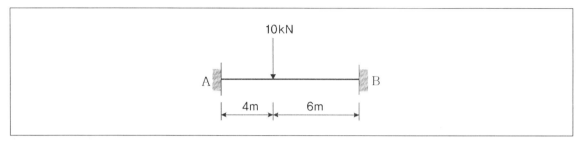

① 2.4kNm

② 9.6kNm

③ 14.4kNm

④ 24.8kNm

**50** 1방향 철근콘크리트 슬래브에 배치하는 수축·온도철근에 관한 기준으로 옳지 않은 것은?

① 수축·온도철근으로 배치되는 이형철근 및 용접철망의 철근비는 어떤 경우에도 0.0014 이상이어야 한다.

② 수축·온도철근으로 배치되는 설계기준항복강도가 400MPa을 초과하는 이형철근 또는 용접철망을 사용한 슬래브의 철근비는 $0.0020 \times \dfrac{400}{f_y}$로 산정한다.

③ 수축·온도철근의 간격은 슬래브 두께의 6배 이하, 또한 600mm 이하로 해야 한다.

④ 수축·온도철근은 설계기준항복강도 $f_y$를 발휘할 수 있도록 정착되어야 한다.

---

**49** $M_B = -\dfrac{Pa^2 b}{l^2} = -\dfrac{10[kN] \cdot 4^2 \cdot 6}{(10)^2} = 9.6[\text{kNm}]$

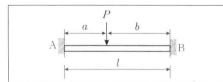

$$M_A = -\frac{Pab^2}{l^2}, \quad M_B = -\frac{Pa^2 b}{l^2}$$

**50** 수축·온도철근의 간격은 슬래브 두께의 5배 이하, 또한 450mm 이하로 해야 한다.

**51** 다음 그림과 같은 인장재의 순단면적을 구하면? (단, F10T-M20볼트 사용(표준구멍), 판의 두께는 6mm임)

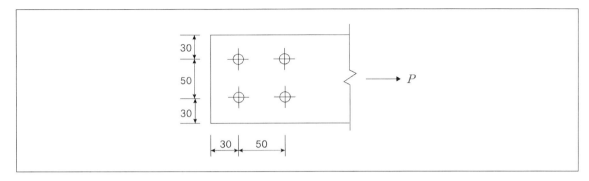

① 296mm$^2$

② 396mm$^2$

③ 426mm$^2$

④ 536mm$^2$

**52** 다음 그림과 같은 내민보에 집중하중이 작용할 때 A점의 처짐각은?

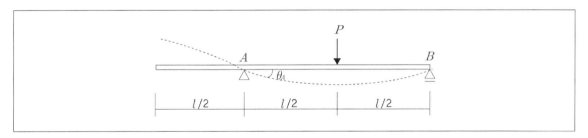

① $\dfrac{PL^2}{4EI}$

② $\dfrac{PL^2}{16EI}$

③ $\dfrac{PL^2}{128EI}$

④ $\dfrac{PL^2}{256EI}$

---

**ANSWER**   51.②   52.②

**51**  $A_n = A_g - nd_o t = (110 \times 6) - (2 \times 22 \times 6) = 396mm^2$

$d_o = 20 + 2 = 22mm$

**52** 내민 구간에는 하중이 작용하지 않으므로 AB 단순보의 중앙에 집중하중 P가 작용할 때 A지점의 처짐각인 $\theta_A = \dfrac{PL^2}{16EI}$

과 같다.

**53** 양단힌지인 길이 6m의 H−300×300×10×15의 기둥이 부재중앙에서 약축방향으로 가새를 통해 지지되어 있을 경우 설계용 세장비는? (단, $r_x = 131\,[mm], r_y = 75.1\,[mm]$)

① 39.9

② 45.8

③ 58.2

④ 66.3

**54** 과도한 처짐에 의해 손상되기 쉬운 비구조요소를 지지 또는 부착하지 않은 바닥구조의 활하중 L에 의한 순간처짐의 한계는?

① L/180

② L/360

③ L/240

④ L/480

ANSWER **53.②  54.②**

**53** 양단힌지이므로 유효좌굴길이계수(K)는 1.0이다.
세장비의 경우 강축에 대해서는 부재 전체길이인 6m, 약축에 대해서는 가새로 횡지지되어 있으므로 3m를 적용함에 주의해야 하며 다음 중 큰 값으로 해야 한다.

$$\frac{KL}{r_x} = \frac{(1.0)(600)}{(13.1)} = 45.80, \quad \frac{KL}{r_y} = \frac{(1.0)(300)}{(7.51)} = 39.95$$

**54** 과도한 처짐에 의해 손상되기 쉬운 비구조 요소를 지지 또는 부착하지 않은 바닥구조의 활하중 L에 의한 순간처짐의 한계는 L/360이다.

| 부재의 종류 | 고려해야 할 처짐 | 처짐한계 |
|---|---|---|
| 과도한 처짐에 의해 손상되기 쉬운 비구조 요소를지지 또는 부착하지 않은 평지붕구조 | 활하중 L에 의한 순간처짐 | L/180 |
| 과도한 처짐에 의해 손상되기 쉬운 비구조 요소를 지지 또는 부착하지 않은 바닥구조 | 활하중 L에 의한 순간처짐 | L/360 |
| 과도한 처짐에 의해 손상되기 쉬운 비구조 요소를 지지 또는 부착한 지붕 또는 바닥구조 | 전체 처짐 중에서 비구조 요소가 부착된 후에 발생하는 처짐부분(모든 지속하중에 의한 장기처짐과 추가적인 활하중에 의한 순간처짐의 합) | L/480 |
| 과도한 처짐에 의해 손상될 우려가 없는 비구조 요소를 지지 또는 부착한 지붕 또는 바닥구조 | | L/240 |

**55** 다음과 같은 사다리꼴 단면의 도심 $y_0$의 값은?

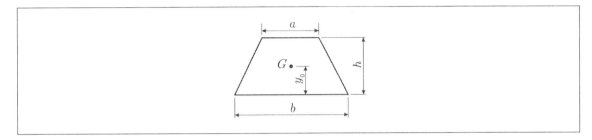

① $\dfrac{h(2a+b)}{3(a+b)}$

③ $\dfrac{h(a+b)}{3(2a+b)}$

② $\dfrac{3h(2a+b)}{(a+b)}$

④ $\dfrac{h(a+2b)}{3(a+b)}$

**56** 다음 그림과 같은 라멘에 있어서 A점의 모멘트는? (단, K는 강비이다.)

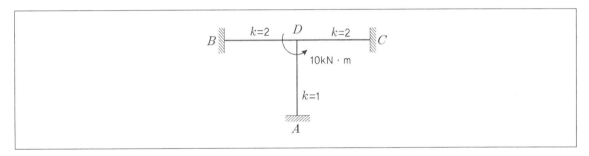

① 1kNm

③ 2kNm

② 3kNm

④ 4kNm

**55** 도심의 위치는 $y = \dfrac{h}{3} \times \dfrac{2a+b}{a+b}$ 가 된다.

**56** 모멘트분배법에 관한 문제이다.

$$M_{DA} = 10[kNm] \cdot \frac{k_A}{\sum k_i} = 10 \cdot \frac{1}{2+2+1} = 2[kN]$$

고정단이므로 전달되는 모멘트는 $M_{AD} = \dfrac{1}{2} \cdot M_{DA} = 1[kNm]$

**57** 연약한 지반에 대한 대책 중 하부구조의 조치사항으로 옳지 않은 것은?

① 동일 건물의 기초에 이질 지정을 둔다.

② 경질지반에 기초판을 지지한다.

③ 지하실을 설치한다.

④ 경질지반이 깊을 때는 마찰말뚝을 사용한다.

**58** 프리스트레스하지 않는 부재의 현장치기 콘크리트 중 흙에 접하여 콘크리트를 친 후 영구히 흙에 묻혀 있는 콘크리트의 최소 피복두께 기준으로 옳은 것은?

① 100mm

② 75mm

③ 50mm

④ 40mm

**ANSWER** 57.① 58.②

**57** 동일 건물의 기초에 이질지정을 두게 되면 서로 다른 지반의 특성에 의해 응력이 불균등하게 발생하게 되는 문제가 발생하므로 바람직하지 않다.

**58** 프리스트레스하지 않는 부재의 현장치기 콘크리트 중 흙에 접하여 콘크리트를 친 후 영구히 흙에 묻혀 있는 콘크리트의 최소 피복두께는 75mm이다.

**59** 다음 그림과 같은 구조물의 부정정차수는?

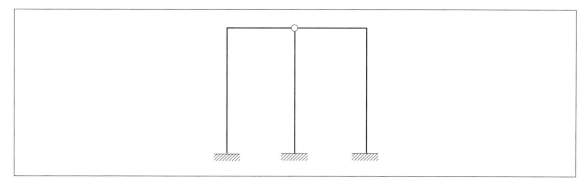

① 1차 부정정
② 2차 부정정
③ 3차 부정정
④ 4차 부정정

**60** 철골구조 주각부의 구상요소가 아닌 것은?

① 커버 플레이트
② 앵커볼트
③ 리브 플레이트
④ 베이스 플레이트

**59** 부정정차수 $N = r + m + s - 2j = 9 + 5 + 2 - 2 \times 6 = 4$
$N$ : 총부정정 차수, $r$ : 지점반력수, $m$ : 부재의 수, $s$ : 강절점 수, $j$ : 절점 및 지점수(자유단포함)

**60** 커버플레이트(덧판플레이트)는 철골보의 플랜지 위에 얹혀지는 판재이다.

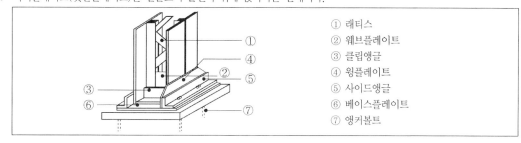

① 래티스
② 웨브플레이트
③ 클립앵글
④ 윙플레이트
⑤ 사이드앵글
⑥ 베이스플레이트
⑦ 앵커볼트

**61** 배수관의 관경과 구배에 관한 설명으로 옳지 않은 것은?

① 배관구배를 완만하게 하면 세정력이 저하된다.

② 배수관경을 크게 하면 할수록 배수능력은 향상된다.

③ 배관구배를 너무 급하게 하면 흐름이 빨라 고형물이 남는다.

④ 배관구배를 너무 급하게 하면 관로의 수류에 의한 파손 우려가 높아진다.

**62** 한 시간당 급탕량이 5m³일 때 급탕부하는 얼마인가? (단, 물의 비열은 4.2kJ/kg · K, 급탕온도는 70℃, 급수온도는 10℃이다.)

① 35kW

② 126kW

③ 350kW

④ 1260kW

---

ANSWER | 61.② 62.③

**61** • 배수의 구배가 완만하면 유속이 느려져 오물이나 스케일이 부착하게 되고, 배수 관경을 필요 이상으로 크게 하면 할수록 배수능력은 저하된다.

　　• 배수관의 구배를 너무 급하게 하면 흐름이 빨라 고형물이 남으며, 배수배관의 구배가 증가하면 유속이 증가하고 유수 깊이가 감소하여 트랩의 봉수파괴에 영향을 미친다.

　　• 구배가 없으면 물과 이물질이 흐르지 않고 고여서 문제가 되고, 구배를 너무 많이 주면(기울기를 급하게 하면) 물만 빠져나가고 이물질은 남아 막히게 된다.

**62** 급탕부하 : 시간당 필요한 온수를 얻기 위해 소요되는 열량. $\dfrac{\text{급탕량}[kg/h] \times \text{비열}[kJ/kg \cdot K] \times \text{온도차}[K]}{3600[s/h]}[kW]$

따라서 $\dfrac{5000 \times 4.2 \times (70-10)}{3600} = 350[kW]$

**63** 엘리베이터의 조작 방식 중 무운전원 방식으로 다음과 같은 특징을 갖는 것은?

> 승객 스스로 운전하는 전자동 엘리베이터로, 승강장으로부터의 호출 신호로 기동, 정지를 이루는 조작 방식이며, 누른 순서에 상관없이 각 호출에 응하여 자동적으로 정지한다.

① 단식자동방식

② 카 스위치방식

③ 승합전자동방식

④ 시그널 콘트롤 방식


**64** 전기샤프트(ES)의 계획 시 고려사항으로 옳지 않은 것은?

① 각 층마다 같은 위치에 설치한다.

② 기기의 배치와 유지보수에 충분한 공간으로 하고, 건축적인 마감을 실시한다.

③ 점검구는 유지보수 시 기기의 반출입이 가능하도록 하여야 하며, 점검구 문의 폭은 최소 300mm 이상으로 한다.

④ 공급대상 범위의 배선거리, 전압강하 등을 고려하여 가능한 한 공급 대상설비 시설 위치의 중심부에 위치하도록 한다.

---

**ANSWER**   63.③   64.③

**63** ③ **승합전자동방식** : 승객 스스로 운전하는 전자동 엘리베이터로 목적층의 단추나 승강장으로부터의 호출 신호로 기동, 정지를 이루는 조작 방식이며, 누른 순서에 상관없이 각 호출에 응하여 자동적으로 정지한다.

　① **단식자동방식** : 승강장 단추는 하나로 공통이고, 승강기의 단추나 승강장의 호출에 의해서 기동되는 방식이며, 운행 중에 다른 호출은 받지 않는다.

　② **카 스위치방식** : 시동 · 정지는 운전원이 조작반의 스타트 버튼을 조작함으로써 이루어지며, 정지에는 운전원의 판단으로써 이루어지는 수동착상 방식과 정지층 앞에서 핸들을 조작하여 자동적으로 착상하는 자동착상 방식이 있다.

　④ **시그널 컨트롤방식** : 시동은 운전원이 조작반의 버튼조작으로 하며, 정지는 조작반의 목적층 단추를 누르는 것과 승강장으로부터의 호출신호로부터 층의 순서로 자동적으로 정지한다. 반전은 어느 층에서도 할 수 있는 최고 호출 자동반전 장치가 붙어 있다. 또한, 여러 대의 엘리베이터를 1뱅크로 한 뱅크운전의 경우, 엘리베이터 상호간을 효율적으로 운전시키기 위한 운전간격 등이 자동적으로 조정된다.

**64** 점검구는 유지보수 시 기기의 반출입이 가능하도록 하여야 하며, 점검구 문의 폭은 최소 600mm 이상으로 한다.

**65** 다음 중 변전실 면적에 영향을 주는 요소와 가장 거리가 먼 것은?

① 발전기실의 면적
② 변전설비 변압방식
③ 수전전압 및 수전방식
④ 설치 기기와 큐비클의 종류


**66** 배수트랩의 봉수가 파손되는 것을 방지하기 위한 방법으로 옳지 않은 것은?

① 자기사이펀 작용에 의한 봉수파괴를 방지하기 위하여 S트랩을 설치한다.
② 유도사이펀 작용에 의한 봉수파괴를 방지하기 위하여 도피통기관을 설치한다.
③ 증발현상에 의한 봉수파괴를 방지하기 위하여 트랩 봉수 보급수 장치를 설치한다.
④ 역압에 의한 분출작용을 방지하기 위하여 배수 수직관의 하단부에 통기관을 설치한다.


**67** 다음의 간선 배전방식 중 분전반에서 사고가 발생했을 때 그 파급 범위가 가장 좁은 것은?

① 평행식
② 방사선식
③ 나뭇가지식
④ 나뭇가지 평행식


---

**ANSWER**  65.① 66.① 67.①

**65** 발전기실은 변전실과는 별개로 설치가 되며 변전실의 면적 자체에 직접적으로 영향을 주지는 않는다.

**66** S트랩은 세면기, 대변기, 소변기에 부착하며, 사이펀작용에 의한 봉수파괴가 쉽게 일어난다.

**67** 배선방식의 종류 및 특징
- 나뭇가지식 : 배전반에 나온 1개의 간선이 각 층의 분전반을 거치며 부하가 감소됨에 따라 점차로 간선 도체 굵기도 감소되므로 소규모 건물에 적당한 방식이다.
- 평행식 : 용량이 큰 부하, 또는 분산되어 있는 부하에 대하여 단독의 간선으로 배선되는 방식으로, 배전반으로부터 각 층의 분전반까지 단독으로 배선되므로 전압 강하가 평균화되고 사고 발생 시 파급되는 범위가 좁지만 배선의 혼잡과 동시에 설비비가 많이 든다. 대규모 건물에 적합하다.
- 나뭇가지 평행식 : 나뭇가지식과 평행식을 혼합한 배선방식이다.
- 방사선식 : 분전반을 방사형태로 배치한 형식으로서 사고 발생 시 파급범위가 넓은 단점이 있다.

**68** 스프링클러설비를 설치하여야 하는 특정소방대상물의 최대 방수구역에 설치된 개방형 스프링클러헤드의 개수가 30개일 경우, 스프링클러 설비의 수원의 저수량은 최소 얼마 이상으로 하여야 하는가?

① 16m³

② 32m³

③ 48m³

④ 56m³

**69** 열관류율 K=2.5W/m² · K인 벽체의 양쪽 공기온도가 각각 20℃와 0℃일 때 이 벽체 1m²당 이동열량은?

① 25W

② 50W

③ 100W

④ 200W

**70** 어느 점광원과 lm 떨어진 곳의 직각면 조도가 800[lx]일 때, 이 광원과 4m 떨어진 곳의 직각면 조도는?

① 50[lx]

② 100[lx]

③ 150[lx]

④ 200[lx]

· · ·
**ANSWER** **68.③ 69.② 70.①**

- - - - - - - - - - - - - - - - - - - - - - - - - - - - - - - - - - - - - - - - - -

**68** 스프링클러의 개수의 1.6배한 값이므로 48m³이 된다.

| 구분 | 연결송수관 | 옥외소화전 | 옥내소화전 | 스프링클러 | 드렌처 |
|---|---|---|---|---|---|
| 표준방수량(L/min) | 800 | 350 | 130 | 80 | 80 |
| 방수압력(MPa) | 0.35 | 0.25 | 0.17 | 0.1 | 0.1 |
| 수원의 수량(m³) N : 동시개구수 ( ) : 최대기구수 | – | 7N (2) | 2.6N (5) | 1.6N | 1.6N |
| 설치거리(m) | 50 | 40 | 25 | 1.7~3.2 | 2.5 |

**69** 단위면적당 열손실량 $H_{loss} = K \cdot A \cdot \triangle T$

$$\frac{H_{loss}}{A} = K \cdot \triangle T = (2.5)(20-0) = 50\,W/m^2$$

**70** 조도는 거리의 제곱에 반비례한다. 따라서 거리가 4배 멀어지게 되면 조도는 16배로 줄어들게 된다.

**71** 습공기를 가열했을 때 상태값이 변화하지 않는 것은?

① 엔탈피

② 습구온도

③ 절대습도

④ 상대습도


**72** 증기난방에 관한 설명으로 옳지 않은 것은?

① 온수난방에 비해 예열시간이 짧다.

② 온수난방에 비해 한랭지에서 동결의 우려가 작다.

③ 운전 시 증기해머로 인한 소음을 일으키기 쉽다.

④ 온수난방에 비해 부하변동에 따른 실내방열량의 제어가 용이하다.

● ● ●
ANSWER | 71.③  72.④

**71** 습공기를 가열하면 습공기 속의 수증기량은 변함이 없으며 최대포화수증기량이 변한다.

**72** 증기난방은 온수난방에 비해 부하변동에 따른 실내방열량의 제어가 어렵다.

| 구분 | 증기난방 | 온수난방 |
|---|---|---|
| 표준방열량 | $650kcal/m^2h$ | $450kcal/m^2h$ |
| 방열량조절 | 어렵다 | 용이하다 |
| 방열기면적 | 작다 | 크다 |
| 이용열 | 잠열 | 현열 |
| 열용량 | 작다 | 크다 |
| 열운반능력 | 크다 | 작다 |
| 소음 | 크다 | 작다 |
| 예열시간 | 짧다 | 길다 |
| 관경 | 작다 | 크다 |
| 설치유지비 | 싸다 | 비싸다 |
| 쾌감도 | 나쁘다 | 좋다 |
| 온도조절(방열량조절) | 어렵다 | 쉽다 |
| 열매온도 | 102℃ 증기 | 85~90℃<br>100~150℃ |
| 고유설비 | 방열기트랩<br>(증기트랩, 열동트랩) | 팽창탱크<br>개방식 : 보통온수<br>밀폐식 : 고온수 |
| 공동설비 | 공기빼기 밸브, 방열기 밸브 | |

**73** 공기조화방식 중 2중덕트방식에 관한 설명으로 옳지 않은 것은?

① 전공기 방식에 속한다.

② 덕트가 2개의 계통이므로 설비비가 많이 든다.

③ 부하특성이 다른 다수의 실이나 존에도 적용할 수 있다.

④ 냉풍과 온풍을 혼합하는 혼합상자가 필요없으므로 소음과 진동도 적다.

**74** 다음과 가장 관계가 깊은 것은?

---

에너지보존의 법칙을 유체의 흐름에 적용한 것으로서 유체가 갖고 있는 운동에너지, 중력에 의한 위치에너지 및 압력에너지의 총합은 흐름내 어디에서나 일정하다.

---

① 뉴턴의 점성법칙

② 베르누이의 정리

③ 보일-샤를의 법칙

④ 오일러의 상태방정식

**73** 이중덕트방식은 냉풍, 온풍 2개의 공급덕트와 1개의 환기덕트로 구성되며, 실내의 취출구 앞에 설치한 혼합상자에서 룸써모스탯에 의하여 냉풍, 온풍을 조절하여 송풍량으로 실내 온도를 유지하는 방식이다.

**74** ① 뉴턴의 점성법칙 : 유체의 점성으로 인한 흐름변형력(변형응력)은 속도기울기에 비례한다는 법칙이다.
③ 보일-샤를의 법칙 : 기체의 온도와 압력, 부피 간의 관계에 대한 법칙이다.
④ 오일러의 상태방정식 : 유체의 비점성(invisid) 흐름을 다루는 미분방정식이다.

**75** 자연환기에 관한 설명으로 옳은 것은?

① 풍력환기에 의한 환기량은 풍속에 반비례한다.

② 풍력환기에 의한 환기량은 유량계수에 비례한다.

③ 중력환기에 의한 환기량은 공기의 입구와 출구가 되는 두 개구부의 수직거리에 반비례한다.

④ 중력환기에서 실내온도가 외기온도보다 높을 경우 공기는 건물 상부의 개구부에서 실내로 들어와서 하부의 개구부로 나간다.

**76** 실내 음환경의 잔향시간에 관한 설명으로 옳은 것은?

① 실의 흡음력이 높을수록 잔향시간은 길어진다.

② 잔향시간을 길게 하기 위해서는 실내공간의 용적을 작게 하여야 한다.

③ 잔향시간은 음향의 청취를 목적으로 하는 공간이 음성전달을 목적으로 하는 공간보다 짧아야 한다.

④ 잔향시간은 실내가 확장음장이라고 가정하여 구해진 개념으로 원리적으로는 음원이나 수음점의 위치에 상관없이 일정하다.

**75** ① 풍력환기에 의한 환기량은 풍속에 비례한다.
③ 중력환기에 의한 환기량은 공기의 입구와 출구가 되는 두 개구부의 수직거리에 비례한다.
④ 중력환기에서 실내온도가 외기온도보다 높을 경우 공기는 건물 하부의 개구부에서 실내로 들어와서 상부의 개구부로 나간다.
※ 유량계수 … 유량의 이론값과 실제값 사이의 차이를 보정하기 위해서 이론값에 곱하는 계수이다. 이는 축류계수와 유속계수의 곱으로 나타낸다.

**76** 잔향시간은 음원이나 수음점의 위치에 영향을 받는다.

**77** 발전기에 적용되는 법칙으로 유도기전력의 방향을 알기 위하여 사용되는 법칙은?

① 오옴의 법칙

② 키르히호프의 법칙

③ 플레밍의 왼손의 법칙

④ 플레밍의 오른손의 법칙

**78** 압력에 따른 도시가스의 분류에서 고압의 기준으로 옳은 것은? (단, 게이지압력 기준)

① 0.1MPa 이상

② 1MPa 이상

③ 10MPa 이상

④ 100MPa 이상

---

• • •
ANSWER    77.④   78.②

**77** ④ 플레밍의 오른손법칙 : 발전기의 원리로서 자기장 내에서 자기력선에 수직으로 놓은 도선을 자기장에 수직으로 움직이게 할 때, 오른손의 집게손가락과 엄지손가락을 각각 자기장의 방향과 도선의 운동 방향으로 향하게 하면, 유도전류는 이들 방향에 수직으로 향하게 한가운데 손가락의 방향을 흐른다.

① 오옴의 법칙 : 전류의 세기는 두 점 사이의 전위차에 비례하고, 전기저항에 반비례한다는 법칙이다.

② 키르히호프의 법칙 : 키르히호프의 법칙은 전류에 관한 제1법칙과 전압에 관한 제2법칙이 있다. 제1법칙은 전류가 흐르는 길에서 들어오는 전류와 나가는 전류의 합이 같다는 것이고, 제2법칙은 회로에 가해진 전원전압과 소비되는 전압강하의 합이 같다는 것이다.

③ 플레밍의 왼손법칙 : 전동기의 원리로서 전류가 흐르는 도선의 미소부분이 자기장에 의해 받는 힘은, 왼손의 가운데손가락과 집게손가락을 각각 전류의 방향과 자기장의 방향으로 향하게 하면, 이들에 수직으로 향하게 한 엄지손가락의 방향을 향한다.

**78** 「고압가스 안전관리법 시행령」 제2조에 따른 고압가스는 상용의 온도 또는 35℃에서 압력이 1MPa 이상이며 실제로 그 압력이 1MPa 이상이 되는 압축가스 또는 상용의 온도에서 압력이 0.2MPa 이상이 되거나 압력이 0.2MPa일 때의 온도가 35℃ 이하인 액화가스를 말한다.

**79** 냉방부하 계산 결과 현열부하가 620W, 잠열 부하가 155W일 경우 현열비는?

① 0.2

② 0.25

③ 0.4

④ 0.8

**80** 다음의 냉동기 중 기계적 에너지가 아닌 열에너지에 의해 냉동효과를 얻는 것은?

① 원심식 냉동기

② 흡수식 냉동기

③ 스크류식 냉동기

④ 왕복동식 냉동기

**79** 현열비 = (현열부하)/(현열부하 + 잠열부하)이므로 620/(620 + 155) = 0.8
   **현열** : 물질의 온도변화과정에서 흡수되거나 방출된 열에너지
   **잠열** : 물질의 상태변화 과정에서 온도의 변화없이 흡수되거나 방출된 열에너지

**80** 흡수식냉동기는 열에너지에 의해 냉동효과를 얻는 방식이다.
   ※ 흡수식 냉동기
   • 증발기, 흡수기, 재생기, 응축기로 구성되며 증발→흡수→재생→응축의 사이클을 가진다. 낮은 압력에서는 물이 저온에서도 쉽게 증발하고, 이 때 주위 열을 빼앗아 온도가 떨어지는 원리를 이용한 것이다. (열에너지에 의해 냉동 효과를 얻는다.)
   • 증발기에서 넘어온 수증기는 흡수기에서 수용액에 흡수되어 수용액은 점점 묽어지며 이 묽어진 수용액은 재생기로 넘어간다. 전력소비가 적고 소음진동이 작으나 냉각탑이 크며 낮은 온도의 냉수를 얻기가 곤란하며 여름에도 보일러를 가동해야 한다.

**81** 막다른 도로의 길이가 30m인 경우 이 도로가 건축법상 도로이기 위한 최소 너비는?

① 2m

② 3m

③ 4m

④ 6m

**82** 신축공동주택 등의 기계환기설비의 설치 기준이 옳지 않은 것은?

① 세대의 환기량 조절을 위하여 환기설비의 정격풍량을 3단계 또는 그 이상으로 조절할 수 있는 체계를 갖추어야 한다.

② 적정 단계의 필요 환기량은 신축공동주택 등의 세대를 시간당 0.3회로 환기할 수 있는 풍량을 확보하여야 한다.

③ 기계환기설비에서 발생하는 소음의 측정은 한국산업규격(KS B 6361)에 따르는 것을 원칙으로 한다.

④ 기계환기설비는 주방 가스대 위의 공기배출장치, 화장실의 공기배출 송풍기 등 급속 환기설비와 함께 설치할 수 있다.

---

•••
ANSWER    81.②   82.②

**81**

| 막다른 도로의 길이 | 막다른 도로의 너비 |
|---|---|
| 10미터 미만 | 2미터 |
| 10미터 이상 35미터 미만 | 3미터 |
| 35미터 이상 | 6미터<br>(단, 도시지역이 아닌 읍면지역은 4미터) |

**82** 적정 단계의 필요 환기량은 신축공동주택 등의 세대를 시간당 0.5회 이상으로 환기할 수 있는 풍량을 확보하여야 한다.

**83** 주차전용건축물의 주차면적비율과 관련한 아래 내용에서 (   )에 들어갈 수 없는 것은?

> 주차전용건축물이란 건축물의 연면적 중 주차장으로 사용되는 부분의 비율이 95퍼센트 이상인 것을 말한다. 다만, 주차장 외의 용도로 사용되는 부분이 「건축법 시행령」 별표 1에 따른 (   )인 경우에는 주차장으로 사용되는 부분의 비율이 70퍼센트 이상인 것을 말한다.

① 종교시설

② 운동시설

③ 업무시설

④ 숙박시설

**83** 주차전용건축물
- 건축물의 연면적 중 주차장으로 사용되는 부분이 95% 이상인 건축물을 의미하나 제1,2종 근린생활시설, 문화 및 집회시설, 종교시설, 판매시설, 운수시설, 운동시설, 업무시설, 자동차관련시설은 연면적 중 70% 이상인 경우 주차전용건축물이라고 한다.
- 주차전용건축물의 주차면적비율(단, 특별시장, 광역시장, 특별자치도지사 또는 시장은 조례로 기타용도의 구역별 제한이 가능하다.)

| 주차장 외의 부분의 용도 | 주차장 면적비율 |
|---|---|
| • 일반용도 | 연면적 중 95% 이상 |
| • 제1종 근린생활시설<br>• 제2종 근린생활시설<br>• 자동차 관련시설<br>• 종교시설<br>• 판매시설<br>• 운수서실<br>• 운동시설<br>• 업무시설 | 연면적 중 70% 이상 |

**84** 건축물과 분리하여 공작물을 축조할 때 특별자치시장·특별자치도지사 또는 시장·군수·구청장에게 신고를 해야 하는 대상 공작물 기준이 옳지 않은 것은?

① 높이 2m를 넘는 옹벽

② 높이 4m를 넘는 굴뚝

③ 높이 6m를 넘는 골프연습장 등의 운동시설을 위한 철탑

④ 높이 8m를 넘는 고가수조

**85** 다음 중 제2종 일반주거지역 안에서 건축할 수 없는 건축물은? (단, 도시·군계획 조례가 정하는 바에 따라 건축할 수 있는 경우는 고려하지 않는다.)

① 종교시설

② 운수시설

③ 노유자시설

④ 제1종 근린생활시설

●●●
ANSWER　　84.②　85.②

---

**84** 건축물과 분리하여 공작물을 축조할 때 특별자치시장·특별자치도지사 또는 시장·군수·구청장에게 신고를 해야 하는 대상 공작물

| 높이 2m를 넘는 | 옹벽·담장 | |
|---|---|---|
| 높이 4m를 넘는 | 광고탑·광고판 | |
| 높이 6m를 넘는 | • 굴뚝·장식탑·기념탑<br>• 골프연습장 등의 운동시설을 위한 철탑<br>• 주거지역·상업지역에 설치하는 통신용철탑 | 건축법 및 국토의 계획 및 이용에 관한 법률의 일부규정 적용 |
| 높이 8m를 넘는 | 고가수조 | |
| 높이 8m 이하 | 기계식주차장 및 철골조립식주차장으로서 외벽이 없는 것(단, 위험방지를 위한 난간 높이 제외) | |
| 바닥면적 30m를 넘는 | 지하대피호 | |
| 건축조례로 정하는 | • 제조시설·저장시설(시멘트사일로 포함)·유희시설<br>• 건축물 구조에 심대한 영향을 줄 수 있는 중량물 | |

**85** 제2종 전용주거지역 안에서 건축할 수 있는 건축물
　• 대통령령으로 건축할 수 있는 건축물
　　－공동주택
　　－제1종 근린생활시설로서 해당 용도에 쓰이는 바닥면적의 합계가 1,000m$^2$ 미만인 것
　• 도시계획조례가 정하는 바에 의해 건축할 수 있는 건축물
　　－문화 및 집회시설로서 박물관·미술관·체험관(한옥으로 건축된 것만 해당됨)·기념관·종교시설로서 그 용도에 쓰이는 바닥면적의 합계가 1,000m$^2$ 미만인 것
　　－제2종 근린생활 시설 중 종교집회장
　　－교육연구시설 중 유치원·초등학교·중학교 및 고등학교
　　－자동차 관련시설 중 주차장
　　－노유자시설

**86** 높이가 31m를 넘는 각 층의 바닥면적 중 최대 바닥면적이 4500m²인 건축물에 원칙적으로 설치하여야 하는 비상용 승강기의 최소 대수는?

① 1대                        ② 2대

③ 3대                        ④ 5대

**87** 다음 중 대지에 조경 등의 조치를 아니할 수 있는 대상 건축물에 속하지 않는 것은?

① 축사

② 녹지지역에 건축하는 건축물

③ 연면적의 합계가 1000m²인 공장

④ 면적이 5000m²인 대지에 건축하는 공장

ANSWER    86.②   87.④

**86** 비상용 승강기의 설치기준
- 높이 31m를 넘는 각 층의 바닥면적 중 최대바닥면적이 1,500m² 이하인 건축물의 경우 : 1대 이상
- 높이 31m를 넘는 각 층의 바닥면적 중 최대바닥면적이 1,500m²을 초과하는 건축물의 경우 : $\dfrac{A - 1,500m^2}{3,000m^2} + 1$대 이상

**87** 다음 어느 하나에 해당하는 건축물에 대하여는 조경 등의 조치를 하지 아니할 수 있다.
1. 녹지지역에 건축하는 건축물
2. 면적 5천 제곱미터 미만인 대지에 건축하는 공장
3. 연면적의 합계가 1천500제곱미터 미만인 공장
4. 「산업집적활성화 및 공장설립에 관한 법률」 제2조 제14호에 따른 산업단지의 공장
5. 대지에 염분이 함유되어 있는 경우 또는 건축물 용도의 특성상 조경 등의 조치를 하기가 곤란하거나 조경 등의 조치를 하는 것이 불합리한 경우로서 건축조례로 정하는 건축물
6. 축사
7. 법 제20조 제1항에 따른 가설건축물
8. 연면적의 합계가 1천500제곱미터 미만인 물류시설(주거지역 또는 상업지역에 건축하는 것은 제외한다)로서 국토교통부령으로 정하는 것
9. 「국토의 계획 및 이용에 관한 법률」에 따라 지정된 자연환경보전지역·농림지역 또는 관리지역(지구단위계획구역으로 지정된 지역은 제외한다)의 건축물
10. 다음 각 목의 어느 하나에 해당하는 건축물 중 건축조례로 정하는 건축물
    가. 「관광진흥법」 제2조 제6호에 따른 관광지 또는 같은 조 제7호에 따른 관광단지에 설치하는 관광시설
    나. 「관광진흥법 시행령」 제2조 제1항 제3호 가목에 따른 전문휴양업의 시설 또는 같은 호 나목에 따른 종합휴양업의 시설
    다. 「국토의 계획 및 이용에 관한 법률 시행령」 제48조 제10호에 따른 관광·휴양형 지구단위계획구역에 설치하는 관광시설
    라. 「체육시설의 설치·이용에 관한 법률 시행령」 별표 1에 따른 골프장

**88** 건축물의 바닥면적 산정 기준에 대한 설명으로 옳지 않은 것은?

① 공동주택으로서 지상층에 설치한 어린이놀이터의 면적은 바닥면적에 산입하지 않는다.

② 필로티는 그 부분이 공중의 통행이나 차량의 통행 또는 주차에 전용되는 경우에는 바닥면적에 산입하지 아니한다.

③ 벽·기둥의 구획이 없는 건축물은 그 지붕 끝부분으로부터 수평거리 1.5m를 후퇴한 선으로 둘러싸인 수평투영면적을 바닥면적으로 한다.

④ 단열재를 구조체의 외기측에 설치하는 단열공법으로 건축된 건축물의 경우에는 단열재가 설치된 외벽 중 내측 내력벽의 중심선을 기준으로 산정한 면적을 바닥면적으로 한다.

**89** 특별피난계단의 구조에 관한 기준 내용으로 옳지 않은 것은?

① 계단실에는 예비전원에 의한 조명설비를 할 것

② 계단은 내화구조로 하되, 피난층 또는 지상까지 직접 연결되도록 할 것

③ 출입구의 유효너비는 0.9m 이상으로 하고 피난의 방향으로 열수 있을 것

④ 계단실의 노대 또는 부속실에 접하는 창문은 그 면적을 각각 $3m^2$ 이하로 할 것

---

ANSWER   88.③   89.④

**88** 건축물의 바닥면적은 건축면적과 달리 하나의 건축물 각 층의 외벽 또는 외곽기둥의 중심선으로 둘러싸인 수평투영면적이다.

**89** 계단실의 노대 또는 부속실에 접하는 창문등(출입구를 제외한다)은 망이 들어 있는 유리의 붙박이창으로서 그 면적을 각각 1제곱미터 이하로 할 것

**90** 국토의 계획 및 이용에 관한 법령상 용도지구에 속하지 않는 것은?

① 경관지구

② 미관지구

③ 방재지구

④ 취락지구

**91** 도시·군계획 수립 대상지역의 일부에 대하여 토지 이용을 합리화하고 그 기능을 증진시키며 미관을 개선하고 양호한 환경을 확보하며, 그 지역을 체계적·계획적으로 관리하기 위하여 수립하는 도시·군관리계획은?

① 지구단위계획

② 도시·군성장계획

③ 광역도시계획

④ 개발밀도관리계획

---

ANSWER **90.②  91.①**

**90** 용도지역과 용도지구 : 전 국토를 종합적이고 체계적으로 관리할 수 있는 수단으로서 용도지역, 지구, 구역제를 운영하고 있다. 도시지역, 관리지역, 농림지역, 자연환경보전지역으로 4등분하는 용도지역제와 그것만으로 부족하여 그 용도지역 위에 입지별 특성에 따라 미관지구, 경관지구, 보존지구, 고도지구 등으로 덮어씌우는 용도지구제가 있다.

| 구분 | 용도지역 | 용도지구 | 용도구역 |
|---|---|---|---|
| 성격 | 토지를 경제적, 효율적으로 이용하고 공공복리의 증진을 도모 | 용도지역의 기능을 증진시키고 미관, 경관, 안전 등을 도모 | 시가지의 무질서한 확산방지, 계획적이고 단계적인 토지이용의 도모, 토지이용의 종합적 조정, 관리 |
| 종류 | • 도시지역(주거, 상업, 공업, 녹지지역)<br>• 관리지역(보전관리, 생산관리, 계획관리지역)<br>• 농림지역/자연환경보전지역 | • 경관/미관/방화/방재/보존/시설보호/취락/개발진흥지구<br>• 특정용도제한지구<br>• 위락지구<br>• 리모델링/기타 지구 | • 개발제한구역<br>• 시가화조정구역<br>• 수산자원보호구역 |
| 비고 | 중복지정 불가 | 중복지정 가능 | |

**91** • 광역도시계획 : 광역계획권의 장기적인 발전방향을 제시하고 기능을 상호 연계함으로써 적정한 성장관리를 도모하고 무질서한 확산을 방지하기 위한 계획(광역계획권 내 시군의 도시기본계획 및 도시관리계획의 지침이 된다.)
• 개발밀도관리계획 : 개발밀도관리구역(기반시설의 설치가 곤란한 지역을 대상으로 건폐율이나 용적률을 강화하여 적용하기 위해 지정하는 구역)의 설정을 위한 계획이다.

**92** 지하층에 설치하는 비상탈출구의 유효너비 및 유효높이 기준으로 옳은 것은? (단, 주택이 아닌 경우)

① 유효너비 0.5m 이상, 유효높이 1.0m 이상

② 유효너비 0.5m 이상, 유효높이 1.5m 이상

③ 유효너비 0.75m 이상, 유효높이 1.0m 이상

④ 유효너비 0.75m 이상, 유효높이 1.5m 이상

**93** 지역의 환경을 쾌적하게 조성하기 위하여 대통령령으로 정하는 용도와 규모의 건축물에 대해 일반이 사용할 수 있도록 대통령령으로 정하는 기준에 따라 공개공지 등을 설치하여야 하는 대상 지역에 속하지 않는 것은? (단, 특별자치시장·특별자치도지사 또는 시장·군수·구청장이 따로 지정·공고하는 지역의 경우는 고려하지 않는다.)

① 준공업지역

② 준주거지역

③ 일반주거지역

④ 전용주거지역

---

**92** 지하층에 설치하는 비상탈출구의 유효너비 및 유효높이 기준은 유효너비 0.75m 이상, 유효높이 1.5m 이상이다.

**93** 전용주거지역은 공개공지 확보의무대상에 속하지 않는다.

※ **공개공지 확보대상** ⋯ 다음의 용도 및 규모의 건축물은 일반이 사용할 수 있도록 소규모 휴식시설 등의 공개공지를 설치해야 한다.

| 대상지역 | 용도 | 규모 |
|---|---|---|
| • 일반주거지역<br>• 준주거지역<br>• 상업지역<br>• 준공업지역<br>• 특별자치시장, 특별자치도지사, 시장, 군수, 구청장이 도시화의 가능성이 크다고 인정하여 지정, 공고하는 지역 | • 문화 및 집회시설<br>• 판매시설(농수산물 유통시설은 제외)<br>• 업무시설<br>• 숙박시설<br>• 종교시설<br>• 운수시설(여객용시설만 해당) | 연면적의 합계 5000m² 이상 |
| | • 다중이 이용하는 시설로서 건축조례가 정하는 건축물 | |

**94** 건축물의 거실(피난층의 거실 제외)에 국토교통부령으로 정하는 기준에 따라 배연설비를 설치하여야 하는 대상 건축물 용도에 속하지 않는 것은? (단, 6층 이상인 건축물의 경우)

① 종교시설

② 판매시설

③ 방송통신시설 중 방송국

④ 교육연구시설 중 연구소

**94** 배연설비의 설치

| 건축물의 용도 | 규모 | 설치장소 |
|---|---|---|
| • 6층 이상인 문화 및 집회시설, 종교시설, 판매시설, 운수시설, 의료시설<br>• 교육시설 중 연구소, 아동관련시설 및 노인복지시설, 유스호스텔<br>• 업무시설, 숙박시설, 위락시설, 관광휴게시설, 고시원 및 장례식장 | 6층 이상인 건축물 | 거실 |

**95** 건축물과 해당 건축물의 용도의 연결이 옳지 않은 것은?

① 주유소 : 자동차 관련시설

② 야외음악당 : 관광 휴게시설

③ 치과의원 : 제1종 근린생활시설

④ 일반음식점 : 제2종 근린생활시설

ANSWER  95.①

**95** 주유소는 자동차관련시설에 속하지 않으며 위험물저장 및 처리시설에 속한다.

| | |
|---|---|
| 단독주택 | 단독주택, 다중주택, 다가구주택, 공관 |
| 공동주택 | 아파트, 연립주택, 다세대주택, 기숙사 |
| 근린생활시설 | 제1종 근린생활시설, 제2종 근린생활시설 |
| 문화 및 집회시설 | 공연장, 집회장, 관람장, 전시장, 동식물원 |
| 종교시설 | 종교집회장, 봉안당 |
| 판매시설 | 도매시장, 소매시장, 상점 |
| 운수시설 | 여객자동차터미널, 철도시설, 공항 및 항만시설 |
| 의료시설 | 병원, 격리병원 |
| 교육연구시설 | 학교, 교육원, 직업훈련소, 학원, 연구소, 도서관 |
| 노유자시설 | 아동관련시설, 노인복지시설, 사회복지시설 |
| 수련시설 | 생활권 및 자연권 수련시설, 유스호스텔 |
| 운동시설 | 체육관, 운동장 |
| 업무시설 | 공공업무시설, 일반업무시설 |
| 숙박시설 | 일반숙박시설, 관광숙박시설, 고시원 |
| 위락시설 | • 단란주점으로서 제2종 근린생활이 아닌 것<br>• 유흥주점 및 이와 유사한 것<br>• 카지노 영업소<br>• 무도장과 무도학원 |
| 공장 | 물품의 제조, 가공이 이루어지는 곳 중 근린생활시설이나 자동차관련시설, 위험물 및 분뇨 쓰레기 처리시설로 분리되지 않는 것 |
| 창고시설 | 창고, 하역장, 물류터미널, 집배송시설 |
| 위험물 시설 | 주유소, LPG충전소 등과 같이 위험물을 저장 및 처리하는 시설을 갖춘 곳 |
| 자동차관련시설 | 주차장, 세차장, 폐차장, 매매장, 검사장, 정비공장, 운전학원 |
| 동식물관련시설 | 축사, 도축장, 도계장, 작물재배사, 온실 |
| 쓰레기처리시설 | 분뇨처리시설, 고물상, 폐기물처리시설 |
| 교정 및 군사시설 | 교정시설, 보호관찰소, 국방군사시설 |
| 방송통신시설 | 방송국, 전신전화국, 촬영소, 통신용시설 |
| 발전시설 | 발전소로 사용되는 건축물 중 제1종 근린생활시설로 분류되지 않은 것 |
| 묘지관련시설 | 화장시설, 봉안당, 묘지 및 부속 건축물 |
| 관광휴게시설 | 야외음악당, 야외극장, 어린이회관, 관망탑, 휴게소, 공원 및 유원지 및 관광지에 부수되는 시설 |
| 장례식장 | 장례식장 |

**96** 건축법령상 용어의 정의가 옳지 않은 것은?

① 초고층 건축물이란 층수가 50층 이상이거나 높이가 200미터 이상인 건축물을 말한다.

② 증축이란 기존 건축물이 있는 대지에서 건축물의 건축면적, 연면적, 층수 또는 높이를 늘리는 것을 말한다.

③ 개축이란 건축물이 천재지변이나 그 밖의 재해로 멸실된 경우 그 대지에 종전과 같은 규모의 범위에서 다시 축조하는 것을 말한다.

④ 부속건축물이란 같은 대지에서 주된 건축물과 분리된 부속용도의 건축물로서 주된 건축물을 이용 또는 관리하는 데에 필요한 건축물을 말한다.

**97** 건축물의 주요구조부를 내화구조로 하여야 하는 대상 건축물에 속하지 않는 것은?

① 공장의 용도로 쓰는 건축물로서 그 용도로 쓰는 바닥면적의 합계가 500m²인 건축물

② 판매시설의 용도로 쓰는 건축물로서 그 용도로 쓰는 바닥면적의 합계가 500m²인 건축물

③ 창고시설의 용도로 쓰는 건축물로서 그 용도로 쓰는 바닥면적의 합계가 500m²인 건축물

④ 문화 및 집회시설 중 전시장의 용도로 쓰는 건축물로서 그 용도로 쓰는 바닥면적의 합계가 500m²인 건축물

---

**ANSWER** 96.③ 97.①

**96** 건축물이 천재지변이나 그 밖의 재해로 멸실된 경우 그 대지에 종전과 같은 규모의 범위에서 다시 축조하는 것은 개축이다. 개축은 기존건축물의 전부 또는 일부(내력벽·기둥·보·지붕틀 중 3이상이 포함되는 경우에 한함)를 철거하고 당해 대지 안에 종전과 동일한 규모의 범위안에서 건축물을 다시 축조하는 것을 말한다.

**97** 주요구조부를 내화구조로 해야 하는 규정

| 해당 용도로 쓰는 바닥면적의 합계 | 적용대상 |
|---|---|
| 200m² 이상 | • 관람석 및 집회실(옥외관람석 1000m²이상)<br>• 문화 및 집회시설(전시장 및 동·식물원 제외), 장례식장, 유흥주점, 종교시설, 300m²이상인 공연장 및 종교집회장) |
| 400m² 이상 | • 공동주택 및 단독주택 중 다중주택과 다가구주택<br>• 의료시설 및 의료용도로 쓰이는 제1종 근린생활시설<br>• 다중생활시설(제2종 근린생활시설 중 고시원)<br>• 아동관련시설, 노인복지시설, 유스호스텔, 오피스텔, 숙박시설, 장례식장 |
| 500m² 이상 | • 문화 및 집회시설 중 전시장 및 동·식물원<br>• 위락시설(주점영업 제외)<br>• 판매시설, 운수시설, 수련시설, 창고시설, 관광휴게시설<br>• 운동시설 중 체육관 및 운동장<br>• 위험물 저장 및 처리시설<br>• 방송통신시설 중 방송국, 전신전화국 및 촬영소 |

**98** 기반시설부담구역에서 기반시설 설치비용의 부과대상인 건축행위의 기준으로 옳은 것은?

① 100제곱미터(기존 건축물의 연면적 포함)를 초과하는 건축물의 신축·증축

② 100제곱미터(기존 건축물의 연면적 제외)를 초과하는 건축물의 신축·증축

③ 200제곱미터(기존 건축물의 연면적 포함)를 초과하는 건축물의 신축·증축

④ 200제곱미터(기존 건축물의 연면적 제외)를 초과하는 건축물의 신축·증축


**99** 국토교통부령으로 정하는 기준에 따라 채광 및 환기를 위한 창문 등이나 설비를 설치하여야 하는 대상에 속하지 않는 것은?

① 의료시설의 병실

② 숙박시설의 객실

③ 업무시설 중 사무소의 사무실

④ 교육연구시설 중 학교의 교실

---

ANSWER  **98.③  99.③**

**98** 기반시설부담구역에서 기반시설 설치비용의 부과대상인 건축행위의 기준 : 200제곱미터(기존 건축물의 연면적 포함)를 초과하는 건축물의 신축·증축

**99** 거실의 채광기준 적용대상
- 주택의 거실
- 학교의 교실
- 의료시설의 병실
- 숙박시설의 객실

**100** 부설주차장 설치대상 시설물이 문화 및 집회시설(관람장 제외)인 경우, 부설주차장 설치기준으로 옳은 것은? (단, 지방자치단체의 조례로 따로 정하는 사항은 고려하지 않는다.)

① 시설면적 50m²당 1대

② 시설면적 100m²당 1대

③ 시설면적 150m²당 1대

④ 시설면적 200m²당 1대

● ● ●
ANSWER    100.③

**100** 부설주차장 설치기준

| 주요 시설 | 설치기준 |
|---|---|
| 위락시설 | 100m²당 1대 |
| 문화 및 집회시설(관람장 제외)<br>종교시설<br>판매시설<br>운수시설<br>의료시설(정신병원, 요양병원 및 격리병원 제외)<br>운동시설(골프장, 골프연습장, 옥외수영장 제외)<br>업무시설(외국공관 및 오피스텔은 제외)<br>방송통신시설 중 방송국<br>장례식장 | 150m²당 1대 |
| 숙박시설, 근린생활시설(제1종, 제2종) | 200m²당 1대 |
| 단독주택 | 시설면적 50m²초과 150m²이하 : 1대<br>시설면적 150m²초과 시 : $1+\dfrac{(시설면적-150m^2)}{100m^2}$ |
| 다가구주택, 공동주택(기숙사 제외), 오피스텔 | 주택건설기준 등에 관한 규정 |
| 골프장<br>골프연습장<br>옥외수영장<br>관람장 | 1홀당 10대<br>1타석당 1대<br>15인당 1대<br>100인당 1대 |
| 수련시설, 발전시설, 공장(아파트형 제외) | 350m²당 1대 |
| 창고시설 | 400m²당 1대 |
| 학생용 기숙사 | 400m²당 1대 |
| 그 밖의 건축물 | 300m²당 1대 |

상식
용어사전
시리즈
합격GO!

**1** **금융상식 2주 만에 완성하기**

금융은행권, 단기간 공략으로 끝장낸다! 필기 걱정은 이제 NO! <금융상식 2주 만에 완성하기> 한 권으로 시간은 아끼고 학습효율은 높이자!

**2** **중요한 용어만 한눈에 보는 시사용어사전 1130**

매일 접하는 각종 기사와 정보 속에서 현대인이 놓치기 쉬운, 그러나 꼭 알아야 할 최신 시사상식을 쏙쏙 뽑아 이해하기 쉽도록 정리했다!

**3** **중요한 용어만 한눈에 보는 경제용어사전 961**

주요 경제용어는 거의 다 실었다! 경제가 쉬워지는 책, 경제용어사전!

**4** **중요한 용어만 한눈에 보는 부동산용어사전 1273**

부동산에 대한 이해를 높이고 부동산의 개발과 활용, 투자 및 부동산 용어 학습에도 적극적으로 이용할 수 있는 부동산용어사전!

# 자격증
# 기출문제
# 총집합!

자격증 별로 정리된
기출문제로 깔끔하게 합격하자!

기출문제로 자격증 시험 준비하자!

건강운동관리사, 스포츠지도사, 손해사정사, 손해평가사,
농산물품질관리사, 수산물품질관리사, 관광통역안내사, 국내여행안내사, 보세사, 사회조사분석사